高等院校油气人工智能教育教学丛书

U0269720

智能地球物理基础
与应用场景探索

肖立志　刘　洋　马坚伟　陆文凯　著

电子工业出版社

Publishing House of Electronics Industry

北京·BEIJING

内 容 简 介

本书以作者近几年发表的人工智能在地球物理领域中应用的代表性论文为基础，包括四个部分，详细介绍数字化转型与智能地球物理、地震资料智能处理、地震资料智能解释及测井资料智能解释等，涵盖地震勘探和测井地层评价的主要环节。

本书充分展示人工智能与地球物理的有机结合，呈现了丰富的应用场景和显著的应用效果，具有很强的启发性，可用作地球物理专业和人工智能专业的教学参考书，也可供从事油气勘探开发相关专业的科研和生产人员参考。

图书在版编目（CIP）数据

智能地球物理基础与应用场景探索 / 肖立志等著.
北京 ： 电子工业出版社，2025. 2. -- ISBN 978-7-121
-37522-4

Ⅰ. P631-39

中国国家版本馆 CIP 数据核字第 20258PG176 号

责任编辑：孟　宇　　　　文字编辑：孟泓辰
印　　刷：三河市鑫金马印装有限公司
装　　订：三河市鑫金马印装有限公司
出版发行：电子工业出版社
　　　　　北京市海淀区万寿路 173 信箱　　　邮编：100036
开　　本：787×1092　1/16　印张：35　　　字数：940.8 千字
版　　次：2025 年 2 月第 1 版
印　　次：2025 年 2 月第 1 次印刷
定　　价：198.80 元

凡所购买电子工业出版社图书有缺损问题，请向购买书店调换。若书店售缺，请与本社发行部联系，联系及
邮购电话：(010)88254888，88258888。
质量投诉请发邮件至 zlts@phei.com.cn，盗版侵权举报请发邮件至 dbqq@phei.com.cn。
本书咨询联系方式：mengyu@phei.com.cn。

前　言

以大数据、深度学习、超强算力为基础的新一代人工智能是具有全局性变革和颠覆性潜力的技术体系，正在改变人类社会生产生活的方方面面，也不可逆转地改变着地球物理领域科学研究的问题域和范式。中国石油大学（北京）于 2018 年在能源资源领域率先成立了人工智能学院，由肖立志教授担任院长，刘洋、马坚伟、陆文凯等担任兼职教授和博士生指导教师。通过近几年的探索和发展，已经设置人工智能本科专业和油气人工智能交叉学科博士点，并凝练四个优先发展方向，即智能地球物理、智能油气井工程、智能管网及石油石化领域数据治理。随着油气人工智能本科生、硕士研究生及博士研究生等学生规模的不断扩大，出版相关教育教学参考书提上了我们工作的重要议程。同时，中国地球物理学会于 2022 年批准成立智能地球物理专业委员会，并推选马坚伟教授担任主任委员，肖立志教授等担任副主任委员，陆文凯、刘洋等担任委员。对于智能地球物理专业委员会来说，通过研讨会和出版物来传播、普及和提升相关研究成果、凝练科学问题、推动学科发展，是我们的基本职责和重要任务。

基于上述理由，我们决定以肖立志、刘洋、马坚伟、陆文凯及其团队近几年发表的人工智能在地球物理领域中应用的相关论文为基础，遴选出部分代表性成果，并编辑成书，以满足油气人工智能教育教学及地球物理学会会员对相关知识和进展的迫切需求。我们把在地球物理领域应用和发展的人工智能理论、技术、方法及其带来的变革统称为"智能地球物理"。本书的第一部分为数字化转型与智能地球物理，包含三篇论文，分别介绍数字化转型的逻辑与策略以及如何推动石油工业绿色低碳可持续发展、机器学习数据驱动与机理模型融合及可解释性问题，以及深度学习在地球物理中的应用现状与前景；第二部分为地震资料智能处理，包含十六篇论文，介绍地震初至智能拾取、多种噪声智能压制、地震数据智能插值、速度谱智能解释、速度模型智能建立等；第三部分为地震资料智能解释，包含八篇论文，介绍断层、盐丘和地震相自动识别，以及波阻抗智能反演和 AVO 智能反演等；第四部分为测井资料智能解释，包含三篇论文，介绍测井资料智能预测储层参数。

本书内容和结构由肖立志、刘洋设计，肖立志、刘洋、马坚伟、陆文凯提供相关论文初稿，陈桂、大卫、邓丁丁、邸希、董子龙、康晶、李钦昭、马江涛、孙宇航、田文彬、王静、席念旭、许静怡、杨菲、杨添微、姚菊琴、张浩然、张梦柯、张宓、张毅博等对英文论文初稿进行翻译和编辑，刘洋对翻译稿进行校对，最后由肖立志、刘洋统稿。由于水平有限，错误和不足之处在所难免，敬请海涵和批评指正。我们将根据研究进展和学科发展持续改进。虽然编者们尽到了很大努力，但人工智能技术的发展实在太快，本书不足之处在所难免，敬请读者海涵和批评指正，我们将根据研究进展及学科发展来持续改进和更新出版内容。本书的编撰和出版得到中国地球物理学会智能地球物理专业委员会、高等院校油气人工智能教育教学丛书编委会的指导，得到中国石油天然气集团公司与中国石油大学（北京）战略合作项目"物探、测井、钻完井人工智能理论与应用场景关键技术研究"的资助，得到四位主要作者各自论文团队成员的大力支持，在此一并表示感谢。

马坚伟

北京大学　教授

中国地球物理学会智能地球物理专业委员会　主任

目　录

数字化转型与智能地球物理篇

地震资料智能处理

地震资料智能解释

测井资料智能解释

数字化转型与智能地球物理篇

论文 1　数字化转型的逻辑与策略以及如何推动石油工业绿色低碳可持续发展

摘要

　　石油工业面临数字化转型的挑战和机遇。在数字时代，石油行业生态伙伴的作用及彼此之间的信息流、数据流正在发生根本性变化，只有通过数字化转型才能对接数字经济新体系、新动力和新范式，从而走向绿色、低碳和可持续发展。本文介绍数字化技术的来龙去脉，探讨石油工业数字化转型的底层逻辑、内在规律，以及利用数据可复用性推动油气行业绿色低碳可持续发展的路径与策略。基于物理世界、人所认知的世界、数字世界、机器认知的世界，阐明"四个世界"模型。构建数字世界是机器认知世界的基础，在数字世界，各种链接、交互、沟通协作、设计制作都通过数字技术实现，其记忆能力、运算能力和行动能力不断强大，使机器认知世界的思考框架及解题能力得到空前提升。在机器认知世界，已知机理模型的重复性认知活动得以自动化。通过对未知机理模型的探索性认知活动，人类知识的边界得以扩展。依据香农采样定理，感知和采集物理世界的信息，通过集成以往信息和通信技术形成的存量数据及新生数字技术产生的增量数据，建立多层级数字孪生，是石油工业数字化转型应该重视的基本策略。数字化转型的理论、方法、模型及工具快速发展，石油工业的数据采集、数据治理、多层级数字孪生及数据安全等的顶层设计正在受到挑战。

　　人类已经进入数字时代。数字科技和数字经济按照新的规律加速发展的态势明显，核心突破向垄断方向积聚、向普惠方向分散。面对汹涌而来的数字经济，作为非数字原生行业，石油工业面临数字化转型的重大课题。油气行业是重资产、高投入、高能耗、高风险行业，技术密集和劳动力密集并行，油气开采能耗居高不下，预防安全事故及生态环境灾难警钟长鸣。油气上游是传统离散工业，下游是传统流程工业，不具备数字原生企业特征，在数字经济时代，其生态伙伴的作用及彼此之间的信息流、数据流正在发生根本性变化，必须通过数字化转型才能对接数字经济新体系、新动力和新范式。另外，在"双碳"目标强约束下，如何绿色、低碳、可持续发展，是油气企业及石油工业整体生存和发展所面临的严酷挑战，数字化转型则为油气企业和石油工业摆脱困境提供了难得的机遇。

　　本文试图探讨石油工业数字化转型的底层逻辑和内在规律，详细阐述"四个世界"模型与数字孪生架构，提出基于由信息与通信技术（Information and Communication Technology，ICT）产生的存量数据和基于由数据与数字技术（Data and Digital Technology，DDT）产生的增量数据融合发展的转型策略及实现途径，指出在数字化转型过程中及数字经济时代，培养懂得行业业务逻辑的优秀数字人才对石油工业可持续发展十分重要。

1　数字化和"四个世界"模型

　　数字化是人类历史演进的产物，其发展轨迹清晰，底层逻辑及内在规律可寻。

　　人类居住的地球是宇宙中一颗普通的蓝色星球，大约在 45.5 亿年之前形成（Torsvik 和 Cocks，2016）。600 万年前，这颗星球上开始出现人类的踪影（Raup，1986）。经过数百万年的繁衍生息和演化，人类逐步相信存在一个独立的**物理世界**。经过不断的感知、抽象、猜测、分析、反驳，一些有特殊天赋的杰出人物创建了天文学、物理学、生物学、社会学等符号系统。比如，亚里士多德（公元前 384—公元前 322）在公元前 300 年认为"重物体比轻物体下降快"，而伽利略（1564—1642）在 17 世纪则认识到，亚里士多德是错的，自由落体遵循同样的"重力加速度"；天文学家托勒密（90—168）在 2 世纪完整提出"地心说"，而 16 世纪的哥白尼（1473—1543）基于天文观测，提出"日心说"，推翻了"地心说"；17 世纪的牛顿（1643—1727），通过对微积分和万有引力定律等理论的创建，使人类对物理世界的认知达到数理演绎的高度，而 20 世纪初爱因斯坦（1879—1955）提出相对论，又颠覆了绝对时空观（Einstein，1905）。随着人类对物理世界认知的不断深化，形成了"**人类认知的世界**"。

1946 年，美国宾夕法尼亚大学研制出人类第一台电子计算机 ENIAC（Electronic Numerical Integrator and Computer，电子数字积分计算机）（Eckert 和 Mauchly，1964），为人类走进另一个世界打开了大门。在此前后，冯•诺伊曼和图灵分别提出"可编程计算机"设想，成为现代计算机的基础，为人类完成大规模计算任务提供了工具。

1948 年，数学家、信息论创始人香农，在 *Bell System Technical Journal* 上发表的文章（Shannon，1948）"A Mathematical Theory of Communication"，提出"香农采样定理"，即在一定条件下，用离散的序列，可以完全代表一个连续函数。采样定理奠定了现代数字技术的基础。基于香农定理，通过对物理世界的采样感知，有可能构建出完整映射的**数字世界**。利用数字世界，可以达到对现实物理世界的认知，而且，还突破了认知过程中在时间和空间上的约束，使人类对物理世界的认知能力大大提升。

1956 年，包括香农在内的 10 位青年科学家齐聚美国达特茅斯学院（尼克，2017）探讨一个重要话题：能否用机器来模仿人类学习及其他方面的智能？此次会议产生一个全新的学科——人工智能。按照《维基百科》，人工智能亦称机器智能，指由人制造出来的机器所表现出来的智能。经过 60 余年的探索，特别是 21 世纪初随着大数据、超强算力和深度学习的成熟，基于数据驱动的深度学习成为认知世界的新范式，由此产生"**机器认知的世界**"。

1969 年，美国国防部研究计划署（ARPA）构建了内部消息处理器（IMP）的协议，史称"阿帕网"（Hauben，2007），成为互联网的雏形。1991 年，物理学家和计算机科学家蒂姆•伯纳斯•李提出万维网（World Wide Web）（Berners-lee 等，1994），使互联网大步走进人类日常生活。建立在互联网之上的虚拟世界，突破时空的限制，使人类紧密联系在一起。

2002 年，美国密歇根大学迈克尔•格里夫斯提出信息镜像模型的设想，后来演变成数字孪生概念（Grieves 和 Vickers，2017）。2010 年，他在《几乎完美：通过产品生命周期管理（PLM）驱动创新和精益产品》（Grieves，2010）一文中指出，数字孪生由 3 个部分组成：物理空间的实体产品、虚拟空间的虚拟产品、物理空间和虚拟空间之间的数据及信息交互接口。数字孪生作为现实物理世界的设备、系统或其他生命体创造的数字版的"克隆体"，可以实现从现实物理世界到虚拟数字世界的全生命周期的互联互通。按照美国 NASA 的定义（Arnautovic，2010），数字孪生是充分利用物理模型、传感器、运行历史等数据，集成多学科、多物理量、多尺度的仿真过程。数字孪生体作为虚拟空间中对其实体产品的镜像，反映了相对应的物理实体产品的全生命周期过程。把物理世界的实体对象数字化，依据数字化克隆体的数据特征，在虚拟数字空间进行调试和实验，让机器运行效果达到最佳。通过智能计算，对克隆体的状态和行为特征进行描述、分析、诊断及预测，再利用分析中获得的见解，与业务逻辑及目标相结合，来改进和优化设计及生产营运状态。

至此，可以勾画出这样一幅图像，它包含 4 个世界（华为公司数据管理部，2020；肖立志，2022）：第 1 个世界，是独立存在的物理世界；第 2 个世界，是人类认知的世界，它丰富多彩、各种各样；第 3 个世界，是通过数字化构建的数字世界，是物理世界的孪生体；第 4

个世界，是机器认知的世界，它可以充分利用机器智能，通过基于明确机理模型的先知计算或通过对不明机理的先觉推测，来挖掘和发现数字世界的关联关系；还可以通过物理世界与数字世界的映射互动及复合孪生体的智能共享，实现物理世界局部或全部的全生命周期的认知、预测、优化及闭环控制（见图1.1）。

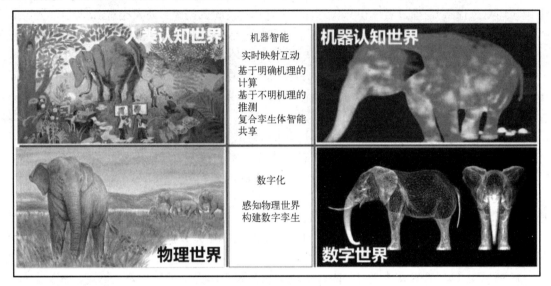

图1.1　四个世界示意图

数字世界是物理世界多层级的孪生体，因此，虚拟数字世界应该是为人所用、受人把控的。从物理世界到数字世界，按照香农采样定理，涉及对物理世界的理解、抽象及感知采样。因此，数字世界的建设需要考虑层次性、阶段性、兼容性、确定性、完备性、稳定性及可解释性等一系列问题。

2　数字化转型

随着数字技术的不断成熟，数字产品源源不断地改变了人类的生活及生产方式。过去20年里，一大批提供数字产品及数字服务的数字原生企业顺应而生。数字经济快速占据世界经济的头部。可以预计，未来数10年，数字技术和数字经济将以空前的强度及深度演进，改变人类的生存方式和生存条件。

在信息时代中，人类活动仍然集中在物理世界，遵循物理世界的思维模式和流程化的思维方式。流程是核心，软件系统是工具，数据只是软件运行过程中的副产品。在数字时代中，人类活动跨越物理世界，穿梭于虚拟数字世界和实体物理世界之间，数据成为核心和不断累积的资产。利用数字化工具，物理世界将被搬运并重构到数字世界中，这不仅是一个技术过程，更是思维方式转变和新认知范式形成的过程。在物理世界中，人类个体的运算能力、记忆能力及身体的行动能力都是有限的，因此，人类只能在有限框架下思考和解决问题。而在数字世界中，沟通协作、设计制作等可以通过数字技术实现，其记忆能力、运算能力和行动能力在理论上已经没有极限了，人类思考问题的框架和解决问题的能力得到极大提升。这在谷歌Deepmind公司开发的人工智能围棋软件AlphaGO战胜世界围棋冠军（Schrittwieser等，2020）的竞赛中得到初步体现。

2019年10月，谷歌发布Sycamore量子计算机（Pednault等，2019），声称能够20分钟破解某加密算法，如果使用传统计算机，即使是当时世界排名第一的超级计算机也要计算 1 万年。2020 年 12 月，中国科技大学宣布"九章"量子计算机研制成功（Zhong 等，2020），声称其计算能力是谷歌 Sycamore 的 100 亿倍。试想一下，如果竞争对手超过你 50%，你也许可以坚忍不拔、浴血奋战；如果对手的实力超过你 100%，你也许仍然通过卧薪尝胆、破釜沉舟扳回一局；但是，如果对手的实力超过你"一万年"或者 100 亿倍，又当如何？

传统工业经济以产定销，多级代理商层层分发传导，企业和消费者之间鲜有直接接触，消费者本身获取信息、产品及服务的渠道有限，其需求往往相对通用和标准化。数字经济发展，移动互联网发达，电商崛起，消费者占据主动地位，个性化需求越来越高，消费层次越分越细。企业必须从原来只关注内部生产效率走向以用户和市场为中心，否则产品就卖不出去。另外，传统意义的行业边界正在消失。工业经济时代行业边界清晰，制造业专注产品研发，打造品牌；零售业专注客户渠道，连接用户；供应链和物流行业专心做好服务。市场空间大，各行业只需要做好自己擅长的一段价值链即可。数字经济时代，谁能占有更多的用户，谁就能够获得先机。但是，用户本身的需求并没有明确的行业边界，对消费者来说，只要是体验好的都行。如此一来，围绕用户的需求形成了一张张网络，所有的企业都在网络上，只要沿着这张网，就可以快速找到其他的节点，行业的边界就此被打破。数字时代的经济体系正在重构，动力正在变革，范式正在改写。数据驱动使生产定制化，智能主导使生产分散化，软件定义使产品智能化，平台支撑使生成工具智能化，服务增值使实体制造走向实体与虚拟融合。图 1 展示的物理世界+人类认知世界+数字世界+机器认知世界正在构成全新的人机共享、人机共存、人机共生的智能世界，数字原生企业占尽天时、地利、人和，处于明显优势地位。数字化转型成为非数字原生企业生存和发展的必经之门。

中国政府对数字化转型工作非常重视。国务院国有资产管理委员会（简称国资委）官网发布了数字化转型的知识方法系列（国务院国有资产管理委员会，2020），包括：数字化转型的基本认识与参考架构，数字化转型的 3 大类价值效益，以价值效益为导向推进数字化转型的 5 大重点任务，数字化转型的 5 个发展阶段，数字化转型战略，新型能力的视角及建设，等等。按照国资委科创局专家给出的定义，数字化转型的核心要义，是要将基于工业技术专业分工取得规模化效率的发展模式，逐步转变为基于信息技术赋能作用获取多样化效率的发展模式。由此，需要系统把握 4 个方面：①数字化转型是信息技术引发的系统性变革；②数字化转型的根本任务是价值体系的优化、创新和重构；③数字化转型的核心路径是新型能力建设；④数字化转型的关键驱动要素是数据。国资委网站还推荐了《数字化转型参考架构》标准 T/AIITRE10001-2020 作为数字化转型体系架构的总体框架（T/AIITRE10001-2020，2020）。

国资委专家认识到数字经济是"信息技术赋能作用获取多样化效率的发展模式"（国务院国有资产管理委员会，2020），数字化转型要充分考虑数据要素的关键驱动作用，着重于新型能力建设，而把转型的具体路径留给了各行各业去探索。本文作者认为，用"信息技术赋能作用"来定位数字经济的发展动力，尚不足以概括数字经济的变革动力、体系重构及范式改写的强度和颠覆性影响。实际上，对于构建数字世界来说，最重要的是对物理世界的感知和数据采集及数字孪生的创建和互联互通，除了传统信息与通信技术，更重要的是物联网、数据治理、数据生态及数字模型等新兴数据和数字技术。

同时，国家层面近年来大力推动新基建（徐宪平，2020）。以大数据、物联网、区块链、云计算、移动通信及人工智能为重点，在"链接""交互""计算""安全"4 个方面加强国家级能力建设，构建数字经济通用科技支撑体系及平台，带动数字经济产业变革。一场由数字技术引发的巨大社会经济变革正在发生，未来将会发生更大的变革。数字化转型已经成为全世界、全社会、各领域必须回答的时代性重大命题。

2020年底，国资委网站连续发表央企董事长署名文章，大力推动国有企业的数字化转型。中国石油天然气集团有限公司党组书记、董事长戴厚良发表了"中国石油：以数字化转型驱动油气产业高质量发展"（戴厚良，2020），中国石油化工集团党组书记、董事长张玉卓发表了"中国石化：以数字化转型促进能源化工产业高质量发展"（张玉卓，2020），中国海洋石油集团有限公司党组书记、董事长汪东进发表了"中国海油：把握大势 抢抓机遇 加快推进中国海油数字化转型"（汪东进，2020）。表明三大石油公司——央企航空母舰的数字化转型已经箭在弦上，不可逆转。

1946年至今的近80年里（张维，2001），随着计算机和互联网的出现，人类逐步进入信息社会和智能社会，形成数字经济，数据成为重要生产要素（见图1.2）。数字化转型正在重构社会经济形态，传统行业和企业则正在经历脱胎换骨的生死之战。

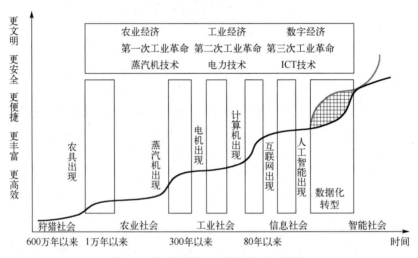

图1.2　社会经济形态发展简史示意图

3　石油工业数字化转型及其实现路径

石油和天然气在现代人类社会生活中占有极其重要的地位，通常将其作为战略物质来规划、管理及使用，世界各国高度重视并投入大量财力物力寻找和开采油气资源。油气具有燃料和原料双重属性。作为能源燃料，油气在运输、热值及环境保护等方面明显优于煤炭，在战争中的作用更是显著。20世纪发生过的两次世界大战，关键战役的胜败均与石油供应息息相关。作为工业原料，油气对农药、化肥、医药、合成纤维、合成橡胶、合成塑料、合成氨、硫酸等作用巨大，是乙烯、丙烯、丁二烯、苯、甲苯、二甲苯、乙炔等的原料。

石油工业经过100多年的发展，已形成固有的知识体系、标准流程及运作模式。以油气上游即勘探开发核心业务为例，通常包括资源勘查阶段、资源评价阶段、油气发现阶段、油气藏评价阶段、开发生产阶段、油气田废弃阶段等（李剑峰，2022；李剑峰等，2020）。每个阶段都涉及资料数据采集、处理解释应用等综合研究（见图1.3）。从核心业务来说，油气企业大多属于"研究型生产企业"或"生产型研究公司"，科研与生产交错迭代。每个阶段都有项目管理，包括规划计划、工程造价、投资预算、生产运行、质量监督、安全监管、项目验收、工程结算等环节。而在最上面，还涉及财务管理、人力资源、设备管理、物质供应、法律事务、生产销售、客户关系等企业运营。在以专业技术分工取得规模化效率发展模式的工业经济体系里，必须强调各个环节的职责分明，其体制机制和以往持续的信息化建设已经产生了大量的信息孤岛和数据壁垒，加上个体认知能力的有限性和局限性，效率、效益很难达到最优，事故、事件很难完全根除。特别是，在传统经济要素里，土地、装备、资本、劳动力等产生价值就意味着消耗。而在数字经济时代，数据作为关键生产要素，可以流动和重复使用，其产生价值所需消耗可控。这为节能减排、绿色低碳、可持续发展奠定了基础。

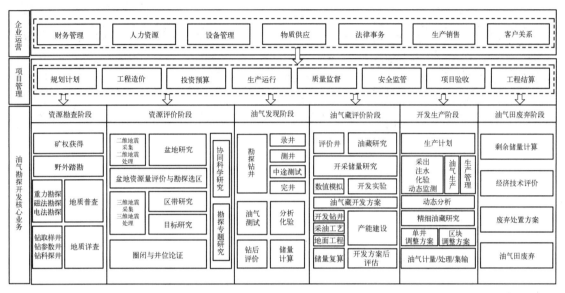

图 1.3　油气上游领域企业运营、项目管理及勘探开发核心业务示意图

油气上游领域的数字化转型是一个复杂的系统工程，涉及不同层级的转型目标。针对物理世界的油气藏、油气井、油气田及油气企业四个层级，基于香农采样定理，利用传感器及物联网等数字化工具和数字技术，充分感知油气藏、油气井、油气田及油气企业，利用其历史存量数据和实时动态数据，构建油气藏、油气井、油气田及油气企业分层级的数字孪生。通过先进有效的数据治理和数据生态建设，打破信息孤岛和数据壁垒，使数据能够畅通无阻地流动和复用。利用机器学习等智能工具，构建机器认知的油气藏、油气井、油气田及油气企业，通过基于具有明确机理模型的快速自动计算，或者通过基于机理不明确的数据驱动模型模拟择优推测，挖掘和发现数字世界油气藏、油气井、油气田及油气企业中的关联关系。通过物理世界油气田与数字世界油气田的映射互动及复合孪生体的智能共享，实现物理世界油气田的局部或整体全生命周期的认知、预测、优化及闭环控制。由于机器认知能力的广泛性和可扩展性，利用强大算力，可以使效率、效益在全生命周期达到最优；通过预防性维护及预测预报等智能手段，事故与事件就有可能被根除，真正实现油气企业和油气行业的绿色、低碳和可持续发展。

在石油上游领域数字世界构建的策略上，一方面，要充分利用现有 ICT 系统的存量数据资产；另一方面，要增加新通道，从现实物理世界直接感知、采集、汇聚增量数据到数字世界，不断驱动业务对象、过程与规则的数字化。为此，按照数字世界的架构要求，对上游领域多层级数字孪生需要的关键信息进行梳理和设计，再利用传感器或者物联网传感器进行数字化采集，构建油气藏、油气井及油气田与油气企业的模型和数字孪生。对油气藏、油气井、油气田已经获得的各种数据进行清理、清洗，并入库、入湖，构建完整的数据生态和平台，确定协同研究及勘探开发生产与营运管理的应用场景。以数字世界数据生态为基础，以数据驱动的机器学习及数据驱动与机理模型融合等新范式，构建智能油气藏、智能油气井、智能油气田及智能油气企业，从而实现对勘探开发生产集输及地面工程各个环节的动态优化、预防性维护及安全运行管理的全流程全链条闭环控制（见图1.4）。

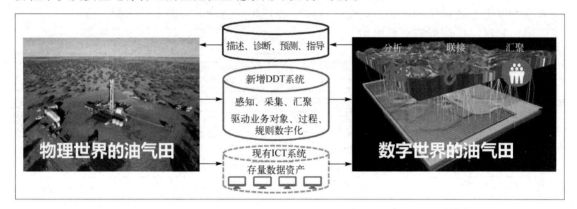

图1.4 数字世界油气田构建策略示意图

石油工业数字化转型和智能化发展前景广阔，但充满挑战，不可能一蹴而就。与其他行业相比，油气企业的自动化、信息化程度较高，为数字化转型奠定了一定基础。油气行业科技人员比例较高，接受新理念、新知识比较快。油气领域的历史数据种类多、量大、更新快，每一种数据都有其独特的价值，不可替代也不可或缺。此外，物理世界和专家认知世界里的油气行业，其业务流程已经不断迭代优化、业务链与价值链协调性较好、知识体系与标准体系比较完备等优势，为数字化转型提供了一定条件。

但是，石油工业数字化转型也有负面清单。总的来说，迄今的油气企业都在传统工业经济体系之上构建并运行，与其体制机制伴生共存的信息孤岛、数字壁垒根深蒂固，难以适应数字经济体系。而且，由于信息化队伍在企业管理中长期处于辅助地位，并且信息化数字化技术发展迭代速度太快，业务驱动、数据与数字化技术支持的数字化转型在油气企业的内生驱动力明显不足，面对国家的强力主导，领导层和执行层多数人积极性不高，导致当前数字化转型、智能化发展口号多、行动少，内涵相对比较空洞。高水平人才匮乏，业务场景构建过于简单甚至过于急功近利，使油气行业数字化转型的实施难度增加。应该认识到，数字化转型既不是一个信息与通信技术（Information and Communication Technology，ICT）项目、也不是一个数据驱动（Data-Driven Transformation，DDT）项目，而是由数据驱动技术体系引发的油气行业全流程系统性升级换代，会有风险、阻力和周期，当然也有方法。在实施期和融合期，预计将遇到更多困难，需要工具、生态、流程再造，以及更核心的理念、观念和数字经济文化的支持。

未来石油工业必须是绿色、低碳、可持续发展的。面对数字技术创新、数字空间争夺、数字社会经济结构的快速重构，高水平人才将成为数字化转型成败的决定性因素。中国石油大学（北京）于2018年底在石油石化及能源资源领域率先成立人工智能学院，按照"高起点、高水平、新体制、新机制、小实体、大平台"的思路开启了石油工业数字化转型和智能化发展所急需的高水平人才培养和前瞻性油气数据科学研究的探索之旅。2020年底，协同中国石油、中国石化、中国海油等相关企业，成立了油气人工智能产学研创新联盟，推动石油工业数字化和智能化"产、学、研、用"的深度融合。2022年中，成立中国数据科学研究所，开展数据治理和数字化转型的流程规范及标准体系建设。同时，与华为、百度、金山云等数字原生企业及数字化转型成功的非数字原生企业开展深度合作。承担了中国石油天然气集团有限公司"物探、测井、钻完井人工智能理论与应用场景关键技术研究"、中国石油化工集团有限公司"数据治理体系及数据标准编制"、中国海油"勘探开发人工智能示范应用研究"等系列前沿探索研究。这些努力将有力推动石油工业数字化转型，促进油气行业绿色、低碳和可持续发展。

4　认识与结论

数字时代已经来临，数字技术的成熟和数字原生企业的巨大成功给非数字原生企业及行业的未来发展既提出了严酷挑战，又提明了方向。本文通过对石油工业数字化及数字化转型的基本问题、底层逻辑及内在规律的系统思考和论述，形成以下认识。

（1）"四个世界"模型是认识数字技术、数字化、数字化转型的基础，可以帮助理解数字化技术、数据资产、数字经济的发展过程、底层逻辑及内在规律。

（2）数字世界构建是实现数字化转型和机器认知世界的关键。基于香农采样定理，感知和采集物理世界数据，集成信息与通信技术的存量数据资产和数据驱动转型的增量数据资产，建立多层级数字孪生，是数字化转型的可行路径，也是石油工业数字化转型必须重视的基本策略。机器认知世界为人机共享、人机共存、人机共生的智能世界的构建提供了方向和依据。

（3）数字世界的沟通、协作、设计、生产制作等都可以通过数字技术实现，其运算能力、记忆能力和行动能力没有限制，使机器认知世界的思考框架及解题能力得到空前提升，这意味着一个由智能科技改变人类世界全新时代的到来。

（4）对油气企业来说，数字化转型是生死之战。那些快速实现转型的企业将获得极大的发展红利，而未能及时实现转型的企业将不可避免地消失。

（5）石油工业数字化转型的理论、方法、模型及工具正在快速发展并逐步成熟，但关于石油工业数据采集、数据集、数据治理、多层级数字孪生、数据驱动、数据安全等的顶层设计正在受到前所未有的挑战。

参考文献

[1]　Arnautovic E. Consolidated State-of-the-Art Report [J]. Computer Networks，2010，54（15）：2787-2805.

[2]　Berners-lee T，Cailliau R，Luotonen A，et al. The world-wide web [J]. Communications of the ACM，1994，37（8）：76-82.

[3]　Eckert J J P，Mauchly J W. Electronic numerical integrator and computer：US3120606A [P]. 1964-02-04.

[4]　Einstein A. On the electrodynamics of moving bodies [J]. Annalen der physik，1905，17（10）：891-921.

[5]　Grieves M W. Product Lifecycle Quality（PLQ）：a framework within product lifecycle management（PLM）for achieving product quality [J]. International Journal of Manufacturing Technology and Management，2010，19（3-4）：180-190.

[6]　Grieves M，Vickers J. Digital twin：Mitigating unpredictable，undesirable emergent behavior in complex systems [M]. Transdisciplinary perspectives on complex systems，2017.

[7]　Hauben M. History of ARPANET [J]. Site de l'Instituto Superior de Engenharia do Porto，2007，17：1-20.

[8]　Pednault E，Gunnels J A，Nannicini G，et al. Leveraging secondary storage to simulate deep 54-qubit sycamore circuits [J]. arXiv，2019，1910.09534.

[9]　Raup D M. Biological extinction in earth history [J]. Science，1986，231（4745）：1528-1533.

[10]　Schrittwieser J，Antonoglou I，Hubert T，et al. Mastering atari，go，chess and shogi by planning with a learned

model [J]. Nature，2020，588（7839）：604-609.

[11] Shannon C E. A mathematical theory of communication [J]. The Bell System Technical Journal，1948，27（3）：379-423.

[12] T/AIITRE10001-2020. 数字化转型参考架构 [S]. 北京：中关村信息技术和实体经济融合发展联盟，2020.

[13] Torsvik T H，Cocks L R M. Earth history and palaeogeography [M]. Cambridge：Cambridge University Press，2016.

[14] Zhong H，Wang H，Deng Y，et al. Quantum computational advantage using photons [J]. Science，2020，370（6523）：1460-1463.

[15] 戴厚良. 中国石油：以数字化转型驱动油气产业高质量发展 [DB/OL]. 2020.

[16] 国务院国有资产管理委员会. 数字化转型的知识方法系列：国有企业数字化转型 [DB/OL]. 2020.

[17] 国务院国有资产管理委员会. 数字化转型知识方法系列之一：数字化转型的基本认识与参考架构 [DB/OL]. 2020.

[18] 华为公司数据管理部.华为数据之道 [M]. 北京：机械工业出版社，2020.

[19] 李剑峰. 企业数字化转型认知与实践：工业元宇宙前传 [M]. 北京：中国经济出版社，2022.

[20] 李剑峰，肖波，肖莉，等. 智能油田（上、下册）[M]. 北京：中国石化出版社，2020.

[21] 尼克. 人工智能简史 [M]. 北京：人民邮电出版社，2017.

[22] 汪东进. 中国海油：把握大势抢抓机遇加快推进中国海油数字化转型 [DB/OL]. 2020.

[23] 肖立志. 数据驱动机器学习与机理模型融合及可解释性问题 [J]. 石油物探，2022，61（2）：205-212.

[24] 徐宪平. 新基建数字时代的新结构性力量 [M]. 北京：人民出版社，2020.

[25] 张维. 近代中国科学技术教育的发展 [J]. 百年潮，2001（4）：9.

[26] 张玉卓. 中国石化：以数字化转型促进能源化工产业高质量发展 [DB/OL]. 2020.

（本文来源及引用方式：肖立志. 数字化转型推动石油工业绿色低碳可持续发展 [J]. 世界石油工业，2022，29（4）：39-48.）

论文 2　机器学习数据驱动与机理模型融合及可解释性问题

摘要

本文回顾油气人工智能研究进展，分析其面临的一些关键问题。将油气人工智能研究分成两个层级，即学术型油气人工智能研究和工业级油气人工智能研究，两者面临不同的问题和挑战。对于学术型油气人工智能应用场景，主要是关心算法及其相关理论应用，着重解决智能点的局部问题；对于工业级人工智能应用场景，更多的要关心数据集、平台、多源多尺度多模态数据融合建模、数据驱动与机理模型融合建模及机器学习模型的可解释性等问题。针对数据驱动与机理模型融合问题，建议通过三种途径，即算法融合、评价方法融合、数据集融合，并给出实验验证。针对油气人工智能模型的可解释性问题，文章指出工业级油气人工智能必须具有可解释性，并建议初步解决方案，包括建模前、建模中、建模后的多级解释模型。最后，作者认为，探寻工业级人工智能理论和应用场景发展之路，必须厘清人工智能时代"物理世界"、"数字世界"、"人所认知的世界"、"机器所认知的世界"和"机器正在改造的世界"之间的互动关系。

1　引言

以大数据、机器学习、超强算力为基础的新一代人工智能是具有全局性变革和颠覆性潜力的技术体系，正在改变人类社会生产生活的方方面面，也不可逆转地改变着科学研究的问题域和范式。

石油石化行业涉及上游领域勘探开发生产环节的离散工业和中、下游领域储运管网及炼油化工环节的流程工业，受到绿色环保节能等社会环境严格制约和降本增效提质等经营目标不断优化的强大驱动，对新科技、新理念始终保持高度开放的态度。同时，石油石化行业科技含量高、专业知识成熟、技术标准完备、人员素质好、有一定的信息化和自动化基础、历史数据丰富且实时更新迅速，客观上为新一代人工智能应用提供了良好条件。但是，总的来说，油气工业的惯性发展模式是基于严格的专业技术分工来取得规模化效率的，面对数字经济时代对基于信息技术赋能作用获取多样化效率的发展模式，其长期形成的数据壁垒、信息孤岛及小样本、少标签的数据形态和对可解释性及高准确度的客观要求，使"试错式"数据驱动的人工智能对于油气行业的规模化及流程性落地应用有其严酷的挑战和滞后效应。

随着数字化转型在各行各业全面展开，基于数据驱动的深度学习在石油石化行业受到高度重视，近两年油气人工智能项目及应用成果大幅度增加，油气物联网、数字孪生、云平台、数据治理、知识管理、协同研究、智能油气田、智能采油厂、智能管网、智能炼厂等应用场景的研究不断深化，推广力度也越来越大。总体来看，石油石化行业成熟度高、业务逻辑复杂、专业分工细致、安全运行严格，局部智能点的选取和推广比较容易。但是，如果要真正按照数字化转型的目标要求，通过开放共享实现全流程智能及闭环优化控制，行业转型和智能化发展之路还很漫长。

本文首先介绍油气人工智能研究进展及面临的若干关键问题，然后针对这些问题，提出油气人工智能分层级研究体系、机理模型与数据驱动融合的方法与途径，以及对油气人工智能模型可解释性问题的认识与建议。

2 油气人工智能研究进展与关键问题

我们把石油石化领域的人工智能理论、技术、方法及应用统称为油气人工智能。2018年，中国石油大学（北京）成立人工智能学院，以满足石油石化对人工智能人才培养和科学研究日益增长的迫切需求，通过人工智能与石油石化多学科的交叉融合来布局科学研究、培养创新人才。把地质地球物理、石油工程、管网集输及炼制和化工等石油石化领域的各个学科与人工智能交叉融合来赋能升级，形成油气人工智能的理论、技术、方法及应用场景，得到行业内外的广泛关注。近三年，油气人工智能方向在读本科生、硕士研究生、博士研究生接近200名，而企业订单式委托培养油气人工智能研究生并深度参与培养方案的制定和实施，加快了油气人工智能复合型人才培养模式的形成与推广。

在我们承担的中国石油战略合作项目"物探、测井、钻完井人工智能理论与应用场景关键技术研究"项目实施过程中，逐步形成油气人工智能概念及其问题域和研究范式。我们认识到，在油气人工智能应用场景研究中，需要分成两个层级来展开。第一，我把它定义为学术型油气人工智能应用场景研究；第二，则是工业级油气人工智能应用场景研究。前者是个体的、离散的、局部的智能点的研究，相对比较容易选取、推广并见到效果；后者到了工业级，涉及到全局、整体、实时动态一系列大问题，包括数据来源、数据集、数据湖、数据治理及数据生态、算法、平台及应用场景与闭环优化控制等。

学术型油气人工智能应用场景研究可以追溯到建院前许多老师的大量分散性探索。在中国石油项目里，我们整合全校80余位教师参与其中，完成并实现包括物探、测井、钻完井、开采、管道检测及设备维护等数十个具体应用场景，涉及到对智能点问题的理解与定义、数据的准备、神经网络的构建、模型评价等一系列基本步骤，收录在《油气人工智能理论与应用场景》中（高等学校油气人工智能教育教学丛书，电子工业出版社，2022年）。

工业级油气人工智能应用场景则要困难得多，面临全流程、贯通式的优化和闭环控制，最终希望能够通过数字孪生和全流程可视化来实现智能决策及目标管理。基于对业务逻辑的理解提出流程级顶层设计，对未来智能化目标的实施、运维及效益将产生巨大影响。而包括数据完备性、数据感知、数据治理及数据生态建设在内的数据问题变得尤为重要。石油石化行业长期以来遵循的严格专业技术分工取得规模化效率的发展模式，面对数据驱动人工智能的规模化和流程级推广应用获取多样性效率的发展模式时，对人工智能模型部署不可避免地提出高准确性和可解释性的严格要求。

通过对工业级油气人工智能应用场景底层逻辑及关键环节的仔细梳理，我们提出其面临且必须解决的几个关键问题。**第一个问题是数据治理及数据集构建**。没有良好的数据治理体系和数据标准，没有合理的数据集，基于数据驱动的机器学习建立人工智能模型便不可能达成，这个问题至今尚未引起足够重视。**第二个问题是多源多尺度多模态数据建模**。来源广泛、时空跨度大、多种模态并存是油气行业数据的基本特征，在传统的机理模型研究范式中，多源多尺度多模态是难以处理的，缺少必要的工具。而机器学习研究范式则提供了可能。**第三个问题是数据驱动与机理模型的深度融合**。实践告诉我们，在油气行业，光靠数据驱动是不够的，换个角度说，过去长时间研究积累下来的领域知识和机理模型，是我们认识世界的重要成果，也是未来发展的重要基础。让数据驱动与机理模型深度融合，不仅是一个实践问题，也是尚未完全解决的理论问题。此外，不可避免的，我们会面临**第四个问题**，即**油气人工智能模型的可解释性问题**，包括可解释性的定义、可解释性问题的来源及如何解决可解释性问题等。对于前两个问题，将另行专门讨论，本文主要针对数据驱动与机理模型深度融合以及可解释性问题提出一些初步看法和建议。

3　机器学习数据驱动与机理模型的融合之路

地球物理及岩石物理科学研究积累了大量领域知识和机理模型，它们以物理模型及其表征参数之间的数学关系来表示，构成地球物理和岩石物理知识体系，成为解决地球物理和岩石物理问题的基础。基于此，根据输入及相关约束条件，利用已经建立的物理模型和领域知识或者函数关系，即可得到期望的输出结果，这是经过长期积累建立起来的确定性研究范式。

当输入与输出之间的映射关系未知或过于复杂时，上述确定性范式便可能失效。此时，如果有足够多的数据及标签，通过数据驱动的机器学习便可以建立新型映射关系，形成新的研究范式。这种新型映射关系即是基于数据及其标签体系训练好的神经网络模型，它涉及训练集和测试集的构建、神经网络模型的构建、模型评价的准则与方法及一整套迭代学习的过程。利用训练好的神经网络模型作为新的映射关系，完成输入到输出的映射，如图 2.1 所示。这种网络模型的基本规则其实很简单，它是一系列线性运算加非线性激活函数的组合。但随着神经元的增加，其内部发生的过程和量值变化很快就会超出人的可认知范围，在迭代过程中我们并不知道里面发生了什么，因此，通常把这样的模型训练过程及形成的模型叫作黑盒。随着神经网络越来越深，越来越大，一个深度神经网络可能有几千万甚至几十亿个参数，这样的参数体系远远超出个人的认知与控制范围，由此产生一系列包括可解释性在内的后续复杂问题。

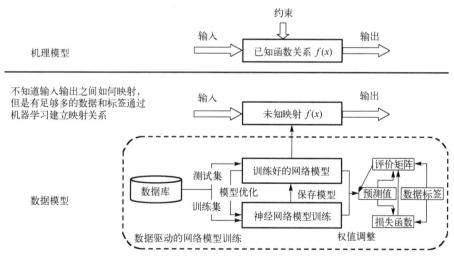

图 2.1　两种研究范式：机理模型（上）和数据模型（下）

数据驱动机器学习的基本流程为：从数据集开始，利用对损失函数的最小化对构建的深度数据网络进行训练，再利用训练好的深度神经网络模型来实现对输入数据的映射，起到预知或者认知的作用。这样的学习过程，可以应用到实际问题的各个环节，它可以是具体的智能点，也可以放大到流程中。如果应用场景处于动态流程中，可以利用新产生的数据及标签，通过不断迭代、优化、升级，形成完整闭环，提高模型的准确性和适应性。

将机理模型（图 2.1 上）与数据模型（图 2.1 下）两种研究范式进行对比，机理模型解决问题的过程，包括理论假设及在理论假设基础上得到近似表达式，继而得到近似解，然后在实践中检验，得到具体而确切的输入输出之间的映射关系。进一步说，由领域知识确定的机理模型方法有明确的物理模型或设定假设和理论模型，通过数学方法建立物理模型各表征参数之间的关系。在应用中，比如在地球物理应用中，可能会遇到的问题包括但不限于：难以充分考虑真实地质体的复杂性，甚至经常会碰到研究对象无法建立物理模型、无法用参数来描述的情景；另外，表征参数之间的关系也可能是难以确定的。数据驱动的研究范式试图通过数据挖掘迭代优化，从而得到全优解，由基于观测数据的机器学习发现输入输出之间的关联关系，被认为可以得到更普遍形式的解决方案。原理上，机器学习方法想在一堆貌似没有关系或者隐约有关系但很难定量描述的参量之间，通过数据驱动来建立比较确切的关系模型。通常认为它更适用于复杂地质的研究，因为不需要做任何假设，因而有更强的普适性，而且它可以脱离物理模型进行纯数据的分析研究。

2019 年 Science 发表一篇重要综述文章（Bergen 等，2019），讨论固体地球科学中数据驱动的机器学习，其中有领域知识与机器学习研究范式的对比，并分析了机器学习在地球科学数据分析的自动化、正反演模拟、新发现中的应用场景及方向，很有启发性。马建伟等（Yu 和 Ma，2021；Jia 和 Ma，2017）对深度学习在地球物理中的应用做了系统深入的介绍。

以地球物理测井为例，有很好的机理模型和数学基础，可以单独做数学建模，分别发展了完整的正反演理论和方法（肖立志，1984，1988；金振武和肖立志，1989）。但是，当把两种或者多种不同来源、不同尺度、不同模态的数据结合时，如前所述，通常会遇到问题。利用人工智能，多源多尺度多模态数据融合就不再是问题，从这个角度说，数据驱动的研究范式使多源、多尺度、多模态地球物理数据的应用方式发生了根本性变化和突破性进展。

马建伟等（2021）归纳了地球物理多个领域的基本研究范式，即机理模型和数据驱动。2019 年 Nature 发表一篇重要综述（Reichstein 等，2019），提出物理模型与数据驱动机器学习相结合，对人工智能地球物理未来发展很有启发意义。研究过程中，我们同样认识到，单一路线或者单种范式已经很难实现油气人工智能研究目标，更合理的途径和方向应该是数据驱动和机理模型的有机结合。很多学者已经开展机器学习单独及与机理模型融合的研究，例如张东晓团队（Chen 和 Zhang，2020a，2020b，2021a，2021b；Wang 等，2020）、伍新民团队（Bi 等，2021；Geng 等 2020；Wu 和 Fomel，2018a，2018b；Wu 和 Hale，2015；Wu 等，2019）等。

面对油气藏及油气井的各种数据，第一步需要分析数据的基本特征。在地球物理测井领域，各种各样的观测方法、仪器及获得的数据都是经过长期发展完善而沉淀下来的。这些数据的来源和物理意义都非常明确，而且，利用近似响应方程在一定范围内具有比较好的可行性。另外，每一种地球物理测井数据都有很高的价值，不可或缺也无法替代，而且往往数据量大、数据类型多、数据更新速度快。时间序列和深度序列可以相互转化，它们本质上是相通的。地球物理测井问题，要面对复杂性，而且往往是欠定的，尽管有的时候我们希望它是个超定问题。不可避免的是，欠定或超定都要面对多解性问题。对还需要面对模糊性问题，表现在油气储层常常很难用参数去描述、表征。例如渗透率问题，面对非均质性和各向异性及尺度效应，即使是用张量，也难以描述和表征。还有孔隙结构，究竟应该怎样表述孔隙结构是相当模糊的。主观上想去刻画它，但往往缺少表征方式和依据。此外，如噪声及数据采集过程等引起的不确定性问题，在地球物理测井领域处处存在，是数据的基本特征之一。多解性、模糊性、不确定性，很容易达到机理模型应用的边界，导致有人戏称"地球物理是科学的不科学"，也就是说，尽管我们用严格的机理模型非常科学地研究地球物理问题，但面对实际应用时，得到的结论未必科学、有效。

过去研究工作积累了丰富的领域知识和机理模型，我们从大学时开始学习至今，这些领域知识和机理模型在一定范围内解决了地球物理应用中的问题。而当前地球物理探测领域数据驱动的机器学习，面临着小样本、少标签的数据问题。少标签的部分原因是数据昂贵、价值很高，所以不可能有很多标签。在这种情况下如何有效应用机器学习？前面讲过，很多团队在做的都是试图把机理模型与数据模型结合起来。然而，如何"结合"？人们从不同的方向展开探索。

数据驱动建模全流程都可嵌入领域知识及机理模型，实现包括在深度神经网络模型结构设计上嵌入领域知识、在模型评价环节嵌入领域知识、建立新型损失函数使正则项的权重保持动态平衡等方法。以此为基础提出一些代表性模型，包括混合协同投影网络（Hybrid Collaborative-Projection Network，HCP）、任务指导的卷积神经网络（Task-guided Convolutional Neural Networks，TgCNN）、任务指导的神经网络（Task-guided Neural Networks，TgNN）等。这些结合方式均旨在快速寻找全局最优解，如图 2.2 所示。图中，纯数据驱动机器学习的寻优路径用三角符号表示，显然，其结果并未达到真正的全局最优。加入软约束后的寻优路径用菱形符号表示，虽然比纯数据驱动效果好，但还是没有收敛到全局最优点。加入硬约束的模型寻优路径用五角星符号表示，最终可以到达全局最优点。该图较好地表达了不同结合方法的寻优收敛过程及添加机理模型约束的意义和作用。采用该方法进行地球物理领域知识及机理模型与数据驱动的融合，可以见到实际效果。

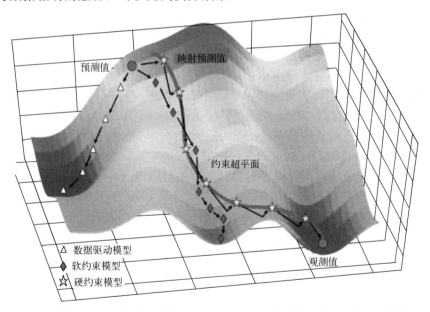

图 2.2　领域知识机理模型与数据驱动融合改变迭代路径和最优解（陈云天提供）

我们发现，领域知识及机理模型与数据驱动融合的另一个有价值的方向是通过机理模型构建数据集。在研究油气人工智能应用场景过程中，比如物探、测井、钻完井的机器学习应用场景，我们遇到的最大挑战其实不是算法，而是数据集的构建。在地球探测有监督机器学习中，最主要的工作量往往用在数据集及标签体系的构建上。

建议用三种方式实现机理模型和数据驱动的融合。第一种是在数据集构建时添加领域知识，对输入数据进行物理约束，搭建模型时将机理模型得到的参数作为输入，机理模型生成数据添加到数据集作为训练集和测试集。第二种是在深度神经网络隐层中添加，例如修改隐藏层结构，根据机理模型增加一些中间输出变量，修改损失函数的构建方式等。第三种是在输出的时候添加，通过对地球物理或者岩石物理知识的应用，对输出参数作出符合领域知识的判断和挑选。我们重点关注把领域知识和机理模型加入数据集，使其包括实测数据和正演数据，解决实测数据少和标签少的问题。利用正演模型生成数据集，在物探、测井等各个方面都有广阔前景。伍新民等在地震资料反演和成像方面进行数据集构建时，很好地采用了正演模拟。我们在地球物理测井反演方面，充分考虑地质和岩石物理约束，综合井筒、储层、测量仪器等正演生成数据集，全面利用现有领域知识和机理模型，把这种正演数据集融合到实测数据集，在数据空间充分考虑其标签体系的平衡和完备等问题，构建方向性辅助工具。

以此为基础，尝试岩石物理领域知识约束的多尺度多任务地球物理测井机器学习应用，在数据集、标签、模型搭建、模型评价、迭代过程等各个环节充分发挥领域知识和机理模型的引导和约束作用。深度神经网络采用残差神经网络，在损失函数的构建中加入硬约束，包括响应方程约束、储层参数间的物理约束、地球物理测井数据间的物理约束，构成总的损失函数。针对该模型，通过网络结构及抗噪性测试等对照实验表明，在不同环节加入机理模型对训练过程和结果模型会产生不同的影响。在数据集中加入领域知识和机理模型会丰富数据类型及其分布形式，从而能够有效改变数据驱动的准确性和收敛性。

4 可解释性问题

在学术型及工业级油气人工智能应用场景研究实践中，我们感受到，涉及需要作出高可靠决策判断的石油石化行业或要求决策合规的油气勘探领域，数据驱动的人工智能模型难以规模化部署的原因之一是决策的透明度和结果的可解释性。所以，使油气人工智能系统的行为对行业专家更透明、更易懂、更可信，对石油石化行业人工智能研究及规模化部署应用非常重要，这触及到了人工智能理论的边界和共性核心难题。

文献（Bergen 等，2019）指出，机器学习在固体地球科学中的应用主要有三个方面，即自动化、正反演模拟、新现象的发现。我们相应地归纳出可解释性问题的表现形式有：1）作为自动化工具，机器学习模型面临可靠性、准确性及稳定性的要求，可解释性意味着潜在故障容易被检测到，便于查找根本原因并提供修复方法；2）作为正反演模拟工具，机器学习模型面临行业规范及标准的要求，例如定井位，涉及到后续一系列作业和投资及审批流程，可解释性是一项强制性要求；3）作为发现新现象的研究工具，机器学习模型必然面临人类逻辑关系的追问，对于多源多尺度多模态的地质地球物理数据，可能存在极其复杂的内在模式，当深度神经网络性能超越旧模型时，意味着可能发现了新的现象或新的知识，此时，可解释性则是揭示新知识新现象的必要方式。

语义上，"解释"二字是指"在观察的基础上，合理地说明事物变化的原因、事物之间的联系或事物发展的规律"。而"可解释性"是指"用可理解的术语和方式向人类提供解释的能力"，可理解的术语应该来自与任务相关的领域知识或根据任务的常识。谷歌科学家给出可解释性的一个定义：Interpretation is the process of giving explanation to Human。可解释性是人对人、人对自然建立信任的最底层和最基本的需求。有了可解释性，人们才有可能建立安全感和可操控感。

人类理性发展历程表明，如果一个判断或决策是可以被解释的，那么更容易确定其应用边界、评估其风险、知道在什么场合、在多大程度上可以被信赖，进一步来说，更容易增进共识、减少风险、不断改进和完善。这是"以人为中心"的一种基本思维模式，也是人类最成熟、最具共识、最可信赖的思维模式。通用人工智能成熟以后，这种思维模式是否继续有效？未来会不会演化出"以机器为中心"的思维模式？我不知道！

机器学习可解释性（Explanatory 或 Interpretability）是人工智能理论最热门的研究领域之一，但进展缓慢。深度神经网络机器学习尽管已经完胜世界围棋冠军，图像识别、语音识别也接近满分，但人们对这些应用场景中震撼之余仍抱有极大的戒备之心。原因在于，尚不存在一种可以从人类角度理解人工智能模型的决策机制和过程，不知道依据什么及什么时候会出错。这也是目前数据驱动机器学习模型尚难以部署到一些对性能要求高的关键领域的主要原因，比如石油石化行业的关键环节及全流程。

总体来说，基于深度学习的人工智能是一个突发议题，人类对其很多理论问题尚缺少深入认识。依靠简单网络规则和强大算力完成的巨大运算量，沉淀为一个个严密黑盒，超出了现有逻辑可以掌控和解释的范围。

可解释性与领域知识密切相关，应该在领域范围解决。从这个意义上说，可能难以找到对人工智能可解释性问题的自动和通用的答案。或许，对机器学习需要重构新的逻辑体系，实现数据驱动的可解释性；重建人与人工智能模型之间的互信逻辑及规范标准，量化模型的可信任度和信任边界。一种现实可行的有限目标是对机器学习过程进行分解，从而分阶段解决可解释性问题。比如，建模前的可解释性涉及数据的预处理和数据展示的方法；建模中的可解释性，即建立具备可解释性的机器学习神经网络模型；建模后的可解释性，即利用可解释性方法，对具有黑箱性质的深度学习模型输出作出符合人类逻辑准则的解释。最后一条通道，也许是通过机理模型与数据驱动的深度融合，为机器学习模型提供可解释性的路径、判据即边界来解决可解释性问题。而这最后一条，又将陷入"以人为中心"的思维模式和思维边界。

5　认识与讨论

在对机理模型与数据驱动融合的讨论中，我们已经看到：第一，大数据、深度学习和超强算力为基础的新一代人工智能，已经不可逆转地改变了科研范式，无论是学术型应用场景还是工业级应用场景，包括地球物理探测及石油石化行业在内的问题域和研究方法已经发生巨大变化；第二，数据驱动已经成为油气勘探开发及地球物理探测数据分析自动化、正反演模拟，以及隐含在数据中的新现象、新规律发现的重要工具；第三，油气人工智能应用场景研究和应用实践表明，数据治理、多源多尺度多模态建模、机理模型与数据驱动融合及可解释性是工业级油气人工智能及人工智能地球物理规模化应用的四个关键问题，数据治理更多的是实践性问题，但多源多尺度多模态建模、机理模型与数据驱动融合和可解释性问题则是实践与理论兼有的问题；第四，领域知识机理模型的范式可以与数据驱动范式相融合而产生新范式，尤其在小样本、少标签的应用场景中将发挥重要作用；第五，机理模型与数据驱动融合的途径和技术措施可以多种多样，其中涉及到的理论基础，包括数学本质等，有待进一步深入研究。

《华为数据治理之道》一书中，提出物理世界、数字世界、人所认识的世界及机器认识世界的"四个世界"划分方法（华为公司数据管理部，2020）。我们经过修订后提出一个更加细化的分类体系，如图 2.3 所示。

图 2.3 的左下方是我们面对的物理世界。按照传统观点，物理世界是"真实的"和"唯一的"。但是，面对不断发展和完善的虚拟现实及增强现实，对物理世界的"真实性"和"唯

一性"可能需要重新定义。传统上，我们用分析法或归纳法认识物理世界，形成确定性认知模式，建立了领域知识和机理模型体系。具体到个人对物理世界的认识，是丰富多彩、简单明了的，它取决于我们自身的知识、智力、经验及时代的总体科技水平。

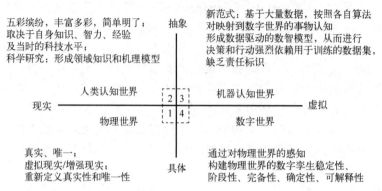

图2.3   在"四个世界"中探寻人工智能理论和应用场景发展的认识论和方法论

现在，通过数据驱动的机器来认识并改造物理世界。以大数据为基础，采用各种算法，形成新的研究范式和认识论。物理世界的万事万物先映射到数字世界，再进行认知，形成数据驱动的机器认知模型，依此进行决策和行动。机器认知的物理世界，强烈依赖用于训练数据集。数据集的建造通常都缺失责任标识，由此可能产生一系列不可预知的后果。如何增强责任标识？基于人类已有的领域知识和机理模型、通过正演模拟产生的数据集会有较好的帮助。

图2.3 的右下方是数字世界，通过对物理世界的全方位感知来构建物理世界的数字孪生。数字世界的构建不可避免会涉及到稳定性、阶段性、完备性、确定性及可解释性等需要面对的一系列重大问题，每一个点都需要做深入研究，对油气人工智能、人工智能地球物理等领域，面临着几乎同样的深层次问题。而迄今为止各个领域的人工智能理论和应用场景关键技术研究还只是一个开端。已经取得的应用成效具有分散性和局部性特点，尚未从根本上突破传统范式。

6 结束语

通过上述讨论，针对不同目标和挑战，我们把油气人工智能分成两个层级，即学术型油气人工智能应用场景研究和工业级油气人工智能应用场景研究。对于学术型油气人工智能，主要关心算法及其相关理论基础，着重解决智能点局部问题；而对于工业级油气人工智能，更多的是关心数据集、平台、多源多尺度数据融合建模、数据驱动与机理模型融合建模以及机器学习模型的可解释性等问题。针对数据驱动与机理模型融合问题，提出三种途径，即算法融合、评价方法融合、数据集融合，并得到实验验证。针对油气人工智能模型的可解释性问题，作者认为，工业级人工智能模型必须具有可解释性，解决方案包括建模前、建模中、建模后的多级解释模型。在实践中我们逐步认识到，工业级人工智能理论和应用场景的长足进步，必须厘清人工智能时代"物理世界"、"数字世界"、"人所认知的世界"、"机器所认知的世界"及"机器正在改造的世界"之间的互动关系。工业级人工智能的变革性和颠覆性赋能，必须有正确的认识论和方法论。

参考文献

[1] Bergen K J，Johnson P A，De Hoop M V，et al. Machine learning for data-driven discovery in solid Earth geoscience [J]. Science，2019，363（6433）：1-10.

[2] Bi Z，Wu X，Geng Z，et al. Deep relative geologic time：A deep learning method for simultaneously interpreting 3-D seismic horizons and faults [J]. Journal of Geophysical Research：Solid Earth，2021，126：1-24.

[3] Chen Y，Huang D，Zhang D，et al. Theory-guided hard constraint projection（HCP）：A knowledge-based data-driven scientific machine learning method [J]. Journal of Computational Physics，2021b，1-18.

[4] Chen Y，Zhang D. Well log generation via ensemble long short-term memory（EnLSTM）network [J]. Geophysical Research Letters，2020a，47（23）：1-9.

[5] Chen Y，Zhang D. Physics-constrained deep learning of geomechanical logs [J]. IEEE Transactions on Geoscience and Remote Sensing，2020b，58（8）：5932-5943.

[6] Chen Y，Zhang D. Theory-guided deep-learning for electrical load forecasting（TgDLF）via ensemble long short-term memory [J]. Advances in Applied Energy，2021a，1：1-15.

[7] Geng Z，Wu X，Shi Y，et al. Deep learning for relative geologic time and seismic horizons [J]. Geophysics，2020，85（4）：1-47.

[8] Jia Y，Ma J. What can machine learning do for seismic data processing? An interpolation application [J]. Geophysics，2017，82（3）：V163-V177.

[9] Reichstein M，Camps-Valls G，Stevens B，et al. Deep learning and process understanding for data-driven Earth system science [J]. Nature，2019，566（7743）：195-204.

[10] Wang N，Zhang D，Chang H，et al. Deep learning of subsurface flow via theory-guided neural network [J]. Journal of Hydrology，2020，584：1-19.

[11] Wu X，Fomel S. Automatic fault interpretation with optimal surface voting [J]. Geophysics，2018a，83（5）：67-82.

[12] Wu X，Fomel S. Least-squares horizons with local slopes and multigrid correlations least-squares horizons [J]. Geophysics，2018b，83（4）：IM29-IM40.

[13] Wu X，Geng Z，Shi Y，et al. Building realistic structure models to train convolutional neural networks for seismic structural interpretation [J]. Geophysics，2020，85（4）：WA27-WA39.

[14] Wu X，Hale D. Horizon volumes with interpreted constraints [J]. Geophysics，2015，80（2）：IM21-IM33.

[15] Wu X，Liang L，Shi Y，et al. FaultSeg3D：Using synthetic data sets to train an end-to-end convolutional neural network for 3D seismic fault segmentation [J]. Geophysics，2019，84（3）：IM35-IM45.

[16] Yu S，Ma J. Deep learning for geophysics：Current and future trends [J]. Reviews of Geophysics，2021，59（3）：e00742.

[17] 华为公司数据管理部. 华为数据之道 [M]. 北京：机械工业出版社，2020.

[18] 金振武，肖立志. 试论反演理论在测井解释中的应用 [J]. 地球物理测井，1989，13（6）：31-38.

[19] 肖立志. 测井曲线多解性-兼谈测井仪器设计思路及解释工作方法 [J]. 石油普查测井，1983，6：21-26.

[20] 肖立志. 测井资料最优化解释的理论问题 [J]. 石油物探，1988，27（2）：81-90.

（本文来源及引用方式：肖立志. 机器学习数据驱动与机理模型融合及可解释性问题 [J]. 石油物探，2022，61（2）：205-212.）

论文 3 深度学习在地球物理中的应用现状与前景

摘要

近年来，深度学习作为一种新的数据驱动技术，相较于传统方法，受到地球物理界的广泛关注，同时带来了许多机遇和挑战。深度学习具有准确预测复杂系统状态和解决大规模时空地球物理应用中的"维数灾难"的潜力。本文通过回顾各种地球科学问题下的深度学习方法，论述了相关方法的基本概念、最新文献进展和未来趋势。勘探地球物理、地震、遥感是主要研究热点。本文还回顾了更多的应用，包括地球结构、水资源、大气科学和空间科学。此外，讨论了深度学习在地球物理领域应用的难点。本文分析了近年来地球物理学中深度学习的发展趋势，为今后地球物理中涉及深度学习的研究提供了几个有前景的方向，如无监督学习、迁移学习、多模态深度学习、联合学习、不确定性估计、主动学习等，为地球物理初学者和感兴趣的读者提供了一个编码教程和快速探索深度学习的技巧总结。

随着人工智能的迅速发展，地球物理领域的学生和研究人员都想知道人工智能能给地球物领域发现带来什么。本文介绍了深度学习这一流行的人工智能技术，供地球物理读者了解最近的进展、有待解决的问题和未来的趋势。本综述旨在为更多的地球物理研究人员、学生和教师了解和使用深度学习技术铺平道路。

1 引言

地球物理学是一门利用物理学原理和方法，从地核到地球表面来研究和分析地球的学科。现代地球物理学延伸到外层空间，从地球大气层的外层到其他行星。地球物理学的一般方法包括数据观测、处理、模拟和预测。观测是人类认识未知地球物理现象的重要手段；数据观测主要采用无创性技术，如地震波、重力场和遥感；数据处理技术包括去噪和重建，从原始观测数据中提取有用信息；基于物理规律的数学模拟有助于刻画地球物理现象；预测是根据已知的数据和模型提供未知的信息，空间预测被用来揭开地球内部，例如在勘探地球物理学中，成像地下的物理性质，时间预测则提供了地球的历史或未来状态预测，例如天气预报。

随着采集设备的进步，地球物理观测数据量以极快的速度增长。如何利用这么大的数据量进行处理、建模和预测是一个重大的问题，这可以帮助解决传统地球物理方法的部分瓶颈问题。以建模为例，建模中最具挑战性的任务之一就是对地球进行高分辨率的呈现。但是，传统的方法存在着矛盾，由于硬件的限制，无法同时实现高分辨率和大范围的数据观测。因此，无论是在空间上还是在时间上，几乎不可能获得高分辨率的地球模型，因为地球具有非常大的时空尺度。中国的一个地球系统数值模拟设施称为地球实验室（EarthLab）（Li 等，2019），最多可以提供 25km 的大气分辨率、10km 的海洋分辨率，基于 15 P FLOPs（floating-point operations per second，每秒进行浮点运算）的高性能计算设备。地球物理学中的几个具体困难任务如表 3-1 所示。

为了说明处理和预测方面的瓶颈，本文以勘探地球物理为例。勘探地球物理旨在利用地表采集的数据，如地震场和重力场，观测地球地下或其他行星。勘探地球物理的主要过程包括预处理和成像，其中成像意味着预测地下构造。在地球物理信号预处理阶段，对地下岩层形态最简单的假设是反射波地震记录在小时窗内呈线性表征（Spitz，1991）。稀疏性假设假定数据在某些变换（Donoho 和 Johnstone，1995）下是稀疏的，如曲波域（Herrmann 和 Hennenfent，2008）或其他时频域（Mousavi 等，2016；Mousavi 和 Langston，2016，2017）。低秩假设认为数据经过 Hankel 变换后是低秩的（Oropeza 和 Sacchi，2011）。但是，预先设计的线性假设或稀疏变换假设不适用于其他不同类型的地震数据，对结构复杂的数据去噪或插值可能会导致结果不佳。在地球物理成像阶段，波动方程是研究地震波传播运动学和动力学的基本工具。声波、弹性波或粘弹性波动方程在波动方程中引入了越来越多的影响因素，生成的波场记录可以精确估计真实场景。但是，随着波动方程的日益复杂，方程的数值模拟变得不再简单，对于大规模数据的计算，计算效率也极大降低。

表 3-1　地球物理学中关于数据驱动任务的例子

建模		以高空间和高时间分辨率对地球建模
空间预测	重建	基于有限测量的全球气候信息
		来自有限天文观测站的全天信息
		高分辨率和大尺度遥感测量
	反演	勘探地球物理中利用主动地震震源获得高分辨率地下构造
		基于被动地震观测的地球结构
时间预测	正向预测	降雨临近预报
		台风路径预测
		其他小时间窗自然灾害预测
	反向预测	地球和宇宙的演化在一个非常大的时间窗口内
		大陆漂移
预测	地震预测	微震监测
		地震预警
	北冰洋冰上的水覆盖范围和海岸淹没测绘	
分类	大空间尺度遥感影像分类、光学、超光谱、合成孔径雷达	
	极光分类	

　　与传统的模型驱动方法不同，机器学习（Machine Learning，ML）是一种基于训练数据集，通过可调参数的复杂非线性映射来训练回归或分类模型的数据驱动方法。模型驱动和数据驱动方法的比较汇总于图 3.1。在图 3.1 中，左边是地球物理学从地心到太空的研究主题，右边是目前使用的研究手段，中间是模型驱动和数据驱动方法的例子。在模型驱动方法中，基于物理因果关系从大量观测数据中归纳出地球物理现象的原理，然后利用模型对未来或过去的地球物理现象进行推演。在数据驱动方法中，计算机首先在不考虑物理因果关系的情况下归纳出一个回归或分类模型，然后该模型将在传入的数据集上执行分类等任务。几十年来，机器学习方法被广泛地应用于各种地球物理应用中，例如地球物理勘探 （Huang 等，2006；Helmy 等，2010；Jia 和 Ma，2017；Lim，2005；Poulton，2002；Zhang 等，2014）、地震定位（Mousavi 等，2016）、余震模式分析（DeVries 等，2018）和地球系统分析（Reichstein 等，2019）。《科学》（Bergen 等，2019）最近发表了一篇关于固体地球科学机器学习的综述论文，该论文包括多种机器学习技术，从传统的方法（逻辑回归、支持向量机、随机森林和神经网络）到现代的方法（深度神经网络和深度生成模型）。该文强调，机器学习将在更快解释地质现象的复杂、相互作用和多尺度过程中发挥关键作用。

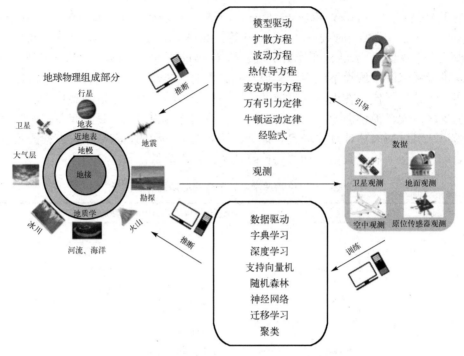

图 3.1　模型驱动和数据驱动方法示意图

在机器学习中，人工神经网络（Artificial Neural Network，ANN）是一种类似于人脑，由多层神经元组成的回归或分类模型。一层以上的人工神经网络即深度神经网络（Deep Neural Network，DNN），是最近发展起来的机器学习方法的核心，被命名为深度学习（LeCun 等，2015）。深度学习主要包括监督和非监督的方法，分别取决于是否有可用的标签。监督方法通过匹配输入和标签来训练深度神经网络，通常用于分类和回归任务；无监督方法通过构建紧凑的内部表示来更新参数，用于聚类或模式识别。此外，深度学习还包含局部标签可用的半监督学习和人为设计环境为深度神经网络提供反馈的强化学习。图 3.2 总结了人工智能与深度学习的关系及深度学习方法的分类。深度学习在克服传统方法在各个领域的局限性方面显示出巨大的潜力。在图像分类（前 5 位分类

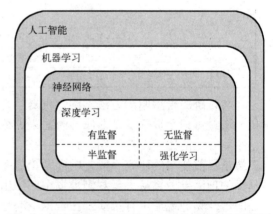

图 3.2　人工智能、机器学习、神经网络和深度学习之间的包容关系以及深度学习方法的分类

错误 5.1 % vs . 3.57 %，He 等，2016）和 Go 游戏等特定任务中，深度学习的性能甚至优于人脑的性能。

近年来地球物理学界对深度学习非常关注。图 3.3 显示了两个主要地球物理组织，即国际勘探地球物理学家学会（Society of Exploration Geophysicists ，SEG）和美国地球物理联合会（American Geophysical Union ，AGU）发表的与人工智能相关的论文。在图 3.3（a）中，地球物理学是 SEG 的旗舰期刊，SEG 详细摘要是 SEG 年会的详细摘要，SEG 图书馆论文是建立在 SEG 数字图书馆中的论文。在图 3.3（b）中，图标中的前三项是 AGU 中顶级期刊的

名称，图标中的第四项代表了 AGU 数字图书馆创办的论文。由于深度学习技术的使用，这两方面的论文数量都出现了明显的指数增长。此外，深度学习还给地球物理界带来了一些惊人的成果。例如，在斯坦福地震（STanford EArthquake Data，STEAD）数据集上，相对于传统短时间平均除以长时间平均（short time tverage over long time average，STA / LTA）方法（Mousavi 等，2019；Mousavi 等，2020）的 91%精度，监测地震精度提高到 100%。深度学习使大规模高分辨率地分析地球成为可能（Chattopadhyay 等，2020；Chen 等，2019；Zhang，2020）。深度学习甚至可以用于揭露物理本质（Iten 等，2020），例如太阳系日心说。

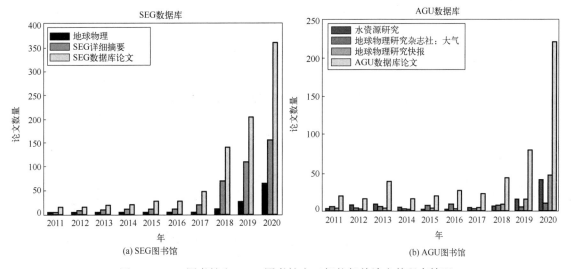

图 3.3　SEG 图书馆和 AGU 图书馆人工智能相关论文的现存情况

　　本文介绍了深度学习相关文献，涵盖了多种地球物理应用，从地球深部到地核再到遥远的太空，主要集中在勘探地球物理、地震科学及一种用于遥感的地球物理数据观测方法等。本综述首先介绍了近些年与地球物理相关的深度学习研究，同时分析深度学习给地球物理界带来的变化和挑战，并探讨未来的发展趋势。图 3.4 展示了本综述包含的主题。此外本文还为对深度学习感兴趣的初学者提供了一本"食谱"，适用于地球物理专业的学生和专业研究人员。

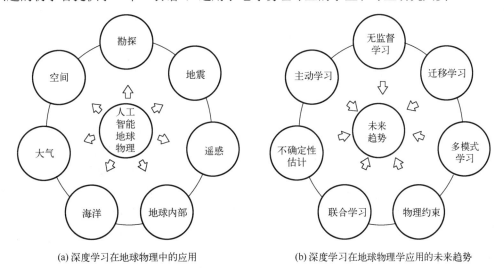

图 3.4　文本包含的主题

本文第 1 节简要介绍了地球物理学和深度学习产生的背景，第 2 节介绍深度学习的概念和基本思想，第 3 节回顾了深度学习在地球物理领域的应用，第 4 节讨论了未来发展趋势，第 5 节总结，附录中给出了初学者的教程部分。

2　深度学习理论

已经熟悉深度学习一般理论的读者可以跳到第 3 节。本文用斜体字母表示标量，用粗体小写字母表示向量，用粗体大写字母表示矩阵。在地球物理学中，大量的回归或分类任务可以简化为

$$y = Lx \qquad (3\text{-}1)$$

式中：x 为未知参数；y 为我们知道的部分观测信息；L 为地球物理数据观测中的正向或退化算子，如噪声污染、欠采样或物理响应等。然而，L 通常是病态的或不可逆的，甚至是未知的。L 的逆主要通过两种方法来近似实现：物理模型驱动和数据驱动。物理模型驱动是建立一个附加约束的优化目标损失函数，如字典学习中的稀疏约束；数据驱动是给定一个广泛的训练集，通过训练建立 x 和 y 之间的映射，如深度学习中所做的，特别适用于 L 不确定的情况。

为了使读者逐步理解深度学习，本文首先介绍另一种途径，即字典学习（Aharon 等，2006），因为字典学习与深度学习的理论框架是相似的。在字典学习中，自适应字典是作为目标数据的表示来学习的。字典学习的主要特征是单级分解、无监督学习和线性。单级分解是指用一个字典来表示一个信号；无监督学习是指在字典学习过程中不提供任何标签，此外，只使用目标数据，没有广泛的训练集；线性意味着字典上的数据分解是线性的。以上特点使得字典学习理论变得简单。本综述将有助于读者将已有的词典学习知识转移到深度学习。

2.1　字典学习

为求解式（3-1），构造一个正则项 R 的优化函数 $E(x; y)$：

$$E(x; y) = D(Lx, y) + R(x) \qquad (3\text{-}2)$$

式中：D 为相似性度量函数。一般来说，对于误差采用高斯分布假设下的 L_2 范数 $\| Lx - y \|_2$ 和 Tikhonov 正则化（$R(x) = \| x \|_2^2$）和稀疏度是两个常用的正则化项。在稀疏正则化中，$R(x) = \| Wx \|_1$，其中 W 是具有多个向量基的稀疏变换，也被称为字典。字典学习的目标是训练一个优化的稀疏变换 W，用于 x 的稀疏表示。字典学习的目标函数是在字典 W 和系数 v 的约束下，通过矩阵分解学习 W。

$$E(W, v) = D(LW^{\mathrm{T}} v, y) + R_w(W) + R_v(v) \qquad (3\text{-}3)$$

式中：W 和 v 交替优化，即字典更新和稀疏编码。下面介绍两种字典学习方法：K-SVD（Singular Value Decomposition，其中 SVD 是奇异值分解）（Aharon 等，2006）和数据驱动紧框架（Data Driven Tight Frame，DDTF）。K-SVD 正则化了 v 的稀疏性并归一化了 W 的能量，采用正交匹配追踪进行稀疏编码，并使用一些字典更新的方法。首先，字典的一个组件在给定的时间更新，其余的项是固定的。其次，采用秩为 1 的近似奇异值分解算法同时获取更新字典和系数，加快收敛速度，减少计算内存。在地球物理中应用 K-SVD 进行扩展以提高效率（Nazari Siahsar 等，2017）。

尽管 K-SVD 在信号增强和信号压缩方面取得了成功，但对于高维、大规模的数据

集，如地震勘探中的三维叠前数据，字典更新仍然耗时。K-SVD 包括一个奇异值分解步骤来更新一个字典项。能否对整个字典进行一次奇异值分解更新，以提高通过对字典 W 施加紧框架约束的效率？Cai 和 Liang（2014）提出了一种数据驱动的紧框架，紧框架条件比正交条件稍弱，具有完美的重构性质。利用紧框架特性，数据驱动紧框架中的字典更新用一次奇异值分解实现，比 K-SVD 快数百倍。数据驱动紧框架已应用于高维地震数据重建（Yu 等，2015、2016）。图 3.5 展示了一个三维地震体利用数据驱动紧框架学习字典的例子。字典是用样条框架来初始化的；基于叠后地震数据集训练后，字典表现出明显的结构。

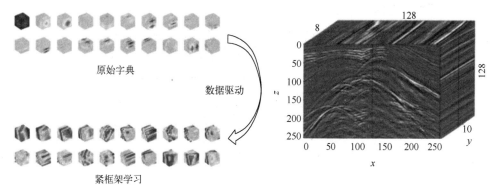

图 3.5　字典学习的一个示意图：数据驱动的紧框架

2.2　深度学习

与字典学习不同，深度学习将地球物理问题视为分类或回归问题。使用深度神经网络从 y 逼近 x

$$x = F(y; \Theta) \tag{3-4}$$

式中：Θ 为深度神经网络的参数集。在分类任务中，x 是表示类别的一个编码向量。通过建立两个集合（$X = \{x_i, i = 1, \cdots, N\}$ 和 $Y = \{y_i, i = 1, \cdots, N\}$）间的高维近似，即标签和输入，得到 Θ。该近似通过最小化下列损失函数来获得优化的 Θ：

$$E(\Theta; X, Y) = \sum_{i=1}^{N} x_i - F(y_i; \Theta)_2^2 \tag{3-5}$$

如果 F 是可微的，则可以使用基于梯度的方法来优化 Θ。然而，在计算 $\nabla_{\Theta} E$ 时需要用到一个大的雅可比矩阵，使得它无法应用于大规模数据集。有学者提出了一种计算 $\nabla_{\Theta} E$ 和避免雅可比矩阵计算的反向传播方法（Rumelhart 等，1986）。在无监督学习中，标签 x 是未知的，因此需要额外的约束，例如使 x 与 y 相同。

深度学习与字典学习的关系为分解深度、训练数据量、非线性算子。字典学习通常是一个单级矩阵分解问题。有学者提出了一种双稀疏度（Double Sparsity，DS）字典学习来探索深度分解（Rubinstein 等，2010）。双稀疏度的目的是学习的字典元素仍然共享通用字典的几个基本稀疏模式。也就是说，就像离散余弦变换一样，字典用稀疏系数矩阵乘以固定字典来表示。受双稀疏度字典学习的启发，我们可以提出三元组、四元组甚至元组字典学习。我们知道级联线性算子等价于单个线性算子，因此如果不提供额外的约束，使用一个以上的固定字典与一个固定字典相比，并没有提高信号的表示能力。在深度学习中，把非线性算子应用在这样的深层结构中。具有一个隐层和非线性算子的神经网络可以用足够多的隐层神经元来表示任意复杂的函数。为了使神经网络与许多隐层神经元相匹配，需要一个广泛的训练集，而字典学习只涉及一个目标数据。图 3.5 展示了字典学习的学习特征，深度学习中滤波器的层次结构如图 3.6 所示。图 3.6（b）每一层中显示 9 个学习过的滤波器，在不同的层次上观察到大量的层次结构。第 1 层为边缘构造，第 2 层为地震同相轴的微小构造，第 3 层为地震剖面的小部分。第 2 层和第 3 层的滤波器在边缘附近为空白，这可能是卷积滤波器的边界效应造成的。第 4 层给出地震剖面的较大部分，它们是训练数据的近似。由于深度神经网络（Deep Neural Network，DNN）试图学习构成数据的相似和层次模式，所以第 4 层的各个滤波器之间看起来比训练数据之间更相似。

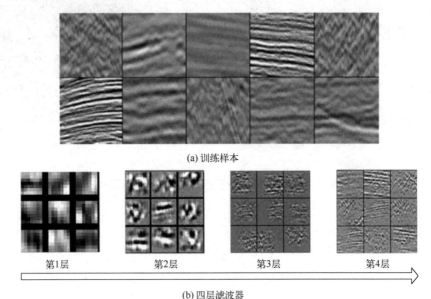

(a) 训练样本

第1层　　　　　第2层　　　　　第3层　　　　　第4层

(b) 四层滤波器

图 3.6　在深度学习中学到的特征

除字典学习外，深度学习的理论可以从不同的角度理解（图 3.7）。最优化：深度学习基本上是一个非线性优化问题，通过使输出和标签的损失函数最小来求解优化的参数。字典学习：深度学习中的滤波器训练与字典学习类似。高维映射：深度学习中的深度神经网络基本上是一个从输入到标签的高维映射。最优传输：一个生成的对抗网络可以用最优传输理论来解释，它涉及给定白噪声与数据分布之间的转换。流形学习：训练样本在一个深度神经网络的潜在空间中的表示，类似学习一个包含所有数据样本的低维流形。常微分方程：循环神经网络基本上是用欧拉方法求解常微分方程。

一方面，深度学习可以看作是从数据空间到特征空间或目标空间的超高维非线性映射，其中非线性映射用深度神经网络表示。因此，深度学习基本上是一个高维非线性优化问题。另一方面，循环神经网络基本上是用 Euler 方法（Chen 等，2018）求解常微分方程。一个生成对抗网络（Generative Adversarial Network，GAN）（Creswell 等，2018；Goodfellow 等，2014）也可以用最优运输理论来解释，生成对抗网络的目标主要是流形学习和概率分布变换，即给定白噪声与数据分布之间的变换（Lei 等，2020）。循环神经网络和生成对抗网络是两个具体的深度神经网络，将在下一节中介绍。

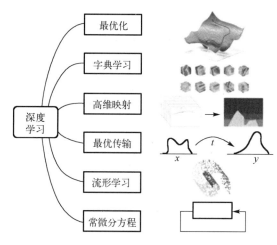

图 3.7　不同角度理解深度学习

2.3　深度神经网络结构

深度学习的关键步骤是训练集、网络结构和参数优化。深度神经网络的结构在不同的应用程序中有所不同，本文介绍几种常用的结构。

全连接神经网络（Fully Connected Neural Network，FCNN）如图 3.8（a）所示，是由全连接层组成的神经网络，蓝色线表示输入，橙色线表示输出，蓝色线和橙色线的长度代表数据维度，绿线表示中间连接。图 3.8（a）为在全连接神经网络中，一层的输入连接到下一层的每个单元，f 表示一个非线性激活函数。在图 3.8（b）～图 3.8（f）中，我们省略了各层的细节，并保持了每个网络结构的形状，其中一层的输入连接到下一层的每个单元，图 3.8（b）表示 Vanilla 卷积神经网络由卷积层、池化层、非线性层等级联而成。在卷积神经网络中，卷积层的输出要么与输入相同，要么小于输入，这取决于卷积所用的步长，池化层将减少提取特征的大小。在回归或分类任务中，输出通常具有与输入相同的维度或较小的维度[其中图 3.8（b）表示后一种情况]。回归与分类的区别在于，回归任务的输出是连续变量，分类任务的输出是表示不同类别的离散变量。卷积自动编码器中潜在特征空间的维数可能大于或小于数据空间的维数，其中图 3.8（c）表示后者。图 3.8（d）表示"U"形神经网络中的跳跃连接用于将低级特性提升到高级。图 3.8（e）表示在生成对抗网络中，使用低维随机向量从生成器生成样本，然后由判别器将样本分类为真或假。图 3.8（f）在循环神经网络中，网络的输出或隐藏状态作为一个周期的输入。

深度学习中典型的 f 是修正线性单元（rectified linear unit，ReLU）、sigmoid 函数和 tanh 函数，如图 3.9（a）所示，修正线性单元是常用的，因为它的梯度容易计算，可以避免梯度消失。卷积层和修正线性单元层（非线性层）是一个卷积神经网络块的基本组成部分，批归一化层可以避免梯度爆炸，池化层可以通过对输入进行下采样来提取特征。全连接神经网络的层数对模型的拟合和泛化能力有显著影响。然而，由于现有硬件的计算能力、优化过程中的梯度爆炸和梯度消失问题等，全连接神经网络被限制在几层。随着硬件和优化算法的发展，人工神经网络变得更深。另外，如果一个原始数据集是直接输入到全连接神经网络，由于每个像素对应一个特征，特别是高维输入，需要大量的参数。特征主要用于减少输入层的维数，从而减少模型中的参数数量。全连接神经网络要求预先选定的特征完全依赖于经验，完全忽略输入的结构。Qi 等（2020）提出自动选择特征算法，但需要较高的计算资源。为了减少全连接神经网络中的参数个数，同时考虑图像的局部一致性，有学者提出了卷积神经网络[图 3.8（b）]与卷积滤波器共享网络参数。

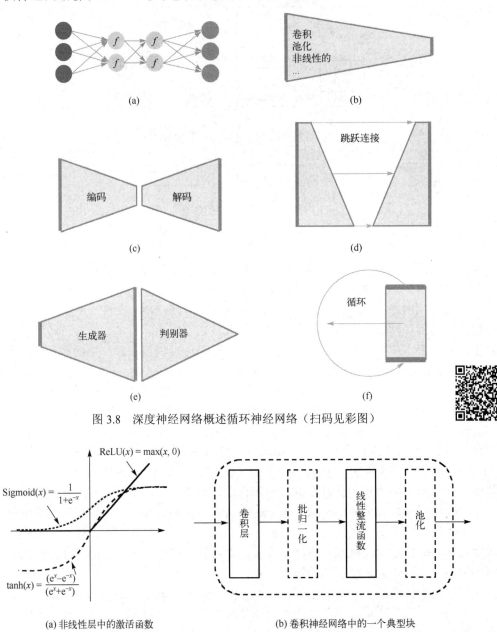

图 3.8　深度神经网络概述循环神经网络（扫码见彩图）

（a）非线性层中的激活函数　　　　　　　　（b）卷积神经网络中的一个典型块

图 3.9　深度神经网络结构中的细节

2010 年以来，卷积神经网络在图像分类和分割方面发展迅速，目前流行的几个卷积神经网络包括 VGGNet（Sisteran 和 Zisserman，2015）和 AlexNet（Krizhevsky 等，2017）。卷积神经网络还被用于图像去噪（Zhang，2017）和超分辨率任务（Dong 等，2014）。卷积神经网络使用原始数据而不是选定的特征作为输入数据集，并使用卷积滤波器将神经网络的输入限制在局部范围内。卷积滤波器由同一层的不同神经元共享。如图 3.9（b）所示，卷积神经网络中的一个典型块由一个卷积层、一个非线性层、一个批归一化层和一个池化层组成。

卷积层和非线性层提供了卷积神经网络的基本组成部分；批归一化层防止梯度爆炸，使训练稳定；池化层对输入进行样本子采样，提取关键特征。最简单的卷积神经网络被命名为 Vanilla 卷积神经网络，它是具有简单序列结构（Vanilla FCNN 也是如此）的卷积神经网络。如果有很多训练样本和标签，Vanilla 卷积神经网络在地球物理中的大多数应用都是可靠的，例如去噪、插值、速度建模和数据解释。卷积神经网络不受由于池化层引起的输入微小变化的影响，但是池化层会丢失信息，使得卷积神经网络无法表征输入的变化。有学者提出了胶囊网络（Sabour 等，2017）来同时保持不变性和表征变化，这是通过用向量代替标量来作为神经元的输入和输出来实现的。向量的长度表示一个实体存在的概率，向量的方向代表实体的参数。

越来越多的基于 Vanilla 全连接神经网络或卷积神经网络的深度学习网络体系结构被提出用于特定任务。自编码器学习用编码器和解码器（Makhzani，2018）重构具有有用信息的输入。编码器使用非线性层将输入映射到一个潜在空间，解码器使用非线性层将潜在特征解码到原始数据空间。自编码器以自监督的方式进行训练。为了得到有意义的表示，对网络施加额外的约束。例如，不完全自编码器限制了比输入小的潜在空间的大小，使得编码器提取关键特征，稀疏自编码器通常具有比输入空间更大的潜在空间，并对潜在空间施加稀疏正则化，降噪自编码器或压缩自编码器通过使自编码器对输入的变化具有鲁棒性来学习有用的表示，卷积自编码器 [Convolutional Auto Encoder，CAE，图 3.8（c）] 在编码器中使用卷积层，在解码器中使用反卷积层。

"U"形神经网络（Ronneberger 等，2015）[图 3.8（d）] 有"U"形结构和跳跃连接，跳跃连接将低层特征带到高层。"U"形神经网络最早被提出用于图像分割，并在地震数据处理、反演和解释中得到了应用。具有收缩路径和扩展路径的"U"形结构，使得输出中的每个数据点都包含来自输入的所有信息，令该方法可以适用于不同领域的数据映射，如从地震记录反演速度。测试集的输入大小必须与训练集输入大小相同，如果大小与"U"形神经网络的要求不完全相同，则需要对数据进行分块处理。

一个生成对抗网络 [图 3.8（e）] 可以应用于对抗性训练，用一个生成器产生伪图像或任何其他类型的数据，用一个判别器将产生的数据与真实的数据区分开来。训练判别器时，真实数据集和生成的数据集分别对应标签 1 和 0。当生成器受到训练时，所有数据集都对应于标签 1。这样的操作最终会让生成网络将假图像从真实图像中区分出来，这是判别网络无法做到的。使用生成对抗网络生成与训练集分布相似的样本，生成的样本用于模拟现实场景或扩展训练集。有学者提出了一个扩展的生成对抗网络，名为循环生成对抗网络，它包含两个生成器和两个用于信号处理的判别器（Zhu 等，2017）。在循环生成对抗网络中，训练双向映射，将两个数据集从一个映射到另一个。循环生成对抗网络的训练集不一定像 Vanilla 卷积神经网络那样成对，这使得在地球物理应用中构建训练集相对容易。

循环神经网络 [图 3.8（f）] 常用于与时序数据相关的任务，其中当前状态取决于输入到神经网络的历史信息。长期短时记忆（Long Short-Term Memory，LSTM）（Hochreiter 和 Schmidhuber，1997）是一种广泛使用的循环神经网络，它考虑了多少历史信息被遗忘或记忆。与 Vanilla 循环神经网络相比，长期短时记忆的主要优点在于处理更长的数据时长，对于长序列具有消失梯度问题。因此，长期短时记忆的预测精度随着考虑的历史信息量的增加而提高。门控循环单元（Gated Recurrent Unit，GRU）（Cho 等，2014）是长期短时记忆的一个变体，结构更简单。与长期短时记忆相比，门控循环单元具有类似的性能，参数更少，计算更便捷。在地球物理应用中，循环神经网络主要用于预测时间或空间序列数据集的下一个样本。循环神经网络还可以通过模拟与时间相关的离散偏微分方程来模拟地震波场或天然地震信号。

3 深度学习在地球物理方面的应用

在地球物理中应用深度学习最直接的方法是将地球物理任务转移到计算机目标任务，如去噪或分类等。然而，在某些地球物理应用中，地球物理任务或数据的特点与计算机感知有很大不同。例如，在地球物理学中，我们有大规模高维数据，但标注的标签较少。在本节中，我们介绍深度学习方法如何缓解传统方法的瓶颈、遇到的困难及如何解决这些问题。首先回顾深度学习在勘探地球物理中的应用发展，其次是在地震科学、遥感等领域的应用。

3.1 勘探地球物理

勘探地球物理是通过反演地面上采集的物理场来对地球表层进行成像，其中最常用的物理场是地震波场。地震勘探利用反射地震波预测地下结构，其主要过程包括地震数据的采样与处理（去噪、插值等）、反演（偏移、成像等）和解释（断层解释、相分类等）。图 3.10 总结了勘探地球物理过程，图 3.10（a）为地下构造，地震波在震源（红点）被激发，向下传播至反射面，然后向上传播，直至被接收器（蓝点）记录；图 3.10（b）为经过处理的地震记录；图 3.10（c）为地震成像结果，其中，直线代表反射体；图 3.10（d）为地下特征的解释，确定储层所在位置。图 3.11 对比了勘探地球物理中传统方法和基于深度学习的方法。图 3.11（a）在随机去噪任务中，曲波去噪方法（Herrmann 和 Hennenfent，2008）假设信号在曲波变换下是稀疏的，采用一种匹配的方法进行去噪；在速度反演任务中，优化算法中采用基于波动方程的全波形反演进行正演和伴随模拟；在断层解释中，由解释者拾取断层。图 3.11（b）将上述任务处理为用神经网络优化的回归问题，不同的任务可能需要不同的神经网络结构。

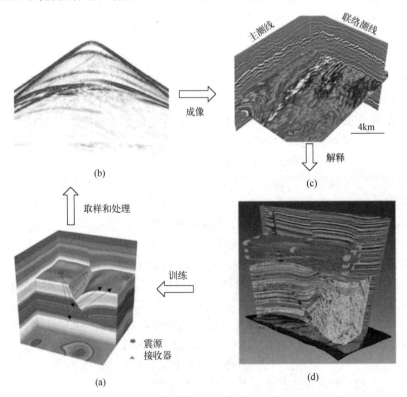

图 3.10 勘探地球物理的步骤

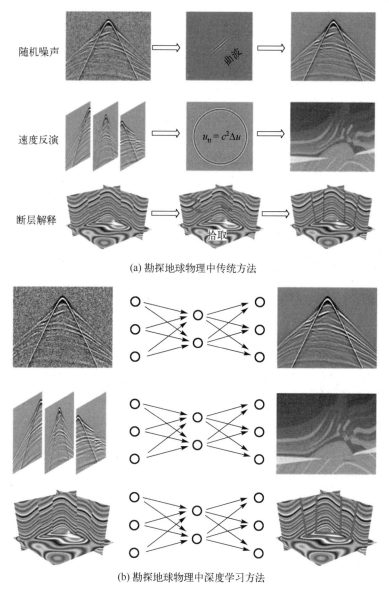

(a) 勘探地球物理中传统方法

(b) 勘探地球物理中深度学习方法

图 3.11　勘探地球物理中传统方法与深度学习方法的比较

1）地震数据处理

地震数据会存在不同类型的噪声，如来自背景的随机噪声、沿地表的高能地滚波及界面间多次反射波会掩盖有用信号。勘探地球物理中长期存在的问题之一是去除噪声，提高信噪比。传统方法通过分析相应的特征（Herrmann 和 Hennenfent，2008），利用手动滤波器或正则化对某些种类的噪声进行去噪。然而，当信号和噪声具有相同的空间特征时，人工制作的滤波器就无法在保留有效波的同时去除噪声。深度学习方法可以有效地解决这种情况，例如，基于"U"形神经网络的深度去噪可以通过学习一个非线性回归（Zhu 等，2019）来分离信号和噪声。此外，去噪卷积神经网络 （Zhang，2017）只要构造相应的训练集，同样的结构可以用于压制三种地震噪声，达到较高的信噪比（Yu 等，2019）。然而，这还需要进一步发展。在合成数据集上训练的深度神经网络对现场数据没有很好的泛化能力。为了使网络具有一定的泛化能力，可以使用迁移学习（Donahue 等，2014）对现场数据进行去噪。有时无噪数据的标签很难获取，一个解决方案是使用产生白噪声的多次实验来模拟真实白噪声（Wu 等，2019）。

散射地滚波衰减实例如图 3.12（Yu 等，2019）所示。散射地滚波主要在沙漠地区观测，是近地表横向不均匀时地滚波散射造成的。由于散射地滚波与反射信号处于同一频域，难以去除，利用去噪卷积神经网络可以成功去除散射地滚波。

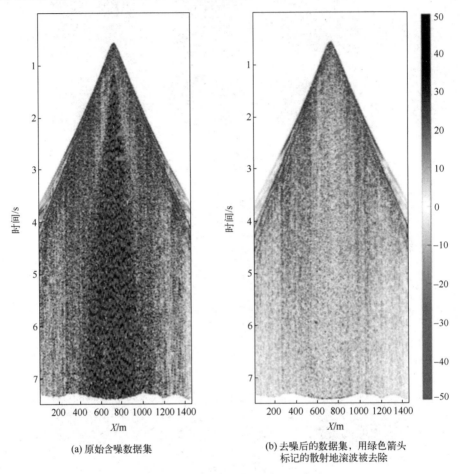

(a) 原始含噪数据集　　　　　　　　(b) 去噪后的数据集，用绿色箭头
　　　　　　　　　　　　　　　　标记的散射地滚波被去除

图 3.12　针对散射地滚波衰减的深度学习

由于环境或经济的限制，在 Nyquist 采样原理下，地震检波器的位置往往不规则或不够密集。将地震数据重建或正则化在密集且规则的网格上是提高反演分辨率的关键。一开始，端到端深度神经网络被用于重建规则缺失数据（Wang 等，2019）和随机缺失数据（Mandelli 等，2018；Wang 等，2020）。然而，该训练集是数值合成的，不能很好地推广到实际数据。我们可以从自然图像数据集中借用训练数据对去噪卷积神经网络进行训练，然后将其嵌入到传统项目中的凸集（POCS，Abma 和 Kabir，2006）框架（Zhang 等，2020）上，由此得到的插值算法很好地推广到地震资料。此外，其他数据集的插值不需要新的网络。图 3.13 给出了训练集和简单插值结果（Zhang 等，2020）。图 3.13（a）为自然图像数据集的子集，利用自然图像数据集训练网络进行地震数据插值；图 3.13（b）为欠采样地震记录；图 3.13（c）为对应于图 3.13（b）的插值记录。图 3.13（b）中 1.60～1.88s 和图 3.13（c）中 1.000～1.375km 的区域进行了放大显示，分别置于图中右上角。

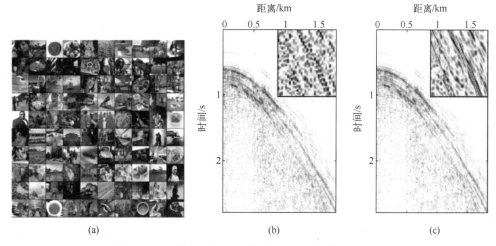

(a)　　　　　　　　　　(b)　　　　　　　　　　(c)

图 3.13　训练集和地震插值结果（Zhang 等，2020）

　　初至拾取用于选择有用信号的起跳点，已实现自动化，但需要强烈的人工干预，以检查具有显著静校正、微弱能量、低信噪比和剧烈相位变化的拾取。深度学习有助于提高实际地震资料上初至拾取的自动化和准确性。在使用深度学习时，通过将初至点设为 1，其他位置设为 0，将初至点的提取转化为分类问题是很自然的（Hu 等，2019）。然而，这样的设置会造成标签的不均衡。有一种方法将初至拾取看作一个图像分类问题，在初至之前的任何数据都设置为 0，而在初至之后的所有数据都设置为 1（Wu 等，2019）。该方法适用于噪声环境和现场数据集。在得到分割图像后，可以应用更高级的拾取算法，例如使用循环神经网络，可以利用全局信息（Yuan 等，2020）。

　　图 3.14 显示了基于"U"形神经网络的初至拾取结果。此图中，输入为地震数据；输出在绿区的第一个到达点上方为 0，黄区的第一个到达点下方为 1，蓝线的第一个到达点为 2，绿线表示预测的初至。我们使用了 8000 个合成地震样品。在损失函数中增加了梯度约束，以增强所选位置的连续性。对于输出，设置了三个分类：初至之前为 0，初至之后为 1，初至为 2。使用的训练数据集不但有严重的噪声干扰，还存在地震道缺失，但最后的预测拾取结果与标签接近。

　　本段落总结了一些不属于上述范围的基于深度学习的地震信号处理文献。信号压缩对于地震数据的存储和传输至关重要。传统的地震数据每个样本存储 32 个字节，利用循环神经网络估计地震道中样本间的关系，并对地震数据进行

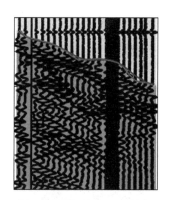

图 3.14　基于"U"形神经网络的相位拾取

压缩，只需要 16 个字节进行无损表示，从而节省了一半的存储空间（Payani 等，2019）。地震匹配是对地震图像进行匹配，用于时移研究等任务。然而，当地震图像存在大的移动量和快速的变化时，这项任务是极其困难的。通过学习光流的原理，以两幅地震图像作为输入，移动量作为输出，训练一个卷积神经网络。该方法优于传统方法，但依赖于训练数据集（Dhara 和 Bagaini，2020）。

2）地震数据成像

由于传统的成像方法如层析成像和全波形反演（Full Waveform Inversion，FWI）存在诸多瓶颈，地震成像是一个具有挑战性的问题。主要包括：由于维数灾难的存在，成像耗时较长；成像在很大程度上依赖于人工选择合适的速度；非线性优化需要良好的初始化或低频信息，然而在记录数据中却缺乏低频能量。深度学习方法从多个角度帮助解决这些瓶颈问题。

首先，基于端到端的深度学习成像方法以地震记录数据为输入，速度模型为输出，提供了完全不同的成像方法。深度学习方法突破了上述瓶颈，提供了全新的成像方法。首次尝试深度学习在叠加（Park 和 Sacchi，2019）、层析成像（Araya-Polo 等，2018）和全波形反演（Yang 和 Ma，2019）在合成二维数据上显示了良好的结果。一个重要问题是输入在数据空间，输出在模型空间，两者都具有高维参数。采用"U"形神经网络从不同维度的不同空间进行转换，在训练深度神经网络（Yang 和 Ma2019）的同时，采用下采样降低参数。图 3.15 所示为 Yang 和 Ma（2019）的速度反演结果，图中每列显示了不同的速度模型，自上而下分别是地面真实速度模型、单炮地震记录生成模型和预测速度模型。

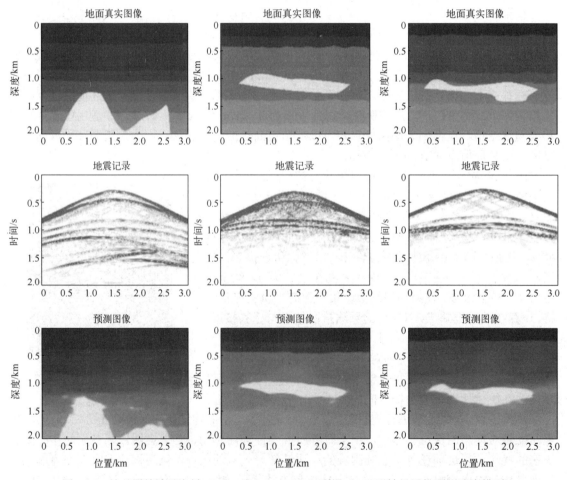

图 3.15　针对原始地震资料（Yang 和 Ma，2019）利用"U"形神经网络预测速度模型

然而，端到端的深度学习成像也有缺点，例如由于内存限制，缺乏训练样本和限制输入大小。Wang 和 Ma（2020）提出了一个特别的方法，使用平滑的自然图像作为速度模型，从而产生大量的模型来构造训练集。图 3.16 显示了一个关于如何将三通道彩色图

像转换为速度模型的示例（Wang 和 Ma，2020）。图 3.16（a）～图 3.16（c）为原始彩色图像、灰度图像和相应的速度模型，图 3.16（d）是从图 3.16（c）上的井间观测系统生成的地震记录。

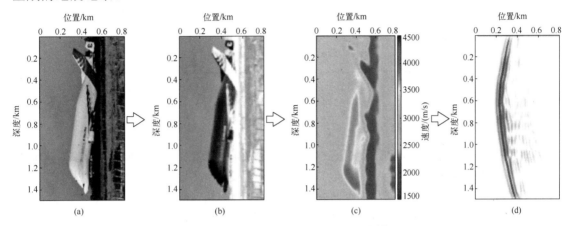

图 3.16　将三通道彩色图像转换为速度模型

　　为了使基于深度学习的成像适用于大规模输入，需要将深度学习与传统方法结合，解决上述瓶颈问题的方法之一为将地震数据从高到低的频率范围外推到全波形反演（Fang 等，2020；Ovcharenko 等，2019），并对全波形反演（Zhang 和 Alkhalifah，2019）增加约束。为了缓解全波形反演中全局优化的"维数灾难"问题，利用卷积自动编码器技术在潜在空间（Gao 等，2019）中通过优化来降低全波形反演的维数。另一项工作针对采用高阶有限差分法进行正演时计算量大的问题，在表面相关多次波、鬼波和色散（Siahkoohi 等，2019）的背景下，利用生成对抗网络从低质量的有限差分波场中产生高质量的波场。"U"形神经网络可用于叠加速度拾取（图 3.17，Wang 等，2021），输入为地震数据，输出为 1（拾取的位置），其他地方为 0。

　　另一种方法是用循环神经网络（Recurrent Neural Network，RNN）损失函数替换全波形反演的目标变量。一个循环神经网络的结构类似于有限个不同时间演化的结构，网络参数对应于所选择的速度模型。因此，优化一个循环神经网络相当于优化全波形反演（Sun 和 Oxford 等，2020）。这样的策略被推广到速度和密度的同时反演（Liu，2020）。图 3.18 为基于声波方程修正的循环神经网络结构，用流程图表示在循环神经网络中实现的离散波动方程，深度神经网络的自微分机制有助于有效地

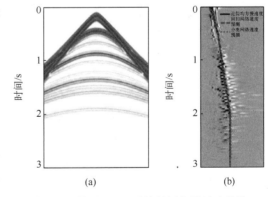

图 3.17　基于"U"形神经网络的速度拾取

优化速度和密度。全波形反演中的优化方法也可以通过深度神经网络而不是基于梯度下降的方法（Sun 和 Alkhalifah，2020）学习，该方法基于循环神经网络而不是人工方向来考虑梯度的历史信息。

　　3）地震资料解释及属性分析

　　地震解释（断层、层位、倾角等）或属性分析（阻抗、频率、相位等）可以帮助提取地

下地质信息，定位地下"甜点"。但是，由于需要人工的干预，这两个任务都很耗时。初步工作表明，深度学习在地震解释或属性分析中具有提高效率和高精度的潜力。

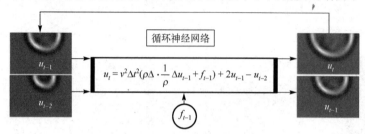

图 3.18　基于声波方程的改进循环神经网络用于波场模拟（Liu，2020）

地震解释中断层、层位和倾角的定位与计算机视觉中的目标检测类似。因此，用于图像检测的深度神经网络可以直接应用于地震解释。但是，与计算机视觉行业不同的是，获取公共训练集或人工构建野外数据集的训练集都比较困难。构建理想的合成数据集而不是人工构建的实际数据集更有效率，并且可以产生类似的结果。因此，采用合成样本进行训练。为了建立一个近似真实的三维训练数据集，需要在合理范围内随机选择褶皱和断层参数（Wu 等，2020），然后利用该数据集训练三维"U"形神经网络，用于野外数据集断层、层位、倾角等特征的地震构造解释。如果检测到的对象所占比例很小，则采用类平衡的二元交叉熵损失函数来调整数据不平衡度，不训练网络只预测零点（Wu 等，2019）。一种替代合成训练集的方法是半自动化方法，先粗略地标记目标，再精确地预测目标（Wu 等，2019）。合成叠后图像和野外数据断层分析实例如图 3.19（Wu 等，2020）所示。

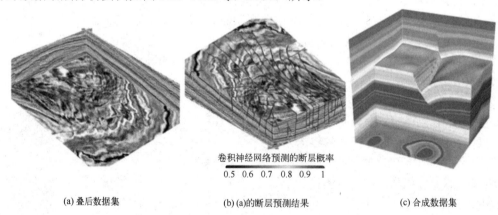

卷积神经网络预测的断层概率

0.5　0.6　0.7　0.8　0.9　1

(a) 叠后数据集　　　　　　(b) (a) 的断层预测结果　　　　　　(c) 合成数据集

图 3.19　合成叠后图像和野外数据断层分析实例

属性分析类似于图像分类，其中地震图像为输入，带有标签的区域作为不同属性的输出。因此，用于图像分类的深度神经网络可以直接应用于地震属性分析（Das 等，2019；Feng 等，2020；You 等，2020）。如果不能直接从地震数据中计算属性，则深度神经网络可以级联工作（Das 和 Mukerji，2020）。如果标签不可用，则使用卷积自动编码器进行特征提取，然后使用 K 均值等聚类方法进行无监督聚类（Duan 等，2019；He 等，2018；Qian 等，2018）。聚类是指以无监督的方式对相似属性进行分组。例如，我们可以根据叠加剖面，利用聚类来判断一个区域是否包含河流相或断层。卷积自动编码器和 K 均值可以进一步同时优化，以便更好地进行特征提取（Mousavi 等，2019）。为了缓解 Vanilla 卷积神经网络对可利用标记地震数据量的依赖，Wang 等（2019）提出了一种基于一维循环生成对抗网络的阻抗反演算法。循环生成对抗网络不需要训练集配对，只需要一个具有高保真度和一个不具有高保真度的集合。为了考虑相邻道的空间连续性和相似性，在相分析中采用了一个循环神经网络（Li 等，2019）。

3.2　地震科学

地震数据处理的目标与勘探地球物理有很大的不同，因此，本部分重点研究基于深度学习的地震信号处理。地震信号的初步处理包括分类区分信号与噪声和初至拾取，目的是识别纵波（P 波）和横波（S 波）的到达时间。进一步的应用包括地震定位和地球层析成像，深度学习在这些应用中显示出了很好的效果。

1）地震噪声分类

地震信号和噪声分类是地震预警（Earthquake Early Warning，EEW）中最根本、最困难的任务。传统地震预警系统遭受着虚假和漏报警报。深度神经网络作为一种分类任务，可以直接应用于信号和噪声的识别。有了足够的训练集，深度神经网络在不同地区的精度可达99.2%（Li 等，2018）和 99.5%（Meier 等，2019）。为了检测对强噪声和非地震信号具有鲁棒性的微小地震和弱震信号，开发了一种具有卷积和递归单元的残差网络（Mousavi 等，2019）。循环神经网络和卷积神经网络也被用于一个更具挑战性的任务，即区分人工震源（如采矿或采石场爆炸）和构造地震活动（Linville 等，2019）。在具体任务中需要对更多类别的信号进行识别，如火山地震探测（Titos 等，2019）。火山地震信号可分为 6 类：长周期地震、火山震颤、火山构造地震、爆炸、混合地震和龙卷风（Malfante 等，2018）。火山地震探测（Bueno等，2019）也考虑了不确定性。

Mallat（2012）提供了一个利用小波散射变换（Wavelet Scattering Transform，WST）和支持向量机进行有限训练样本地震分类的例子。小波散射变换包括级联小波变换、模算子和平均算子，分别对应卷积滤波器、非线性算子和卷积神经网络中的池化算子。小波散射变换与一个卷积神经网络的关键区别在于，滤波器是用小波散射变换中的小波变换预先设计的。我们仅有 100 条记录用于训练，2000 条记录用于测试，小波散射变换方法得到了高达 93% 的分类精度。图 3.20 展示了小波散射变换算法的体系结构，与卷积神经网络不同，小波散射变换的输出与各层的输出结合在一起，小波散射变换的输出作为分类器的特征。

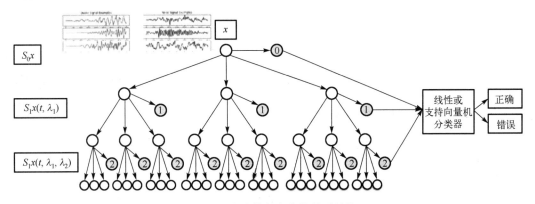

图 3.20　小波散射变换的体系结构

2）初至拾取

地震初至拾取标识了 P 波和 S 波的到达时间。传统的自动初至拾取算法，如短期平均/长期平均法（STA/LTA），精度低于人类专家，依赖于阈值设定。基于深度学习的初至拾取克服了这些缺点，有助于清晰地探测地球结构（Wang 等，2019）。有了足够大的训练集，就可以达到显著高于短期平均/长期平均法（Zhao 等，2019；Zhou 等，2019）的拾取和分类精度（Zhou 等，2019），甚至接近或优于人类专家（Ross 等，2018，450 万地震图训练集）。如果标记不充分，可以使用一个基于生成对抗网络的地震 GEN 模型来人工增广标记数据集（Wang 等，2019）。通过对训练集进行人工采样，大大提高了检测精度。同时进行地震监测和相位提取可以进一步提高两种任务（Mousavi 等，2020；Zhou 等，2019）的精度。

　　3）地震震源定位和其他应用

　　地震定位和震级估计在地震预警和地下成像中都很重要。传统的地震定位明显依赖于速度模型，受震相提取不准的影响。卷积神经网络采用多个台站接收波形作为输入，位置图作为输出（Zhang 等，2020）进行地震定位。该方法对低信噪比的地震（ML < 3.0）效果较好，这是传统方法所无法解决的问题。利用深度学习获取的震源位置预测结果及误差见图 3.21，黑三角是站，左图蓝色点为实际位置，右图红色圆圈是预测位置，圆的半径代表预测的震中误差。深度学习还有助于根据单个台站（Mousavi 和 Beroza，2020a；Mousavi 和 Beroza，2020b）的信号估计地震位置和震级。进一步的应用涉及到震相，包括对多个与单个事件相关的台站（Ross 等，2019）的震相进行分组，以及强震与震后变形的关系分析（Yamaga 和 Mitsui，2019）。

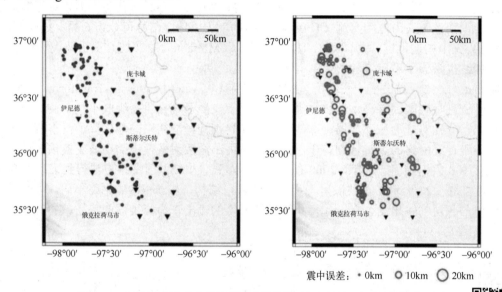

震中误差：· 0km　◎ 10km　○ 20km

图 3.21　利用深度学习定位地震震源预测结果及误差（扫码见彩图）

3.3 遥感——一种地球物理数据观测手段

　　遥感是利用卫星或航空工艺中的传感器采集地球物理数据和图像的重要手段。遥感图像主要包括光学图像、高光谱图像和合成孔径雷达图像。大规模高分辨率卫星光学彩色图像可用于精准农业和城市规划。针对目标旋转变化的问题，Cheng 等（2016）提出了一种旋转不变卷积神经网络用于高分辨率光学遥感图像目标检测。该方法通过增强旋转前后的训练样本以共享相同的特征，引入旋转不变层。如果标签不准确，则采用两步训练的方法，首先用大量不精确的参考数据初始化卷积神经网络，然后根据少量正确标记的数据（Maggiori 等，2017）进行细化。为进一步提高图像分辨率，采用边缘增强生成对抗网络提取图像轮廓，去除超分辨率（Jiang 等，2019）中的伪影和噪声。

　　超光谱传感器获取的图像具有丰富的光谱信息，使得不同的土地覆盖类别有可能被精确区分。近年来，许多工作探索了深度学习方法用于超光谱图像分类（Li 等，2019）。为了同时考虑光谱空间结构，应该使用三维卷积神经网络而不是二维卷积神经网络来提取高光谱图像的有效特征（Chen 等，2016）。提取的特征对图像分类和目标检测都很有用，为以后的研究开辟了一个新的方向。研究不同光谱通道间关系的另一种方法是利用循环神经网络，将超光谱像像素作为序列数据输入（Mou 等，2017）。

　　合成孔径雷达系统人为放大雷达孔径，产生高分辨率图像。合成孔径雷达可以在全天候条件下运行。卷积神经网络用于合成孔径雷达图像中的目标分类，避免了人工制作的特征，提供了更高的精度（Chen 等，2016）。为了兼顾复杂合成孔径雷达图像的振幅和相位信息，Zhang 等（2017）提出了一种用于合成孔径雷达图像分类的复值卷积神经网络来处理复值输入。

3.4　其他人工智能在地球物理上的应用

　　本节研究其他的人工智能地球物理应用，主题大致按从地球到外层空间的顺序排列。

　　1）地球的结构

　　了解地球的结构是一项具有挑战性的任务，因为观测主要局限于地球表面。地球从地表到内部大致分为地表、地壳、地幔和地核，然而，地球的详细结构和性质尚不清楚。湿度是一种重要的土壤属性，长期短时记忆利用最近两年的卫星数据高保真度预测了湿度，显示了长期短时记忆在事后预报、资料同化和天气预报方面的潜力（Fang 等，2017；Fang 等，2020）。我们需要高分辨率的岩石三维 CT 数据来确定岩石的性质，但往往不能准确得到大范围的结果。Niu 等（2020）提出了一种循环生成对抗网络，通过对非配对数据集的训练，从低分辨率图像中获得超分辨率图像。利用卷积神经网络对包裹干涉图（Anantrasirichai 等，2018）中的干涉条纹进行分类，从而检测火山形变。基于深度神经网络方法，利用瑞雷面波速度估算了西藏东部和扬子克拉通西部地壳厚度（Cheng 等，2019）。基于深度学习方法，对简化模型行星的地幔热状态进行了预测，与计算值（Shahnas 和 Pysklywec，2020）相比，平均地幔温度和平均表面热流的预测精度均达到99%。

　　2）水资源

　　地球上的水对生态系统和自然灾害有很大影响。深度学习可以帮助解决水科学中的若干重大挑战（Shen，2018）。深度学习可以通过学习海面高度（SSH）中的模式来预测海洋中的环流。利用长期短时记忆提前 9 周（Wang 等，2019）预测墨西哥湾 40km 范围内的 SSH 和电流环。由于计算内存的限制，感兴趣区域被分割成不同的子区域。进一步的工作为直接基于卷积神经网络（Manucharyan 等，2021），利用稀疏采样数据在大空间和时空上重建 SSH。根据卫星和沿海站同时观测数据，可以利用生成对抗网络重建整个北海（Zhang 等，2020）的 SSH。深度学习还可以帮助估算覆盖整个南极大陆的泛南极近海区的冰山，以监测冰融化、海平面上升（Barbat 等，2019）和海岸淹没，以便更好地了解海岸洪水的地理和时间特征（Liu 等，2019）。

　　除了海洋，水还以不同的形式储存，如河流、湖泊、雨水和冰。深度学习在估算地下水储量（Sun 等，2019）、美国全球水储量（Sun 等，2020）、利用超分辨率测量精确河宽（Ling 等，2019）、预测湖水温度（Read 等，2019）、预测降雨和径流（Akbari 等，2018）及利用遥感数据预测水汽回收（Acito 等，2020）等方面发挥了重要作用。

3）大气科学

大气科学主要观测和预测气候、天气和大气现象。相对地球大气的无处不在，传感器极度有限，因此全球大气参数的观测非常困难。研究人员选择了一种基于卷积神经网络的修复算法来重建 HadCRUT4 （Kadow 等，2020，图 3.22）等全球气候数据中的缺失值。空气污染正在损害地球环境和人类健康。研究人员利用深度学习卫星观测数据和 2018 年观测数据，估算了地面 PM2.5 或 PM10 水平（Li 等，2017；Shen 等，2018；Tang 等，2018）。深度学习还有助于提高天气预报的准确性，这是大气科学中长期面临的挑战（Bonavit 和 Laloyaux，2020；Scher 和 Messori，2021）。Rüttgers 等（2019）基于生成对抗网络，利用卫星影像对台风路径进行了预报，并制作了 6 小时前进轨道，平均误差为 95.6km。Jiang 等（2018）利用深度神经网络方法估算了依赖于流量的台风引起的海面温度冷却，并用于改进台风预报。

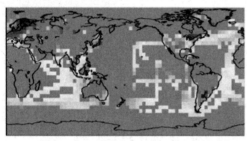 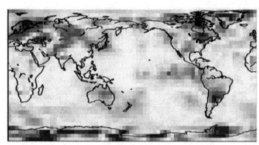

（a）重建之前　　　　　　　　　　　　　　（b）重建之后

图 3.22　人工智能模型对温度异常进行了多缺失值重建

4）空间科学

全球空间参数估计与预测是空间科学中的一项长期任务。研究人员利用深度神经网络预测了内磁层（Chu 等，2017）的短期和长期三维动态电子密度。这种网络可以在任何时间和任何地点获得磁层等离子体密度。利用正则化生成对抗网络重建了动态全电子含量（TEC）图（Chen 等，2019）。一些现有地图被用作参考，以插值某些区域（如海洋）的缺失值。TEC 图也可以提前 2 小时用长期短时记忆 （Liu 等，2020）或提前 1 天用生成对抗网络 （Lee 等，2021）进行预测。进一步利用深度神经网络估计了电子温度与小区域电子密度的关系（Hu 等，2020）。因此，全球电子密度很容易测量并用于预测全球电子温度。可以使用长期短时记忆预测地磁暴，并进行不确定性估计（Tasistro 等，2020），为输出提供置信度。

极光是极地地区常见的天文现象。极光是由太阳风引起的磁层扰动引起的。极地和太阳风研究中，极地分类很重要。研究者使用深度神经网络对极光图像（Clausen 和 Nickisch，2018）进行分类，如图 3.23 所示。图 3.23 底部图显示的是 2006 年 1 月 21 日在 Rankin Inlet 采集的极光数据中的极光概要图，由来自不同时刻的极光图像的单个列组成；图 3.23 中部图显示了用整个训练数据集训练的岭分类器所预测的六类概率；图3.23 顶部图是不同时期的极光图像。分类结果可进一步用于产生一个极光发生位置分布（Zhong 等，2020）。为了处理有限图像标注的情况，使用循环生成对抗网络模型从全天空极光图像（Yang 等，2019）中提取关键局部结构。

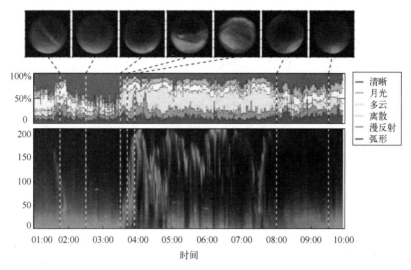

图 3.23　用深度神经网络对极光图像进行分类

4　深度学习在地球物理学中的趋势与方向

4.1　深度学习在地球物理学中的发展趋势

　　深度学习的里程碑式成就出现在 2015 年之后，如 2016 年的 VGGNet （2015 年）、残差神经网络（He 等，2016）、AlexNet（Krizhevsky 等，2017）和阿尔法围棋。2016 年和 2017 年地球物理学相关学科首次引入深度学习，主要集中在遥感领域（Chen 等，2016a；Chen 等，2016b；Maggiori 等，2017；Li 等，2017），因为遥感是一种在许多领域广泛应用的通用技术。2018 年和 2019 年，勘探地球物理（Araya 等，2018）和地震研究（Mousavi 等，2019）等更多地球物理领域开始使用深度学习。

　　最初的尝试首先是简单的全连接神经网络方法，随后是复杂网络，如卷积神经网络、循环神经网络和生成对抗网络模型。关于训练集，早期的研究采用从计算机视觉领域借用的端到端训练，需要大量标注标签，最近的研究则开始考虑将无监督学习（He 等，2018）、深度学习与一种物理模型相结合（Chattopadhyay 等，2020；Wu 和 McMechan，2019）。2020 年，更多的研究集中在深度学习方法的不确定性（Cao 等，2020；Grana 等，2020；Mousavi 和 Beroza，2020a）上。更多的例子见表 3-2。从这些趋势中，我们可以得出结论，越来越多的研究人员正在努力开发专门为地球物理任务设计的深度学习方法，使其更加实用。在下一节中，我们将详细介绍这些未来的趋势。

表 3-2　超越端到端训练的任务使用不同网络体系结构的文献实例

项目	卷积神经网络	卷积自动编码器	"U"形神经网络	生成对抗网络	循环神经网络
有监督 （端到端）	Yu et al. 2019 Dhara and Bagaini 2020	Wang，Wang. et al. 2020	Yang and Ma 2019 Wu，Shi，et al. 2019	Siahkoohi et al. 2019	Yuan et al 2020 Linville et al. 2019
无监督		Mousavi，Zhu， Ellsworth. et al. 2019 Duan et al. 2019		Niu et al. 2020	

项目	卷积神经网络	卷积自动编码器	"U"形神经网络	生成对抗网络	循环神经网络
以优化为导向	Xiao et al. 2021	Sun and Alkhalifah 2020			Sun, Niu, et al. 2020 Wang, McMechan, et al. 2020
物理约束	Zhang, Yang, et al. 2020		Wu and McMechan 2019		
不确定性分析	Mousavi and Beroza 2020a				Tasistro‑Hart et al. 2020 Grana et al. 2020

4.2　深度学习在地球物理学中的未来方向

深度学习作为一种高效的人工智能技术，有望通过机器辅助的数学算法发现地球物理概念并继承专家的知识。尽管深度学习在地震监测或震相识别等一些地球物理应用中取得了成功，但它们作为大多数实际地球物理的工具进行使用仍处于起步阶段。其主要问题包括训练样本不足、信噪比低、非线性强。在这些问题中，与其他行业相比，关键的挑战是缺乏地球物理应用方面的训练样本。针对这一问题，有几种先进的深度学习方法，如半监督与无监督学习、迁移学习、多模态深度学习、联邦学习和主动学习。我们建议将今后十年的研究重点放在下面的主题上。

1）半监督与无监督学习

在实际地球物理应用中，获取一个大数据集的标签是耗时的，甚至可能是不可行的。因此，需要半监督或无监督学习来缓解对标签的依赖。Dunham 等（2019）侧重在缺乏可用标签的情况下应用半监督学习。有学者提出了一种基于自训练的标签传播方法，该方法优于忽略未标记样本的监督学习方法。半监督学习同时利用了有标记数据和无标记数据。AE 与 K 均值相结合是一种高效的无监督学习方法（He 等，2018；Qian 等，2018），利用自编码器以无监督的方式学习低维潜在特征，然后利用 K 均值对潜在特征进行聚类。

2）迁移学习

通常，我们必须为特定的数据集和特定的任务训练一个深度神经网络。例如，一个深度神经网络可能有效地处理陆地数据而不是海洋数据，或者一个深度神经网络可能有效地进行断层识别而不是进行相分类。迁移学习（Donahue 等，2014）是为了增加训练好的网络对于不同数据集或不同任务的泛化能力。

在不同数据集的迁移学习中，一个数据集的优化参数可以作为与另一个数据集学习新网络的初始化值，这个过程称为微调。微调通常比从头开始训练一个随机初始化权值的网络要快得多，也要容易得多。在涉及不同任务的迁移学习中，我们假设提取的特征在不同任务中是相同的。因此，通常将为一个任务训练的模型中的第一层复制到另一个任务的新模型中，以减少训练时间。迁移学习的另一个优点是通过少量的训练样本，我们可以快速将学习到的特征转移到新的任务或新的数据集中。这两种迁移学习方法如图 3.24 所示。图 3.24（a）为在不同数据集之间传递学习，一个训练好的模型的参数可以作为初始化条件移动到另一个模型；图 3.24（b）为不同任务之间的学习迁移，一个训练好的模型的第一层可以复制到另一个模型。迁移学习中的另一个特点包括特征的可转移性之间的关系（Yosinski 等，2014）及不同任务和不同数据集之间的距离（Oquab 等，2014）。

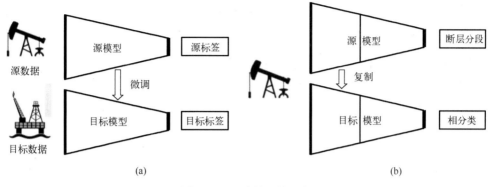

图 3.24　迁移学习的图表

3）深度学习与传统方法的结合

我们可以将传统方法和深度学习方法结合起来，使地球物理学和深度学习高效融合。直观地说，这样的组合可以产生比传统方法更精确的结果，比深度学习方法更可靠的结果。

如何将深度学习融入到传统方法中？在传统的迭代优化算法中，基于阈值的去噪器可以被深度学习去噪器（Zhang 等，2017）代替，从而改善重建结果。另外，不同的任务使用相同的去噪器而不训练新的去噪器。另一种技术即深度图像先验使用深度神经网络架构作为数据的约束，并集成不同任务的传统物理模型（Lempitsky 等，2018）。与深度图像先验的思想类似，Wu 和 McMechan（2019）表明可以在一个全波形反演框架中加入一个深度神经网络生成器。首先，基于"U"形神经网络的生成器 $F(v;\boldsymbol{\Theta})$（其输入为随机输入 v），用来逼近一个精度较高的速度模型 $\boldsymbol{m}$，然后在全波形反演目标函数中插入 $\boldsymbol{m} = F(v;\boldsymbol{\Theta})$，有

$$E_{\text{FWI}}(\boldsymbol{\Theta}) = \frac{1}{2} P(F(v;\boldsymbol{\Theta})) - d_{\text{r}}^{2} \tag{3-6}$$

式中：d_{r} 为地震记录；P 为波场正向传播算子。利用链式法则计算 E_{FWI} 相对于网络参数 $\boldsymbol{\Theta}$ 的梯度。"U"形神经网络只用于速度模型的正则化。经过训练，网络的一次向前传播将产生正则化的结果。

传统的优化方法也受益于深度学习中的自差分机制，通过随机梯度下降法（Stochastic Gradient Descent，SGD）和自适应矩估计（Adaptive moment estimation，Adam）（Sun 等，2020；Wang 等，2020）等深度学习优化方法替代共轭梯度下降或 LBGFS，使得优化效率更高。深度学习也启发出了传统非线性优化算法研究的新方向，如 ML-Descent（Sun 和 Alkhalifah，2020）和基于深度学习的伴随状态方法（Xiao 等，2021）。

如何将传统方法融入深度学习？由于深度学习方法受到额外的物理约束，与传统方法相比，需要较少的训练样本来获得更广义的映射关系。Raissi 等（2019）提出了一种结合训练数据和物理方程约束进行训练的物理信息神经网络（Physical Information Neural Network，PINN）。以地震波模拟为例，波场可以用深度神经网络来表达 $u(x,t) = F(x,t;\boldsymbol{\Theta})$，则声波方程为

$$u_{\text{tt}} = c^{2}\Delta u \xrightarrow{u(x,t)=F(x,t,\boldsymbol{\Theta})} F_{\text{tt}}(x,t;\boldsymbol{\Theta}) = c^{2}\Delta F(x,t;\boldsymbol{\Theta}) \tag{3-7}$$

深度学习和传统方法如何结合？数据驱动和模型驱动相结合的方法的另一个优点是可以大规模地获得高分辨率的解决方案。采用基于物理方程的低分辨率网格，对该过程进行了大规模数值求解。在小范围内，该过程采用数据驱动的深度学习方法（Chattopadhyay 等，2020）

求解，因此避免了精细尺度上的高计算需求。深度学习还可以用于发现物理概念（Iten 等，2020）。

经常有人问"机器学习在水文模拟中是否有真正的作用？"而不是"水文科学在机器学习时代将扮演什么角色？"（Nearing 等，2020）。正如作者所说的，深度学习已经揭开了大规模降雨径流模拟的原理，无法用物理模型来解释。深度学习对传统方法的冲击很大，造成新旧思想的碰撞。我们相信，深度学习方法和基于物理的方法将共同用于推动科学长期向前发展。

4）多模态深度学习

为了提高反演的分辨率，不同来源数据的联合反演成为近年来研究的热点（Garofalo 等，2015）。深度神经网络的优点之一是可以从多个输入中融合信息。在多模态深度学习（Ngiam 等，2011；Ramachandram 和 Taylor，2017）中，输入来自不同的数据源，如地震数据和重力数据。从不同来源收集数据有助于缓解训练样本数量有限的瓶颈。此外，使用多模态数据可以提高深度学习方法（Zhang 等，2020）的质量和可靠性。Feng 等（2020）采用数据集成的方法对降水、太阳辐射、气温等 23 个变量进行了径流预报，图 3.25 显示了多模态深度学习的示例。

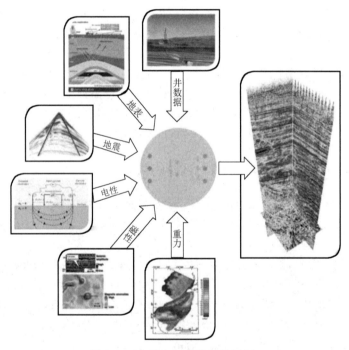

图 3.25　多模态深度学习的示例

5）联邦学习

为了给地球物理应用提供一个实用的深度学习训练集，从不同的机构或公司收集可用的数据可能是一个可行的解决方案。然而，对于大规模地球物理数据集，通过互联网进行数据传输耗时且代价昂贵。此外，大多数数据集是保密的，不能共享。联邦学习（federated learning）最早是由谷歌（Mcmahan 等，2017；Li 等，2020）提出的，目的是在没有隐私或安全问题的情况下，用数百万个手机的用户数据训练一个深度神经网络。来自不同客户端的加密梯度被组装在中央服务器中，从而避免了数据传输。图 3.26 为联邦学习中服务器更新模型并向所有客户端分发信息的示意图。客户端使用本地数据集训练深度神经网络，并将模型梯度上传至服务器；服务器聚合梯度并更新全局模型；然后将更新后的模型分发给所有本地客户；经过多轮训练，直到模型满足一定的精度要求。在简单的联邦学习设置中，客户端和服务器共享相同的网络架构。基于某些企业不共享初至标注的概念，给出了地球物理联邦学习的一个可能实例。

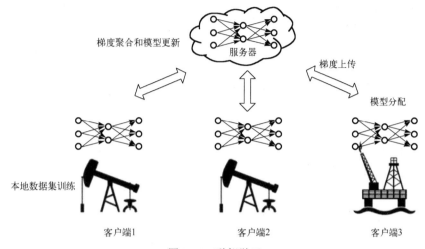

图 3.26   联邦学习

6）不确定性估计

与深度学习在地球物理中的应用有关的剩余问题之一是，没有坚实理论基础的深度学习方法的结果是否可信。基于深度学习的不确定度分析方法包括蒙特卡罗 dropout（Gal 和 Ghahramani，2016）、马尔可夫链蒙特卡罗（MCMC）（De 等，2019）、变分推断（Subedar 等，2019）等。例如，在蒙特卡罗 dropout 中，在每个原始层中加入 dropout 层来模拟一个伯努利分布。通过多个 dropout 实现，收集结果，并计算方差作为不确定性。在火山—地震监测（Bueno 等，2019）、地磁暴预报（Tasistro 等，2020）、天气预报（Scher 和 Messori，2021；Bonavit 和 Laloyaux，2020）、土壤湿度预报（Fang 等，2020）和地震位置估计（Mousavi 和 Beroza，2020b）等领域，具有预测不确定性估计的深度学习都得到应用。

7）主动学习

为了利用少量标注数据训练高精度模型，Yoo 和 Kweon（2019）提出了主动学习模仿人类自学习能力。一个主动学习模型基于一种采样策略选择最有用的数据进行人工标注，并将此数据添加到训练集中；然后更新的数据集用于下一轮训练（图 3.27）。其中一种采样策略基于不确定性原理，即选取不确定性较高的样本。以断层识别为例，如果训练好的网络不确定断层是否存在于给定的位置，就可以手动标注断层并将样本添加到训练集中。

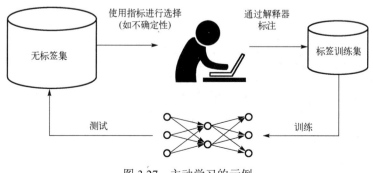

图 3.27   主动学习的示例

5　结论

本文介绍了深度学习方法的关键概念，给出了深度学习在地球物理中的广泛应用及其优缺点，最后为地球物理学界研究深度学习的读者分析了未来的发展趋势。深度学习方法在地球物理领域创造了机遇和挑战。开拓性研究人员为地球物理学中的深度学习提供了基础，并取得了良好的成果，现在必须探索更先进的深度学习技术、解决更实际的问题。最后，本文从三个层面总结了深度学习在不同地球物理任务中应用。

（1）传统方法费时费力，需要大量的人力和专家知识，如在勘探地球物理中的初至拾取和速度拾取等。

（2）传统方法存在困难和瓶颈。例如，地球物理反演需要良好的初始值和高精度的建模，并且存在局部极小化的问题。

（3）传统方法无法处理一些情况，如多模态数据融合和反演等。

随着新的人工智能模型在深度学习之外的发展，以及对深度学习在地球物理中应用的无限可能性的研究，我们可以期待在不久的将来能够智能化、自动化地发现未知的地球物理原理。

附录 A　初学者深度学习教程

A.1　去噪卷积神经网络的编码示例

基于 Caffe、Pytorch、Keras 和 TensorFlow 等现有框架，深度学习算法在地球物理数据处理中的实现非常简单。这里，本文提供了一个使用 Python 和 Keras 构造去噪卷积神经网络进行地震去噪的例子。代码需要 12 行用于数据集加载、模型构建、训练和测试。数据集是预先构造的，包括一个无噪声子集和一个噪声子集，整个数据集包括 12800 个样本，大小为 64×64。

```
1.  import h5py
2.   from tensorflow.keras.layers import Input,Conv2D,BatchNormalization,RelU,Subtract
3.  from tensorflow.keras.models import Model
4.  ftrain = h5py.File('noise_dataest.h5','r')
5.  X,Y = ftrain['/X'][()],ftrain['/Y'][()]
6.  input = Input(shape=(None,None,1))
7.  x= Conv2D(64,3,padding='same',activation='relu')(input)
8.  for i in range(15):
9.      x=Conv2D(64,3,padding='same',use_bias=False)(x)
10.     x=ReLU()(BatchNormalization(axis=3,momentum=0.0,epsilon=0.0001)(x))
11. x = Conv2D(1,3,padding='same',use_bias=False)(x)
12. model = Model(inputs=input,outputs=Subtract()([input,x]))
13. model.compile(optimizer="rmsprop",loss="mean_squared error")
14. model.fit(x[:-1000],Y[:-1000],batch_size 32,epochs 50,shuffleTrue)
15. Y_ = model.predict(X[-1000:])
```

任何适当的绘图工具都可以用于数据可视化。训练在 NVidia2080Ti 图形处理单元上耗时不到 1 小时。只要构建了一个训练集，读者就可以在自己的领域尝试这个代码。

A.2　给初学者的提示

本文从深度学习中最关键的三个步骤，即数据生成、网络构建和训练的角度，为希望在地球物理中探索深度学习的初学者介绍了几条实用提示。虽然以勘探地球物理为例，但数据生成和网络训练的技巧一般适用于大部分领域。网络构建一般依赖于任务。

A.3　数据生成

正如波尔顿（2002）所指出的，"训练一个前馈神经网络是一个应用所涉及的努力的10%；决定输入输出数据编码和创建好的训练和测试集是 90%的工作"。在深度学习中，我们建议网络构建和数据集准备的投入百分比应该是 40%和 60%。第一，大多数深度学习方法使用一个原始数据集作为输入，从而降低了特征提取的工作量；第二，与传统神经网络相比，深度学习可以使用更广泛的网络结构和参数。总体而言，构建合适的训练集在深度学习中的作用更突出。

在深度学习中可以有效地使用合成数据集，这一点是有利的，因为标记的真实数据集有时很难获得。第一，为了评估深度学习在特定地球物理应用中的适用性，使用合成数据集是最便捷的方法；第二，如果在合成数据集上取得了令人满意的结果，则可以利用少量标注的真实数据集通过参数调整进行迁移学习；第三，如果合成数据集足够复杂，即如果在生成数据集时考虑最重要的因素，训练好的网络可能能够直接处理现实数据集（Wu 等，2020；Wu等，2019）。

一个合成训练集应该是多样的。第一，我们建议使用具有开放许可证的现有合成数据集，而不是生成数据集。对于特定的任务，如全波形反演，可能需要基于波动方程生成数据集。第二，可以采用旋转、镜像、缩放、平移等数据增广方法，并在清洗数据集时加入噪声、缺失道或断层等以扩充训练集，其目标是生成尽可能接近真实数据集的超大综合数据集。

为了生成真实的数据集，我们建议使用现有的方法生成标签，然后人工进行检查。例如，在初至拾取时，使用自动拾取算法对数据集进行预处理，然后将结果提供给识别异常值的专家。我们还建议使用主动学习（Yoo 和 Kweon，2019）提供一个半自动的标记过程。先使用所有具有机器标注的数据集训练深度神经网络，并要求对预测不确定性较高的样本进行人工标注。

A.4　针对不同任务进行网络建设

初学者建议使用去噪卷积神经网络或"U"形神经网络进行测试。去噪卷积神经网络可用于输入和输出共享同一域的大多数任务，如去噪、插值和属性分析。由于没有涉及池化层，去噪卷积神经网络的输入大小可以不同。但是每个输出数据点是由来自输入的本地字段决定的，而不是整个输入集。此外，"U"形神经网络包含池化层，所有输入点都用来确定一个输出点，即使输入和输出处于不同的领域，如全波形反演中，"U"形神经网络也可用于任务。但是"U"形神经网络的输入大小是固定的，一旦训练完，数据需要进行分片处理。

对于无监督的聚类任务，如属性分类，建议结合一个卷积自动编码器和 K 均值。我们不建议循环生成对抗网络用于地球物理任务，因为训练过程极其耗时，结果并不稳定。一个循环神经网络为时间序列提供了高性能的框架，如波场正向模拟和全波形反演等。循环神经网络还被用于涉及时间或空间序列数据集的回归和分类任务，如单道去噪。

为了调整深度神经网络的超参数和优化算法，我们建议使用 AutoML 工具箱，例如Autokeras，而不是手动调整值。基本目标是在给定的采样范围内搜索最佳的参数组合。这种搜索非常耗时，随机搜索策略可能会加速优化过程。此外，对于大多数应用，默认架构给出了合理的结果。

A.5 训练、验证和测试

可用数据集应拆分为三个子集：一个训练集、一个验证集和一个测试集，以优化网络参数。子集的比例取决于数据集的整体大小。对于 10～50K 样本的数据集，建议其比例分别为 60%、20% 和 20%。对于较大的数据集（大于 1M），通常使用较小的部分进行验证和测试（1%～5%），因为备选方案会导致使用不必要的大型测试/验证集，浪费可用于训练和建立更好模型的数据。在一个分类任务中，我们建议在训练中采用独热（one-hot）编码。验证集用于训练期间对网络进行测试。然后，选择验证精度最好的模型而不是最终训练好的模型。如果验证精度在训练过程中达到稳定后没有提高或下降，则建议使用提前停止策略，避免过拟合。网络超参数应根据验证精度进行调整。验证集用于指导训练，测试集用于基于未观测数据集对模型进行测试，但测试集不宜用于超参数调整。

训练过程中常见的问题是验证损失小于训练损失，且损失不是一个数。理论上训练损失应该小于验证损失，因为模型是用训练数据集训练的。造成这一问题的几个潜在原因如下：正则化发生在训练期间，但在验证期间被忽略，例如在 dropout 层；训练损失通过迭代过程中每批损失的平均值得到，验证损失则根据一次迭代后的损失得到；验证集可能不如训练集复杂，特别是当只有训练集得到增强时。非数（Not A Number，NaN）损失的潜在原因如下：学习率太大；在一个循环神经网络中，应该控制梯度以避免梯度爆炸；零被用作除数，负值被用于对数或指数分布的值太大。

A.6 术语集

AE 自动编码器。具有相同输入和输出的神经网络。

AI 人工智能。机器被训练要像人类一样思考。

ANN 人工神经网络。一个受构成动物大脑的生物神经网络启发的计算系统。

Aurora 地球天空中出现的一种自然光。太阳风引起的磁层扰动。

BNN 贝叶斯神经网络。网络参数是随机变量而不是常规变量。

CAE 卷积自动编码器。具有共享权重的自动编码器。

CNN 卷积神经网络。具有共享权值的深度神经网络。

DDTF 数据驱动紧框架。使用紧框架约束的字典学习方法。

Deblending 在地震勘探中，为了提高勘探效率，需要将多个震源按很小的时间间隔依次激发。然后，自不同震源的地震波会混叠在一起。在进一步处理之前，首先需要对记录的数据集进行分解。

Dictionary 用来表示信号为线性组合的一组向量。

DIP 深度图像先验。深度神经网络的结构被用作图像的先验约束。

DL 深度学习。一种基于深度神经网络的机器学习技术。

DnCNN 去噪卷积神经网络。

DNN 深度神经网络。在输入和输出层之间有许多层的神经网络。

DS 双稀疏。数据用稀疏系数矩阵乘自适应字典表示。自适应字典用稀疏系数矩阵乘固定字典表示。

Event 在勘探地球物理中是指同相位的反射波。在地震学中指发生的地震。

Facies　地震相单元是由一组参数不同于相邻相单元的反射波组合而成的一种三维地震单元。

Fault　岩体中的不连续面，由于岩体的移动，在其上发生了显著的位移。

FCN　全卷积网络。指不包含完全连接层的网络，完全连接的层不共享权重。

FCNN　全连接神经网络。由完全连接的层组成的网络。

FWI　全波形反演。利用全波形信息获取地下参数。基于波动方程和反演理论实现了全波形反演。

GAN　生成式对抗网络。生成对抗网络用于生成假图像。生成对抗网络包含生成网络和判别网络。生成网络试图产生一个近乎真实的图像。判别网络试图区分输入的图像是真实的还是生成的。因此，这样的工作最终会让生成网络生成出判别网络无法区分的虚假图像。

Graphics Processing Unit （GPU）　并行计算设备。在深度学习中，图形处理器被广泛应用于神经系统的训练。

HadCRUT4　哈德利中心（海表面温度）和气候研究单位（陆地表面空气温度）的温度记录。

K-means　一种经典的聚类算法，其中 K 为聚类个数。

K-SVD　一种使用奇异值分解进行字典更新的字典学习方法。

LSTM　长短时记忆。长期短时记忆考虑使用自适应开关，遗忘或记忆多少历史信息。

Magnetosphere　天体周围受带电粒子影响的磁场范围。

ML　地震局部震级。一种测量地震大小的方法。

Patch　在字典学习中，一幅图像被分成许多块，这些块的大小与字典中的元素大小相同。

PINN　物理信息神经网络。用一个物理方程约束神经网络。

PM　颗粒物。PM10 是直径小于或等于 $10\mu m$ 的粗颗粒；PM2.5 是直径小于或等于 $2.5\mu m$ 的细颗粒。

ResNet　残差神经网络。残差神经网络包含跳跃连接，以跳过几个层。残差块的输出是输入和直接输出之间的残差。

RNN　循环神经网络。在时序数据处理应用中，循环神经网络使用网络的输出作为后续过程的输入，以考虑过去时刻的状态。

SAR　雷达天线在目标上方的运动被看作是一个大口径天线。孔径越大，图像分辨率越高。

Solar wind　太阳上层大气释放出的带电粒子流。

Sparse coding　输入数据以字典的线性组合形式表示，其中系数是稀疏的。

Sparsity　向量中非零值的个数。

SVD　奇异值分解。矩阵分解方法。$A=USV$，其中 U 和 V 为两个正交矩阵，S 为元素为 A 的奇异值的对角矩阵，采用奇异值分解法去除较小的奇异值进行降维。SVD 也用于推荐系统和自然语言处理。

Tight frame　紧框架提供了一种表示信号的冗余、稳定的方式，类似于字典。紧框架是具有完美重构特性的框架；例如，$WTW=I$。

Tomography　基于走时信息的地下速度层析反演。

U-Net　"U"形网络；"U"形神经网络有"U"形结构和跳跃连接。跳跃连接将低层次特征引入到高层次特征。

Wave equation　波动方程。控制波动传播的偏微分方程。

WST　小波散射变换。变换包括小波变换的级联、模算子和平均算子。

参考文献

[1] Abma R，Kabir N. 3D interpolation of irregular data with a POCS algorithm [J]. Geophysics，2006，71（6）：91-97.

[2] Acito N，Diani M，　Corsini G. CWV-Net：A deep neural network for atmospheric column water vapor retrieval from hyper-spectral VNIR data [J]. IEEE Transactions on Geoscience and Remote Sensing，2020，58（11）：8163-8175.

[3] Aharon M，Elad M，　Bruckstein A. K-SVD：An algorithm for designing overcomplete dictionaries for sparse representation [J]. IEEE Transactions on Signal Processing，2006，54（11）：4311-4322.

[4] Akbari Asanjan A，Yang T，Hsu K，et al. Short-term precipitation forecast based on the PERSIANN system and LSTM recurrent neural networks [J]. Journal of Geophysical Research：Atmosphere，2018，123（22）：12543-12563.

[5] Anantrasirichai N，Biggs J，Albino F，et al. Application of machine learning to classification of volcanic deformation in routinely-generated InSAR data [J]. Journal of Geophysical Research，2018，123（8）：6592-6606.

[6] Araya-Polo M，Jennings J，Adler A，et al. Deep-learning tomography [J]. The Leading Edge，2018，37（1）：58-66.

[7] Barbat M M，Rackow T，Hellmer H H，et al. Three years of near-coastal Antarctic iceberg distribution from a machine learning approach applied to SAR imagery [J]. Journal of Geophysical Research：Oceans，2019，124（9）：6658-6672.

[8] Bergen K J，Johnson P A，de Hoop M V，et al. Machine learning for data-driven discovery in solid earth geoscience [J]. Science，2019，363（6433）：1-10.

[9] Bonavita M，Laloyaux P. Machine learning for model error inference and correction [J]. Journal of Advances in Modeling Earth Systems，2020，12（12）：e2020MS002232.

[10] Bueno A，Benitez C，De Angelis S，et al. Volcano-seismic transfer learning and uncertainty quantification with Bayesian neural networks [J]. IEEE Transactions on Geoscience and Remote Sensing，2019，58（2）：892-902.

[11] Cai J，Ji H，Shen Z，et al. Data-driven tight frame construction and image denoising [J]. Applied and Computational Harmonic Analysis，2014，37（1）：89-105.

[12] Cao R，Earp S，de Ridder S A L，et al. Near-real-time near-surface 3D seismic velocity and uncertainty models by wavefield gradiometry and neural network inversion of ambient seismic noise [J]. Geophysics，2020，85（1）：KS13-KS27.

[13] Chattopadhyay A，Subel A，Hassanzadeh P. Data-driven super-parameterization using deep learning：Experimentation with multiscale Lorenz 96 systems and transfer learning [J]. Journal of Advances in Modeling Earth Systems，2020，12（11）：e2020MS002084.

[14] Chen R T，Rubanova Y，Bettencourt J，et al. Neural ordinary differential equations [C]. In Proceedings of the 32nd International Conference on Neural Information Processing Systems（NIPS'18），2018：6572-6583.

[15] Chen S，Wang H，Xu F，et al. Target classification using the deep convolutional networks for SAR images [J]. IEEE Transactions on Geoscience and Remote Sensing，2016a，54（8）：4806-4817.

[16] Chen Y，Jiang H，Li C，et al. Deep feature extraction and classification of hyperspectral images based on convolutional neural networks [J]. IEEE Transactions on Geoscience and Remote Sensing，2016b，54（10）：

6232-6251.

[17] Chen Z，Jin M，Deng Y，et al. Improvement of a deep learning algorithm for total electron content maps: Image completion [J]. Journal of Geophysical Research，2019，124（1）：790-800.

[18] Cheng G，Zhou P，Han J. Learning rotation-invariant convolutional neural networks for object detection in VHR optical remote sensing images [J]. IEEE Transactions on Geoscience and Remote Sensing，2016，54（12）：7405-7415.

[19] Cheng X，Liu Q，Li P，et al. Inverting Rayleigh surface wave velocities for crustal thickness in eastern Tibet and the western Yangtze craton based on deep learning neural networks [J]. Nonlinear Processes in Geophysics，2019，26（2）：61-71.

[20] Cho K，Van Merriënboer B，Gulcehre C，et al. Learning phrase representations using RNN encoder-decoder for statistical machine translation [C]. In Proceedings of the 2014 Conference on Empirical Methods in Natural Language Processing （EMNLP），2014：1724-1734.

[21] Chu X，Bortnik J，Li W，et al. A neural network model of three-dimensional dynamic electron density in the inner magnetosphere [J]. Journal of Geophysical Research，2017，122（9）：9183-9197.

[22] Clausen L B N，Nickisch H. Automatic classification of auroral images from the oslo auroral themis （oath） data set using machine learning [J]. Journal of Geophysical Research：Space Physics，2018，123（7）：5640-5647.

[23] Creswell A，White T，Dumoulin V，et al. Generative adversarial networks：An overview [J]. IEEE Signal Processing Magazine，2018，35（1）：53-65.

[24] Das V，Mukerji T. Petrophysical properties prediction from prestack seismic data using convolutional neural networks [J]. Geophysics，2020，85（5）：N41-N55.

[25] Das V，Pollack A，Wollner U，et al. Convolutional neural network for seismic impedance inversion [J]. Geophysics，2019，84（6）：R869-R880.

[26] De Figueiredo L P，Grana D，Roisenberg M，et al. Gaussian mixture Markov chain Monte Carlo method for linear seismic inversion [J]. Geophysics，2019，84（3）：R463-R476.

[27] DeVries P M R，Viegas F，Wattenberg M，et al. Deep learning of aftershock patterns following large earthquakes [J]. Nature，2018，560（7720）：632-634.

[28] Dhara A，Bagaini C. Seismic image registration using multiscale convolutional neural networks [J]. Geophysics，2020，85（6）：V425-V441.

[29] Donahue J，Jia Y，Vinyals O，et al. Decaf：A deep convolutional activation feature for generic visual recognition [C]. International Conference on Machine Learning，2014：647-655.

[30] Dong C，Loy C C，He K，et al. Learning a deep convolutional network for image super-resolution [C]. European Conference on Computer Vision，2014：184-199.

[31] Donoho D L，Johnstone I M. Adapting to unknown smoothness via wavelet shrinkage [J]. Journal of the American Statistical Association，1995，90（432）：1200-1224.

[32] Duan Y，Zheng X，Hu L，et al. Seismic facies analysis based on deep convolutional embedded clustering [J]. Geophysics，2019，84（6）：IM87-IM97.

[33] Dunham M W，Malcolm A，Kim Welford J. Improved well-log classification using semisupervised label propagation and self-training，with comparisons to popular supervised algorithms [J]. Geophysics，2019，85（1）：O1-O15.

[34] Fang J，Zhou H，Li Y，et al. Data-driven low-frequency signal recovery using deep-learning predictions in

full-waveform inversion [J]. Geophysics，2020，85（6）：A37-A43.

[35] Fang K，Kifer D，Lawson K，et al. Evaluating the potential and challenges of an uncertainty quantification method for long short-term memory models for soil moisture predictions [J]. Water Resources Research，2020，56（12）：e2020WR028095.

[36] Fang K，Shen C，Kifer D，et al. Prolongation of SMAP to spatiotemporally seamless coverage of continental U S[J]. arXiv，2017.

[37] Feng D P，Fang K，Shen C P. Enhancing streamflow forecast and extracting insights using long-short term memory networks with data integration at continental scales [J]. Water Resources Research，2020，56（9）：e2019WR026793.

[38] Feng R，Mejer Hansen T，Grana D，et al. An unsupervised deep-learning method for porosity estimation based on poststack seismic data [J]. Geophysics，2020，85（6）：M97-M105.

[39] Gal Y，Ghahramani Z. Dropout as a Bayesian approximation：Representing model uncertainty in deep learning [C]. In International Conference on Machine Learning，2016，1050-1059.

[40] Gao Z，Pan Z，Gao J，et al. Building long-wavelength velocity for salt structure using stochastic full waveform inversion with deep autoencoder based model reduction [C]. In SEG Technical Program Expanded Abstracts，2019.

[41] Garofalo F，Sauvin G，Socco L V，et al. Joint inversion of seismic and electric data applied to 2D media [J]. Geophysics，2015，80（4）：EN93-EN104.

[42] Goodfellow I，Pouget-Abadie J，Mirza M，et al. Generative adversarial networks [C]. Advances in Neural Information Processing Systems，2014：2672-2680.

[43] Grana D，Azevedo L，Liu M. A comparison of deep machine learning and Monte Carlo methods for facies classification from seismic data [J]. Geophysics，2020，85（4）：WA41-WA52.

[44] He K，Zhang X，Ren S，et al. Deep residual learning for image recognition [C]. In IEEE Conference on Computer Vision and Pattern Recognition，2016：770-778.

[45] He Y，Cao J，Lu Y，et al. Shale seismic facies recognition technology based on sparse autoencoder [C]. In International Geophysical Conference，2018：1744-1748.

[46] Helmy T，Fatai A，Faisal K. Hybrid computational models for the characterization of oil and gas reservoirs [J]. Expert Systems with Applications，2010，37（7）：5353-5363.

[47] Herrmann F J，Hennenfent G. Non-parametric seismic data recovery with curvelet frames [J]. Geophysical Journal International，2008，173（1）：233-248.

[48] Hochreiter S，Schmidhuber J. Long short-term memory [J]. Neural Computation，1997，9（8）：1735-1780.

[49] Hu A，Carter B，Currie J，et al. A deep neural network model of global topside electron temperature using incoherent scatter radars and its application to GNSS radio occultation [J]. Journal of Geophysical Research，2020，125（2）：1-17.

[50] Hu L，Zheng X，Duan Y，et al. First-arrival picking with a UNet convolutional network [J]. Geophysics，2019，84（6）：U45-U57.

[51] Huang K，You J，Chen K，et al. Neural network for parameters determination and seismic pattern detection[C]. SEG Technical Program Expanded Abstracts，2006：2285-2289.

[52] Iten R，Metger T，Wilming H，et al. Discovering physical concepts with neural networks [J]. Physical Review Letters，2020，124（1）：010508.

[53] Jia Y，Ma J. What can machine learning do for seismic data processing? An interpolation application [J].

Geophysics，2017，82（3）：V163-V177.

[54] Jiang G Q，Xu J，Wei J. A deep learning algorithm of neural network for the parameterization of typhoon-ocean feedback in typhoon forecast models [J]. Geophysical Research Letters，2018，45（8）：3706-3716.

[55] Jiang K，Wang Z，Yi，P，et al. Edge-enhanced GAN for remote sensing image super resolution [J]. IEEE Transactions on Geoscience and Remote Sensing，2019，57（8）：5799-5812.

[56] Kadow C，Hall D M，Ulbrich U. Artificial intelligence reconstructs missing climate information [J]. Nature Geoscience，2020，13（6）：408-413.

[57] Krizhevsky A，Sutskever I，Hinton G E. Imagenet classification with deep convolutional neural networks [J]. Communications of the ACM，2017，60（6）：84-90.

[58] LeCun Y，Bengio Y，Hinton G. Deep learning [J]. Nature，2015，521（7553）：436-444.

[59] Lee S，Ji E Y，Moon Y J，et al. One-day forecasting of global TEC using a novel deep learning model [J]. Space Weather，2021，19（1）：2020SW002600.

[60] Lei N，An D，Guo Y，et al. A geometric understanding of deep learning [J]. Engineering，2020，6（3）：361-374.

[61] Lempitsky V，Vedaldi A，Ulyanov D. Deep image prior [C]. In Proceedings of the IEEE Conference on Computer Vision and Pattern Recognition，2018：9446-9454.

[62] Li J，Bao Q，Liu Y，et al. Evaluation of FAMIL2 in simulating the climatology and seasonal-to-interannual variability of tropical cyclone characteristics [J]. Journal of Advances in Modeling Earth Systems，2019，11（4）：1117-1136.

[63] Li L，Lin Y，Zhang X，et al.Convolutional recurrent neural networks based waveform classification in seismic facies analysis [C]. SEG Technical Program Expanded Abstracts，2019：2599-2603.

[64] Li S，Song W，Fang L，et al. Deep learning for hyperspectral image classification：An overview [J]. IEEE Transactions on Geoscience and Remote Sensing，2019，57（9）：6690-6709.

[65] Li T，Sahu A K，Talwalkar A，et al. Federated learning：Challenges，methods，and future directions [J]. IEEE Signal Processing Magazine，2020，37（3）：50-60.

[66] Li T，Shen H，Yuan Q，et al. Estimating ground-level PM2.5 by fusing satellite and station observations：A geo-intelligent deep learning approach [J]. 2017.

[67] Li Z，Meier M A，Hauksson E，et al. Machine learning seismic wave discrimination：Application to earthquake early warning [J]. Geophysical Research Letters，2018，45（10）：4773-4779.

[68] Liang J，Ma J，Zhang X. Seismic data restoration via data-driven tight frame [J]. Geophysics，2014，79（3）：V65-V74.

[69] Lim J S. Reservoir properties determination using fuzzy logic and neural networks from well data in offshore Korea [J]. Journal of Petroleum Science and Engineering，2005，49（3-4）：182-192.

[70] Ling F，Boyd D，Ge Y，et al. Measuring river wetted width from remotely sensed imagery at the subpixel scale with a deep convolutional neural network [J]. Water Resources Research，2019，55（7）：5631-5649.

[71] Linville L，Pankow K，Draelos T. Deep learning models augment analyst decisions for event discrimination[J]. Geophysical Research Letters，2019，46（7）：3643-3651.

[72] Liu B，Li X，Zheng G. Coastal inundation mapping from bitemporal and dual-polarization SAR imagery based on deep convolutional neural networks [J]. Journal of Geophysical Research：Oceans，2019，124（12）：9101-9113.

[73] Liu L，Zou S，Yao Y，et al. Forecasting global ionospheric TEC using deep learning approach [J]. Space Weather，2020，18（11）：e2020SW002501.

[74] Liu S. Multi-parameter full waveform inversions based on recurrent neural networks. （Dissertation for the master degree in science）[D]. 2020.

[75] Maggiori E，Tarabalka Y，Charpiat G，et al. Convolutional neural networks for large-scale remote-sensing image classification [J]. IEEE Transactions on Geoscience and Remote Sensing，2017，55（2）：645-657.

[76] Makhzani A. Unsupervised representation learning with autoencoders. （Doctoral dissertation）[D]. University of Toronto （Canada），2018.

[77] Malfante M，Dalla Mura M，Mars J I，et al. Automatic classification of volcano seismic signatures [J]. Journal of Geophysical Research：Solid Earth，2018，123（12）：10645-10658.

[78] Mallat S. Group invariant scattering [J]. Communications on Pure and Applied Mathematics，2012，65（10）：1331-1398.

[79] Mandelli S，Borra F，Lipari V，et al. Seismic data interpolation through convolutional autoencoder [C]. SEG Technical Program Expanded Abstracts，2018：4101-4105.

[80] Manucharyan G E，Siegelman L，Klein P. A deep learning approach to spatiotemporal sea surface height interpolation and estimation of deep currents in geostrophic ocean turbulence [J]. Journal of Advances in Modeling Earth Systems，2021，13（1）：e2019MS001965.

[81] Mcmahan H B，Moore E，Ramage D，et al. Communication-efficient learning of deep networks from decentralized data [C]. In International Conference on Artificial Intelligence and Statistics，2017：1273-1282.

[82] Meier M A，Ross Z E，Ramachandran A，et al. Reliable real-time seismic signal/noise discrimination with machine learning [J]. Journal of Geophysical Research：Solid Earth，2019，124（1）：788-800.

[83] Mou L，Ghamisi P，Zhu X X. Deep recurrent neural networks for hyperspectral image classification [J]. IEEE Transactions on Geoscience and Remote Sensing，2017，55（7）：3639-3655.

[84] Mousavi S M，Beroza G C. A machine-learning approach for earthquake magnitude estimation [J]. Geophysical Research Letters，2020a，47（1）：e2019GL085976.

[85] Mousavi S M，Beroza G C. Bayesian-deep-learning estimation of earthquake location from single-station observations [J]. IEEE Transactions on Geoscience and Remote Sensing，2020b，58（11）：8211-8224.

[86] Mousavi S M，Ellsworth W L，Zhu W，et al. Earthquake transformer—An attentive deep-learning model for simultaneous earthquake detection and phase picking [J]. Nature Communications，2020，11（1）：1-12.

[87] Mousavi S M，Horton S P，Langston C A，et al. Seismic features and automatic discrimination of deep and shallow induced-microearthquakes using neural network and logistic regression [J]. Geophysical Journal International，2016，207（1）：29-46.

[88] Mousavi S M，Langston C A. Hybrid seismic denoising using higher-order statistics and improved wavelet block thresholding [J]. Bulletin of the Seismological Society of America，2016，106（4）：1380-1393.

[89] Mousavi S M，Langston C A. Automatic noise-removal/signal-removal based on general cross-validation thresholding in synchrosqueezed domain and its application on earthquake data [J]. Geophysics，2017，82（4）：V211-V227.

[90] Mousavi S M，Langston C A，Horton S P. Automatic microseismic denoising and onset detection using the synchrosqueezed continuous wavelet transform [J]. Geophysics，2016，81（4）：V341-V355.

[91] Mousavi S M，Zhu W，Ellsworth W，et al. Unsupervised clustering of seismic signals using deep convolutional autoencoders [J]. IEEE Geoscience and Remote Sensing Letters，2019，16（11）：1693-1697.

[92] Mousavi S M，Zhu W，Sheng Y，et al. CRED：A deep residual network of convolutional and recurrent units for earthquake signal detection [J]. Scientific Reports，2019，9（1）：1-14.

[93] Nazari Siahsar M A，Gholtashi S，Kahoo A R，et al. Data-driven multitask sparse dictionary learning for noise attenuation of 3D seismic data [J]. Geophysics，2017，82（6）：V385-V396.

[94] Nearing G S，Kratzert F，Sampson A K，et al. What role does hydrological science play in the age of machine learning？[J]. Water Resources Research，2020，57：e2020WR028091.

[95] Ngiam J，Khosla A，Kim M，et al. Multimodal deep learning [C]. In International conference on machine learning，2011：689-696.

[96] Niu Y，Wang Y D，Mostaghimi P，et al. An innovative application of generative adversarial networks for physically accurate rock images with an unprecedented field of view [J]. Geophysical Research Letters，2020，47（23）：e2020GL089029.

[97] Oquab M，Bottou L，Laptev I，et al. Learning and transferring mid-level image representations using convolutional neural networks [C]. In IEEE Conference on Computer Vision and Pattern Recognition，2014：1717-1724.

[98] Oropeza V，Sacchi M. Simultaneous seismic data denoising and reconstruction via multichannel singular spectrum analysis [J]. Geophysics，2011，76（3）：V25-V32.

[99] Ovcharenko O，Kazei V，Kalita M，et al. Deep learning for low-frequency extrapolation from multioffset seismic data [J]. Geophysics，2019，84（6）：R989-R1001.

[100] Park M J，Sacchi M D. Automatic velocity analysis using convolutional neural network and transfer learning[J]. Geophysics，2019，85（1）：V33-V43.

[101] Payani A，Fekri F，Alregib G，et al. Compression of seismic signals via recurrent neural networks：Lossy and lossless algorithms [C]. SEG Technical Program Expanded Abstracts，2019：4082-4086.

[102] Poulton M M. Neural networks as an intelligence amplification tool：A review of applications [J]. Geophysics，2002，67（3）：979-993.

[103] Qi J，Zhang B，Lyu B，et al. Seismic attribute selection for machine-learning-based facies analysis [J]. Geophysics，2020，85（2）：O17-O35.

[104] Qian F，Yin M，Liu X，et al. Unsupervised seismic facies analysis via deep convolutional autoencoders [J]. Geophysics，2018，83（3）：A39-A43.

[105] Raissi M，Perdikaris P. Physics-informed neural networks：A deep learning framework for solving forward and inverse problems involving nonlinear partial differential equations [J]. Karniadakis G E，2019.

[106] Ramachandram D，Taylor G W. Deep multimodal learning：A survey on recent advances and trends [J]. IEEE Signal Processing Magazine，2017，34（6）：96-108.

[107] Read J S，Jia X，Willard J，et al. Process-guided deep learning predictions of lake water temperature [J]. Water Resources Research，2019，55（11）：9173-9190.

[108] Reichstein M，Camps-Valls G，Stevens B，et al. Deep learning and process understanding for data-driven earth system science [J]. Nature，2019，566（7743）：195-204.

[109] Ronneberger O，Fischer P，Brox T. U-net：Convolutional networks for biomedical image segmentation [C]. In Medical Image Computing and Computer Assisted Intervention，2015.

[110] Ross Z E，Meier M-A，Hauksson E. P wave arrival picking and first-motion polarity determination with deep learning [J]. Journal of Geophysical Research：Solid Earth，2018，123（6）：5120-5129.

[111] Ross Z E，Yue Y S，Meier M A，et al. Phaselink：A deep learning approach to seismic phase association [J].

Journal of Geophysical Research: Solid Earth, 2019, 124 (1): 856-869.

[112] Rubinstein R, Zibulevsky M, Elad M. Double sparsity: Learning sparse dictionaries for sparse signal approximation [J]. IEEE Transactions on Signal Processing, 2010, 58 (3): 1553-1564.

[113] Rumelhart D E, Hinton G E, Williams R J. Learning representations by back-propagating errors [J]. Nature, 1986, 323 (6088): 533-536.

[114] Rüttgers M, Lee S, Jeon S, et al. Prediction of a typhoon track using a generative adversarial network and satellite images [J]. Scientific Reports, 2019, 9 (1): 1-15.

[115] Sabour S, Frosst N, Hinton G E. Dynamic routing between capsules [C]. Advances in Neural Information Processing Systems, 2017.

[116] Scher S, Messori G. Ensemble methods for neural network-based weather forecasts [J]. Journal of Advances in Modeling Earth Systems, 2021, 13 (2): e2020MS002331.

[117] Shahnas M H, Pysklywec R N. Toward a unified model for the thermal state of the planetary mantle: Estimations from mean field deep learning [J]. Earth and Space Science, 2020, 7 (7): e2019EA000881.

[118] Shen C. A transdisciplinary review of deep learning research and its relevance for water resources scientists[J]. Water Resources Research, 2018, 54 (11): 8558-8593.

[119] Shen H, Li T, Yuan Q, et al. Estimating regional ground-level PM2.5 directly from satellite top-of-atmosphere reflectance using deep belief networks [J]. 2018.

[120] Siahkoohi A, Louboutin M, Herrmann F J. The importance of transfer learning in seismic modeling and imaging [J]. Geophysics, 2019, 84 (6): A47-A52.

[121] Simonyan K, Zisserman A. Very deep convolutional networks for large-scale image recognition [C]. In International Conference on Learning Representations, 2015.

[122] Spitz S. Seismic trace interpolation in the f-x domain [J]. Geophysics, 1991, 56 (6): 785-794.

[123] Subedar M, Krishnan R, Meyer P L, et al. Uncertainty-aware audiovisual activity recognition using deep Bayesian variational inference [C]. In International Conference on Computer Vision, 2019: 6300-6309.

[124] Sun A Y, Scanlon B R, Save H, et al. Reconstruction of grace total water storage through automated machine learning [J]. Water Resources Research, 2020, 57: e2020WR028666.

[125] Sun A Y, Scanlon B R, Zhang Z, et al. Combining physically based modeling and deep learning for fusing grace satellite data: Can we learn from mismatch? [J]. Water Resources Research, 2019, 55 (2): 1179-1195.

[126] Sun B, Alkhalifah T. ML-descent: An optimization algorithm for full-waveform inversion using machine learning [J]. Geophysics, 2020, 85 (6): R477-R492.

[127] Sun J, Niu Z, Innanen K A, et al. A theory-guided deep-learning formulation and optimization of seismic waveform inversion [J]. Geophysics, 2020, 85 (2): R87-R99.

[128] Tang G, Long D, Behrangi A, et al. Exploring deep neural networks to retrieve rain and snow in high latitudes using multisensor and reanalysis data [J]. Water Resources Research, 2018, 54 (10): 8253-8278.

[129] Tasistro-Hart A, Grayver A, Kuvshinov A. Probabilistic geomagnetic storm forecasting via deep learning [J]. Journal of Geophysical Research: Space Physics, 2020, 126: e2020JA028228.

[130] Titos M, Bueno A, García L, et al. Detection and classification of continuous volcano-seismic signals with recurrent neural networks [J]. IEEE Transactions on Geoscience and Remote Sensing, 2019, 57 (4): 1936-1948.

[131] Wang B, Zhang N, Lu W, et al. Deep-learning-based seismic data interpolation: A preliminary result [J]. Geophysics, 2019, 84 (1): V11-V20.

[132] Wang J，Xiao Z，Liu C，et al. Deep learning for picking seismic arrival times [J]. Journal of Geophysical Research：Solid Earth，2019，124（7）：6612-6624.

[133] Wang J L，Zhuang H，Chérubin L M，et al. Medium-term forecasting of loop current Eddy Cameron and Eddy Darwin formation in the Gulf of Mexico with a divide-and-conquer machine learning approach [J]. Journal of Geophysical Research，2019，124（8）：5586-5606.

[134] Wang N，Chang H，Zhang D. Deep-learning-based inverse modeling approaches：A subsurface flow example [J]. Journal of Geophysical Research：Solid Earth，2020，126：e2020JB020549.

[135] Wang T，Zhang Z，Li Y. Earthquakegen：Earthquake generator using generative adversarial networks [C]. SEG Technical Program Expanded Abstracts，2019：2674-2678.

[136] Wang W，Ma J. Velocity model building in a crosswell acquisition geometry with image-trained artificial neural network [J]. Geophysics，2020，85（2）：U31-U46.

[137] Wang W，McMechan G A，Ma J. Elastic full-waveform inversion with recurrent neural networks [C]. In SEG Technical Program Expanded Abstracts，2020.

[138] Wang W，McMechan G A，Ma J，et al. Automatic velocity picking from semblances with a new deep-learning regression strategy：Comparison with a classification approach [J]. Geophysics，2021，86（2）：U1-U13.

[139] Wang Y，Ge Q，Lu W，et al. Seismic impedance inversion based on cycle-consistent generative adversarial network [C]. SEG Technical Program Expanded Abstracts，2019：2498-2502.

[140] Wang Y，Wang B，Tu N，et al. Seismic trace interpolation for irregularly spatial sampled data using convolutional autoencoder [J]. Geophysics，2020，85（2）：V119-V130.

[141] Wu H，Zhang B，Li F，et al. Semiautomatic first-arrival picking of microseismic events by using the pixel-wise convolutional image segmentation method [J]. Geophysics，2019，84（3）：V143-V155.

[142] Wu H，Zhang B，Lin T，et al. Semiautomated seismic horizon interpretation using the encoder-decoder convolutional neural network [J]. Geophysics，2019，84（6）：B403-B417.

[143] Wu H，Zhang B，Lin T，et al. White noise attenuation of seismic trace by integrating variational mode decomposition with convolutional neural network [J]. Geophysics，2019，84（5）：V307-V317.

[144] Wu X，Geng Z，Shi Y，et al. Building realistic structure models to train convolutional neural networks for seismic structural interpretation [J]. Geophysics，2020，85（4）：WA27-WA39.

[145] Wu X，Liang L，Shi Y，et al. Faultseg3D：Using synthetic data sets to train an end-to-end convolutional neural network for 3D seismic fault segmentation [J]. Geophysics，2019，84（3）：IM35-IM45.

[146] Wu X，Shi Y，Fomel S，et al. Faultnet3D：Predicting fault probabilities，strikes，and dips with a single convolutional neural network [J]. IEEE Transactions on Geoscience and Remote Sensing，2019，57（11）：9138-9155.

[147] Wu Y，McMechan G A. Parametric convolutional neural network-domain full-waveform inversion [J]. Geophysics，2019，84（6）：R881-R896.

[148] Xiao C，Deng Y，Wang G. Deep-learning-based adjoint state method：Methodology and preliminary application to inverse modelling [J]. Water Resources Research，2021，57（2）：e2020WR027400.

[149] Yamaga N，Mitsui Y. Machine learning approach to characterize the postseismic deformation of the 2011 Tohoku-Oki earthquake based on recurrent neural network [J]. Geophysical Research Letters，2019，46（21）：11886-11892.

[150] Yang F，Ma J. Deep-learning inversion：A next-generation seismic velocity model building method [J]. Geophysics，2019，84（4）：R583-R599.

[151] Yang Q，Tao D，Han D，et al. Extracting auroral key local structures from all-sky auroral image by artificial intelligence technique [J]. Journal of Geophysical Research：Space Physics，2019，124（5）：3512-3521.

[152] Yoo D，Kweon I S. Learning loss for active learning [C]. In IEEE Conference on Computer Vision and Pattern Recognition，2019：93-102.

[153] Yosinski J，Clune J，Bengio Y，et al. How transferable are features in deep neural networks [C]. In Proceedings of the Neural Information Processing Systems，2014：3320-3328.

[154] You N，Li Y E，Cheng A. Shale anisotropy model building based on deep neural networks [J]. Journal of Geophysical Research：Solid Earth，2020，125（2）：e2019JB019042.

[155] Yu S，Ma J，Osher S. Monte Carlo data-driven tight frame for seismic data recovery [J]. Geophysics，2016，81（4）：V327-V340.

[156] Yu S，Ma J，Wang W. Deep learning for denoising [J]. Geophysics，2019，84（6）：V333-V350.

[157] Yu S，Ma J，Zhang X，et al. Interpolation and denoising of high-dimensional seismic data by learning a tight frame [J]. Geophysics，2015，80（5）：V119-V132.

[158] Yuan P，Wang S，Hu W，et al. A robust first-arrival picking workflow using convolutional and recurrent neural networks [J]. Geophysics，2020，85（5）：U109-U119.

[159] Zhang C，Frogner C，Araya-Polo M，et al. Machine-learning based automated fault detection in seismic traces [C]. In 76th EAGE Conference and Exhibition，2014：1-5.

[160] Zhang H，Yang X，Ma J. Can learning from natural image denoising be used for seismic data interpolation？[J] Geophysics，2020，85（4）：WA115-WA136.

[161] Zhang K，Zuo W，Chen Y，et al. Beyond a Gaussian denoiser：Residual learning of deep CNN for image denoising [J]. IEEE Transactions on Image Processing，2017，26（7）：3142-3155.

[162] Zhang K，Zuo W，Gu S，et al. Learning deep CNN denoiser prior for image restoration [C]. In IEEE Conference on Computer Vision and Pattern Recognition，2017：2808-2817.

[163] Zhang X，Zhang J，Yuan C，et al. Locating induced earthquakes with a network of seismic stations in Oklahoma via a deep learning method [J]. Scientific Reports，2020，10（1）：1941.

[164] Zhang Z，Alkhalifah T. Regularized elastic full-waveform inversion using deep learning[J]. Geophysics，2019，84（5）：R741-R751.

[165] Zhang Z，Stanev E V，Grayek S. Reconstruction of the basin-wide sea-level variability in the north sea using coastal data and generative adversarial networks [J]. Journal of Geophysical Research：Oceans，2020，125（12）：e2020JC016402.

[166] Zhang Z，Wang H，Xu F，et al. Complex-valued convolutional neural network and its application in polarimetric SAR image classification [J]. IEEE Transactions on Geoscience and Remote Sensing，2017，55（12）：7177-7188.

[167] Zhao M，Chen S，Fang L，et al. Earthquake phase arrival auto-picking based on U-shaped convolutional neural network [J]. Chinese Journal of Geophysics，2019，62（8）：3034-3042.

[168] Zhong Y，Ye R，Liu T，et al. Automatic aurora image classification framework based on deep learning for occurrence distribution analysis：A case study of all-sky image datasets from the yellow river station [J]. Journal of Geophysical Research，2020，125：e2019JA027590.

[169] Zhou Y，Yue H，Kong Q，et al. Hybrid event detection and phase-picking algorithm using convolutional and recurrent neural networks [J]. Seismological Research Letters，2019，90（3）：1079-1087.

[170] Zhu J，Park T，Isola P，et al. Unpaired image-to-image translation using cycle-consistent adversarial networks [C]. In International Conference on Computer Vision，2017：2242-2251.

[171] Zhu W，Mousavi S M，Beroza G C. Seismic signal denoising and decomposition using deep neural networks [J]. IEEE Transactions on Geoscience and Remote Sensing，2019，57（11）：9476-9488.

（本文来源及引用方式：Yu S，Ma J. Deep learning for geophysics: Current and future trends [J]. Reviews of Geophysics，2021：59，e2021RG000742.）

地震资料智能处理

论文 4　人工智能和视速度约束的地震波初至拾取

摘要

　　初至拾取是解决近地表静校正问题的重要步骤之一。随着采集密度的不断提高，地震数据量不断增加，迫切需要发展新的方法解决大数据量的初至拾取问题。传统方法是通过人工进行交互拾取和质量控制，在面对庞大数据量的高密度数据时，效率很低；而基于深度学习的初至自动拾取方法效率较高。在用于初至自动拾取的各种深度学习算法中，全卷积神经网络在语义分割方面有着突出的优势，它可以处理地震道长变化的数据，并且可以进行高分辨率的像素分类，但是这种方法存在定位精度不足的缺点。U-Net 结构是全卷积神经网络的一种变体，凭借较高精度和易于实现的特点，可以较好解决初至拾取问题，然而，在数据信噪比较低的情况下拾取准确度会下降。为了解决以上问题，提出四个关键技术点：采用一系列处理流程对振幅进行预处理以提高预测值稳定性，对不同 U-Net 的变体进行比较和优选；选取合适的超参数优化网络，添加一个视速度约束改善分割图像的轮廓。最后对网格性能进行了敏感性和特异性分析，用较为简单的架构获得了更高的精度和效率，并在一套陆地地震数据应用中取得了较好的效果。

1　引言

　　静校正是地震资料处理的重要环节之一，而初至波拾取是计算地表静校正量的一个重要步骤，特别是在地表条件较为复杂的地区，低速风化层速度变化较为剧烈，准确拾取初至成为解决此类地区静校正问题的关键所在。然而，目前大多数的初至波拾取方法只能实现部分自动化，需要花费大量时间进行人工质量控制。随着高密度地震采集技术的应用，地震数据量变得十分巨大，导致初至拾取过程中耗费的人工成本愈发增加。基于深度学习的初至波自动拾取方法是一种低成本、高效率的解决方案，可以满足当今地震高密度采集的数据量需求。传统的初至自动拾取方法，如基于能量的方法（Coppens，1985；Gaci，2014）或基于相关性的方法（Gelchinsky 和 Shtivelman，1983；Senkaya 和 Karsli，2011），普遍存在依赖数据高信噪比和一致波形的问题。在地形变化剧烈或强噪声干扰的情况下，精度会降低。另外，深度神经网络方法适合解决模式匹配分类问题。这种方法由神经网络演化而来，可以采用多个隐含层，其结构更加复杂。与神经网络方法相比，深度神经网络方法的性能可以随训练数据的增加而提高（Goodfellow 等，2016）。深度算法可以挖掘数据的特征，深度学习模型由多个层次组成，以学习具有多个抽象层次的数据表示。这是一种层次渐进的特征学习，先从较低层次的特征中学习，从而定义更高层次的特征（Bengio，2012）。在此意义上，初至拾取问题可以定义为模式识别问题，目的是区分背景噪声和地震数据。因此，深层神经网络可以从地震数据中学习特征，而无须人工干预，其后将地震数据分为噪声和数据两个区域。

　　近几年来，出现了多种应用机器学习进行初至波拾取的方案，如神经网络（Li 等，2013；Maity 等，2014）、支持向量机（Yalcinoglu 和 Stotter，2018）、模糊聚类（Chen，2018）、混合卷积神经网络（Convolutional Neural Network，CNN）（Lu 和 Feng，2018；Hollander 等，2018）、全卷积网络（Fully Convolutional Network，FCN）（Yuan 等，2018；Duan 等，2018）、半监督全卷积网络（SS-FCN）（Tsai 等，2018）、U-Net 适应（Zhu 和 Beroza，2019；Yuan 等，2019）和伴有迁移学习的卷积神经网络（Liao 等，2019；Xie 等，2019）等。在这些方法中，

全卷积神经网络方法可以逐像素分类，处理可变道长的数据，并且仅需较少的学习样本就可提高效率，因此被广泛使用。

全卷积神经网络方法起源于卷积神经网络方法，卷积神经网络最早由 LeCun 等（1989）提出，但当时的计算能力制约了其更广泛的应用。近十年来，由于图像分类技术的重大突破，卷积神经网络得到了广泛的应用，相继开发了 AlexNet（Krizhevsky 等，2012）、VGG16（Simonyan 和 Zisserman，2015）和 GoogleNet（Szegedy 等，2015）等架构。卷积神经网络能够逐步减少输入数据占用的空间，并有效地增加特征映射的数量，但是在预测分辨率方面存在不足。该问题的一种解决方法是使用语义分割进行像素级分类，并从低清晰度表示中恢复高分辨率输出。目前，语义分割方法一般使用全卷积神经网络架构。全卷积神经网络通过下采样和上采样两方面恢复高分辨率输出，通常可以通过转置卷积（Shelhamer 等，2015；Noh 等，2015）或空洞卷积（Chen 等，2018；Yu 和 Koltun，2016）实现。U-Net 作为全卷积神经网络的一种变体，具有多功能性、可处理记录长度变化的数据及分割精度较为显著（Ronneberger 等，2015）等特点。然而，U-Net 在实现初至拾取时有一定的局限性，尤其是在数据的信噪比较低时，拾取结果的精确度会低于以前的验证精度。因此，网络结构需要进一步优化以减少误差。此外，对图像后续处理也能有效改善拾取结果（Hu 等，2018）。由于近年来 U-Net 应用效果较好，它的结构得到了更广泛的拓展，例如 UNet++（Zhou 等，2018）和 Attention U-Net（aU-Net）（Abraham 和 Khan，2019），能较好解决复杂分割问题。

针对以上问题，本文提出了四个关键技术点：

（1）将 U-Net 网络模型与简单变体网络模型 aU-Net 和复杂变体网络模型 UNet++的效果进行比较，从不同角度解决分割问题；

（2）通过实验确定网络超参数，包括对损失函数、优化器和激活函数等进行实验；

（3）制定并实现了一个处理流程，可以提高样本信噪比，均衡训练样本，提高训练稳定性、样本识别率和预测值鲁棒性；

（4）在拾取初至波之前，对分割的边缘添加一个视速度约束以增加图像分割细节。

最后，使用该方法对一套陆地地震数据集进行初至波自动拾取，获得了令人满意的结果。

2　网络的原理

2.1　U-Net 模型

U-Net 模型由两部分组成，第一部分为编码器（下采样），第二部分为解码器（上采样）。编码器是一种传统的卷积神经网络，它通过增加特征映射的数量、减少空间采样信息以提取高层次至低层次的特征。解码器的作用是恢复数据在编码过程中特定位置逐渐丢失的分辨率。同时，用残差连接（Residual Connections）将高分辨率的局部特征与低分辨率的全局特征相结合，增加更具语义意义的输出。在用于初至波拾取的 U-Net 结构中，其工作原理是在输入的空间位置中检测信号具体的特征，这些特征与地震数据和背景噪声的特征有关。然后，对检测到的特征逐像素进行二值分类，得到区分信号与噪声的分割图像。U-Net 可以通过训练学习信号与噪声特征并进行分类。最后，将信号与噪声区域之间的分割边缘定义为初至时间。在初至拾取中，由于初至在单炮记录上一般是对称出现的，所以边界检测问题比传统的分割问题相对简单。

图 4.1 显示了简化过的 U-Net 变体，每个编码器层包括两个无偏差的级联卷积层以提高分类精度，每个卷积层的值为

$$Z_{ijk}^{l} = \boldsymbol{W}_{k}^{l\mathrm{T}} \boldsymbol{X}_{ij}^{l} + \boldsymbol{b}_{k}^{l} \qquad (4\text{-}1)$$

式中：Z_{ijk}^{l} 为第 l 层、第 k 维特征图 i, j 处的值；$\boldsymbol{W}_{l}^{k}$ 为第 l 层、第 k 维特征映射的权重向量；$\boldsymbol{b}_{k}^{l}$ 为第 l 层、第 k 维特征图的偏差项；$\boldsymbol{X}_{i,j}^{l}$ 为以第 l 层的以 i, j 点为中心的输入数据。卷积核尺寸为 3×3，步长为 1，无零值填充。

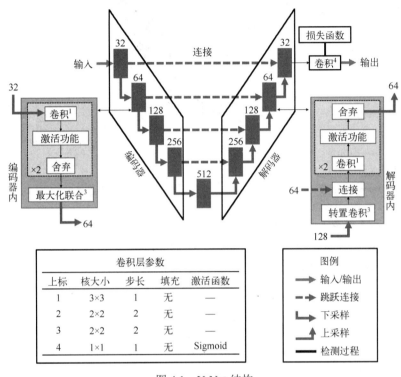

卷积层参数				
上标	核大小	步长	填充	激活函数
1	3×3	1	无	—
2	2×2	2	无	—
3	2×2	2	无	—
4	1×1	1	无	Sigmoid

图 4.1　U-Net 结构

尽管 U-Net 已经取得了一定的效果，但其在分割精度方面仍然存在一些限制。因此，需要使用额外的方法来提高分割精度。本文中比较了三种不同复杂度的 U-Net 结构以解决该问题。

2.2　UNet++模型

UNet++（Zhou 等，2018）与 U-Net 有三个不同之处：一是残差连接具有卷积层，可以用来解决编码器特征和解码器语义之间的语义鸿沟；二是残差连接密集，可以改进梯度流（Gradient Flow）；三是与单一损失层相比，深度监督（Deep Supervision）实现了模型数剪枝（Model Pruning），可以更有效地提高性能。

U-Net 残差连接直接将高分辨率的特征映射从编码器传送到解码器，通常这个过程会使特征映射产生一定的非相似性，虽然残差连接有助于恢复网格输出的空间分辨率，但是结合来自编码器与解码器的语义上不相等的特征映射，可能会降低分割性能。当解码器与编码器网络的特征映射在语义上相似时，分割精度就会提高。为了实现这一点，UNet++引入了一个深度监督的编码器和解码器，其中编码器与解码器通过一系列嵌套和密集的残差连接结合在一起（图 4.2）。残差连接减少了编码器与解码器特征映射之间的语义差距，并在高分辨率特征映射上捕捉到细节。

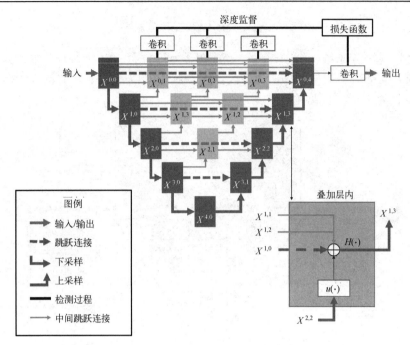

图 4.2　UNet++结构

叠加特征映射的计算方法为

$$X_{i,j} = \begin{cases} H(X_{i-1}, j). & j = 0 \\ H\{[X_{i,k}]_{k=0}^{j-1}, u(X_{i+1}, j-1)\}. & j > 0 \end{cases} \quad (4\text{-}2)$$

式中：$X^{i,j}$ 为节点的输出；i 为沿编码器的下采样层；j 为沿着残差连接的密集块的卷积层；$H(\cdot)$ 为紧跟激活函数的卷积运算；$u(\cdot)$ 为上采样层；$[\cdot]$ 为连接层。

2.3　Wide U-Net 模型

Wide U-Net（wU-Net）（Zhou 等，2018）的卷积核由 U-Net 的 $32\times64\times128\times256\times512$ 变为 wU-Net 的 $37\times70\times140\times280\times560$，通过采用更多的超参数来提高网络性能。而 wU-Net 和 UNet++具有相似数量的超参数（表 4-1），能够客观地度量网络性能。

表 4-1　U-Net 变体的超参数

U-Net 变体	超参数量/万
U-Net	776
wU-Net	913
UNet++	904
aU-Net	504

2.4　Attention U-Net 模型

虽然 U-Net 具有表达能力强、推理速度快、滤波器共享等特点，但是当目标的形状和大小有很大变化时，它需要依赖多级串联的卷积神经网络。此外，传统方法会导致计算资源和模型参数的过度及冗余使用。为了解决这一问题，发展了 Attention U-Net，即 aU-Net（Abraham 和 Khan，2019）[图 4.3（a）]，它是一个简单、有效的解决方案，引入了注意门（Attention Gates，AGs）[图 4.3（b）]。注意门可以在没有额外监督的情况下专注于目标结构进行自动学习。在训练过程中，这些门突出对分类任务有用的显著特征。此外，它不会引入显著的计算开销，也不像多模型框架那样需要大量的模型参数（表 4-1）。注意门通过抑制不相关区域的特征，提高了模型对稠密标签预测的敏感性和准确性，同时保持了较高的预测精度。

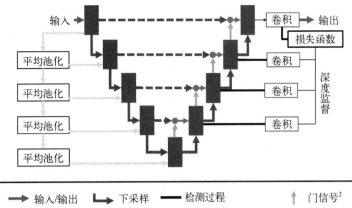

上标	核大小	步长	填充	激活函数	批标准化
1	2×2	2	无		
2	2×2	1	无	ReLU	有

(a) aU-Net结构

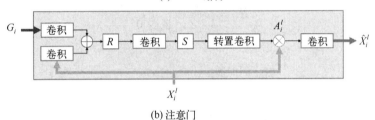

(b) 注意门

图 4.3　aU-Net 变体

注意门可以通过以下公式表达，即

$$\boldsymbol{Q}_{\text{att}}^{l} = \boldsymbol{\psi}^{\mathrm{T}}[R(\boldsymbol{W}_x^{\mathrm{T}} \boldsymbol{X}_i^l + \boldsymbol{W}_g^{\mathrm{T}} \boldsymbol{G}_i + \beta_{\gamma})] + \boldsymbol{b}_{\psi} \tag{4-3}$$

$$\boldsymbol{A}_i^l = S(\boldsymbol{Q}_{\text{att}}^l(\boldsymbol{X}_i^l, \boldsymbol{G}_i; \boldsymbol{\theta}\text{att})) \tag{4-4}$$

式中：$\boldsymbol{A}_i^l$ 为第 l 层、第 i 像素处 $\boldsymbol{Q}_{\text{att}}^l$ 的注意系数；$\boldsymbol{G}_i$ 为第 i 像素处的门信号（Gating Signal）；$\boldsymbol{Q}_{\text{att}}^l$ 为第 l 层处的线性注意系数；注意门通过一组参数 $\boldsymbol{Q}_{\text{att}}^l$ 表征，包括线性变换 $\boldsymbol{W}_x$、$\boldsymbol{W}_g$、$\boldsymbol{\psi}$ 和偏置项 $\boldsymbol{b}_{\psi}$、$\boldsymbol{b}_g$；R 为 ReLU 激活函数；S 为 Sigmoid 激活函数。

2.5　超参数优化

在初至拾取中，由于初至在单炮记录上一般是对称出现的，所以边界检测问题比传统的分割问题要相对简单。本文比较了基于 U-Net 的三种不同体系结构在处理简单问题时的性能，发现简化过的 U-Net 性能优于复杂化的 U-Net。本文不仅比较了最佳架构，还对 U-Net 的每个超参数进行了详尽的测试，并得到了最优化的结果。测试的参数包括学习率（Learning Rate）、激活功能（Activation Function）、损失函数（Loss Function）、优化器（Optimizer）、舍弃比率（Dropout Rate）和权重初始化（Weight Initialization）等（表 4-2）。

在这项研究中，重点放在了激活函数和损失函数。

表 4-2 测试的超参数

超参数	变体
激活功能	ReLU；Leaky ReLU；ELU；SELU
损失函数	二元交叉熵代价函数；BCE+Dice；Tversky；Focal Tversky；Huber
优化器	Adam；Adamax；Adadelta；RMSprop；随机梯度下降（SGD）
舍弃比率	0；0.05；0.10；0.20
学习率	1×10^{-4}；1×10^{-5}；1×10^{-6}
权重初始化	He；Lecun；Glorot

首先，传统的 U-Net 激活函数是 ReLU（Ma 等，2019），但其存在一些局限性，如梯度消失问题。为了避免这种情况，一些作者尝试了 ELU（Abraham 和 Khan，2019），并取得了一些成功。在本文中除了比较以上两个函数之外，还比较了另外两个激活函数，一个是带泄露修正线性单元（Leaky ReLU，LReLU）（Maas 等，2013），这是对传统 ReLU 的简单改进，避免了梯度消失问题；另一个是 SELU（Klambauer 等，2017），这是一个更复杂的解决方案，可以与 ELU 相媲美。其公式分别为

$$\boldsymbol{R}_{l,k}=\begin{cases}\boldsymbol{Z}_k, & \boldsymbol{Z}_k>0\\ \lambda_1\boldsymbol{Z}_k, & \boldsymbol{Z}_k\geqslant0\end{cases} \tag{4-5}$$

和

$$\boldsymbol{R}_{s,k}=\lambda_s\begin{cases}\boldsymbol{Z}_k, & \boldsymbol{Z}_k>0\\ \alpha_s(\mathrm{e}^{\boldsymbol{Z}_k}-1), & \boldsymbol{Z}_k\leqslant0\end{cases} \tag{4-6}$$

式中：$\boldsymbol{R}_{l,k}$ 为第 k 特征图处 LReLU 激活函数的输入；$\boldsymbol{R}_{s,k}$ 为第 k 特征图处 SELU 激活函数的输入；$\boldsymbol{Z}_k$ 为第 k 维特征图处的值，在默认情况下 λ_1 为 0.001、λ_s 约为 1.0507、α_s 约 1.6733，λ_s 和 α_s 为固定值，使输入的均值是 0、标准差是 1。

LReLU 函数是经典的 ReLU 激活函数的变体。它在计算导数时允许一个小的梯度，梯度值不再停留在零上，因而避免了梯度消失问题；由于没有指数运算，其计算速度比 ELU 快；缺点是不能避免爆炸梯度问题，因为 α_s 值是不可学习的，它是预先定义的，取微分时变成线性函数，而 ELU 是部分线性和非线性的。

其次，SELU 激活函数允许网络通过其内部规范化特性实现更快收敛，输出自动归一化至零平均值和单位方差。此外，该网络权重初始化需要正态分布（高斯分布）。它的另外一个优点是不存在梯度消失问题，其通过映射两个连续层之间的均值（μ）和方差（v）计算 α_s 和 λ_s，并找到同时满足两个层的不动点 $(\mu,v)=(0,1)$ 的解。

最后，关于损失函数，在常规的炮点道集中，样本数量大于初至波样本和噪声样本，因此初至拾取目前面临的主要问题之一就是样本不平衡性（Data Imbalance）。为了克服样本数量不平衡性的问题，本文测试了四种类型的损失函数：第一种是基于概率分布的二元交叉熵损失函数（Binary Cross Entropy，BCE）；第二种是基于区域的损失函数，例如 Dice、Tversky 和 Focal Tversky；第三种是基于边界的损失函数，例如 Huber；第四种是基于合并的损失函数，如将交叉熵与 Dice 合并为一个损失函数（二元交叉熵损失函数+Dice）。此外，量化分割精度的损失函数也被进一步包含了进去。交叉熵代价函数+Dice（Zhou 等，2018）为

$$\mathcal{L}_{bd} = (\boldsymbol{Y}, \boldsymbol{Z}) = \frac{1}{N} \sum_{i=1}^{N} \left(1 - \frac{1}{2} Y_i \lg Z_i - \frac{2Z_i Y_i}{Z_i + Y_i} \right) \tag{4-7}$$

式中：$\boldsymbol{Y}$ 为真实值，$\boldsymbol{Z}$ 为预测结果；N 为批大小（Batch Size）。

Dice 系数（Dice Coefficient）（Sudre 等，2017）被定义为预测值与实际值之间重叠的最小化值，是两个样本之间重叠的度量。然而，其中一个局限性在于假阳性（False Positives，FP）和假阴性（False Negatives，FN）的权重相等，即精确度高但召回率低。初至拾取是一个高度不平衡的问题，因此要求 FN 的权重高于 FP 的权重以提高召回率。

Tversky 指数（Tversky，1977）是平衡 FP 和 FN 的 Dice 系数的一个推广，通过最小化将 Tversky 指数变成损失函数，即

$$\mathcal{L}_t = (\boldsymbol{Y}, \boldsymbol{Z}) = \frac{1}{N} \sum_{i=1}^{N} \left(1 - \frac{Z_i Y_i + \varepsilon}{Z_i Y_i + \alpha Z_i^2 + \beta Y_i^2 + \varepsilon} \right) \tag{4-8}$$

式中：β 为假阴性的权重；ε 为防止被零除的数值稳定因子。通过调整超参数 α 和 β，可以控制假阳性与假阴性之间的权衡。较大的 β 值会提高模型的收敛性。$\alpha = \beta = 5$ 时，Tversky 函数简化为 Dice 函数。

Focal Tversky 函数（Hashemi 等，2019）向前更进一步，引入了一个与标签频率成反比的权重，即

$$\mathcal{L}_{ft} = (\boldsymbol{Y}, \boldsymbol{Z}) = \frac{1}{N} \sum_{i=1}^{N} \left(1 - \frac{Z_i Y_i + \varepsilon}{Z_i Y_i + \alpha Z_i^2 + \beta Y_i^2 + \varepsilon} \right) \tag{4-9}$$

式中：γ 为焦点参数因子。γ 可以控制容易分类的"数据"区域与难以分类的"噪声"区域。该指数对分类良好的样本的误差进行加权，防止大量分类错误的样本对梯度的影响，进而缓解了类别不平衡。另外，$\gamma = 1$ 时，Focal Tversky 函数简化为 Tversky 函数。

Huber 函数（Huber，1973）是由可调参数 δ 确定的平均绝对误差（Mean Absolute Error，MAE）与均方误差（Mean Squared Error，MSE）之间的平衡，即

$$\mathcal{L}_h = (\boldsymbol{Y}, \boldsymbol{Z}) = \begin{cases} \dfrac{1}{2N} \sum_{i=1}^{N} |Y_i - Z_i|^2, & |Y_i - Z_i| \leqslant \delta \\[2mm] \dfrac{1}{2N} \sum_{i=1}^{N} \delta(2|Y_i - Z_i| - \delta), & |Y_i - Z_i| > \delta \end{cases} \tag{4-10}$$

式中：δ 为可调参数。这个损失函数用于变化较大的数据或很少有异常值的数据。当 δ 趋近 0 时，平滑平均绝对误差函数接近平均绝对误差；当 δ 趋近 ∞ 时，则接近均方误差。对于较大的异常值，建议使用较小的 δ 值，因为均方误差会影响损失值。但是，当异常值很少时，建议使用较大的 δ 值，因为均方误差会比平均绝对误差起到更大的作用。

2.6　数据调节

在地震数据中，由于球面扩散引起信号能量的变化及噪声的存在，导致信号能量的不均衡，进而直接影响网络训练的性能[图 4.4（a）]。本文使用基于四分位距法（Inter Quartile Range，IQR）（Upton 和 Cook，1996）的最小—最大标准化法和百分位限幅以提高振幅，利用传统的 $2\sigma \sim 3\sigma$ 限幅以处理异常值。应用全局百分比归一化方法，数据在该图中位于标准差 2σ 范围内的百分比为 95.45%，而位于 3σ 范围内的百分比为 99.73%。

数据集的变异性可以通过范围和标准差衡量，但是它们对异常值十分敏感，基于上、下四分位数来测量离散度，且在测量数据分散度时更能抵抗异常值的存在。通过四分位距法可以获知第一个和第三个四分位数的间距，四分位距法可以显示数据分布中间 50%范围的值。

虽然传统的自动增益控制（Automatic Gain Control，AGC）是一种较为有效的方法，但它会加强初至波以上的噪声，这对网络正确识别和分类样本而言是一个问题[图 4.4（b）]。自动增益控制（AGC）使网络更加难以区分噪声与数据。同时，低频噪声可能会出现在初至波的上方，这可能导致分类错误。初至波应当尽可能清晰，以便网络可以从数据像素中区分出噪声。

均方根（RMS）振幅归一化方法能够在一定程度上解决这个问题，但也存在一些不足。在较远的地震道中，噪声在整个地震道中都被增强，且在面波周围区域的特征归一化后能量较低[图 4.4（c）]。

因此，为了在样本之间获得适当的平衡能量，本文将均方根振幅归一化法与最小—最大标准化法和四分位距法限幅相结合以截断极值，并加上 T 平方补偿解决球面发散问题[图 4.4（d）]。此方法的优势在于均衡了整炮数据，从而网络在训练过程中可以更容易地正确识别和分类样本。

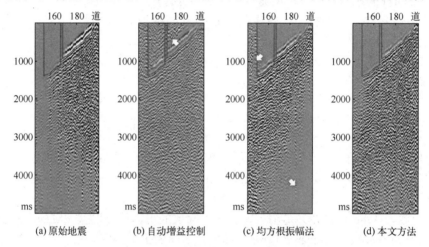

图 4.4　不同方法对地震数据进行振幅处理效果对比

在神经网络中，Basher 等（Basheer 和 Hajmeer，2000）建议在 0.1～0.9 内进行归一化以避免饱和，这非常适合网络内部的激活函数，并不会导致学习率减缓，例如标准反向传播。在本文中，这些 U-Net 变体的激活函数不同于 Sigmoid 函数，因而不必避免溢出。此外，使用该范围（0.1～0.9）在进行分类任务时会得出错误的后验概率估值。采用最小—最大标准化将其分布范围限制在 0～1 内，计算公式为

$$\min \max(x_i) = \frac{x_i - \min(\boldsymbol{x})}{\max(\boldsymbol{x}) - \min(\boldsymbol{x})} \tag{4-11}$$

式中：x_i 为将要标准化的样本；$\min(\boldsymbol{x})$ 为采样点中的最小值；$\max(\boldsymbol{x})$ 为采样点中的最大值。该方法的主要优点是对原始数据中的信息干扰最小，尤其是在非高斯分布或标准差很小的时候。

均值和方差很容易受到异常值的影响。缩尾处理（Winsorization）或限幅（Clipping）可以有效地解决这个问题并能增强统计数据的准确性。振幅范围越大，显示的细节越少。因此，振幅直方图上的四分位数、峰度和偏度有助于分析数据分布，并可适当地剪裁数据，从而避免可能影响归一化的尖脉冲。

通常，在显示地震剖面时，振幅限制是通过振幅范围的 2σ（95.45%）、3σ（99.73%）或 99% 的对称以避免出现明显的尖峰，如图 4.5 所示。然而，数据通常是非对称的，并且适合于计算用于限幅的各个四分位数，这在选择限幅边界时可以提供直接控制。

四分位距是一个统计度量，其中"中值 50"位于数据之中，如图 4.5 所示，图中 σ 为绿色线条，2σ 为紫色线条，四分位距法为蓝色线条，99% 四分位数为红色线条，$1.5\times$IQR 为黑色线条。其计算公式为

$$\text{IQR} = Q_3 - Q_1 \tag{4-12}$$

式中：Q_3 为 75% 以上数据的四分位数；Q_1 为 5% 以下数据的四分位数。限幅的原理是通过给异常值分配较低的权重或通过修改使其接近集合中的其他值来最小化异常值影响的方法。在这种情况下，四分位距法修改 Q_1 与 Q_3 间隔之外的数据点值，并将它们剪裁到间隔边缘，因此原始数据不会被删除。

本文振幅均衡处理流程如图 4.6 所示。

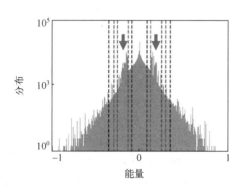

图 4.5 四分位距法与 σ 的对比图
（扫码见彩图）

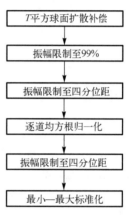

图 4.6 振幅均衡处理流程

2.7 速度约束

结合地球物理的约束，间接地提高分割图像的精度，可使网络预测更加稳定。为了降低不确定性，已经应用了高程静校正。尽管这些静校正量并不完全准确，但它们减少了地震道之间的变化。此外，像素的错误分类通常远离分割边缘。这些变化与初至波之上或之下的低信噪比相关，因此视速度约束不需要完全缩窄至初至波。网络可以处理很宽的边界，且在近地表速度剧烈变化的区域也能获得很高的精度。进一步的工作可以使用两个视速度约束处理复杂的近地表情况。

图 4.7 显示了带有视速度约束的流程图，用以提高分割精度和初至波的检测精度。这种地球物理约束通过纠正像素分类错误，解决剩余的分割异常问题，用以获得更高的分辨率。根据区域内不太可能出现的速度值调整上、下限的标准。本文中，速度约束边界分别为 1650 m/s 和 2100 m/s。利用如下公式进行速度约束

$$\tilde{\boldsymbol{Z}}_{ij} = \begin{cases} \boldsymbol{A} & , \dfrac{\Delta x}{\Delta t} \geq v_u \\ \boldsymbol{Z}_{ij} & , v_u > \dfrac{\Delta x}{\Delta t} > v_u \\ \boldsymbol{B} & , \dfrac{\Delta x}{\Delta t} \leq v_d \end{cases} \tag{4-13}$$

式中：$\tilde{Z}_{ij}$ 为校正后的分割图像；Z_{ij} 为原始分割图像；v_u 为速度约束上限；v_d 为速度约束下限；$\Delta x = x_0 - x_i$；$\Delta t = t_0 - t_j$；(x_0, t_0) 表示源点位置；(x_i, t_j) 表示要校正的像素位置。

2.8 评价标准

特异性和敏感性分析采用以下指数评价。Dice 系数（Sudre等，2017）测量分类与真实性之间的一致性，其表达式为

$$D(\boldsymbol{Y},\boldsymbol{Z}) = \frac{1}{N_p}\sum_{i=1}^{N_p}\frac{2Z_iY_i}{Z_i^2 + Y_i^2} \tag{4-14}$$

式中：N_p 为样本中的像素总数。

Jaccard 指数（Berman 等，2018）测量分割结果与真实结果的一致性，其表达式为

$$J(\boldsymbol{Y},\boldsymbol{Z}) = \frac{1}{N_p}\sum_{i=1}^{N_p}\frac{2Z_iY_i}{Z_i^2 + Y_i^2 - Z_iY_i} \tag{4-15}$$

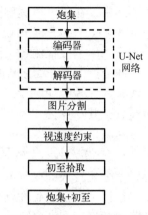

图 4.7 视速度约束的流程图

3 数据测试

3.1 地震数据

本文所用数据为陆上 2D 地震资料，包含 1000 个炮集。地震记录观测系统固定，道间距为 25 m，最大炮检距为 6 km，每个炮集包含 480 道，采样间隔为 2 ms。随偏移距增加的振幅衰减是初至波拾取面临的主要挑战，但数据调节后，图 4.4（d）中显示的振幅更加均衡。此外，初至波拾取仅限于近、中偏移距（3 km 左右）的范围内，远偏移距将用于评估无训练样本区域的预测。

3.2 振幅调整

振幅调整用于减少数据分类中出现的问题，并平衡相同类别数据间的能量。图 4.4 显示了原始、自动增益控制后、均方根振幅法后和振幅调整后的记录，由图可见，与原始、自动增益控制后、均方根振幅法后资料相比，经振幅调整后的炮集得到了更加均衡的能量。图 4.8 显示了振幅调整中每个步骤之后的输出直方图，可见能量得到均衡，振幅异常得到明显衰减[图 4.8（f）]。

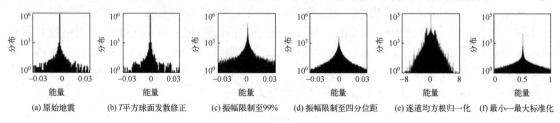

图 4.8 振幅处理过程中的能量直方图

3.3 标签制构建

将采样尺寸设置为 64×64 像素进行提取，这相当于 128 ms 的时间窗长和 1600 m 的偏移距范围，噪声样本被保留以增强网络泛化性，而不是像 Lu 和 Feng（2018）那样删除它们。

训练标签是利用人工拾取的初至，通过二进制编码（例如白色和黑色）填充像素而创建的。标签是手动选取创建的，第一个分隔符上方的像素等于 1，下方的像素等于 0。然后，在样品提取之后，根据如下公式将样品与标签配对

$$S_{ij} = \begin{cases} 噪声\left(\dfrac{\sum S_{ij}}{N_\mathrm{p}} = 100\%\right) \\[2mm] 初至\left(20\% \leqslant \dfrac{\sum S_{ij}}{N_\mathrm{p}} \leqslant 80\%\right) \\[2mm] 有效数据\left(\dfrac{\sum S_{ij}}{N_\mathrm{p}} = 0\right) \end{cases} \tag{4-16}$$

式中：S 为样本；ij 为像素位置。被全白（100%）像素填充的样本被标记为噪声，被 20% 到 80% 白色像素充填的样本被标记为初至波，没有白色像素（0%）的样本被标记为数据。从理论上讲，初至波的高斯分布是理想的，在这种情况下，高斯分布的极值容易导致错误分类。因此，为了确保初至波能够被识别，本文将像素数分布限制在 20%～80% 以保持稳定性。如果像素比例太低（小于 10%），则可能会将其错误分类为数据；而如果比例过高（超过 90%），则可能会误判为噪声。

3.4 网络训练

在训练数据较少的情况下，可以通过数据增广增加训练数据量（Dosovitskiy 等，2016）。本文增广方法是通过水平翻转炮集以增加所提取样本的数量，这类似于采集中的从两个方向放炮，通过这种方式，既保留了观测系统信息，又将样本数增加了一倍。数据集被随机地分为两个部分，其中 80% 用于 5 倍交叉验证（CV），20% 用于测试。在训练阶段，5 倍交叉验证数据集（80%）分成五个部分，其中四个部分用于训练，一个部分用于验证。然后，计算平均的训练和验证误差。最后，在对模型进行微调之后，将使用测试数据集比较三个 U-Net 变体的结果。经过 100 次迭代后，在 16 个样本的批大小下实现了良好的收敛。在一个内存（RAM）为 4 GB 的 NVIDIA Quadro K4200 中训练时间为 26 小时。最终的训练准确率为 99.83%，验证准确率为 99.79%。

3.5 超参数检验

在调整过程中，在偏移量存在异常的情况下，评估每个超参数的数值及它们之间的不同配置的效果。为了实用，图像仅对应于 U-Net 超参数测试。

第一个超参数是学习率，它决定了向最佳解决方案更新的步长，因此影响了解决方案收敛的速度（图 4.9）。图 4.9（a）显示学习率越大，异常值越大，因为解决方案局限于局部最小值。图 4.9（b）中设法减小左侧的异常值，但是右侧的异常值仍然明显。图 4.9（c）显示学习率越小，精度越高，左侧异常值明显减小，而右侧的残差很小。

第二个测试的超参数是激活函数，该函数增加了模型的非线性。将传统的 ReLU 激活函数与其他三个改进的激活函数进行对比以解决梯度消失问题（图 4.10）。图 4.10（a）显示 LReLU 的异常值较高，这可能与梯度爆炸问题相关；图 4.10（b）显示一个参考值，在此情况下，异常值的范围更广；图 4.10（c）显示 ELU 激活函数，并设法缩小异常值范围；图 4.10（d）中显示的 SELU 不仅缩小而且缩短了异常值范围，从而取得了最佳效果。

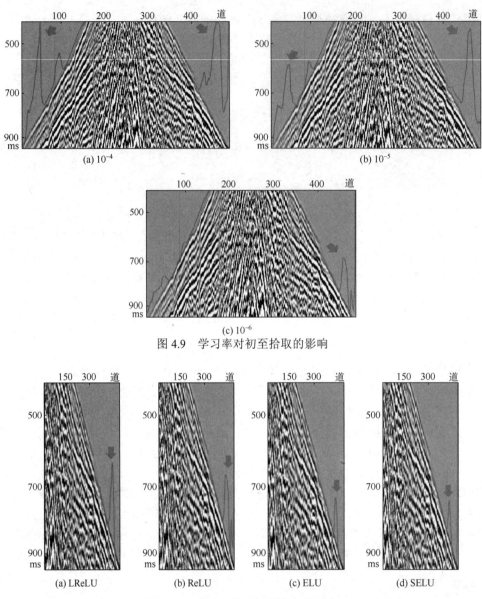

图 4.9　学习率对初至拾取的影响

图 4.10　激活函数对初至拾取的影响

　　第三个超参数是损失函数。损失函数用于衡量学习过程中预测值与实际值之间的差异或偏差（图 4.11）。图 4.11（a）显示对比了三种损失函数（BCE、Dice 和 Tversky）的组合，尽管它在初至波拾取连续性方面表现突出，但其对异常值的结果并不令人满意，损失函数的组合并非总能产生良好的效果，因为参数差异的衡量可能会导致意想不到的破坏作用；图 4.11（b）显示在 Dice 和 BCE 组合的情况下，异常值变窄，连续性降低了一些；图 4.11（c）显示 BCE 的结果，尽管异常值被缩小，但沿边界处的连续性也确实受到了影响；图 4.11（d）显示平滑平均绝对误差的结果，它提供了在以少量降低初至波连续性为代价的情况下的减小异常值的最佳方案。

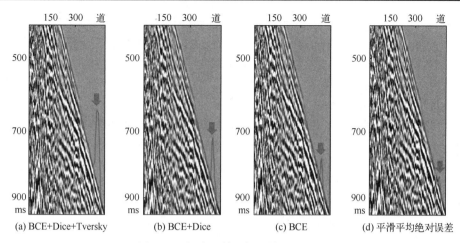

图 4.11　损失函数对初至拾取的影响

　　第四个超参数是优化器。随机梯度下降（SGD）以其脱离局部最小值的速度和能力而闻名（Robbins 和 Monro，1951）。Adadelta 在仅考虑最近时间窗口的情况下，根据历史梯度衡量学习、使用积累历史更新的加速项（Zeiler，2012）。自适应矩估计（Adam）使用随机梯度下降估计历史梯度的一阶矩和二阶矩（Kingma 和 Ba，2015）。Adamax 是 Adam 的一种变体，此方法对学习率的上限提供了一个更简单的范围（Kingma 和 Ba，2015）。RMSprop 调整更新参数时的步伐大小，加快梯度下降。

　　五个优化器效果对比如图 4.12 所示。图 4.12（a）显示随机梯度下降（SGD）的效果不好，这可能与内在跳跃相关。在该情况下，在与其他方法迭代次数相同时，SGD 初至波自动拾取效果不好；图 4.12（b）显示了 RMSprop 的结果，相对于 SGD 而言，效果改善明显，只是异常值高；图 4.12（c）显示了 Adadelta 的结果，可见异常值缩小一半；图 4.12（d）显示了 Adam 的结果，几乎减少了所有的异常值，但初至波出现了轻微的不连续；图 4.12（e）显示 Adamax 的结果，不仅成功消除异常值，而且保留初至拾取的连续性。

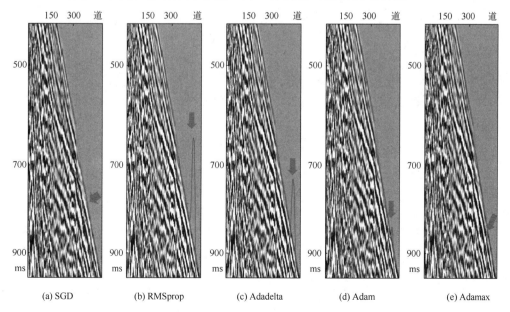

图 4.12　优化器对初至拾取的影响

随机丢弃（Dropout）一些神经元，可以缓解网络过拟合，提高网络的泛化性。图 4.13 显示了四个丢弃比率，图 4.13（a）显示丢弃比率为 0.05 时，取得了最佳的结果；同时，图 4.13（d）显示没有丢弃比率时，异常很强，这表明需要更多的训练迭代才能达到相同的精度。在训练之前，初始化权重决定了网络的初始状态，从而避免了梯度消失或爆炸问题的出现。为此，LeCun 等（LeCun 等，1998）利用按输入数的平方根缩放的高斯分布。Glorot 和 He 改进了 LeCun 初始化方式。Glorot（Glorot 和 Bengio，2010）利用按输入数缩放的高斯分布，这对于具有 Sigmoid 激活函数的层而言是非常理想的。He 利用了按输入数和输出数缩放的高斯分布，这对具有 ReLU 和 LReLU 激活函数的层而言是十分理想的（He 等，2015）。图 4.14（a）显示 LeCun 的结果，两边的异常值都很大；图 4.14（b）显示 He 的结果，左侧的异常几乎被完全消除，而右侧的异常也被缩小；图 4.14（c）显示 Glorot 的结果，左侧已经被完全校正，而右侧的异常也被缩小。

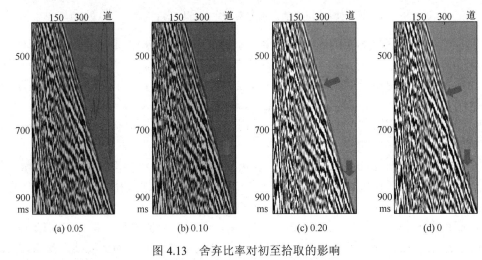

图 4.13　舍弃比率对初至拾取的影响

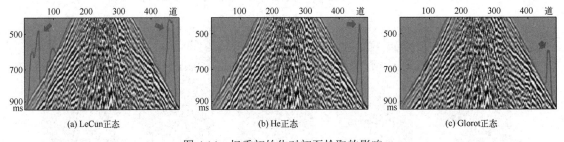

图 4.14　权重初始化对初至拾取的影响

对比不同网络架构时初至拾取的结果（图 4.15），不建议体系结构之间共享相同的超参数。本文实验中，Focal Tversky 损失函数的选定参数为 $\gamma = 2$、$\alpha = 0.3$、$\beta = 0.7$、$\varepsilon = 1$；平滑平均绝对误差损失函数的选定参数为 $\delta = 0.9$。实验的目的是将每个网络优化到最佳状态，每个架构的最佳超参数如表 4-3 所示。此外，aU-Net 还包括一种深度监督和金字塔式训练的变体，优化了实验结果。图 4.15（a）显示 UNet++ 的结果，并且在初至拾取中具有良好的连续性，但是没能降低异常情况，这是最复杂和内在的架构，但是在这种情况下的结果并不令人满意；图 4.15（b）显示 aU-Net 的结果，尽管异常情况有所减少，但是初至拾取存在一些不连续，这很可能是由于更加简单的结构及参数的减少导致偏差的增大；图 4.15（c）显示伴有深度监督的 aU-Net 的结果，表明增加复杂性可以降低异常；图 4.15（d）显示 wU-Net 的结果，尽管异常值降低，但拾取的连续性受到了很大的影响；图 4.15（e）显示了 U-Net 的结果，消除了异常值且保存了连续性，取得良好效果。上述内容表明：在某些情况下，在复杂模型和简单模型之间寻找平衡，并在不实施新架构而集中更多精力优化超参数时，也有可能获得令人满意的结果。

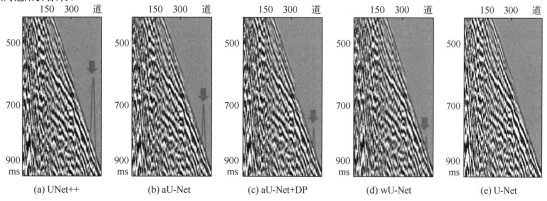

图 4.15　不同网络架构时初至拾取的结果对比

表 4-3　每个架构的最佳超参数

超参数	U-Net	wU-Net	U-Net++	aU-Net
激活函数	SELU	SELU	ReLU	ReLU
损失函数	Huber	Huber	Huber	Focal Tv
优化器	Adamax	Adam	Adamax	SGD
舍弃比率	0.05	0.05	0.05	0
学习率	10^{-6}	10^{-6}	10^{-6}	10^{-6}
权重初始化	Lecun	Lecun	He	Glorot

与传统的 BCE 相比，U-Net 的优势在于平滑平均绝对误差损失函数更关注边界。与传统的 ReLU 和 Adamax 优化器相比，SELU 损失函数可对网络进行归一化并提高准确性，这是对传统的 Adam 优化器的改进。重要的是，对于所有参数和网络变体，均使用相同次数的迭代而进行公平测试。增加训练时间可以提高某些参数的精确度，但这些测试已经超出了本文目的。

4　应用效果

4.1　性能评价

灵敏度和特异性分析被用来衡量网络的性能。本文计算了速度约束前、后分割图像的准确度、查全率、Dice 系数和 Jaccard 指数。表 4-4 显示了得分结果，得分越高意味着性能越好。结果表明本文方法提高了初至波预测的精度。

表 4-4　速度约束前、后的得分比较

速度约束	Dice	Jaccard	真正例率	假正例率	准确度
之前	0.9854	0.9723	0.9854	0.0014	0.9974
之后	0.9862	0.9739	0.9866	0.0014	0.9976

使用接受者操作特性曲线（Receiver Operating Characteristic，ROC）分析（Zou 等，2007）进行最终的评估。图 4.16 显示了速度约束前后每道分割结果的 ROC 分析。由图可见，平均真正例率（True Positive Rate，TPR）或查全率从 0.9854 提高到 0.9866；而假正例率（False Positive Rate，FPR）仍保持在 0.0014。TPR 是指噪声样本的正确分类，而 FPR 是指数据样本的正确分类。速度约束后的结果更接近理想情况，即 FPR = 0、TPR = 1。这说明速度约束可以改善分类过程中将噪声样本作为数据样本的精度。具体来说，在低信噪比的区域（例如远偏移距区域）中，像素可被分类为数据，这降低了所预测初至波时间的精度。

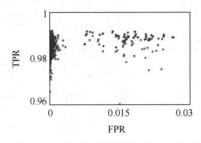

图 4.16　速度约束前后每道分割结果（扫码见彩图）
（速度约束前的结果为红色，速度约束后的结果为蓝色）

4.2　网络结果

图 4.17 显示了本文方法所预测的初至波，手动拾取为蓝色线条，预测为红色线条。图 4.17（a）和图 4.17（b）为近偏移距；图 4.17（c）和图 4.17（d）为近中偏移距。结果表明，近偏移距具有良好的连续性，而中偏移距也能被准确地预测，且在低能区（白色箭头）的异常点很少。图 4.17（a）显示了近偏移和中偏移的良好预测结果。蓝色箭头指示了比原始初至拾取结果精度更高的网络区域。同样，图 4.17（b）显示了拾取的初至与地面起伏存在良好的对应关系，如蓝色箭头所示。此外，图 4.17（c）在先前标记信息丢失的中偏移上显示了良好的结果，这表明网络能够在没有初至波信息的情况下对初至进行预测。图 4.17（d）显示了一个缺点，即在能量较弱的区域预测精度会降低，如白色箭头所示。最后，红色箭头指出在末端地震道中的轻微不稳定性，并出现在所有采样点中。这个普遍存在的问题可能是由于计算误差引起的，而不是网络预测中固有误差。

对预测结果和人工拾取的结果进行比较和定量分析，如图 4.18 所示，手动拾取为蓝色线条，预测为红色线条。图 4.18（a）显示的是全偏移距情况下的对比，绝对平均误差为 2.5088ms[图 4.18（b）]。图 4.18（c）显示的是近中偏移距情况下的对比，绝对平均误差为 4.0812ms[图 4.18（d）]，大于 4 个样点值。同时可以看到误差在信噪比低的区域增大。

图 4.19 显示的是参与训练的某一炮和其预测结果的对比，平均误差为 8.8993 ms，小于 5 个样点值。通过观察可以看到在信噪比高的地方差异小，这意味着在低信噪比区网络对数据和噪声的区分度较低。

另外，实验选取了一条与训练样本所用线垂直的测线，之前所有的训练样本都来自 Xline 方向。图 4.20 显示在全偏移距和近中偏移距预测值与人工拾取的结果吻合都很好，手动拾取为蓝色线条，预测为红色线条。图 4.20（a）显示在全偏移距下预测结果和人工拾取的结果非常一致，绝对平均误差为 1.9855 ms[图 4.20（b）]。图 4.20（c）显示在近中偏移距没有人工拾取的情况下，网络依然能够令人满意地预测出初至结果，绝对平均误差为 6.8889 ms[图 4.20（d）]。

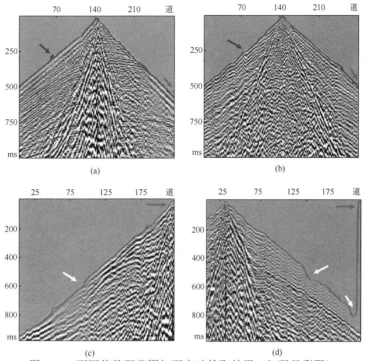

图 4.17　不同偏移距范围初至自动拾取结果（扫码见彩图）

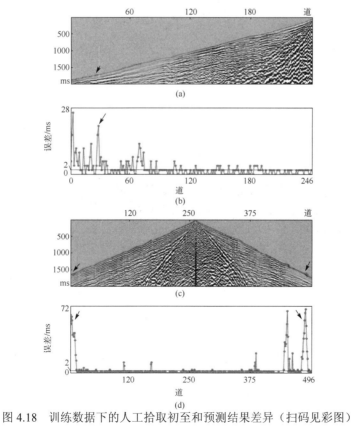

图 4.18　训练数据下的人工拾取初至和预测结果差异（扫码见彩图）

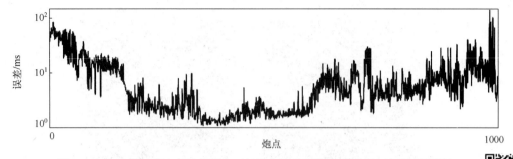

图 4.19　参与训练的全部偏移距人工拾取初至和预测结果差异（扫码见彩图）

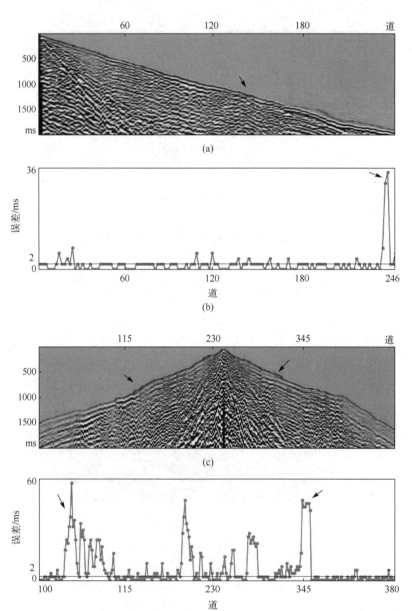

图 4.20　对未参与过训练的数据进行初至预测（扫码见彩图）

　　应用本文方法对一个其他工区的数据进行实验，不需要重新训练，而是直接利用以前的训练结果（图 4.21）。由于远地震道的初至信噪比很低，自动拾取误差大。图 4.21（a）显示在全偏移距预测结果和人工拾取吻合度很高，绝对平均误差为 2.9785 ms，手动拾取为蓝色线条，预测为红色线条。图　4.21（b）显示在近中偏移距下绝对平均误差为 13.1448 ms，尽管信噪比不高，但是训练网络仍能取得令人满意的预测结果。

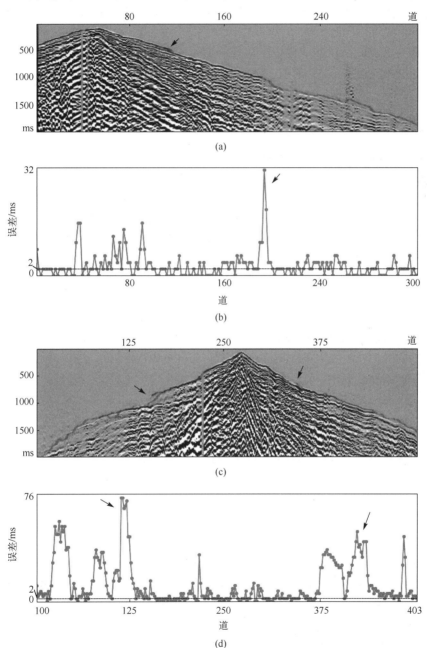

图 4.21　对未参与过训练的其他工区的数据进行初至预测（扫码见彩图）
（a）全偏移；（b）全偏移的误差；（c）近中偏移；（d）近中偏移的误差。

5 结论

本文研究了一个基于简化的 U-Net 的网络，该网络包含了一个视速度约束的准则，该准则基于语义图像分割提高了初至波预测的准确性。取得的主要结论为

（1）基于速度约束的方法提高了分割图像中边界识别的像素精度，这些边界像素指示了初至波的时间；

（2）最小—最大归一化和四分位距限幅，通过平衡类内样本能量对网络训练性能有积极影响，提高了分类精度；

（3）该方法适合在信噪比较低的地震资料中进行应用，预测异常较少。

参考文献

[1] Abraham N，Khan N M. A novel focal Tversky loss function with improved attention U-Net for lesion segmentation [C]. IEEE 16th International Symposium on Biomedical Imaging，2019：683-687.

[2] Basheer I A，Hajmeer M N. Artificial neural networks：Fundamentals，computing，design，and application [J]. Journal of Microbiological Methods，2000，43（1）：3-31.

[3] Bengio Y. Deep learning of representations for unsupervised and transfer learning [C]. ICML Workshop on Unsupervised and Transfer Learning，2012，27：17-36.

[4] Berman M，Triki A R，Blaschko M B. The Lovasz-Softmax loss：A tractable surrogate for the optimization of the intersection-over-union measure in neural networks [C]. IEEE/CVF Conference on Computer Vision and Pattern Recognition，2018：4413-4421.

[5] Chen L C，Papandreou G，Kokkinos I，et al. DeepLab：Semantic image segmentation with deep convolutional nets，atrous convolution，and fully connected CRFs [J]. IEEE Transactions on Pattern Analysis and Machine Intelligence，2018，40（4）：834-848.

[6] Chen Y. Automatic microseismic event picking via unsupervised machine learning [J]. Geophysical Journal International，2018，212（1）：88-102.

[7] Coppens F. First arrival picking on common-offset trace collections for automatic estimation of static corrections [J]. Geophysical Prospecting，1985，33（8）：1212-1231.

[8] Dosovitskiy A，Fischer P，Springenberg J T，et al. Discriminative unsupervised feature learning with exemplar convolutional neural networks [J]. IEEE Transactions on Pattern Analysis and Machine Intelligence，2016，38（9）：1734-1747.

[9] Duan X，Zhang J，Liu Z，et al. Integrating seismic first-break picking methods with a machine learning approach [C]. SEG Technical Program Expanded Abstracts，2018：2186-2190.

[10] Gaci S. The use of wavelet-based denoising techniques to enhance the first-arrival picking on seismic traces [J]. IEEE Transactions on Geoscience and Remote Sensing，2014，52（8）：4558-4563.

[11] Gelchinsky B，Shtivelman V. Automatic picking of the first arrival and parameterization of traveltime curves [J]. Geophysical Prospecting，1983，31（6）：915-928.

[12] Glorot X，Bengio Y. Understanding the difficulty of training deep feedforward neural networks [C]. The 13th International Conference on Artificial Intelligence and Statistics，2010，9：249-256.

[13] Goodfellow I，Bengio Y，Courville A C. Deep learning [M]. MIT Press，2016.

[14] Hashemi S R，Seyed S M S，Erdogmus D，et al. Asymmetric loss functions and deep densely-connected

networks for highly-imbalanced medical image segmentation: Application to multiple sclerosis lesion detection [J]. IEEE Access, 2019, 7: 1721-1735.

[15] He K, Zhang X, Ren S, et al. Delving deep into rectifiers: Surpassing human-level performance on ImageNet classification [C]. IEEE International Conference on Computer Vision, 2015: 1026-1034.

[16] Hollander Y, Merouane A, Yilmaz O. Using a deep convolutional neural network to enhance the accuracy of first-break picking [C]. SEG Technical Program Expanded Abstracts, 2018: 4628-4632.

[17] Hu L, Zheng X, Duan Y. U-Net convolutional networks for first arrival picking [C]. SEG Global Meeting Abstracts, 2018: 15-18.

[18] Huber P J. Robust regression: Asymptotics, conjectures and Monte Carlo [J]. Annals of Statistics, 1973, 1 (5): 799-821.

[19] Kingma D, Ba J. Adam: A Method for Stochastic Optimization [C]. The 3rd International Conference on Learning Representations, 2015.

[20] Klambauer G, Unterthiner T, Mayr A, et al. Self-normalizing neural networks [C]. The 31st International Conference on Neural Information Processing Systems, 2017: 971-980.

[21] Krizhevsky A, Sutskever I, Hinton G E. ImageNet classification with deep convolutional neural networks: Advance in neural information processing systems [C]. The 25th International Conference on Neural Information Processing Systems, 2012: 1097-1105.

[22] LeCun Y, Boser B, Denker J S, et al. Backpropagation applied to handwritten zip code recognition [J]. Neural Computation, 1989, 1 (4): 541-551.

[23] LeCun Y, Bottou L, Orr G, et al. Efficient BackProp [M]. Neural networks: Tricks of the trade, 1998: 9-50.

[24] Li Z, Sheng R, Xu W X, et al. The improvement of neural network cascade-correlation algorithm and its application in picking seismic first break [J]. Advances in Petroleum Exploration and Development, 2013, 5 (2): 41-51.

[25] Liao X, Cao J, Jiang X, et al. Automatic first arrival picking combining transfer learning and the short-time Fourier transform [C]. SEG Global Meeting Abstracts, 2019: 17-21.

[26] Shelhamer E, Long J, Darrell T. Fully convolutional networks for semantic segmentation [J]. IEEE Transactions on Pattern Analysis and Machine Intelligence, 2015, 39 (4): 640-651.

[27] Lu K, Feng S. Auto-windowed super-virtual interferometry via machine learning: A strategy of first-arrival traveltime automatic picking for noisy seismic data [C]. SEG Global Meeting Abstracts, 2018: 10-14.

[28] Ma Y, Cao S, Rector J W, et al. Automatic first arrival picking for borehole seismic data using a pixel-level network [C]. SEG Technical Program Expanded Abstracts, 2019: 2463-2467.

[29] Maas A L, Hannun A Y, Ng A Y, et al. Rectifier nonlinearities improve neural network acoustic models [C]. The 30th International Conference on Machine Learning, 2013: 3.

[30] Maity D, Aminzadeh F, Karrenbach M. Novel hybrid artificial neural network based autopicking workflow for passive seismic data [J]. Geophysical Prospecting, 2014, 62 (4): 834-847.

[31] Noh H, Hong S, Han B. Learning deconvolution network for semantic segmentation [J]. IEEE International Conference on Computer Vision, 2015: 1520-1528.

[32] Robbins H, Monro S. Stochastic Approximation Method [J]. The Annals of Mathematical Statistics, 1951, 22 (3): 400-407.

[33] Ronneberger O, Fischer P, Brox T. U-Net: Convolutional networks for biomedical image

segmentation [C]. International Conference on Medical Image Computing and Computer-Assisted Intervention，2015，9351：234-241.

[34] Senkaya M，Karsli H. First arrival picking in seismic refraction data by cross-correlation technique [C]. 6th Congress of the Balkan Geophysical Society，2011.

[35] Simonyan K，Zisserman A. Very deep convolutional networks for large-scale image recognition [C]. The 3rd International Conference on Learning Representations，2015.

[36] Srivastava N，Hinton G，Krizhevsky A，et al. Dropout：A simple way to prevent neural networks from overfitting [J]. Journal of Machine Learning Research，2014，15（1）：1929-1958.

[37] Sudre C H，Li W，Vercauteren T，et al. Generalised Dice overlap as a deep learning loss function for highly unbalanced segmentations [C]. Deep learning in medical image analysis and multimodal learning for clinical decision support，2017：240-248.

[38] Szegedy C，Liu W，Jia Y，et al. A Going deeper with convolutions [C]. IEEE Conference on Computer Vision and Pattern Recognition，2015：1-9.

[39] Tsai K C，Hu W，Wu X，et al. First-break automatic picking with deep semisupervised learning neural network [C]. SEG Technical Program Expanded Abstracts，2018，37：2181-2185.

[40] Tversky A. Features of similarity [J]. Psychological review，1977，84（4）：327-352.

[41] Upton G，Cook I. Understanding Statistics [M]. Oxford University Press，1996：55.

[42] Xie T，Yue Z，Jiao X，et al. First-break automatic picking with fully convolutional networks and transfer learning [C]. SEG Technical Program Expanded Abstracts，2019：4972-4976.

[43] Yalcinoglu L，Stotter C. Can machines learn to pick first breaks as humans do? [C]. First EAGE/PESGB Workshop Machine Learning，2018：1-3.

[44] Yu F，Koltun V. Multi-scale context aggregation by dilated convolutions [C]. International Conference on Learning Representations，2016.

[45] Yuan P，Hu W，Wu X，et al. First arrival picking using U-Net with Lovasz loss and nearest point picking method [C]. SEG Technical Program Expanded Abstracts，2019：2624-2628.

[46] Yuan S，Liu J，Wang S，et al. Seismic waveform classification and first break picking using convolution neural networks [J]. IEEE Geoscience and Remote Sensing Letters，2018，15（2）：272-276.

[47] Zeiler M D. ADADELTA：An adaptive learning rate method [DB/OL]. arXiv，1212.

[48] Zhou Z，Siddiquee M M，Tajbakhsh N，et al. UNet++：A nested U-Net architecture for medical image segmentation [C]. Deep Learning in Medical Image Analysis and Multimodal Learning for Clinical Decision Support，2018.

[49] Zhu W，Beroza G C. PhaseNet：A deep-neural-network based seismic arrival time picking method [J]. Geophysical Journal International，2019，216（1）：261-273.

[50] Zou K H，O'Malley A J，Mauri L. Receiver-operating characteristic analysis for evaluating diagnostic tests and predictive models [J]. Circulation，2007，115（5）：654-657.

（本文来源及引用方式：David Cova，刘洋，丁成震，等. 人工智能和视速度约束的地震波初至拾取方法 [J]. 石油地球物理勘探，2021，56（3）：419-435.）

论文 5　基于深度学习的去噪

摘要

与依赖于信号模型及其相应先验假设的传统地震噪声衰减算法相比，深度神经网络去噪算法是基于大数据进行训练的，输入是原始含噪数据集，对应的输出是期望的干净数据。训练完成后，深度学习（Deep Learning，DL）方法实现了自适应去噪，无需精确地建立信号和噪声模型或调整参数，因此，我们称之为智能去噪，并使用卷积神经网络（Convolutional Neural Network，CNN）作为深度学习的基本工具。在随机和线性噪声衰减中，通过人为添加噪声生成训练集；在多次波衰减中，我们使用声波方程生成训练集，采用随机梯度下降法求解卷积神经网络的最优参数。深度学习在图形处理单元上的去噪时间与 f-x 反卷积方法相同。合成数据和实际数据算例表明深度学习在随机噪声（方差未知）、线性噪声和多次波自动衰减方面具有应用前景。

1　引言

在地震数据采集中，检波器记录了反射的地震信号、随机噪声和相干噪声。其中，随机噪声是由环境干扰引起的；相干噪声，如线性噪声（面波）和多次波由震源产生。在地震偏移和反演中，噪声会引起不希望出现的伪影。因此，必须在后续的地震处理步骤之前进行噪声衰减。

传统的随机噪声衰减方法通常依赖于滤波技术。通常假设噪声是高斯分布的，而数据可以满足不同的假设，例如线性同相轴（Spitz，1991；Naghizadeh，2012）、稀疏（Zhang 和 Ulrych，2003；Hennenfent 和 Herrmann，2006；Fomel 和 Liu，2013；Yu 等，2015）及低秩假设（Trickett，2008；Kreimer 和 Sacchi，2012），这样就可以通过专门设计的算法进行信噪分离。

相干噪声衰减方法需要基于两种技术：滤波和预测。面波以高振幅、低频率和低速沿地表传播。浅层反射波可能会被强烈的面波掩盖，必须要先去除。针对面波压制，研究人员已提出了一些基于其频率和速度特性组合的滤波方法（Corso 等，2003；Zhang 等，2010；Liu 和 Fomel，2013），以及基于模型（Yarham 等，2006）或数据驱动（Herman 和 Perkins，2006）的预测方法。

多次波指多次散射或反射的信号。最先进的成像方法（如逆时偏移）（Weglein，2016）无法将多次波偏移到正确的位置，这些方法的提出是基于多次波的两个性质（Berkhout 和 Verschuur，2006），即多次波与初至之间的时差（Hampson，1986；Herrmann 等，2000；Trad 等，2003）和多次波的可预测性（Robinson，1957；Verschuur，1992；Berkhout，1986）。

虽然已经有许多随机和相干噪声的衰减方法，但这些方法仍然存在两个问题：假设不精确和参数设置不当，获得的地震数据模型仍然是实际数据的近似。例如，基于稀疏变换的方法假设地震数据可以通过专门设计的变换被稀疏表示，但对于实际数据，该假设通常是无效的。自适应字典学习方法（Yu 等，2015）是指从数据集中训练自适应稀疏变换，而不是使用预先设计好的变换，但是，字典学习仍然依赖于数据稀疏性的假设。此外，为了获得高质量的去噪结果，还需要根据经验对参数进行微调，例如，在实际数据去噪实验中，噪声水平是未知的，需要使用不同方差的噪声进行多次测试，从而降低去噪效率。虽然 Liu 等（2013）提出的噪声估计减少了人工成本和不确定性，但这仍然是一个近似过程。

我们尝试用一个统一的框架来进行常规噪声衰减，即不需要预先建立信号模型和估计噪声参数，从而引入了深度学习，它是一种先进的机器学习方法，且作为一种地震噪声衰减方法，对数据或噪声的先验信息要求低。深度学习通过利用大量数据集中含噪数据和干净数据之间的隐藏关系，实现"智能去噪"。

在详细描述深度学习之前，我们先介绍它的起源——机器学习。机器学习算法旨在自动学习隐藏在大量数据集中的特征和关系，主要用于大数据回归、预测和分类，如面部识别（Rowley 等，1998）和医学诊断（Kononenko，2001）。

机器学习已经被广泛地用于地震勘探。Zhang 等（2014）采用一种核正则化最小二乘（KRLS）方法（Evgeniou 等，2000）进行地震资料断层识别。他们使用一些速度模型来生成地震记录，并将这些速度模型和地震记录分别作为神经网络的输入和输出，采用 KRLS 去构建并优化神经网络，从而获得好结果。Jia 和 Ma（2017）利用支持向量回归（Cortes 和 Vapnik，1995）进行地震解释。他们将线性插值数据和原始数据分别作为输入和输出，利用支持向量回归（SVR）获得输入和输出之间的关系，并认为在整个插值过程中没有使用任何假设和参数调整。此外，人工神经网络方法已经在地震数据处理和解释中得到了广泛的应用，例如，时深转换（Tarantola，1994）、层位拾取（Glinsky 等，2001）、层析成像（Nath 等，1999）、参数确定和模式检测（Huang 等，2006）、地震相分类（Ross 和 Cole，2017），以及断层（Huang 等，2017；Guo 等，2018；Wu 等，2018；Zhao 和 Mukhopadhyay，2018，2019）、河道（Pham 等，2019）、盐体（Shi 等，2018）等的识别。

由于计算机硬件，特别是图形处理单元（GPU）的快速发展，自 2010 年以来，深度神经网络一直是一个热门话题，包括深度信念网络（Hinton 等，2006）、堆叠式自动编码器（Vincent 等，2010）及深度卷积神经网络（Lecun 等，1998）。卷积神经网络使用了为图像设计的共享局部卷积滤波器组，与全连接的多层神经网络相比，该滤波器组包含的参数要少很多。当网络变深或输入数据量变大时，全连接的多层神经网络会因大量参数而遇到计算和存储问题，但是全连接的多层神经网络完全忽略了输入数据的结构。地震数据具有很强的局部结构性，即相邻数据点是高度相关的。而卷积神经网络通过使用共享局部卷积滤波器的相关性，避免了大量参数。Lecun 等（1998）证明了相比于全连接的多层神经网络，参数较少的卷积神经网络在修改后的国家标准与技术研究所（MNIST）数据集上获得了更好的分类结果。自 2010 年以来，卷积神经网络在图像分类和分割方面迅速发展，例如 VGGNet（Simonyan 和 Zisserman，2015）和 AlexNet（Krizhevsky 等，2012）。卷积神经网络也被用于图像去噪（Jain 和 Seung，2008；Zhang 等，2017）和超分辨（Dong 等，2014；Cheong 和 Park，2017）。Zhang 等（2017）使用了具有 17 个卷积层的卷积神经网络进行图像去噪，并用噪声作为输出，而不是干净数据，即残差学习。残差学习加快了训练过程，提高了去噪性能，且与单层分解的字典学习相比，具有更深层次的深度学习（如果没有指定，深度学习指的是基于卷积神经网络的深度学习）能够在不同抽象级别的地震数据训练集中探索丰富的结构。

深度学习在图像处理中的应用为地球物理学家提供了新思路。在此，我们使用深度学习进行地震噪声衰减，主要研究内容如下：①制作了 3 个合成噪声衰减的训练集和 2 个实际噪声衰减的训练集；②我们的方法与传统方法相比，在随机噪声衰减方面具有更强的自动化和更高的去噪质量；③提出了一个训练卷积滤波器输出的间接可视化，并讨论了卷积神经网络的超参数调整。然后介绍了卷积神经网络的原理，包括卷积神经网络的设计、优化算法、卷积神经网络的反转可视化及用于实际数据训练的迁移学习。阐述了训练集的准备及合成和实际数据集的测试。接着，讨论了深度学习的性能、参数和其他方面。最后总结全文。

2　方法

地震数据生成模型表示为

$$y = x + n \tag{5-1}$$

式中：x 为干净地震数据；y 为含噪地震数据；n 为噪声。基于神经网络的机器学习的基本思想是利用下述公式建立 x 和 y 之间的关系：

$$x = \text{Net}(y; \boldsymbol{\Theta}) \tag{5-2}$$

式中：Net 为神经网络结构，相当于一个去噪算子；$\boldsymbol{\Theta} = \{\boldsymbol{W}, \boldsymbol{b}\}$ 包含了两个网络参数：权重矩阵 $\boldsymbol{W}$ 和偏置项 $\boldsymbol{b}$。在具体应用中，将残差作为输出：

$$y - x = R(y; \boldsymbol{\Theta}) \tag{5-3}$$

式中：R 为残差学习。在本节中，我们将介绍网络结构、$\boldsymbol{\Theta}$ 的优化、逆向卷积神经网络和迁移学习。

2.1　网络结构与优化

本节首先介绍一个简单的神经网络，即具有单个隐藏层的全连接的多层神经网络。首先，我们给出了全连接的多层神经网络的公式：

$$R(y; \boldsymbol{\Theta}) = \boldsymbol{W}_2 f(\boldsymbol{W}_1 y + \boldsymbol{b}_1) + \boldsymbol{b}_2 \tag{5-4}$$

式中：$\boldsymbol{\Theta} = \{\boldsymbol{W}_1, \boldsymbol{W}_2, \boldsymbol{b}_1, \boldsymbol{b}_2\}$ 分别是隐藏层和输出层的权重矩阵和偏置，而 $f(\cdot)$ 引入了非线性函数，如修正线性单元（ReLU），并定义为 $\max(0, \cdot)$。图 5.1（a）展示了带有一个隐藏层的全连接的多层神经网络，"全连接"表示相邻层的每两个节点都是相连的，向量化是指将矩阵转化为向量，矩阵化是指将向量转化为矩阵；输入、隐藏及输出层中的元素数量是随机选择的，以便进行简单说明。

全连接的多层神经网络的权重矩阵的元素在不同局部窗口中被共享，而卷积神经网络所使用的卷积滤波器相当于全连接的多层神经网络，其 $R(y; \boldsymbol{\Theta})$ 可以被精确地表示为

$$R(y; \boldsymbol{\Theta}) = \boldsymbol{W}_M * \boldsymbol{a}_{M-1} + \boldsymbol{b}_M$$
$$\cdots$$
$$\boldsymbol{a}_m = \text{ReLU} \cdot \text{BN} \cdot (\boldsymbol{W}_m * \boldsymbol{a}_{m-1} + \boldsymbol{b}_m) \tag{5-5}$$
$$\cdots$$
$$\boldsymbol{a}_1 = \text{ReLU} \cdot (\boldsymbol{W}_1 * y + \boldsymbol{b}_1)$$

式中：M 为卷积层的数量；$\boldsymbol{W}_m$ 为卷积滤波器，$m \in (1, \cdots, M)$；$\boldsymbol{b}_m$ 为偏置项，$m \in (1, \cdots, M)$；"*"表示卷积算子；$\boldsymbol{a}$ 为中间输出，称之为激活；ReLU 和批量归一化（BN）的定义如表 5-1 所示；卷积神经网络网络架构 $R(y; \boldsymbol{\Theta})$ 如图 5.1（b）所示。

表 5-1　定义网络层

层	描述	定义
Conv	卷积层	$a = W * x + b$
BN	批量归一化	归一化，缩放和移位
ReLU	线性整流单元	$\max(0, \cdot)$

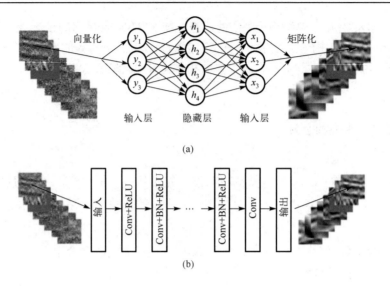

(a)

(b)

图 5.1　包含一个隐藏层的全连接的多层神经网络和包含一个深层架构的卷积神经网络

在卷积神经网络中，$\boldsymbol{W}_m$、$\boldsymbol{b}_m$ 和 $\boldsymbol{a}_m$ 被写成张量形式，而 $\boldsymbol{W}_m \in \mathrm{R}^{p \times p \times c_m \times d_m}$，$\boldsymbol{a}_m$、$\boldsymbol{b}_m \in \mathrm{R}^{h \times w \times d_m}$，其中，$h$ 和 w 表示输入的维度，$p \times p$ 表示卷积滤波器尺寸，$c_m = d_{m-1}$ 为第 m 层的通道数，d_m 是第 m 层卷积滤波器数量。图 5.2 展示了卷积神经网络的运算过程，图 5.2（a）是卷积运算；图 5.2（b）展示了用于卷积滤波器尺寸为 3×3 的局部感受野；图 5.2（c）展示了 ReLU、sigmoid 和 tanh 算子。每个 3D 卷积滤波器都被应用于 3D 输入张量，可以生成一个输出特征图谱，如图 5.2（a）所示。卷积滤波器使得网络层的每个元素来自于上一个网络层中该元素邻域内的一组元素，如图 5.2（b）所示，该邻域被称之为局部感受野（RF）（Lecun 等，1998）。

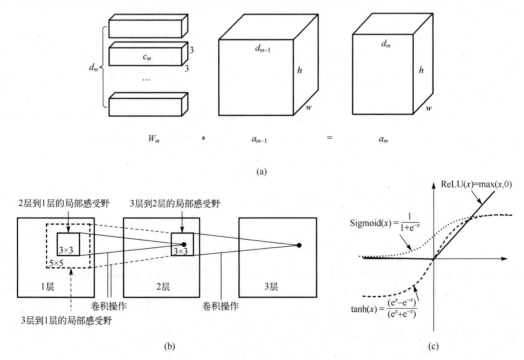

(a)

(b)

(c)

图 5.2　卷积神经网络的正向过程

　　将非线性函数 f 引入网络的常规方法是使用 sigmoid 或 tanh 函数。然而，在梯度下降中，由于 ReLU 的非线性区域的梯度很小（Krizhevsky 等，2012），因此，这两个非线性函数的计算速度要比 ReLU 慢得多。Sigmoid、tanh 和 ReLU 之间的对比如图 5.2（c）所示。BN 提出（Ioffe 和 Szegedy，2015），并被用于加速网络训练。

　　为了优化式（5-3）中的 $\boldsymbol{\Theta}$，损失函数被定义为

$$l(\boldsymbol{\Theta}) = \frac{1}{2N}\sum_{i=1}^{N}D(R(\boldsymbol{y}_i;\boldsymbol{\Theta}),\boldsymbol{y}_i - \boldsymbol{x}_i) \tag{5-6}$$

式中：$\{(\boldsymbol{y}_i,\boldsymbol{x}_i)\}_{i=1}^{N}$ 为 N 个训练数据对，函数 D 计算了标签和网络输出之间的差异，在我们的示例中，其为均方误差，即 $D(\boldsymbol{x},\boldsymbol{y}) = \|\boldsymbol{x}-\boldsymbol{y}\|_F^2$，其中，$\|\cdot\|_F$ 表示 Frobenius 范数。因为 N 是非常大的，从数学上讲，$l(\boldsymbol{\Theta})$ 的梯度是无法计算的。因此，可以使用小批量随机梯度下降（SGD）（Yann，1998）来最小化 $l(\boldsymbol{\Theta})$。每次迭代中，$\{(\boldsymbol{y}_i,\boldsymbol{x}_i)\}_{i=1}^{N}$ 的子集被用来估计梯度，整个训练集通过卷积神经网络一次就被定义为一个训练周期（epoch）。为确保训练集全部通过卷积神经网络，要先将训练样本随机打乱，然后在小批量数据中依次选择。

　　使用 SGD 时，批量大小要适当。小批量使得每个训练周期频繁更新，可以更好地使用GPU 内存，并加速网络训练收敛。然而，过小的批量会使梯度完全随机，且无法利用并行矩阵进行加速，从而降低训练效率。根据学者的研究（Bengio，2012），批量大小的最佳范围为1 到几百。我们参考前人的研究（Zhang 等，2017），以及在不同类型噪声衰减的 GPU 内存限制下选择批量大小。

　　使用 SGD 时，训练周期也需要适当。如果训练周期很小，则很难获得令人满意的解。但是，过大会导致训练集过拟合。我们可以通过观察验证集损失曲线（验证集的损失函数）来确定训练周期，如果损失曲线趋于稳定，那么可以在 10～20 个训练周期后结束训练，这种原理被称为提前停止，避免了强过拟合（Bengio，2012）。

2.2　用于卷积滤波器的间接可视化的逆向卷积神经网络

　　在字典学习（Yu 等，2015）中，我们希望看到字典的图像，以便更好地理解。同样地，在深度学习中，网络经过训练后，我们也希望观察到不同网络层中的卷积滤波器。但是，尺寸为 3×3 的滤波器对可视化来说过小，因此，使用逆向卷积神经网络（Mahendran 和 Vedaldi，2015）将相应的激活结果反向传播到第一层，从而在数据域中可视化滤波器。

　　在逆向卷积神经网络中，首先将激活函数 $\boldsymbol{a}_{m,d}$ 设置为一个给定的 $\boldsymbol{a}_0$，其他激活函数设置为 0，对应于 $\boldsymbol{W}_{m,d}$，即在第 m 个隐藏层中的第 d 个滤波器。随后，在数据域获得对 $\boldsymbol{a}_{m,d}$ 影响最大的输入 $\boldsymbol{y}$。因此，$\boldsymbol{y}$ 将包含来自 $\boldsymbol{W}_{m,d}$ 的信息，形成一种间接的可视化方法。我们可以计算 $\boldsymbol{y}$，它通过求解式（5-7）激活了 $\boldsymbol{a}_{m,d}$

$$\min_y \left\|\boldsymbol{a}_{m,d}(\boldsymbol{y}) - \boldsymbol{a}_0\right\|_F^2 + \lambda\Lambda(\boldsymbol{y}) \tag{5-7}$$

式中：λ 为权重参数；$\Lambda(\boldsymbol{y})$ 为正则化项，例如，在多解情况下，可以使用 Tikhonov 正则化或全变分，$\boldsymbol{a}_0$ 中的元素可以设置为 1。通过梯度下降法解决式（5-7）的优化问题，有关参数设置和实现的详细信息可参考文献（Mahendran 和 Vedaldi，2015）。

2.3　迁移学习

　　训练后的网络参数也可以被用作训练新网络的初始化参数，即迁移学习（Donahue 等，

2014）。利用迁移学习对网络权重进行微调，通常比一开始就使用随机初始化的权重训练网络更快、更容易。根据较少的训练样本，就可以迅速地将学习的特征迁移到新任务中，例如从随机噪声衰减到相干噪声衰减，又或者转移到新的数据集，例如从合成数据集到实际数据集。我们的工作侧重后者，即实际数据集的随机噪声衰减。Yosinski 等（2014）和 Oquab 等（2014）分别讨论了特征的可迁移性和不同任务与数据集之间距离的关系。

3　数值结果

在本节中，我们首先介绍了如何制作训练集，随后，利用制作的训练集训练了三个卷积神经网络来衰减随机噪声、线性噪声和表面多次波。此外，还测试了卷积神经网络的实际随机噪声和散射面波衰减。这些网络在一个拥有 1T K40 GPU、32 核 Xeon CPU、128GB RAM 及 Ubuntu 操作系统的 HP Z840 工作站进行训练。

3.1　数据集制作

为了训练一个有效的神经网络，一个好的深度学习训练集应该是有标签、大且多样化的。例如，ImageNet（Deng 等，2009）是为自然图像设计的，其包含了人类、动物、植物及场景等的图像。地震数据通常由具有平滑斜率变化的同相轴组成，这与自然图像的结构完全不同。并且，据我们所知，目前还没有针对地震数据应用的开源训练集。难以建立地震训练集的三个因素如下：私营企业不共享地震数据，标记大量训练样本需要大量人力，某些任务（去噪或反演）很难人为获取标签。因此，我们将重点放在伪训练集上，这意味着只能通过合成或现有的去噪方法获得干净数据集，并先建立了三个伪训练集来证明深度学习在地震数据处理中的适用性。

用于训练神经网络的数据集通常由三个子集组成：训练集、验证集和测试集。其中，训练集用于拟合网络参数，验证集用于调整超参数，测试集用于测试已训练网络的性能。训练集、验证集和测试集使用相同的方法生成，但彼此独立，验证集和测试集的大小约为训练集的 25%。训练、验证和测试的损失被定义为式（5-6）中训练、验证和测试期间的平均损失。

1. 随机噪声

进行随机噪声衰减时，可以将信号作为输出，并将手动添加了高斯噪声的信号作为输入（我们使用添加的噪声作为残差学习的输出）。此外，由于随机噪声与信号局部不相干，可以将输入分割成小块，而不是直接使用整个剖面，从而节省内存。

尽管网络结构没有改变，但中间输出的大小会随着输入大小而变化。假设网络包含 17 个卷积层，每层 64 个卷积滤波器，输入大小为 1000×1000（时间和空间采样点数），卷积后的中间输出大小为 1000×1000×64×17（单精度为 4.05 GB）。如果输入被分成大小为 35×35 的小块，那中间输出的总尺寸为 35×35×64×17（0.41MB），这仅仅是原始输出大小的 0.01%，并且去噪结果不是小块的叠置。尽管我们在训练中使用了小图像块，但测试时的输入可以是任意大小，因为网络层的每一个元素都是通过前一层中相应 RF 中的元素加权求和来计算的。

图 5.3 中（a）和（b）为训练集的两个数据集；（c）和（d）是从训练集中提取八个训练样本，用于随机噪声评估，图 5.3（c）为原始数据，图 5.3（d）为含噪数据（噪声方差是不同的）。训练集是从 SEG 开源数据集（SEG Wiki，2018）中下载，其中的两个数据集如图 5.3（a）和 5.3（b）所示。为了增加训练集的多样性，我们选择了叠前、叠后、二维和三维数据。在 3D 数据中，相邻的单炮记录比较相似，所以每隔 20 炮选择一个单炮记录。

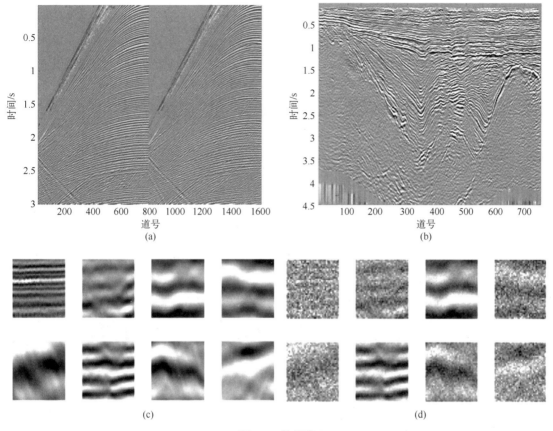

图 5.3　数据集

针对地震数据某些区域几乎全为零而无法进行训练这一问题，我们在生成训练集时引入了蒙特卡诺方法（Yu 等，2016）。将每个训练样本的方差与均匀分布的随机数进行比较，如果样本的方差大于随机数，就保持样本不变，最终形成了包含约 50000 个样本的训练集。参考 Zhang 等（2017），每个训练样本大小为 35×35。为了实现盲去噪，我们在数据中添加了不同方差的噪声，噪声均匀分布，其振幅为信号最大振幅的 $\sigma = 0 \sim 40\%$。图 5.3（c）和 5.3（d）为训练集中的八个样本，其包含了不同类型的构造和噪声方差。

2. 线性噪声

进行相干噪声衰减时，因相干噪声在局部尺度上难以区分而使图像块无效。因此，与随机噪声衰减相比，该训练数据需要更大的尺寸。我们使用的线性噪声是具有随机时间漂移和斜率的同相轴，而不是面波。线性同相轴的数量是三个，信号是三个具有随机曲率和随机零漂移到达时间的双曲线同相轴，且信号和线性噪声的振幅相同。我们将训练样本大小设置为 100×50，训练集大小设置为 8000。图 5.4 显示了三个训练样本和一个带有线性噪声的测试样本。

3. 多次波

为模拟水底和各种界面，我们生成了一个包含 3 个相同尺寸界面（150×75）的模型。第一界面上方的介质是纵波速度为 1500 m/s 的水，3 个下覆地层的纵波速度分别为 2000m/s、2500m/s 和 3000 m/s。训练集大小是 900。

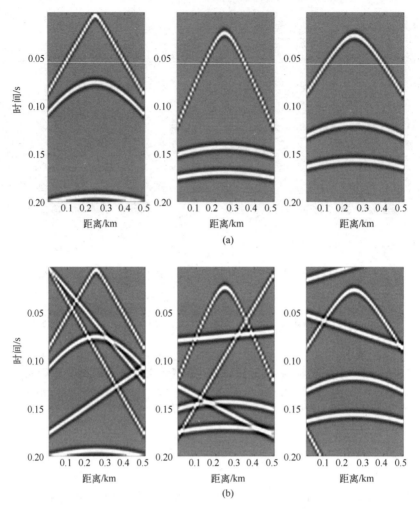

图 5.4　三个用于线性噪声衰减的合成数据
（a）原始数据；（b）含有线性噪声的数据。

　　为了最大程度地获得训练集的多样性，每个界面以均匀分布的方式随机放置。无倾斜的第一个界面用来模拟一阶多次波，第二个和第三个界面是倾斜的，且随机选择局部斜率（高斯分布后进行均值平滑），图 5.5（a）为生成的速度模型样本。我们使用空间八阶和时间二阶有限差分算法求解声波方程，并在地表合成地震数据。每个模型在 (x, z)=(0.375,0.005) km 处放置一个固定震源，75 个检波器以 10 m 为间距均匀置于地表下 5 m 处。使用卷积完全匹配层吸收边界条件（Komatitsch 和 Martin，2007）对左、右和底部网格边缘进行处理，以减少不必要的反射。

　　对于每个速度模型，我们进行两次正演来合成地震数据。第一次时，顶部有一个自由表面边界，合成地震数据包含反射波和与表面相关的多次波，例如虚反射和水底混响。因此，合成的地震数据可以作为训练的输入。另一次正演模拟时，顶部边界有一个吸收区，以避免产生任何与地表有关的多次波，两个合成地震数据之间的差异作为训练的输出。图 5.5 是利用深度学习压制多次波的四个合成地震数据。图 5.5（a）是用于生成多次波的速度模型，星号代表震源位置；图 5.5（b）是原始数据；图 5.5（c）是不包含多次波的数据。另外，图 5.5（b）中最上面的同相轴是由震源虚反射引起的，而非初至波。

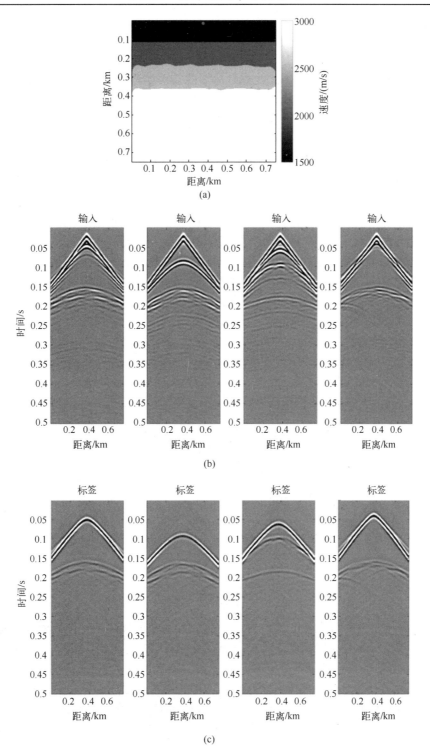

图 5.5　利用深度学习压制多次波的四个合成地震数据

　　图 5.5（b）和图 5.5（c）展示了包含多次波的四个地震剖面以及对应的无噪剖面，且已去除初至波，故图 5.5（b）顶部的同相轴仅由震源虚反射引起。

3.2　数据集测试

1. 随机噪声衰减

在压制随机噪声时，每层共 64 个大小为 3×3 的卷积滤波器，参考 Simonyan 和 Zisserman（2015）、Zhang 等（2017）的研究，训练的批次大小为 128，中间输入使用零填充以保证输出大小不变，17 个卷积层。SGD 中使用的参数与去噪卷积神经网络（DnCNN）相同（Zhang 等，2017），且训练的训练周期为 50。

我们对 f-x 反卷积（Canales，1984）、曲波变换（Hennenfent 和 Herrmann，2006）和非局部平均方法（NLM）（Bonar 和 Sacchi，2012）方法进行了比较。对于这三种方法，我们测试了不同的参数来获得最佳的去噪质量。四种方法的输出与输入信噪比（S/N）关系如图 5.6 所示。本次测试在图 5.7（b）所示的数据集上进行。网络训练完成后，无需针对测试集调整参数，卷积神经网络仍能达到测试方法中最高的去噪质量（比第二种方法高约 2 dB）。但与其他方法不同，我们无法在不调整参数的情况下人为控制卷积神经网络复杂度。假设卷积神经网络自身能够根据输入来自适应地控制复杂度，以避免人为干预，从而实现智能去噪。由图 5.7 的去噪结果可知，与其他方法相比，卷积神经网络方法可以更好地保留箭头标记的弱同相轴，但在去噪的同时平滑了绕射波。而对于传统的去噪方法，可以通过调整参数来保留绕射波。因此，卷积神经网络必须使用包含绕射波的数据集训练网络。

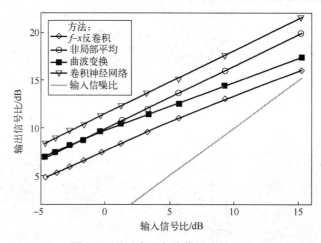

图 5.6　不同去噪方法信噪比的对比

图 5.8 为不同方法对比结果，图 5.8（a）是第 80 个去噪地震道；图 5.8（b）是与原始道的残差，自上而下分别是含噪数据、原始数据、卷积神经网络、非局部平均方法、曲波变换以及 f-x 反褶积方法的去噪结果，残差被放大 2 倍。图 5.8 显示了去噪后的第 80 条地震道及其与原始地震道的残差，差异被放大了 2 倍，显然，卷积神经网络能最好地保幅且产生的差异最小。训练时间约为 9 小时。如图 5.7 所示，在同一 CPU 上，每种去噪方法所用时间分别为 0.08 s（f-x 反卷积）、0.24 s（curvelet）、5.46 s（NLM）和 1.68 s（CNN）；而在 GPU 上，CNN 只需要 0.008 s，这说明 CNN 适用于大型数据集。

图 5.9（a）～（c）分别是图像域中第 7、12 和 17 层中每个卷积滤波器对应的卷积神经网络中间激活的可视化结果，不同层中的分层纹理表示卷积神经网络提取的地震数据特征。其使用逆向卷积神经网络方法（Mahendran 和 Vedaldi，2015）来可视化图像域中的激活过程，第 7、12 和 17 层中的卷积滤波器的激活值均为 1。

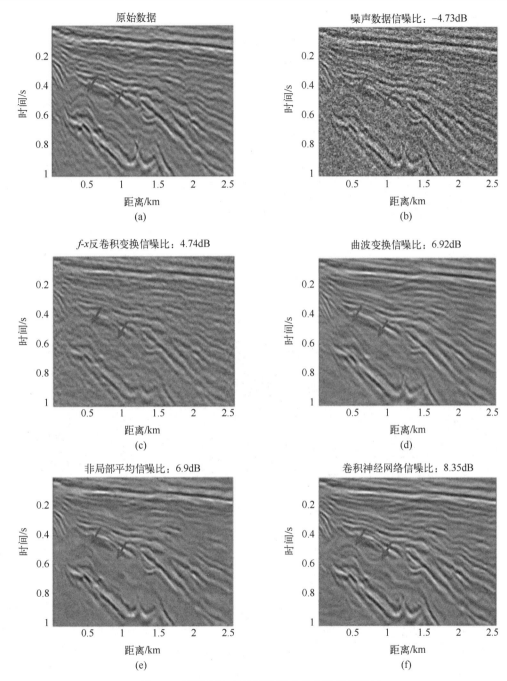

图 5.7　不同方法在叠后数据上的去噪效果对比

在每个子图中，每块图像代表由合适激活函数来对输入进行激活，并在不同层对应的不同尺度上具有明显的纹理特征，这些纹理表示了卷积神经网络是如何学习地震数据特征的，但是目前很难进行解释。

卷积神经网络中存在的许多层和非线性导致难以从理论上分析其执行过程。从数值角度来看，图 5.10 中展示了 6 个 ReLU 层（共 16 个）的中间输出，前 16 个通道是每个子图的输出（64 个通道中的 16 个），每个通道对应一个卷积滤波器，且子图是根据输入到输出的方向进行排序的。在每个子图中，都有来自前 16 个通道（64 个通道）的输出，每个通道对应一个卷积滤波器；子图则根据从输入到输出的方向进行排序；信号和噪声被逐渐分开；白色像素表示零，灰色/黑色像素表示正值。

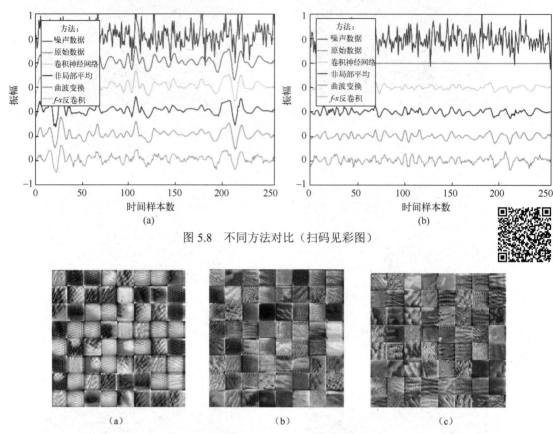

图 5.8　不同方法对比（扫码见彩图）

图 5.9　图像域中第 7、12 和 17 层可视化结果

本次测试是根据图 5.7 所示数据进行的，可以看到信号被逐渐移除，随机噪声被保留（将噪声作为输出）。

2．线性噪声衰减

对于线性噪声衰减实验，我们使用了与随机噪声衰减实验相同结构的卷积神经网络，训练的 batchsize 为 64。图 5.11 展示了测试集中的三个去噪结果，在每个子图中，含有线性噪声的数据位于左侧，去噪数据位于右侧，线性噪声被去除，去噪剖面中几乎没有线性噪声。深度学习展示了从训练集中学习知识并将这些知识用于新数据的能力。本次实验的训练时间约为 5 小时，而在 CPU 上，大小为 100×50 的地震剖面所用的去噪时间为 0.13 s，GPU 只需 0.008 s。

图 5.12 为卷积神经网络的 ReLU 操作后的用于线性噪声压制评估的 6 个隐藏层输出。图 5.12（a）～（f）是根据从输入到输出的方向进行排序的，线性同相轴被提取到更深层次。本次测试使用了图 5.11（a）所示的数据，每个子图表示与滤波器对应的 64 个输出。显然，更深层的双曲线同相轴被逐渐去除，保留了线性同相轴。

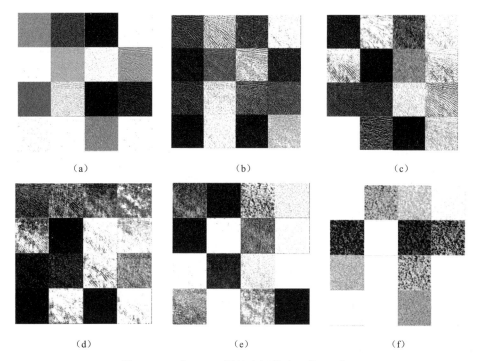

图 5.10　6 个 ReLU 层的中间输出（共 16 个）

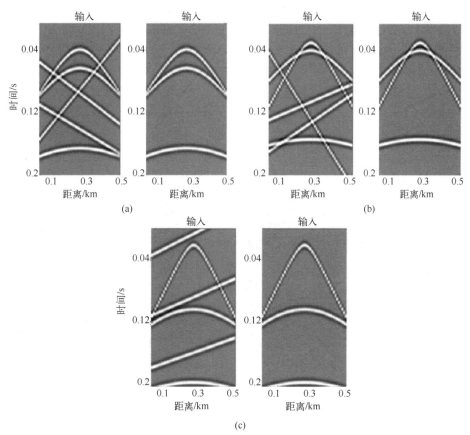

图 5.11　三个线性噪声衰减结果

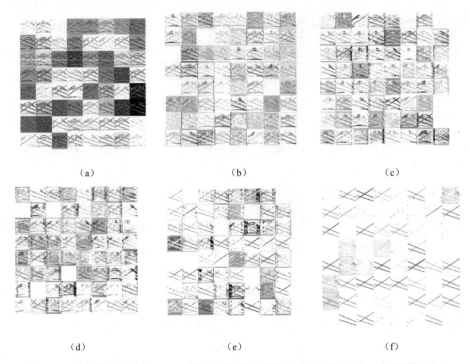

（a）　　　　　　　　　　（b）　　　　　　　　　　（c）

（d）　　　　　　　　　　（e）　　　　　　　　　　（f）

图 5.12　卷积神经网络的 ReLU 操作后的用于线性噪声压制评估的 6 个隐藏层输出

一个"合成的实际数据集"也被用来对之前训练的卷积神经网络进行测试。图 5.13（a）是叠前数据，图 5.13（b）是图 5.13（a）中添加线性噪声的结果，图 5.13（c）是基于卷积神经网络的去噪结果，图 5.13（d）是图 5.13（a）和图 5.13（c）之间的残差。图 5.13（a）和 5.13（b）分别为叠前数据和含有三个线性同相轴的数据，图 5.13（c）和 5.13（d）分别为卷积神经网络的去噪结果及其与原始数据之间的残差。图 5.13（b）中的线性噪声被成功压制，这意味着卷积神经网络可以处理实际数据集中的线性噪声，即使卷积神经网络是利用合成训练集进行训练。这可以通过以下事实来解释：虽然图 5.13（a）中的合成数据具有与图 5.11 中训练数据类似的双曲结构，但在残差中具有明显的残影。

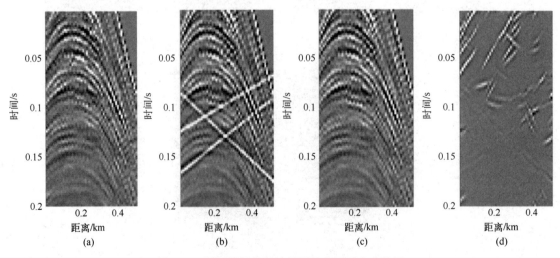

（a）　　　　　　　　（b）　　　　　　　　（c）　　　　　　　　（d）

图 5.13　预训练的卷积神经网络应用于合成数据

　　针对一个网络能否只用一个数据集来衰减随机和线性噪声这一问题，我们合成了包含随机或线性噪声的组合数据集去测试单个卷积神经网络在两种不同类型噪声上的性能。图 5.14 中图 5.14（a）和图 5.14（c）分别是使用包含随机和线性噪声的测试数据，图 5.14（b）和（d）分别是用已训练的卷积神经网络去噪图 5.14(a)和图 5.14(c)的结果。图 5.14(a)和图 5.14（c）分别为测试集中包含随机和线性噪声的两个数据。图 5.14（b）和图 5.14（d）为其对应的去噪结果，这表明单个卷积神经网络能够衰减随机和线性噪声。深度学习方法的一个优点是，只要输入足够多的训练样本，所设计的网络就可以处理更复杂的任务。

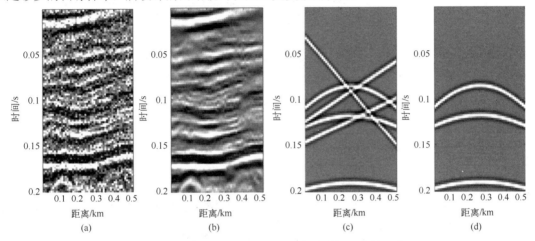

图 5.14　训练单个卷积神经网络衰减随机和线性噪声

3．多次波衰减

　　卷积神经网络架构与之前的测试相同。训练的 batchsize 为 16，训练周期为 200。我们用测试集中的地震数据测试了已训练的网络。图 5.15 为去除直达波后的结果，顶部同相轴是由鬼波而不是直达波引起的，在每个子图中，从左到右依次是输入、标签、输出和残差。研究结果表明，在不影响初至波的情况下，卷积神经网络可以干净地去除多次波，且预测的地震数据与合成地震记录之间的残差也在合理范围内。卷积神经网络的训练时间约为 6 小时，而对于 250×75 的输入，在 CPU 上，去噪时间为 0.34 s，在 GPU 上仅为 0.007 s。

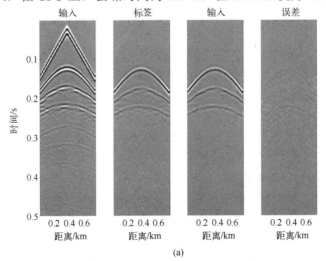

图 5.15　三个多次波衰减结果

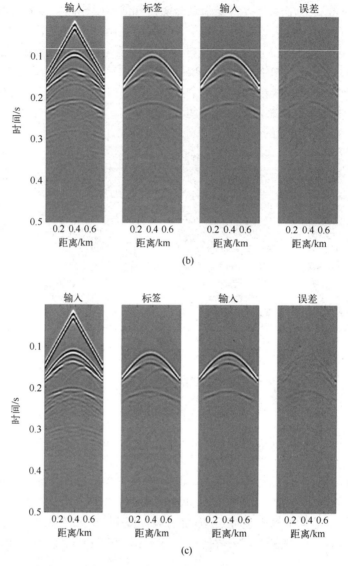

图 5.15 三个多次波衰减结果(续)

　　在前面的测试中，我们使用了相同的网络结构，这表明卷积神经网络对于不同类型噪声的衰减具有潜在的泛化能力，已做的随机噪声衰减测试说明了不同卷积神经网络架构的测试需要很长时间，在线性噪声和多次波的衰减中，借用的网络如预期般运行良好。原因如下：①17 层卷积神经网络架构包含足够的参数，可以进行泛化；②训练和测试样本的结构相对简单；③训练集中有足够的训练样本，可以避免过度拟合。图 5.16 总结了在训练卷积神经网络衰减随机噪声、线性噪声和多次波时，平均训练和验证损失与周期数的关系。

4．实际数据集的随机噪声衰减

　　由随机噪声衰减的合成数据集训练的卷积神经网络不能直接应用于实际数据集，因为实际数据集的噪声并不是高斯分布的。而使用随机初始化权重训练一个新网络可能效率低下，并且训练集可能不足以训练一个有效的网络。若实际数据与合成数据具有类似的局部同相轴构造，就可以用迁移学习训练实际数据集，并利用合成数据训练过的网络来初始化实际数据集实验的网络。训练集以含噪数据集为输入，以曲波变换方法的（Hennenfent 和 Herrmann，2006）去噪结果为输出。对于曲波变换方法，我们测试了不同的阈值参数，并人为选取了视觉效果最好的阈值参数。一对训练输入和标签分别如图 5.17（a）和图 5.17（b）所示，图 5.17（c）为测试集。训练集包括四个大型剖面，又将其分为 17152 个大小为 40×40 的子剖面，网络以及训练参数与合成数据情况相同。图 5.18 显示了曲波变换和卷积神经网络方法的去噪结果，图 5.18（a）～（c）是不同阈值参数 sigma 的曲波变换去噪剖面；图 5.18（d）是基于迁移学习的卷积神经网络去噪剖面。图 5.19 为相应的噪声残差剖面，图 5.19（a）～（c）是不同阈值参数 sigma 的曲波变换去噪；图 5.19（d）是基于迁移学习的卷积神经网络去噪结果。

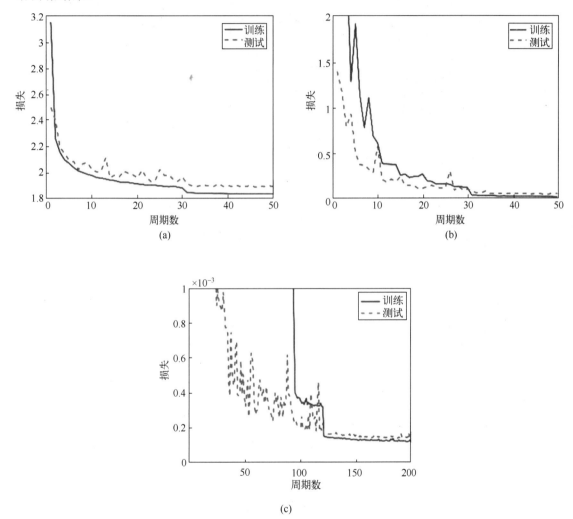

图 5.16　卷积神经网络的损失函数分别与衰减随机噪声、线性噪声和多次波的周期数关系

　　在基于曲波变换方法的去噪实验中，我们测试了三种能够控制去噪强度的阈值参数 sigma。卷积神经网络方法则无需调整参数，去噪结果与曲波变换方法相似，对应的 sigma=0.3；当 sigma=0.2 时，同相轴变得“平滑”；当 sigma=0.4 时，同相轴过于“平滑”。卷积神经网络方法无需人工干预，便能自适应地衰减噪声，其训练时间约为 7 小时；对于 1501×333 的输入，在 CPU 上的去噪时间为 11.95 s，GPU 上的去噪时间为 0.02 s。图 5.20 是利用图 5.7（f）

中随机初始化权值（实线）和训练网络的转换权值（虚线）表明卷积神经网络的验证损失随训练样本数的变化关系曲线。由图可见，当训练样本较少时，基于迁移学习的卷积神经网络训练更优。本次测试在之前生成的相同数据集上进行，当训练样本达到某一值后，随机初始化可以提供更好的训练效果。

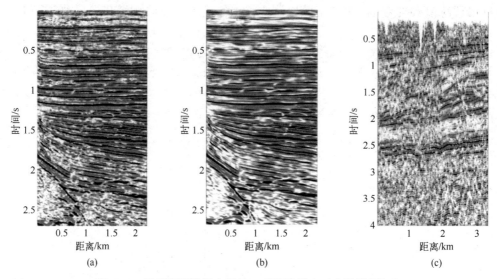

图 5.17　用于实际数据去噪的一对训练样本（含噪数据）和
标签（使用曲波变换方法去噪）及测试集

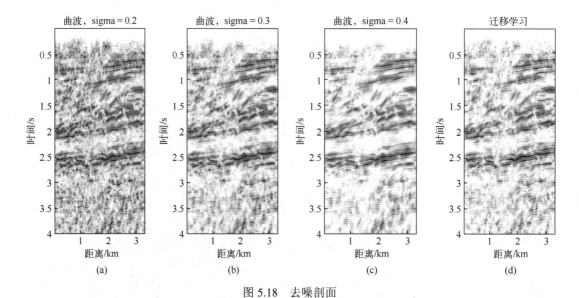

图 5.18　去噪剖面

5. 实际数据集的散射面波衰减

另一个针对散射面波衰减的实际例子如下。当近地表横向变化时，散射面波是由面波散射引起的，一般很难去除与反射波具有相同的 f-k 特征的散射面波。图 5.21 显示了 160 对训练集中的其中 6 个，训练集（所谓的干净数据集）由行业提供，数据集被分割成 40×40 个图像块，以适应 GPU 内存，网络架构与之前的测试相同。图 5.22（a）是原始数据，图 5.22（b）是基于卷积神经网络的去噪数据，图 5.22（c）是行业提供的去噪数据，图 5.22（d）是图 5.22（b）和图 5.22（c）之间的差异，图 5.22（e）是图 5.22（a）～图 5.22（c）的单道（距离=1.1 km）频谱。图 5.22（a）～图 5.22（d）展示了测试集、卷积神经网络方法的去噪结果、行业提供的结果及图 5.22（b）和图 5.22（c）之间的残差。卷积神经网络方法去除了面波的能量，这意味着面波在小块尺度上是可分离的。卷积神经网络方法之所以获得与行业方法类似的结果，是因为该网络是由行业方法获取的干净数据训练集进行训练的。图 5.22（e）是根据图 5.22（a）～图 5.22（c）中的数据得到的地震道（距离=1.1km）频谱，并成功保留了频率高于 15 hz 的信号。

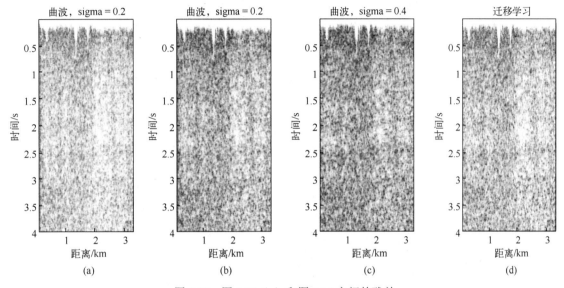

图 5.19　图 5.17（c）和图 5.18 之间的残差

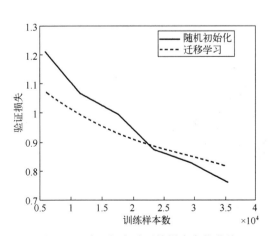

图 5.20　验证损失随训练样本变化曲线

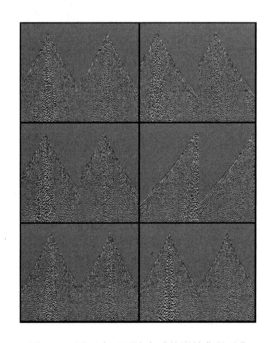

图 5.21　用于实际面波衰减的训练集的子集

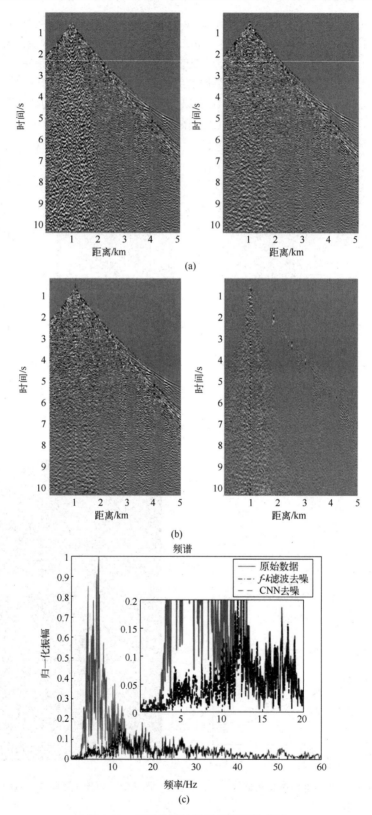

图 5.22 基于卷积神经网络的面波衰减

4　讨论

深度学习中出现了许多未解答的问题，例如超参数的选择。深度学习的引入可能会带来更多问题，而不是解决更多问题。在本节中，我们将讨论深度学习中几个有趣的话题。

4.1　基于深度学习的去噪方法和常规去噪方法的比较

我们讨论了两种情况：干净数据集是由一种或多种现有的方法生成的，对于前者，我们以实际数据集的随机噪声衰减为例。如果用行业标准工具获得一个干净数据集，例如 f-x 反褶积，那我们可以用卷积神经网络获得一个比 f-x 反褶积效果更好的数据集吗？对于干净数据集，可以人为地调整参数，如自回归算子的长度，从而得到最佳的去噪效果。在利用这些优化的输入和输出进行网络训练后，该网络可以自适应地对新数据集进行去噪，而无需调整参数。相反，如果我们使用 f-x 反褶积对新数据集进行去噪，并手动调整参数，可能会因经验或时间不足而导致较差的结果。在图 5.18 中的实际数据测试中，如果不能正确选择阈值参数，曲波变换方法就无法获得令人满意的去噪结果，而卷积神经网络可以在没有调参的情况下实现智能去噪。大部分传统方法都缺失深度学习中的这种自动化。

对于第二种情况，可以先建立一个更多样化的训练集，即用相应的方法对不同类型数据进行去噪。然后，经过训练的网络汇集了各种方法的优点，并优于任何现有的独立方法，即训练一个可以根据特定类型的数据集自适应地选择合适的方法网络。

4.2　训练样本数量的作用

我们感兴趣的是训练一个完全指定的神经网络需要多少训练样本。从原理上讲，训练样本数量越多，网络就越强大。然而，准备这样的训练集和训练网络需要更长的时间。我们将训练样本数作为网络训练的超参数，该测试在合成的含随机噪声数据集上进行。图 5.23（a）表示训练损失与周期数和训练样本数的关系；图 5.23（b）表示验证损失（验证集的损失函数）与周期数和训练样本数的关系；图 5.23（c）表示对于不同深度的网络，验证损失与周期数关系；图 5.23（d）表示不同深度卷积神经网络的去噪比较。

图 5.23（a）和图 5.23（b）显示了训练和验证损失与周期数及训练样本数的关系。其中，我们对少量样本使用了更多的周期，以确保每次优化中使用的样本总数相同，周期数的标准为 50。如果训练样本数非常小（8448），训练损失很小，但验证损失很大，从而导致过度拟合。提前停止和训练大量样本可以避免过度拟合。44220 个和 50688 个训练样本的验证损失几乎相同，即当训练样本数达到一定水平后，额外的训练集对验证损失的作用很小。

4.3　"深度"的重要性

更深的网络层包含更多的 RF 和非线性，RF 为一次卷积运算中涉及的元素数。较多的 RF 涉及了更多来自输入层的信息。由图图 5.23（b）可知，在两个维度上，较深层的 RF 数量大于较浅层的。如果卷积滤波器尺寸为 3×3，则第 2 层相对于第 1 层的 RF 为 3×3，而第 3 层相对于第 1 层的感受野为 5×5。显然，输入中有更多的神经元参与计算更深层的神经元。

同时，在其他参数固定的情况下，具有深层结构的卷积神经网络将包含更多的非线性层，从而产生更具判别性的决策函数（Simonyan 和 Zisserman，2015），并提供更多参数来拟合复杂映射。图 5.23（c）展示了在随机噪声衰减实验中，在不同层数（1、3、5、7 和 9）的测试集上网络性能的影响。在不同的设置中，保证训练集和测试集相同，并在每个周期内计算验证损失，得到验证损失随着层数的增加而减少的结论。但是，网络并不总是层数越多越好，这可能会导致效率低下和过度拟合。因此，必须考虑避免过度拟合的技术，例如 dropout（Srivastava 等，2014 年）。图 5.23（d）展示了不同深度卷积神经网络的去噪比较，以第 13 层为标准，纵轴表示验证损失的差异。

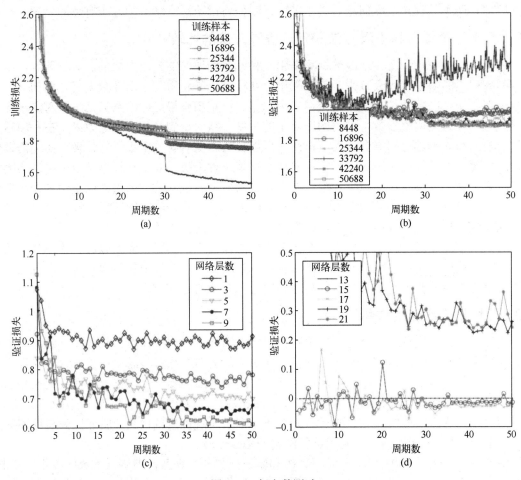

图 5.23　超参数测试

4.4　超参数

超参数是在训练前设置的参数。除了批量大小（batchsize）和训练周期之外，卷积神经网络还包含许多优化中的超参数，例如学习率和动量。另一类超参数与模型结构有关，例如隐藏层的数量和每层中过滤器的数量。虽然训练后不需要进行参数调整，但在设计网络架构和优化时需要进行超参数调整。尽管已提出了推荐超参数的指南（Bengio，2012），但对于那些不精通深度学习、只希望使用深度学习而不是优化每个超参数的读者来说，调整超参数还是很困难的。但是，需要优化的大多数超参数，例如批量大小，通常只会影响训练时间而不是测试性能（Bengio，2012）。因此，除了训练周期之外，需要优化的大多数超参数都可以从图像去噪（Zhang 等，2017）中借用。

如果模型超参数很少，只有一个或两个，我们可以在规则域或对数域中使用网格搜索方法并行计算不同的配置，并选择在验证集上实现最小损失的配置。网格搜索方法随着超参数增加呈指数级扩展，当模型超参数更多时，可以对超参数进行随机抽样来解决这一问题。有关网格搜索法和随机抽样的更多信息可以参考其他文献（Bengio，2012）。在我们的工作中，网络层数是通过网格搜索方法确定的，其他参数如过滤器的数量的确定可以参考其他文献（Zhang 等，2017）。

研究者在去噪卷积神经网络中使用了一个具有 17 个卷积层的网络。因此，我们测试了13 个、15 个、17 个、19 个和 21 个卷积层，并选择了验证损失最小的一个。且该测试也是在合成随机噪声训练集上进行的。图 5.23（d）显示了验证损失是如何随训练周期和网络层数变化的，以 13 层为标准，并显示其他层和 13 层之间的差异。其中，13 层、15 层和 17 层的验证损失变化不大，但 19 层和 21 层的验证损失要大很多，这可能是由于增加网络参数量时出现的过拟合造成的。当选择 17 层为标准层时，大多数情况下的验证损失最小。

4.5　训练集和测试集之间的距离

测量两个样本之间距离最简单的方法是使用欧式距离。对于含有多次波的数据集，我们使用了一个测试样本并计算测试样本和所有训练样本之间的距离。图 5.24（a）从左到右依次是测试样本、距离测试样本最小的训练样本、训练与测试样本之间的差异，以及距离测试样本最大的训练样本；图 5.24（b）是图 5.24（a）中测试样本与所有训练样本之间的欧式距离；图 5.24（c）是二维剖面的线性同相轴斜率和平移分布，红点表示训练样本，蓝圈表示测试样本。图 5.24（a）展示了具有最小和最大距离的训练样本。距离最小的样本是与测试样本相同的初至波，而不是各种多次波。这些距离如图 5.24（b）所示，测试样本异于任何训练样本。

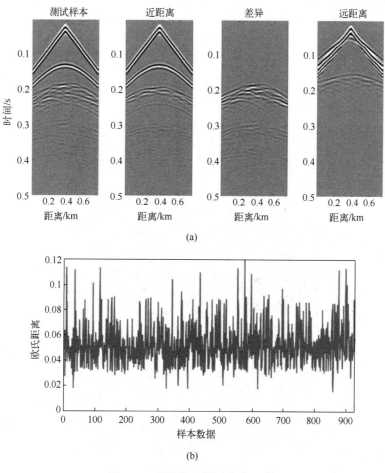

图 5.24　训练集与测试集的距离

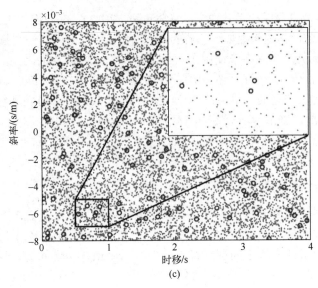

图 5.24　训练集与测试集的距离（续）

对于包含线性噪声的数据集，我们在图 5.24（c）中的二维剖面上绘制了线性同相轴的斜率和时移分布，并在图 5.25 中绘制了 400 个训练样本。理论上，使用均匀分布来生成斜率和时间偏移，不同的样本应该是不完全相同的。但实际上，剖面可能会很饱满，尤其是当有很多样本时。红点表示训练样本，蓝圈表示测试样本，蓝圈位于红点之间。如果只记忆红点，就不能通过线性插值得到蓝圈，即只添加两个斜率为 s_1 和 s_2 的同相轴并不能生成斜率为 $s_1 + s_2$ 的同相轴，因为训练和测试样本由相同规则独立生成。这说明需要记忆的是网络学习输入与输出之间的关系，而不是每个训练样本。

图 5.25　用于线性噪声衰减的 8000 个合成数据集中的 400 个样本

4.6　实际数据的多次波衰减

没有对实际数据的多次波衰减进行测试的两个原因是训练样本的大小和训练数据集的质量。首先，随机噪声与信号局部不相干，需要使用图像块方法生成小尺寸（如 35×35）的训练样本。理论上，线性噪声与局部尺度上的信号是相干的。但实际应用中的数值实验表明，较大的图像块尺寸（如 40×40）也是适用的，除了无法压制多次波及需将整个数据集作为训练样本而导致计算方面（如通用 GPU 的内存或计算时间）不可行。关于实际数据的多次波衰减，未来工作可能从相对较小的训练样本开始。其次，与实际数据的随机或线性噪声衰减一样，我们还不能够用现有的行业方法为多次波衰减构建一个训练集。然而，随着训练集规模的扩大和硬件的改进，我们希望使用经过训练的卷积神经网络获得更好的预测。

4.7　方法失效的原因

一般来说，深度学习失效的原因有：训练样本不足[图 5.23（b）]、超参数设置不当[图 5.23（d）]、输入数据量大或者测试集与训练集完全不同。我们根据合成随机噪声获得已训练的网络，并将其应用于图 5.17（c）中的实际数据。去噪结果如图 5.26 所示，由于实际数据的噪声分布与合成数据不同，因此几乎无法去除噪声。图 5.27 是先前使用如图 5.21 所示的实际含面波数据集训练的卷积神经网络应用于另一个工区的结果，图 5.27（a）是原始数据；图 5.27（b）是基于卷积神经网络的去噪数据。在面波衰减例子中，将利用图 5.21 中的数据集训练的卷积神经网络应用于另一个工区，而图 5.27 中的含噪数据集和去噪数据集的效果不好，使训练集尽可能庞大和多样化可能会解决这一问题。

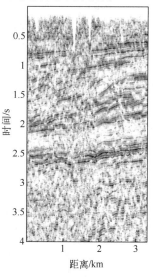

图 5.26　利用合成数据集训练的卷积神经网络对实际数据进行随机噪声衰减

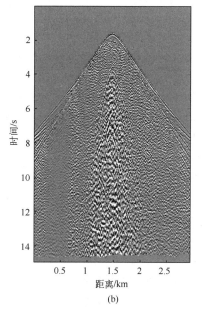

(b)

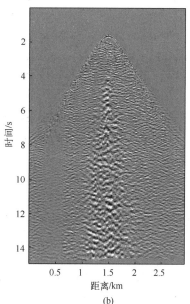

(b)

图 5.27　模型在另一工区测试结果

5　结论

我们展示了深度学习在地震噪声衰减中的应用。与传统方法相比，深度学习方法具有以下优点：①在合成随机噪声衰减中的去噪质量高，②卷积神经网络被训练后在 GPU 上实现了自动化（无需参数调整）和高效率。

在实际数据的随机噪声衰减例子中，卷积神经网络和迁移学习实现了无需人工干预的自动/智能去噪，从而节省了人力、不确定性和时间。在文中介绍的例子中，训练过程大约为 6 小时，可能被认为是耗时的。但是，在 GPU 上进行测试的速度非常快（对于 1501×333 输入，为 0.02 s），这使得卷积神经网络能够适用于大规模数据集。在实际面波衰减实验中，利用图像块方法成功去除了面波。

大规模且具有良好标签的实际数据集对于需要大量人工干预的实际数据处理至关重要。我们提出了未来研究的两个可能方向。第一个方向是将由复杂速度模型（例如 EAGE 模型）生成的大量合成数据集与包含少量标签的实际数据集结合起来，形成一个新的训练集，用于训练地震数据处理的通用网络。第二个方向是无监督学习，不需要无噪数据，深度学习可以利用训练集中的隐藏信息来分离相干噪声和信号。除了训练样本不足外，深度学习还遇到了一些普遍问题，例如难以理解复杂网络、超参数设置及训练的计算量大。深度学习还可用于其他地震数据处理任务，如在正确构建训练集基础上衰减不稳定噪声。

参考文献

[1] Bengio Y. Practical recommendations for gradient-based training of deep architectures [DB/OL]. arXiv e-prints，2012：1206.5533.

[2] Berkhout A J. Seismic migration：Imaging of acoustic energy by wave field extrapolation [J]. Physics of the Earth & Planetary Interiors，1986，25（2）：184-185.

[3] Berkhout A J，Verschuur D J. Imaging of multiple reflections [J]. Geophysics，2006，71（4）：SI209-SI220.

[4] Bonar D，M Sacchi. Denoising seismic data using the nonlocal means algorithm [J]. Geophysics，2012，77（1）：A5-A8.

[5] Canales L L. Random noise reduction [C]. 54th Annual International Meeting，1984：525-527.

[6] Cheong J Y，Park I K. Deep CNN-based super-resolution using external and internal examples [C]. IEEE Signal Processing Letters，2017：1252-1256.

[7] Corso G，Kuhn P S，Lucena L S，et al. Seismic ground roll time-frequency filtering using the Gaussian wavelet transform [J]. Physica A：Statistical Mechanics and Its Applications，2003，318（3-4）：551-561.

[8] Cortes C，Vapnik V. Support-vector networks [J]. Machine Learning，1995，20（3）：273-297.

[9] Deng J，Dong W，Socher R，et al. Imagenet：A large-scale hierarchical image database [C]. IEEE Conference on Computer Vision and Pattern Recognition，2009：248-255.

[10] Donahue J，Jia Y，Vinyals O，et al. Decaf：A deep convolutional activation feature for generic visual recognition [C]. International Conference on Machine Learning，2014：647-655.

[11] Dong C，Loy C C，He K，et al. Learning a deep convolutional network for image super-resolution [C]. European Conference on Computer Vision，2014：184-199.

[12] Evgeniou T，Pontil M，Poggio T. Regularization networks and support vector machines [J]. Advances in Computational Mathematics，2000，13（1）：1-50.

[13] Fomel S，Liu Y. Seislet transform and seislet frame [J]. Geophysics，2013，75（3）：V25-V38.

[14] Glinsky M E, Clark G A, Cheng P. Automatic event picking in prestack migrated gathers using a probabilistic neural network [J]. Geophysics, 2001, 66 (5): 1488-14964.

[15] Guo B, Li L, Luo Y. A new method for automatic seismic fault detection using convolutional neural network [C]. 88th Annual International Meeting, 2018: 1951-1955.

[16] Hampson D. Inverse velocity stacking for multiple elimination [C]. SEG Technical Program Expanded Abstracts 1986, 1986: 422-424.

[17] Hennenfent G, Herrmann F J. Seismic denoising with nonuniformly sampled curvelets [J]. Computing in Science and Engineering, 2006, 8 (3): 16-25.

[18] Herman G, Perkins C. Predictive removal of scattered noise [J]. Geophysics, 2006, 71 (2): V41-V49.

[19] Herrmann P, Mojesky T, Magesan M, et al. De-aliased, high-resolution radon transforms [C]. 70th Annual International Meeting, 2000: 1953-1956.

[20] Hinton G E, Osindero S, Teh Y W. A fast learning algorithm for deep belief nets [J]. Neural Computation, 2006, 18 (7): 1527-1554.

[21] Huang K Y, You J D, Chen K J, et al. Neural network for parameters determination and seismic pattern detection [C]. 76th Annual International Meeting, 2006: 2285-2289.

[22] Huang L, Dong X, Clee T E. A scalable deep learning platform for identifying geologic features from seismic attributes [J]. The Leading Edge, 2017, 36 (3): 249-256.

[23] Ioffe S, Szegedy C. Batch normalization: Accelerating deep network training by reducing internal covariate shift [C]. International Conference on Machine Learning, 2015: 448-456.

[24] Jain V, Seung H S. Natural image denoising with convolutional networks [C]. International Conference on Neural Information Processing Systems, 2008: 769-776.

[25] Jia Y, Ma J. What can machine learning do for seismic data processing? An interpolation application [J]. Geophysics, 2017, 82 (3): V163-V177.

[26] Komatitsch D, Martin R. An unsplit convolutional perfectly matched layer improved at grazing incidence for the seismic wave equation [J]. Geophysics, 2007, 72 (5): SM155-SM167.

[27] Kononenko I. Machine learning for medical diagnosis: History, state of the art and perspective [J]. Artificial Intelligence in Medicine, 2001: 89-109.

[28] Kreimer N, Sacchi M D. A tensor higher-order singular value decomposition for prestack seismic data noise reduction and interpolation [J]. Geophysics, 2012, 77 (3): V113-V122.

[29] Krizhevsky A, Sutskever I, Hinton G E. Imagenet classification with deep convolutional neural networks [J]. Advances in Neural Information Processing Systems, 2012, 60 (6): 1097-1105.

[30] Lecun Y, Bottou L, Bengio Y, et al. Gradient-based learning applied to document recognition [C]. Proceedings of the IEEE, 1998: 2278- 2324.

[31] Liu X, Tanaka M, Okutomi M. Single-image noise level estimation for blind denoising [J]. IEEE Transactions on Image Processing, 2013, 22 (12): 5226-5237.

[32] Liu Y, Fomel S. Seismic data analysis using local time frequency decomposition [J]. Geophysical Prospecting, 2013, 61 (3): 516-525.

[33] Mahendran A, Vedaldi A. Understanding deep image representations by inverting them [C]. Proceedings of the IEEE Conference on Computer Vision and Pattern Recognition, 2015: 5188-5196.

[34] Montavon G B O, Müller K R. Neural networks Tricks of the trade [M]. Springer, 2012: 437-478.

[35] Naghizadeh M. Seismic data interpolation and denoising in the frequency-wavenumber domain [J].

Geophysics, 2012, 77（2）: V71-V80.

[36] Nath S K, Chakraborty S, Singh S K, et al. Velocity inversion in crosshole seismic tomography by counter-propagation neural network, genetic algorithm and evolutionary programming techniques [J]. Geophysical Journal International, 1999, 138（1）: 108-124.

[37] Oquab M, Bottou L, Laptev I, et al. Learning and transferring mid-level image representations using convolutional neural networks [C]. Proceedings of the IEEE Conference on Computer Vision and Pattern Recognition, 2014: 1717-1724.

[38] Pham N, Fomel S, Dunlap D. Automatic channel detection using deep learning [J]. Interpretation, 2019, 7（3）: SE43-SE50.

[39] Robinson E A. Predictive decomposition of seismic traces [J]. Geophysics, 1957, 22（4）: 767-778.

[40] Ross C P, Cole D M. A comparison of popular neural network facies-classification schemes [J]. The Leading Edge, 2017, 36（4）: 340-349.

[41] Röth G, Tarantola A. Neural networks and inversion of seismic data [J]. Journal of Geophysical Research, 1994, 99（B4）: 6753-6768.

[42] Rowley H A, Baluja S, Kanade T. Neural network-based face detection [J]. IEEE Transactions on Pattern Analysis and Machine Intelligence, 1998, 20（1）: 23-38.

[43] Shi Y, Wu X, Fomel S. Automatic salt-body classification using a deep convolutional neural network [C]. 88th Annual International Meeting, 2018: 1971-1975.

[44] Simonyan K, Zisserman A. Very deep convolutional networks for large-scale image recognition [C]. International Conference on Learning Representations, 2015.

[45] Spitz S. Seismic trace interpolation in the F-X domain [J]. Geophysics, 1991, 56（6）: 785-794.

[46] Srivastava N, Hinton G, Krizhevsky E, et al. Dropout: A simple way to prevent neural networks from overfitting [J]. Journal of Machine Learning Research, 2014, 15（2014）: 1929-1958.

[47] Trad D O, Ulrych T, Sacchi M. Latest views of the sparse Radon transform [J]. Geophysics, 2003, 68（1）: 386-399.

[48] Trickett S. F-xy Cadzow noise suppression [C]. 78th Annual International Meeting, 2008: 2586-2590.

[49] Verschuur D J. Surface-related multiple elimination in terms of Huygens' sources [J]. Journal of Seismic Exploration, 1992, 1（1）: 49-59.

[50] Vincent P, Larochelle H, Lajoie I, et al. Stacked denoising autoencoders: Learning useful representations in a deep network with a local denoising criterion [J]. Journal of Machine Learning Research, 2010, 11（12）: 3371-3408.

[51] Weglein A B. Multiples: Signal or noise [J]. Geophysics, 2016, 81（4）: V283-V302.

[52] Wu X, Liang L, Shi Y, et al. Faultseg3D: Using synthetic datasets to train an end-to-end convolutional neural network for 3D seismic fault segmentation [J]. Geophysics, 2019, 84（3）: IM35-IM45.

[53] Wu X, Shi Y, Fomel S, et al. Convolutional neural networks for fault interpretation in seismic images [C]. 88th Annual International Meeting, 2018, 1946-1950.

[54] Yann L. Efficient backprop: Neural Networks Tricks of the Trade [M]. 1998: 9-50.

[55] Yarham C, Boeniger U, Herrmann F. Curvelet-based ground roll removal [C]. 76th Annual International Meeting, 2006: 2777-2782.

[56] Yosinski J, Clune J, Bengio Y, et al. How transferable are features in deep neural networks? [C]. Advances in Neural Information Processing Systems, 2014: 3320-3328.

[57] Yu S，Ma J，Osher S. Monte Carlo data-driven tight frame for seismic data recovery [J]. Geophysics，2016，81（4）：V327-V340.

[58] Yu S，Ma J，Zhang X，et al. Interpolation and denoising of high dimensional seismic data by learning a tight frame [J]. Geophysics，2015，80（5）：V119-V132.

[59] Zhang C，Frogner C，Araya-Polo M，et al. Machine-learning based automated fault detection in seismic traces [C]. 76th Annual International Conference and Exhibition，EAGE，2014.

[60] Zhang K，Chen Y，Chen Y，et al. Beyond a Gaussian denoiser：Residual learning of deep CNN for image denoising [J]. IEEE Transactions on Image Processing，2017，26（7）：3142-3155.

[61] Zhang R，Ulrych T J. Physical wavelet frame denoising [J]. Geophysics，2003，68（1）：225-231.

[62] Zhang Z，Sun Y，Berteussen K. Analysis of surface waves in shallow water environment of the Persian Gulf using S and t-f-k transform [C]. 80th Annual International Meeting，2010：3723-3727.

[63] Zhao T，Mukhopadhyay P. A fault detection workflow using deep learning and image processing [C]. 88th Annual International Meeting，2018：1966-1970.

（本文来源及引用方式：Yu S，Ma J，Wang W. Deep learning for denoising [J]. Geophysics，2019，84（6）：V333-V350.）

论文6 基于无监督特征学习的地震噪声压制

摘要

噪声衰减在地震数据处理中起着重要作用，本文提出了一种基于无监督稀疏特征学习的地震噪声压制方法，可通过学习含噪地震数据的隐层特征来表示有效信号。对原始数据进行预处理并训练具有稀疏约束的自编码神经网络，可以学习地震数据的稀疏特征并将其存储于神经网络中。随后，采用自适应矩估计作为反向传播算法来最小化含有稀疏惩罚项的损失函数，在训练过程中结合 Dropout 技术来提高神经网络的特征提取能力和泛化能力。利用网络所学重要的稀疏特征重构测试数据集，并通过重新排列输出的测试数据集获得最终的去噪结果。与三种行业内先进的地震噪声压制方法相比，本文所提出的方法在合成和实际地震数据上的噪声压制测试中效果更好。

1 引言

地震噪声广泛存在于野外采集的地震资料中，它的存在不利于地震成像、反演和解释的有效开展（Lin 等，2013；Xiong 等，2014；Lin 等，2015；Huang 等，2016；Kazemi 等，2016；Gao 等，2016；Huang 等，2017；Yu 等，2017；Liu 等，2018；Zhao 等，2018）。因此，对地震噪声的有效压制是必要的，并且在地震信号处理中起着关键作用（Sanchis 和 Hanssen，2011；Naghizadeh 和 Sacchi，2012；Forghani-Arani 等，2013；Zhou 等，2016；Anvari 等，2017；Li 等，2017；Dagnino 等，2018）。地震噪声主要分为相干噪声和非相干噪声，相干噪声通常具有特定的空间形态和主频，而非相干噪声通常无规则地掺杂在有效信号中，严重影响微弱地震信号的识别。

针对不同类型的噪声，需要采用相应的噪声压制方法。在过去的几十年里，各种噪声压制的方法和理论得到了发展，并广泛应用于实际的地震数据处理中。基于预测的噪声衰减方法通过构造预测滤波器，利用信号的可预测性来衰减噪声，例如 $t\text{-}x$ 预测滤波（Abma 和 Claerbout，1995）、$f\text{-}x$ 反卷积（FXDECON）（Canales，1984；Gülünay，1986；Gülünay，2017）和非稳态预测滤波（Liu 等，2012；Liu 和 Chen，2013）。基于稀疏变换的方法可以通过信号和噪声在稀疏域中的不同特性来区分信号和噪声，例如傅里叶变换（Naghizadeh，2012；Mousavi 和 Langston，2016；Zhu 等，2018）、小波变换（Mousavi 和 Langston，2016；Mousavi 等，2016）、曲波变换（Candès 等，2006；Herrmann 等，2007；Herrmann 和 Hennenfent，2008；Neelamani 等，2008；Liu 等，2016）、seislet 变换（Fomel 和 Liu，2010；Chen 和 Fomel，2018）、shearlet 变换（Kong 和 Peng，2015）、dreamlet 变换（Wang 等，2015）和基于字典学习的稀疏变换（Zhu 等，2015；Chen 等，2016；Chen，2017；Siahsar 等，2017；Siahsar 等，2017；Wu 和 Bai，2018；Zu 等，2018）。基于分解的方法将噪声地震数据分解为不同的分量，然后选择主分量来表示信号（Chen 和 Ma，2014；Gan 等，2015；Chen 等，2017；Huang 等，2017）。此外，在使用去噪算法之后可以利用局部信噪正交化方法进一步解决信号的泄漏问题（Chen 和 Fomel，2015）。近年来，基于矩阵降秩的方法发展迅速（Trickett，2008；Chen 和 Sacchi，2015；Xue 等，2016；Zhou 等，2018），此类方法利用了无噪声干扰的地震数据具有低秩结构的特点，通过降低随机噪声引起的秩来对地震数据进行去噪。多通道奇异谱分析

（Multichannel Singular Spectrum Analysis，MSSA）是一种经典的基于矩阵降秩的噪声压制方法，它在具有低秩特性的汉克尔矩阵上应用截断奇异值分解来滤除随机噪声成分（Vautard 等，1992；Oropeza 和 Sacchi，2011）。此外，阻尼矩阵降秩（Damped Rank Reduction，DRR）方法（Chen 等，2016；Huang 等，2016）通过在截断奇异值分解中引入阻尼算子来进一步衰减残余噪声。

近年来，深度学习在图像处理、自然语音处理等多个领域取得了显著成果（Cheriyadat，2014；Schmidhuber，2015；Chen 等，2016；Kemker 和 Kanan，2017；Long 等，2017；Maggiori 等，2017；Cheng 等，2018），它通过构建由多个处理层组成的计算模型来实现具有多个抽象级别的数据的表示学习（LeCun 等，2015）。作为此类学习方法的一种，自编码器可用于提取数据的非线性特征（Liu 等，2017），以无监督学习的方式处理未标记的数据，并节省大量数据标记产生的耗时（Hall 和 Hall，2017；Huang 等，2017；Chen，2018；Chen，2018；Wang 等，2018；Wrona 等，2018）。然而，使用自编码网络提取的特征不足以充分表达复杂的地震数据。为提高其捕获重要信息和特征表达的能力，自编码器可以扩展形成衍生算法，包括去噪自编码器、稀疏自编码器、变分自编码器、收缩自编码器等（Hinton 和 Zemel，1994；Vincent 等，2008；Vincent 等，2010；Alain 和 Bengio，2012；Deng 等，2014）。其中，稀疏自编码器是在基本自编码器上添加了稀疏惩罚项（Sanchis 和 Hanssen，2011；Siahsar 等，2016；Turquais 等，2017），作为一种无监督特征学习方法，稀疏自编码器适用于发现复杂且未标记数据的高级表征，这一优势促使本文展开了将其发展为地震噪声压制方法的研究工作。考虑到地震数据的特点，本文设计了一些特殊的处理程序来充分学习地震数据内部隐层特征，这将为地震噪声压制开辟新的思路。

本文提出了一种基于无监督稀疏特征学习来抑制地震噪声的新框架。根据地震数据的特点设计了几个特殊的预处理步骤来构建训练数据集和测试数据集。将稀疏约束应用于基本的自编码网络以更好地表征含噪声的地震数据。在所提出的方法中，将随机批量训练方法用于计算稀疏的平均激活，并基于自适应矩估计算法最小化具有稀疏惩罚项的成本函数，再利用稀疏自编码神经网络学习到的最重要的特征重建去噪结果。本文在合成和真实地震数据上对所提出的算法进行了评估测试，并将其与三种经典的噪声压制算法进行比较，即 MSSA、FXDECON 和 DRR。

2　方法及原理

无监督特征学习是一种从大量未标记数据中学习和判别有效特征的方法。野外采集的实际地震数据量巨大，难以快速对所有地震信号进行逐点标记，因此，探索无监督特征学习在地震信号处理中的潜力具有重要意义。目前，自编码网络所学习的隐藏特征已被用于聚类以确定地震记录的第一运动极性（Mousavi 等，2019），本文对无监督特征学习算法进行研究，并将其扩展到地震勘探领域以压制地震噪声干扰。本文首先介绍训练集和测试集的构建策略，然后阐述稀疏自编码神经网络的构建方法，最后解释网络的优化方式及噪声压制结果的重构方法，进而形成本文的地震噪声压制框架。

2.1　训练集和测试集的构建

已知一个维度为 $N \times M$ 的二维含噪地震数据：

$$X = \{x(1), x(2), \cdots, x(i), \cdots, x(N)\}, \ x(i) \in \mathcal{R}^M \qquad (6\text{-}1)$$

式中：N 为地震道的数量；M 为每条地震道所包含的时间采样点个数。为防止在神经网络优

化过程中梯度过大或消失，首先对原始数据进行归一化以加快网络收敛，归一化之后的数据可表示为

$$X' = (X - X_{\min})/(X_{\max} - X_{\min}) \tag{6-2}$$

式中：$X_{\max}$ 和 $X_{\min}$ 分别为原始数据的最大值和最小值。随后便可对归一化后的数据进行子数据块采样，以构建训练集和测试集。

将构建训练集过程中的子数据块采样算子定义为 $\mathcal{P}_1$，那么训练集可表示为

$$X'_{\text{training}} = \mathcal{P}_1 X' \tag{6-3}$$

式中：算子 $\mathcal{P}_1$ 对归一化数据进行随机子数据块采样，子数据块的个数 l_{training} 可以人为给定，当所采样的子数据块尺寸为 $a \times b$ 时，每个二维子数据块平铺展开成一维数组后所得训练集 X'_{training} 便是一个大小为 $l_{\text{training}} \times ab$ 的二维矩阵。

在重构含噪地震数据时，网络的输入尺寸保持不变，因此在构建测试集时所采样的子数据块尺寸仍为 $a \times b$。将构建测试集的子数据块采样算子定义为 $\mathcal{P}_2$，测试集便可表示为

$$X'_{\text{test}} = \mathcal{P}_2 X' \tag{6-4}$$

式中：算子 $\mathcal{P}_2$ 对归一化数据进行规则子数据块采样，子数据块的个数 l_{test} 并不是在采样前直接设定，而是要保证所有数据均被采样成子数据块后间接获得。在进行规则子数据块采样时，子数据块的尺寸已知，需要设置子数据块在两个维度上每次采样的滑动步长，设置的滑动步长越短，表明相邻采样所得的两个子数据块之间的重叠面积越大。在所有二维子数据块平铺展开成一维数组之后，包含了 X' 中所有元素的测试集 X'_{test} 便是一个大小为 $l_{\text{test}} \times ab$ 的二维数组。

2.2 稀疏自编码网络结构

构建训练集和测试集的过程便是将原始数据转变为网络训练的输入 $H \in \mathcal{R}^{l \times n}$ 的过程，其中 l 为子数据块的个数，n 为二维子数据块平铺展开成一维数组后的元素个数。接下来，首先建立一个三层自编码结构的神经网络（Liou 等，2008；Liou 等，2014），采用 softplus 函数作为激活函数，其表达式为

$$\xi(x) = \ln(1 + e^x) \tag{6-5}$$

那么输入矩阵在隐含层中的特征映射为

$$P = \xi(W_1 H + b_1), \ W_1 \in \mathcal{R}^{h \times l}, \ b_1 \in \mathcal{R}^h \tag{6-6}$$

式中：h 为隐含层中神经元的个数；W_1 和 b_1 分别为网络输入层和隐含层之间权重系数和偏置，在经过第三层网络参数的表达后输出为

$$\hat{H} = \xi(W_2 P + b_2), \ W_2 \in \mathcal{R}^{l \times h}, \ b_2 \in \mathcal{R}^l \tag{6-7}$$

式中：W_2 和 b_2 分别为网络隐含层和输出层之间的权重系数和偏置（Poultney 等，2006）。在网络的前向传播过程中，用 $P^{(j)}$ 来表示自编码神经网络隐含神经元 j 的激活度，那么第 j 个隐含神经元单元相对于 n 个输入的平均激活度为

$$\rho_j = \frac{1}{n} \sum_{i=1}^{n} P_i^{(j)} \tag{6-8}$$

当隐含神经元的输出接近 1 时，认为其是激活状态；当其输出接近 0 时，认为其是非激活状态。期望压制的地震随机噪声干扰具有明显的稀疏性，因此使网络进行更稀疏的表达对地震随机噪声压制更有利，即希望某个输入只刺激某些隐层神经元，其他大部分的隐层神经元处于受抑制状态。为了让隐含神经元在大部分时间中保持近似于非激活状态，对平均激活度 ρ_j 施加稀疏约束：

$$\rho_j = \rho \tag{6-9}$$

从而对平均激活度中远远偏离稀疏性参数 ρ 的值进行惩罚，稀疏性参数 ρ 是一个接近 0 的较小的值，后续应用中将其选为 0.05。为了进一步实现此稀疏约束的限制，将其转化为目标函数中的稀疏惩罚项：

$$\rho_{\text{sparse}} = \sum_{j=1}^{h} \text{KL}(\rho \| \rho_j) \tag{6-10}$$

式中：h 为神经元个数，$\text{KL}(\cdot)$ 表示 Kullback-Leibler 散度（Kullback 和 Leibler，1951），其计算公式为

$$\text{KL}(\rho \| \rho_j) = \rho \log \frac{\rho}{\rho_j} + (1-\rho) \log \frac{1-\rho}{1-\rho_j} \tag{6-11}$$

可以看出 $\text{KL}(\rho \| \rho_j)$ 是一个凸函数，在 $\rho_j = \rho$ 时，该函数取得最小值为 0，因此将此稀疏惩罚项加入到目标函数中可实现网络的稀疏表达。在未施加稀疏惩罚项前，为了使自编码网络的输出可以实现对输入的近似重构，所定义的损失函数为

$$C(W, b) = \left\| \hat{H} - H \right\|_2^2 \tag{6-12}$$

在施加稀疏惩罚项后，目标函数更新为

$$C_{\text{sparse}}(W, b) = \left\| \hat{H} - H \right\|_2^2 + \beta \sum_{j=1}^{h} \text{KL}(\rho \| \rho_j) \tag{6-13}$$

式中：系数 β 为稀疏惩罚的权重。优化目标函数 $C_{\text{sparse}}(W, b)$ 便可得到用于表达含噪测试集的网络权重系数 W^{opt} 和偏置 b^{opt}。

2.3　网络参数的优化

在对损失函数 $C_{\text{sparse}}(W, b)$ 进行优化时，采用自适应矩估计优化方法（Kingma 和 Ba，2014）反向传播更新网络的权重系数和偏置。根据此优化方法，在时间步长 t 时，网络的权重系数 W 和偏置 b 的梯度更新如下：

$$g_t^W = \nabla_W C_{\text{sparse}}(W, b)_{t-1} \tag{6-14}$$

$$g_t^b = \nabla_b C_{\text{sparse}}(W, b)_{t-1} \tag{6-15}$$

网络的权重系数 W 的偏差第一动量估计 m^W 和偏差第二原始动量估计 v^W 更新如下：

$$m_t^W = \beta_1 m_{t-1}^W + (1-\beta_1) g_t^W \tag{6-16}$$

$$v_t^W = \beta_2 v_{t-1}^W + (1-\beta_2)(g_t^W)^2 \tag{6-17}$$

对于偏置参数 b，偏差第一动量估计 m^b 和偏差第二原始动量估计 v^b 更新如下：

$$m_t^b = \beta_1 m_{t-1}^b + (1-\beta_1)g_t^b \tag{6-18}$$

$$v_t^b = \beta_2 v_{t-1}^b + (1-\beta_2)(g_t^b)^2 \tag{6-19}$$

对于权重系数 W，偏差校正后的第一动量估计 $\hat{m}_t^W$ 和第二原始动量估计 $\hat{v}_t^W$ 按如下公式计算：

$$\hat{m}_t^W = m_t^W \big/ (1-\beta_1^t) \tag{6-20}$$

$$\hat{v}_t^W = v_t^W \big/ (1-\beta_2^t) \tag{6-21}$$

同理，对于偏置参数 b，偏差校正后的第一动量估计 $\hat{m}^b$ 和第二原始动量估计 $\hat{v}^b$ 按如下公式计算：

$$\hat{m}_t^b = m_t^b \big/ (1-\beta_1^t) \tag{6-22}$$

$$\hat{v}_t^b = v_t^b \big/ (1-\beta_2^t) \tag{6-23}$$

最后，权重系数 W 和偏置参数 b 被更新为

$$W_t = W_{t-1} - \alpha\hat{m}_t^W \Big/ \left(\sqrt{\hat{v}_t^W} + \varepsilon\right) \tag{6-24}$$

$$b_t = b_{t-1} - \alpha\hat{m}_t^b \Big/ \left(\sqrt{\hat{v}_t^b} + \varepsilon\right) \tag{6-25}$$

式中：α 为学习率；参数 m_0^W、v_0^W、m_0^b、v_0^b 均初始化为 0，参数 β_1 初始化为 0.9，参数 β_2 初始化为 0.999，最小误差 ε 为 10^{-8} 时迭代更新停止。由于采用 mini-batch 的训练方式，每次对所有训练集进行一次全部训练所需的迭代次数根据 batch 的大小和训练集大小而定。在所有迭代更新完成后，便得到优化后的网络权重系数 W^{opt} 和偏置 b^{opt}，将其用于测试集的重构便可得到网络的输出为

$$\hat{X}_{\mathrm{output}} = \xi[W_2^{\mathrm{opt}}\xi(W_1^{\mathrm{opt}}X_{\mathrm{test}}+b_1^{\mathrm{opt}})+b_2^{\mathrm{opt}}] \tag{6-26}$$

所得结果即为对测试集噪声压制后的数据。对重建的测试集数据进行子数据块加权平均后，可将其重新排列为与块采样前的原始输入相同尺寸的数据，最后进行逆归一化处理获得最终的去噪结果 X_{denoised}。图 6.1 为以上所叙述的整个基于稀疏自编码网络的地震噪声压制方法的原理示意。

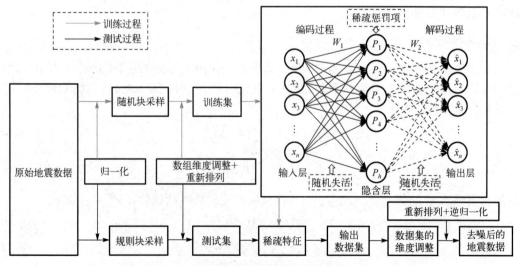

图 6.1 基于稀疏自编码网络的无监督地震噪声压制方法示意

3　算例测试

3.1　模型算例测试

为了对所提出方法进行全面的测试,合成数据同时包含了强反射信号和弱反射信号以及大倾角反射同相轴和小倾角反射同相轴。图 6.2（a）所示的合成无噪地震数据由 120 条地震道组成,每道包含 452 个时间采样点。在评价标准方面,除了从视觉观察角度定性地评估去噪表现,还通过计算信噪比（SNR）定量地评估去噪结果的准确性。信噪比的计算公式为

$$\mathrm{SNR} = 10\log_{10}\frac{\|s\|_2^2}{\|s-\hat{s}\|_2^2} \tag{6-27}$$

式中:s 和 $\hat{s}$ 分别为原始的信号和噪声压制后的结果;SNR 用来评测整体地震数据的去噪表现,SNR 值越大表明去噪结果的准确性越高。另外,将 $\hat{s}$ 替换为含噪数据时,便可利用式（6-27）衡量含噪数据的质量。图 6.2（b）~（d）展示的含噪地震剖面分别包含了三种不同尺度方差（分别为 1、3、5）的高斯随机噪声,可以看出原始无噪数据中的弱反射信号已经淹没在噪声中而无法被准确识别。图 6.2（b）~（d）所对应的三个含噪地震数据的信噪比值分别为 15.12dB、5.58dB和 1.15dB,可以看到强反射信号在图 6.2（d）所示的第三个含噪数据中已无明显的连续性。

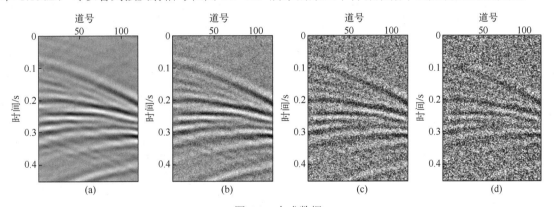

图 6.2　合成数据
（a）无噪数据;　（b）第一个含噪数据;　（c）第二个含噪数据;　（d）第三个含噪数据。

在测试本文方法的去噪表现之前,首先对本方法对信号的重建能力进行简单测试,因为即使没有任何噪声,自编码网络的输入数据和重建的输出也不会完全相同。由于本方法在原始自编码网络基础上以更稀疏的特征来重构输入,因此会使重建结果出现一定程度的重构误差。在噪声压制之前重建无噪声数据可以揭示由稀疏自编码网络固有的平滑特性所引起的误差,利于明确后续去噪结果中的误差来源。

在重构原始无噪数据时,还对本方法中的参数进行了讨论。在重构测试集中各个子数据块的过程中,由子数据块采样的滑动步长所决定的重叠窗口对重构效果有一定的影响。为了获得完整的去噪结果,子数据块采样要覆盖整个含噪数据,由于含噪地震数据的尺寸是固定的,因此子数据块采样的滑动步长决定了测试集中子数据块的数量。子数据块采样的滑动步长越大,相邻两个子数据块的重叠部分越小,参与加权平均计算的子数据块数量越少。可以发现,滑动步长的最小值为 1,最大值为子数据块的边长。为此,本文讨论了几种不同尺寸的滑动步长对重建无噪地震数据的影响,此时的子数据块大小均固定为 40×40。利用本方法

重建无噪数据的信噪比值随滑动步长的变化情况显示在表 6-1 中，可以看出，子数据块采样的滑动步长越小，数据的重构精度越高。在实际处理时需要权衡子数据块的数量和计算时间成本，因此后续处理中滑动步长选择 2 而不是最小值 1。

明确了滑动步长的取值后便可知道测试集中所有子数据块的数量，此外还需探究训练集中子数据块数量对重建结果的影响，因为训练集的大小会影响网络参数的优化程度。由于采用随机子数据块采样的方式来构建训练集，训练集中的子数据块数量选取相对于测试集更为灵活。在此合成数据算例测试中，滑动步长为 2，子数据块尺寸为 40×40 时，测试集中的子数据数量为 9061 个。在此基础上，测试了利用多种具有不同子数据数量的训练集训练后的重建表现，如表 6-2 所示。由表 6-2 可以看出，当训练集中子数据数量足够大时，重建结果的 SNR 值变化较小，但是当训练集中子数据数量显著减少时，重建精度大大降低。随机子数据块采样的构建训练集策略可以使训练集充分包含数据中的有效信号和噪声。用于训练的子数据块数量越多，网络学习到的隐层特征便越可靠。子数据过多会增大计算成本上的压力，因此，可以使用相对多的随机子数据块数量用于网络的训练，即训练集的子数据块数量略大于测试集的子数据块数量。图 6.3（a）展示了随机采样 10000 个子数据块所构建训练集对应的最终重建结果，可以看出强反射信号与弱反射信号均被较好地重建。图 6.3（b）展示了对应的重建误差，该误差定量地揭示了重建过程中由稀疏自编码网络的固有平滑特性所引起误差。可以看出，重建结果在视觉上与原始无噪数据近乎相同，并且重建误差较小，表明输入数据可以被所构建稀疏自编码网络有效地重建。

表 6-1 利用所提出方法重建无噪数据的信噪比值随分块处理中滑动步长的变化情况	
滑动步长	重建结果的 SNR/dB
2	31.25
10	29.66
20	28.58
40	24.95

表 6-2 利用所提出方法重建无噪数据的信噪比值随训练集中子数据块数量的变化情况	
分块数量	重建结果的 SNR/dB
10000	31.25
8000	31.10
6000	29.21
4000	26.51
2000	25.50
1000	24.22

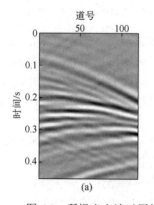

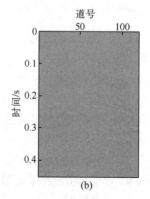

图 6.3　所提出方法对原始无噪数据的重建结果及重建误差

图 6.4 显示了采取十种不同尺寸的子数据块进行噪声压制后所得结果的 SNR 值变化情况。对比可以发现，当子数据块的大小为 60×60 时，SNR 值达到最大值 23.96dB。因此，在

后续的去噪测试中子数据块尺寸被设定为
60×60。二维的子数据块矩阵需要展开成一维数
组输入网络进行训练，因此子数据块边长的平
方等于网络输入层中神经元的数量，代表输入
矩阵每行具有 3600 个采样点，即输入层具有
3600 个神经元。为了充分学习地震数据内部的
隐层特征，将隐含层中的神经元数设为 4100，
这比输入层中的神经元数大得多。此外，将稀
疏系数 ρ 设为经典值 0.05，学习率设为 0.001
来优化损失函数。关于每一次训练所选取的样
本数量，通常其值越小，网络的训练效果越好，
但是会使训练时间明显增加。当每一次训练所

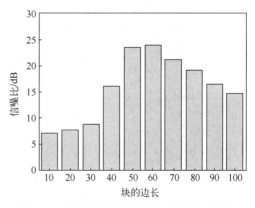

图 6.4 信噪比随子数据块边长变化的对比

选取的样本数量大小分别为 20、50 和 100 时，所对应去噪结果的 SNR 值分别为 24.68、
24.36 和 24.11dB。为了兼顾计算效率，将每一次训练所选取的样本数量选为 20 而不是更
小的值来进行后续的实验测试。

图 6.5（a）～（d）分别显示了多道奇异谱分析（Multi-channel Singular Spectrum Analysis，
MSSA）法、f-x 反褶积（f-x deconvolution，FXDECON）法、阻尼降秩（Damped Rank
Reduction，DRR）法和所提出方法四种不同方法对图 6.2（b）所示的含噪数据进行噪声压制
后所得结果，相应的 SNR 值分别为 23.62、27.89、28.06 和 29.88dB，各方法中所涉及的参数
均选为可实现该方法最佳去噪效果的参数，即 MSSA 法的秩数为 5，FXDECON 法滤波器长
度为 10，窗口中包含 80 条地震道，DRR 法的秩数为 5，阻尼参数为 8。图 6.2（b）所示的
原始的含噪数据的 SNR 值为 15.13dB，因此采用四种方法进行噪声压制后 SNR 值均得到明显
提高，相比之下，所提出方法的去噪结果具有最大的 SNR 值。图 6.5（e）～图 6.5（h）分别
显示了 MSSA 法、FXDECON 法、DRR 法和所提出方法所去除的噪声，可以看出 MSSA 法和
DRR 法的去噪结果比所提出方法残留了更多的噪声，FXDECON 法对信号损害不大但去除的
噪声并不彻底，并且从 SNR 值对比角度可知所提出方法的去噪结果比 FXDECON 法的去噪结
果更接近原始无噪数据。因此，与其他三种去噪方法相比，本文所提出方法的去噪效果更佳。

图 6.6（a）～图 6.6（d）分别显示了 MSSA 法、FXDECON 法、DRR 法和所提出方法四
种不同方法在图 6.2（c）所示的含噪数据上的去噪结果，相应的 SNR 值分别为 14.30、19.39、
20.73 和 24.49dB。由于第二个含噪地震数据中的噪声干扰比第一个含噪数据的更严重，因此
第二个含噪地震数据去噪结果的信噪比值也更低。图 6.6（e）～图 6.6（h）分别显示了 MSSA
法、FXDECON 法、DRR 法和所提出方法所去除的噪声，图中均未发现过于明显的连续信号
成分，为此计算了局部相似度（Fomel，2007）来更清晰地揭示噪声在去噪结果中的残留情
况。图 6.7（a）～图 6.7（d）分别为使用 MSSA 法、FXDECON 法、DRR 法和所提出的方
法所得去噪结果和去除噪声之间的局部相似度图。在四个局部相似度结果中，MSSA 法和
FXDECON 法的局部相似度较大，表明残留噪声更多，而 DRR 法和所提出的方法的局部相
似度较低，表明残留噪声更少。对比各个方法去噪结果剖面可以看出所提出方法压制了更
多的噪声成分，因此去噪结果看起来更为平滑连续。另外，从 MSSA 法、FXDECON 法和
DRR 法的去噪结果中难以观察到原始无噪数据中的弱信号，而所提出方法的去噪结果仍然
可以看到较为明显的弱信号，表明了所提出方法在去噪过程中不仅可以充分压制随机噪声
干扰还可以有效保护连续的弱信号成分。

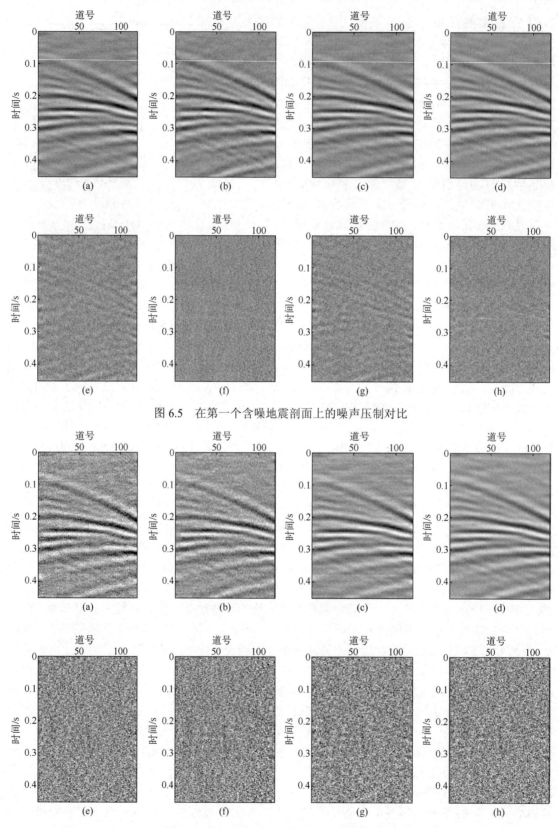

图 6.5　在第一个含噪地震剖面上的噪声压制对比

图 6.6　第二个含噪地震剖面的噪声压制对比

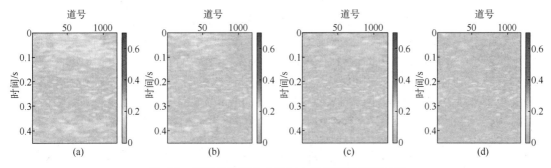

图 6.7　不同方法在合成数据上的局部相似度对比

图 6.8（a）～（d）分别显示了 MSSA 法、FXDECON 法、DRR 法和所提出方法在图 6.2（d）所示的含噪数据上的去噪结果，相应的 SNR 值分别为 9.79、15.24、17.00 和 18.91dB。图 6.8（e）～（h）分别显示了 MSSA 法、FXDECON 法、DRR 法和所提出方法所去除的噪声，可以看出所有方法均压制了大量的随机噪声干扰。对比在此强噪声污染下的去噪结果可以看出，MSSA 法和 FXDECON 法难以恢复出明显的连续强反射信号，DRR 法和所提出方法在压制噪声方面更充分。与 DRR 方法的去噪结果相比，所提出方法的去噪结果对噪声的压制更彻底。同时，SNR 值的计算对比表明所提出方法的去噪结果与原始无噪数据的匹配度更高，因此，所提出方法的去噪表现优于其他三种方法。

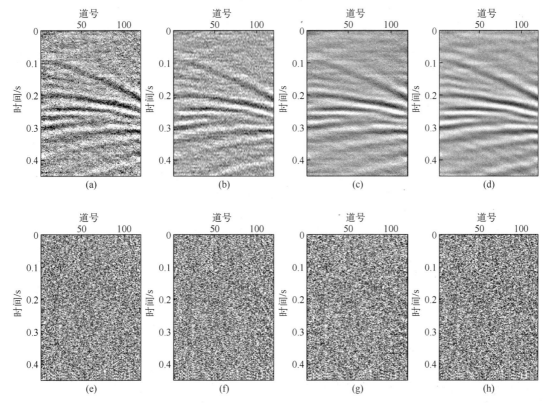

图 6.8　在第三个含噪地震剖面的噪声压制对比

此外，测试对比了四种去噪方法在十种不同噪声水平下的噪声压制表现，噪声水平受随机噪声方差的变化而不同。图 6.9 展示了四种方法对不同含噪数据进行噪声压制后 SNR 的对比结果，曲线从上至下依次为本文方法、DRR、FXDECON、MSSA 去噪结果及不同噪声水平含噪数据。对比图 6.9 中的 SNR 曲线可以看出，对于所有方法的去噪结果而言，含噪数据的噪声污染越严重，去噪结果的 SNR 值就越低。但是，所提出方法在不同噪声水平下的去噪结果均具有比其他三种方法去噪结果更高的 SNR 值，表明了所提出方法比 MSSA 法、FXDECON 法和 DRR 法具有更好的去噪性能。为了进行更详细地定量比较，提取各个去噪结果中的任意一条具有相同道号（第 65 道）的地震道数据并与原始无噪数据做差，得到单道误差对比结果如图 6.10 所示。灰色曲线所代表的 MSSA 法的信号误差相比于其他曲线的信号误差值更大，红色曲线所代表的所提出方法的信号误差水平低于蓝色曲线所代表的 FXDECON 法和绿色曲线所代表的 DRR 法的信号误差水平，定量对比表明了所提出方法的去噪结果比其他三种方法更接近真正的有效信号。

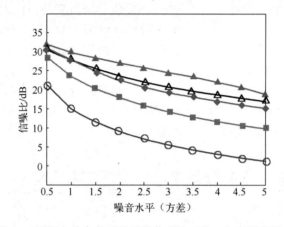

图 6.9　不同方法去噪后结果的信噪比对比（扫码见彩图）

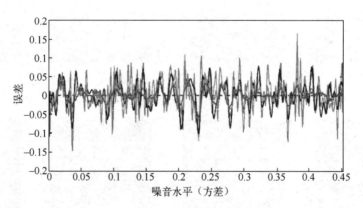

图 6.10　不同方法去噪结果的单道误差对比（扫码见彩图）

　　为避免测试结果的偶然性，在另外一个具有不同反射同相轴特征的合成地震记录上再次进行噪声压制测试。此合成数据测试中所有去噪方法的参数均采用上述测试中所采用的合理参数。图 6.11（a）所示第二个无噪合成地震记录包含了大量交错复杂的反射同相轴，由 80 条地震道组成。图 6.11（b）显示了含有大量非相干噪声的地震数据。所提出方法对此含噪数据进行噪声压制时，相应的训练集和测试集分别由 10000 个和 8001 个子数据块组成，每个子数据的大小为 40×40，输入层和隐含层中神经元的数量分别为 1600 个和 2100 个。从图 6.11

显示的去噪结果和噪声剖面中可以看到所提出方法的去噪结果最接近于原始的无噪数据，表明所提出方法在噪声压制中的有效性和优越性。值得注意的是，尽管使用的子数据块尺寸不是上文测试最佳的 60×60，但是噪声压制表现仍然是令人满意的，表明所提出方法对参数的小范围调整具有一定的容忍度。

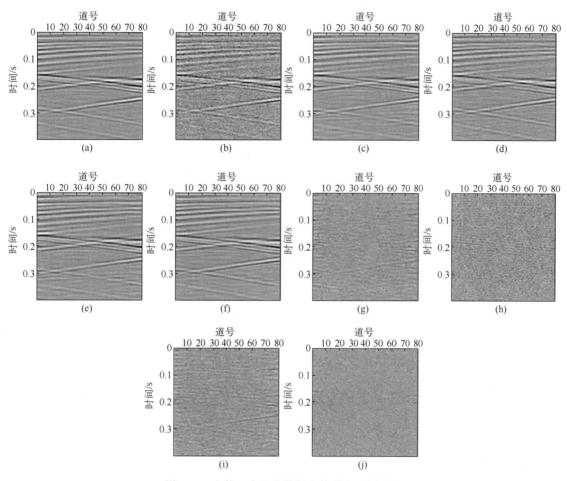

图 6.11　在第二个合成数据上的噪声压制对比

3.2　实际数据应用

最后，在两个真实地震数据上评估了所提出方法的可靠性。如图 6.12 所示，第一个实际数据由 256 条地震道组成，每条地震包含 512 个时间采样点。在此实际算例中，所提出方法涉及的训练集和测试集分别由 12000 个和 10665 个子数据块构成，每个子数据块的大小为 40×40。输入层和隐藏层中神经元的数量分别为 1600 个和 2100 个。与合成算例测试相比，其他参数设置保持不变。图 6.13 显示了实际地震数据训练过程中的平均损失函数变化曲线，可以看出网络训练的优化过程是收敛的。

图 6.14（a）和图 6.14（d）分别显示了 MSSA 法、FXDECON 法、DRR 法和提出方法的去噪结果，可以看出 FXDECON 法的去噪结果比其他方法的去噪结果残留了更多的随机噪声。事实上，实际数据所对应的无噪数据和纯噪声是未知的，因此，无法准确地计算出残留噪声和信号误差。在图 6.14（e）～（h）所示的 MSSA 法、FXDECON 法、DRR 法和提出方法所

去除的噪声剖面中，除了一些异常的振幅值之外，难以找到明显的连续反射信号，表明这四种方法在去噪过程中并没有严重损害有效信号。

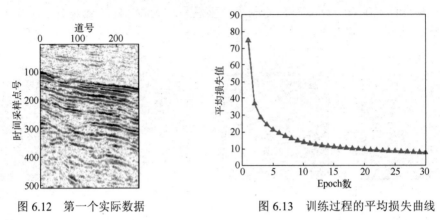

图 6.12　第一个实际数据　　　　　图 6.13　训练过程的平均损失曲线

图 6.15（a）～（d）分别显示了 MSSA 法、FXDECON 法、DRR 法和所提出方法的去噪结果与噪声之间的局部相似度，图中出现较大的局部相似度表明该处存在明显的信号损伤。对于大多数噪声压制方法而言，很难避免对信号的损伤。与其他三种的降噪方法相比，所提出方法对信号的损伤程度更小，因此所提出方法在实际数据上的去噪表现更为可靠。为了更清楚地观察去噪前后地震剖面中细节部分的变化情况，图 6.16（a）～（e）对原始数据和各种方法去噪结果进行了局部放大显示。对比放大图可以看出，所提出方法在充分压制噪声的同时保护了有效信号的细节成分。

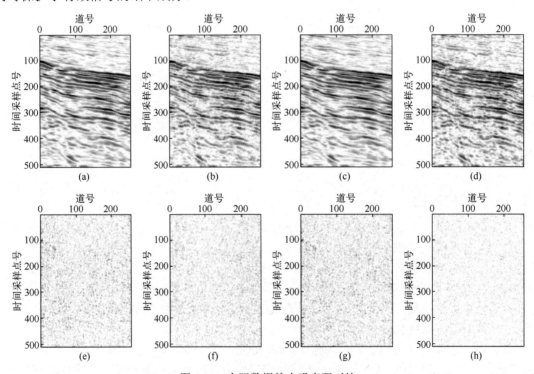

图 6.14　实际数据的去噪表现对比

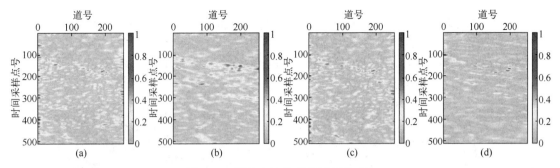

图 6.15　四种方法的局部相似度对比

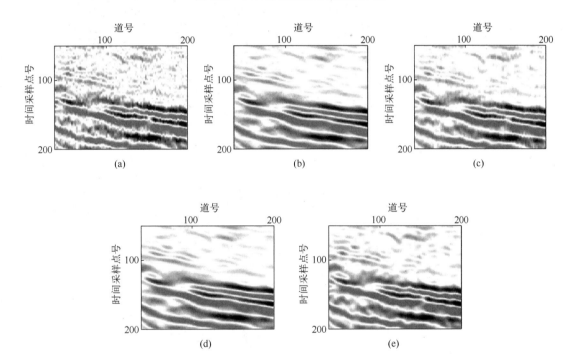

图 6.16　放大显示对比

最后采用一个结构复杂的实际数据来进一步探索所提出方法在实际应用中的去噪表现。图 6.17 所示的第二个实际数据由 600 个 CMP 和 2000 个时间采样点组成，时间采样间隔为 2 ms。对此实际数据，训练集和测试集分别由 10000 和 8591 个子数据块组成，每个子数据块的大小为 40×40，输入层和隐藏层中神经元的数量分别为 1600 和 2100。如图 6.17 所示，第二个实际数据中浅层部分的分辨率较高，由于地震波在地下传播过程被大地吸收衰减，因此数据的中深部分中强反射信号的频率低于浅层部分中信号的频率。四种方法的去噪结果如图 6.18（a）～（d）所示，所压制的噪声如图 6.19（a）～（d）所示。对比可见，四种方法可以很好地压制随机噪声干扰，但是会对连

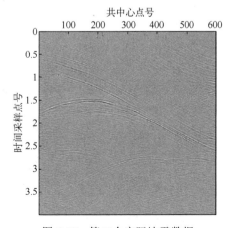

图 6.17　第二个实际地震数据

续的同相轴信号造成不同程度的损伤，尤其是在深层的低频信号部分。此外，图 6.20 中的局部相似度图可以粗略量化去噪结果中的信号损伤情况。可以看出，在此复杂的实际数据中，所提出方法仍然比另外三种方法造成了更少的信号损伤。以上两个实际数据噪声压制测试表明了所提出方法在实际地震去噪处理中的良好性能。

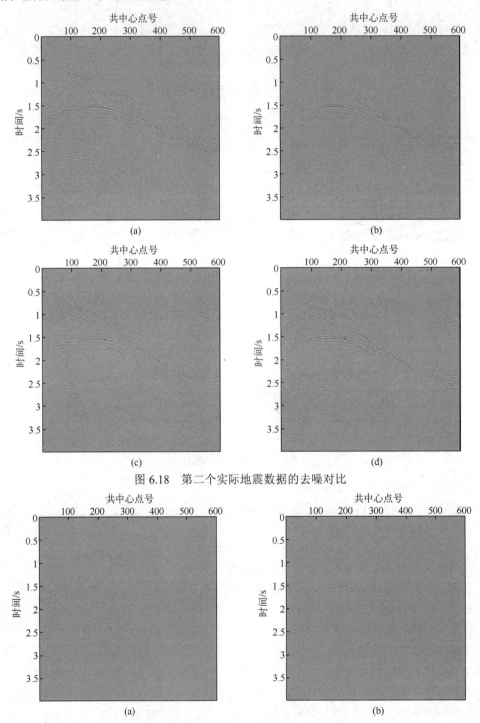

图 6.18　第二个实际地震数据的去噪对比

图 6.19　分别为 MSSA 法、FXDECON 法、DRR 法和所提出方法去除的噪声

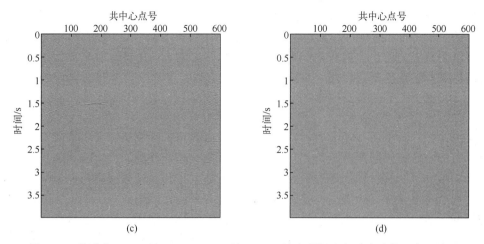

图 6.19　分别为 MSSA 法、FXDECON 法、DRR 法和所提出方法去除的噪声（续）

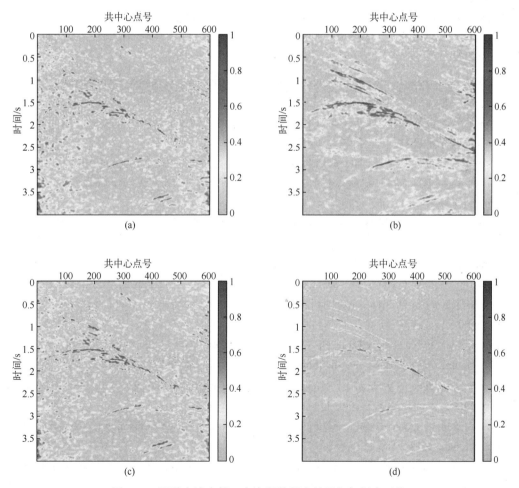

图 6.20　四种方法在第二个实际数据上的局部相似度对比

在计算效率测试方面，所采用的设备为配备 1.8 GHz Intel Core i7 处理器和 8 GB 内存的电脑。在第二个实际数据中，其他三种方法的处理时间都在几秒钟之内。所提出基于无监督特征学习的噪声压制方法需要通过网络训练来获取隐层特征，因而会消耗大量的计算时间。

所建立的训练集由 10000 个子数据组成,经过 30 次全部数据的迭代之后可获得用于重建最终去噪结果的隐层特征,整个过程共运行了 193.82s。尽管为了获得更好的降噪性能,几分钟的耗时在可承受范围之内,但提高基于无监督特征学习去噪方法的计算效率值得进一步研究,图形处理器并行运算的支持可进一步提高所提出方法在大规模实际数据处理中的计算效率。

4 结论

本文提出了一种新的基于无监督特征学习的地震数据去噪框架,其不依赖额外的标签数据便可学习地震数据的隐层特征,并且无需信号是低秩和线性的假设。根据地震数据自身的特点,本文设计了一些特殊的处理手段来构建训练数据集和测试数据集,并采用 Dropout 和随机批次训练策略来提高所提出框架的特征提取能力和泛化能力。利用训练完成后的稀疏自编码神经网络可以有效重构去噪结果。本文所提出的去噪框架无需额外的标签数据,因此相比于有监督学习方式可以节省大量的预处理时间。在合成地震数据和真实地震数据上的噪声压制实验中,证实了所提出方法比其他三种有效的地震噪声压制方法表现更好。今后,将进一步探索无监督特征学习算法在地震数据噪声压制中的潜力。

参考文献

[1] Abma R,Claerbout J. Lateral prediction for noise attenuation by t-x and f-x techniques [J]. Geophysics,1995,60(6):1887-1896.

[2] Alain G,Bengio Y. What regularized auto-encoders learn from the data-generating distribution [J]. Journal of Machine Learning Research,2012,15(1):3563-3593.

[3] Anvari R,Siahsar M A N,Gholtashi S,et al. Seismic random noise attenuation using synchrosqueezed wavelet transform and low-rank signal matrix approximation [J]. IEEE Transactions on Geoscience and Remote Sensing,2017,55(11):6574-6581.

[4] Canales L L. Random noise reduction [C]. Expanded Abstracts of 54th Annual International Meeting,SEG,1984:525-527.

[5] Candès E,Demanet L,Donoho D,et al. Fast discrete curvelet transforms [J]. Multiscale Modeling & Simulation,2006,5(3):861-899.

[6] Chen K,Sacchi M D. Robust reduced-rank filtering for erratic seismic noise attenuation [J]. Geophysics,2015,80(1):V1-V11.

[7] Chen S,Wang H,Xu F,et al. Target classification using the deep convolutional networks for SAR images [J]. IEEE Transactions on Geoscience and Remote Sensing,2016,54(8):4806-4817.

[8] Chen Y. Fast dictionary learning for noise attenuation of multidimensional seismic data [J]. Geophysical Journal International,2017,209(1):21-31.

[9] Chen Y. Automatic microseismic event picking via unsupervised machine learning [J]. Geophysical Journal International,2018,212(1):88-102.

[10] Chen Y. Fast waveform detection for microseismic imaging using unsupervised machine learning [J]. Geophysical Journal International,2018,212:1185-1199.

[11] Chen Y,Fomel S. Random noise attenuation using local signal-and-noise orthogonalization [J]. Geophysics,2015,80:WD1-WD9.

[12] Chen Y,Fomel S. EMD-seislet transform [J]. Geophysics,2018,83(1):A27-A32.

[13] Chen Y,Ma J. Random noise attenuation by f-x empirical mode decomposition predictive filtering [J].

Geophysics，2014，79（3）：V81-V91.

[14]　Chen Y，Ma J，Fomel S. Double-sparsity dictionary for seismic noise attenuation [J]. Geophysics，2016，81（2）：V103-V116.

[15]　Chen Y，Zhang D，Jin Z，et al. Simultaneous denoising and reconstruction of 5D seismic data via damped rank-reduction method [J]. Geophysical Journal International，2016，206（3）：1695-1717.

[16]　Chen Y，Zhou Y，Chen W，et al. Empirical low-rank approximation for seismic noise attenuation [J]. IEEE Transactions on Geoscience and Remote Sensing，2017，55（8）：4696-4711.

[17]　Cheng G，Yang C，Yao X，et al. When deep learning meets metric learning：Remote sensing image scene classification via learning discriminative CNNs [J]. IEEE Transactions on Geoscience and Remote Sensing，2018，56（5）：2811-2821.

[18]　Cheriyadat A M. Unsupervised feature learning for aerial scene classification [J]. IEEE Transactions on Geoscience and Remote Sensing，2014，52（1）：439-451.

[19]　Dagnino D，Sallarés V，Ranero C R. Waveform-preserving processing flow of multichannel seismic reflection data for adjoint-state full-waveform inversion of ocean thermohaline structure [J]. IEEE Transactions on Geoscience and Remote Sensing，2018，56（3）：1615-1625.

[20]　Deng J，Zhang Z，Eyben F，et al. Autoencoder-based unsupervised domain adaptation for speech emotion recognition [J]. IEEE Signal Processing Letters，2014，21（9）：1068-1072.

[21]　Fomel S. Local seismic attributes [J]. Geophysics，2007，72（3）：A29-A33.

[22]　Fomel S，Liu Y. Seislet transform and seislet frame [J]. Geophysics，2010，75（3）：V25-V38.

[23]　Forghani-Arani F，Willis M，Haines S S，et al. An effective noise-suppression technique for surface microseismic data [J]. Geophysics，2013，78（6）：KS85-KS95.

[24]　Gan S，Chen Y，Zu S，et al. Application of spectral decomposition using regularized non-stationary autoregression to random noise attenuation [J]. Journal of Geophysics and Engineering，2015，12（2）：175-187.

[25]　Gao Z，Pan Z，Gao J. Multimutation differential evolution algorithm and its application to seismic inversion [J]. IEEE Transactions on Geoscience and Remote Sensing，2016，54（6）：3626-3636.

[26]　Gülünay N. FXDECON and complex Wiener prediction filter [C]. Expanded Abstracts of 56th Annual International Meeting，SEG，1986：279-281.

[27]　Gülünay N. Signal leakage in f-x deconvolution algorithms [J]. Geophysics，2017，82（5）：W31-W45.

[28]　Hall M，Hall B. Distributed collaborative prediction：Results of the machine learning contest [J]. The Leading Edge，2017，36（3）：267-269.

[29]　Herrmann F J，Bniger U，Verschuur D J E. Non-linear primary multiple separation with directional curvelet frames [J]. Geophysical Journal International，2007，170（2）：781-799.

[30]　Herrmann F J，Hennenfent G. Non-parametric seismic data recovery with curvelet frames [J]. Geophysical Journal International，2008，173（1）：233-248.

[31]　Hinton G，Zemel R S. Autoencoders，minimum description length and helmholtz free energy [J]. Advances in Neural Information Processing Systems，1994，6：3-10.

[32]　Huang L，Dong X，Clee T E. A scalable deep learning platform for identifying geologic features from seismic attributes [J]. The Leading Edge，2017，36（3）：249-256.

[33]　Huang W，Wang R，Chen X，et al. Double least-squares projections method for signal estimation [J]. IEEE Transactions on Geoscience and Remote Sensing，2017，55（7）：4111-4129.

[34] Huang W，Wang R，Chen Y，et al. Damped multichannel singular spectrum analysis for 3D random noise attenuation [J]. Geophysics，2016，81（4）：V261-V270.

[35] Huang W，Wang R，Zhou Y，et al. Simultaneous coherent and random noise attenuation by morphological filtering with dualdirectional structuring element [J]. IEEE Transactions on Geoscience and Remote Sensing，2017，14（10）：1720-1724.

[36] Huang Z，Zhang J，Zhao T，et al. Synchrosqueezing S-transform and its application in seismic spectral decomposition [J]. IEEE Transactions on Geoscience and Remote Sensing，2016，54（2）：817-825.

[37] Kazemi N，Bongajum E，Sacchi M D. Surface-consistent sparse multichannel blind deconvolution of seismic signals [J]. IEEE Transactions on Geoscience and Remote Sensing，2016，54（6）：3200-3207.

[38] Kemker R，Kanan C. Self-taught feature learning for hyperspectral image classification [J]. IEEE Transactions on Geoscience and Remote Sensing，2017，55（5）：2693-2705.

[39] Kingma D P，Ba J. Adam：A method for stochastic optimization [DB/OL]. arXiv：1412.6980，2014.

[40] Kong D，Peng Z. Seismic random noise attenuation using shearlet and total generalized variation [J]. Journal of Geophysics and Engineering，2015，12（6）：1024-1035.

[41] Kullback S，Leibler R A. On information and sufficiency [J]. Annals of Mathematical Statistics，1951，22（1）：79-86.

[42] LeCun Y，Bengio Y，Hinton G. Deep learning [J]. Nature，2015，521：436-444.

[43] Li G，Li Y，Yang B. Seismic exploration random noise on land：Modeling and application to noise suppression [J]. IEEE Transactions on Geoscience and Remote Sensing，2017，55（8）：4668-4681.

[44] Lin H，Li Y，Ma H，et al. Matching-pursuit-based spatial-trace time-frequency peak filtering for seismic random noise attenuation [J]. IEEE Transactions on Geoscience and Remote Sensing，2015，12（2）：394-398.

[45] Lin H，Li Y，Yang B，et al. Random denoising and signal nonlinearity approach by time-frequency peak filtering using weighted frequency reassignment [J]. Geophysics，2013，78（6）：V229-V237.

[46] Liou C Y，Cheng W C，Liou J W，et al. Autoencoder for words [J]. Neurocomputing，2014，139：84-96.

[47] Liou C Y，Huang J C，Yang W C. Modeling word perception using the Elman network [J]. Neurocomputing，2008，71（16/18）：3150-3157.

[48] Liu G，Chen X. Noncausal f-x-y regularized nonstationary prediction filtering for random noise attenuation on 3D seismic data [J]. Journal of Applied Geophysics，2013，93（2）：60-66.

[49] Liu G，Chen X，Du J，et al. Random noise attenuation using f-x regularized nonstationary autoregression [J]. Geophysics，2012，77（2）：V61-V69.

[50] Liu W，Cao S，Chen Y，et al. An effective approach to attenuate random noise based on compressive sensing and curvelet transform [J]. Journal of Geophysics and Engineering，2016，13（2）：135-145.

[51] Liu W，Cao S，Jin Z，et al. A novel hydrocarbon detection approach via high-resolution frequency-dependent AVO inversion based on variational mode decomposition [J]. IEEE Transactions on Geoscience and Remote Sensing，2018，56（4）：2007-2024.

[52] Liu W，Wang Z，Liu X，et al. A survey of deep neural network architectures and their applications [J]. Neurocomputing，2017，234：11-26.

[53] Long Y，Gong Y，Xiao Z，et al. Accurate object localization in remote sensing images based on convolutional neural networks [J]. IEEE Transactions on Geoscience and Remote Sensing，2017，55（5）：2486-2498.

[54] Maggiori E，Tarabalka Y，Charpiat G，et al. Convolutional neural networks for large-scale remote-sensing image classification [J]. IEEE Transactions on Geoscience and Remote Sensing，2017，55（2）：645-657.

[55] Mousavi S M，Langston C A. Adaptive noise estimation and suppression for improving microseismic event detection [J]. Journal of Applied Geophysics，2016，132：116-124.

[56] Mousavi S M，Langston C A. Hybrid seismic denoising using higher-order statistics and improved wavelet block thresholding [J]. Bulletin of the Seismological Society of America，2016，106（4）：1380-1393.

[57] Mousavi S M，Langston C A，Horton S P. Automatic microseismic denoising and onset detection using the synchrosqueezed continuous wavelet transform [J]. Geophysics，2016，81（4）：V341-V355.

[58] Mousavi S M，Zhu W，Ellsworth W，et al. Unsupervised clustering of seismic signals using deep convolutional autoencoders [J]. IEEE Geoscience and Remote Sensing Letters，2019，16（11）：1693-1697.

[59] Naghizadeh M. Seismic data interpolation and denoising in the frequency-wavenumber domain [J]. Geophysics，2012，77（2）：V71-V80.

[60] Naghizadeh M，Sacchi M. Multicomponent f-x seismic random noise attenuation via vector autoregressive operators [J]. Geophysics，2012，77（2）：V91-V99.

[61] Neelamani R，Baumstein A I，Gillard D G，et al. Coherent and random noise attenuation using the curvelet transform [J]. The Leading Edge，2008，27（2）：240-248.

[62] Oropeza V，Sacchi M. Simultaneous seismic data denoising and reconstruction via multichannel singular spectrum analysis [J]. Geophysics，2011，76（3）：V25-V32.

[63] Poultney C，Chopra S，Cun Y L. Efficient learning of sparse representations with an energy-based model [J]. Advances in Neural Information Processing Systems，2006：1137-1144.

[64] Sanchis C，Hanssen A. Multiple-input adaptive seismic noise canceller for the attenuation of nonstationary coherent noise [J]. Geophysics，2011，76（6）：V139-V150.

[65] Sanchis C，Hanssen A. Sparse code shrinkage for signal enhancement of seismic data [J]. Geophysics，2011，76（6）：V151-V167.

[66] Schmidhuber J. Deep learning in neural networks：An overview [J]. Neural Networks，2015，61：85-117.

[67] Siahsar M A N，Gholtashi S，Abolghasemi V，et al. Simultaneous denoising and interpolation of 2D seismic data using datadriven non-negative dictionary learning [J]. Signal Processing，2017，141：309-321.

[68] Siahsar M A N，Gholtashi S，Kahoo A R，et al. Sparse time-frequency representation for seismic noise reduction using low-rank and sparse decomposition [J]. Geophysics，2016，81（2）：V117-V124.

[69] Siahsar M A N，Gholtashi S，Kahoo A R，et al. Data-driven multitask sparse dictionary learning for noise attenuation of 3D seismic data [J]. Geophysics，2017，82（6）：V385-V396.

[70] Trickett S. F-xy Cadzow noise suppression [C]. Expanded Abstracts of 78th Annual International Meeting，SEG，2008，2586-2590.

[71] Turquais P，Asgedom E G，Söllner W. A method of combining coherence-constrained sparse coding and dictionary learning for denoising [J]. Geophysics，2017，82（3）：V137-V148.

[72] Vautard R，Yiou P，Ghil M. Singular-spectrum analysis：A toolkit for short，noisy chaotic signals [J]. Physica D：Nonlinear Phenomena，1992，58：95-126.

[73] Vincent P，Larochelle H，Bengio Y，et al. Extracting and composing robust features with denoising autoencoders [C]. Proceedings of the 25th International Conference，2008：1096-1103.

[74] Vincent P，Larochelle H，Lajoie I，et al. Stacked denoising autoencoders：Learning useful representations in a deep network with a local denoising criterion [J]. Journal of Machine Learning Research，2010，11（12）：3371-3408.

[75] Wang B，Wu R S，Chen X，et al. Simultaneous seismic data interpolation and denoising with a new adaptive

method based on dreamlet transform [J]. Geophysical Journal International，2015，201（2）：1180-1192.

[76] Wang Z, Di H, Shafiq M A, et al. Successful leveraging of image processing and machine learning in seismic structural interpretation: A review [J]. The Leading Edge，2018，37（6）：451-461.

[77] Wrona T, Pan I, Gawthorpe R L, et al. Seismic facies analysis using machine learning [J]. Geophysics，2018，83（5）：O83-O95.

[78] Wu J, Bai M. Incoherent dictionary learning for reducing crosstalk noise in least-squares reverse time migration [J]. Computational Geosciences，2018，114：11-21.

[79] Xiong M, Li Y, Wu N. Random-noise attenuation for seismic data by local parallel radial-trace TFPF [J]. IEEE Transactions on Geoscience and Remote Sensing，2014，52（7）：4025-4031.

[80] Xue Y, Chang F, Zhang D, et al. Simultaneous sources separation via an iterative rank-increasing method [J]. IEEE Transactions on Geoscience and Remote Sensing，2016，13（12）：1915-1919.

[81] Yu S, Osher S, Ma J, et al. Noise attenuation in a low-dimensional manifold [J]. Geophysics，2017，82（5）：V321-V334.

[82] Zhao Q, Du Q, Gong X, et al. Signal-preserving erratic noise attenuation via iterative robust sparsity-promoting filter [J]. IEEE Transactions on Geoscience and Remote Sensing，2018，56（6）：3547-3560.

[83] Zhou Q, Gao J, Wang Z, et al. Adaptive variable time fractional anisotropic diffusion filtering for seismic data noise attenuation [J]. IEEE Transactions on Geoscience and Remote Sensing，2016，54（4）：1905-1917.

[84] Zhou Y, Li S, Zhang D, et al. Seismic noise attenuation using an online subspace tracking algorithm [J]. Geophysical Journal International，2018，212：1072-1097.

[85] Zhu L, Liu E, McClellan J H. Seismic data denoising through multiscale and sparsity-promoting dictionary learning [J]. Geophysics，2015，80（6）：WD45-WD57.

[86] Zhu W, Mousavi S M, Beroza G C. Seismic signal denoising and decomposition using deep neural networks [DB/OL]. arXiv：1811.02695，2018.

[87] Zu S, Zhou H, Wu R, et al. Hybrid-sparsity constrained dictionary learning for iterative deblending of extremely noisy simultaneous-source data [J]. IEEE Transactions on Geoscience and Remote Sensing，2018，57（4）：2249-2262.

（本文来源及引用方式：Zhang M，Liu Y，Bai M，et al. Seismic noise attenuation using unsupervised sparse feature learning [J]. IEEE Transactions on Geoscience and Remote Sensing，2019，57（12）：9709-9723.）

论文 7　基于深度神经网络的异常振幅衰减

摘要

　　在地震勘探中，地震数据通常含有异常振幅噪声，异常的能量可能会影响后续处理步骤。在工业上，通常使用异常振幅衰减方法来压制这种噪声。传统异常振幅衰减方法是使用时频域中值滤波器压制异常振幅噪声，这使得它的效果严重依赖参数的调节，尤其是中值滤波器的窗口宽度。因此，本文提出了一种基于深度神经网络的改进异常振幅衰减方法。改进异常振幅衰减方法包含两个步骤：第一步，使用深度神经网络检测噪声区域的位置和宽度；第二步，利用前一步获得的噪声信息（位置和宽度）将传统异常振幅衰减方法与更合适的参数应用于每个噪声区域。与传统异常振幅衰减方法相比，改进异常振幅衰减方法能更有效地压制噪声，更好地保留信号。对合成地震数据和实际地震数据的实验表明，该方法优于传统异常振幅衰减方法。

1　引言

　　在地震勘探中，获取高信噪比地震资料对处理和解释地震数据具有重要意义。如果异常振幅噪声，尤其是强振幅噪声存在于数据中，则获得的地下图像可能不准确，会误导地球物理学家。强振幅噪声在地震数据中很常见，其能量很高，使得后续处理任务非常具有挑战性。因此，研究者们提出了许多方法来压制强振幅噪声并获取信噪比高的数据。Guo 和 Lin（2003）基于频率特性将强振幅噪声分为非相干强振幅噪声和相干强振幅噪声；他们使用中值滤波器检测强振幅噪声，并替换它以压制非相干强振幅噪声；然后在 F-X 域中估计相干强振幅噪声，并将其去除。Bekara 等（2008）提出了一种数据驱动的方法来计算突变阈值，用于检测强振幅噪声。后来，Bekara 等（2010）使用基于期望最大化算法的统计模型对该方法进行了改进。传统异常振幅衰减方法是在工业中和 OMEGA 等商业软件中广泛使用的一种方法，用于压制地震数据中的异常振幅噪声，尤其是强振幅噪声。传统异常振幅衰减方法实际上使用频域中值滤波器来检测和压制异常振幅噪声。中值滤波和类似的方法不仅在地球物理中，也在各种图像处理任务中被广泛用于压制噪声。Chen 等（1999）提出了一种非线性滤波，称为三态中值滤波，它结合了标准中值滤波和中心加权中值滤波，以消除噪声，同时保留有效信号。之后，Chang 等（2008）提出自适应中值滤波器用于图像去噪，并取得了更好的效果。除此之外，Khryashchev 等（2005）提出的选择性中值滤波通过在使用前添加噪声检测步骤，使其拥有了更好的效果。

　　传统异常振幅衰减方法也被用于许多其他应用领域。Wang（2015）使用传统异常振幅衰减方法来压制 X-spread 域的超强振幅。Muchlis（2015）使用传统异常振幅衰减方法来提高地震分辨率。在应用传统异常振幅衰减方法时，结果严重依赖参数。参数不当很容易导致去噪效果不佳。Li 等（2018）展示了参数对去噪结果的影响。为了达到良好的效果，通常需要采用时空变化的参数，这在实际应用中是不可能手动设置的。一般来说，在处理大型地震数据时，使用的参数是固定的或从几个控制点线性插值的。在这种情况下，由于参数不当，一些有效信号可能会被压制。由于在计算机视觉领域取得了显著的成功，深度神经网络可以应用于传统异常振幅衰减方法，以此来解决传统异常振幅衰减方法的局限性。

最早的卷积神经网络之一 LeNet 于 1998 年被提出并被用于文档识别（Yuan 等，2019）。它的体系结构包括最基本的卷积层、池化层和全连接层（Xu 等，2020）。然而，当时人们对深度学习的关注较少。直到 2012 年，随着 AlexNet 的开发，神经网络在 ImageNet 大规模视觉识别挑战赛中获得一等奖（Krizhevsky 等，2012）。随着 AlexNet 在 ILSVRC-2012 竞赛中获得一等奖，卷积神经网络开始引起各个研究团体的极大关注。此后，卷积神经网络吸引了更多的注意力，研究人员开发了新的、更复杂的框架，包括 VGG-net（Simonyan 等，2014）、GoogLeNet（Szegedy 等，2015）和 Resnet（He 等，2016）。深度卷积神经网络已被广泛研究和应用，以解决各种任务，效果显著。深度神经网络在其他研究领域的突出表现，使其在地震数据处理和解释中得到了应用。Yuan 等（2018）提出了一种基于深度神经网络的火山地震事件自动识别系统。卷积神经网络还被用于数据增强和地震噪声衰减（Wang 等，2019）。在地震数据处理中，卷积神经网络可以恢复缺失的地震道，恢复的地震道在时间域和频率域与完整数据保持相同的特征（Chang 等，2019）。卷积神经网络通过拓宽频带来增强地震数据，使全波形反演可以获得更好的结果（Sun 等，2019）。Wang 等（2019）使用循环生成对抗网络来处理地震阻抗反演中缺少标签数据的问题。Yuan 等（2019）使用"U"形拾取地震数据中的初至波。卷积长短时记忆神经网络被用于预测缺失的声波测井信息（Pham 等，2019）。近年来，深度神经网络也被广泛应用于地震去噪处理。Wu 等（2019）使用改进的去噪卷积神经网络来衰减地震数据中的白噪声，其并不需要事先处理数据。Xu 等（2020）使用卷积神经网络来压制海洋地震数据中的外部源干扰噪声，并且使用生成方法来获得了比以前的方法更好的结果。Zhu 等（2019）提出了基于深度神经网络的深度去噪器，用于地震信号的去噪和分解。

本文提出了一种改进的基于深度神经网络的异常振幅衰减方法。为了提高传统异常振幅衰减方法的性能，使用全卷积神经网络来确定合适的参数，而不是手动设置参数。具体来说，改进异常振幅衰减方法将不同的参数应用于深度神经网络检测的不同噪声区域。因此，与传统异常振幅衰减方法相比，改进异常振幅衰减方法更有效且去除的有用信号更少。该方法在合成地震数据和实际地震数据上都得到了验证。所得结果说明了该方法的有效性，并与传统异常振幅衰减方法进行了比较。

本文方法的主要贡献可以概括为以下三个方面。

（1）本文将传统异常振幅衰减方法（一种在地球物理学中被广泛应用的常规去噪方法）与深度神经网络相结合，后者在计算机视觉领域取得了很好的效果。与许多其他基于深度神经网络的方法不同，本文使用深度神经网络来估计噪声区域的信息，以便后续处理步骤，而不是直接生成去噪后的结果。

（2）本文方法涉及的参数少。本文使用深度神经网络来确定传统异常振幅衰减方法中的一些重要参数，而不是手动设计。在传统异常振幅衰减方法中，中值滤波器的参数是手动调整的，并且经常改变参数以匹配不同的噪声特性。最佳参数的选择可能非常耗时，并且容易出现人为错误。在改进异常振幅衰减方法中，使用深度神经网络来完成这项任务。

（3）由于在许多实际应用中都缺乏标签数据，本文提出生成不精确标签用于训练。虽然标签不精确，但网络的结果足以估计噪声区域的信息。实际地震数据和合成地震数据的结果都说明了该方法的有效性。

本文的结构如下：第 2 节详细介绍了本文方法，包括传统异常振幅衰减方法的原理、本文的网络结构和层次细节，以及本文方法的整个流程图；第 3 节展示了本文对合成地震数据和实际地震数据的实验结果；第 4 节是本文的结论。

2　理论

改进异常振幅衰减方法是基于传统异常振幅衰减方法和深层神经网络提出的。因此，本文将首先介绍这两部分的理论。本文方法的整个流程图将在本节末尾显示。

2.1　传统异常振幅衰减法原理

传统异常振幅衰减方法在地震资料处理中主要用于噪声压制。Hu 和 Lu（2014）提出了一种用于强低频噪声压制的混合方法。Guo 和 Lin（2003）使用中值滤波器来检测和压制相干强振幅噪声。这些方法与传统异常振幅衰减方法类似，但传统异常振幅衰减方法用于全频带和所有异常振幅噪声。

传统异常振幅衰减方法的工作流程如图 7.1 所示。当使用传统异常振幅衰减方法时，首先需要确定窗口大小。如图 7.1（a）所示，红色框是选择的窗口。使用快速傅里叶变换将信号转换到频率域。窗口的宽度通常是手动设计的，这可能会对结果产生很大影响。对所选窗口中的数据应用快速傅里叶变换后，频域中的数据将被划分为几个频带，分别如图 7.1（b）和图 7.1（c）所示。在图 7.1（c）中，以每 5Hz 的频带范围作为示例。在每个频带中，将计算每个地震道的能量。在图 7.1（d）中，显而易见中间道的能量远高于其相邻地震道的能量，表示它是振幅异常的地震道。在传统异常振幅衰减方法中，使用以下公式找到振幅异常的地震道：

$$\Delta = E(x) - \text{Thre} \cdot \text{Median}(E(x)) \tag{7-1}$$

式中：$E(x)$ 为地震道能量；Thre 为阈值。如果 Δ 大于 0，则为振幅异常的地震道；如果 Δ 小于 0，则为振幅合适的地震道。对于振幅异常的地震道，它们将根据以下公式进行压制：

$$x_p = x \cdot \left(\frac{\text{Median}(E(x))}{E(x)} \right)^{0.5} \tag{7-2}$$

式中：x_p 为地震道 x 所选择的频带压制结果，该步骤如图 7.1（d）和（e）所示。

事实上，衰减方法并不是唯一的。本文使用中值滤波器来检测和压制振幅异常的地震道，如图 7.1 所示。图 7.1（a）为时间域的原始数据，图 7.1（b）为傅里叶变换之后的频率域数据，图 7.1（c）为以每 5Hz 频带宽度划分频谱，图 7.1（d）为 5～9Hz 频带内地震道的能量直方图，图 7.1（e）为对 5～9Hz 频带内地震道进行传统异常振幅衰减后的能量直方图。还有另外两种方法可以选择：一种是将振幅异常的地震道直接设置为 0。该方法算法简单，运行速度快，但效果不佳；另一种方法是将振幅异常的地震道替换为振幅合适的相邻地震道的插值结果，这种方法的结果更准确，但其计算时间非常长，并且在一条地震道的邻域都是异常振幅地震道的情况下，其效果往往很差。式（7-1）和式（7-2）可合成如下：

$$x_p = \begin{cases} x & , \quad \Delta < 0 \\ x \cdot \left(\dfrac{\text{Median}(E(x))}{E(x)} \right)^{0.5} & , \quad \Delta > 0 \end{cases} \tag{7-3}$$

最后一步是使用快速傅里叶逆变换将频域数据转换为时域数据。

传统异常振幅衰减方法的关键步骤是用中值滤波器处理频域数据。因此，中值滤波的结果至关重要。中值滤波的结果在很大程度上取决于所选地震道的数量，即空间窗口的宽度。

空间窗口的宽度取决于噪声区域的宽度。因此，若能估计噪声区域的宽度，传统异常振幅衰减方法将获得更好的结果。然而，由于地震数据量巨大，使用人工设计的参数是不可能的。在实际应用中，针对一组数据量很大的地震资料，通常采用相同的参数，或来自几个控制位置的线性插值参数。因此，为了提高处理数据的质量，本文提出了一种改进异常振幅衰减方法。

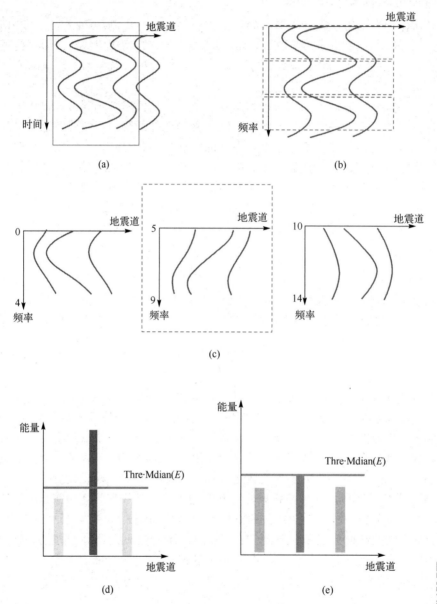

图 7.1　传统异常振幅衰减方法的工作流程（扫码见彩图）

2.2　深度神经网络的结构

　　神经网络在各种识别任务中取得了巨大成功，故本文考虑将它应用于地震数据中噪声区域的自动识别。本文框架中使用的深层神经网络模型的架构灵感来自 Long 等（2015）提出的全卷积神经网络。全卷积神经网络是一个端到端的网络，全卷积神经网络和卷积神经网络的主要区别在于其架构不包括全连接层。由于这一特性，全卷积神经网络可以提供像素级预测。因此，全卷积神经网络在语义分割中得到了广泛的应用。在本文的框架中，采用全卷积神经网络而不是卷积神经网络，因为全卷积神经网络可以提供像素级的预测结果，这有助于更准确地估计噪声区域。本文方法中使用的全卷积神经网络模型的细节如图 7.2 所示。为了加快网络收敛速度，降低计算量，使用 VGG-19 预训练网络中卷积层的参数。Long 等（2015）也推荐了这种方法。本文在网络结构中加入了两个跳跃连接来构建 FCN-32s，这比没有跳跃连接的框架具有更好的预测结果。第一跳跃连接层位于第三池化层和第二上采样层之间，第二跳跃连接层位于第四池化层和第三上采样层之间。此外，本文只使用最后一个池化层之前的参数，只考虑了 VGG-19 的前 16 层。

本文的网络输入是地震数据，而其输出是与输入数据大小相同的二值图。输出结果中的白色区域是网络预测的噪声区域，而黑色区域代表无噪声区域。本文使用的激活函数是非线性的 Relu 函数，使用 Dropout 来防止网络过拟合。损失函数采用二元交叉熵，其表达式如下：

$$\text{Loss} = \frac{1}{n}\sum_{x_i} y_{l,i}\ln y_{p,i} + \left(1 - y_{l,i}\right)\ln\left(1 - y_{p,i}\right) \tag{7-4}$$

式中：$y_{l,i}$ 为像素 x_i 的标签；$y_{p,i}$ 为网络对像素 x_i 的预测。

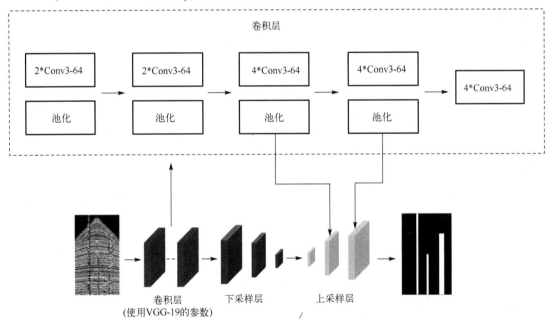

图 7.2 本文方法中使用的全卷积神经网络框架

2.3 改进异常振幅衰减方法框架

改进异常振幅衰减方法的工作流程如图 7.3 所示。改进异常振幅衰减方法总共包括四个阶段，即数据预处理阶段、训练阶段、测试阶段和去噪阶段。

数据准备阶段包含两个方面。一方面是准备训练数据。在准备训练数据的过程中，需要将地震数据进行合适的切片处理，以便将它们输入神经网络，并且将训练数据进行数据增广，例如沿垂直方向翻转训练数据。考虑到本文使用的预训练网络，将其切成宽和高为 224 的相同小块。为了防止滑动分割时边缘产生的不良影响，对每个小块之间进行部分重叠。另一方面是准备训练标签。正如 Alaudah 和 AlRegib（2017）在他们的工作中提到的，获取大数据量地震数据的标签非常困难。当将本文方法应用于合成地震数据时，可以很容易地得到训练数据的相应标签。然而，当将本文方法应用于实际地震数据时，可能无法获得标签，本文提出了一种标签生成方法，可以提供训练数据的近似标签。首先将窄空间窗口、大阈值的传统异常振幅衰减方法应用于训练数据，将去除的信号标记为噪声。然后，将具有宽空间窗口和小阈值传统异常振幅衰减方法应用于的训练数据，未被更改的信号被标记为有效信号。但是，标记为噪声的信号和标记为有效信号之间可能存在重叠区域，或者两类中都不包括的区域，将这些区域标记为不确定区域。因此，生成的标签包含三个类别。不确定类的目的是处理噪声区域和无噪声区域以及不包含在这两类中的区域之间的冲突，从而使训练数据中的每个像素都有一个相应的标签。事实上，该方法生成的标签并不准确，但正如 Liu 等（2017）的实验所示，神经网络具有一定的自校正能力。虽然提供的标签中存在一些噪声，但深层神经网络可以达到可接受的结果。这也在合成地震数据和实际地震数据实验中得到了证实。在训练阶段，切片数据和相应的标签用于训练全卷积神经网络模型，其细节将在第 2.2 节中给出。在测试阶段，训练的全卷积神经网络模型用于预测测试数据集中的噪声区域。

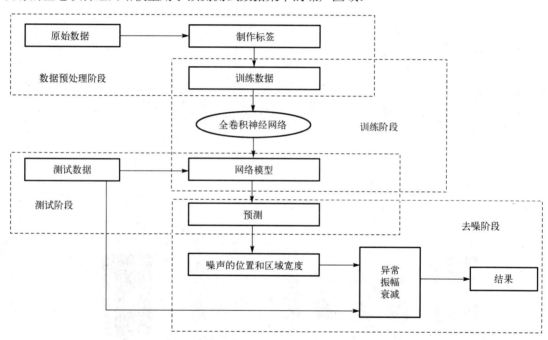

图 7.3　改进异常振幅衰减方法包含的四个阶段

在去噪阶段，使用测试阶段的预测结果来确定参数。由于预测结果是像素级的，因此需要进行后续处理。具体来说，可能存在错误预测的一些像素，例如，预测一个像素孤立点有噪声，或者预测一个噪声区域中的一些像素是无噪的。这些情况需要进行后续处理，可以预测结果并帮助确定参数。本文使用形态学方法和统计信息来发现和纠正这些像素。当使用生成的标签时，在去噪阶段，只对后续处理后的噪声区域应用传统异常振幅衰减方法，忽略预测中的不确定区域。不处理不确定区域有两个原因：一个原因是，不确定区域在整个数据中只占很小的比例。根据炮检距和炮间距，可以得到数据的初至。初至以下的不确定区域仅占生成标签的 10%，这些区域的分布是分散的。所以，在后续处理之后，这些区域的反射对结果影响很小。另一个原因是，在实际处理中，传统异常振幅衰减方法需要为下一个处理步骤

（如随机噪声衰减）保留有效信号。剩余的噪声可以在后续步骤中被压制，但如果信号被移除，则很难恢复。根据预测的宽度，设计了传统异常振幅衰减方法合适的空间窗口宽度。对于位置信息，将传统异常振幅衰减方法限制到与检测位置相邻的区域。对于宽度信息，将中值滤波器的窗口宽度设计为比预测宽度的两倍多一点，以使其更适合用于噪声衰减。因此，改进异常振幅衰减方法可以得到比传统异常振幅衰减方法更好的结果，消耗的时间更少，对信号的保护也更好。

3　实例

　　将本文方法应用于实际地震数据和合成地震数据，取得了良好的效果。实验的细节和结果将在本节中展示。

3.1　合成地震数据测试

　　首先将改进异常振幅衰减方法应用于合成地震数据。将实际地震数据中的异常振幅噪声添加到无噪的合成地震数据中，生成合成噪声数据。为了定量地展示本文方法的结果，从实际地震数据中提取了三段不同宽度的噪声区域，并将这三个噪声随机添加到无噪的合成地震数据中。生成了 4000 道的训练数据和 800 道的测试数据，在 GTX 1080Ti 上训练网络，训练迭代次数设置为 50，学习率为 0.0005，训练时间约为 1 小时。

　　实验结果如图 7.4 所示。图 7.4（a）显示了原始噪声合成数据，添加到无噪合成地震数据中的噪声宽度有 10 道、17 道和 26 道的。图 7.4（b）显示了具有窄空间窗口的传统异常振幅衰减方法的结果。在图 7.4（b）的结果中，空间窗口宽度的参数设计为 10。图 7.4（c）显示了具有宽空间窗口的传统异常振幅衰减方法的结果。在图 7.4（c）的结果中，空间窗口宽度的参数为 30。图 7.4（d）显示了本文方法的结果，其中噪声区域的参数是根据本文的网络预测设置的。

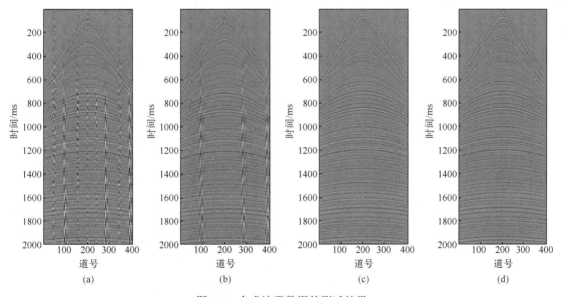

图 7.4　合成地震数据的测试结果

　　在图 7.4（b）中可以看到，具有窄空间窗口宽度的传统异常振幅衰减方法的结果仍然有较宽的噪声区域。在图 7.4（c）和图 7.4（d）中，数据中的异常振幅噪声几乎被压制。为了展示改进结果，在图 7.5 中展示了宽空间窗口传统异常振幅衰减方法和改进异常振幅衰减方法的残差，图 7.5（a）为宽空间窗口传统异常振幅衰减方法的去噪残差，图 7.5（b）为改进异常振幅衰减方法的去噪残差。可以看出，图 7.5（a）中红色框中的区域中仍有信号，但本文方法保留了它们。图 7.4 的结果和图 7.5 的残差表明，改进异常振幅衰减方法不仅可以压制异常振幅噪声，而且可以更好地保留信号。事实上，定量统计也说明了本文方法的有效性。

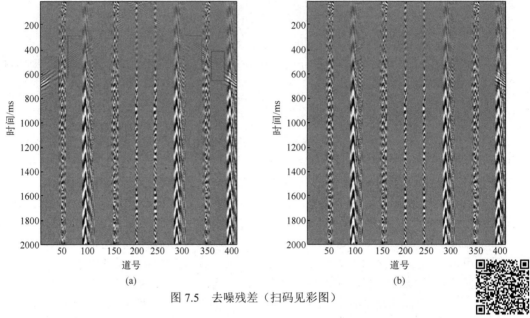

图 7.5　去噪残差（扫码见彩图）

表 7-1　本文网络的部分预测结果以及对应的真实位置和宽度

										平均误差
位置	网络预测	47	100	154	197	235	284	339	392	平均误差
	真实值	47	99	154	197	236	284	339	391	
	误差	0	1	0	0	1	0	0	1	0.38
宽度	网络预测	16	27	16	8	10	26	15	27	平均误差
	真实值	17	26	17	10	10	26	17	26	
	误差	1	1	1	2	0	0	2	1	1

表 7-1 展示了本文方法预测的位置和宽度的结果，与实际位置和宽度相比，位置平均误差值为 0.38，宽度平均误差值为 1，预测值与实际值非常接近。合成地震数据的信噪比对比如表 7-2 所示。原始的合成地震数据信噪比是 −9.34dB，表 7-2 中使用的数据来自图 7.4

表 7-2　将合成地震数据按照不同方法处理后的信噪比对比

方法	信噪比/dB
未处理	−9.34
传统异常振幅衰减（窄窗口）	2.19
传统异常振幅衰减（宽窗口）	10.11
改进异常振幅衰减	**11.20**

（a），该位置被定义为噪声区域的中心。具有窄空间窗口宽度的传统异常振幅衰减方法的结果显然是最差的。尽管改进异常振幅衰减方法和传统异常振幅衰减方法都能很好地压制异常振幅，但本文方法得到的结果比传统异常振幅衰减方法具有更高的信噪比。表 7-1 和表 7-2 中的定量结果与图 7.4、图 7.5 一致。

如前一节所述，实际地震数据的标签数据总是不能满足相关需求。因此，本文提出了一种为网络训练生成近似标签的方法。本文还将此方法应用于合成地震数据，结果如表 7-3 所示。位置和宽度中的第二行是训练数据和真实标签对网络进行训练的结果。位置和宽度中的第三行是训练数据和生成的标签对网络进行训练的结果。在表 7-3 中，可以看到位置平均误差是相同的，两种标签的宽度平均误差之间的差异小于 1 个像素。通过比较，可以看到使用真实标签的结果与使用生成的标签的结果几乎相同。这表明本文的标签生成方法是有效的。为了定量地说明本文方法的效果，计算了该方法的信噪比，结果见表 7-4。

表 7-3　网络使用真实标签和生成标签产生的结果对比

位置	真实值	47	99	154	197	236	284	339	391	平均误差
	真实标签	47	100	154	197	235	284	339	392	0.38
	生成标签	46	99	154	198	236	284	339	392	0.38
宽度	真实值	17	26	17	10	10	26	17	26	平均误差
	真实标签	16	27	16	8	10	26	15	27	1
	生成标签	18	28	20	8	9	27	18	29	1.88

表 7-4　网络使用真实标签和生成标签产生的结果的信噪比对比

方法	信噪比/dB
传统异常振幅衰减（宽窗口）	10.11
基于真实标签的改进异常振幅衰减	**11.20**
基于生成标签的改进异常振幅衰减	11.13

在表 7-4 中可以看到，使用生成标签的结果比使用真实标签的结果稍差，然而该结果已经验证了用生成标签训练网络的可行性。虽然使用生成的标签训练网络的结果比使用真实标签训练网络的结果差，但它仍然比传统异常振幅衰减方法性能更好。这里，选择具有宽空间窗口宽度的传统异常振幅衰减方法的结果作为传统异常振幅衰减方法的最终结果。将此方法应用于实际地震数据，结果见 3.2 节。

改进异常振幅衰减方法的另一个优点是效率高。传统异常振幅衰减方法会处理数据中的每一条地震道，因此会消耗大量时间。改进异常振幅衰减方法只适用于噪声区域，因此消耗的时间取决于噪声的面积。对于合成地震数据，消耗的时间与需要压制的地震道数量成正比。根据表 7-1 中的数据，需要通过改进异常振幅衰减方法压制的地震道总数为 149 条。传统异常振幅衰减方法需要应用于所有地震道。改进异常振幅衰减方法和传统异常振幅衰减方法的消耗时间的近似比率为 1∶3，统计结果如表 7-5 所示。

表 7-5 中的数据是除压制区域外，对相同参数的相同数据应用不同方法的运行时间。改进异常振幅衰减方法的网络的测试时间是 4.4 s，去噪时间是 7.85 s。

3.2　实际地震数据测试

将本文方法应用于中国东部油田的实际数据。训练标签由本文所述方法生成。训练迭代次数为 100，因为这个数据量比合成地震数据量大。学习率设置为 0.0005，网络在 GTX 1080Ti 上进行训练，训练过程大约需要 3 小时。结果如图 7.6 所示。由图可见，与图 7.6（a）中的原始数据相比，图 7.6（b）中本文方法的结果和图 7.6（c）中窄空间窗口的传统异常振幅衰减方法的结果几乎压制了所有异常振幅噪声。但是，具有窄空间窗口宽度的传统异常振幅衰减方法的结果遗留了更多异常振幅噪声，如图 7.6（c）中红色框中的区域。为了显示原始数据和去噪数据的差异，在图 7.7 中给出了残差数据。

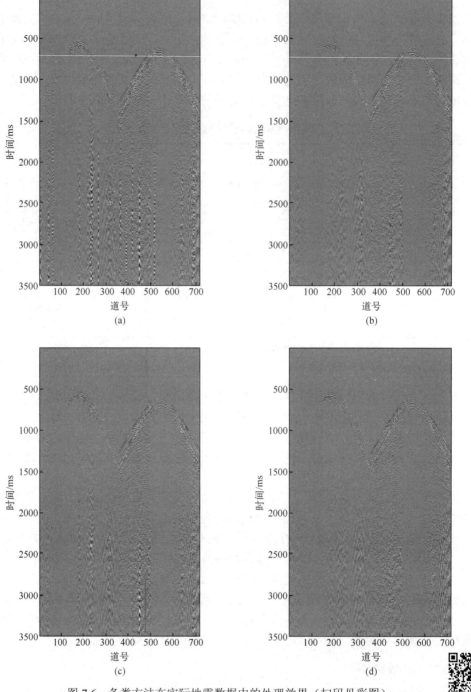

图 7.6　各类方法在实际地震数据中的处理效果（扫码见彩图）

　　图 7.7 可以说明本文方法与传统异常振幅衰减方法的差异。从残差数据分析，尤其是在图 7.7（a）和图 7.7（c）中的红色框中，可以看到，通过改进异常振幅衰减方法去除的有效信号远小于具有宽空间窗口宽度的传统异常振幅衰减方法。由于数据量很大，残差显示可能不清楚。因此，放大图 7.7（a）、图 7.7（b）和图 7.7（c）中红色框中的区域，分别如图 7.7（d）、图 7.7（e）和图 7.7（f）所示。可以看到，通过改进异常振幅衰减方法去除的信号与传统的窄窗口传统异常振幅衰减方法几乎相同。与传统的宽窗口传统异常振幅衰减方法相比，

改进异常振幅衰减方法保留了更多的信号。这些结果表明，改进异常振幅衰减方法可以应用于实际地震数据，得到比传统异常振幅衰减方法更好的结果。

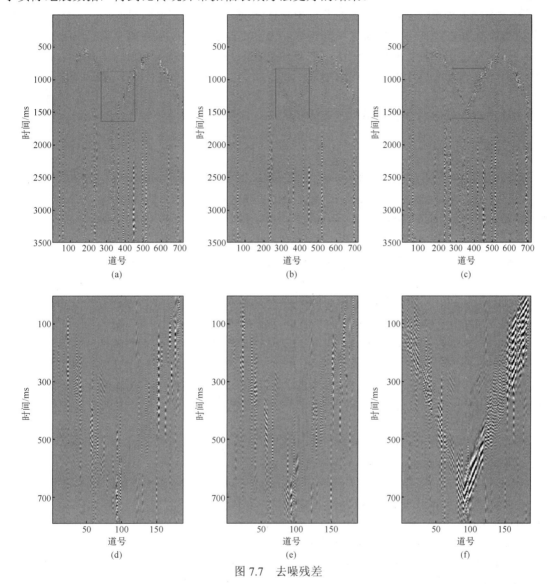

图 7.7 　去噪残差

表 7-6 展示了不同方法在测试数据上的运行时间。改进异常振幅衰减方法的时间为 303 s，包括约为 50 s 的网络预测时间和约为 253 s 的去噪阶段时间；窄和宽空间窗口的传统异常振幅衰减方法的时间分别为 527 s 和 610 s，几乎是改进异常振幅衰减方法的两倍。上述对比表明了改进异常振幅衰减方法在实际地震数据中的有效性。

表 7-5 　处理合成地震数据时，不同方法的计算时间

方法	时间/s
传统异常振幅衰减 （窄窗口）	29.48
传统异常振幅衰减 （宽窗口）	41.08
改进异常振幅衰减	**12.25**

表 7-6 　处理实际地震数据时，不同方法的计算时间

方法	时间/s
传统异常振幅衰减 （窄窗口）	527
传统异常振幅衰减 （宽窗口）	610
改进异常振幅衰减	303

4　总结

本文提出了基于深度神经网络的改进异常振幅衰减方法，它使用深度神经网络来估计传统异常振幅衰减方法在不同噪声区域的参数。为了将改进异常振幅衰减方法应用于实际地震数据，本文提出了一种标签生成方法，生成标签训练网络的结果与真实标签训练网络的结果相似。将本文方法应用于实际地震数据，不仅压制了实际地震数据中的异常振幅噪声，而且比传统异常振幅衰减方法保留了更多的信号。虽然该方法仍存在一些问题，但在合成地震数据和实际地震数据中的有效性说明了该方法的可行性和实用性。

参考文献

[1]　Alaudah Y，AlRegib G. A weakly supervised approach to seismic structure labeling [C]. SEG Technical Program Expanded Abstracts，Society of Exploration Geophysicists，2017：2158-2163.

[2]　Bekara M，Ferreira A，Baan M. A statistical technique for high amplitude noise detection：Application to swell noise attenuation [C]. Program Expanded Abstracts，2008：2601-2605.

[3]　Bekara M，van der Baan M. High-amplitude noise detection by the expectation-maximization algorithm with application to swell noise attenuation [J]. Geophysics，2010，75（3）：V39-V49.

[4]　Chang C，Hsiao J Y，Hsieh C-P. An adaptive median filter for image denoising [J]. Second International Symposium on Intelligent Information Technology Application，2008：346-350.

[5]　Chang D. Seismic data interpolation with conditional generative adversarial network in time and frequency domain [C]. SEG Technical Program Expanded Abstracts，Society of Exploration Geophysicists，2019：2589-2593.

[6]　Chen T，Ma K，Chen L. Tri-state median filter for image denoising [J]. IEEE Trans Image Process，1999，8（12）：1834-1838.

[7]　Guo J，Lin D. High-amplitude noise attenuation [C]. SEG Technical Program Expanded Abstracts ，Society of Exploration Geophysicists，2003：1893-1896.

[8]　He K，Zhang X，Ren S，et al.，Deep residual learning for image recognition [C]. IEEE Conference on Computer Vision and Pattern Recognition （CVPR），2016：770-778.

[9]　Hu C，Lu W. A hybrid method for strong low-frequency noise suppression in prestack seismic data [J]. Journal of Applied Geophysics，2014，108：78-89.

[10]　Khryashchev V，Priorov A，Apalkov I，et al.，Image denoising using adaptive switching median filter [C]. IEEE International Conference on Image Processing，2005，1（2005）：1-117.

[11]　Krizhevsky A，Sutskever I，Hinton G E. Imagenet classification with deep convolutional neural networks [J]. Communications of the ACM，2012，60（2012）：84-90.

[12]　Lecun Y，Bottou L，Bengio Y，et al.，Gradient-based learning applied to document recognition [J]. Proceedings of the IEEE，1998，86（11）：2278-2324.

[13]　Li F，Zhang B，Verma S，et al.，Seismic signal denoising using thresholded variational mode decomposition [J]. Exploration Geophysics，2018，49（4）：450-461.

[14]　Liu X，Li S，Kan M，et al.，Self-error-correcting convolutional neural network for learning with noisy labels [J]. IEEE International Conference on Automatic Face & Gesture Recognition （FG 2017），2017：111-117.

[15]　Long J. Fully convolutional networks for semantic segmentation [J]. IEEE Transactions on Pattern Analysis and Machine Intelligence，2015，39（4）：640-651.

[16] Muchlis M. Anomalous amplitude attenuation method to enhance seismic resolution [J]. Journal of Aceh Physics Society，2015，4（1）：1-3.

[17] Pham N，Wu X. Missing sonic log prediction using convolutional long short-term memory [C]. SEG Technical Program Expanded Abstracts，Society of Exploration Geophysicists，2019：2403-2407.

[18] Simonyan K，Zisserman A. Very deep convolutional networks for large-scale image recognition [C]. CoRR，2014：abs/1409.1556.

[19] Sun H，Dema net L. Extrapolated full waveform inversion with convolutional neural networks [C]. SEG Technical Program Expanded Abstracts，Society of Exploration Geophysicists，2019：4962-4966.

[20] Szegedy C. Going deeper with convolutions [C]. IEEE Conference on Computer Vision and Pattern Recognition （CVPR），2015：1-9.

[21] Wang X. Full-azimuth，high-density，3D single-point seismic survey for shale gas exploration in a loess plateau area，Southeast of Ordos Basin，China [J]. Energy Exploitation，2015，33（3）：339-361.

[22] Wang Y，Lu W，Liu J，et al.，Random seismic noise attenuation based on data augmentation and CNN [J]. Geophysics，2019，62（1）：421-433.

[23] Wang Y. Seismic impedance inversion based on cycle-consistent generative adversarial network [C]. SEG Technical Program Expanded Abstracts，Society of Exploration Geophysicists，2019：2498-2502.

[24] Wu H，Zhang B，Lin T，et al.，White noise attenuation of seismic trace by integrating variational mode decomposition with convolutional neural network [J]. Geophysics，2019，84（5）：V307-V317.

[25] Xu P. Seismic interference noise attenuation by convolutional neural network based on training data generation [J]. IEEE Geoscience and Remote Sensing Letters，2020，18（4）：741-745.

[26] Yuan P. First arrival picking using U-net with Lovasz loss and nearest point picking method [DB/OL]. Society of Exploration Geophysicists，2019：2624-2628.

[27] Yuan S，Liu J，Wang S，et al.，Seismic waveform classification and first-break picking using convolution neural networks [J]. IEEE Geoscience and Remote Sensing Letters，2018，15（2）：272-276.

[28] Zhu W. Seismic signal denoising and decomposition using deep neural networks [J]. IEEE Transactions on Geoscience and Remote Sensing，2019，57（11）：9476-9488.

（本文来源及引用方式：Tian X，Lu W，Li Y. Improved anomalous amplitude attenuation method based on deep neural networks [J]. IEEE Transactions on Geoscience and Remote Sensing，2022，60，5900611.）

论文 8　基于频带形态相似性和模式编码的面波自动盲分离

摘要

　　面波是陆上地震记录中常见的相干噪声。它具有频率低、速度低和能量强的特点，这通常掩盖了有关反射波的重要信息。人们提出了各种方法来压制或消除反射波中的面波。这项任务的主要困难是在不破坏两种波的形态结构和频率特性的情况下，准确分离面波和反射波。本文主要针对低频段面波和反射波的分离，并且恢复被地滚噪声干扰的低频反射。首先，我们探索了地震数据中不同频带的形态自相似性，然后利用这种相似性从不含面波干扰的较高频反射波中合成伪低频反射波。在生成伪低频反射波之后，应用模式编码方法从伪低频带反射波中学习模式。利用学习的模式字典从包含面波和低频反射波的地震数据中重建低频反射波信号。最后，将恢复的低频反射波和其他频段的干净反射波进行叠加，形成恢复反射波。本文详细分析了该方案的有效性，并在合成数据和实际陆上地震资料中进行了测试，并取得了良好的效果。

1　引言

　　在陆上地震勘测中，获得的地震记录中存在各种类型的噪声，而含噪的地震数据会干扰对有用信息的正确识别。其中，面波是一种常见的相干噪声，通常在近地表区域可见。面波是地表低速层内的瑞雷波（Saatçilar 和 Ruhi，1988）。它具有一些不同于反射波的特性，如频率低、频带有限、视速度相对较低及振幅高，这通常掩盖了反射和散射信息（Dobrin 和 Milton，2002）。已经提出并尝试了许多方法来衰减或消除地震数据中面波的干扰。

　　以前研究人员试图在采集阶段通过设计合适的检波器排列或适当的滤波器来直接衰减的面波（Morse 和 Hildebrandt，1989；Shieh 和 Herrmann，1990）。然而，这些方法存在一些局限性。此外，数据处理阶段提出的各种技术成为当前面波衰减任务的重点。基于面波的低频特性，可以采用简单的高通滤波器去除面波噪声，以及反射波的低频分量。然后，考虑了面波和反射波的速度差异（或 f-k 域中的倾角差异），如 f-k 域中的宽带速度滤波（Embree 等，1963）和基于 Hartley 变换的 f-k 滤波（Gelili 和 Karsl，1998）。然而，f-k 倾角滤波方法仍然无法处理 f-k 域中频率和波数都较低的混叠面波和反射波。在 f-k 域中分离混叠区域的问题对保持反射波的频带完整性至关重要。

　　为了更准确地分离面波和反射波，研究人员还转向其他领域寻求解决方案，对地震数据应用了不同的变换。小波变换具有良好的局部性，这意味着它不需要基于地震信号平稳性假设（Deighan 和 Watts，1997）。小波变换的相关工作包括探索 SWT 域中的稀疏性（Wang 等，2012）、设计一种适合双曲曲线反射的二维物理子波（Zhang 和 Ulrych，2003）和其他（Corso 等，2003；Miao 和 Cheadle，1999；de Matos，1949）。除小波变换外，基于曲波变换的方法（Yarham 和 Herrmann，2008；Neelamani 等，2008；Boustani 等，2013；Liu 等，2018）和基于剪切波变换的方法（Hosseini 等，2015）也可以在面波分离问题上取得可喜的成果。还有一些其他有效的分离方法被提出。偏移滤波根据传播路径分离噪声和地震信号（Nemeth 等，2000）。在傅里叶投影阶段应用基于局部二维滤波器的滤波方法也可以衰减面波噪声（Lu，2001）。基于局部正交化的方法利用反射波和面波噪声的正交性来进行分离（Chen 等，2015）。

在油田公司物探实际数据处理领域，为了寻求衰减面波和保留反射波之间的平衡，通常使用频率约束下的能量置换方法。该方法可以抑制大部分面波能量，同时保持各频段反射波的完整性（Liang，2017）。这种方法的好处是反射波的低频带不会因处理过程而劣化或损坏，但低频反射波的能量和面波一样会被衰减，并且处理结果中仍有一些较弱的面波能量残留。

在本文中，我们并没有将面波干扰的地震数据转换到其他域以寻求稀疏性或可分离性，而是通过探索不同频带反射波的形态自相似性，提出了一种非常简单的方法来分离面波和反射波。这里所说的"形态自相似"，是指地震同相轴（反射波）在空间维度上的倾角、曲率和连续性在不同频带上趋于相似的现象。为了直接关注面波和反射波混叠的区域，我们首先进行预处理，使用速度掩模去除 $t-x$ 域中的非混叠区域，以及使用简单的 $f-k$ 倾角滤波器去除 $f-k$ 域中的非混叠区域。速度掩膜是根据面波的最大视速度生成的，掩膜是通过将速度值小于面波最大速度的区域设置为 1，其他区域设置为 0 来形成的。基于频带形态相似性原理，利用地震数据的中频带合成与真实低频反射相似的伪低频反射波。由于面波噪声的低频特性，我们利用不包含面波能量的中频带地震数据。Lu 和 Zhang（2004）将类似的思想应用于测井参数外推问题，得到了满意的结果。然后，利用稀疏编码方法，从伪低频反射波中学习字典，并从低频反射波和面波的混叠区域中重建真正的低频反射波。然后，将恢复的低频反射波与未受干扰的较高频带反射波叠加，以形成具有高频和低频的恢复反射波。除反射波和面波的自然差异外，本文方法中唯一的假设是反射波的频带形态相似性，这使方法具有更强的适应性，并减少了分析每个陆地地震记录中面波和反射波特性的工作量。

本文的其余部分组织如下。第 2 节讨论了地震数据反射波的频带形态相似性，并介绍了所提出的方法，包括使用基于稀疏编码的方法，从混合数据中合成伪低频反射波及重建低频反射波。第 3 节展示了我们在合成数据和实际陆地数据上的实验结果。第 4 节我们对参数选择和未来可能的工作进行了一些讨论。第 5 节是结论。附录展示了一些使用希尔伯特变换方法保持形态相似性的示例。

2　理论

在本节中，我们将说明所提出方法的基本思想。图 8.1 展示了本文方法的工作流程图。图 8.1 中的子图显示了如何进行预处理，图 8.1（左）显示了 $t-x$ 域中的速度掩模。本文方法仅对速度掩模内的低频带部分进行操作，其中面波和反射波在 $t-x$ 和 $f-k$ 域中都重叠。在整个处理流程完成后，$t-x$ 掩模之外的数据保持不变，以在处理过程中保护有用信息不被扭曲。图 8.1（右）显示了 $f-k$ 倾角滤波过程，首先，去除了面波的大部分能量；其次，滤波器将 $f-k$ 倾角滤波结果转换为低频、中频和高频分量。低频部分是剩余面波与低频反射波混叠的区域，这也是我们分离的重点。中频带用于合成伪低频反射波。此后，利用基于稀疏编码的方法从伪低频反射波中学习字典，以从低频混合数据中重建反射波。重建低频反射波后，将其与中高频带部分进行叠加，以提供面波和反射波的全频分离。最后，利用速度掩模保留无面波噪声的区域，与处理后的面波分离区域相结合，得到最终结果。

2.1　频带形态相似性

对于 $t-x$ 域的地震记录，有经验观察表明，一个反射波地震同相轴在不同的频带上往往具有形态相似性，即同相轴、倾角、断层和曲率等空间结构相似。图 8.2 显示了合成地震信号的频带分割。可以看出，虽然每个频段的主频不同，但都保持了相同的形态结构。

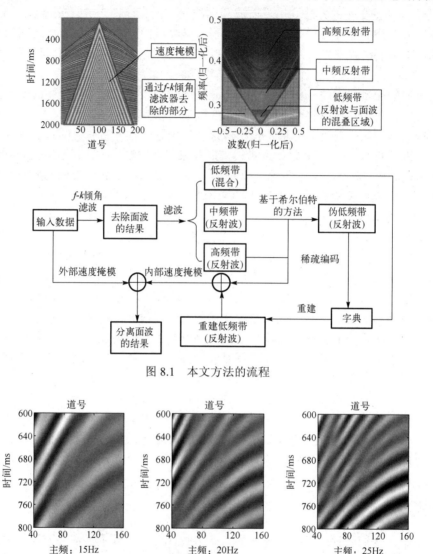

图 8.1　本文方法的流程

图 8.2　合成地震数据不同频段的形态相似性

　　图 8.3 显示了 $t-x$ 域中实际地震记录的一些块，具有不同的二维结构属性，下面的图与上面的图对应，并且具有更高的频段。从这些给出的例子中，很明显在反射波地震同相轴的不同频带中存在一些空间一致性。我们简单地使用术语"频带形态相似性"来指代这种现象。注意这里的相似性是指二维空间相似性，而不是一维单道的相似性。一维单道信号的不同频带不会在波形中保持相似性。

　　一旦我们接受了频带形态相似性作为先验知识，就可以使用来自其他频带的信息来推断某个频带的形态结构。至于面波分离任务，可以从高频反射波推断出低频反射波的一些结构特性。下一节的合成示例中将对上述进行详细和定量的说明。

　　在自然图像处理领域，图像的自相似性已被用于去噪和超分辨率等任务（Glasner 等，

2009；Xu 等，2015；Manjón 等，2010；Suetake 等，2008）。与我们在这里带来的频带形态相似性不同，这些图像处理相关工作中提到的"自相似性"是指相似模式在空间域而不是频率域。然而，实际上，自然图像中也可以显示频带形态相似性（这里的"频带"来自图像的二维傅里叶域），超分辨率任务的成功意味着低频带可以在一些先验信息的帮助下用于推断更高的频带。

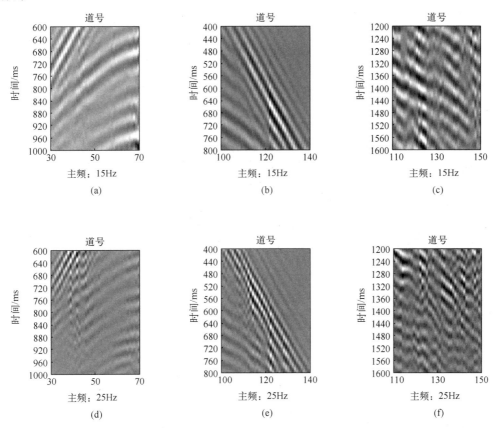

图 8.3　实际地震记录中反射波的频带形态相似性

2.2　伪低频反射波的合成

基于反射波的频带形态相似性，可以利用未被面波能量扭曲的中频反射波合成伪低频反射波。我们没有选择所有反射波清晰的较高频带地震数据，而选择中频带，其原因是，在陆地地震数据中，高频带的能量较弱，与较低的频带相比，其信噪比（Signal-to-Noise Ratio，SNR）往往较低。Gholami（2014）利用高信噪比的中频带地震数据重建波场，取得了令人满意的结果。为了避免随机噪声的影响，我们选择利用中频反射波来合成伪低频反射波。

为了便于理解，我们首先对公式中的符号进行说明。由于我们已经通过 $f\text{-}k$ 倾角滤波器对原始地震数据进行了预处理，以下所有关于混叠数据的陈述均指 $f\text{-}k$ 倾角滤波方法的结果，包含剩余面波和反射波。我们将全频混合数据表示为 X_F，G_L 和 R_F 分别表示剩余面波和反射波。低频带的截止频率为 f_L，中频带的下截止频率也为 f_L，中频带的上截止频率为 f_H。f_L 和 f_H 将数据的全频段分为三个频段：低频带 X_L、中频带 X_M 和高频带 X_H。低频带包含混叠的低频反射波 R_L 和剩余面波，中频带和高频带分别只包含反射波部分 R_M 和 R_H。然后，我们有以下等式：

$$X_F = G_L + R_F$$
$$X_F = X_L + X_M + X_H$$
$$X_L = \text{LowPass}(X_F, f_L) = G_L + R_L \tag{8-1}$$
$$X_M = \text{BandPass}(X_F, [f_L, f_H]) = R_M$$
$$X_H = \text{HighPass}(X_F, f_H) = R_H$$

为了获得伪低频反射波，我们对每条记录道使用希尔伯特变换来生成 R_M 的包络：

$$\hat{R}_M = \text{Hilbert}(R_M), \quad R_{\text{Ma}} = R_M + i\hat{R}_M, \quad \text{env} = abs(R_{\text{Ma}}) = \sqrt{R_M^2 + \hat{R}_M^2} \tag{8-2}$$

式中：R_{Ma} 为 R_M 的解析信号；R_M 为实部，希尔伯特变换结果 $\hat{R}_M$ 为虚部。env 是解析信号的包络，在通信工程领域通常称为"基带信号"。解析信号的包络携带原始信号的超低频带信息。我们使用中频带 R_M 生成包络，因此生成的包络信号与中频带相比具有较低的频带。env 中含有低频成分和反射波的形态结构，这有助于我们提取模式来恢复真实的低频反射波。考虑到 R_L 的频率范围，对 env 应用低通滤波器来合成伪低频反射波，记为 R_L^{temp}，并确保 R_L^{temp} 与真实低频反射波 R_L 具有相同的截止频率。此外，地震波不包含零频率的能量（直流分量，dc），但解析信号的包络都是正值，含有大量的近零低频能量和直流分量。因此，我们沿时间轴使用平均滤波器得到低频部分，并将其从结果中去除，以使伪低频带反射 R_L^{temp} 的频率特性更接近于真实低频反射波 R_L。第 4 节讨论了平均滤波器的设计细节：

$$R_L^{\text{temp}} = \text{LowPass}(\text{env}, f_L)$$
$$\text{Low} = \text{AverageFilter}(R_L^{\text{temp}}) \tag{8-3}$$
$$\tilde{R}_L = R_L^{\text{temp}} - \text{Low}$$

我们获得的 $\tilde{R}_L$ 是伪低频反射波。该方法的合成结果如图 8.4 所示。图 8.4（a）为全频合成反射波；图 8.4（b）为真实的低频反射波；图 8.4（c）为真实的中频反射波；图 8.4（d）为中频反射波的包络；图 8.4（e）为使用中频带合成的伪低频反射波。

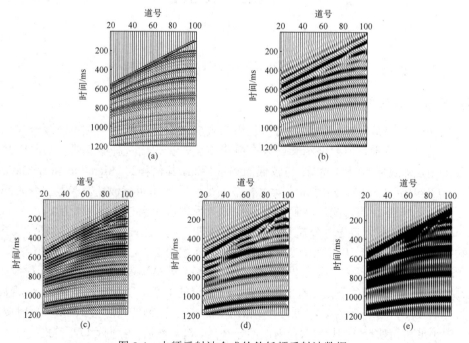

图 8.4　中频反射波合成的伪低频反射波数据

2.3 模式编码与重构

在这一步中，我们采用广泛使用的基于稀疏编码的方法（Olshausen 和 Field，1997）来完成模式编码和低频反射波重建的任务。稀疏编码是提取数据集中重要特征的通用方法。并且，基于稀疏编码的方法已应用于许多自然图像处理任务（Yang 等，2010），并提供了满意的结果。在地震数据处理领域，稀疏编码已成功应用于去噪（Beckouche 和 Ma，2014；Zhu 等，2015）、震源分离（Zhou 等，2016）和多次波衰减（Liu 等，2017）。

稀疏编码的基本思想是从数据中学习一个过完备字典，其中字典的每个元素通常被称为一个"原子"或"基向量"，并使用学习到的字典通过线性组合重构原始数据的基向量。由于学习字典的过完备性，重建系数是稀疏的[28]。这意味着学习字典中的基向量可以表示原始数据的相对高级模式，与包含边缘、角落或纹理信息的低级模式不同，高级模式通常包含语义信息，并将对象作为一个整体进行捕获。

在这个问题中，我们使用伪低频反射波 $\tilde{R}_L$ 来学习一个字典，并利用这个字典从 X_L 中恢复真正的低频反射波。首先，我们以相同的方式将 $\tilde{R}_L$ 和 X_L 划分为重叠的小块，$\tilde{R}_L$ 和 X_L 中的小块一一对应。每个块的大小相同，为 $H \times W$。我们以一个块为例，将伪低频块表示为 P，将对应的来自 X_L 的低频混叠块表示为 Q。那么，$P \in R^{H \times W}$。然后我们在 P 中生成训练数据集，如图 8.5 所示，我们使用大小为 $h \times w$ 的滑动窗口将大块划分为小块，将每个大小为 $h \times w$ 的小块矢量化为 $d \times 1$ 列向量（$d = h \times w$）。然后，我们表示 P 中有 n 个 $h \times w$ 小块，将 n 个 $d \times 1$ 列向量组合成一个矩阵 M，$M \in R^{d \times n}$。

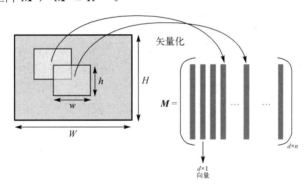

图 8.5 从二维块中生成数据矩阵，用于稀疏编码和重建

字典学习阶段可以通过解决以下优化问题来表示：

$$\min_{D, \alpha} \| M - D\alpha \|_F^2 + \lambda \| \alpha \|_1$$
$$\text{s.t.} \| D_{\cdot j} \|_2 \leqslant C$$

（8-4）

式中：$D \in R^{d \times k}$ 为具有 k 个原子（或基向量）的字典；$\alpha \in R^{k \times n}$ 为稀疏系数矩阵；$\|\|_F$ 为 Frobenius 范数；λ 为拟合误差和系数稀疏度之间的权衡参数。目标函数的第一项是指学习字典和系数的拟合误差，第二项要求系数的稀疏性。字典 D 在优化过程中随机初始化并更新。在第二项中选择 l_1 来约束系数的稀疏性的原因在于 l_1 是凸函数，而它是 l_0-范数的最近凸松弛，它直接偏好具有更多的零解（稀疏）。由于字典的过完备性，k 通常大于 n。$D_{\cdot j}$ 表示矩阵 D 的第 j 列，即第 j 个字典原子。不等式约束意味着每个字典原子的 l_2-范数不能大于 C。上述优化问题可以使用（Lee 等，2007）中的方法或（Liang 等，2014）中的 DDTF 方法来解决。

在从 P 中学习到字典 D 之后，我们使用 D 从 Q 中重建真实的低频反射波。首先，我们使用与

M 相同的方法生成数据矩阵 $N \in R^{d \times n}$。对于重建过程，考虑到面波残差在某些区域仍然具有较大的能量，我们将常用的 Frobenius 范数改为 l_1 范数进行逼近，因为逼近误差的 l_1 范数惩罚对异常值更鲁棒，异常值是在我们的任务中振幅较高的面波残差。然后，重建变成解决以下问题：

$$\min_{\beta} \| N - D\beta \|_1 + \mu \| \beta \|_1 \tag{8-5}$$

式中：β 为重建系数矩阵，$\beta \in R^{k \times n}$；μ 为平衡重建误差和系数稀疏度的权衡参数。在这里，我们使用交替分裂（Alternating Split Bregman，ASB）方法（Goldstein 和 Osher，2009）并将其应用于迭代求解上述 l_1-l_1 问题（Gholami 和 Sacchi，2012）。然后将重构的结果重新整形为 $h \times w$ 的小块，β 结果中的每一列对应一个小块，组合形成一个重构的 $H \times W$ 尺寸的大块。将这些重建小块的重叠区域进行平均，以减少边缘伪影。对于速度掩模中的每个块（面波干扰区域）或部分掩模，我们使用上述方法进行重建，然后获得 $\hat{R}_L$。与高频部分一起完成了面波和反射波的全频分离。第 4 节中将讨论如何选择权衡参数 λ 和 μ、原子 k 的数量及字典 D 的初始化。

3 应用例子

为了说明所提出方法的有效性，我们对合成数据和实际陆地地震记录进行了处理与分析。

3.1 合成数据例子

在合成地震资料的面波分离实验之前，首先说明频带相似性和低频合成方法的有效性。测试方法如下：选择一个二维地震反射波区域，将其划分为两个不同的频段，一个是中频带，另一个是低频带。然后使用稀疏编码从四种数据中学习字典：①低频带；②使用前面提到的基于希尔伯特的方法从中频带合成的伪低频带；③中频带；④地震数据另一个区域的低频反射波。这四个字典用于重建所选区域的低频反射波。结果如图 8.6 所示。图 8.6（a）～图 8.6（d）为用于字典学习的四种数据；图 8.6（e）～图 8.6（h）为对应四种的重建结果；图 8.6（i）～图 8.6（l）为每个重建结果与真实低频反射波之间的差异。从图 8.6 可以看出，从伪低频带学习的字典比其他区域的相同频带提供了更好的性能，并且比相同区域的中频带要好得多。事实上，直接在中频带中学习的字典对于重建低频信号的效果非常有限。因此，重构结果表明了频带形态相似性和伪低频带合成方法的有效性。

然后，我们对所提出的方法在包含面波的合成地震数据上进行了实验。反射波由反射率序列和地震子波褶积得到。使用了 Ricker 地震子波，主频为 50Hz，线性同相轴用于模拟直达波，具有随机深度和振幅的双曲线同相轴用于模拟反射波。使用频率范围为 5～15Hz 的扫描信号合成面波，模拟面波的最大视速度为 500m/s，采样间隔为 4ms，道间距为 10m。为了比较，我们还进行了其他面波衰减方法：①高通滤波器；②$f-k$ 倾角滤波器；③在油田实际生产场景中使用的能量置换法。为了公平起见，对每种方法的所有参数进行了调整，使其适合该数据。在所提出的方法中，参数设置如下：通过 $f-k$ 倾角滤波器进行预处理的倾角为 60°，中频带的频率范围为 20～60 Hz。根据实验，小块划分参数设置为 $H = 50$，$W = 60$，$h = 45$，$w = 55$，字典原子数为 128。结果如图 8.7 所示。图 8.7（a）为面波干扰的原始数据；图 8.7（b）～图 8.7（e）为不同方法的结果；图 8.7（f）～图 8.7（j）为与图 8.7（a）～图 8.7（e）对应的低频分量；图 8.7（k）～图 8.7（o）为上述两行对应的差异图。

如图 8.7 所示，从处理结果可以看出，这里使用的所有方法都可以在一定程度上很好地衰减面波干扰。然而，从保留的低频反射波角度来看，高通滤波器去除了低频段的所有信息，而 $f-k$ 倾角滤波器具有较大的面波残差。能量置换法虽然保留了低频反射波的所有结构信息，但它将低频反射波抑制到与面波噪声相同的幅度，而且这种方法实际上只是衰减了面波，而不是将其从结果中分离出来，因此在处理结果中仍然可以看到剩余的面波，只不过能量要小得多。对于本文方法，如图 8.7 所示，与面波重叠的低频反射波得到了很好的恢复，并且低频反射同相轴的空间结构变得更加一致和自然。上述方法均在初至处产生了伪影，这是 $f-k$ 滤波器预处理造成的。

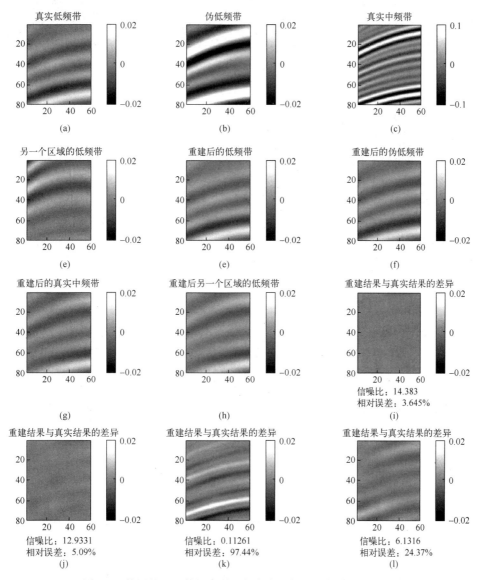

图 8.6　使用从不同数据中学习的字典对低频反射波进行重建

然后，我们显示了 $f-k$ 域中的面波衰减结果并进行对比，如图 8.8 所示。图 8.8（a）为面波干扰的原始数据；图 8.8（b）～图 8.8（e）为不同方法的面波衰减结果；图 8.8（f）为真实反射波；图 8.8（g）～图 8.8（j）为真实反射波与上述每种方法衰减结果存在的差异。我们可以看到高通滤波器去除了所有的低频能量。$f-k$ 倾角滤波器在高波数和低倾角区域去除了大部分面波能量。能量置换方法在相同程度上抑制了面波和反射波的低频能量。本文方法可以很好地衰减面波能量并保留反射波的低频能量。

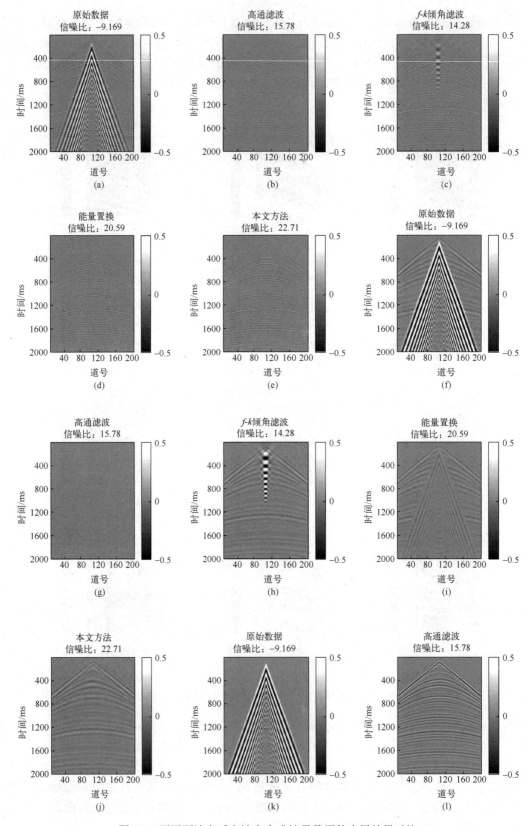

图 8.7　不同面波衰减方法在合成地震数据的应用效果对比

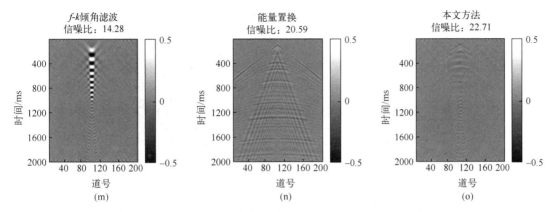

图 8.7 不同面波衰减方法在合成地震数据的应用效果对比（续）

　　为了详细说明不同方法恢复反射波不同频率分量的能力，如图 8.9 所示，我们显示了每种方法在地震道上的平均频谱，并将各种方法的结果与真实的反射波频谱进行对比。从图 8.9 可以看出，$f-k$ 倾角滤波器和能量置换法的结果在低频带都存在能量过剩问题，虽然 $f-k$ 倾角滤波器和能量置换法都在一定程度上抑制了低频带能量，但二者低频区域的频谱在每个频率上都有不同的能量分布，因此与反射波的频谱特征不符。本文方法很好地恢复了低频区域中的频谱特性，并且与真实反射波频谱在低频带具有相似的能量尺度。

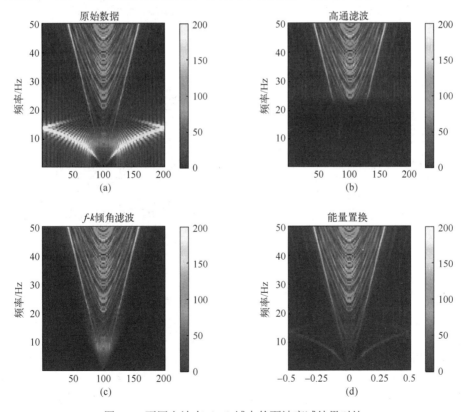

图 8.8 不同方法在 $f-k$ 域中的面波衰减结果对比

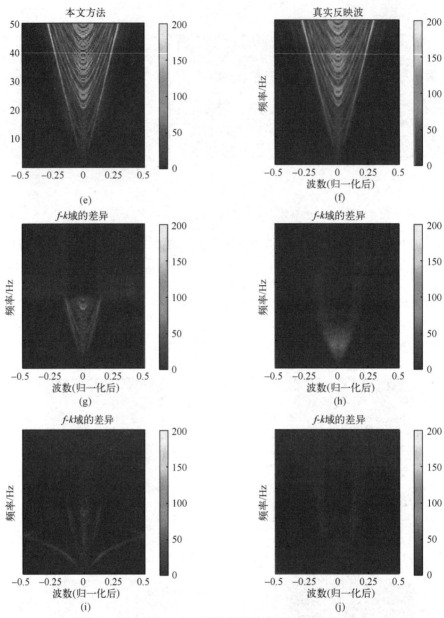

图 8.8　不同方法在 $f-k$ 域中的面波衰减结果对比（续）

　　此外，我们计算了每个结果在不同频率下的 SNR 并进行对比。从图 8.9 可以看出，每种方法都完全保留了较高频带范围的频谱，具有很高的 SNR，而我们主要关注混叠区域的低频恢复，因此我们仅显示了低频带范围的 SNR 结果，如图 8.10 所示。图 8.10 展示了本文方法在低频带频率范围内具有相对更好的 SNR，表明本文方法在分离面波和低频反射波方面的有效性。

　　最后，将一个伪低频反射波块中学习的字典原子进行可视化，如图 8.11 所示。所选的字典学习小块包含了反射波地震同相轴，每个字典原子的大小为 45×35。原子的可视化结果表明稀疏编码方法确实捕获了低频地震反射波的空间结构，并生成了具有过完备原子的字典。

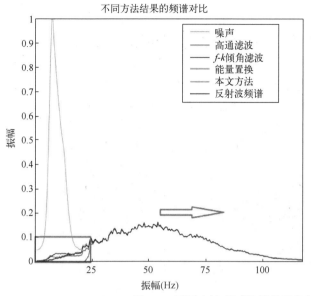
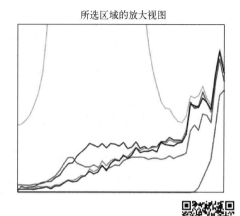

图 8.9　不同方法衰减结果的平均频谱（扫码见彩图）

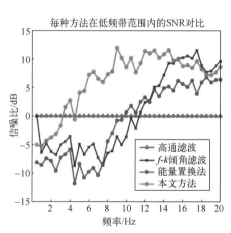

图 8.10　低频带范围的 SNR 结果

图 8.11　一个伪低频反射波块中学习的字典原子

3.2　实际陆地数据例子

将本文方法应用于具有面波噪声的实际陆地地震记录，实际地震数据来自油田陆地采集。我们将所提出的方法应用于一个包含面波噪声的道集，与合成示例类似，我们还与其他方法进行了比较。在实际数据示例中，我们还将本文方法中使用的速度掩模应用于其他方法，以更好地保留反射波。结果如图 8.12 所示。图 8.12（a）为面波干扰的原始数据；图 8.12（b）～图 8.12（e）为不同方法的衰减结果；图 8.12（f）～图 8.12（j）为与图 8.12（a）～图 8.12（e）对应的低频分量；图 8.12（k）～图 8.12（n）为原始噪声数据与不同方法衰减结果之间的差异。

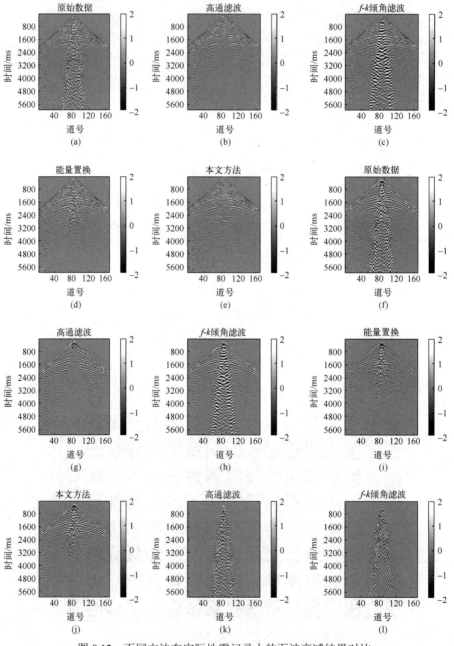

图 8.12　不同方法在实际地震记录上的面波衰减结果对比

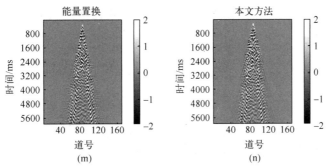

图 8.12 不同方法在实际地震记录上的面波衰减结果对比（续）

从图 8.12 中可以看到，高通滤波方法（截止频率为 12Hz）的结果去除了面波区域内的所有低频信息，导致恢复的反射波同相轴不连续。$f-k$ 倾角滤波器结果（倾角参数为 60°）具有相对强能量的面波残差，因此对于面波衰减任务是失败的。能量置换法衰减了大部分面波能量，从低频带分量可以看出，该方法使一些同相轴变得更加连续，然而不能将面波与反射波分开，因此面波噪声虽然很弱，但在处理结果中仍然可见。本文方法的参数设置如下：倾角滤波器的截止倾角为 40°；低频带不超过 12Hz；中频介于 12Hz 到 40Hz 之间。在稀疏编码步骤中，我们进行了多次测试，选择的参数如下：原子数为 64，小块划分参数为 $H=100$，$W=40$，$h=95$，和 $w=35$。本文方法的结果表明，速度掩模内低频反射波从混叠的面波和低频反射中得以分离，从而恢复的反射波更清晰，并且包含更少的面波噪声。此外，从图 8.12 所示的低频分量来看，被面波破坏的同相轴得到了很好的恢复，变得更加自然和连续。

每种结果的平均频谱如图 8.13 所示。可以看出，$f-k$ 倾角滤波器仅去除了低频带面波噪声的小部分能量。能量置换法、高通滤波器和本文方法都不同程度地衰减了大部分低频带能量；因此，它们对于地震数据中的面波衰减任务是有效的。考虑到地震信号的频谱通常在低频带包含较小的能量，本文方法的结果更真实且更容易被接受。

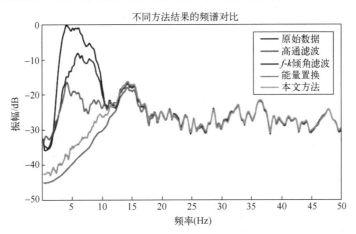

图 8.13 不同面波衰减结果的频谱和面波干扰的原始数据频谱（扫码见彩图）

此外，我们还在图 8.14 中显示了从实际地震数据伪低频反射波的一个小块中学习的原子。小块位于炮集的零偏移距附近，字典原子的大小为 95×35。从中可以看出，原子结构相似但细节不同，这表明稀疏编码方法字典的过完备性。伪低频反射波的形态特征已被学习并以字典原子的形式存储，以便字典可以从混叠数据中提取真实的低频反射波。

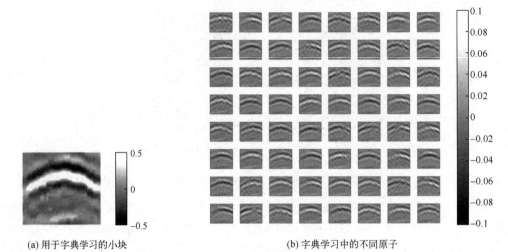

(a) 用于字典学习的小块 　　　　　　　　 (b) 字典学习中的不同原子

图 8.14　使用实际陆地地震数据的伪低频反射波学习的原子。

在实际地震数据处理中，由于没有真实反射波，我们无法计算每个结果的 SNR 进行比较。但是，还有另一个指标可以定性地表示分离任务的有效性：峰度。峰度的公式如下（Decarlo，1997）：

$$\text{Kurtosis}(x) = \frac{E(x-m)^4}{\sigma^4} \qquad (8\text{-}6)$$

式中：x 为随机变量；m 和 σ 分别为该随机变量的均值和标准差；$E(\cdot)$ 为期望。该指标广泛用于盲源分离问题，以衡量两个分量的独立性（Hyvärinen 和 Oja，2000；He 等，2018）。每个分量的峰度之和越大，两个分量越独立（Zarzoso 和 Comon，2010）。峰度假设每个分量都是非高斯分布。这一假设符合地震数据的属性，即概率分布函数（He 等，2018；Yue 等，2013）中包含大量接近零的密度。表 8-1 显示了每种方法的分离分量的峰度之和（为了集中于 $t-x$ 域中面波和反射波的重叠部分，我们只计算速度掩模内的区域，并通过除以样本数，将结果归一化到样本数据大小），我们可以从这个结果中得出结论，本文方法可以最好地分离面波和反射波。

表 8-1　每种方法的峰度度量

方法	原始数据	高通滤波	$f\text{-}k$ 倾角滤波	能量置换	本文方法
峰度	4.50×10^{-3}	1.69×10^{-2}	5.4×10^{-3}	1.29×10^{-2}	2.04×10^{-2}

4　讨论和未来的工作

在本节中，我们将讨论本文方法应用于大型实际陆地地震记录时出现的问题。

首先，我们将讨论本文方法中参数的选择。在式（8-3）中，我们引入了均值滤波器来去除伪低频带反射波中的直流和近零频率分量。均值滤波器中唯一的参数是滤波器长度。对于较长的滤波器长度，去除的部分相对较少（如果滤波器长度等于地震道长度，则仅去除直流分量）；相反，如果滤波器长度设置得短，则去除更多的低频分量（如果滤波器长度为 1，则去除整个地震道）。因此，我们可以通过改变平均滤波器尺寸来控制去除近零频率分量的规模。在实践中，我们分析了不包含面波噪声的地震道频谱，并调整了平均滤波器长度，使伪低频带反射波的低频特性更像未受干扰的真实反射波的低频特性。此外，为了在稀疏编码和重建步骤中权衡拟合项和稀疏项，在我们的实验中，参数 λ 和 μ 是根据经验确定的。对于 λ，如果合成的伪低频带反射波比较平滑和连续，意味着噪声比较弱，那么我们更倾向选择较大的 λ，这使学习的字典更能代表低频带特征。否则，应减小 λ 的值以使原子具有更多的变化。对于参数 μ，如果混合数据中面波的能量相对较弱，我们可以选择较小的 μ，这实际上增加了第一项的权重，使字典原子的线性组合更准确地拟合。然而，在混合数据中面波携带大量能量的情况下，由于强面波噪声的影响，我们更倾向增加 μ 以增强恢复的低频反射波和伪低频反射波之间的相似性，并降低拟合项的置信度。原子数是通过实验选择的。我们从初始值增加原子数，直到结果几乎没有变化，并且在接下来的步骤中保留可以达到满意结果的最小原子数。对于式（8-4）中字典 D 的初始化，我们使用均匀分布 U（−0.5，0.5）随机初始化 D 的每个部分，然后通过划分其 2−范数来归一化每个原子（列向量），以约束每个原子为单位向量。

另一个需要讨论的是本文方法在实际应用中的效率问题。在实际地震应用中，时间成本至关重要。本文方法所需时间成本相对较高的步骤是稀疏编码和重构。因此，块的尺寸和块重叠率对时间成本的影响很大。小块之间的更多重叠将需要更多的处理时间。但是，如果我们降低小块尺寸和重叠率，学习的原子过于关注局部而无法捕获地震同相轴的有效信息，结果将受到影响，即我们需要在处理速度和准确性之间做出权衡。对于本文方法，要处理大小为 1071×160 的地震道集并获得令人满意的结果，大约需要 1 分钟的时间（在 Intel Corei7-7700K CPU 4.20 GHz 和 16-GB RAM 的台式计算机上进行实验，使用 MATLAB R2017b 进行编程）。

但是，有一种提高处理效率的方案。考虑到低频带是带限的，截止频率相对较低，因此，根据 Nyquist 采样定理，我们可以将低频带混叠反射和伪低频带反射波重新采样到相同的尺度，那么块尺寸就可以设置得更小，总体数量也变得更少。重建步骤完成后，将重建的低频反射波插值到原始采样率，而不会损失精度。使用这种策略，我们的时间成本从大约 1 分钟降低到了几秒，这有利于处理大型地震数据。

5 结论

在本文中，我们提出了一种从陆上地震资料中分离面波的新方法。我们首先分析了反射波的频带形态相似性，并利用基于希尔伯特变换的方法从中频带干净反射波中合成伪低频反射波。然后，对伪低频带应用模式编码方法以学习低频反射波字典，并利用学习的字典从 $f-k$ 倾角滤波预处理的混叠数据（包含剩余面波和反射波）中重建低频反射波。恢复的低频反射波与高频反射波相叠加，形成不含面波噪声的全频反射波分量。合成和实际地震数据的实验证明，本文方法可以在分离面波噪声的同时很好地保留低频反射波。对于实际陆地地震数据，分离分量的峰度之和表明，本文方法分离的面波和反射波更加独立，因此具有更好的性能。

附录

在本节中，我们将讨论地震数据的频带形态相似性及为什么希尔伯特变换可以保持形态相似性。

首先，考虑地震道集的同相轴，第 k 道和第 $k+1$ 道的波形峰值在 Δt 不同。将第 k 道表示为 $f_k(t)$，然后，我们有

$$f_k(t) = f_{k+1}(t + \Delta t) \tag{8-7}$$

然后，我们用低通和带通滤波器对每一道进行滤波，以获得地震数据的低频带和中频带分量。我们将第 k 道的低频带和中频带表示为 l_k 和 m_k；因为反射波不像面波，没有频散现象，我们有

$$m_k(t) = m_{k+1}(t + \Delta t)$$
$$l_k(t) = l_{k+1}(t + \Delta t) \tag{8-8}$$

这种不同频带的不变量就是我们所说的频带形态相似性。然后，我们将讨论为什么我们使用希尔伯特变换将中频带转换到低频带，而不是在通信工程领域广泛使用的频率调制。中频带分量的希尔伯特变换，我们有

$$P_k(t) = \text{Hilbert}(m_k(t))$$
$$= \frac{1}{\pi t} * m_k(t) \tag{8-9}$$

式中：$*$ 为卷积；$p_k(t)$ 为第 k 道的中频带信号的希尔伯特变换。以 $m_k(t)$ 为实部、$p_k(t)$ 为虚部的解析信号包络，用于基于式（8-2）和式（8-3）生成伪低频反射波。然后有

$$P_k(t) = \text{Hilbert}(m_{k+1}(t))$$
$$= \text{Hilbert}(m_k(t + \Delta t))$$
$$= \frac{1}{\pi t} * m_k(t + \Delta t) \tag{8-10}$$
$$= p_k(t + \Delta t)$$

我们发现伪低频带的形态特征与中频带相同，也与真实低频带 $l(t)$ 的形态特征相同。这一结果表明，希尔伯特变换可以保留不同频段的形态相似性，可用于从低频带中提取有效信号。

然而，对于使用余弦函数将中频带移至低频带的调制方法，则不保留形态特征：

$$q_k(t) = m_k(t)\cos(\omega_0 t)$$
$$q_{k+1}(t) = m_{k+1}(t)\cos(\omega_0 t)$$
$$= m_k(t + \Delta t)\cos(\omega_0 t) \tag{8-11}$$
$$\neq m_k(t + \Delta t)\cos(\omega_0(t + \Delta t)) = q_k(t + \Delta t)$$

这意味着使用余弦函数的调制不能保持频带形态相似性。因此，我们选择使用希尔伯特变换来进行频移。

在图 8.15 中，我们展示了希尔伯特变换保持形态结构的有效性。图 8.15（a）为真正的低频带；图 8.15（b）为用于合成伪低频带的真实中频带；图 8.15（c）为通过希尔伯特变换合成的伪低频带；图 8.15（d）为通过余弦调制合成的伪低频带。在 $t-x$ 域（图 8.15 上）中，本文方法中应用希尔伯特变换获得的伪低频带具有与真实低频带相似的形态结构，但余弦调制结果不保留反射波同相轴的趋势。在 $f-k$ 域（图 8.15 下）中，使用希尔伯特变换方法合成的伪低频带类似于真实的低频带，而余弦调制只是将中频带能量沿 f 方向移动到低频区域。

上述讨论和结果表明，本文方法的伪低频带能够保持形态相似性，这对于从与面波噪声混叠的地震反射波进行稀疏编码和鲁棒重建非常重要。

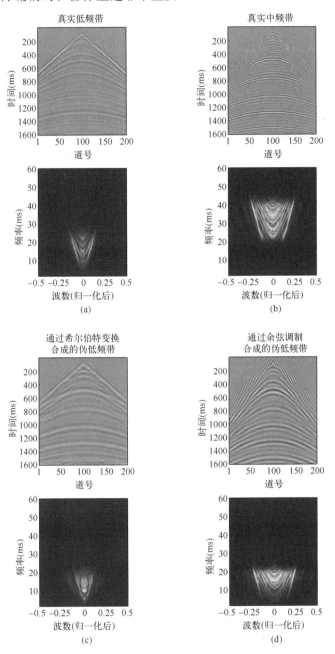

图 8.15　希尔伯特变换和余弦调制生成伪低频带的比较

参考文献

[1]　Beckouche S，Ma J. Simultaneous dictionary learning and denoising for seismic data [J]. Geophysics，2014，79（3）：A27-A31.

[2]　Boustani B，Torabi S，Javaherian A，et al. Ground roll attenuation using a curvelet-SVD ilter：a case study

from the west of Iran [J]. Journal of Geophysics & Engineering，2013，10（5）：055006.

[3] Chen Y，Jiao S，Ma J，et al. Ground-roll noise attenuation using a simple and effective approach based on local band-limited orthogonalization [J]. IEEE Geoscience & Remote Sensing Letters，2015，12（11）：2316-2320.

[4] Corso G，Kuhn P S，Lucena L S，et al. Seismic ground roll time-frequency filtering using he gaussian wavelet transform [J]. Physica A Statistical Mechanics & Its Applications，2003，318（3-4）：551-561.

[5] De Matos M C. Wavelet transform filtering in the 1D and 2D for ground roll suppression [C]. SEG Technical Program Expanded Abstracts，Society of Exploration Geophysicists，2002：2245-2248.

[6] Decarlo L T. On the meaning and use of kurtosis [J]. Psychological Methods，1997，2（3）：292-307.

[7] Deighan A J，Watts D R. Ground-roll suppression using the wavelet transform [J]. Geophysics，1997，62（6）：1896-1903.

[8] Dobrin，Milton B. Dispersion in seismic surface waves [J]. Geophysics，2002，16（1）：63-80.

[9] Embree P，Burg J P，Backus M M. Wide-band velocity filtering—the pie-slice process [J]. Geophysics，1963，28（6）：948-974.

[10] Gelili K，Karsl H. F-K filtering using the Hartley transform [J]. Journal of Seismic Exploration，1998，7（2）：101-107.

[11] Gholami A. Non-convex compressed sensing with frequency mask for seismic data reconstruction and denoising [J]. Geophysical Prospecting，2014，62（6）：1389-1405.

[12] Gholami A，Sacchi M D. A fast and automatic sparse deconvolution in the presence of outliers [J]. IEEE Transactions on Geoscience and Remote Sensing，2012，50（10）：4105-4116.

[13] Glasner D，Bagon S，Irani M. Super-resolution from a single image [C]. IEEE 12th nternational Conference on Computer Vision，2009：349-356.

[14] Goldstein T，Osher S. The split bregman method for l1-regularized problems [J]. SIAM Journal on Imaging Sciences，2009，2（2）：323-343.

[15] He J，Deng Y，Deng D，et al. Dual-sensor signal wavefield separation based on non-Gaussianity maximum under undulating sea surface [J]. Oil Geophysical Prospecting，2018，53（4）：694-702.

[16] Hosseini S A，Javaherian A，Hassani H，et al. Adaptive attenuation of aliased ground roll using the shearlet transform [J]. Journal of Applied Geophysics，2015，112：190-205.

[17] Hyvärinen A，Oja E. Independent component analysis：algorithms and applications [J]. Neural Networks，2000，13（4-5）：411-430.

[18] Lee H，Battle A，Raina R，et al. Efficient sparse coding algorithms [J]. Advances in Neural Information Processing Systems，2007，19：801-808.

[19] Liang H. Energy replacement surface wave suppression technique based on frequency constraint [J]. Progress in Geophysics，2017，32（3）：1169-1173.

[20] Liang J，Ma J，Zhang X. Seismic data restoration via data-driven tight frame [J]. Geophysics，2014，79（3）：V65-V74.

[21] Liu J，Lu W，Zhang Y. Adaptive multiple subtraction based on sparse coding [J]. IEEE Transactions on Geoscience and Remote Sensing，2017，55（3）：1318-1324.

[22] Liu Z，Chen Y，Ma J. Ground roll attenuation by synchrosqueezed curvelet transform [J]. Journal of Applied Geophysics，2018，151：246-262.

[23] Lu W. Localized 2-D filter-based linear coherent noise attenuation [J]. IEEE Transactions on Image

Processing，2001，10（9）：1379-1383.

[24] Lu W，Zhang S. Seismic-controlled extrapolation of well-log parameters based on requency-shift [J]. Chinese Journal of Geophysics，2004，47（2）：2452.

[25] Manjón J V，Coupé P，Buades A，et al. MRI superresolution using self-similarity and image priors [J]. Journal of Biomedical Imaging，2010：1-11.

[26] Miao X，Cheadle S P. Noise attenuation with wavelet transforms [J]. SEG Technical Program Expanded Abstracts，1999，17（1）：1072.

[27] Morse P F，Hildebrandt G F. Ground-roll suppression by the stackarray [J]. Geophysics，1989，54（3）：290-301.

[28] Neelamani R，Baumstein A I，Gillard D G，et al. Coherent and random noise attenuation using the curvelet transform [J]. The Leading Edge，2008，27（2）：240-248.

[29] Nemeth T，Sun H，Schuster G T. Separation of signal and coherent noise by migration filtering [J]. Geophysics，2000，65（2）：574-583.

[30] Olshausen B A，Field D J. Sparse coding with an overcomplete basis set：a strategy employed by v1 [J]. Vision Research，1997，37（23）：3311-3325.

[31] Saatçilar，Ruhi. A method of ground-roll elimination [J]. Geophysics，1988，53（7）：894-902.

[32] Shieh C-F，Herrmann R B. Ground roll：Rejection using polarization filters [J]. Geophysics，1990，55（9）：1216-1222.

[33] Suetake N，Sakano M，Uchino E. Image super-resolution based on local self-similarity [J]. Optical review，2008，15（1）：26-30.

[34] Wang W，Gao J，Chen W，et al. Data adaptive ground-roll attenuation via sparsity promotion [J]. Journal of Applied Geophysics，2012，83：19-28.

[35] Xu J，Lei Z，Zuo W，et al. Patch group based nonlocal self-similarity prior learning for mage denoising [C]. IEEE International Conference on Computer Vision，2015，244-252.

[36] Yang J，Wright J，Huang T S. Image super-resolution via sparse representation [J]. IEEE Transactions on Image Processing，2010，19（11）：2861-2873.

[37] Yarham C，Herrmann F J. Bayesian ground-roll separation by curvelet-domain sparsity promotion [C]. SEG Technical Program Expanded Abstracts，2008：2576-2580.

[38] Yue B，Peng Z，Zhang Q. α -stable distribution seismic signal characteristic exponent estimation [J]. Journal of Jilin University （Earth Science Edition），2013，43：2026-2034.

[39] Zarzoso V，Comon P. Robust independent component analysis by iterative maximization of the kurtosis contrast with algebraic optimal step size [J]. IEEE Transactions on Neural Networks，2010，21（2）：248-261.

[40] Zhang R，Ulrych T J. Physical Wavelet Frame Denoising [J]. Geophysics，2003，68（1）：225-231.

[41] Zhou Y，Gao J，Chen W，et al. Seismic simultaneous source separation via patchwise sparse representation [J]. IEEE Transactions on Geoscience & Remote Sensing，2016，54（9）：5271-5284.

[42] Zhu L，Liu E，Mcclellan J H. Seismic data denoising through multiscale and sparsity-promoting dictionary learning [J]. Geophysics，2015，80（6）：WD45-WD57.

（本文来源及引用方式：Zhuang J，Lu W. Blind separation of ground-roll using interband morphological similarity and pattern coding [J]. IEEE Transactions on Geoscience and Remote Sensing，2020，58（10）：7166-7177.

论文 9　基于稀疏编码的多次波自适应相减

摘要

　　多次波去除是地震数据处理的关键步骤之一。在自由表面相关的多次波衰减方法中，多次波自适应相减技术非常重要。本文利用稀疏编码技术（AMS-SC），提出了一种新的基于模式的多次波自适应相减方法。通过假设多次波在时空域中由不同于一次波的模式组成，该方法首先通过稀疏编码从预测多次波中获得一些基向量来准确地表示多次波的模式，然后利用这些基向量估计地震数据中包含的多次波。传统的滤波方法通过直接将预测的多次波拟合到地震数据中来估计多次波，而稀疏编码技术通过使用从预测的多次波中获得的基向量重建地震数据来获得多次波估计。稀疏编码技术对预测多次波和真实多次波之间的差异具有鲁棒性，并且很好地保留了一次波。稀疏编码技术在几个数据集上的应用效果表明了方法的有效性。

1　引言

　　自由表面相关的多次波衰减（SRME）（Verschuur 和 Berkhout，1992）取得了令人瞩目的成果。多次波预测和相减是多次波衰减的两个关键步骤。与真实多次波相比，预测多次波通常表现出子波差异、振幅不一致和时间偏移等问题。这些问题被认为是由采集子波、电缆羽化、联络测线方向倾斜、边界效应和有限偏移范围的变化（Dragoset 和 Jeričević，1998；Lu，2006）引起的。因此，多次波自适应相减技术对提高多次波衰减方法的性能非常重要。

　　近年来已经开发了多种用于多次波自适应相减的技术。最小二乘（LS）相减方法（Berkhout 和 Verschuur，1997；Verschuur 和 Berkhout，1997）通过 L_2 范数估计匹配滤波器发展起来，但这种方法的有效性基于一次波和多次波正交的假设（Wang，2003；Guitton 和 Verschuur，2004）。之后提出了更先进的技术来解决这个问题。Guitton 和 Verschuur（2004）提出了基于 L_1 范数的匹配滤波器，这种方法可以很好地适应多次波远弱于一次波的数据。Lu（2006）、Kaplan 等（2008）和 Lu 等（2008）使用了基于独立分量分析的多次波自适应相减方法。此外，还开发了基于模式的方法（Spitz，1999；Guitton，2005）和 3-D 匹配滤波器方法（Li 和 Lu，2013）。多次波自适应相减的主要挑战是如何在不损坏一次波的情况下衰减多次波（Ventosa 等，2012）。当把预测多次波拟合到地震数据中时，预测多次波与真实多次波之间存在的差异也会是一项挑战。此外，当道间距与炮间距不一致时，自由表面相关的多次波预测通常需要使用插值技术，这可能会导致多次波模型的预测结果不够准确（Guitton，2005）。上述提到的所有方法都会使匹配滤波器达不到预期的性能。我们从中得到启发，如果可以使用一些关键模式来表示预测多次波，进而对地震数据中的多次波进行重建，那么上述问题可能会在一定程度上得到解决。基于模式的技术可以在相减算法之前提取预测多次波的模式，因此对预测多次波中存在的建模差异不敏感（Guitton，2005）。

　　本文提出了一种基于模式的方法，采用稀疏编码来学习预测多次波中包含的模式。稀疏编码（Olshausen 和 Field，1996；Olshausen 和 Field，1997）是一种广泛使用的无监督方法，用于揭示自然图像块的潜在特征，取得了令人印象深刻的成果（Pokrass 等，2013；Elhamifar

等，2012；Castrodad 和 Sapiro，2012；Song 等，2012；Mairal 等，2012；Zeiler 等，2011；Yang 等，2009；Raina 等，2007；Yang 等，2010；Mairal 等，2009；Elad 和 Aharon，2006）。大多数稀疏编码的应用都包含两个过程，第一个过程是字典学习，从一些未标记的数据中学习过完备的基向量，该基向量最突出的特点是能够捕获这些数据中包含的高级模式（Lee 等，2006）。已经提出了诸如特征符号算法（Lee 等，2006）、在线字典学习（Mairal 等，2009）和 KSVD（Elad 和 Aharon，2006）等方法来解决字典学习问题。第二个过程是基于学习的字典对输入数据编码，这些基向量可以线性组合以重建具有稀疏系数的输入数据，Yang 等（2009）、Raina 等（2007）和 Wright 等（2009）的特殊特征已被证明是由稀疏系数来分类。此外，重建过程可以消除随机噪声，这也是一种很好的去噪方法（Elad 和 Aharon，2006）。

在本文中，我们提出了一种基于稀疏编码（稀疏编码技术）的多次波自适应相减方法。在稀疏编码技术中，预测的多次波首先用于学习基向量，在这个过程中，我们可以获得关键模式，并消除预测多次波中包含的噪声。其次采用这些基向量来重建地震数据中的多次波，重建系数被限制为稀疏的。最后从地震数据中减去重建的多次波从而获得估计的一次波。通过使用基向量重建地震数据，稀疏编码技术对预测多次波和真实多次波之间的差异或预测多次波模型的不足不那么敏感。合成数据和野外数据的应用表明了稀疏编码技术方法的有效性。

本文的其余部分安排如下。第 2 节介绍了稀疏编码技术的理论，包括模式学习阶段和多次波自适应相减阶段。第 3 节是实验部分，介绍了稀疏编码技术的相减结果。此外，我们将稀疏编码技术与标准的基于 L_1 匹配滤波器进行了对比。在第 4 节中，我们讨论了实验参数并给出了稀疏编码技术的应用条件。第 5 节是结论部分。

2　基于稀疏编码的多次波自适应相减

2.1　模式学习

在这里，我们将观测到的地震数据表示为 s，其中包含一次波 p 和多次波 m：

$$s = p + m \tag{9-1}$$

预测的多次波表示为 $\tilde{m}$。为了学习预测多次波的模式和结构，我们将预测多次波划分为重叠的小块。在这里，我们将这些小块的大小表示为 $h \times w$。如果 $d = h \times w$ 并且在所有 n 个小块中存在，我们可以使用所有这些块将预测的多次波表示为 $\tilde{M} \in \mathbb{R}^{d \times n}$。这样，$\tilde{M}$ 的每个列向量对应一个 $h \times w$ 大小的小块。稀疏编码的目标是学习一组基向量，这些基向量可以线性组合以恢复输入数据，即预测多次波的小块。恢复系数被限制为具有 L_1 惩罚因子的稀疏系数，该惩罚因子被认为对不相关的特征（Lee 等，2006；Ng，2004）具有鲁棒性。使用稀疏编码从 $\tilde{M}$ 学习基向量的优化模型表示如下：

$$B = \arg\min_{B,S} \left\| \tilde{M} - B\alpha \right\|_F^2 + \lambda \left\| \alpha \right\|_1$$
$$\text{s.t.} \sum_i B_{i,j}^2 \leqslant c, \quad \forall j \tag{9-2}$$

其中，$B \in \mathbb{R}^{d \times k}$ 表示学习的基向量矩阵，$\alpha \in \mathbb{R}^{k \times n}$ 表示稀疏系数矩阵，λ 是控制 α 稀疏度的参数。注意，k 是所有基向量的个数，通常在稀疏编码问题中满足 $k > d$ 来学习过完备基向量。过完备基向量的好处是包含大量模式（Lee 等，2006）和移位不变特征（Elad 和 Aharon，2006；

Coifman 和 Donoho，1995）。$\boldsymbol{B}$ 的每一列对应一个基数，$\boldsymbol{\alpha}$ 的每一列对于 L_1 形式的惩罚因子是稀疏的。因此，$\tilde{\boldsymbol{M}}$ 的每一列都可以由 $\boldsymbol{B}$ 中的几个基向量重建：

$$\tilde{\boldsymbol{M}}_i \approx \boldsymbol{B}^{(i)}\boldsymbol{\alpha}_i^{(i)}, i=1,\cdots,n \tag{9-3}$$

式中：$\boldsymbol{B}^{(i)}$ 为仅包含 $\boldsymbol{B}$ 的部分列的子矩阵；对应于 $\boldsymbol{\alpha}_i \neq 0$ 的索引，$\boldsymbol{\alpha}_i^{(i)}$ 为由 $\boldsymbol{\alpha}_i$ 的非零元素组成的向量。学习到的基向量 $\boldsymbol{B}$ 可以表示预测多次波 $\tilde{\boldsymbol{M}}$ 的关键模式和特征。使用这些基向量来表示预测的多次波的一个附带结果是消除可能存在的噪声。已经提出了许多有效的算法（Lee等，2006；Mairal 等，2009）来求解公式（9-3）。在这里，我们采用特征符号搜索算法（Lee等，2006）来解决这个优化问题。求解公式（9-3）后，我们可以得到预测多次波的模式。

2.2 多次波自适应相减

为了从地震数据中减去多次波，我们必须恢复该数据中包含的多次波。由于从式（9-2）中学习到的基向量 $\boldsymbol{B}$ 表示预测多次波的关键模式，因此使用这些基向量重建地震数据以获得包含的多次波是合理的。重建过程是通过将基向量与稀疏系数线性组合来近似地震数据。根据基础学习过程，我们依然将地震数据 $\boldsymbol{s}$ 划分为一些大小为 $h \times w$ 的重叠块，并且 $\boldsymbol{S} \in \mathbb{R}^{d \times n}$ 用于表示矩阵形式的所有块。此外，我们在这里引入一个常数矩阵 $\boldsymbol{D}_i \in \mathbb{R}^{d \times t}$，使得 $\boldsymbol{D}_i \boldsymbol{s}$ 对应于 $\boldsymbol{S}$ 的第 i 列，即 $\boldsymbol{s}$ 的第 i 个小块。使用学习的基向量 $\boldsymbol{B}$ 对 $\boldsymbol{S}$ 的重建可以表示为（Elad 和 Aharon，2006）

$$\{\boldsymbol{\beta}, \hat{\boldsymbol{m}}\} = \arg\min_{\boldsymbol{\beta}, \hat{\boldsymbol{m}}} \mu_1 \| \hat{\boldsymbol{m}} - \boldsymbol{s} \|_F^2 + \sum_i \| \boldsymbol{D}_i\hat{\boldsymbol{m}} - \boldsymbol{B}\boldsymbol{\beta}_i \|_2^2 + \mu_2 \| \boldsymbol{\beta} \|_1 \tag{9-4}$$

式中：$\boldsymbol{\beta} \in \mathbb{R}^{k \times n}$ 为重建系数；$\hat{\boldsymbol{m}}$ 为恢复的多次波，即从记录数据中重建数据；$\boldsymbol{D}_i\hat{\boldsymbol{m}}$ 为 $\hat{\boldsymbol{m}}$ 的第 i 个小块；$\boldsymbol{\beta}_i \in \mathbb{R}^{k \times 1}$ 为 $\boldsymbol{\beta}$ 的第 i 列；μ_1 为控制重建误差的参数；μ_2 为控制 $\boldsymbol{\beta}$ 稀疏度的参数。为了解决这个优化问题，我们将其分为两个步骤。第一步是使用学习的基向量获得重建系数 $\boldsymbol{\beta}$：

$$\boldsymbol{\beta} = \arg\min_{\boldsymbol{\beta}} \| \boldsymbol{S} - \boldsymbol{B}\boldsymbol{\beta} \|_F^2 + \mu_2 \| \boldsymbol{\beta} \|_1 \tag{9-5}$$

可以用与求解式（9-2）相同的方法来求解这个方程。但是，为了提高效率，我们将其简化为 LS 问题。我们首先将式（9-5）分解为一系列独立的优化问题，如下所示：

$$\boldsymbol{\beta}_i = \arg\min_{\boldsymbol{\beta}_i} \| \boldsymbol{S}_i - \boldsymbol{B}\boldsymbol{\beta}_i \|_F^2 + \mu_2 \| \boldsymbol{\beta}_i \|_1, \quad i=1,\cdots,n \tag{9-6}$$

这样，可以逐列优化 $\boldsymbol{\beta}$。然后我们尝试去除 L_1 惩罚因子，从而将其转化为 LS 问题。假设预测多次波和真实多次波之间没有差异，那么用来表示预测的多次波和地震数据中包含的多次波的基向量应该是完全相同的。只需要几个基向量来重建包含的多次波。在这种情况下，式（9-6）中的优化问题可以简化为

$$\boldsymbol{\beta}_i^{(i)} = \arg\min_{\boldsymbol{\beta}_i^{(i)}} \left\| \boldsymbol{S}_i - \boldsymbol{B}^{(i)}\boldsymbol{\beta}_i^{(i)} \right\|_2^2, \quad i=1,\cdots,n \tag{9-7}$$

式中：$\boldsymbol{B}^{(i)}$ 与式（9-3）中使用的 $\boldsymbol{B}$ 的子矩阵相同；$\boldsymbol{\beta}_i^{(i)}$ 为由 $\boldsymbol{\beta}_i$ 的元素组成的向量，这些元素对应于 $\boldsymbol{\alpha}_i$ 的非零元素。这里不需要 L_1 惩罚因子，因为我们只需要计算 $\boldsymbol{\beta}_i$ 的那些选定元素，其他元素设置为零，这确保了 $\boldsymbol{\beta}_i$ 的稀疏性与 $\boldsymbol{\alpha}_i$ 相同。这个问题可以比式（9-5）中表达的原始优化问题更有效地解决。但在实践中，差异总是存在的。出于这个原因，我们需要考虑除 $\boldsymbol{\alpha}_i$

选择的一组基向量 $\boldsymbol{B}^{(i)}$ 之外的其他基向量。由式（9-3），得到用于表示预测多次波的每一块的基向量组。考虑到这些差异，我们应该从一些可选的基向量组中识别出最合适的基向量组，这些基向量分别用于表示第 i 个块的每个相邻块，从而表示包含的多次波的第 i 个块。因此，我们遍历这些基向量组，以找到具有最小重建误差的最佳组：

$$\left\{\hat{t},\hat{\boldsymbol{\beta}}_i^{(i)}\right\}=\arg\min_{t\in\mathcal{N}(i)}\min_{\boldsymbol{\beta}_i^{(t)}}\left\|\boldsymbol{S}_i-\boldsymbol{B}^{(t)}\boldsymbol{\beta}_i^{(t)}\right\|_2^2,\ \ i=1,\cdots,n \tag{9-8}$$

式中：$\mathcal{N}(i)$ 为第 i 个块的相邻块的索引；(t) 为对应于 $\boldsymbol{\alpha}_t$ 的非零元素的索引。请注意，即使没有 L_1 惩罚因子，此解决方案仍然是稀疏的。$\boldsymbol{\beta}_i^{(t)}$ 的稀疏性与 $\boldsymbol{\alpha}_t$ 相同。式（9-8）是式（9-6）的简化问题，同时考虑了预测多次波和真实多次波之间的差异和共性。式（9-8）的闭式解是

$$\hat{\boldsymbol{\beta}}_i^{(t)}=((\boldsymbol{B}^{(t)})^{\mathrm{T}}\boldsymbol{B}^{(t)})^{-1}(\boldsymbol{B}^{(t)})^{\mathrm{T}}\boldsymbol{S}_i,\ \ i=1,2,\cdots,n,\ \ t\in N(i)$$
$$\hat{t}=\arg\min_t\left\|\boldsymbol{S}_i-\boldsymbol{B}^{(t)}\hat{\boldsymbol{\beta}}_i^{(t)}\right\|_2^2,\ \ t\in N(i) \tag{9-9}$$
$$\hat{\boldsymbol{\beta}}_i^{(t)}=((\boldsymbol{B}^{(i)})^{\mathrm{T}}\boldsymbol{B}^{(i)})^{-1}(\boldsymbol{B}^{(i)})^{\mathrm{T}}\boldsymbol{S}_i,\ \ i=1,2,\cdots,n$$

在相应的索引处将零填充到 $\hat{\boldsymbol{\beta}}_i^{(t)}$ 后，可以获得完整的 $\boldsymbol{\beta}_i$。然后我们用这些系数对记录的数据进行重建，从而得到其中包含的多次波：

$$\hat{\boldsymbol{m}}=\arg\min_{\hat{\boldsymbol{m}}}\mu_1\|\hat{\boldsymbol{m}}-\boldsymbol{s}\|_F^2+\sum_i\left\|D_i\hat{\boldsymbol{m}}-B\beta_i\right\|_2^2 \tag{9-10}$$

其闭式解是

$$\hat{\boldsymbol{m}}=\left(\mu_1\boldsymbol{I}+\sum_i\boldsymbol{D}_i^{\mathrm{T}}\boldsymbol{D}_i\right)^{-1}\left(\mu_1\boldsymbol{s}+\sum_i\boldsymbol{D}_i\boldsymbol{B}\boldsymbol{\beta}_i\right) \tag{9-11}$$

这是从记录数据中恢复的多次波。由于基向量是预测多次波的关键模式的表示，因此该重建过程仅恢复记录数据中包含的多次波。最后，可以通过简单的减法运算获得一次波：

$$\boldsymbol{p}=\boldsymbol{s}-\hat{\boldsymbol{m}} \tag{9-12}$$

稀疏编码技术的整个流程如图 9.1 所示。

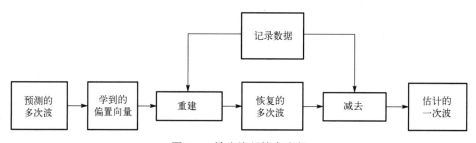

图 9.1   稀疏编码技术流程

3   应用例子

在本节中，我们分别展示了稀疏编码技术在不同类型数据集上的性能。我们将稀疏编码技术应用于合成数据和真实数据。为了测试稀疏编码技术的适应性和鲁棒性，我们在一个合成数据集上进行了一项实验，在一个野外数据集进行了三项实验。此外，在相同块大小的前

提下，我们与基于 L_1 范数的标准二维匹配滤波器进行了比较。野外数据由二维海洋地震测线采集，具有 2419 炮，炮间距为 25m，道间距为 12.5m。每个共炮点道集中包含 400 道，每道包含 4000 个时间样本，时间采样间隔为 2ms。本文采用最近邻插值技术，使二维多次波衰减中的炮间距与道间距相同。基于抛物线 Radon 的算法（Kabir 和 Verschuur，1995）也被用来推断缺失的近偏移距数据。对该野外数据的提取数据进行了三个实验。第一个实验是为了证明稀疏编码技术能很好地适应一次波和多次波非正交的情况，这个实验使用的数据中具有耦合的一次波和多次波，并且一次波的能量更强。第二个实验中检查了稀疏编码技术保留基础一次波的能力，在实验数据中，一次波远弱于多次波，甚至完全被多次波覆盖。第三个实验是测试稀疏编码技术在预测多次波与地震数据中包含的多次波存在差异的情况下是否表现良好，实验数据中包含时间偏移和振幅差异。

3.1 合成数据例子

为了展示稀疏编码技术的性能，我们首先将其应用于合成数据集。在这里使用的合成数据是 Sigsbee 数据集，并且具有一次波真实解。稀疏编码技术对该数据集的多次波相减结果如图 9.2 所示。此外，还显示了基于 L_1 的匹配滤波器的相减结果进行对比。由于一次波存在真实解，我们还展示了这两种方法的估计一次波与真实一次波之间的差异。图 9.2（a）是地震数据，图 9.2（b）展示了真实多次波。图 9.2（c）和图 9.2（d）分别展示了基于 L_1 的匹配滤波器和所提出方法的估计一次波。图 9.2（e）和图 9.2（f）展示了这两种方法去除的多次波，与图 9.2（b）中的真实多次波相比，我们可以看到多次波被基于 L_1 的匹配滤波器过度衰减，但在本文方法中得到了很好的保留，如黑色箭头所示。估计一次波和真实一次波之间的差异图也证明了这一点，图 9.2（g）是基于 L_1 的匹配滤波器方法的差异图，图 9.2（f）表示本文方法的差异图。从这两个图中我们可以看出，本文方法的估计一次波与真实一次波之间的差异远小于基于 L_1 的匹配滤波器方法，尤其是在箭头指示的地方。本文方法在保留一次波同时去除多次波方面优于基于 L_1 的匹配滤波器方法。我们还计算了恢复的一次波与真实一次波相比的均方误差（MSE）。本文方法的 MSE 为 5.64×10^{-5}，而 L_1 方法的 MSE 为 1.14×10^{-4}，是本文方法的两倍。

3.2 真实数据例子

在第 2 节中，我们已经展示了表示预测多次波关键模式的学习基向量，用于重建地震数据中包含的多次波。通过采用 L_1 惩罚因子，重建系数是稀疏的，因此稀疏编码技术方法不需要满足正交性假设条件。为了证明这一特性，在第一次真实数据实验中，我们将稀疏编码技术应用于从野外数据中提取的部分，其中包含强一次波和弱多次波，并伴有干扰。在这种情况下，一次波和多次波被认为是非正交的（Guitton 和 Verschuur，2004）。如果稀疏编码技术在这种情况下可以很好地保留一次波，则可以证明本文方法不需要满足一次波和多次波正交性假设条件。地震数据和预测多次波分别如图 9.3（a）和图 9.3（b）所示，一次波强于多次波，尤其是在记录数据的中心部分。此外，一次波和多次波干扰严重。原始地震数据［图 9.3（a）］和估计一次波［图 9.3（c）］之间的对比显示了一次波保存完好，而多次波几乎被衰减。从恢复的多次波［图 9.3（d）］和估计的一次波［图 9.3（c）］可以清楚地看到，一次波没有被过度衰减。为了对比，图 9.3（e）和图 9.3（f）中显示了基于标准 L_1 匹配滤波器方法估计的一次波和恢复的多次波。我们可以从图 9.3（c）和图 9.3（e）中观察到，一些一次波被基于 L_1 的匹配滤波器所扭曲，与标准的基于 L_1 匹配滤波器方法相比，本文的稀疏编码技术更好地保留了一次波，如箭头所示。通过对比这两种方法恢复的多次波也可以得出相同的结论[图 9.3（d）和图 9.3（f）]。此外，本文的稀疏编码技术展示了更连续的恢复多次波。

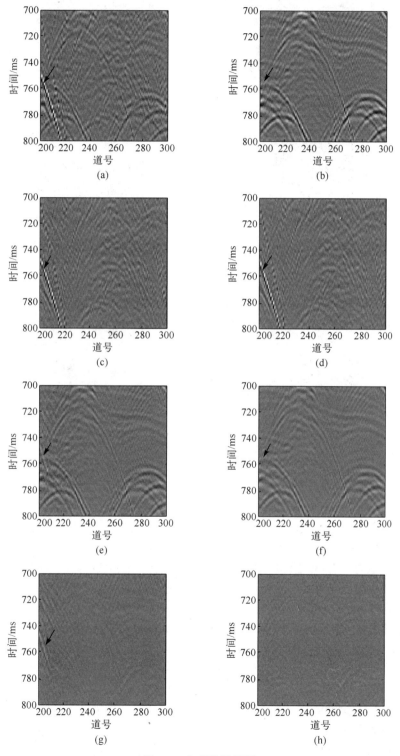

图 9.2　合成数据示例

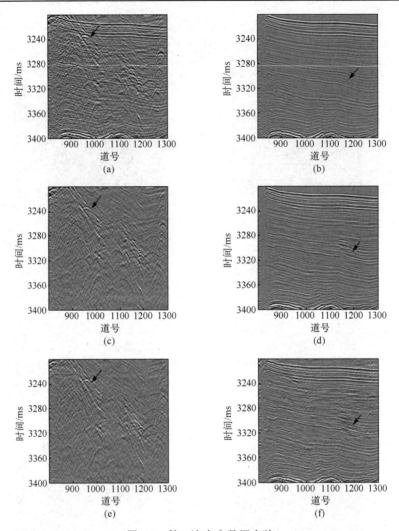

图 9.3　第一次真实数据实验

　　多次波自适应相减的目标是突出一次波的同时衰减多次波。有时由于被强多次波覆盖，一次波非常弱，甚至无法在地震数据中识别。如果多次波被过度衰减，这些一次波就很容易被破坏。为了证明稀疏编码技术可以保留弱一次波，第二个实验是在包含强多次波和弱一次波的真实数据上进行。从地震数据［图 9.4（a）］和估计的一次波［如图 9.4（c）］中箭头指示的地方，我们可以看到地震数据中的一次波被多次波覆盖。标准的基于 L_1 匹配滤波器的多次波相减结果如图 9.4（e）和图 9.4（f）所示，分别展示了估计的一次波和恢复的多次波。通过比较预测的多次波［图 9.4（b）］和稀疏编码技术的恢复多次波［图 9.4（d）］，很明显，我们方法重建的多次波得到了很好的估计和衰减，而不会干扰目标一次波。类似地，从图 9.4（b）和图 9.4（f）中箭头指示的地方，我们可以注意到基于 L_1 的匹配滤波器方法错误地衰减了一些一次波。

　　在第三次真实数据实验中，我们测试了稀疏编码技术是否能够适应预测多次波与真实多次波之间的时间偏移和振幅差异。稀疏编码技术的实验结果如图 9.5 所示，分别展示了地震数据［图 9.5（a）］、估计的一次波［图 9.5（c）］、预测的多次波［图 9.5（b）］，以及恢复的多次波［图 9.5（d）］。通过从预测多次波中减去恢复多次波，可以很容易地证明，实验数据中预测的多次波与真实多次波之间存在时间偏移和振幅差异。尽管如此，我们从估计的一次波中可以看到，多次波得到了很好衰减，并且残差非常小[图 9.5（b）]。从估计的一次波[图 9.5（e）]和恢复的多次波[图 9.5（f）]中，我们可以观察到，尽管基于 L_1 的匹配滤波器估计的一次波中保留了较少的剩余多次波，但一次波被严重破坏。

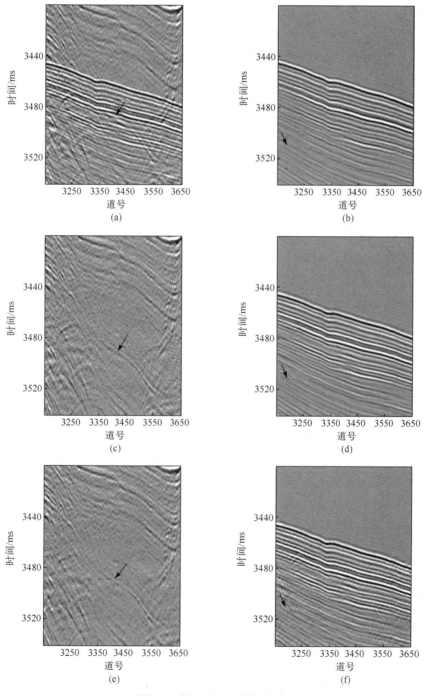

图 9.4　第二次真实数据实验

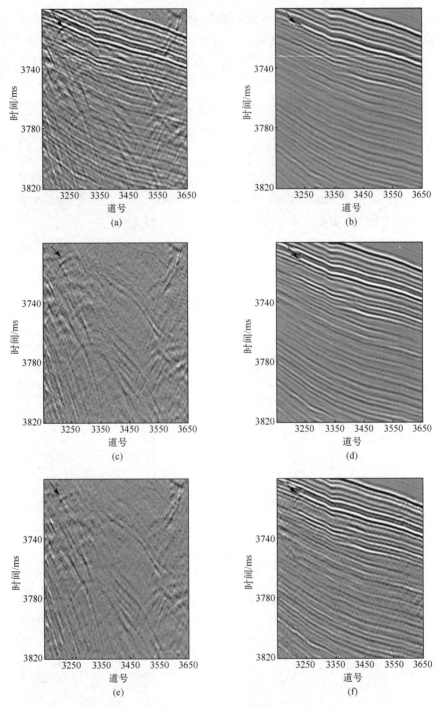

图 9.5　第三次真实数据实验

4　讨论

在本节中，我们主要讨论小块尺寸对多次波相减结果的影响。基于模式的方法通常假设一次波和多次波显示不同的模式（Guitton，2005）。这个假设在大多数情况下成立，但当一次波和多次波相关时可能会失败。如果将基于模式的方法扩展到三维情况，则可以解决这个问题，在这种情况下，一次波和多次波看起来不太一样（Guitton，2005）。稀疏编码技术采用了类似的方法来缓解这个常见问题。

在本文中，我们使用稀疏编码学习预测多次波的关键模式。为了捕获该模式，我们将预测的多次波划分为小块。事实上，在所提出的方法中，不同尺寸的小块可以捕获不同级别的模式。大块往往有助于捕获重要的模式，而小块有助于捕获更精细的模式，这有助于恢复多次波的过程。但正如我们已经提到的，在一个小块中，一次波和多次波无法区分的概率比在大块中要大得多。因此，当采用小块时，我们可能会去除更多的多次波，与此同时存在损坏一次波的风险。相反，虽然在采用大块时可能会减去较少的多次波，但可以很好地保留一次波。为了演示小块尺寸的影响，将具有不同尺寸块的稀疏编码技术应用于相同的实际数据。在记录的数据中可以清楚地看到一次波和多次波的交集，这意味着如果多次波被过度衰减，一次波很容易损坏。我们在本次测试中采用的块大小分别为 11×15、21×31、31×41，其他参数相同。对应于这三个块大小的多次波相减结果显示在图 9.6（b）～（d）中，记录的数据如图 9.6（a）所示。图 9.6（b）中清楚地减去了多次波，但也减去了一些一次波。图 9.6（c）和图 9.6（d）中的一次波保存得非常好，但留下了一些多次波。将图 9.6（c）与图 9.6（d）进行比较，我们可以看到，与图 9.6（d）相比，图 9.6（c）中保留了相同的一次波细节，并且减去了更多的多次波。

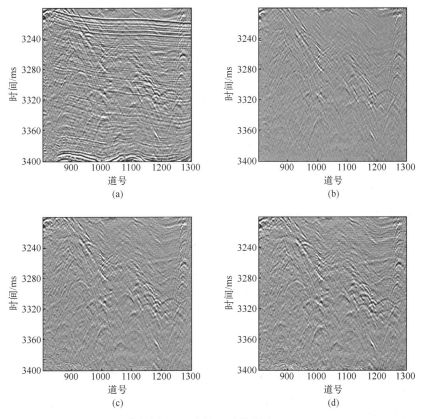

图 9.6 小块尺寸的影响

正如我们已经说明的，较大的块往往有利于学习多次波的独特模式，这对于区分一次波和多次波非常有用。在这种情况下，一次波和多次波包含不同模式的假设是合理的。在许多测试中，我们更偏好尺寸为 21×31 的块，大多数多次波可以很好地减去，并且一次波得到了完美的保留。因此在本文的所有示例中，我们都使用了 21×31 的块。

5 结论

本文提出了一种基于模式的多次波自适应相减的稀疏编码技术，该方法假设多次波与一次波的模式不同。第 4 节中使用大块来获得这些模式，确认该假设是合理的。在稀疏编码技术中，我们使用稀疏编码技术来学习预测多次波的模式，这些模式由我们所说的基向量表示。与直接使用预测多次波拟合地震数据的匹配滤波器不同，我们的方法采用学习的基向量来重建地震数据中包含的具有稀疏系数的多次波。通过对多次波进行稀疏编码，稀疏编码技术对预测多次波的不足不敏感。实验结果表明，我们的方法有效地去除了多次波，同时很好地保留了一次波。

参考文献

[1] Berkhout A J，Verschuur D J. Estimation of multiple scattering by iterative inversion，part Ⅰ：Theoretical considerations [J]. Geophysics，1997，62（5）：1586-1595.

[2] Castrodad A，Sapiro G. Sparse modeling of human actions from motion imagery [J]. International Journal of Computer Vision，2012，100（1）：1-15.

[3] Coifman R R，Donoho D L. Translation-Invariant De-Noising [M]. Springer Link.

[4] Dragoset W H，Jeričević Ž，1998. Some remarks on surface multiple attenuation [J]. Geophysics，1995，63（2）：772-789.

[5] Elad M，Aharon M. Image denoising via sparse and redundant representations over learned dictionaries [J]. IEEE Transactions on Image Processing，2006，15（12）：3736-3745.

[6] Elhamifar E，Sapiro G，Vidal R. See all by looking at a few：Sparse modeling for finding representative objects [C]. 2012 IEEE Conference on Computer Vision and Pattern Recognition，2012：1600-1607.

[7] Guitton A. Multiple attenuation in complex geology with a patternbased approach [J]. Geophysics，2005，70（4）：V97-V107.

[8] Guitton A，Verschuur D J. Adaptive subtraction of multiples using the L1-norm [J]. Geophysical Prospecting，2004，52（1）：27-38.

[9] Kabir M M N，Verschuur D J. Restoration of missing offsets by parabolic Radon transform [J]. Geophysical Prospecting，1995，43（3）：347-368.

[10] Kaplan S T，Innanen K A. Adaptive separation of freesurface multiples through independent component analysis [J]. Geophysics，2008，73（3）：V29-V36.

[11] Lee H，Battle A，Raina R，et al. Efficient sparse coding algorithms [C]. International Conference on Neural Information Processing Systems，2006：801-808.

[12] Li Z，Lu W. Adaptive multiple subtraction based on 3D blind separation of convolved mixtures [J]. Geophysics，2013，78（6）：V251-V266.

[13] Lu W. Adaptive multiple subtraction using independent component analysis [J]. Geophysics，2006，71（5）：179-184.

[14] Lu W，Liu L. Adaptive multiple subtraction based on constrained independent component analysis [J]. Geophysics，2008，74（1）：V1-V7.

[15] Mairal J，Bach F，Ponce J. Task-driven dictionary learning [J]. IEEE Transactions on Pattern Analysis and

Machine Intelligence，2012，34（4）：791-804.

[16] Mairal J，Bach F，Ponce J，et al. Non-local sparse models for image restoration [C]. 2009 IEEE 12th International Conference on Computer Vision （ICCV），2009：2272-2279.

[17] Mairal J，Bach F，Ponce J，et al. Online dictionary learning for sparse coding [C]. International Conference on Machine Learning （ICML），2009：689-696.

[18] Ng A Y. Feature selection，L1 vs. L2 regularization，and rotational invariance [C]. Proceedings of 21st International Conference on Machine Learning （ICML），2004：78.

[19] Olshausen B A，Field D J. Emergence of simple-cell receptive field properties by learning a sparse code for natural images [J]. Nature，1996，381（6583）：607-609.

[20] Olshausen B A，Field D J. Sparse coding with an overcomplete basis set：A strategy employed by V1 [J]. Vision research，1997，37（23）：3311-3325.

[21] Pokrass J，Bronstein A M，Bronstein M M，et al. Sparse modeling of intrinsic correspondences [J]. Computer Graphics Forum，2013，32（2）：459-468.

[22] Raina R，Battle A，Lee H，et al. Self-taught learning：Transfer learning from unlabeled data [C]. International Conference on Machine Learning，2007：759-766.

[23] Song H O，Zickler S，Althoff T，et al. Sparselet models for efficient multiclass object detection [C]. ECCV，2012：802-815.

[24] Spitz S. Pattern recognition，spatial predictability，and subtraction of multiple events [J]. Leading Edge，1999，18（1）：55-58.

[25] Ventosa S，Roy S L，Huard I，et al. Adaptive multiple subtraction with wavelet-based complex unary wiener filters [J]. Geophysics，2012，77（6）：V183-V192.

[26] Verschuur D J，Berkhout A J. Estimation of multiple scattering by iterative inversion，part II：Practical aspects and examples [J]. Geophysics，1997，62（5）：1596-1611.

[27] Verschuur D J，Berkhout A J，Wapenaar C P A. Adaptive surface-related multiple elimination [J]. Geophysics，1992，57（9）：1166-1177.

[28] Wang Y. Multiple subtraction using an expanded multichannel matching filter [J]. Geophysics，2003，68（1）：346-354.

[29] Wright J，Yang A. Y，Ganesh A，et al. Robust face recognition via sparse representation [J]. IEEE Transactions on Pattern Analysis and Machine Intelligence，2009，31（2）：210-227.

[30] Yang J，Wright J，Huang T S，et al. Image super-resolution via sparse representation [J]. IEEE Transactions on Image Processing，2010，19（11）：2861-2873.

[31] Yang J，Yu K，Gong Y，et al. Linear spatial pyramid matching using sparse coding for image classification [C]. 2009 IEEE Computer Society Conference on Computer Vision and Pattern Recognition （CVPR 2009），2009：1794-1801.

[32] Zeiler M D，Taylor G W，Fergus R. Adaptive deconvolutional networks for mid and high level feature learning [C]. IEEE Conference on Computer Vision，2011：2018-2025.

（本文来源及引用方式：Liu J，Lu W，Zhang Y. Adaptive multiple subtraction based on sparse coding [J]. IEEE Transactions on Geoscience and Remote Sensing，2017，55（3）：1318-1324.）

论文 10　基于训练数据生成的卷积神经网络压制外源干扰

摘要

外源干扰（External Source Interference Noise，ESIN）是海洋地震数据采集中常见的一种噪声。根据噪信比（Noise-to-Signal Ratio，NSR），炮集可分为低噪信比部分和高噪信比部分。现有的外源干扰压制方法对炮集中的高噪信比部分压制效果良好。但是，由于低噪信比部分的信号比外源干扰强得多，这些方法无法压制低噪信比部分的外源干扰，并且通常会污染信号。本文提出了一种基于卷积神经网络（Convolutional Neural Network，CNN）的深度学习方法来压制低噪信比部分的外源干扰。端到端的全卷积网络需要训练标签；然而因为低噪信比部分的外源干扰未知，实际数据没有标签。为了获得有标签的训练数据，提出了一种基于实际数据的样本生成方法。将传统方法提取的高噪信比分量中的外源干扰与干净炮集的信号相加，合成训练样本。然后，使用合成数据及其外源干扰来训练网络。实验表明该方法能较好地压制低噪信比部分的外源干扰，并对信号进行保护。

1　引言

在海洋地震数据采集中，测量船和海底地震仪有时会记录到不同的地震干扰噪声。外源干扰（ESIN）（Fookes 等，2003）是一种由外部震源产生并由检波器直接记录的地震干扰噪声。外源干扰呈双曲线形状，在炮集上由浅层向深层扩散。

许多地震处理步骤，如反褶积和多次波预测，都会受到外源干扰。因此，人们提出了许多压制外源干扰的方法，这些方法可分为两种（Xu 等，2019）。一种方法是变换域的去噪方法，相对于 *t-x* 域，在 *f-x* 域（Gülünay 和 Pattberg，2001；Rajput 和 Rajput，2006）、*Tau-P* 域（Elboth 等，2010；Yu，2011；Wang 等，2019）和小波域（Yu 等，2017）等变换域的去噪算法更容易去除外源干扰。但是这些方法可能会破坏反射信号，在外源干扰的顶点周围表现不佳。另一种方法是震源定位法（Manin 和 Bonnot，1993），该方法先预测外源干扰的震源位置，再计算外源干扰的旅行时。另外，外源干扰可以被许多常见的滤波器平滑并压制（Brittan 等，2008）。有几种震源定位方法。网格扫描方法（Grid-Scanning Methods）（Gulunay 等，2005；Gulunay 等，2006；Guo 等，2009）将潜在区域网格化，通过假设震源位于每个单元的网格中来计算外源干扰的轨迹，然后，将轨迹与实际外源干扰最相似的单元视为真实位置。顶点识别方法（Apex Recognition Methods）根据检测到的外源干扰顶点计算震源位置（Lu 等，2014；Li 等，2013）。我们基于密度的聚类方法，提出了一种自动定位震源和压制外源干扰的方法（Xu 等，2019）。该方法通过使用三条随机选择的记录道来计算震源位置，并通过基于密度的聚类方法对这些预测的位置进行聚类，以找到外源干扰的最终震源位置。

炮集浅层和深层的外源干扰振幅几乎相同，而反射信号的振幅从浅层到深层衰减，所以，外源干扰通常比深层的信号强，比浅层的信号弱得多。因此，在外源干扰压制中，我们将浅层定义为低噪信比（NSR）部分，将深层定义为高噪信比部分。在本文中，噪信比定义为

$\mathrm{NSR} = 20\log_{10}(\|\,\mathrm{Noise}_2\,\| / \|\,\mathrm{Signal}_2\,\|)$。由于强信号和弱信号相互重叠，现有的方法通常无法在保护反射信号的同时有效地去除低噪信比部分的外源干扰。对于未被污染的外源干扰，任何噪信比均为零。为了更准确地描述，我们仍然将浅层定义为低噪信比部分，将深层定义为高噪信比部分。换言之，我们根据噪声炮集的噪信比将炮集沿时间/深度方向划分为两个部分，并将这一划分应用于所有含噪和不含噪炮集。

深度学习方法中，尤其是卷积神经网络在图像去噪方面取得了显著的效果。许多研究者将深度学习方法引入地震数据处理中，如随机噪声压制（Random Noise Attenuation）（Liu 等，2018；Wang 等，2019）、振铃效应压制（Ringing Effect Attenuation）（Jia 和 Lu，2019）、初至波拾取（First-Break Picking）（Yuan 等，2018）、地震数据插值（Seismic Data Interpolation）（Wang 等，2019）。这些研究表明，卷积神经网络可以从地震数据中学习深层特征。因此，卷积神经网络为低噪信比部分外源干扰的压制提供了一种新的方法。

在本文中，我们提出了一种基于卷积神经网络的深度学习方法来压制低噪信比部分的外源干扰，并提出了一种深度网络的样本生成方法。该网络由卷积层、批量归一化（BN）层、激活层、池化层和上采样层组成。浅层和深层之间的跳跃连接（Shelhamer 等，2017；Mao 等，2016）有助于加快收敛速度，保存更多的数据细节。一般来说，训练卷积神经网络需要大量的标签数据，这一直是将深度学习技术应用于地震资料处理的一个重要问题。在低噪信比部分外源干扰压制中，因为传统的方法无法准确地在低噪信比部分中提取出外源干扰，我们不能直接从低噪信比部分中获取到用于卷积神经网络训练的外源干扰。因此，我们提出了一种合成有标签训练数据的策略。在该策略中，将传统方法提取的高噪信比部分的外源干扰添加到未被外源干扰污染的原始炮集的低噪信比部分中，以获得合成的含噪数据。然后，合成的含噪数据可以作为卷积神经网络的输入数据，外源干扰可以作为标签。实际数据实验结果表明，该深度学习方法可以在传统方法无法正确处理的低噪信比区域压制外源干扰。经过外源干扰压制后，有效信号得到了很好的保护。

2　方法

2.1　网络结构

用于分类的卷积神经网络通常具有全连接层。在本文方法中，卷积神经网络的输出是提取的噪声，而不是类别；因此，全连接层被移除，网络成为全卷积网络（Shelhamer 等，2017）。全卷积网络在图像去噪和语义图像分割中表现出了强大的特征提取和拟合能力。所用网络架构如图 10.1 所示。

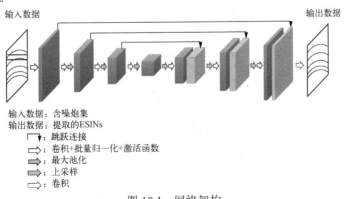

图 10.1　网络架构

网络由五种不同的层组成，它们是卷积层、BN 层、激活层、池化层和上采样层。卷积层使用二维卷积核对输入数据进行卷积以提取特征。卷积核大小通常设置为（3，3），输出称为特征映射。在卷积层，可能存在 n 个核，然后该层的输出由 n 个特征映射组成。具有 n 个核的第 1 个卷积层的第 k 个输出特征映射可以表示为

$$\text{conv}_k^l(X) = W_k^l * X + b_k^l \tag{10-1}$$

式中：X 为层的输入；W_k^l 为卷积核；b_k^l 为相应的偏差。BN 层对该层的输入进行规范化处理，以解决训练过程中各层输入数据分布发生变化产生的问题。BN 层允许使用更高的学习率，并有助于避免梯度爆炸或消失（Ioffe 和 Szegedy，2015）。激活层利用非线性激活函数实现从输入到输出的非线性映射。在我们使用的卷积神经网络中，选择整流线性单元（ReLU）作为激活函数：

$$\text{ReLU}(X) = \max(0, X) \tag{10-2}$$

式中：X 为该激活层的输入。

卷积层、BN 层和激活层构成了我们网络的一个块。第 1 块的输出可以表示为

$$\text{Block}_k^l(X) = \text{ReLU}(\text{BN}(W_k^l * X + b_k^l)) \tag{10-3}$$

式中：X 为块的输入数据。如果该块是第 1 个块，那么 X 是输入样本。在其他情况下，X 是前一个块的输出。W_k^l 是第 k 个卷积核，b_k^l 是相应的偏差。

整个网络由几个块组成，块的数量可以根据炮集的大小，以及信号和噪声的复杂性进行调整。实验表明，当网络的深度和学习速率在适当范围内时，外源干扰压制结果对这两个超参数不是很敏感。

这些块由池化层或上采样层连接。池化层出现在网络的前半部分。它通过增加感受野和减少计算量来提高网络的性能。上采样层出现在网络的后半部分。它确保输出数据的大小与输入数据的大小相同。它还确保了不同大小的浅层特征图可以与深层特征图连接。前半部分称为编码器部分，后半部分称为解码器部分。

因为网络的输入数据被标准化到（−1，1），网络的输出范围也应在（−1，1）。因此，在最后一个块中，我们移除 BN 层和激活层，并使用单个卷积层。然后，其范围在（−1，1），网络的最终输出可以适合外源干扰。在这个网络中，跳跃式连接有助于保留输入数据的细节。如果没有跳跃式连接，网络很难提取含噪数据中的外源干扰。另外，它们还可以加快神经网络收敛速度。

在我们提出的方法中，卷积神经网络用于从含噪数据中提取外源干扰。因此，输入数据是受外源干扰污染的含噪炮集，标签为对应炮集中的外源干扰。在该网络中，为获得更好的结果，我们使用平均绝对误差（MAE）函数代替广泛使用的均方误差（MSE）函数作为损失函数：

$$\min \| Y - \hat{Y} \|_1 \tag{10-4}$$

式中：$\hat{Y}$ 为标签；Y 为实际输出。通过最小化损失函数，卷积神经网络可以通过对标签数据进行适当的训练，最终收敛到一个有效的模型，该模型可以从含噪数据中提取外源干扰。

2.2　利用实际数据生成训练集

为了保证卷积神经网络能够压制低噪信比部分的外源干扰，需要含标签的训练数据。在本文方法中，输入数据是含噪的低噪信比部分，目标标签是这些部分中相应的外源干扰。因为实际数据是没有标签的，即低噪信比部分中的外源干扰未知，所以我们必须为没有标签的含噪数据生成标签。

在地震去噪过程中，常用的一种制作深度网络标签的方法是选取一些易于处理的样本，利用传统方法提取样本中的噪声。这些方法的参数通常需要根据不同的样本进行人工调整。然而，对于外源干扰压制，传统方法只能在炮集的高噪信比部分压制外源干扰。现有方法无法从实际数据中提取标签，即低噪信比部分的外源干扰，因为这些部分的信号比外源干扰强得多。另一种方法是根据实际数据人工模拟噪声，然后将这些噪声添加到未被噪声污染的干净数据中。合成数据由模拟的噪声和干净的实际数据组成，可以作为伪实际数据的标签。这通常对随机噪声有效；然而，实际数据中的外源干扰很难模拟，因为震源位置、振幅、峰值和外源干扰的数量都是不确定的。

为了获得用于卷积神经网络训练的标签样本，我们提出了一种结合上述两种方法的策略。其主要思想是提取噪信比高的部分中的外源干扰，并将其添加到炮集的噪信比低的部分。由实际外源干扰和实际反射信号获得的合成标签样本可以看作伪实际噪声炮集中的低噪信比部分。

首先，我们使用（Xu 等，2019）中提出的基于聚类的外源干扰自动压制方法提取高噪信比部分（深层部分）中的外源干扰。在这种传统方法中，随机选择三条记录道来计算外源干扰的震源位置。这个过程重复了很多次，得到了许多计算出的位置。然后，使用基于密度的聚类算法消除错误位置，并将真实位置划分为不同的聚类。最大团簇的中心被认为是最强外源干扰的最终震源位置。然后，获得从震源到接收器的旅行时间，并根据旅行时间沿其轨迹展平外源干扰，展平的外源干扰最后通过奇异值分解（Singular Value Decomposition，SVD）提取。该方法在炮检道集的高噪信比部分是有效的。

其次，我们选择了一些没有被外源干扰自动污染的炮集。这些炮集的低噪信比部分，即浅层，作为信号部分。

最后，我们将高噪信比部分提取的外源干扰添加到属于干净炮集的低噪信比部分的信号中。因此，合成标签样本的信号和噪声部分来自实际数据。然后，将合成的数据作为输入数据，提取的外源干扰作为标签来训练卷积神经网络。经过训练的卷积神经网络可以从实际含噪数据的低噪信比部分提取外源干扰，然后对其进行压制。为了获得最佳去噪效果，我们通常希望训练和待处理数据来自同一工区。

我们训练集生成方法有两个优势。第一个优势是同一工区的信号具有相似的特征。因此，合成样本中的信号在统计上类似于实际含噪数据中的特征信号。第二个优势是一个外源干扰在低噪信比部分和高噪信比部分表现出相同的双曲线模式。因此，合成样本和实际含噪数据中的外源干扰也具有相似的特征。由于这两个原因，合成的标签样本与需要去噪的实际数据非常相似。

这种数据合成方法的流程如图 10.2 所示。炮集 A 是受外源干扰污染的炮集，炮集 B 是未受外源干扰污染的信号。数据 C 是从炮集 A 的高噪信比部分提取的外源干扰，数据 D 是炮集 B 的低噪信比部分。合成数据 E 是通过将数据 C 添加到数据 D 中获得的，可以用作训练卷积神经网络的训练数据。然后，经过训练的卷积神经网络可以压制炮集 A 的低噪信比部分中的外源干扰。简而言之，卷积神经网络使用数据 E 作为输入数据，数据 C 作为标签进行训练。然后，训练好的卷积神经网络可以用来压制数据 F 中的外源干扰，即炮集 A 的低噪信比部分。

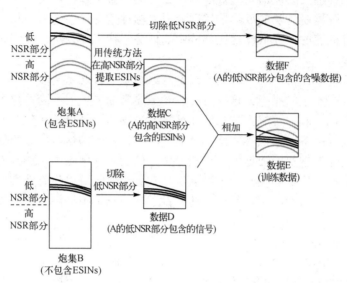

图 10.2　基于实际数据的训练数据合成流程

该策略可以扩展到地震数据处理的许多任务中，以使用没有标签的实际数据合成标签数据。

3　数值例子

为了验证所提出的深度学习方法的有效性，我们将其应用于实际海洋数据。该数据集由 487 炮组成，每炮有 120 道。道间隔为 25m，时间采样间隔为 2ms。持续时间为 0~6 s。根据外源干扰和反射信号的振幅，将信号占主导地位的 0~3s 部分定义为低噪信比，把信号较弱的 3~6s 部分定义为高噪信比。合成样本显示低噪信比部分的噪信比范围为–47~–28 dB，高噪信比部分的噪信比范围为–12~–1 dB。图 10.3 显示了一个含噪炮集，它被分割为低噪信比部分和高噪信比部分。可以观察到，图 10.3（b）中的信号很强。然而，外源干扰在图 10.3（c）中占主导地位。根据每个采样时间内振幅的绝对值之和，还可以动态自动计算分隔低噪信比部分和高噪信比部分的阈值时间。在我们的数据集中，自动计算的不同炮集的阈值时间非常接近；因此，我们选择一个全局阈值时间，即以 3s 统一网络输入地震图像的大小。

3.1　生成训练数据

基于聚类的自动外源干扰压制方法应用于所有 487 次放炮的高噪信比部分。它可以自动区分干净炮集和带有噪声的炮集，并提取高噪声炮集中的外源干扰，自动选择干净炮集的低噪信比部分作为信号，然后将提取的外源干扰随机添加到信号中生成训练标签样本。

图 10.4 给出了一个合成的训练样本，其中，图 10.4（a）是干净炮集的低噪信比部分；图 10.4（b）是从含噪炮集的高噪信比部分提取的外源干扰；图 10.4（c）是由图 10.4（a）和图 10.4（b）合成的合成训练样本；图 10.4（d）是噪声炮集的实际低噪信比部分。比较图 10.4（c）和图 10.4（d），可见合成的训练样本与实际样本非常相似，这是由这些合成样本训练的卷积神经网络能够在实际数据的低噪信比部分压制外源干扰的关键原因。在这个例子中，我们为网络训练生成了 570 个训练样本。

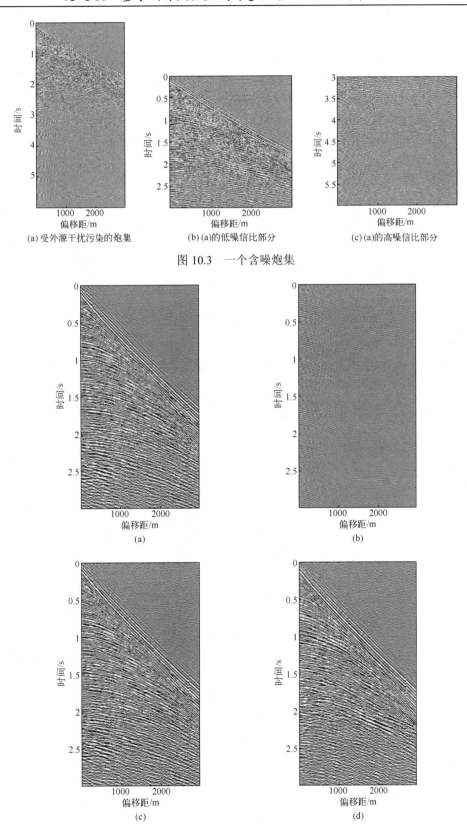

(a) 受外源干扰污染的炮集　　　　(b) (a)的低噪信比部分　　　　(c) (a)的高噪信比部分

图 10.3　一个含噪炮集

(a)

(b)

(c)

(d)

图 10.4　合成训练样本

3.2　外源干扰压制结果

将训练好的卷积神经网络应用于噪声炮集，以压制低噪信比部分的外源干扰，并将结果与基于聚类的外源干扰自动压制方法（Xu 等，2019）得到的结果进行了比较。在我们的实验中，采用英伟达 GTX 1080 训练网络。训练步骤约需 2.5h，测试步骤处理每炮（大小为 1500 骤处理每）约需 0.04s。

图 10.5 显示了实际含噪炮集的外源干扰压制结果。图 10.5（a）是低噪信比部分，它被至少三种不同程度的外源干扰污染。图 10.5（b）给出了经过训练的卷积神经网络获得的外源干扰压制结果。图 10.5（c）是去除外源干扰的结果，可以观察到，外源干扰被准确压制，同

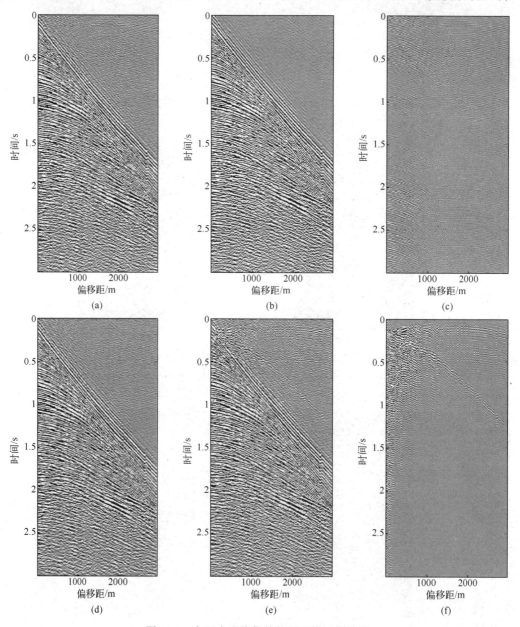

图 10.5　实际含噪炮集的外源干扰压制结果

时信号几乎没有受到损伤。图 10.5（d）～图 10.5（f）给出了基于聚类的方法的结果。图 10.5（d）是与图 10.5（a）相同的原始含噪数据。图 10.5（e）是通过基于聚类的方法获得的外源干扰压制结果。图 10.5（f）是去除的外源干扰。由于外源干扰与强反射信号重叠，SVD 提取的主要成分是有效信号。因此，基于聚类的方法无法准确提取外源干扰，并且会破坏大量有效信号。通过比较图 10.5（b）和图 10.5（e），我们知道卷积神经网络在低噪信比部分压制外源干扰的效果比传统方法好得多。在实际应用中，如果采集系统和信号特征不同，则在某一工区中经过训练的网络在另一个工区中可能不是非常有效。因此，我们建议在尝试处理其他工区的问题时，根据迁移学习策略生成新的训练样本并训练新的网络。

4　结论

在本文中，我们提出了一种基于卷积神经网络的外源干扰压制方法和一种用于网络的标签训练数据生成方法。经过训练的卷积神经网络可以从反射信号较强、现有方法无法处理的低噪信比炮集中提取出外源干扰。这种方法中的卷积神经网络是一个端到端的全卷积网络。网络的跳跃式连接有助于加快收敛速度，并保留数据的更多特征。在训练步骤中，卷积神经网络的输入数据是被外源干扰污染的噪声炮集，标签是相应的外源干扰。由于实际数据是没有标签的，我们提出了一种利用实际数据为卷积神经网络合成标签训练数据的策略。将干净炮集的低噪信比部分与用传统方法从含噪炮集的高噪信比部分提取的外源干扰相加，得到标签样本。同一工区的信号具有相似的特征，外源干扰在低噪信比部分和高噪信比部分表现出相同的双曲线模式，因此，由合成标签数据训练的卷积神经网络可以在实际含噪数据上也能表现良好。实际数据实验表明，所提出的深度学习方法能够在保持信号良好的同时压制低噪信比部分的外源干扰。未来，我们将尝试提高该神经网络的泛化能力，将其应用于更大的数据集，并分析去噪后振幅的变化。

参考文献

[1] Brittan J，Pidsley L，Cavalin D，et al. Optimizing the removal of seismic interference noise [J]. The Leading Edge，2008，27（2）：166-175.

[2] Elboth T，Vik Presterud I，Hermansen D. Time-frequency seismic data denoising [J]. Geophys. Prospecting，2010，58（3）：441-453.

[3] Fookes G，Warner C，Van Borselen R. Practical interference noise elimination in modern marine data processing [C]. SEG Technical Program Expanded Abstracts 2003. Society of Exploration Geophysicists，2003：1905-1908.

[4] Gulunay N，Magesan M，Connor J. Diffracted noise attenuation in shallow water 3D marine surveys [C]. SEG Technical Program Expanded Abstracts 2005. Society of Exploration Geophysicists，2005：2138-2141.

[5] Gulunay N，Magesan M，Connor J. Diffractor scan （DSCAN） for attenuating scattered energy [C]. 68th EAGE Conference and Exhibition incorporating SPE EUROPEC 2006. European Association of Geoscientists & Engineers，2006：cp-2-00379.

[6] Gülünay N，Pattberg D. Seismic interference noise removal [C]. SEG Technical Program Expanded Abstracts 2001. Society of Exploration Geophysicists，2001：1989-1992.

[7] Guo M，Cai J，Specht J，et al. Constrained propeller ship noise removal and its application to OBC data [C]. SEG Technical Program Expanded Abstracts 2009. Society of Exploration Geophysicists，2009：3307-3311.

[8] Ioffe S，Szegedy C. Batch normalization：Accelerating deep network training by reducing internal covariate

shift [C]. International conference on machine learning. PMLR，2015：448-456.

[9] Jia Z，Lu W. CNN-based ringing effect attenuation of vibroseis data for first-break picking [J]. IEEE Geoscience and Remote Sensing Letters，2019，16（8）：1319-1323.

[10] Li Z，Lu W，Zhang Y，et al. Localization and attenuation of diffracted seismic noise in shallow water [C]. 75th EAGE Conference & Exhibition incorporating SPE EUROPEC 2013. European Association of Geoscientists & Engineers，2013：cp-348-00828.

[11] Liu J，Lu W，Zhang P. Random noise attenuation using convolutional neural networks [C]. 80th EAGE Conference and Exhibition 2018. European Association of Geoscientists & Engineers，2018（1）：1-5.

[12] Lu W，Zhang Y，Boran Z. Automatic source localization of diffracted seismic noise in shallow water [J]. Geophysics，2014，79（2）：23-31.

[13] Manin M，Bonnot J N. Industrial and seismic noise removal in marine processing [C]. 55th EAEG Meeting. European Association of Geoscientists & Engineers，1993：cp-46-00094.

[14] Mao X，Shen C，Yang Y. Image restoration using very deep convolutional encoder-decoder networks with symmetric skip connections [J]. Advances in neural information processing systems，2016：29.

[15] Rajput S，Rajput S. Signal preserving seismic interference noise attenuation on 3D marine seismic data [C]. SEG Technical Program Expanded Abstracts 2006. Society of Exploration Geophysicists，2006：2747-2751.

[16] Shelhamer E，Long J，Darrell T. Fully Convolutional Networks for Semantic Segmentation [J]. IEEE Transactions on Pattern Analysis and Machine Intelligence，2017，39（4）：640-651.

[17] Wang B，Zhang N，Lu W，et al. Deep-learning-based seismic data interpolation：A preliminary result [J]. Geophysics，2019，84（1）：11-20.

[18] Wang B，Zhang Y，Lu W，et al. Automatic detection and attenuation of the external source interference noise by using a time-invariant hyperbolic Radon transform [J]. Journal of Geophysics and Engineering，2019，16（3）：585-598.

[19] Wang Y，Lu W，Liu J，et al. Random seismic noise attenuation based on data augmentation and CNN [J]. Chinese Journal of Geophysics，2019，62（1）：421-433.

[20] Xu P，Lu W，Wang B. Automatic source localization and attenuation of seismic interference noise using density-based clustering method [J]. IEEE Transactions on Geoscience and Remote Sensing，2019，57（7）：4612-4623.

[21] Yu M. Seismic interference noise elimination—A multidomain 3D filtering approach [C]. SEG Technical Program Expanded Abstracts 2011. Society of Exploration Geophysicists，2011：3591-3595.

[22] Yu Z，Abma R，Etgen J，et al. Attenuation of noise and simultaneous source interference using wavelet denoising [J]. Geophysics 2017，82（3）：179-190.

[23] Yuan S，Liu J，Wang S，et al. Seismic waveform classification and first-break picking using convolution neural networks [J]. IEEE Geoscience and Remote Sensing Letters，2018，15（2）：272-276.

（本文来源及引用方式：Xu P，Lu W，Wang B. Seismic interference noise attenuation by convolutional neural network based on training data generation [J]. IEEE Geoscience and Remote Sensing Letters，2021，18（4）：741-745.）

论文 11　基于多任务学习的动态子波幅度谱提取方法及其在 Q 估计中的应用

摘要

　　动态子波幅度谱提取是一个不适定问题，在非平稳地震数据处理中具有重要意义，最大的难题是如何将动态子波和反射系数解耦。传统的动态子波振幅谱提取方法依靠一些先验信息来解决不适定问题，如分段平稳假设或衰减因子 Q 的估计。本文提出了一种基于多任务学习的动态子波振幅谱提取方法，并将该方法应用于 Q 估计。本文方法通过同时估计反射系数和动态地震子波的对数时频振幅谱来减少不适定问题的多解性。在本文方法中，使用参数共享 U-NET 网络从非平稳地震数据的对数谱中提取反射系数和动态子波的对数谱。为了验证本文方法结果的准确性，定量分析了本文方法与一些传统方法得到的合成地震数据；还将本文方法的动态子波幅度谱提取结果应用于合成地震资料和野外地震资料的 Q 估计和衰减补偿，并与传统方法进行比较，说明了该方法的有效性。

1　引言

　　弹性非均匀性引起的地震资料衰减对地震资料的分辨率有很大影响。衰减地震数据的动态子波提取是高精度地震数据处理和解释的必要条件。此外，准确的动态子波振幅谱提取是动态子波提取的关键步骤。然而传统的动态子波幅度谱提取方法受到衰减补偿或非平稳地震数据分段平稳假设的限制。

　　在地震数据分段平稳假设下，Feng 等（2002）提出了一种在不同时窗下的地震子波提取方法。Van der Baan（2008；2012）提出了一种时变子波提取方法，该方法将地震道数据划分为具有重叠的等距片段。然而，分段平稳假设不那么严格。时间窗口的选择也会影响子波提取的准确性。Dai 等（2016）提出了一种基于局部相似性的动态子波提取方法，该方法通过对时频域的谱建模来估计振幅谱。Zhou 等（2014）进一步扩展了谱建模的动态子波幅度谱提取方法。谱建模是否有效取决于子波振幅谱的平滑度和相似性。为了克服这些局限性，Zhang 等（2019）提出了一种基于经验模态分解的动态子波幅度谱提取方法。在基于经验模态分解的动态子波幅度谱提取方法中，使用经验模态分解提取动态子波的对数振幅谱。这种方法对能量转折点的选择很敏感。此外，它也无法避免反射系数的残差。此外，由于计算复杂度高，该方法是不切实际的。

　　衰减补偿也是非平稳地震数据处理中至关重要的一步。为了消除地震衰减的影响，精确的 Q 估计是必不可少的。有几种地震波衰减模型来描述地震波传播，如 Kjartansson 模型（Kjartansson，1979）、Azimi 模型（Azimi，1968）、标准线性实体模型（Ben-Menahem 和 Singh，2012）和 Kolsky-Futterman 模型（Kolsky，1981），其中 Kolsky-Futterman 模型是最常用的模型。地震衰减模型显示了地震信号的能量损失与频率和时间的关系。因此，频移法被用于 Q 估计。其中包括质心频移 Q 估计方法（Quan 和 Harris，1997）和峰值频移 Q 估计方法（Zhang 和 Ulrych，2002）。由于质心频移中地震子波的高斯假设不合理，PFS 的精度较低，Hu 等（2013）

和 Li 等（2015）分别提出了改进的频移方法和主频移方法。然后，Wang 和 Gao（2018）提出了基于广义地震子波函数的改进 PFS 方法，进一步提高了频移 Q 估计方法的性能。为了提高不同子波 Q 估计的鲁棒性，Li 等（2020）提出了一种新开发的自适应处理不对称子波谱的合成质心频移方法。然而，频移法是基于从特定层中拾取的旅行时间，这对于获取现场地震数据是相当困难的。Gao 等（2011）提出了另一种基于地震数据包络峰值频率的层 Q 估计方法。然而，特定位置的选择及这些特定位置的频率估计精度对层 Q 估计结果有很大影响。此外，Liu 等（2019）提出了一种改进的基于移动峰值点对数谱的 Q 估计方法。该方法基于对数频谱与时间和频率乘积之间的线性关系。该方法只有当反射系数和震源子波的振幅谱为常数时，线性关系才较为准确。总之，所有频移法均基于特定层或选定位置之间的常 Q 模型。这些方法的 Q 估计结果不能自适应地反映 Q 随时间的变化。

在传统的频移法中，时频分析算法用于特定层的频率估计，如短时傅里叶变换（Kwok 和 Jones，2000）、小波变换（Sun 等，2002）和广义 S 变换（Chen 等，2008；Liu 等，2018）。由于耦合反射系数和时变动态子波的影响，直接使用时频分析方法得到的频点估计是不准确的。根据动态子波和反射系数的对数时频振幅谱的线性可分性，提出了一种基于多任务学习的动态子波幅度谱提取方法。多任务学习可以联合解决多个任务，可以引入动态子波的对数时频振幅谱和反射系数之间的关系作为约束（Sener 和 Koltun，2018）。由于 U-net 在图像回归中表现良好，利用参数共享 U-net 可以同时分离反射系数和动态子波的对数时频振幅谱（Ronneberger，2015）。

在本文方法中，瞬时子波的振幅谱可以在没有任何先验假设的情况下进行估计，如震源子波的类别及激发层和接收层的位置。此外，本文方法的动态子波幅度谱提取结果可用于频移法的层 Q 估计。对合成衰减地震数据的定量统计结果表明，该方法在动态子波幅度谱提取中的性能优于谱建模和基于经验模态分解的方法。与传统的时频分析算法相比，该方法的动态子波幅度谱提取结果计算出的瞬时质心频率更准确。利用动态子波幅度谱提取结果和瞬时质心频率，可以用传统的频移法自适应地估计层 Q。本文将合成质心频移应用于层 Q 计算（Li，2020），主要的贡献如下。

（1）提出了一种基于多任务学习的自适应、鲁棒和数据驱动的动态子波幅度谱提取方法。在网络中，利用地震资料中反射系数和动态子波对数振幅谱的线性可分性作为约束条件。本文在不同子波的合成地震资料中表现出比传统方法更好的效果。

（2）将动态子波幅度谱提取结果应用于 Q 估计。从任意时刻子波的幅值谱可以估计出 Q，而不需要激发层和接收层的位置，并将 Q 估计结果应用于衰减补偿的地震资料，补偿后的非平稳地震资料分辨率明显提高。

在合成地震资料和野外地震资料上验证了本文方法在动态子波幅度谱提取和 Q 估计中的有效性。

2　原理

2.1　地震道数据的非平稳模型

时空域地震道数据的非平稳卷积模型可以写成（Chen，2013）

$$s_Q(t) = \int_0^\infty \alpha(\tau, t-\tau) r(\tau) \mathrm{d}\tau \tag{11-1}$$

式中：$s_Q(t)$ 为非平稳地震道数据；$\alpha(t)$ 为 Q 模型衰减的时变动态子波；$r(\tau)$ 为反射系数。

式（11-1）中的 Q 模型是基于 Kolsky-Futterman 常 Q 衰减模型，其公式如下：

$$\alpha(t,f) = \alpha(t_0,f)\exp\left[-\left(\frac{\pi f t}{Q} + \mathrm{i}\frac{2ft}{Q}\ln\left|\frac{f}{f_r}\right|\right)\right] \tag{11-2}$$

式中：$\alpha(t_0,f)$ 为未衰减的原始子波；f_r 为参考频率；Q 为从 t_0 到当前时间 t 的平均 Q。在时频分析中使用的时间窗口中，衰减地震道数据可以看作反射系数和衰减子波卷积的结果。衰减子波由式（11-2）中的 Q 模型得到，并具有相应的 t 和 Q。在这种假设下，衰减地震数据与时频域反射系数之间的关系可以定义为

$$\mathcal{G}(s_Q(t)) = \mathcal{F}(\boldsymbol{A})^{\circ}\mathcal{G}(r(t)) \tag{11-3}$$

式中：$\boldsymbol{A}$ 为表征 $\alpha(t)$ 的非 Toeplitz 矩阵；$\mathcal{F}$ 为 $\boldsymbol{A}$ 的每列的一维傅里叶变换；$\mathcal{G}$ 为短时傅里叶变换；$\circ$ 为 Hadamard 乘积运算符。图 11.1 给出了具有常数 Q（$Q=30$）的 $\boldsymbol{A}$ 的示例。因此，可以得出

$$\boldsymbol{B}(f,t) \approx \boldsymbol{F}_A(f,t) \circ \boldsymbol{F}_R(f,t) \tag{11-4}$$

式中：$\boldsymbol{B}(f,t) = \left|\mathcal{G}(s_Q(t))\right|$；$\boldsymbol{F}_A(f,t) = \left|\mathcal{F}(\boldsymbol{A})\right|$；$\boldsymbol{F}_R(f,t) = \left|\mathcal{G}(r(t))\right|$；$|\cdot|$ 为振幅谱的计算。$\boldsymbol{F}_A(f,t)$ 和 $\boldsymbol{F}_R(f,t)$ 分别定义为动态子波和反射系数的时频振幅谱。随后，推导出了对数谱之间的关系：

$$\ln(\boldsymbol{B}(f,t)) \approx \ln(\boldsymbol{F}_A(f,t)) + \ln(\boldsymbol{F}_R(f,t)) \tag{11-5}$$

由式（11-5）可知，非平稳地震数据的对数时频振幅谱可以被视为动态子波和反射系数的对数时频振幅谱之和，如图 11.2 所示。图 11.2（a）为非平稳地震数据；图 11.2（b）为动态子波的对数时频振幅谱；图 11.2（c）为有效频带中反射系数的对数时频振幅谱；图 11.2（d）为图 11.2（b）+图 11.2（c）−图 11.2（a）的绝对值。

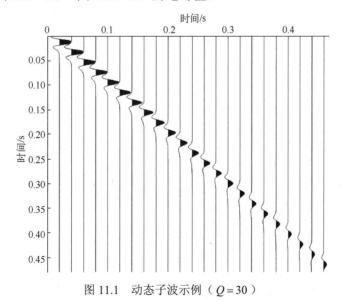

图 11.1　动态子波示例（$Q=30$）

2.2　合成质心频移方法

传统的基于频移的 Q 估计方法是基于非平稳地震数据的振幅谱。
地震道数据的质心频率定义为

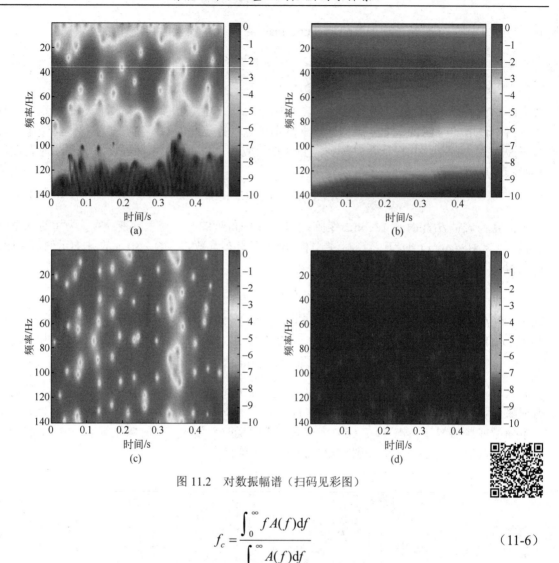

图 11.2　对数振幅谱（扫码见彩图）

$$f_c = \frac{\int_0^\infty f A(f)\mathrm{d}f}{\int_0^\infty A(f)\mathrm{d}f} \tag{11-6}$$

式中：f 为频率；f_c 和 $A(f)$ 分别为地震道数据的质心频率和振幅谱。震源子波 $S(f)$ 的振幅谱可以表示为

$$S(f) = Af^n \exp\left(-\frac{f}{f_0}\right) \tag{11-7}$$

式中：A 为恒定振幅参数；f_0 为控制震源子波频谱带宽的参数；n 为子波振幅谱的不对称指数。衰减子波的振幅谱为

$$R(f) = S(f)\exp\left(-\frac{\pi f \Delta t}{Q}\right) = Af^n \exp\left(-\frac{f}{f_0} - \frac{\pi f \Delta t}{Q}\right) \tag{11-8}$$

该公式是假设 $Q > 10$ 时才有效。合成质心频率形成了一个新的合成子波，该子波由震源子波 $S(f)$ 和接收子波 $R(f)$ 振幅谱的几何平均值定义，即

$$W_{GM}(f) = \sqrt{S(f)R(f)}$$
$$= Af^n \exp\left[-\left(\frac{1}{f_0} + \frac{\pi \Delta t}{2Q}\right)f\right] \tag{11-9}$$
$$\equiv Af^n \exp(-\alpha f)$$

式中：$\alpha = 1/f_0 + \pi\Delta t/(2Q)$。然后，其质心频率和方差可以计算为

$$f_W = \frac{n+1}{\alpha}, \quad \sigma_W^2 = \frac{n+1}{\alpha^2} \tag{11-10}$$

Q 估计可以表示为

$$Q = \Delta t \frac{\sigma_W^2}{f_W^2} \frac{f_S f_R}{f_S - f_R} \tag{11-11}$$

合成质心频移方法通过引入合成子波的质心频率和方差，提高了震源子波和接收子波之间的 Q 估计精度。然而，如何获得震源和接收子波的精确振幅谱仍然是个很大的问题。

2.3　基于多任务学习的动态子波幅度谱提取

由于在非平稳地震数据中，动态子波和反射系数的对数时频振幅谱是线性可分的，我们提出用多任务学习提取动态子波的振幅谱。在本文方法中，使用非平稳地震数据的对数时频振幅谱同时实现对动态子波和反射系数的对数时频振幅谱提取。本文方法使用了一个参数共享 U-NET 网络，其结构如图 11.3 所示。网络的输入是非平稳地震数据的对数时频振幅谱。网络的输出 1 和输出 2 是动态子波和反射系数的对数时频振幅谱，并将输入作为输出 3 引入。然后，可以将（11-5）中的关系用作损失函数中的惩罚项。其中，使用的网络的损失函数表示为

$$L_M\left(\varphi_A, \hat{\varphi}_A, \varphi_R, \hat{\varphi}_R\right) = \lambda_1 \left\|\varphi_A - \hat{\varphi}_A\right\|_2^2 + \lambda_2 \left\|\varphi_R - \hat{\varphi}_R\right\|_2^2 + \beta \left\|\hat{\varphi}_A + \hat{\varphi}_R - \boldsymbol{M}\right\|_2^2 \tag{11-12}$$

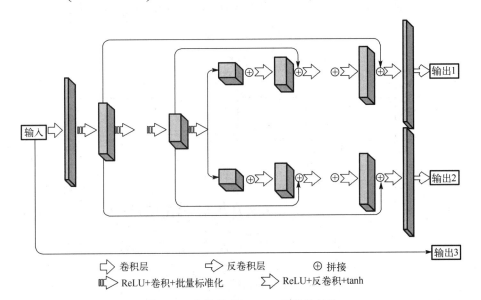

图 11.3　参数共享 U-NET 网络的结构

式中：M 为网络的输入，即式（11-5）中的 $\ln(B(f,t))$；φ_A 和 φ_R 分别为动态子波和合成地震数据的反射系数的实对数时频振幅谱，对应式（11-5）中的 $\ln(F_A(f,t))$ 和 $\ln(F_R(f,t))$；$\hat{\varphi}_A$ 和 $\hat{\varphi}_R$ 均为网络的输出；$\|\cdot\|_2^2$ 为均方误差的算子；$\|\hat{\varphi}_A + \hat{\varphi}_R - M\|_2^2$ 为式（11-5）中的惩罚项；λ_1、λ_2 和 β 均为平衡损失函数中三项影响的权重因子。然后，将网络预测的动态子波对数时频振幅谱转换为振幅谱。网络预测的动态子波幅度谱提取结果可用于式（11-11）的层 Q 估计。从该网络中，可以随时获得动态子波的振幅谱。因此，可以根据动态子波幅度谱提取的结果估计层 Q，而不依赖反射界面和震源子波信息。

3 实验与分析

3.1 训练网络

参数共享 U-NET 网络的训练集由合成地震数据组成。非平稳地震数据由合成震源子波和基于 Kolsky-Futterman 衰减模型的 Bernoulli-Gaussian 分布随机反射系数（Soussen，2011）生成，其中合成子波包括雷克子波、高斯子波和从野外地震数据中提取的子波。提取的子波是通过自相关法从部分无衰减的野外地震数据中估算出来的（Yuan，2021）。利用几组随机反射系数和层 Q 模型生成非平稳地震道，同时还生成了一些具有随机反射系数的平稳地震数据道，以保持训练集的多样性。逐渐增加样本数量，直到网络收敛。最后，针对每种类型的震源子波，将训练集的大小确定为 500。网络的输入尺寸为 144×480。受 GPU 内存的限制，批量大小设置为 8。图 11.4 显示了具有雷克子波的合成地震数据道的示例。非 Toeplitz 矩阵由合成地震道生成过程中使用的雷克子波和相应的层 Q 模型获得。平稳地震数据的层 Q 模型设置为 300，这是一个足够大的常数值。生成的非平稳和平稳地震数据道的对数时频振幅谱构成训练集。它们对应的动态子波和反射系数的对数时频振幅谱是图 11.3 所示的参数共享 U-NET 网络的目标输出 1 和输出 2。

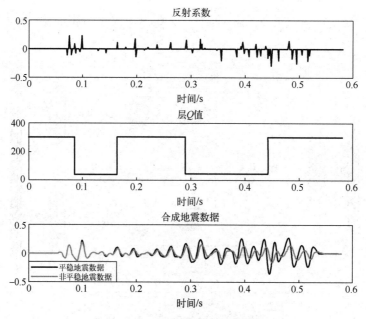

图 11.4 合成地震数据道示例

3.2　合成数据

为了说明本文方法在动态子波幅度谱提取中的有效性，对合成的非平稳地震数据进行了实验。测试集的生成方式与训练集相同。此外，我们还生成了几组具有不同程度高斯噪声的地震数据道作为测试集。图 11.5 显示了网络在测试集上的预测结果。图 11.5（a）为非平稳地震数据道；图 11.5（b）为动态子波；图 11.5（c）为有效频带中反射反射系数；图 11.5（d）

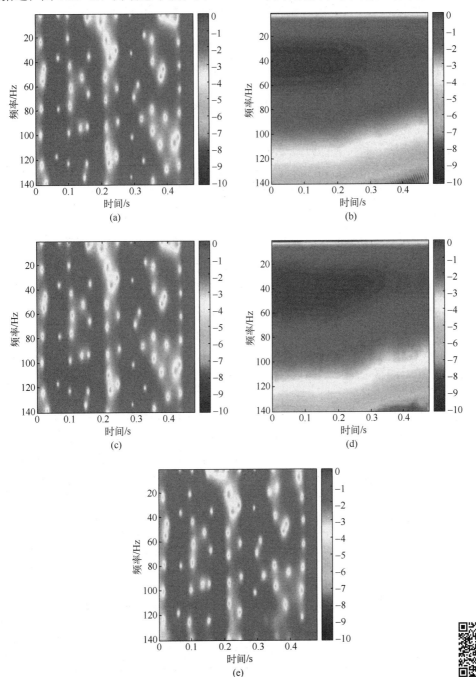

图 11.5　测试集中网络获得的对数时频振幅谱估计结果示例（扫码见彩图）

为有效频带中动态子波对数时频振幅谱估计结果；图 11.5（e）为反射系数的对数时频振幅谱估计结果。由图可见，动态子波的对数时频振幅谱和有效频带中的反射系数通过训练的参数共享 U-NET 网络得到了很好的分解。为了说明本文方法在动态子波幅度谱提取中的有效性，使用动态子波幅度谱提取结果和动态子波的真实振幅谱之间的均方误差作为定量结果。对含有具有不同程度噪声的不同震源子波的合成地震数据进行了实验。图 11.6 显示了本文方法和传统方法的动态子波幅度谱提取结果的比较。图 11.6（a）、图 11.6（b）、图 11.6（c）分别为在 500 ms、200 ms 和 400 ms 时提取的高斯子波振幅谱；图 11.6（d）、图 11.6（e）、图 11.6（f）分别为在 50 ms、200 ms 和 400 ms 时提取的雷克子波振幅谱；图 11.6（g）、图 11.6（h）、图 11.6（i）分别为 50 ms、200 ms 和 400 ms 时提取的实际子波振幅谱。表 11-1 显示了通过时频分析方法、基于经验模态分解的方法和基于非多任务学习的方法获得的均方误差。图 11.6 和表 11-1 中的结果说明了本文方法在动态子波幅度谱提取上的准确性和鲁棒性。在式（11-6）的基础上，使用动态子波预测的对数时频振幅谱来计算瞬时质心频率。通过本文方法（多任务学习质心频率方法）和传统的时频分析方法（短时傅里叶变换、小波变换和广义 S 变换）比较瞬时质心频率估计结果，如图 11.7 和表 11-2 所示。利用实际瞬时质心频率和不同方法的瞬时质心频率估计结果之间的归一化互相关作为定量统计结果（Lu，2005），归一化互相关定义为

$$\mathcal{N}(s_1, s_2) = \frac{\sum_i s_1(t_i) s_2(t_i)}{\sqrt{\sum_i s_1^2(t_i) \sum_i s_2^2(t_i)}} \tag{11-13}$$

式中：s_1 和 s_2 均为信号；$t = t_1, t_2, \cdots, t_n$。表 11-2 给出通过随机重复实验计算得到的不同方法在含有不同程度噪声下的瞬时质心频率估计结果与真实瞬时质心频率之间的归一化互相关，说明了反射系数的随机性和不确定性会对瞬时质心频率估计结果造成严重影响。因此，传统的时频分析方法无法直接从非平稳地震道数据中产生准确的瞬时质心频率估计结果。定量结果表明，与其他传统的时频分析方法相比，本文方法从非平稳地震数据中获得动态子波幅度谱提取估计得瞬时质心频率精度更高。此外，与其他传统方法相比，本文提出的方法对含噪声数据具有更高的鲁棒性。同时还将合成质心频移的动态子波幅度谱提取结果与图 11.8 中传统的层 Q 估计结果进行了比较，接收层由地震信号的包络峰值定位。图 11.8 图中从左到右分别为本文使用的真实层 Q 模型，由动态子波幅度谱提取结果经合成质心频移方法估计得到的层 Q，以及由地震信号包络峰值处改进的频率估计得到的 Q。然后，利用所选接收层的改进的频率，通过改进的频移方法来估计层 Q。显然，即使没有任何先验假设，本文方法的 Q 估计结果也更加精确。地震信号包络峰值处的位置不太可靠，受反射系数影响较大。层 Q 估计结果与实际层 Q 之间的归一化互相关如表 11-3 所示，说明本文方法在不同的源子波上表现良好。

表 11-1　真实与估计动态子波时频域振幅谱的均方误差（合成地震数据测试）

加性噪声信噪比/dB		∞	20	15	10
雷克子波	时频分析	4.3806	6.0265	10.3720	16.2094
	经验模态分解	2.0173	3.9245	6.0317	8.4927
	多任务学习	**0.8759**	**1.1021**	**1.2746**	**1.4958**

续表

加性噪声信噪比/dB		∞	20	15	10
高斯子波	时频分析	3.4179	5.6382	9.7247	15.2497
	经验模态分解	1.9683	3.5861	5.7923	8.2019
	多任务学习	**0.9878**	**1.0203**	**1.2170**	**1.5879**
野外地震数据中提取的子波	时频分析	6.3910	11.4916	16.3897	20.4169
	经验模态分解	3.1978	5.9274	7.0389	9.3109
	多任务学习	**1.2718**	**1.4867**	**1.6394**	**1.8493**

表 11-2　实际与估计瞬时质心频率之间的归一化互相关（合成地震数据测试）

加性噪声信噪比/dB	∞	20	15	10
多任务学习	**0.9159**	**0.8524**	**0.7951**	**0.7290**
短时傅里叶变换	0.5937	0.3172	0.1027	−0.0793
小波变换	0.8154	0.5638	0.4187	0.1389
广义 S 变换	0.6935	0.2167	−0.1409	−0.3358

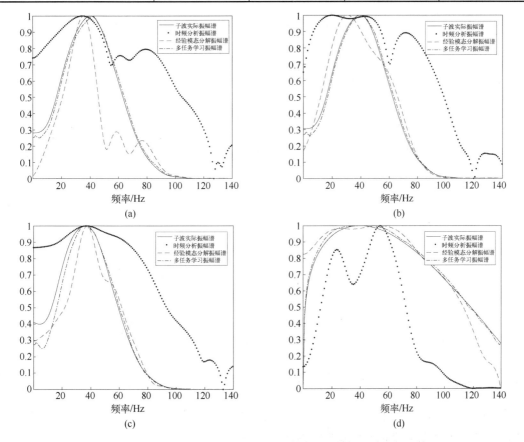

图 11.6　本文方法和传统方法的动态子波幅度谱提取结果的比较

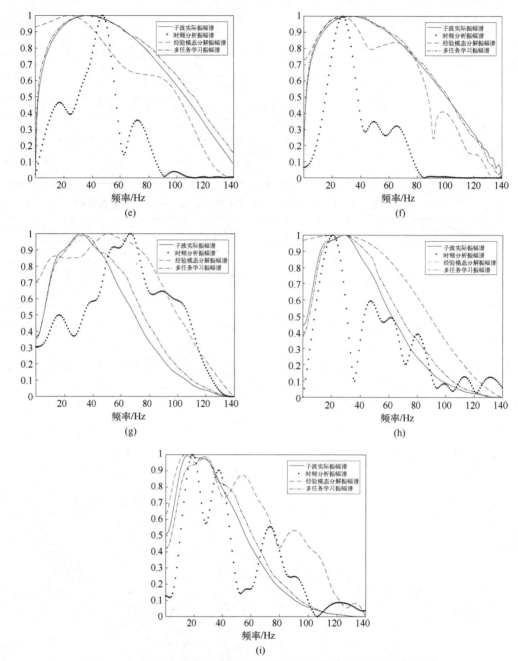

图 11.6　本文方法和传统方法的动态子波幅度谱提取结果的比较（续）

　　为了进一步说明本文方法在改进的峰值频率和层 Q 估计中的有效性，生成了二维合成地震数据。在图 11.9 中，利用层 Q 的倒数来标记具有衰减的区域。图 11.9（a）为二维合成平稳地震资料。由图 11.9（b）中的层 Q 的倒数模型衰减获得的相应非平稳地震数据如图 11.9（c）所示。每个非平稳地震道的对数时频振幅谱被用作训练参数共享 U-NET 网络的输入。因此，可以得到每个非平稳地震道的动态子波幅度谱提取结果。然后，可以根据式（11-6）～式（11-11）计算瞬时质心频率和层 Q 估计结果。图 11.9（d）显示了本文方法的层 Q 的倒数估计结果。将层 Q 估计结果转换为平均 Q，并使用平均 Q 估计结果对非平稳地震数据进行补偿。可以利用尖峰脉冲和估计 Q 来生成非 Toeplitz 矩阵。引入非 Toeplitz 矩阵的广义逆矩阵进行衰减补偿。补偿结果的分辨率明显提高，如图 11.9（e）所示。图 11.9（f）显示了补偿地震数据和原始平稳地震数据之间的残差，说明了本文方法的 Q 估计精度。通过合成非平稳地震数据道，本文方法在层 Q 估计和衰减补偿方面的有效性得到了验证，图 11.9 中没有任何反射界面和子波信息的先验知识。图 11.10 显示了含有不同噪声的合成非平稳地震数据的层 Q 的倒数估计结果。图 11.10（a）、图 11.10（c）、图 11.10（e）分别为 50 dB、20 dB、10 dB 的非平稳地震资料；图 11.10（b）、图 11.10（d）、图 11.10（f）分别为相应的层 Q 的倒数估计结果。采用噪声抑制技术可以改善层 Q 的倒数估计结果。将块匹配和 3-D（BM3D）技术应用于信噪比为 10 dB 的合成数据（Hasan 和 El-Sakka，2018）。图 11.11 显示了去噪结果和相应的层 Q 的倒数估计结果，其优于图 11.10 中的结果。

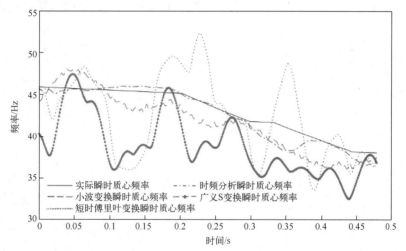

图 11.7 比较本文方法与传统时频分析方法的瞬时质心频率估计结果

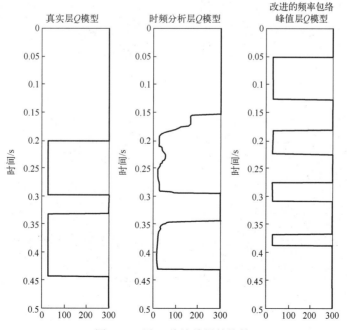

图 11.8 层 Q 估计结果的比较

表 11-3   实际与估计的层 Q 之间的归一化互相关（合成地震数据测试）

加性噪声信噪比/dB	∞	20	15	10
雷克子波	0.7975	0.7315	0.6739	0.5836
高斯子波	0.8862	0.8340	0.7891	0.7152
野外地震数据中提取的子波	0.7277	0.6618	0.6093	0.5237

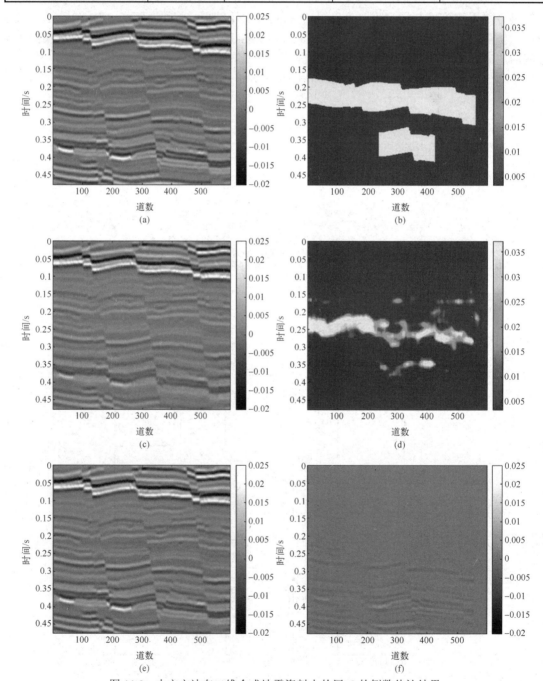

图 11.9   本文方法在二维合成地震资料上的层 Q 的倒数估计结果

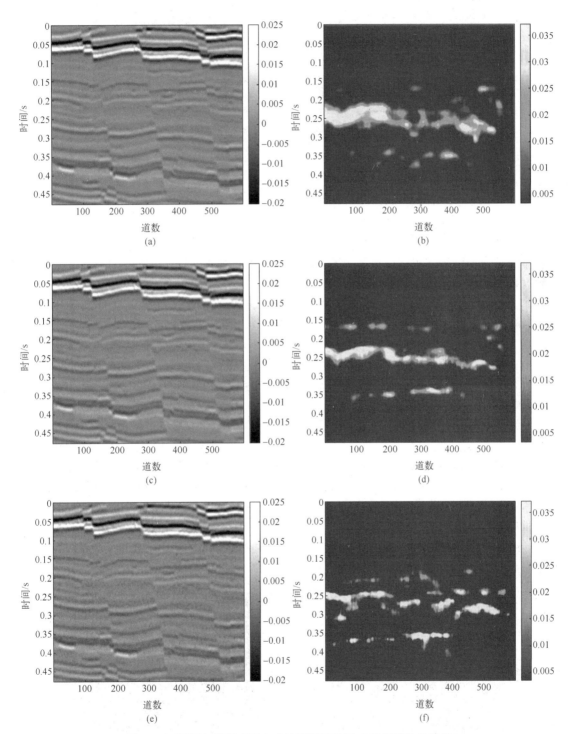

图 11.10　不同加性噪声下合成地震资料的层 Q 的倒数估计结果

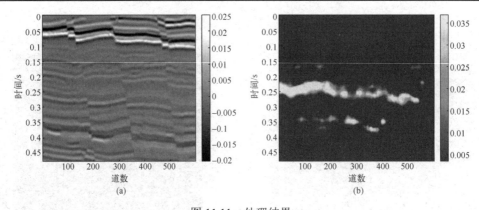

图 11.11　处理结果

（a）10 dB 合成地震数据的去噪结果；（b）（a）的层 Q 的倒数估计结果。

3.3　实际地震数据

本文还对实际地震数据进行了实验，以验证本文方法的有效性。图 11.12（a）是野外实际地震数据的一部分。红色箭头指向的内容为衰减明显的油井。

本文使用图 11.12（a）中地震道的对数时频振幅谱和经过训练的参数共享 U-NET 网络来预测相应动态子波和反射系数的对数时频振幅谱。然后，根据本文方法的动态子波幅度谱提取结果，通过式（11-6）～（式 11-11）估计层 Q。图 11.12（b）显示了通过动态子波幅度谱提取结果获得的相应层 Q 的倒数估计结果。由图 11.12（b）可知，层 Q 的倒数结果表明了衰减的位置。从图 11.12（b）可以看出，层 Q 的倒数结果准确地反映了图 11.12（a）中衰减的位置。在层 Q 估计过程中，只用了地震资料，没有任何先验假设和存在不准确的层预测。然后，将层 Q 估计结果转换为平均 Q，并用平均 Q 对野外地震数据进行衰减补偿，衰减补偿结果如图 11.12（c）所示，从图中可以看出分辨率明显提高。图 11.12（d）显示了原始和补偿后的第 130 道野外数据。此外，图 11.12（e）和图 11.12（f）显示了相应的广义 S 变换振幅谱，补偿后频带变宽，衰减后的频率分量恢复良好。图 11.13 显示了与第 130 个实际数据地震道相对应的训练网络的输入和输出。图 11.13（a）为第 130 道数据的对数时频振幅谱（网络输入）；图 11.13（b）为反射系数的对数时频振幅谱估计结果；图 11.13（c）为动态子波（网络的输出 1 和输出 2）的对数时频振幅谱估计结果。通过训练好的参数共享 U-NET 网络，对有效频带中动态子波和反射系数的对数时频振幅谱进行了良好的分解。野外地震资料的层 Q 估计和补偿结果表明了该方法的有效性。

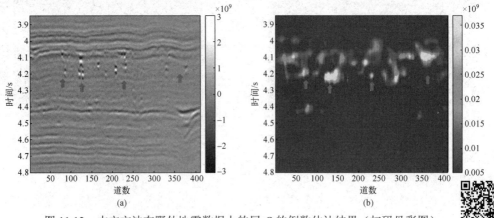

图 11.12　本文方法在野外地震数据上的层 Q 的倒数估计结果（扫码见彩图）

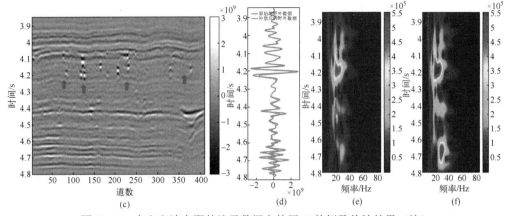

图 11.12　本文方法在野外地震数据上的层 Q 的倒数估计结果（续）

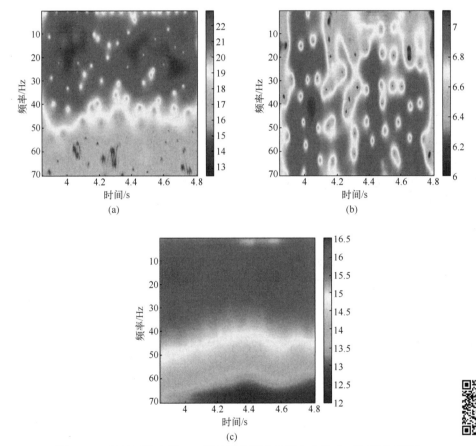

图 11.13　训练网络在第 130 道地震数据上的输入和输出（扫码见彩图）

4　结论

本文提出了一种基于多任务学习的动态子波幅度谱提取方法，并将其应用于层 Q 估计。我们使用参数共享 U-NET 将非平稳地震数据道的对数时频振幅谱分解为反射系数和动态子波的对数时频振幅谱，并将该方法应用于合成地震数据和实际地震数据，以表明该方法在动态子波幅度谱提取上的有效性。与传统的动态子波幅度谱提取方法相比，该方法对合成地震数据的定量结果也显示出更好的噪声抑制效果。此外，层 Q 可以根据本文方法的动态子波幅度谱提取结果进行估计。根据动态子波幅度谱提取结果计算的瞬时质心频率，可以直接估计层 Q，而无须从特定层中选择行程时间。然后，可以利用 Q 估计结果来补偿非平稳地震数据，以提高其分辨率。该方法对合成数据和现场数据的层 Q 估计和衰减补偿都有很好的效果。在本文方法中，Q 估计结果受到噪声的影响，可以通过噪声压制技术加以改进。在未来，计划进一步提高本文方法对 Q 估计的抗噪性。

参考文献

[1] Azimi S A. Impulse and transient characteristics of media with linear and quadratic absorption laws [J]. Izv. Acad. Sci. U.S.S.R Phys. Solid Earth，1968，2：88-93.

[2] Ben-Menahem A，Singh S J. Seismic Waves and Sources [M]. 1st edition. New York：Springer-Verlag New York Inc.，2012.

[3] Chen X，He Z，Huang D. High-efficient time-frequency spectrum decomposition of seismic data based on generalized S transform [J]. Oil Geophysical Prospecting，2008，43（5）：530-534.

[4] Chen Z，Wang Y，Chen X，et al. High-resolution seismic processing by Gabor deconvolution [J]. Journal of Geophysics and Engineering，2013，10（6）：065002.

[5] Dai Y，Wang R，Li C，et al. A time-varying wavelet extraction using local similarity [J]. Geophysics，2016，81（1）：V55-V68.

[6] Feng X，Liu C，Yang B J，et al. The extractive method of seismic wavelet in different time window and the application in synthetic seismogram [J]. Progress in Geophysics，2002，17（1）：71-77.

[7] Gao J，Yang S，Wang D，el al. Estimation of quality factor Q from the instantaneous frequency at the envelope peak of a seismic signal [J]. Journal of Computational Acoustics，2011，19（2）：155-179.

[8] Hasan M，El-Sakka M R. Improved BM3D image denoising using SSIM-optimized Wiener filter [J]. EURASIP Journal on Image and Video Processing，2018（1）：1-12.

[9] Hu C，Tu N，Lu W. Seismic attenuation estimation using an improved frequency shift method [J]. IEEE Geoscience and Remote Sensing Letters，2013，10（5）：1026-1030.

[10] Kjartansson E. Constant Q-wave propagation and attenuation [J]. Journal of Geophysical Research：Solid Earth，1979，84（B9）：4737-4748.

[11] Kolsky H. The propagation of stress pulses in viscoelastic solids [M]. Society of Exploration Geophysics，1981.

[12] Kwok H K，Jones D L. Improved instantaneous frequency estimation using an adaptive short-time Fourier transform [J]. IEEE Transactions on Signal Processing，2000，48（10）：2964-2972.

[13] Li F，Zhou H，Jiang N，et al. Qestimation from reflection seismic data for hydrocarbon detection using a modified frequency shift method [J]. Journal of Geophysics and Engineering，2015，12（4）：577-586.

[14] Li H，Greenhalgh S，Chen S，et al. A robust Q estimation scheme for adaptively handling asymmetric wavelet spectrum variations in strongly attenuating media [J]. Geophysics，2020，85（4）：V345-V354.

[15] Liu N，Gao J，Zhang B，et al. Time-frequency analysis of seismic data using a three parameters S transform [J]. IEEE Geoscience and Remote Sensing Letters，2018，15（1）：142-146.

[16] Liu Y，Li Z，Yang G，et al. An improved method to estimate Q based on the logarithmic spectrum of moving peak points [J] Interpretation，2019，7（2）：T255-T263.

[17] Lu W. Blind channel estimation using zero-lag slice of third-order moment [J]. IEEE Signal Processing

Letters，2005，12（10）：725-727.

[18] Quan Y，Harris J M. Seismic attenuation tomography using the frequency shift method [J]. Geophysics，1997，62（3）：895-905.

[19] Ronneberger O，Fischer P，Brox T. U-Net：Convolutional net works for biomedical image segmentation [C]. in Proc，2015.

[20] Sener O，Koltun V. Multi-task learning as multi-objective optimization [J]. Advances in Neural Information Processing Systems，2018.

[21] Soussen C，Idier J，Brie D，et al. From Bernoulli-Gaussian deconvolution to sparse signal restoration [J]. IEEE Transactions on Signal Processing，2011，59（10）：4572-4584.

[22] Sun S，Castagna J P，Siegfried R W. Examples of wavelet transform time-frequency analysis in direct hydrocarbon detection [C]. SEG Technical Program Expanded Abstracts，Society of Exploration Geophysicists，2002.

[23] Van der Baan M. Time-varying wavelet estimation and deconvolution by kurtosis maximization [J]. Geophysics，2008，73（2）：V11-V18.

[24] Van der Baan M. Bandwidth enhancement：Inverse Q filtering or time-varying Wiener deconvolution [J]. Geophysics，2012，77（4）：V133-V142.

[25] Wang Q，Gao J. An improved peak frequency shift method for Q estimation based on generalized seismic wavelet function [J]. Journal of Geophysics and Engineering，2018，15（1）：164-178.

[26] Yuan Y，Li Y，Zhou S. Multichannel statistical broadband wavelet deconvolution for improving resolution of seismic signals [J]. IEEE Transactions on Geoscience and Remote Sensing，2021，59（2）：1772-1783.

[27] Zhang C，Ulrych T J. Estimation of quality factors from CMP records [J]. Geophysics，2002，67（5）：1542-1547.

[28] Zhang P，Dai Y，Tan Y，et al. A time-varying wavelet extraction method using EMD and the relationship between wavelet amplitude and phase spectra [J]. Chinese Journal of Geophysics，2019，62（2）：680-696.

[29] Zhou H，Wang J，Wang M，et al. Amplitude spectrum compensation and phase spectrum correction of seismic data based on the generalized S transform [J]. Applied Geophysics，2014，11（4）：468-478.

（本文来源及引用方式：Wang J，Lu W，Li Y. A multitask learning-based dynamic wavelet amplitude spectra extraction method and its application in Q estimation [J]. IEEE Transactions on Geoscience and Remote Sensing，2022，60：5905310.）

论文 12　基于机器学习的地震数据插值

摘要

机器学习可以自动学习数据之间的隐藏特征或关系。近年来，机器学习方法在许多科学领域得到了广泛应用。我们评估了机器学习的常见应用，并在经典的支持向量机回归机器学习方法的基础上开发了一种新方法，用于对欠采样或缺失的地震道进行数据重建。首先，支持向量机回归方法从训练数据中学习到一个连续回归超平面，该超平面表示输入的缺失地震道与输出的完整数据之间的隐藏关系，然后利用学习到的超平面为其他输入数据插值缺失地震道。该新方法的关键思想与以前的许多插值方法有很大不同。本文方法依赖训练数据的特征，而不是对线性、稀疏性或低秩的假设。因此，它可以打破之前的假设或约束，并对不同数据集有一定的通用性。此外，本文方法极大减少了人工工作量，它不需要人工选择窗口大小参数，这是假设地质构造以线性为基础的方法所无法避免的。机器学习方法有助于在具有相似地貌结构的数据集之间进行智能插值，这可以显著降低实际应用的成本。此外，我们将一种称为数据驱动紧凑框架（所谓的压缩感知）的稀疏变换与支持向量机回归方法相结合，以提高训练性能，在这种方法中，训练是在稀疏系数域而不是在数据域中实现的。数值实验表明，与传统的 f-x 插值方法相比，该方法具有很好的应用前景。

1　引言

随着互联网上数据的大量积累，机器学习（Machine Learning，ML）通过自动学习隐藏在大型数据集中的特征和关系已逐渐发展为一种新的算法。与手动执行相同的工作相比，这样的替代方案引起了广泛关注。机器学习已经成为许多应用程序的工作平台，包括（但不限于）垃圾邮件过滤器（Androutsopoulos 等，2000；Guzella and Caminhas，2009）、推荐系统（Bobadilla 等，2013）、信用评分（Huang 等，2007）、欺诈检测（Ravisankar 等，2011）和股票交易（Huang 等，2005）。以前大量的研究已经证实，机器学习的主要工具包括线性/逻辑回归、人工神经网络（Haykin，2004）、支持向量机（Support Vector Machine，SVM）（Burges，1998）、决策树（Murthy，1998）和基于实例的学习（Dutton 和 Conroy，1996）。机器学习执行的主要功能包括分类（用于离散输出）、回归（用于连续输出）、聚类、关联分析（Brijs 等，1999）和异常检测（Hassan 等，2015）。这些技术有多种应用，例如，机器学习回归（Kwiatkowska 和 Fargion，2003）可以极有效地应用于数据合并，而支持向量机可以提高卫星海洋颜色传感器的交叉校准能力。此外，聚类可以用来提高回归的效率和准确性。另一个例子是，在半导体领域，检测异常晶圆可以帮助工人发现故障（Hassan 等，2015），使用支持向量机对随机输入传感器数据进行分类可以让工人识别电机故障（Banerjee 和 Das，2012）。总的来说，由于其良好的性能，机器学习已经在多个领域迅速传播，并可能推动下一轮创新浪潮。

那么机器学习怎么应用到地震数据处理中呢？尽管取得了上述进展，但目前仍不清楚机器学习如何更好地用于地震勘探。机器学习相关技术已初步应用于确定储层特征参数，如砂含量、页岩含量、孔隙度和渗透率等。在之前发表过的研究中，Lim（2005）能够从油井数据中使用模糊逻辑和神经网络来寻找这些储层属性，Helmy 等（2010）提出使用混合计算模型来表征油气储层。Zhang 等（2014）提出了对偏移前的地震数据进行基于机器学习的自动断层识别。该方法从包含具有不同位置和属性的断层的速度模型中生成一组地震道，然后使用这些已知示例来训练机器学习模型，以识别以前看不见的地震道中断层的所在位置。

受机器学习的启发，地震数据插值可以看作一个连续输出的回归问题。换句话说，机器学习方法可用于生成近似函数（用于插值投影的连续超平面）。在本文中，我们尝试使用机器学习对地震数据进行插值。后续的地震处理步骤中，包括多次波压制、偏移和成像等，通常需要密集的地震记录。然而，由于经济和物理条件的限制，地震记录往往分布稀疏或部分缺失。这些丢失的地震道可以通过插值重建，大大降低经济成本。

目前存在几种地震插值方法。一些研究人员提出了假设原始剖面的地震记录中含有限数量的线性构造。例如，Spitz（1991）假设存在一系列线性构造，并提出了一种经典的一阶 f-x 插值方法，该方法使用一组线性方程对缺失的地震道进行插值。在这种情况下，对于线性构造形成的信号来说，一步可预测性可能是一个必要但不充分条件。因此，对于曲线构造，可以生成次优解，使用窗口技术处理具有曲线构造的数据。然而，这些重建数据的质量受到窗口参数的显著影响。

Spitz 提出的方法已经扩展到其他领域，包括时空域（Claerbout，1992）、频率波数域（Gülünay，2003）和 curvelet 域（Naghizadeh and Sacchi，2010）。另外，基于提升稀疏性的方法，例如 Fourier 变换（Sacchi 等，1998；Liu 和 Sacchi，2004）、curvelet 变换（Herrmann 和 Hennenfent，2008）和字典学习（Liang 等，2014；Yuet 等，2015）在地震数据插值领域也很流行。这些方法假设，变换域中，重建数据应该比丢失地震道的观测数据更加稀疏。近年来，低秩方法（试图实现地震数据奇异值的稀疏性）也引起了关注。这些方法假设，经过一些预转换后，地震数据为低阶结构，如纹理滑窗映射（Ma，2013；Yang 等，2013）、Hankel 重嵌入（Trickett 等，2010；Oropeza 和 Sacchi，2011；Naghizadeh 和 Sacchi，2012；Jia 等，2016）和坐标转换（Kumar 等，2013）。在低秩条件下，插值问题可以转化为降秩矩阵填充问题。

在本文中，我们使用一种最先进的机器学习回归工具，即支持向量回归（Support Vector Regression，SVR）方法（Drucker 等，1997），学习地震数据的插值。支持向量回归的使用受到三个因素的影响：①支持向量回归具有坚实的理论基础，它可以将低维空间中的非线性分类/回归问题转化为高维空间中的线性问题，线性回归可以更容易地完成。②支持向量回归在预测输入数据上有很好的泛化能力。③支持向量回归在函数逼近方面是有效的，尤其是在高维输入空间的情况下。它已成功应用于其他领域，促进了智能交通系统中的行程时间预测（Wu 等，2004）、风速预测（Mohandes 等，2004；Santamaría-Bonfil 等，2016）和图像超级分辨率（Ni 和 Nguyen，2007）等项目。在本文中，插值可以从给定的示例数据集中通过多元函数（超平面）进行学习。然后，该函数可用于预测和插值缺失地震道的输入数据，而无须预先进行线性、稀疏性或低秩等假设。此外，为了进一步增强其效果，Cai 等（2014）和 Yu 等（2015）提出了一种把数据驱动紧凑框架（Data Driven Tight Frame，DDTF）新的自适应稀疏变换与支持向量回归相结合的方法。学习是在稀疏系数域中实现的，而不是在原始数据域中，稀疏变换有助于提高学习效率。在不同数据上进行的数值实验证明了本文方法的适用性和应用前景。

2 理论

2.1 支持向量回归综述

在机器学习中，支持向量机是用于分类、回归和其他学习任务的监督学习模型。支持向量分类用于数据分类，产生离散输出；支持向量回归用于数据拟合和回归，产生连续输出。首先，我们简要解释一下回归的术语。假设我们得到一个训练集，其中 n 个点对为

$$\boldsymbol{\Omega} = \{(\boldsymbol{x}_i, \boldsymbol{y}_i), \quad i = 1, 2, \cdots, n\} \tag{12-1}$$

式中：$\boldsymbol{x}_i \in \mathbb{R}^d$ 为特征向量（如采样点的本地邻居信息）；$\boldsymbol{y}_i \in \mathbb{R}^d$ 为 $\boldsymbol{x}_i$ 对应的标签。解决回归问题需要构造一个从 $\boldsymbol{x}$ 到 $\boldsymbol{y}$ 映射的近似函数 $f(\boldsymbol{x})$。这个函数同样被用来预测 $(\boldsymbol{x}^*, \boldsymbol{y}^*)$ 中的标签，其中特征向量 $\boldsymbol{x}^*$ 已知，标签未知。通过函数 $f(\boldsymbol{x})$，就可以通过特征向量 $\boldsymbol{x}^*$，预测未知的标签 $\boldsymbol{y}^*$。

支持向量回归的函数 $f(x)$ 是从支持向量机分类中生成的。支持向量机分类是一种假设非线性分布的样本点通过映射投影到高维空间时可以线性分离的技术。图 12.1 给出了一个简单的例子（Vapnik，1995）来解释这个想法。图 12.1（a）为 $\mathbb{R}^2$ 中的分割线在非线性空间中表现为椭圆；图 12.1（b）为通过映射 $\boldsymbol{\Phi}$，$\mathbb{R}^3$ 中的分割超平面可以转换为线性超平面。在 $\boldsymbol{\Phi}: \mathbb{R}^2 \to \mathbb{R}^3$，$\boldsymbol{\Phi}(x_1, x_2) = ([x_1]^2, [x_2]^2, \sqrt{2}x_1x_2)$ 映射中，支持向量机分类可以将 $\mathbb{R}^2$ 中的椭圆分布点分为 $\mathbb{R}^3$ 中的两个类别的线性超平面。这个例子说明了支持向量分类可以使用映射将低维空间中的非线性分类问题转换为高维空间中的线性问题。因此，可以相当容易地进行这种线性分类。

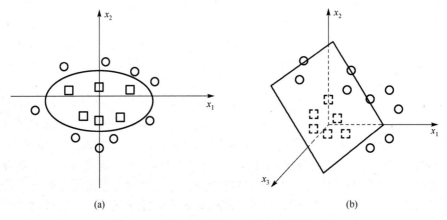

(a)   (b)

图 12.1 非线性分类转换为线性分类的例子

此处，将使用一个不敏感损失函数 L_ε 来表示支持向量回归数据回归（Drucker 等，1997）[图 12-2（a）]：

$$L_\varepsilon = \begin{cases} 0 & , \quad |\boldsymbol{y} - f(\boldsymbol{x})| \leqslant \varepsilon \\ |\boldsymbol{y} - f(\boldsymbol{x})| - \varepsilon, & \text{otherwise} \end{cases} \tag{12-2}$$

式中：ε 为不敏感损失参数，损失函数忽略 ε 阈值内的误差。换句话说，如果满足 $|\boldsymbol{y}_i - f(\boldsymbol{x}_i)| \leqslant \varepsilon$ 这一误差，就可以认为预测值 $f(\boldsymbol{x}_i)$ 等于 $\boldsymbol{y}_i$。基于此损失函数，近似函数应在阈值中产生尽可能多的数据对。因此，回归超平面 $f(\boldsymbol{x})$ 应该作为凸包的分类超平面[图 12-2（b）]：

$$D^+ = \{(\boldsymbol{x}_i^{\mathrm{T}}, \boldsymbol{y}_i + \varepsilon)^{\mathrm{T}}, \quad i = 1, \cdots, n\}$$
$$D^- = \{(\boldsymbol{x}_i^{\mathrm{T}}, \boldsymbol{y}_i - \varepsilon)^{\mathrm{T}}, \quad i = 1, \cdots, n\}$$

（12-3）

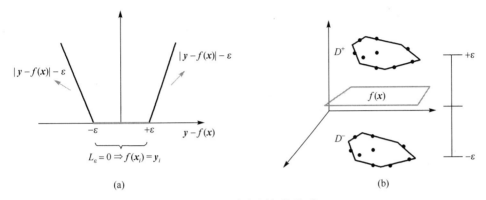

图 12.2　分类与回归的关系

通过分析图 12.1，回归超平面 $f(\boldsymbol{x})$ 可以是高维空间中的线性形式，具有映射 ϕ：

$$f(\boldsymbol{x}) = \langle w, \phi(\boldsymbol{x}) \rangle + b$$

（12-4）

回归函数 $f(\boldsymbol{x})$ 计算的最优化问题是将 $\| w \|^2$ 最小化及确保 $|\boldsymbol{y}_i - f(\boldsymbol{x}_i)| \leqslant \varepsilon$ 这一条件：

$$\min_{w,b,\xi_p,\xi_p^*} \frac{1}{2} \| w \|^2 + C \sum_{p=1}^{n} (\xi_p + \xi_p^*)$$

$$\text{s.t.} \begin{cases} \boldsymbol{y}_i - (<\omega, \phi(\boldsymbol{x}_i)> + b) \leqslant \varepsilon + \xi_p \\ (<\omega, \phi(\boldsymbol{x}_i)> + b) - \boldsymbol{y}_i \leqslant \varepsilon + \xi_p^* \\ \xi_p, \xi_p^* \geqslant 0 \end{cases}$$

（12-5）

式中：ξ_p, ξ_p^* 均为可以在较大可行区域内搜索最优解的松弛变量。

式（12-5）可用于其凸对偶问题的求解，其中的解表示为

$$f(\boldsymbol{x}) = \sum_{i=1}^{n} (a_i - a_i^*) \langle \phi(\boldsymbol{x}_i), \phi(\boldsymbol{x}) \rangle + b$$

$$= \sum_{i=1}^{n} (a_i - a_i^*) K(\boldsymbol{x}_i, \boldsymbol{x}) + b$$

（12-6）

式中：a_i 和 a_i^* 均为双变量。式（12-6）表明，映射 ϕ 可以是通过核函数 $K(\boldsymbol{x}_i, \boldsymbol{x})$ 的隐式映射。该核函数可以选择为线性核、多项式核或高斯径向基函数等。支持向量回归的输入是式（12-1）中的已知点对，输出是回归函数[超平面 $f(\boldsymbol{x})$]。关于支持向量回归的更多细节可以在 inSmola 和 Schölkopf（2004）中找到。

2.2　基于支持向量回归的插值方法

在本节中，我们首先通过简要描述使用基于机器学习回归的插值方法进行说明，如图 12.3 所示，在训练阶段，采用机器学习方法挖掘一个似然函数 $\boldsymbol{y} = f(\boldsymbol{x})$ 去寻找训练集 $(\boldsymbol{x}, \boldsymbol{y})$ 的映射关系。在预测阶段，将特征向量 $\boldsymbol{x}^*$ 输入训练好的 $f(\boldsymbol{x})$ 中，以得到未知的标签 $\boldsymbol{y}^*$。一些点对（$\boldsymbol{x}$—特征向量，$\boldsymbol{y}$—标签）如训练集（空心圆圈）是已知的，机器学习方法用于学习隐藏在这些训练点对中的回归函数 $\boldsymbol{y} = f(\boldsymbol{x})$。其他未知的 $(\boldsymbol{x}^*, \boldsymbol{y}^*)$ 中标签 $\boldsymbol{y}^*$ 可以在特征向

量 x^* 输入，到 $y = f(x)$ 之后输出。在应用地震数据插值时，需要注意将地震数据转换为点对（特征向量、标签）的形式，并将缺失的像素值指定为未知标签时，缺失数据应首先使用双三次插值方法或其他方法进行预插值。我们设置预插值数据中的局部区块为特征向量，设置相应的像素值为标签。接一下，我们进一步说明基于支持向量回归的插值方法的细节。

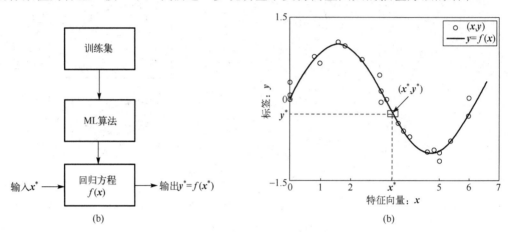

图 12.3　机器学习过程的示意

本文方法包括两个阶段：训练阶段和预测阶段。在训练阶段，我们选择了几个没有缺失地震道的样本，这些样本的地貌结构与插值地震数据的地貌结构相似。为了区分这两种地震数据，我们将它们归类为示例地震数据或缺失地震道数据。如上所述，支持向量回归要求将地震数据转换为新的形式（特征向量、标签）。为此，我们首先使用与缺失地震道数据相同的样本矩阵对示例数据进行下采样。其次使用双三次插值对下采样的示例数据进行初始预插值。当然，也可以使用其他方法，如 $f\text{-}x$ 方法，对这些下采样的示例数据进行预插值。再次对于每一个在预插值矩阵中的像素点所在的位置 (i, j)，我们截取一幅以 (i, j) 为中心，尺寸为 $m \times m$ 局部图像。该局部图像由一个矩阵加权，该矩阵由二维高斯分布构造而成。最后将该加权图像转换为行向量：

$$x_{ij} = \text{vec}(W_{\text{G}}(P_{ij}M_{\text{BI}})) \tag{12-7}$$

式中：M_{BI} 为使用双三次插值获得的预插值数据；P_{ij} 为局部图像提取模块。需要注意的是，局部图像用于表示像素的局部信息，这与基于局部信息的地震数据处理有所不同（Bonar 和 Sacchi，2012）。W_{G} 为高斯矩阵加权。函数 vec 可以将尺寸 $m \times m$ 的矩阵重塑为 $1 \times m^2$ 的行向量。因此可以得到，一个 m^2 维的特征向量 x_{ij}、标签 y_{ij}，以及示例地震数据中 (i, j) 处的像素值。图 12.4 为高斯支持向量回归示意图。图 12.4 I 为截取以 (i, j) 像素点为中心的局部图形区块；图 12.4 II 为经过高斯加权处理后生成特征向量。

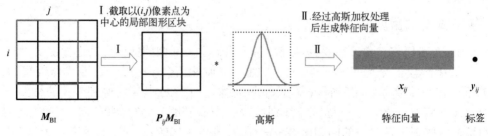

图 12.4　高斯支持向量回归示意

在初始计算之后，我们将示例地震数据中的所有点对输入支持向量回归。然后，可以生成一个连续回归函数（超平面，$f(\boldsymbol{x})$），并将其保存以供之后在预测阶段使用。

在预测阶段，缺失地震道数据的标签/像素值未知，但可以使用其特征向量生成。构造特征向量的方法与训练阶段相同。需要注意的是，缺失的地震数据首先使用双三次插值方法进行预插值。所有特征向量同时输入前一阶段训练的回归函数（超平面，$f(\boldsymbol{x})$）中，从而使我们获得标签（缺少像素值）。我们称这种插值方法为高斯支持向量回归。我们的插值算法的主要步骤在算法 12.1 中给出，并在图 12.5 中进一步解释。

输入：示例地震数据 $\boldsymbol{M} = \{M_t\}, t = 1, 2, \cdots$，缺失地震道数据 $\boldsymbol{Y}$，样本矩阵 $\boldsymbol{F}$，局部区块尺寸 m.

1. 训练阶段

(1) 通过 $\boldsymbol{F}$ 对示例地震数据 $\boldsymbol{M} = \{M_t\}, t = 1, 2, \cdots$ 进行下采样.

(2) 使用 bicubic 插值对下采样的示例数据进行初始预插值.

(3) 获取 m^2 维的特征向量 x_{ij} 以及对应的标签 y_{ij}.

(4) 输入所有 (x_{ij}, y_{ij}) 点对到 SVR，生成一个连续回归函数（超平面，$f(\boldsymbol{x})$）.

2. 预测阶段

(1) 对缺失地震道数据进行 bicubic 插值.

(2) 按照训练阶段相同的方式提取特征向量.

(3) 输入所有特征向量到超平面 $f(\boldsymbol{x})$，获取未知的标签.

输出：重建的地震数据.

算法 12.1　基于支持向量回归的插值方法

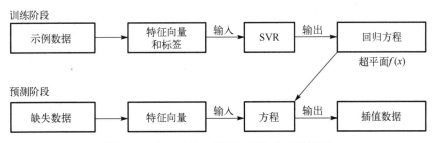

图 12.5　基于支持向量回归插值方法的流程

2.3　结合支持向量回归和稀疏变换的插值方法

经典支持向量回归中的特征向量只包含其像素值和高斯加权局部信息。在这些特征向量中还包含更多信息，可以提高我们方法的性能。例如，Chaplot 等（2006）提出将小波和机器学习方法结合起来，对人脑的磁共振图像进行分类。在使用小波作为 SVM 的输入后，它们能够达到 94% 以上的良好分类率。

与具有固定且已知基本函数的小波变换类似，基于数据驱动紧凑框架的方法（Cai 等，2014；Liang 等，2014；Yu 等，2015）是一种自适应稀疏变换，通过给定数据来学习滤波器（详见附录）。受 Chaplot 等（2006）工作的启发，我们提出了一种支持向量回归和数据驱动紧凑框架相结合的插值方法，称为基于数据驱动紧凑框架的支持向量回归。这种新方法与高斯支持向量回归的唯一区别在于，特征向量的提取方法。基于数据驱动紧凑框架的支持向量回归在数据驱动紧凑框架下的稀疏域中实现，而不是在数据域中实现。图 12.6

为数据驱动紧凑框架示意图。图 12.6 Ⅰ 为截取以 (i, j) 像素点为中心的局部图形区块；图 12.6 Ⅱ 为各区块的数据驱动紧凑框架域系数等于 $\boldsymbol{W}^{\mathrm{T}}\boldsymbol{P}_{ij}\boldsymbol{M}_{\mathrm{BI}}$；图 12.6 Ⅲ 为将系数矩阵转换为特征向量。生成自适应数据驱动紧凑框架滤波器后，每个局部区块的系数等于 $\boldsymbol{W}^{\mathrm{T}}\boldsymbol{P}_{ij}\boldsymbol{M}_{\mathrm{BI}}$。然后通过将 $\boldsymbol{W}^{\mathrm{T}}\boldsymbol{P}_{ij}\boldsymbol{M}_{\mathrm{BI}}$ 转换为行向量来获得特征向量。注意，训练中对应的标签是示例数据中的真实像素值，与高斯支持向量回归相同。

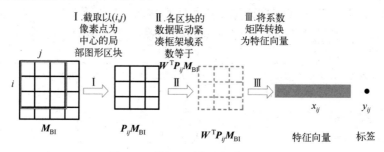

图 12.6　数据驱动紧凑框架示意图

3　结果和讨论

我们在合成和实际地震数据上测试了高斯支持向量回归和基于数据驱动紧凑框架的支持向量回归方法，并将结果与双三次插值（Keys，1981）和 Spitz（1991）的 f-x 方法进行了比较。实现支持向量回归方法时，我们使用 LibSVM（Chang 和 Lin，2001）和高斯径向基函数作为核函数。我们使用了一组二维地震数据，包括一个空间维度和一个时间维度。插值解决了常规采样问题，采样率为 $1/a$、它代表从 a 个地震道中抽取一个地震道。局部区块大小设置为 3×3；因此，特征向量的长度为 9。重建质量通过使用信噪比来评估，其表示为

$$S/N = 10\lg\left(\frac{\|\boldsymbol{I}\|_F^2}{\boldsymbol{I}_n - \boldsymbol{I}_F^2}\right) \tag{12-8}$$

式中：$\boldsymbol{I}_n$ 和 $\boldsymbol{I}$ 分别为重建数据和原始数据。该数值分析是在 Windows 7 的 PC 上使用 MATLAB 进行的，配置为 Intel corei-5、3.2 GHz CPU 和 8GB RAM。

3.1　地质构造为线性的数据

具有线性构造的合成地震数据如图 12.7（a）所示。在本节中，我们将在 25%规则采样率插值的情况下，将我们的结果与双三次插值法和 f-x 方法的结果进行简单比较［图 12.7（b）］。图 12.8 显示了 4 个没有缺失数据的示例地震数据集，从中可以提取 63504 个特征向量和标签的训练点对。插值结果如图 12.9 所示。图 12.9（a）为双三次插值方法（信噪比为 27.80dB）；图 12.9（b）为 f-x 方法（信噪比为 38.97dB）；图 12.9（c）为高斯支持向量回归方法（信噪比为 41.05dB）；图 12.9(d)为基于数据驱动紧凑框架的支持向量回归方法（信噪比为 42.10dB）。4 种不同方法（双三次插值、f-x、高斯支持向量回归和基于数据驱动紧凑框架的支持向量回归）的信噪比分别为 27.80dB、38.97dB、41.05dB 和 42.10dB。事实上，使用高斯支持向量回归和基于数据驱动紧凑框架的支持向量回归获得的信噪比高于使用双三次插值和 f-x 方法获得的信噪比，这表明本文方法取得了成功。

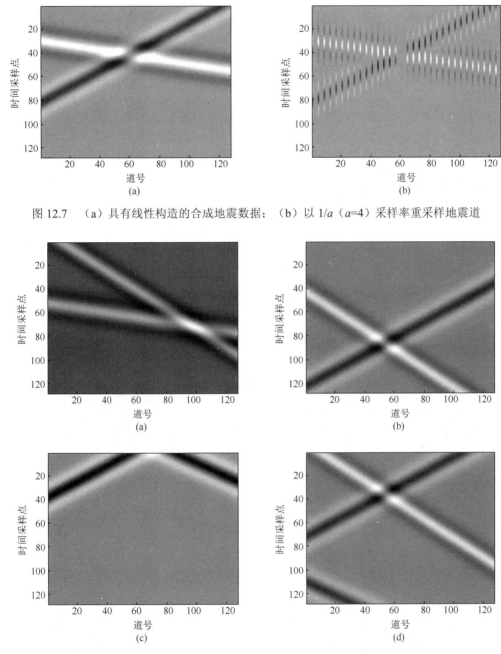

图 12.7　（a）具有线性构造的合成地震数据；（b）以 $1/a$（a=4）采样率重采样地震道

图 12.8　四个实际地震数据用于构造回归函数

3.2　地质构造为曲线的数据

图 12.10（a）描述了具有曲线构造的合成地震数据。这些数据的大小为 1000×128，分别对应于沿时间和空间方向的样本总数。如图 12.10（b）所示，采样率为 $1/a$，其中 a=3。这里，我们将具有三个不同曲线构造的四个地震数据集作为示例数据。因为四个示例数据集唯一区别是曲率，所以我们这里不显示图像。图 12.11 展示了使用双三次插值、f-x、高斯支持向量回归和基于数据驱动紧凑框架的支持向量回归方法获得的重建结果及其地震道比较。图 12.11（a）为双三次插值方法（信噪比为 28.64dB）；图 12.11（c）为 f-x 方法（信

噪比为 35.63dB）；图 12.11（e）为高斯支持向量回归方法（信噪比为 32.27dB）；图 12.11（g）为基于数据驱动紧凑框架的支持向量回归方法（信噪比为 33.02dB）；图 12.11（b）、图 12.11（d）、图 12.11（f）、图 12.11（h）是它们对应的地震道对比，其中虚线表示原始地震道，实线表示重建地震道。通过信噪比对比，$f\text{-}x$ 的性能优于支持向量回归。但由于 $f\text{-}x$ 方法要频繁调整最优窗口参数，因此其信噪比并不总是高于支持向量回归的信噪比。正如机器学习技术中常见的那样，支持向量回归的有效性取决于训练集。在这方面，未来的工作应侧重对支持向量回归的改进。

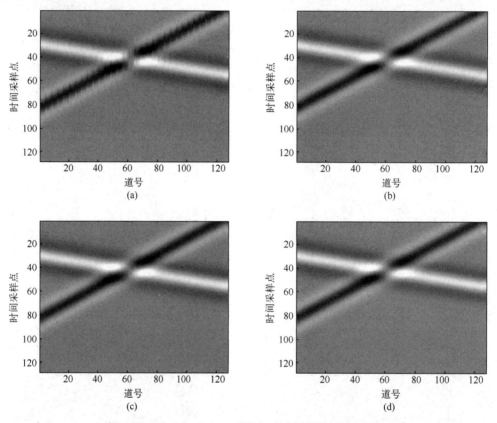

图 12.9　对以 $1/a(a=4)$ 采样率重采样的数据进行重建

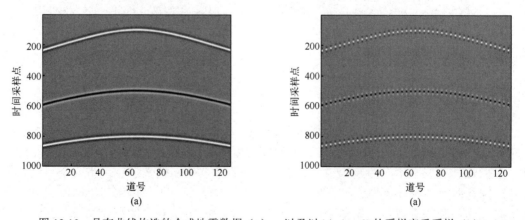

图 12.10　具有曲线构造的合成地震数据（a），以及以 $1/a(a=3)$ 的采样率重采样（b）

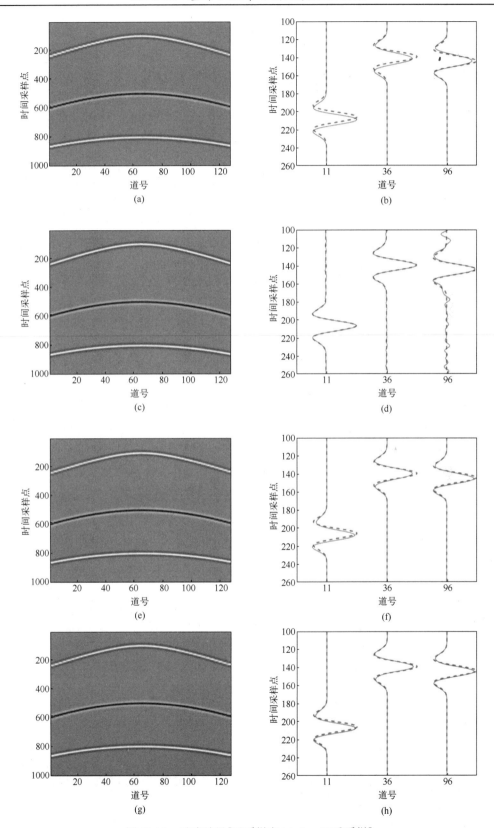

图 12.11　重建结果[以采样率 $1/a(a=3)$ 重采样]

3.3　实际地震数据示例

为了更好地将我们的新方法与 $f\text{-}x$ 方法进行比较,我们在大小为 128×128 的实际数据集上测试了一系列实验[图 12.12（a）]。地震数据已按标准的 50%的样本矩阵进行下采样,如图 12.12（b）所示。为了构造回归函数,我们选择了 8 个实际地震数据集（图 12.13）。这些数据实际上是来自一个非常大的现场数据集的 8 个小块,用作模拟。这些示例数据可以提供 127008 个训练点对。图 12.14 记录了使用 $f\text{-}x$、高斯支持向量回归和基于数据驱动紧凑框架的支持向量回归方法获得的插值结果及其地震道比较。图 12.14 中虚线表示原始地震道,实线表示重建地震道,由左至右,方法及其对应的信噪比分别为: $f\text{-}x$（34.21dB）、高斯支持向量回归（32.20dB）、基于数据驱动紧凑框架的支持向量回归（32.54dB）。我们提出的基于支持向量回归的方法产生的信噪比比使用 $f\text{-}x$ 的方法稍低。在这个例子中,我们进行了许多实验测试,以确定 $f\text{-}x$ 方法实现高信噪比的最佳参数（如窗口大小）。

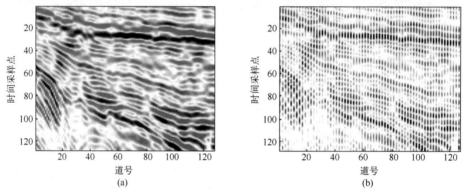

图 12.12　原始实际地震数据（a）,以及以 $1/a(a=2)$ 的采样率重采样地震道,形成缺失后的数据（b）

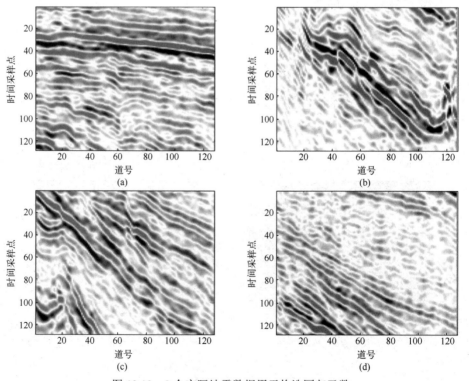

图 12.13　8 个实际地震数据用于构造回归函数

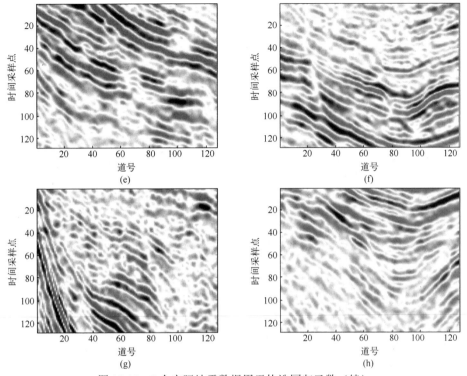

图 12.13 8 个实际地震数据用于构造回归函数（续）

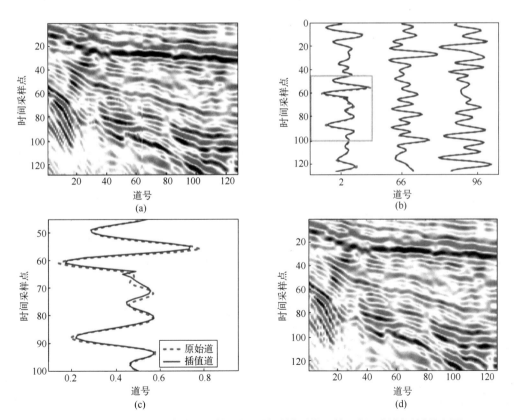

图 12.14 第一行：重建结果；第二行：地震道对比；第三行：绿框区域放大图

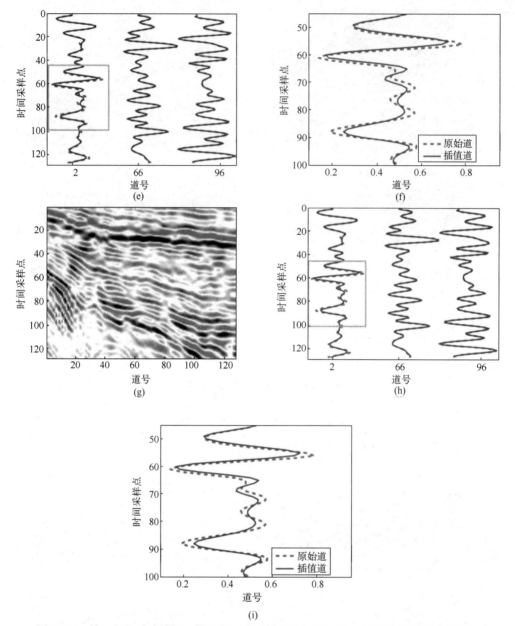

图 12.14　第一行：重建结果；第二行：地震道对比；第三行：绿框区域放大图（续）

　　为了使重建数据的质量更具说服力，对不同采样率 $[1/a(a=2,3,4)]$ 下的信噪比使用双三次插值、$f\text{-}x$、高斯支持向量回归和基于数据驱动紧凑框架的支持向量回归，如表 12-1 所示。在这 4 种方法中，基于数据驱动紧凑框架的支持向量回归在采样率为 $1/a(a=3,4)$ 时，效果最好，它实现的信噪比比 $f\text{-}x$ 方法（$a=2$）时还要低。此外，本文方法可以更智能地处理实际地震数据的插值问题，而不需要设置复杂的参数。

　　然而，机器学习训练步骤非常耗时。如果在训练阶段使用所有训练对（127008），插值实验需要 2500 秒以上。为了提高我们方法的训练速度，可以随机选择某个子集（Reinartz，2002）作为新的训练集用于地震数据插值。对于每个给定的采样率，我们测试了 10 次，结果的平均值及信噪比和计算时间方面的标准差分别列于表 12-2 和表 12-3。$x\%$ 表示所有训练集的使用百分比（总共 127008 个）。表 12-2 表明，仅用所有训练集的 15%进行训练和用所有训练集进行训练，结果非常相似。然而，计算时间（表 12-3）从 2500 秒以上显著减少到近 25 秒。如表 12-2 所示，当 $a=3$ 时，使用 15%的训练集，基于数据驱动紧凑框架的支持向量回归方法的信噪比是（24.99±0.12）dB。该值略小于使用所有训练集时获得的 25.24dB，计算时间从 4478.94 秒降低到了（25.48±0.28）秒。

表 12-1　通过不同方法得到的重建结果的信噪比对比（针对不同程度的信号缺失）　单位：dB

分辨率	$a=2$	$a=3$	$a=4$
双三次	26.42	21.94	17.52
f-x	34.21	21.58	18.04
高斯支持向量回归	32.2	24.47	20.83
基于数据驱动紧凑框架的支持向量回归	32.54	25.24	22.12

表 12-2　通过使用不同比例训练集得到的重建结果的信噪比对比（针对不同程度的信号缺失）单位：dB

比例	分辨率	5%	15%	25%	35%	100%
高斯支持向量回归	$a=2$					
	$a=3$	23.05±0.01	23.98±0.01	24.14±0.01	24.23±0.01	24.47
	$a=4$	19.47±0.02	20.24±0.01	20.43±0.01	20.54±0.01	20.83
基于数据驱动紧凑框架的支持向量回归	$a=2$	32.65±0.11	32.61±0.11	32.61±0.10	32.61±0.09	32.54
	$a=3$	24.81±0.14	24.99±0.12	25.07±0.10	25.12±0.08	25.24

表 12-3　使用不同比例训练集花费的计算时间对比（针对不同程度的信号缺失）　单位：dB

比例	分辨率	5%	15%	25%	35%	100%
高斯支持向量回归	$a=2$					
	$a=3$	2.90±0.01	23.82±0.19	63.62±0.28	207.44±9.58	3022.34
	$a=4$	2.92±0.01	24.17±0.10	65.20±0.34	252.41±53.38	3045.23
基于数据驱动紧凑框架的支持向量回归	$a=2$	3.41±0.09	27.72±0.62	75.39±1.15	209.27±9.89	6120.54
	$a=3$	3.08±0.06	25.48±0.28	68.97±0.64	193.97±52.46	4478.94
	$a=4$	3.03±0.03	24.95±0.19	67.01±0.49	138.77±26.89	3343.21

3.4　对一类数据进行模型训练

机器学习方法的最大优点是，它可以智能地完成人工分配的任务，从而大大减少人工工作量。本文方法可以降低参数选择的复杂性，如窗口参数。此外，可以保存一个经过训练的回归函数，以便将来用于分析一类地震数据，而不仅仅是一个特定的地震数据集。该步骤的细节描述如下。图 12.15 展示了 6 个地震数据集被用作示例地震数据，以构建具有 50%采样率[$1/a(a=2)$]的回归函数。然后保存经过训练的回归函数，并用于指导三个不同地震数据集的插值（图 12.16）。由 f-x、高斯支持向量回归和基于数据驱动紧凑框架的支持向量回归得到的第一个地震数据集（图 12.16）的重建结果分别如图 12.17（a）、12.17（d）和 12.17（g）所示。图 12.17 第二行和第三行代表其他两个地震数据集的插值结果。图 12.17 每列为相同方法，从左至右依次为 f-x、高斯支持向量回归和基于数据驱动紧凑框架的支持向量回归，采用相同回归函数。图 12.17（a）至图 12.17（i）的信噪比分别为 59.51dB、62.09dB、66.79dB、59.15dB、61.73dB、64.77dB、59.40dB、62.53dB、66.14dB。这些比较表明，基于数据驱动紧凑框架的支持向量回归方法比高斯支持向量回归方法产生更高的信噪比，并且与 f-x 方法相当。

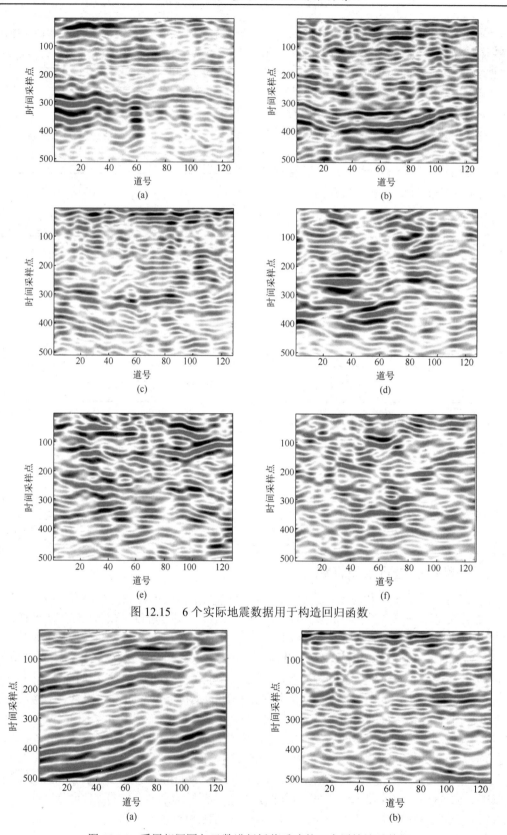

图 12.15　6 个实际地震数据用于构造回归函数

图 12.16　采用相同回归函数进行插值重建的三个原始地震数据

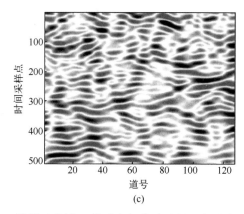

(c)

图 12.16　采用相同回归函数进行插值重建的三个原始地震数据（续）

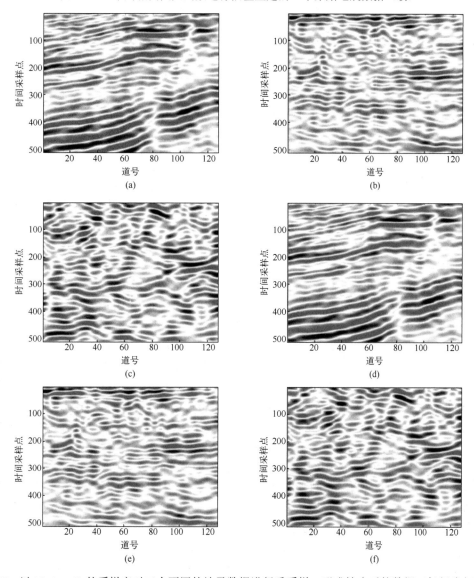

图 12.17　以 $1/a(a=2)$ 的采样率对三个不同的地震数据进行重采样，形成缺失后的数据（每行为相同地震数据，如图 12.16 所示），并使用三种方法进行重建后的结果

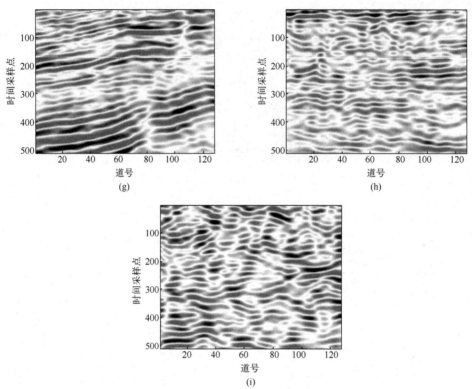

图 12.17　以 $1/a(a=2)$ 的采样率对三个不同的地震数据进行重采样，形成缺失后的数据（每行为相同地震数据，如图 16 所示），并使用三种方法进行重建后的结果（续）

3.5　讨论

　　有几个因素会影响机器学习方法的性能，包括预插值方法的选择和训练集。在我们的机器学习方法中，我们通常在提取特征向量之前使用双三次插值方法对缺失的地震道进行预插值。在某些情况下，$f\text{-}x$ 方法的重建质量略高于我们基于机器学习的方法。因此，尝试使用 $f\text{-}x$ 作为我们选择的预插值方法。为了区分这两种预插值方法，将我们的机器学习方法分别称为双三次高斯支持向量回归、双三次基于数据驱动紧凑框架的支持向量回归、$f\text{-}x$ 高斯支持向量回归和 $f\text{-}x$ 域基于数据驱动紧凑框架的支持向量回归。这些实验中使用的实际地震数据如图 12.12（a）所示，使用不同采样率获得的信噪比记录在表 12-4 中。当 $a=2$ 时，双三次基于数据驱动紧凑框架的支持向量回归方法的信噪比（32.54dB）略低于 $f\text{-}x$ 方法的信噪比（34.21dB）。但是，$f\text{-}x$ 域基于数据驱动紧凑框架的支持向量回归方法（34.31dB）提高了重建质量。当 $a=3$ 时，$f\text{-}x$ 方法的信噪比（21.58dB）略低于双三次基于数据驱动紧凑框架的支持向量回归方法信噪比（25.24dB）。尽管 $f\text{-}x$ 域基于数据驱动紧凑框架的支持向量回归方法信噪比（23.85dB）相比 $f\text{-}x$ 方法信噪比（21.58dB）达到了更高的值，但其信噪比仍低于双三次基于数据驱动紧凑框架的支持向量回归。如上所述，在 $f\text{-}x$ 方法中，重建数据的质量受窗口参数的影响，而双三次插值方法通常易于使用。因此，如果可以忽略信噪比的微弱影响，双三次插值机器学习方法则可能是更好的选择。

　　机器学习方法普遍适用于不同类型的地震数据，能够极大地减少人工工作量。然而，如今地震数据库的规模往往超过了支持向量回归所能处理的数据集的规模，如此大量的数据使它无法学习到回归超平面。因此，数据的准备过程（如数据选择和数据整理）将极大地影响基于支持向量回归的机器学习方法的效率。未来的工作应侧重确定有效的训练数据集（例如在评估方差和偏差时），以及应使用多少训练数据集来避免过拟合问题。

表 12-4　通过不同插值方法得到的重建结果的信噪比对比（针对不同程度的规则采样比例）

		$a = 2$	$a = 3$	$a = 4$
双三次	高斯支持向量回归	32.20	24.47	20.83
	基于数据驱动紧凑框架的支持向量回归	32.54	25.24	22.12
$f\text{-}x$		34.21	21.58	18.04
$f\text{-}x$	高斯支持向量回归	34.42	23.54	19.76
	基于数据驱动紧凑框架的支持向量回归	34.31	23.85	20.05

表 12-5　通过不同方法得到的重建结果的信噪比对比（针对不同程度的随机采样比例）　　单位：dB

采样率	10%	30%	50%
高斯支持向量回归	13.47	19.52	26.61
基于数据驱动紧凑框架的支持向量回归	13.77	19.93	26.82

在本节中，我们将讨论本文方法可能的一些实际应用拓展，如可变采样策略、同步去噪和五维插值。本文讨论了地震数据插值中的规则采样问题。但是随机抽样怎么样？表 12-5 记录了用不同采样率对原始实际地震数据[图 12.12（a）]进行采样，而后进行插值得到的信噪比。此表中的数据表明，我们的机器学习方法可以充分解决随机采样的插值问题。在这组实验中，双三次插值方法用于预插值，并且很可能可以使用另一种更适合随机预插值的方法来改善信噪比。

在插值过程中，同时进行去噪也是该领域的一个问题。以 50%的常规采样率 $1 / a(a = 2)$ 的合成地震数据[图 12.7（a）]为例，这些结果的局部细节如图 12.18 所示。图 12.18（a）为原始无噪数据；图 12.18（b）为以 $1 / a(a = 2)$ 的采样率对含噪数据进行重采样，形成缺失后的数据；图 12.18（c）为重建结果；图 12.18（d）为重建结果与原始无噪数据的残差。也许因为我们的回归函数是一个连续函数，基于支持向量回归的插值方法，在同时抑制噪声的方面能力有限。在预测阶段，如果特征向量包含明显的噪声，则计算出的标签/像素值将产生一定的偏差。因此，在构造特征向量的过程中，最理想的做法是先抑制噪声。

近年来，地震勘探领域也越发关注五维地震数据插值。五维数据可以被视为由一个时间维度和四个空间维度组成的五阶张量，它描述了地表上震源和接收器的所有位置。人们提出了不同的方法来解决这个问题，包括基于 Fourier 变换的方法（Trad，2009；Xu 等，2010；Chiu，2014）、字典学习（Yu 等，2015）、基于 Hankel 或 Toeplitz 矩阵重排的方法（Gao 等，2013）和基于张量完成的方法（Kreimer 和 Sacchi，2012；Kreimer 等，2013）。在这里，我们还尝试对五维合成地震数据进行机器学习测试。图 12.19 展示了一个大小为 32×16×16×16×16 的数据集，该数据集已使用公共 MATLAB 工具箱 SeismicLab 建模。具有常规采样率[$1 / a(a = 3)$]的数据如图 12.19（b）所示。图 12.19（c）展示了高斯支持向量回归重建的结果，图 12.19（d）展示了原始数据[图 12.19（a）]和结果[图 12.19（c）]之间的差异。从这些数据可以看出，我们的机器学习方法可以用来解决五维插值问题，重建结果令人满意。

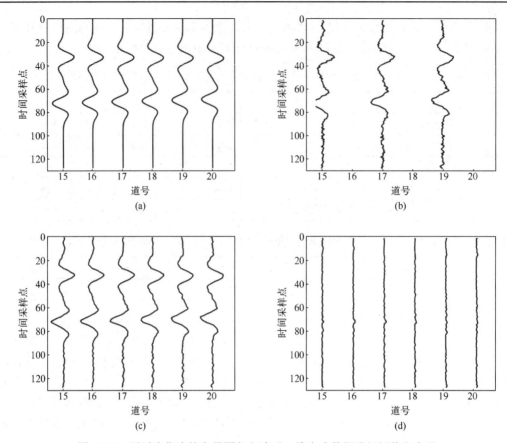

图 12.18　通过高斯支持向量回归方法对二维合成数据进行插值和去噪

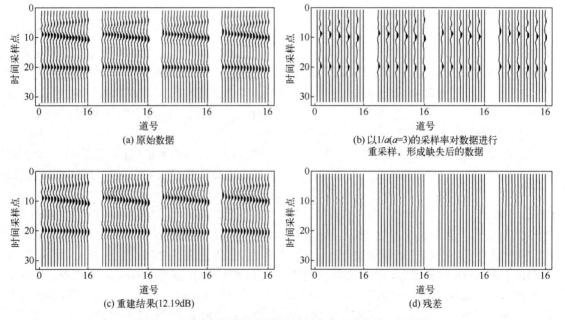

图 12.19　通过高斯支持向量回归方法对五维数据进行插值

目前，在大多数行业中，下采样规则数据的插值问题可以通过 *f-x-y* 方法和其他类似算法有效地解决。实际上，对于这个特定的问题，甚至连 Fourier 技术都不是必需的，因为 *f-x-y* 方法更有效、更简单。但对于不规则数据，*f-x-y* 技术不适用，Fourier 技术适用。然而，很难将常规技术应用到非常复杂的地形结构中，如测线之间有数百米的大间距。我们的机器学习方法的目标是设计一个适用于多种不同类型数据的插值数据库，同时减少人工劳动。因为能够从训练集中读取信息，我们的机器学习方法仍然可以处理具有稀疏采样特性的数据集，如刚才提到的测线之间有数百米的大间距等问题。例如，对一个覆盖率为 3%（97%缺失）的五维宽方位陆地数据进行插值，通常需要对四维数据（每个频率）填充。只有通过对每个维度 500～1000 米采用超大多维窗口，我们才能解决此类问题。然而，机器学习在地震数据处理中的应用还处于起步阶段，要使该技术有效地应用于处理复杂结构、复杂地形和噪声，还有许多工作要做。最后，未来的工作还应侧重使用机器学习方法来完成逆时偏移和全波形反演。

4　结论

本文提出了一种用于地震数据插值的机器学习方法，可以从大量训练集中学习到隐藏关系〔称为连续超平面 $f(x)$〕，并用于获取缺失数据。我们提出了基于数据驱动紧凑框架的支持向量回归方法，改进高斯支持向量回归方法的性能。我们新的基于机器学习的方法摆脱了现有插值方法中的先前假设，使它普遍适用于不同的数据集。此外，经过训练的回归函数可以保存起来，以便将来用于插值一类具有类似地貌结构的地震数据，这能有效地应用于实际地震资料处理中。在未来的工作中，我们将关注对支持向量回归的改进方法，并尝试研究深度学习方法在地震数据处理中的应用。深度学习是机器学习的一个分支，它是试图在数据中建立高度抽象模型的一种算法。

5　附录

数据驱动紧凑框架可简要描述如下。数据驱动紧凑框架中滤波器训练的目标函数为

$$\arg\min_{V,W} \frac{1}{2}\|V - WPM_{BI}\|_F^2 + \lambda\|V\|_0 \ \text{s.t.} \ W^TW = I$$

式中：M_{BI} 为双三次预插值数据；P 为滑窗转换；W 为矩阵字典；V 为基于 W 扩展 PM_{BI} 并在式中第一项的约束下得到的稀疏系数矩阵；I 为单位矩阵。$\|\|_F^2$ 和 $\|\|_0$ 分别为 Frobenius 范数和 L_0 范数（它定义向量中非零的数量）。$W^TW = I$ 的约束条件表示 W 是紧凑框架。W 和 V 可以交替计算。关于数据驱动紧凑框架的更多信息可以在 Cai 等（2014）和 Liang 等（2014）中找到。

参考文献

[1] Androutsopoulos, I, Paliouras G, Karkaletsis V, et al. Learning to filter spam e-mail: A comparison of a naive Bayesian and a memory-based approach: Proceedings of the Workshop on Machine Learning and Textual Information Access [C]. 4th European Conference on Principles and Practice of Knowledge Discovery in Databases, 2000: 1-13.

[2] Banerjee T P, Das S. Multi-sensor data fusion using support vector machine for motor fault detection [J]. Information Sciences, 2012, 217: 96-107.

[3] Bobadilla J, Ortega F, Hernando A, et al. Recommender systems survey [J]. Knowledge-Based Systems, 2013, 46: 109-132.

[4] Bonar, D, Sacchi M. Denoising seismic data using the nonlocal means algorithm [J]. Geophysics, 2012,

77（1）：A5-A8.

[5]　Brijs T，Swinnen G，Vanhoof K，et al. Using association rules for product assortment decisions：A case study [C]. Proceedings of the 5th ACM SIGKDD International Conference on Knowledge Discovery and Data Mining，1999：254-260.

[6]　Burges C J. A tutorial on support vector machines for pattern recognition [J]. Data Mining and Knowledge Discovery，1998，2：121-167.

[7]　Cai J，Ji H，Shen Z，et al. Data-driven tight frame construction and image denoising [J]. Applied and Computational Harmonic Analysis，2014，37（1）：89-105.

[8]　Chang C-C，Lin C-J. Libsvm：A library for support vector machines [J]. Transactions on Intelligent Systems and Technology，2011，2（3）：1-27.

[9]　Chaplot S，Patnaik L M，Jagannathan N R. Classification of magnetic resonance brain images using wavelets as input to support vector machine and neural network [J]. Biomedical Signal Processing and Control，2006：86-92.

[10]　Chiu S K. Multidimensional interpolation using a model-constrained minimum weighted norm interpolation [J]. Geophysics，2014：V191-V199.

[11]　Claerbout J F. Earth soundings analysis：Processing versus inversion [M]. London：Blackwell Scientific Publications Cambridge，1992.

[12]　Drucker H，Burges C，Kaufman L，et al. Support vector regression machines [J]. Advances in Neural Information Processing Systems，1997，28（7）：779-784.

[13]　Dutton，D M，Conroy G V. A review of machine learning [J]. The Knowledge Engineering Review，1996，12（4）：341-367.

[14]　Gao J，Sacchi M D，Chen X. A fast reduced-rank interpolation method for prestack seismic volumes that depend on four spatial dimensions [J]. Geophysics，2013，78（1）：V21-V30.

[15]　Gülünay N. Seismic trace interpolation in the Fourier transform domain [J]. Geophysics，2003，68（1）：355-369.

[16]　Guzella T S，Caminhas W M. A review of machine learning approaches to spam filtering [J]. Expert Systems with Applications，2009，36（7）：10206-10222.

[17]　Hassan A H，Lambert-Lacroix S，Pasqualini F. Real-time fault detection in semiconductor using one-class support vector machines [J]. International Journal of Computer Theory and Engineering，2015，7：191-196.

[18]　Haykin S. Neural networks：A comprehensive foundation[M].2nd edition. Prentice Hall，2004.

[19]　Helmy T，Fatai A，Faisal K. Hybrid computational models for the characterization of oil and gas reservoirs [J]. Expert Systems with Applications，2010，37（7）：5353-5363.

[20]　Herrmann F J，Hennenfent G. Non-parametric seismic data recovery with curvelet frames [J].Geophysical Journal International，2008，173（1）：233-248.

[21]　Huang C，Chen M，Wang C. Credit scoring with a datamining approach based on support vector machines [J]. Expert Systems with Applications，2007，33（4）：847-856.

[22]　Huang W，Nakamori Y，Wang S-Y. Forecasting stock market movement direction with support vector machine [J]. Computers & Operations Research，2005，32（10）：2513-2522.

[23]　Jia Y，Yu S，Liu L，et al. A fast rank-reduction algorithm for three-dimensional seismic data interpolation [J]. Journal of Applied Geophysics，2016，132：137-145.

[24]　Keys R G. Cubic convolution interpolation for digital image processing [J]. IEEE Transactions on Acoustics，

1981，29（6）：1153-1160.

[25] Kreimer N，Sacchi M D. A tensor higher-order singular value decomposition for prestack seismic data noise reduction and interpolation [J]. Geophysics，2012，77（3）：V113-V122.

[26] Kreimer N，Stanton A，Sacchi M D. Tensor completion based on nuclear norm minimization for 5D seismic data reconstruction [J]. Geophysics，2013，78（6）：V273-V284.

[27] Kumar R，Mansour H，Aravkin A Y，et al. Reconstruction of seismic wavefields via low-rank matrix factorization in the hierarchical-separable matrix representation [C]. 83rd Annual International Meeting，2013：3628-3633.

[28] Kwiatkowska E J，Fargion G S. Application of machine-learning techniques toward the creation of a consistent and calibrated global chlorophyll concentration baseline dataset using remotely sensed ocean color data [J]. IEEE Transactions on Geoscience and Remote Sensing，2003，41（12）：2844-2860.

[29] Liang J，Ma J，Zhang X. Seismic data restoration via data-driven tight frame [J]. Geophysics，2014，79（3）：V65-V74.

[30] Lim J-S. Reservoir properties determination using fuzzy logic and neural networks from well data in offshore Korea [J]. Journal of Petroleum Science and Engineering，2005，49（3-4）：182-192.

[31] Liu B，Sacchi M D. Minimum weighted norm interpolation of seismic records [J]. Geophysics，2004，69（6）：1560-1568.

[32] Ma J. Three-dimensional irregular seismic data reconstruction via low-rank matrix completion [J]. Geophysics，2013，78（5）：V181-V192.

[33] Mohandes M，Halawani T，Rehman S，et al. Support vector machines for wind speed prediction [J]. Renewable Energy，2004，29（6）：939-947.

[34] Murthy S K. Automatic construction of decision trees from data：A multidisciplinary survey [J]. Data Mining and Knowledge Discovery，1998，2：345-389.

[35] Naghizadeh M，Sacchi M D. Beyond alias hierarchical scale curvelet interpolation of regularly and irregularly sampled seismic data [J]. Geophysics，2010，75（6）：WB189-WB202.

[36] Naghizadeh M，Sacchi M D. Multidimensional de-aliased Cadzow reconstruction of seismic records [J]. Geophysics，2012，78（1）：A1-A5.

[37] Ni K S，Nguyen T Q. Image super-resolution using support vector regression [J]. IEEE Transactions on Image Processing，2007，16（6）：1596-1610.

[38] Oropeza V，Sacchi M. Simultaneous seismic data denoising and reconstruction via multichannel singular spectrum analysis [J]. Geophysics，2011，76（3）：V25-V32.

[39] Ravisankar P，Ravi V，Rao G R，et al. Detection of financial statement fraud and feature selection using data mining techniques [J]. Decision Support Systems，2011，50（2）：491-500.

[40] Reinartz T. A unifying view on instance selection [J]. Data Mining and Knowledge Discovery，2002，6（2）：191-210.

[41] Sacchi M D，Ulrych，T J Walker C J. Interpolation and extrapolation using a high-resolution discrete Fourier transform [J]. IEEE Transactions on Signal Processing，1998，46（1）：31-38.

[42] Santamaría-Bonfil G，Reyes-Ballesteros A，Gershenson C. Wind speed forecasting for wind farms：A method based on support vector regression [J]. Renewable Energy，2016，85：790-809.

[43] Smola A J，Schölkopf B. A tutorial on support vector regression [J]. Statistics and Computing，2004，14：199-222.

[44] Spitz S. Seismic trace interpolation in the F-X domain [J]. Geophysics，1991，56（6）：785-794.

[45] Trad D. Five-dimensional interpolation：Recovering from acquisition constraints [J]. Geophysics，2009，74（6）：V123-V132.

[46] Trickett S，Burroughs L，Milton A，et al. Rank-reduction-based trace interpolation [C]. 80th Annual International Meeting，2010：3829-3833.

[47] Vapnik V. The nature of statistical learning theory [M]. Springer，1995.

[48] Wu C-H，Ho J-M，Lee D-T. Travel-time prediction with support vector regression [J]. IEEE Transactions on Intelligent Transportation Systems，2004，5（4）：276-281.

[49] Xu S，Zhang Y，Lambaré G. Antileakage Fourier transform for seismic data regularization in higher dimensions [J]. Geophysics，2010，75（6）：WB113-WB120.

[50] Yang Y，Ma J，Osher S. Seismic data reconstruction via matrix completion [J]. Inverse Problems and Imaging，2013，7（4）：1379-1392.

[51] Yu S，Ma J，Zhang X，et al. Denoising and interpolation of high-dimensional seismic data by learning tight frame [J]. Geophysics，2015，80（5）：V119-V132.

[52] Zhang C，Frogner C，Araya-Polo M，et al. Machine-learning based automated fault detection in seismic traces ［C]. 76th Annual International Conference and Exhibition，2014：807-811.

（本文来源及引用方式：Jia Y，Ma J. What can machine learning do for seismic data processing? An interpolation application [J]. Geophysics，2017，82（3）：V163-V177.）

论文 13　利用自然图像进行地震数据插值

摘要

本文发展了一种基于去噪卷积神经网络的地震数据插值方法。它提供了一种简单而有效的方法，解决深度学习方法通常面临的地球物理训练标签稀缺的问题。该方法包括两个步骤：①训练一组卷积神经网络去噪器，从自然图像的含噪和干净数据对中学习去噪；②将训练好的卷积神经网络去噪器集成到凸集投影框架中，从而进行地震数据插值，称为卷积神经网络凸集投影方法。该方法降低了端到端的深度学习在地震数据插值中需要共享相似特征的地震数据要求。此外，由于在训练过程中不涉及缺失或下采样位置，因此本文的方法灵活且适用于不同类型的地震道缺失，且具有即插即用的性质。这表明所提出方法具有很强的通用性，并且减少了针对特定问题需要训练的必要性。合成和真实数据的初步结果表明，与传统的 f-x 预测滤波、曲波变换和块匹配 3D 滤波方法相比，所采用的卷积神经网络凸集投影方法在信噪比、去假频和弱特征重建方面具有良好的性能。

1　引言

在地震数据采集中，受复杂地形或经济条件的限制，无法避免沿空间坐标方向的非均匀或均匀的地震道缺失，这会影响地震反演、振幅随入射角变化分析和偏移。为了利用这些不完整的数据，研究人员开发了几十种插值方法来恢复缺失的地震道。除了频率-空间（f-x）预测滤波方法（Spitz，1991；Naghizadeh 和 Sacchi，2009），基于变换域地震数据稀疏表示的其他方法因其具有前景的框架，在过去十年中受到广泛关注。第一个例子是基于傅里叶变换的凸集投影（Project Onto Convex Set，POCS）算法（Abma 和 Kabir，2006）。近年来，包括曲波和 Shearlet 在内的几种方向小波已被应用于稀疏地震同相轴（Herrmann 和 Hennenfent，2008）。Yang 等（2012）提出了基于曲波变换的凸集投影算法进行地震数据插值。这些非自适应或高度冗余的变换具有很强的各向异性方向选择性。考虑到地震数据特点，Fomel 和 Liu（2010）提出了 seislet 变换，后来被发展为基于凸集投影的地震数据去噪和插值（Gan 等，2015）。字典学习方法（Liang 等，2014）和降秩正则化方法（Trickett 等，2010；Gao 等，2013a；Ma，2013）也已成功用于地震插值。Yu 等（2015）将数据驱动的紧框架（Data-Driven Tight Frame，DDTF）方法扩展到三维地震数据插值，随后提出的蒙特卡罗 DDTF 方法用来减少计算量（Yu 等，2016）。这些插值方法大多只适用于地震道随机缺失的情况，而对于具有空间假频的规则下采样地震数据，这些方法中需要有相关的抗假频技术（Naghizadeh 和 Sacchi，2010）。

Jia 和 Ma（2017）将支持向量回归的机器学习方法用于地震数据插值。深度学习是机器学习快速发展的一个分支，已经引起了多学科研究人员的关注。深度学习通过卷积神经网络（Convolutional Neural Network，CNN）学习大量参数，以捕获数据的高级特征。最近，深度学习在计算机视觉研究方面取得了重大进展，包括图像分类（Krizhevsky 等，2012；He 等，2016）、去噪（Zhang 等，2017a）和超分辨率等（Dong 等，2015；Kim 等，2016）。此外，深度学习已被用于地质特征识别（Huang 等，2017）、岩性识别（Zhang 等，2018a）、盐体识别（Guillen 等，2015；Wang 等，2018a）和速度反演（Wang 等，2018b）。对于地震插值，Wang 等（2019）利用残差网络（He 等，2016）、Alwon（2018）利用生成对抗网络（Goodfello 等，2014）在规则下采样数据中进行了初步尝试。即使缺少训练标签，这些端到端的深度学习方法也能够直接在有缺失的合成地震数据中学习插值，但其所使用的测试数据与训练数据要有相似的特征，这一条件限制了这些深度学习方法在野外地震数据处理中的应用。

受凸集投影算法固有的去噪成分和深度网络在图像去噪方面的高性能的启发，本文提出了一种简单有效的地震数据插值方法，核心是将从自然图像中学习去噪的深度去噪网络集成到凸集投影算法中。但本质上，本文与使用深度学习网络作为图像处理正则化器的研究类似（Zhang 等，2017b；Liu 等，2018），尽管他们使用半二次分裂（Geman 和 Yang，1995）或交替方向乘子法（Boyd 等，2011）将正则化项与保真项分离，并用深度学习网络替换正则化项，我们使用深度学习网络来执行凸集投影算法中存在的去噪任务。在网络训练阶段，卷积神经网络不是从地震数据中学习去噪，而是从含噪的干净自然图像对中学习去噪。在测试阶段，这些经过预训练的卷积神经网络去噪器被输入凸集投影框架中，进行地震数据插值。该方法是一种不同于迁移学习（Pan 和 Yang，2010）的新技术，解决了深度学习在某些领域缺乏大数据的问题。在测试阶段，与 $f\text{-}x$ 预测滤波方法（Spitz，1991）相比，卷积神经网络在规则缺失弱同相轴情况下获得了更好的去假频和合成数据重建结果。在真实数据插值阶段，比较了卷积神经网络凸集投影方法（Convolutional Neural Network-Project Onto Convex Set，CNN-POCS）和其他两种最先进的方法、曲波变换方法（Candès 和 Donoho，2004；Ma 和 Plonka，2010）和基于凸集投影算法的块匹配和三维滤波（Block-Matching and 3D Filtering，BM3D）方法（Dabov 等，2008）。

本文的创新点概括为两个方面：①与网络必须学习子采样的端到端深度学习地震数据插值方法深度学习不同，本文方法通过使用神经网络迭代衰减噪声来进行插值，且机器学习不涉及子采样，这使我们的方法灵活实用。②使用从自然图像而非地震数据中学习的神经网络去噪器有助于获得符合要求的地震数据插值结果，这将有助于解决地震信号处理中深度学习缺少标签数据的难题。

本文的主要研究内容为，在"方法"部分，简要介绍了地震数据插值的背景和凸集投影框架、卷积神经网络凸集投影方法、去噪网络结构及去噪网络学习方法。在"数值实验和结果"的研究中，展示了训练网络的细节和数值结果，还测试了合成数据和真实数据在规则和不规则采样情况下的地震插值。在"讨论"部分，对卷积神经网络凸集投影方法方法进行了延伸，并在文末给出了结论。

2 方法

2.1 凸集投影框架背景

地震数据插值是指将不完整的地震数据 d_{obs} 恢复成完整的地震数据 d，可以表示为

$$d_{obs} = P_\Lambda d \tag{13-1}$$

式中：P_Λ 为下采样矩阵。地震数据稀疏的表达式为

$$d = \Phi x \tag{13-2}$$

式中：Φ 为稀疏变换，如曲波变换或字典学习；x 为系数向量，可以将 x 正则化为稀疏项来恢复完整数据 d，从而优化以下问题：

$$\min_{x}\| \boldsymbol{d}_{\mathrm{obs}} - \boldsymbol{P}_{\Lambda}\boldsymbol{\Phi}\boldsymbol{x} \|_{2}^{2} + \lambda\| \boldsymbol{x} \|_{1} \tag{13-3}$$

这通常被称为稀疏促进压缩感知重建。目前，有很多算法可以解决这个优化问题，比如著名的迭代收缩阈值（Iterative Shrinkage-Thresholding，IST）算法（Daubechies 等，2004）、快速迭代收缩阈值（Fast Iterative Shrinkage-Thresholding，FIST）算法（Beck 和 Teboulle，2009）和 Split-Bregman 方法（Goldstein 和 Osher，2009）。

凸集投影算法是恢复完整数据 $\boldsymbol{d}$ 的另一种简单迭代方法，可以从迭代收缩阈值算法中推导出来，表示为

$$\boldsymbol{u}^{(t)} = \boldsymbol{\Phi}\mathcal{T}_{\lambda_{t}}(\boldsymbol{\Phi}^{\mathrm{T}}\boldsymbol{d}^{(t)}) \tag{13-4}$$

$$\boldsymbol{d}^{(t+1)} = \boldsymbol{d}_{\mathrm{obs}} + (\boldsymbol{I} - \boldsymbol{P}_{\Lambda})\boldsymbol{u}^{(t)} \tag{13-5}$$

其中，软阈值算子 $\mathcal{T}_{\lambda}$ 定义为

$$\mathcal{T}_{\lambda}(x) = \begin{cases} x - \lambda\mathrm{sign}(x), & |x| \geqslant \lambda \\ 0, & |x| < \lambda \end{cases} \tag{13-6}$$

通常，式（13-4）为去噪过程，小系数（信号中的噪声）在迭代过程中会被消除，故可以进一步将凸集投影框架定义为

$$\boldsymbol{u}^{(t)} = \mathcal{D}_{\sigma_{t}}(\boldsymbol{d}^{(t)}) \tag{13-7}$$

$$\boldsymbol{d}^{(t+1)} = \boldsymbol{d}_{\mathrm{obs}} + (\boldsymbol{I} - \boldsymbol{P}_{\Lambda})\boldsymbol{u}^{(t)} \tag{13-8}$$

式中：$\mathcal{D}_{\sigma}$ 为去噪参数（噪声方差）σ_{t} 的去噪算子。尽管 λ_{t} 是 σ_{t} 的函数，但当 $\mathcal{D}_{\sigma_{t}}(\boldsymbol{d}^{(t)}) = \boldsymbol{\Phi}\mathcal{T}_{\lambda_{t}}(\boldsymbol{\Phi}^{\mathrm{T}}\boldsymbol{d}^{(t)})$ 时，会忽略掉噪声方差 σ_{t} 和稀疏系数的阈值参数 λ_{t} 之间的差异。

去噪算子是地震插值凸集投影框架的重要组成部分，式（13-4）仅是凸集投影框架的特例，地震插值凸集投影算法依赖稀疏表达式，如基于傅里叶变换（Abma 和 Kabir，2006）、曲波变换（Yang 等，2012）、dreamlet 变换（Wang 等，2014）和 seislet 变换（Gan 等，2015）的凸集投影算法都需要在稀疏变换域中对稀疏系数阈值化来进行噪声衰减，基于字典学习的地震插值方法（Yu 等，2015；Liu 等，2017）也需要对字典稀疏系数进行阈值化，因此也属于这一范畴。凸集投影框架不仅是阈值稀疏系数的去噪器，还可以对地震插值进行一般去噪，例如，非局部均值（Buades 等，2005），块匹配和三维滤波（Dabov 等，2008）算法。

凸集投影框架的另一个重要组成部分是噪声级数 σ_{t}，但凸集投影算法对噪声的收敛速度非常慢。Abma 和 Kabir（2006）提出了傅里叶变换凸集投影算法并声明了稀疏系数阈值化的重要性。Gao 等（2010）研究了稀疏系数的指数递减阈值方法，并显著加快了凸集投影算法的收敛速度。理论上，根据凸集投影框架恢复的地震数据接近无噪数据，每次迭代后的噪声方差 σ_{t} 应减小，故将以下指数噪声级数降低方法应用到凸集投影框架的研究中：

$$\sigma_{t} = \left(\frac{\sigma_{\min}}{\sigma_{\max}}\right)^{\frac{t-1}{T-1}} \cdot \sigma_{\max}, \quad t = 1, 2, \cdots, T \tag{13-9}$$

式中：参数 $\sigma_{\min}$ 和 $\sigma_{\max}$ 需要在插值时人为调整。

2.2　卷积神经网络去噪器

凸集投影框架可以使用任何去噪器，但最好使用具有代表性和强去噪能力的去噪器，以

增强凸集投影方法的地震插值效果。根据这一点及深度学习方法在图像去噪中的成果，我们使用卷积神经网络作为去噪器。与上述基于凸集投影的算法中采用阈值化的线性稀疏变换不同，由多个卷积算子和非线性激活函数[如校正线性单元（ReLU）（Nair 和 Hinton，2010）]组成的卷积神经网络会更为复杂，并可以更深层次地提取数据特征。从附录 A 中提供的数学观点来看，与稀疏约束正则化器相比，去噪卷积神经网络是一组更先进、更自适应的数据驱动正则化器。据此，可以认为卷积神经网络在数据稀疏和去噪方面优于线性稀疏变换。图 13.1 总结了与卷积神经网络去噪器相关的凸集投影框架，卷积神经网络去噪器是从自然图像而不是地震数据中学习的。

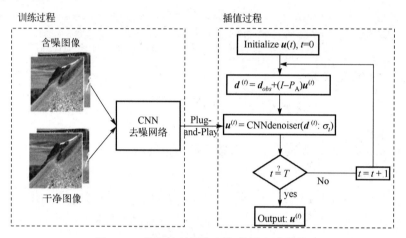

图 13.1　卷积神经网络凸集投影方法流程

　　在详细介绍去噪网络结构之前，先为那些不熟悉卷积神经网络的读者介绍下卷积神经网络的基本概况。三层卷积神经网络如图 13.2 所示，将输入与一组过滤器进行卷积，如红色所示（滑动窗口），可以获得一组特征图。首先，将输入图像与一组滤波器进行卷积以获得初步的特征图；其次，引入非线性激活函数，如 sigmoid 和 ReLU 函数，并将激活结果与另一组过滤器进一步卷积，从而生成更高级别的特征图；最后，将这些卷积后的特征图作为输出。在该网络结构中，含有卷积的卷积神经网络不仅能在浅层检测边缘和较低级别的特征，还可以在深层检测更复杂的特征。在有监督的深度学习中，网络 f 利用优化的 BP 算法最小化损失函数来学习滤波器或权重 Θ，如小批量随机梯度下降法（Stochastic Gradient Descent，SGD）（Bottou，2010）。式（13-10），$\{(\boldsymbol{y}_i, \boldsymbol{x}_i)\}_{i=1}^{N}$ 为 N 个训练数据对，ℓ 为期望输出与网络输出之间的差异：

$$\mathcal{L}(\Theta) = \frac{1}{2N} \sum_{N}^{i=1} \ell(f(\boldsymbol{y}_i; \Theta), \boldsymbol{x}_i) \tag{13-10}$$

1）卷积神经网络去噪器架构

　　为确保凸集投影框架收敛，需要进行多次迭代。将经过预训练的卷积神经网络去噪器输入到凸集投影框架中进行地震数据插值时，若网络越深，则计算时间越长，因此，尽量选择浅层网络。如图 13.3 所示，我们采用了 Zhang 等（2017）提出的卷积神经网络去噪结构，要包括扩展卷积（Dilated Convolution，DConv）、批量归一化（Batch Normalization，BN）和修正线性单元（Rectified Linear Units，ReLU）。它由 7 层网络和 3 个不同的模块组成：第一层网络包含 1 个"扩展卷积+修正线性单元"模块，中间层网络包含 5 个"扩展卷积+批量归一化+修正线性单元"模块，最后一层网络只有 1 个"扩展卷积"模块。将第一层到最后一层的（3×3）扩张卷积因子分别设置为 1、2、3、4、3、2 和 1，每个中间层有 64 个特征图，为扩大网络感受野（Receptive Field，RF）而进行常规的扩张卷积（Yu 和 Koltun，2016），以捕获背景信息和保留常规卷积的优点。具有扩张因子 s 的扩张滤波器可以当作大小为 $(2s+1)\times(2s+1)$ 的稀疏滤波器。图 13.4 显示了扩张卷积，第一步为常规卷积运算，图中显示了感受野。依据网络所采用的残差学习方法，我们使用以下损失函数：

$$\mathcal{L}(\Theta) = \frac{1}{2N}\sum_{N}^{i=1} f(\boldsymbol{y}_i;\Theta) - (\boldsymbol{y}_i - \boldsymbol{x}_i)_F^2 \qquad (13\text{-}11)$$

式中：$\{(\boldsymbol{y}_i, \boldsymbol{x}_i)\}_{i=1}^N$ 为 N 个含噪和干净图像对。

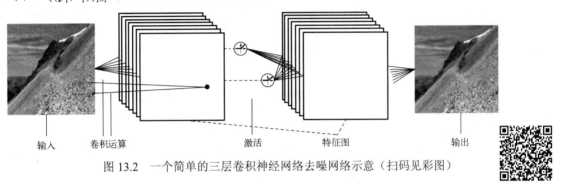

图 13.2 一个简单的三层卷积神经网络去噪网络示意（扫码见彩图）

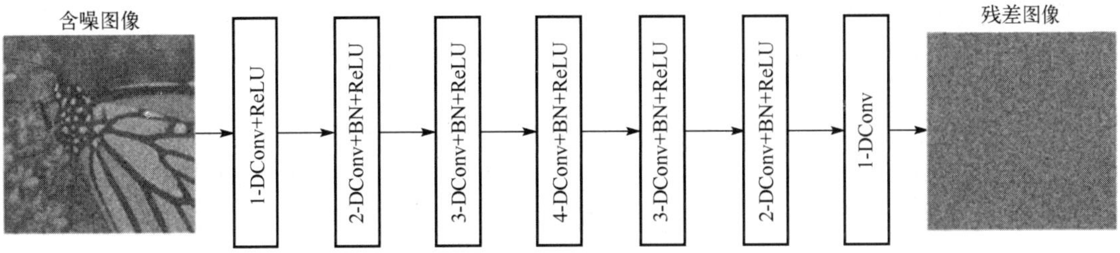

输入　卷积运算　　　　激活　　　特征图　　　　输出

含噪图像　　　　　　　　　　　　　　　　　　　　　　　残差图像

1-DConv+ReLU　2-DConv+BN+ReLU　3-DConv+BN+ReLU　4-DConv+BN+ReLU　3-DConv+BN+ReLU　2-DConv+BN+ReLU　1-DConv

图 13.3 卷积神经网络去噪器结构示意

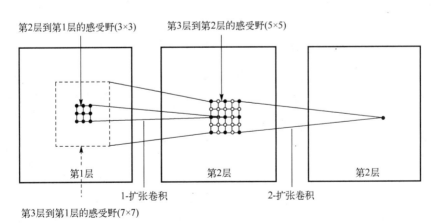

第2层到第1层的感受野(3×3)　　　第3层到第2层的感受野(5×5)

第1层　　　　第2层　　　　第2层

1-扩张卷积　　　　2-扩张卷积

第3层到第1层的感受野(7×7)

图 13.4 具有 3×3 非零元素（红点）滤波器的扩张卷积

2）具有小区间噪声的特定去噪器

迭代凸集投影框架需要不同噪声水平的去噪模型；然而，卷积神经网络去噪器并不能对所有可能的$\sigma_t s$适用。因此，我们选择在一定噪声水平范围[0,50]内训练25个去噪器，每个模型的步长为2。这种选择的另一个原因是，在测试阶段（地震数据插值），凸集投影框架中的去噪器应发挥其自身的作用，而不管其输入的噪声类型和噪声水平如何，这与使用加性高斯噪声从含噪图像中恢复潜在的干净图像不同。因此，不精确去噪是一种合理的策略。

3 数值实验及结果

3.1 训练阶段：从自然图像中学习去噪

1）训练集准备

众所周知，卷积神经网络通常受益于大量的训练数据。然而，在地震勘探中，获取大量的标签比自然图像处理更困难。为获得预期效果，将波动方程建模生成的合成地震数据作为训练数据输入卷积神经网络中，并使测试阶段中预训练的卷积神经网络测试数据始终与训练数据的特征相似（Wang 等，2019），这个要求本质上阻碍了卷积神经网络在地震数据处理中的实际应用。假设自然图像包含地震数据中隐藏的卷积神经网络可学习特征（该假设在"讨论"部分进行验证），可以利用自然图像中学习的去噪器进行地震数据去噪，因此不用地震数据而用自然图像生成训练集。用于训练卷积神经网络模型的自然图像数据集包括 400 幅大小为 180×180 的 Berkeley 分割数据集图像（Chen 和 Pock，2016）、ImageNet 数据库的验证集（Krizhevsky 等，2012）中的 400 幅图像及 Waterloo 勘探数据库中（Ma 等，2016）的 4744 幅图像。图 13.5 显示了从这个训练集中抽取的 100 个样本，将图像裁剪成大小为 35×35 的小块，训练的总块数为 N=256×4000。为了生成相应的含噪数据集，在训练过程中将高斯噪声加入干净的图像块中。

2）训练去噪器

为了优化网络参数Θ，使用动量参数$\beta = 0.9$的 Adam 优化器（Kingma 和 Ba，2014）对128 个小批量数据进行优化。在小批量学习过程中，采用了基于旋转或翻转的数据扩充。在训练开始时，学习速率设定为 0.001；当训练损失停止减小时，学习速率固定为 0.0001。如果训练损失在 5 个连续的时间段内不再下降，则终止训练。为了缩短整个训练时间，使用先前噪声水平下得到的模型初始化相邻的去噪器。在 MATLAB（R2018a）环境中，使用 MatConvNet 软件包（Vedaldi 和 Lenc，2015）和 Nvidia Titan V GPU，大约需要三天时间来完成去噪器的训练。

3.2 测试阶段：地震数据插值

只要有去噪器，就可以用凸集投影算法对地震数据进行插值。我们计算了曲波变换方法、块匹配和三维滤波方法和 f-x 预测滤波方法的插值结果，并与卷积神经网络凸集投影方法进行了比较。对于曲波、块匹配和三维滤波和卷积神经网络去噪方法，将凸集投影算法的迭代次数 T 固定为 $T = 30$，调整插值参数 σ_{max} 和 σ_{min}，以获得每次实验的最佳结果。在实践中，经过预训练的卷积神经网络去噪器可以处理的最小噪声水平为 2，即卷积神经网络凸集投影方法的 $\sigma_{min} = 2$，此设置简化了卷积神经网络凸集投影方法的参数微调，并能够获得更好的插值结果。

用于判断数据恢复质量的信噪比（S/N）值定义如下：

$$S/N = 10\lg\left(\frac{\|d_0\|_F^2}{\|d_0 - d^*\|_F^2}\right) \tag{13-12}$$

式中：d_0 和 d^* 分别为完整数据和对应的重建数据。

图 13.5　从自然图像训练集中随机选择的 100 幅图像

1）合成数据插值

首先说明所提出方法在合成数据插值中的有效性。图 13.6 表示层状模型得插值结果。图 13.6（a）和图 13.6（d）为道间距为 20 m 的完整数据和 50%规则采样数据；图 13.6（b）和图 13.6（e）为 f-x 方法的插值数据（S/N=26.38 dB）和残差；图 13.6（c）和图 13.6（f）为卷积神经网络凸集投影方法的插值数据（S/N=31.72 dB）和残差。图 13.6（a）显示了含有三个同相轴的合成数据，包括以 10 m 为间隔的 191 条地震道，每条地震道采样间隔为 2 ms，共有 751 个时间采样点；图 13.6（d）显示了道间距为 20 m 的规则采样数据，同相轴呈现锯齿状；图 13.6（c）为卷积神经网络凸集投影方法的插值结果，数据恢复后的信噪比为 31.72 dB；图 13.6（f）中的重建误差非常小。为便于比较，图 13.6（b）和 13.6（e）分别展示了 f-x 方法的重建结果（S/N=26.38 dB）和残差。为了进一步证明提出的卷积神经网络凸集投影方法的有效性，我们在图 13.7（a）～（d）中提供了 f-k 谱，分别为完整数据、50%规则采样数据、使用基于 f-x 预测方法的插值结果和卷积神经网络凸集投影方法的 f-k 谱。在图 13.7（b）中规则采样数据出现空间混叠现象，而图 13.7（d）所示的卷积神经网络凸集投影方法很好地消除了空间混叠现象，表明了该方法的有效性。

为了说明卷积神经网络凸集投影方法的去混叠效果，进一步从图 13.6（d）中的规则采样数据抽取出两个子集，得到的 25%规则采样数据具有更严重的 f-k 谱混叠现象。对于卷积神经网络凸集投影方法和基于 f-x 预测的插值方法而言，数据恢复后的信噪比分别为 13.98 dB 和 13.11 dB。图 13.8（a）～（d）为其相应的 f-k 谱，图 13.8（a）为 20 m 道间距的规则采样数据；图 13.8（b）为 40 m 道间距的规则采样数据；图 13.8（c）为使用基于 f-x 预测的方法从图 13.8（b）中得到的插值数据；图 13.8（d）为使用卷积神经网络凸集投影方法从图 13.8

（b）中得到的插值数据。从 f-k 谱来看，卷积神经网络凸集投影方法虽然存在一些低频伪影，但整体上还是优于 f-x 预测方法。其中，图 13.8（d）为所提出的卷积神经网络凸集投影方法插值后数据的 f-k 谱，该方法虽然存在一些低频伪影，但整体上还是优于 f-x 预测方法。卷积神经网络凸集投影方法的重建残差如图 13.9 所示，f-x 谱中的伪影对应于大斜率和大振幅区域的重建偏差。这些测试结果进一步说明了卷积神经网络凸集投影方法将规则稀疏网格插值成规则密集网格的有效性。

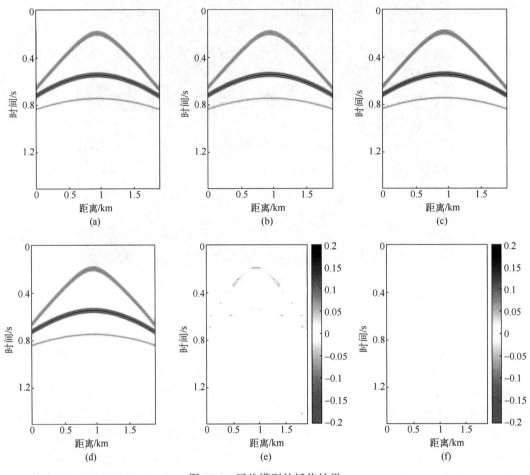

图 13.6　层状模型的插值结果

2）真实偏移数据插值

如图 13.10 所示，我们使用了两个实际偏移数据来进一步说明所提出的卷积神经网络凸集投影方法的适用性。图 13.10（a）的数据 1 为用于规则采样测试的北海数据；图 13.10（b）的数据 2 为用于不规则采样测试的数据。这两个数据的地质构造复杂，对其进行了许多实验，并获得了以不同采样率对规则和不规则二次采样数据进行插值的结果。表 13-1 和表 13-2 分别为规则和不规则采样情况下所有采样率的信噪比值，表 13-1 中当 $a \leqslant 4$ 时，卷积神经网络凸集投影方法明显优于其他方法；表 13-2 中当 $a \leqslant 0.5$ 时，卷积神经网络凸集投影方法明显优于其他方法。其中，不规则采样随机选择规则网格中的地震道，最大道间距等于采样率的倒数。

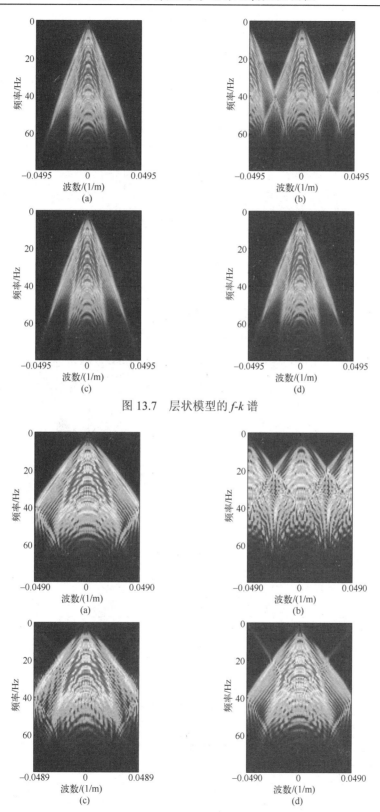

图 13.7　层状模型的 *f-k* 谱

图 13.8　层状模型的 *f-k* 谱

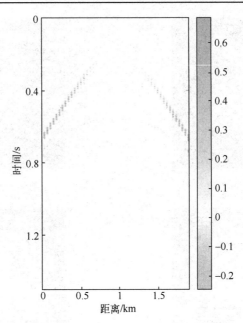

图 13.9　卷积神经网络凸集投影方法的重建误差

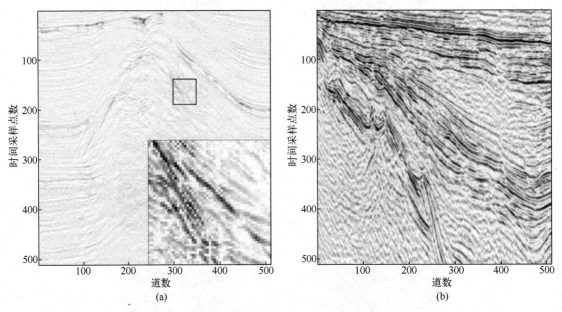

图 13.10　用于插值测试的两个实际数据

表 13-1　规则采样情况下实际数据集 1 上四种方法的信噪比　　　　　　单位：dB

抽取因子	$a=5$	$a=4$	$a=3$	$a=2$
f-x	—	5.93	—	12.15
Curvelet	3.12	4.29	6.60	10.00
BM3D	3.89	5.43	7.82	12.33
CNN-POCS	4.41	6.45	9.08	13.28

　　图 13.11 为四种方法规则采样的结果，子采样率为 50%。图 13.11（a）为下采样数据；图 13.11（b）为 f-x 方法，S/N=12.15 dB；图 13.11（c）为曲波方法，S/N=10.0 dB；图 13.11（d）为块匹配和三维滤波方法，S/N=12.23 dB；图 13.11（e）为卷积神经网络凸集投影方法，S/N=13.28 dB。由信噪比值可知，卷积神经网络凸集投影方法的插值结果最好。图 13.11（b）~（e）为图 13.10（a）右下部分标记补丁的放大图，其卷积神经网络凸集投影的插值结果与图 13.10（a）的结果一致。图 13.12 为三种方法不规则采样的结果，图 13.12（a）为下采样数据；图 13.12（b）为曲波方法，S/N=37.16 dB；图 13.12（c）为块匹配和三维滤波方法，S/N=37.19 dB；图 13.12（d）为卷积神经网络凸集投影方法，S/N=37.87 dB，卷积神经网络凸集投影方法的信噪比最高。图 13.13（a）~（c）重建误差；图 13.13（d）~（f）为单道结果；图 13.13（d）~（f）中标记区域的放大显示，实线代表原始地震道，虚线表示重建地震道，分别为曲波、块匹配和三维滤波及卷积神经网络凸集投影方法的重建误差和单道结果，卷积神经网络凸集投影方法的伪影最少且幅度最小。

表 13-2　三种方法在实际数据集上不规则采样的信噪比值　　　　　　　　单位：dB

采样率	a=0.1	a=0.3	a=0.5	a=0.7
Curvelet	18.26	26.54	37.16	38.03
BM3D	18.81	27.64	37.19	39.15
CNN-POCS	18.78	28.35	38.87	40.60

　　3）密集数据重建

　　在地震勘探中，道间距可能会不满足室内信号处理的特定算法，需要采用插值算法来构建密集数据。图 13.14 表示密集数据重建实例 1。图 13.14（a）是一个具有 147 条地震道的陆上单炮记录，道间距为 12.5 m。利用卷积神经网络凸集投影方法设置不同的 $\sigma_{\max}s$，重建了道间距减半的密集数据[图 13.14（b）~（d）]。由每个图的右上角放大显示的区域（1.6~1.88 s 和 1.0~1.375 km）图可知，重建后的密集数据具有更加连续的同

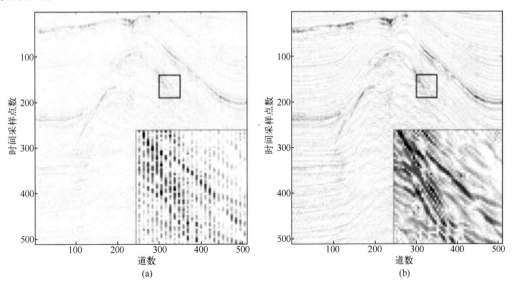

图 13.11　四种方法规则采样结果

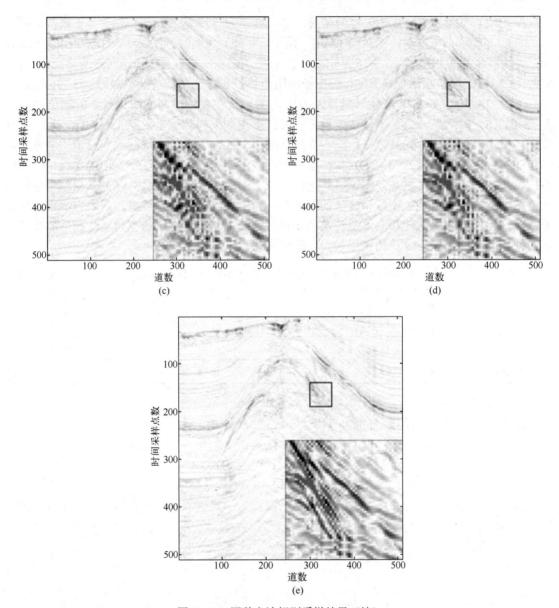

图 13.11　四种方法规则采样结果（续）

相轴，且有效削弱了空间锯齿效应。图 13.15、图 13.16 和图 13.17 显示了另一个密集重建实例，其中，图 13.15 为原始实际数据及其输入卷积神经网络凸集投影算法的零填充数据，图 13.15（a）为 12.5 m 道间距的观测数据；图 13.15（b）为 6.25m 道间距的零填充数据。图 13.16 为使用不同的 σ_{max} 进行密集重建的结果，如图 13.16（a）的矩形框内所示，若使用 $\sigma_{max}=25$ 进行重建，密集重建结果中仍然存在空隙；而如图 13.16（b）所示，当 $\sigma_{max}=50$ 时，可以很好地消除这些空隙。图 13.17 为该数据的 f-k 谱，如图 13.17（c）所示，当 $\sigma_{max}=25$ 时，可以很好地压制图 13.17（a）和 13.17（b）中的频谱混叠，但仍会在左右边界附近保留一部分残差。如图 13.17（d）所示，当 $\sigma_{max}=50$ 时，可以进一步去除这部分残差，并得到理想的频谱混叠抑制结果。

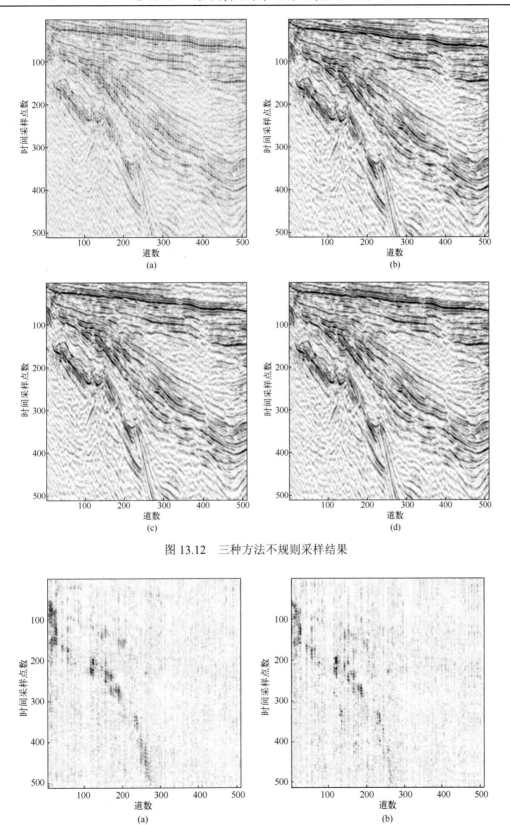

图 13.12 三种方法不规则采样结果

图 13.13 从左到右依次是曲波方法、块匹配和三维滤波方法及卷积神经网络凸集投影方法效果

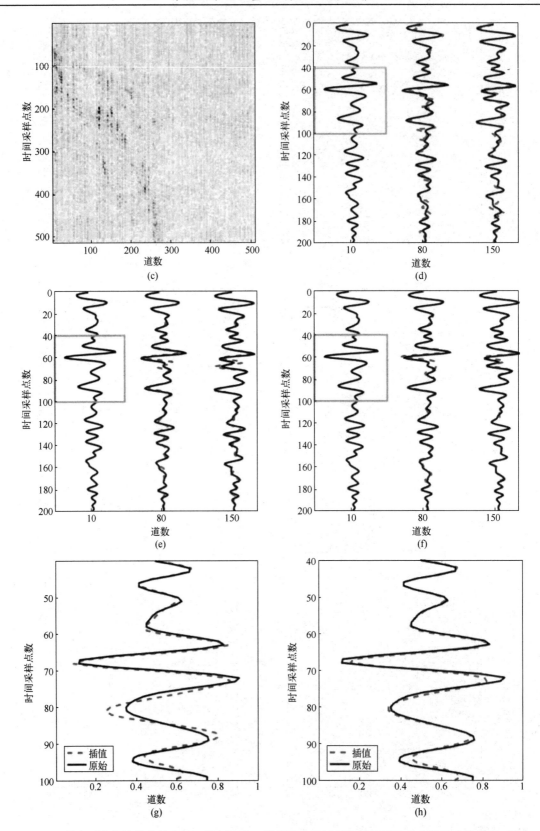

图 13.13　从左到右依次是曲波方法、块匹配和三维滤波方法及卷积神经网络凸集投影方法效果（续）

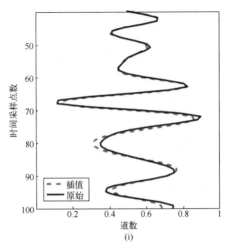

(i)

图 13.13　从左到右依次是曲波方法、块匹配和三维滤波方法及卷积神经网络凸集投影方法效果（续）

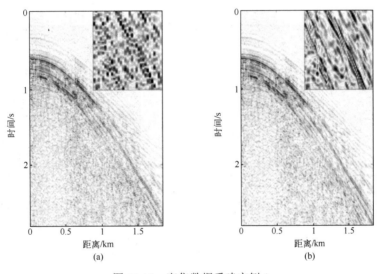

(a)　　　　　　　　　　　　　　　　　(b)

图 13.14　密集数据重建实例 1

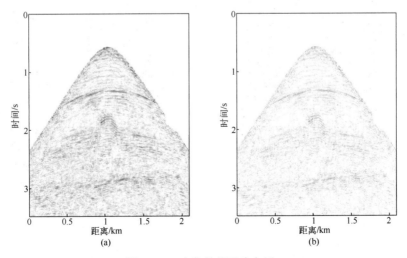

(a)　　　　　　　　　　　　　　　　　(b)

图 13.15　密集数据重建实例 2

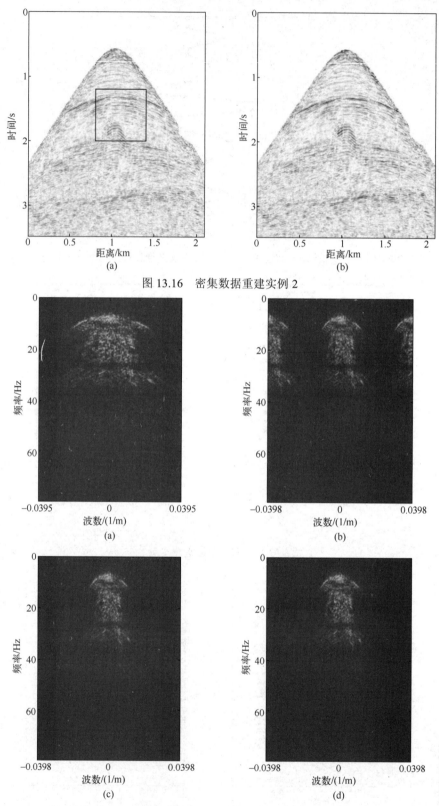

图 13.16　密集数据重建实例 2

图 13.17　图 13.15 和图 13.16 数据的频谱（扫码见彩图）

3.3　卷积神经网络凸集投影方法的计算效率

在图 13.18 的测试和插值阶段，分析了所有方法的单个去噪步骤在 CPU 上运行的时间以及卷积神经网络去噪器在 GPU 上运行的时间。所有测试都是在一台配备 Intel i7-9750H CPU 和一台 GPU GTX 1650 的笔记本电脑上进行的，卷积神经网络去噪器在 CPU 上的运行时间比块匹配和三维滤波方法的要短，但要比曲波变换的运行时间长；然而，当输入数据的大小为 550×550 时，卷积神经网络去噪器在 GPU 上的运行速度很快，只需要不到 0.005 s。

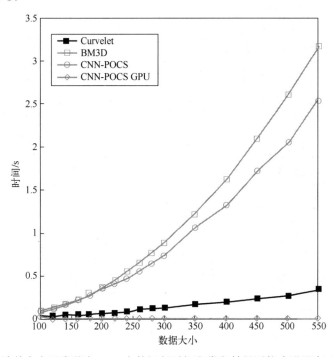

图 13.18　不同方法单个去噪步骤在 CPU 上的运行时间和卷积神经网络去噪器在 GPU 上的运行时间

4　讨论

前文的结果表明，在自然图像上预训练卷积神经网络去噪器的卷积神经网络凸集投影方法能够在合成和实际数据上获得有效的插值结果，具有不同特征的测试数据表明卷积神经网络凸集投影方法无须处理数据之间的特征相似性。此外，重建的无混叠数据有利于后续的地震数据处理。虽然卷积神经网络凸集投影方法获得了较好的研究成果，但仍存在许多问题有待进一步解决。在本节中，我们将讨论研究中出现的几个问题。

4.1　从自然图像中学习的去噪器对地震数据的有效性

本文的基本假设是自然图像包含地震数据的特征或先验信息，从自然图像中学习的去噪器可以解决地震数据标签匮乏的问题。为了证明卷积神经网络凸集投影方法的有效性，我们举了两个例子，说明从自然图像中学习的去噪器（图像去噪器）与从地震数据中学习的去噪器（地震去噪器）在地震数据去噪方面可以获得相同的效果，并将生成的 202496 个地震样本作为训练集，从 SEG 开放数据集中生成 84768 个地震样本作为验证集。该地震数据训练集比 Yu 等（2019）的地震数据训练集大，从该训练集中提取的 100 个图像块如图 13.19 所示。按照上述的训练图像去噪器的过程来训练地震去噪器，并利用图 13.20（a）中的 3D 合成地震数据和图 13.21（a）中的 3D 实际数据来测试图像和地震去噪器，所有 2D 切片并行去噪（将 3D 地震数据批量输入卷积神经网络中）。(c) 地震去噪器的去噪结果（S/N=6.92 dB）和图像去噪器的去噪结果（S/N=10.16 dB）。图 13.20（b）~（d）和图 13.21（b）~（d）分别为损坏的数据和重建的结果，对于合成数据，由于泛化能力不足，地震去噪器恢复的数据中存在噪声，而图像去噪器成功去除了大部分噪声，并将信噪比提高了 3 dB。图 13.22 为重建结果和残差放大图，对于叠后现场数据，尽管图像去噪器的信噪比略小于地震去噪器的信噪比，但它能够更好地保留信号。

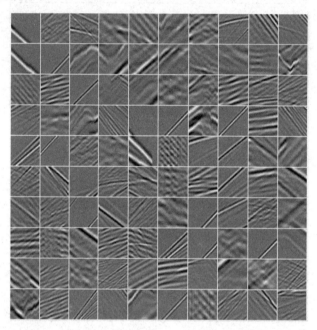

图 13.19　地震训练集中的 100 个样本

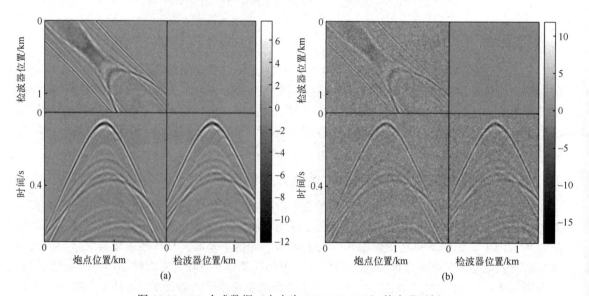

图 13.20　3D 合成数据（大小为 178×178×128）的去噪示例

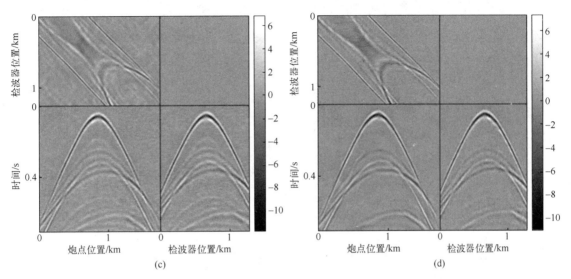

图 13.20　3D 合成数据（大小为 178×178×128）的去噪示例（续）

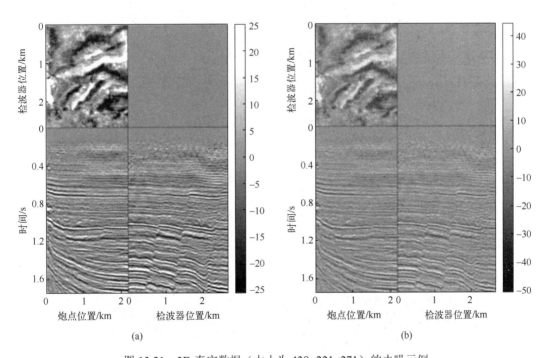

图 13.21　3D 真实数据（大小为 438×221×271）的去噪示例

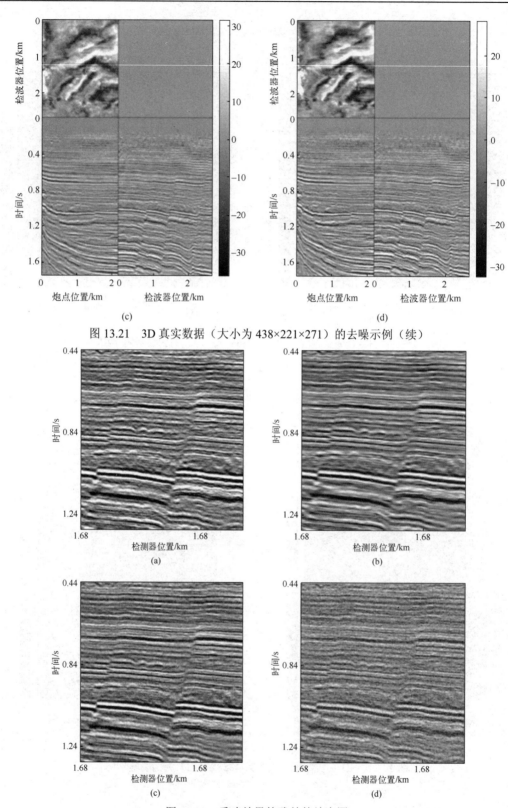

图 13.21　3D 真实数据（大小为 438×221×271）的去噪示例（续）

图 13.22　重建结果的残差的放大图

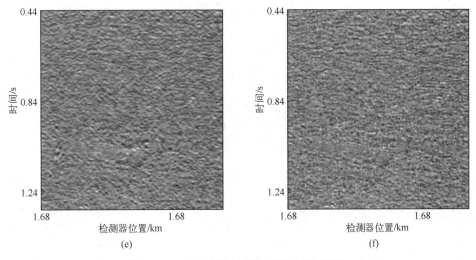

图 13.22   重建结果的残差的放大图（续）

在进行地震数据去噪时，进一步显示了图像去噪网络中所有卷积层（图 13.23）和修正线性单元层（图 13.24）的中间输出结果，每个子图为 64 个通道中的前 16 个通道的输出，从噪声中分离并逐步去除地震数据特征，并利用以噪声为输出的残差学习来保留随机噪声。

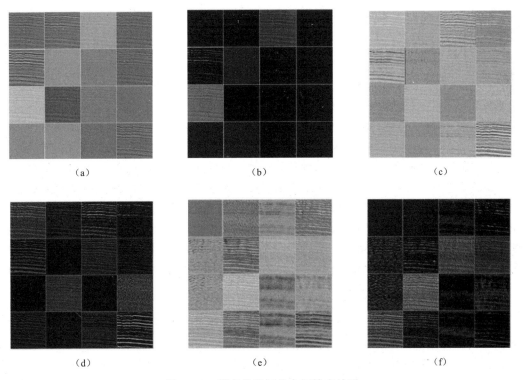

图 13.23   所有卷积层的中间输出结果

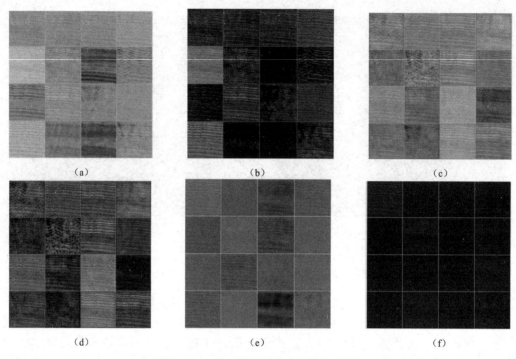

图 13.24　修正单元层的中间输出结果

4.2　卷积神经网络凸集投影方法的收敛性

人们可能会比较关注所提出的卷积神经网络凸集投影方法的收敛性及其对参数和 σ_{min} 的敏感性。我们给出了确保凸集投影框架收敛的条件：去噪器有界，σ_t 以 0 为极限，并在附录 B 中给出了一个简短的证明，但很难证明卷积神经网络去噪器是有界的。图 13.25 为卷积神经网络凸集投影方法在不同插值情况下的迭代过程（重建的信噪比），图 13.25（a）为 50%规则下采样的合成数据；图 13.25（b）为 50%规则下采样的真实数据 1；图 13.25（c）为 50%不规则下采样的真实数据 2。随着 σ_{max} 值的增大，不同插值的重建信噪比最终趋于一致。该结果在一定程度上表明了卷积神经网络去噪器的有界性，即卷积神经网络凸集投影方法是收敛的。建议感兴趣的读者参考 Ryu 等（2019）发表的文章，该文章提出了真正的频谱归一化，以使网络严格满足 Lipschitz 条件（Lipschitz 常数小于 1），该 Lipschitz 条件确实比有界去噪条件强。理论上，只要噪声等级指数衰减方法中的参数 σ_{min} 足够小，卷积神经网络凸集投影方法就是收敛的，但在实践中，由于卷积神经网络去噪器在最小离散噪声水平为 2 的情况下从数据中学习，仅需使 $\sigma_{min} = 2$ 就可以获得最佳结果。对于具有大数据空洞的不规则下采样数据，稍微增加 σ_{min} 值就可得到较好的信噪比。

4.3　随机下采样数据的插值

为了评估卷积神经网络凸集投影方法在随机下采样数据上的插值效果，使随机下采样数据缺失一部分数据（通常用于测试传统插值方法），并用合成数据和图 13.10（b）中的海洋数据进行实验。图 13.26 为 50%随机下采样合成的同相轴数据，其同相轴明显缺失，最大缺失了八条地震道，其次是四条地震道，两者之间只有一条地震道。使用曲波方法、块匹配方法和三维滤波方法和卷积神经网络凸集投影方法的插值结果如图 13.27（a）～（c）所示，相应的重建误差如图 13.27（d）～（f）所示。由图可知，卷积神经网络凸集投影方法成功地重建了所有缺失的数据（除斜率最大的缺失数据外），而块匹配方法和三维滤波方法几乎无法恢复缺失较多的数据，曲波方法会受到 Gibbs 和边界效应的影响。在信噪比方面，卷积神经网络凸集投影方法获得信噪比（S/N =19.42 dB）比曲波方法（S/N =14.32 dB）、块匹配方法和三维滤波（S/N =13.01 dB）方法大 5 dB 以上。接着展示了一个包含两个相互交叉同相轴的随机下采样合成数据的重建示例图 13.28。将原始数据值域（[0，255]）变换到[1，1]来进行实验。图 13.28（a）和图 13.28（b）为原始数据和 50%随机下采样数据（S/N =19.85 dB），在交叉点附近数据严重缺失；图 13.28（b）和图 13.28（e）为曲波方法（S/N =39.02 dB）的重建结果及相应的误差；图 13.28（c）和图 13.28（f）卷积神经网络凸集投影方法（S/N =39.57 dB）的重建结果及相应的误差。

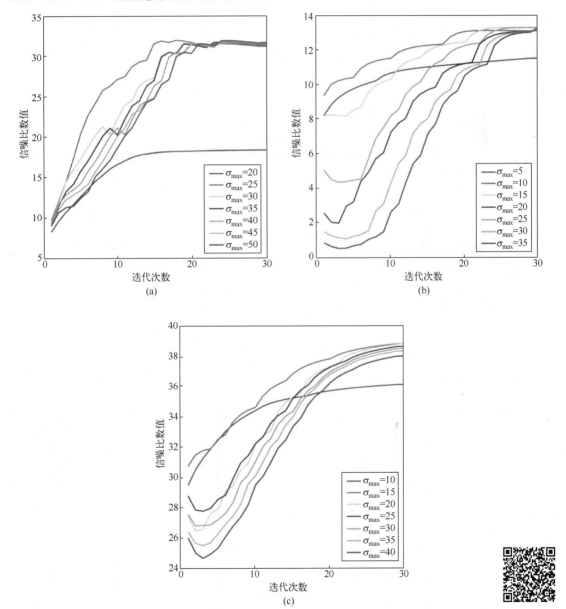

图 13.25　使用卷积神经网络凸集投影方法在不同情况下的迭代中以不同的 σ_{max} 重建的信噪比（扫码见彩图）

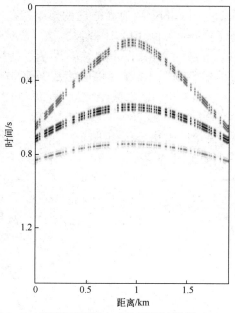

图 13.26　50%随机下采样合成的同相轴数据（S/N=2.99 dB）

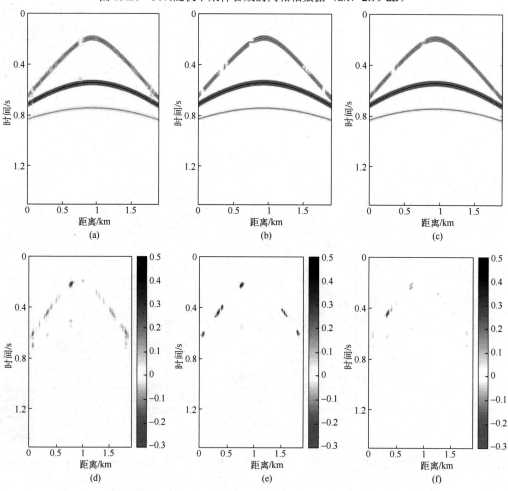

图 13.27　三种方法恢复后的数据及对应的重建误差

　　图 13.28（a）和图 13.28（d）分别为原始合成数据和 50%随机下采样数据，在交叉点附近数据严重缺失。曲波和卷积神经网络凸集投影方法恢复的数据和残差分别如图 13.28（b）～（c）和 13.28（e）～（f）所示，卷积神经网络凸集投影方法所得结果的信噪比略大于（约 0.5 dB）曲波方法，但其在恢复缺失严重的数据时失去了精度，尤其是在斜率较大的区块。造成这种现象的根本原因有两个：第一个是去噪神经网络，所使用的小卷积核和浅层网络架构无法确保网络从严重缺失数据的周围像素中获取足够的有用信息。因此，需要优化卷积层（大小和卷积类型）和网络深度，以便更好地恢复的数据。第二个是训练集，所使用的图像数据集仍然缺乏地震数据的一些特征，这就需要将自然图像和地震数据结合起来以形成更丰富的训练集。

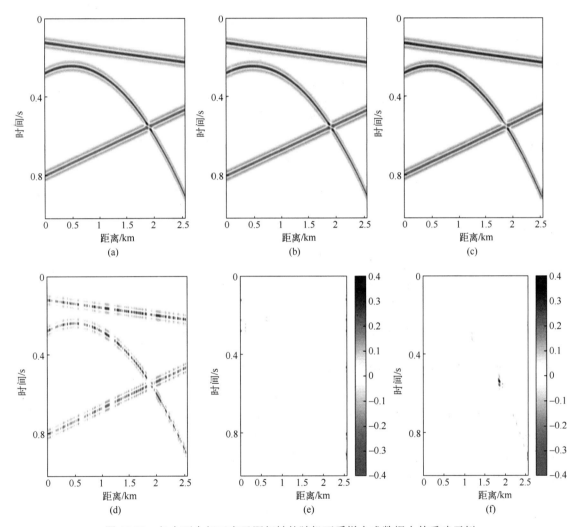

图 13.28　包含两个相互交叉同相轴的随机下采样合成数据上的重建示例

　　图 13.29 为一实际数据示例，其中，图 13.29（a）为下采样数据，图 13.29（b）～（d）为不同方法恢复数据的重建误差。卷积神经网络凸集投影方法获得的信噪比（S/N=32.10 dB）分别比曲波方法、块匹配方法和三维滤波方法大 0.6 dB 和 1.0 dB。

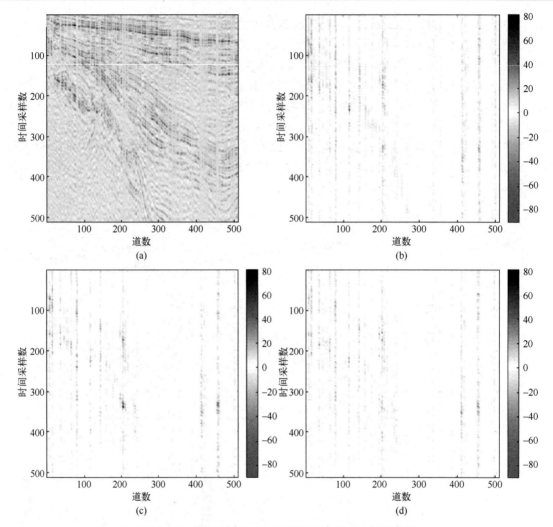

图 13.29　随机下采样数据和不同方法的重建误差示例

4.4　同时对地震数据进行去噪和插值

式（13-7）和式（13-8）所使用的原始凸集投影框架假设观测地震数据具有较高的信噪比。但如果观测数据含有噪声，这种简单的凸集投影框架将无法压制噪声。为了解决这个问题，Gao 等（2013b）提出了权重方法，Wang 等（2015）提出了一种自适应形式。但在普通的凸集投影框架中，即使第一步去噪已经衰减了噪声，在第二步的迭代也会重新输入噪声。因此，为确保最终的输出为无噪数据，简单而有效的方法是切换两个步骤的顺序，并获得以下更新框架：

$$u^{(t)} = d_{\mathrm{obs}} + (I - P_\Lambda)d^{(t)} \tag{13-13}$$

$$d^{(t+1)} = \mathcal{D}_{\sigma_t}(u^{(t)}) \tag{13-14}$$

如果观测数据不含噪声，则上述新的凸集投影框架相当于普通凸集投影框架；如果观测数据有噪声，如噪声等级为 σ，就要先进行重建和去噪，然后设置参数 $\sigma_{\min} = \sigma$，使去噪器在最后一次迭代中有效衰减噪声。以含双曲线同相轴的合成数据为例，结果表明了改进凸集投影框架的有效性。图 13.30 表示对地震数据同时进行去噪和插值。图 13.30（a）为含噪完整数据（S/N=4.80 dB）；图 13.30（b）为曲波方法的重建结果（S/N=12.17 dB）；图 13.30（c）为卷积神经网络凸集投影方法的重建结果（S/N=20.24 dB）；图 13-30（d）为含噪且不规则的下采样数据（S/N=1.76 dB）；图 13.30（e）为曲波方法的重建误差；图 13.30（f）为卷积神经网络凸集投影方法的重建误差图 13.30（a）是含有 $\sigma=10$ 的高斯噪声的完整数据。卷积神经网络凸集投影方法能很好地重建缺失数据和衰减噪声，因此信噪比值（S/N=20.24 dB）比曲波方法（S/N=12.17 dB）大得多。

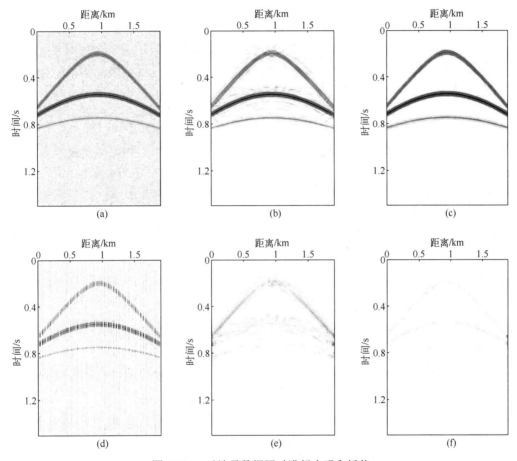

图 13.30　对地震数据同时进行去噪和插值

4.5　局限性

所提出的卷积神经网络凸集投影方法有其局限性。首先，它需要多个去噪模型来处理不同噪声等级的数据，实际中难以训练这样一组去噪模型。由于噪声与含噪图像相耦合，网络必须学习图像特征中的噪声，因此，网络无法自适应于噪声。如果给网络提供有关噪声的信息，就可以节省学习噪声的工作量，这将有助于网络适应噪声。快速灵活去噪网络（Fast and Flexible Denoising Net，FFDNet）方法（Zhang 等，2018b）向网络提供噪声等级图，并对子图像进行去噪，从而获得有效的图像去噪方法。因此，使用快速灵活去噪网络可以解决卷积神经网络凸集投影方法中训练多个去噪模型的问题。其次，在对严重缺失的地震数据和随机下采样地震数据进行插值时，卷积神经网络凸集投影方法无法准确恢复大斜率和严重缺失的地震数据，其原因主要有两个：第一个是神经网络的局限性，即需要优化去噪神经网络的结构；第二个是训练集，即需要将自然图像与地震数据相结合，以建立更强大的训练集。最后，关于直接为 5D 地震数据训练网络，由于现有的深度学习平台中还无法运用 5D 卷积，所以很难将卷积神经网络凸集投影方法扩展到 5D 插值，解决的方法是训练 3D 卷积神经网络去噪器（视频去噪），并将这些 3D 卷积神经网络沿其他两个轴依次应用于 5D 地震数据，也可以将 2D 卷积神经网络去噪器按顺序应用于其他三个轴上的 5D 数据。

5 结论

本文介绍了一种用于地震插值的卷积神经网络凸集投影方法，试算结果表明在自然图像上预训练的卷积神经网络去噪器可以从本质上改善地震插值效果，由于自然图像标签的丰富性，端到端深度学习插值方法对地震数据的需求量降低。卷积神经网络凸集投影方法的适用性使其能够适应任何地震道缺失情况，此外，该方法在抗混叠方面的有效性有助于后续的地震处理步骤。根据不同比例的规则和不规则采样，在合成和实际数据上测试了卷积神经网络凸集投影方法，其在信噪比和弱特征保留方面优于 f-x、曲波和块匹配和三维滤波方法。此外，卷积神经网络凸集投影方法比较稳定，对参数不敏感。但卷积神经网络凸集投影方法训练去噪模型比较耗时，大约需要三天，因此，我们提出用更先进的去噪网络快速灵活地解决这个问题，即使完全从自然图像中学习的去噪器不能有效表征某些地震特征，但该去噪器也更适合地震插值。在此基础上，指明了今后工作的方向，即在卷积神经网络去噪器的训练集中混合自然图像和地震数据，并进一步探索将即插即用的卷积神经网络思想扩展到地震反演和成像方面。

附录 A

从数学上讲，地震数据插值问题可以写成一般形式：

$$\min_{\boldsymbol{d}} g(\boldsymbol{d}) + \| \boldsymbol{P}_A \boldsymbol{d} - \boldsymbol{d}_{\mathrm{obs}} \|_2^2 \tag{13-15}$$

式中：$g(\ )$ 为先验函数，其经典示例是 $g(\boldsymbol{d}) = \| \boldsymbol{d} \|_1$。通过线性逼近方法，求解该问题的迭代算法的公式如下：

$$\begin{aligned}
\boldsymbol{d}^{(t+1)} &= \arg\min_{\boldsymbol{d}} g(\boldsymbol{d}) + \left\langle \boldsymbol{P}_A \boldsymbol{d}^{(t)} - \boldsymbol{d}_{\mathrm{obs}}, \boldsymbol{d} - \boldsymbol{d}^{(t)} \right\rangle + \frac{1}{2\delta_t} \| \boldsymbol{d} - \boldsymbol{d}^{(t)} \|_2^2 \\
&= \arg\min_{\boldsymbol{d}} g(\boldsymbol{d}) + \frac{1}{2\delta_t} \| \boldsymbol{d} - (\boldsymbol{d}^{(t)} - \delta_t (\boldsymbol{P}_A \boldsymbol{d}^{(t)} - \boldsymbol{d}_{\mathrm{obs}})) \|_2^2
\end{aligned} \tag{13-16}$$

令 $\boldsymbol{u}^{(t)} = \boldsymbol{d}^{(t)} - \delta_t (\boldsymbol{P}_A \boldsymbol{d}^{(t)} - \boldsymbol{d}_{\mathrm{obs}})$，可以得到

$$\boldsymbol{u}^{(t)} = \boldsymbol{d}^{(t)} - \delta_t (\boldsymbol{P}_A \boldsymbol{d}^{(t)} - \boldsymbol{d}_{\mathrm{obs}}) \tag{13-17}$$

$$\boldsymbol{d}^{(t+1)} = \arg\min_{\boldsymbol{d}} g(\boldsymbol{d}) + \frac{1}{2\delta_t} \| \boldsymbol{d} - \boldsymbol{u}^{(t)} \|_2^2 \tag{13-18}$$

将 $\boldsymbol{u}^{(t)}$ 看作含噪图像，第二个方程利用 $g(\boldsymbol{d})$ 去最小化 $\boldsymbol{u}^{(t)}$ 和干净图像 $\boldsymbol{d}$ 的差异，即根据贝叶斯概率，第二个方程对应于利用噪声等级为 $\sqrt{\delta_t}$ 的高斯去噪器（Lebrun 等，2013）进行图像 $\boldsymbol{u}^{(t)}$ 去噪。如果 $g(\boldsymbol{d}) = \| \boldsymbol{d} \|_1$，那么稀疏变换可以用于该步骤。对于未知的先验函数 $g(\boldsymbol{d})$，可以用高斯卷积神经网络去噪器从数据中学习先验函数。

附录 B

在给出凸集投影框架的收敛条件及其证明之前，先给出有界去噪器的定义，这将有助于实现收敛。

定义（Chan 等，2017）：有界去噪器：参数为 σ 的一个有界去噪器是一个函数 $\mathcal{D}_\sigma : \mathbb{R}^n \to \mathbb{R}^n$，对于任意输入 $\boldsymbol{x} \in \mathbb{R}^n$，

$$\mathcal{D}_\sigma(\boldsymbol{x}) - \boldsymbol{x}^2 \leqslant n\sigma^2 C \tag{13-19}$$

式中：C 为独立于 n 和 σ 的普适常数。

凸集投影框架的主要收敛结果如下。

定理：如果去噪器是有界的且当 $t \to \infty$ 时，$\sigma_t \to 0$，那么凸集投影框架是定点收敛的，即存在 $\boldsymbol{d}^*$ 使 $\boldsymbol{d}^{(t)} - \boldsymbol{d}^*{}_2 \to 0$。

证明：为了便于证明，首先需要清楚以下事实：

$$\boldsymbol{P}_A \boldsymbol{d}^{(t)} = \boldsymbol{P}_A \boldsymbol{d}_{\text{obs}} + \boldsymbol{P}_A (\boldsymbol{I} - \boldsymbol{P}_A) \boldsymbol{u}^{(t-1)} = \boldsymbol{P}_A \boldsymbol{d}_{\text{obs}} = \boldsymbol{d}_{\text{obs}} \tag{13-20}$$

式中：下采样矩阵 $\boldsymbol{P}_A$ 为一个元素为 0 或 1 的对角阵，所以 $\boldsymbol{P}_A(\boldsymbol{I} - \boldsymbol{P}_A) = 0$。因此，推导出

$$
\begin{aligned}
\boldsymbol{d}^{(t+1)} - \boldsymbol{d}^{(t)2}_2 &= \boldsymbol{d}_{\text{obs}} + (\boldsymbol{I} - \boldsymbol{P}_A)\mathcal{D}_{\sigma_t}(\boldsymbol{d}^{(t)}) - \boldsymbol{d}^{(t)2}_2 \\
&= (\boldsymbol{I} - \boldsymbol{P}_A)(\mathcal{D}_{\sigma_t}(\boldsymbol{d}^{(t)}) - \boldsymbol{d}^{(t)})^2_2 \\
&\leqslant \mathcal{D}_{\sigma_t}(\boldsymbol{d}^{(t)}) - \boldsymbol{d}^{(t)2}_2 \\
&\leqslant n\sigma_t^2 C
\end{aligned}
\tag{13-21}
$$

且随着 $t \to \infty$，$\boldsymbol{d}^{(t+1)} - \boldsymbol{d}^{(t)}{}_2 \to 0$，故 $\{\boldsymbol{d}^{(t)}\}_{t=1}^\infty$ 是一个柯西序列，又因为柯西序列在 $\mathbb{R}^n$ 中始终收敛，必存在 $\boldsymbol{d}^*$ 使 $\boldsymbol{d}^{(t)} - \boldsymbol{d}^*{}_2 \to 0$。

参考文献

[1]　Abma R，Kabir N. 3D interpolation of irregular data with a POCS algorithm [J]. Geophysics，2006，71（6）：91-97.

[2]　Alwon S. Generative adversarial networks in seismic data processing [C]. SEG Technical Program Expanded Abstracts 2018，2018.

[3]　Beck A，Teboulle M. A fast iterative shrinkage-thresholding algorithm for linear inverse problems [J]. SIAM Journal on Imaging Sciences，2009，2（1）：183-202.

[4]　Bottou L. Large-scale machine learning with stochastic gradient descent [C]. Proceedings of COMPSTAT'2010，2010.

[5]　Boyd S，Parikh N，Chu E，et al. Distributed optimization and statistical learning via the alternating direction method of multipliers [J]. Foundations and Trends® in Machine Learning，2011，3（1）：1-122.

[6]　Buades A，Coll B，Morelssss J-M. A non-local algorithm for image denoising [C]. 2005 IEEE Computer Society Conference on Computer Vision and Pattern Recognition （CVPR'05），2005.

[7]　Candès E J，Donoho D L. New tight frames of curvelets and optimal representations of objects with piecewise C2 singularities [J]. Communications on Pure and Applied Mathematics：A Journal Issued by the Courant Institute of Mathematical Sciences，2004，57（2）：219-266.

[8]　Chan S，Wang X，Elgendy O A. Plug-and-play ADMM for image restoration: Fixed-point convergence and

applications [J]. IEEE Transactions on Computational Imaging，2017，3（1）：84-98.

[9] Chen Y， Pock T. Trainable nonlinear reaction diffusion：A flexible framework for fast and effective image restoration [J]. IEEE Transactions on Pattern Analysis and Machine Intelligence，2016，39（6）：1256-1272.

[10] Dabov K，Foi A，Katkovnik V，et al. Image restoration by sparse 3D transform-domain collaborative filtering [C]. Image Processing：Algorithms and Systems VI，2008.

[11] Daubechies I， Defrise M， De Mol C. An iterative thresholding algorithm for linear inverse problems with a sparsity constraint [J]. Communications on Pure and Applied Mathematics：A Journal Issued by the Courant Institute of Mathematical Sciences，2004，57（11）：1413-1457.

[12] Dong C，Loy C C，He K，et al. Image super-resolution using deep convolutional networks [J]. IEEE Transactions on Pattern Analysis and Machine Intelligence，2015，38（2）：295-307.

[13] Fomel S， Liu Y. Seislet transform and seislet frame [J]. Geophysics，2010，75（3）：25-38.

[14] Gan S，Wang S，Chen Y，et al. Dealiased seismic data interpolation using seislet transform with low-frequency constraint [J]. IEEE Geoscience and Remote Sensing Letters，2015，12（10）：2150-2154.

[15] Gao J， Sacchi M D， Chen X. A fast reduced-rank interpolation method for prestack seismic volumes that depend on four spatial dimensions [J]. Geophysics，2013a，78（1）：21-30.

[16] Gao J，Stanton A，Naghizadeh M，et al. Convergence improvement and noise attenuation considerations for beyond alias projection onto convex sets reconstruction [J]. Geophysical prospecting，2013b，61：138-151.

[17] Gao J，Chen X，Li J，et al. Irregular seismic data reconstruction based on exponential threshold model of POCS method [J]. Applied Geophysics，2010，7（3）：229-238.

[18] Geman D， Yang C. Nonlinear image recovery with half-quadratic regularization [J]. IEEE Transactions on Image Processing，1995，4（7）：932-946.

[19] Goldstein T，Osher S. The split Bregman method for L1-regularized problems [J]. SIAM Journal on Imaging Sciences，2009，2（2）：323-343.

[20] Goodfellow I，Pouget-Abadie J，Mirza M，et al. Generative adversarial nets [C]. Proceedings of the 27th International Conference on Neural Information Processing Systems，2014：2672-2680.

[21] Guillen P，Larrazabal G，González G，et al. Supervised learning to detect salt body [C]. SEG Technical Program Expanded Abstracts，Society of Exploration Geophysicists，2015：1826-1829.

[22] He K，Zhang X，Ren S，et al. Deep residual learning for image recognition [C]. Proceedings of the IEEE Conference on Computer Vision and Pattern Recognition，2016：770-778.

[23] Herrmann F J， Hennenfent G. Non-parametric seismic data recovery with curvelet frames [J]. Geophysical Journal International，2008，173（1）：233-248.

[24] Huang L， Dong X， Clee T E. A scalable deep learning platform for identifying geologic features from seismic attributes [J]. The Leading Edge，2017，36（3）：249-256.

[25] Ioffe S， Szegedy C. Batch normalization：Accelerating deep network training by reducing internal covariate shift [C]. Proceeding of the 32nd International Conference on Machine Learning，2015：448-456.

[26] Jia Y， Ma J. What can machine learning do for seismic data processing? An interpolation application [J]. Geophysics，2017，82（3）：163-177.

[27] Kim J，Lee J K， Lee K M. Accurate image super-resolution using very deep convolutional networks [C]. Proceedings of the IEEE Conference on Computer Vision and Pattern Recognition，2016：1646-1654.

[28] Kingma D P，Ba J. Adam：A method for stochastic optimization [DB/OL]. arXiv preprint，2014，arXiv：1412.6980.

[29] Krizhevsky A，Sutskever I，Hinton G E. Imagenet classification with deep convolutional neural networks [J]. Advances in Neural Information Processing Systems，2012：1097-1105.

[30] Lebrun M，Buades A，Morel J-M. A nonlocal Bayesian image denoising algorithm [J]. SIAM Journal on Imaging Sciences，2013，6（3）：1665-1688.

[31] Liang J，Ma J，Zhang X. Seismic data restoration via data-driven tight frame [J]. Geophysics，2014，79（3）：65-74.

[32] Liu J，Kuang T，Zhang X. Image reconstruction by splitting deep learning regularization from iterative inversion [C]. International Conference on Medical Image Computing and Computer-Assisted Intervention，2018：224-231.

[33] Liu L，Plonka G，Ma J. Seismic data interpolation and denoising by learning a tensor tight frame [J]. Inverse Problems，2017，33（10）：105011.

[34] Ma J. Three-dimensional irregular seismic data reconstruction via low-rank matrix completion [J]. Geophysics，2013，78（5）：181-192.

[35] Ma J，Plonka G. The curvelet transform [J]. IEEE Signal Processing Magazine，2010，27（2）：118-133.

[36] Ma K，Duanmu Z，Wu Q，et al. Waterloo exploration database: New challenges for image quality assessment models [J]. IEEE Transactions on Image Processing，2016，26（2）：1004-1016.

[37] Naghizadeh M，Sacchi M D. f-x adaptive seismic-trace interpolation [J]. Geophysics，2009，74（1）：9-16.

[38] Naghizadeh M，Sacchi M D. Beyond alias hierarchical scale curvelet interpolation of regularly and irregularly sampled seismic data [J]. Geophysics，2010，75（6）：189-202.

[39] Nair V，Hinton G E. Rectified linear units improve restricted Boltzmann machines [C]. Proceedings of the 27th International Conference on Machine Learning，2010：807-814.

[40] Pan S，Yang Q. A survey on transfer learning [J]. IEEE Transactions on Knowledge and Data Engineering，2010，22（10）：1345-1359.

[41] Ryu E，Liu J，Wang S，et al. Plug-and-play methods provably converge with properly trained denoisers [C]. Proceedings of the 36th International Conference on Machine Learning，2019：5546-5557.

[42] Spitz S. Seismic trace interpolation in the f-x domain [J]. Geophysics，1991，56（6）：785-794.

[43] Trickett S，Burroughs L，Milton A，et al. Rank-reduction-based trace interpolation [C]. SEG Technical Program Expanded Abstracts，Society of Exploration Geophysicists，2010：3829-3833.

[44] Vedaldi A，Lenc K. Matconvnet: Convolutional neural networks for matlab [C]. Proceedings of the 23rd ACM international conference on Multimedia，2015：689-692.

[45] Wang B，Zhang N，Lu W，et al. Deep-learning-based seismic data interpolation: A preliminary result [J]. Geophysics，2019，84（1）：11-20.

[46] Wang B，Wu R，Chen X，et al. Simultaneous seismic data interpolation and denoising with a new adaptive method based on dreamlet transform [J]. Geophysical Journal International，2015，201（2）：1182-1194.

[47] Wang B，Wu R，Geng Y，et al. Dreamlet-based interpolation using POCS method [J]. Journal of Applied Geophysics，2014，109：256-265.

[48] Wang W，Yang F，Ma J. Automatic salt detection with machine learning [C]. 80th EAGE Conference and Exhibition，European Association of Geoscientists & Engineers，2018a，2018（1）：1-5.

[49] Wang W，Yang F，Ma J. Velocity model building with a modified fully convolutional network [C]. 2018 SEG International Exposition and Annual Meeting，2018b：2086-2090.

[50] Yang P，Gao J，Chen W. Curvelet-based POCS interpolation of nonuniformly sampled seismic records [J].

Journal of Applied Geophysics, 2012, 79: 90-99.

[51] Yu F, Koltun V. Multi-scale context aggregation by dilated convolutions [DB/OL]. arXiv preprint, 2016, arXiv: 1511.07122.

[52] Yu S, Ma J, Osher S. Monte Carlo data-driven tight frame for seismic data recovery [J]. Geophysics, 2016, 81 (4): 327-340.

[53] Yu S, Ma J, Wang W. Deep learning for denoising [J]. Geophysics, 2019, 84 (6): 333-350.

[54] Yu S, Ma J, Zhang X, et al. Interpolation and denoising of high-dimensional seismic data by learning a tight frame [J]. Geophysics, 2015, 80 (5): 119-132.

[55] Zhang G, Wang Z, Chen Y. Deep learning for seismic lithology prediction [J]. Geophysical Journal International, 2018a, 215 (2): 1368-1387.

[56] Zhang K, Zuo W, Chen Y, et al. Beyond a gaussian denoiser: Residual learning of deep CNN for image denoising [J]. IEEE Transactions on Image Processing, 2017a, 26 (7): 3142-3155.

[57] Zhang K, Zuo W, Gu S, et al. Learning deep CNN denoiser prior for image restoration [C]. Proceedings of the IEEE conference on computer vision and pattern recognition, 2017b: 3929-3938.

[58] Zhang K, Zuo W, Zhang L. FFDNet: Toward a fast and flexible solution for CNN-based image denoising [J]. IEEE Transactions on Image Processing, 2018b, 27 (9): 4608-4622.

（本文来源及引用方式：Zhang H, Yang X, Ma J. Can learning from natural image denoising be used for seismic data interpolation [J]. Geophysics, 2020, 85 (4): 115-136.）

论文 14　基于加速聚类算法的时域自动速度估计

摘要

时域速度和时差参数可以直接从同相轴局部斜率获得，这些斜率是在叠前地震道集上估计的。在实际应用下，估计的局部斜率总是存在一些误差，尤其是在低信噪比的情况下。地下速度信息可能隐藏在速度和其他时差参数所构成的成像域内。我们开发了一种加速聚类算法，可以在没有关于聚类簇数的先验信息的情况下找到聚类中心。首先，采用平面波分解算法以估计局部同相轴斜率。对于每个地震道，我们根据同相轴局部斜率获得估计速度及其在成像域中的位置。成像域中的这些映射数据点呈现出组团的结构。我们通过混合分布模型来表示这些点。然后，确定混合分布模型的聚类中心，聚类中心对应于主要地下结构的最大似然速度。近似速度不确定性边界用于选择与反射对应的中心。最后，对聚类非均匀采样的节点速度进行插值，在规则网格上建立有效速度模型。针对合成数据和实际数据的实例表明，本文所提出的自动速度估计方法可以给出具有较高精度的叠加速度模型和时域偏移速度模型。

1　引言

速度估计是地震反演问题中的一个重要环节。建立速度模型通常始于通过扫描不同时差速度值对共中心点（Common MidPoint，CMP）道集进行速度分析（Yilmaz，2001）。手动拾取速度谱上的能量峰值是一个费力的过程，同时也需要经验丰富的处理人员。在过去的几十年中，人们采取了各种策略来自动完成速度分析。Toldi（1989）提出一批最早的自动速度分析的算法，认为速度模型可以用层速度表示。沿时差曲线最大叠加能量以获得最佳速度模型。在表观速度谱上自动拾取速度也可以看作射线追踪问题。通过将表观速度谱的能量（Fomel，2009）作为慢度，速度谱从上到下具有最小旅行时间的射线路径选为最佳的拾取速度。为了克服 CMP 速度分析中的反射点分散问题，可以通过将包括各向异性在内的速度延拓建立时间偏移速度模型（Adler，2002；Fomel，2003；Alkhalifah 和 Fomel，2011；Burnett 和 Fomel，2011）。在图像波传播方面，也有类似的方法（Schleicher 等，2008）。以不同速度重复进行时间偏移（Yilmaz 等，2001）也是一种很好的替代方法。

实现自动速度估计的另一种方法是使用同相轴局部斜率。在地震道集上测量的同相轴局部斜率包含有价值的地下信息。正常时差（Mormal MoveOut，NMO）速度和时间偏移速度可以直接从同相轴局部斜率中导出。Ottolini（1983）提出了利用同相轴局部斜率实现不依赖速度的成像方法。Fomel（2007）和 Cooke 等（2009）表明，利用叠前反射数据中估计的同相轴局部斜率，可以完成几乎所有常见的时域成像任务和速度估计。地震数据或地震图像中包含的同相轴局部斜率和其他局部时差属性也可用于深度域速度反演，如立体成像（Billette 和 Lambaré，1998；Lambaré，2008）。

同相轴局部斜率估计的质量决定了基于同相轴局部斜率的成像和反演结果的质量。局部倾斜叠加（Ottolini，1983）是提取局部斜率的常用工具之一。希尔伯特变换（Barnes，1996；Cooke 等，2009；Zhang 等，2013；Wang 等，2015）也可用于获得等同于同相轴局部斜率的相位。另一种鲁棒的斜率估计算法是平面波分解（Plane-Wave Destruction，PWD）（Fomel，

2002；Schleicher 等，2009），其基于平面波局部波场近似。Chen 等（2013a，2013b）使用最大扁平分数延迟滤波器（Maximally Flat Fractional Delay Filters）进一步提高了 PWD 方法效果并使其适用于陡峭的地层。由于估计的同相轴局部斜率可能会受噪声和同相轴干扰影响，直接映射可能会导致成像剖面受到高频振荡的影响。来自同相轴局部斜率的点对点映射的速度对噪声敏感。通过图像缠绕绘制的速度图（Fomel，2007）已用于获取与时间域速度相关的同相轴局部斜率，而当地震道集包含多个散射或多路径现象时，速度谱可能相当复杂。将速度图上的能量看作慢度，可由初至波射线跟踪实现自动拾取。Cooke 等（2009）在速度谱上使用切除和平均滤波器来抑制多次波。

本文提出了一种基于同相轴局部斜率映射局部属性的聚类方法来实现时域自动速度估计。局部属性用混合分布模型表示。混合分布模型的聚类中心对应地下主要结构的最大似然速度。这些簇中心对由噪声、干扰同相轴和多次波等导致的同相轴局部斜率退化具有一定的鲁棒性。我们开发了一种快速聚类算法来高效地找到聚类中心，对非均匀中心进行最小二乘插值，在规则网格上建立有效速度模型。合成和实际数据例子表明了该方法的有效性和适用性。

2 原理

在本节中，我们将通过一个混合分布模型来说明建立模型的过程。加速密度聚类算法经一定的公式推导后得出。叠加速度和叠前时间偏移速度模型通过聚类中心插值获得。

2.1 混合分布模型

同相轴局部斜率包含地下反射几何和速度信息。通过估计的同相轴局部斜率，我们可以使用简单的点对点映射算子在时域中成像。反射时移的经典双曲线假设为

$$t^2(h) = \tau_0^2 + \frac{h^2}{V_{\mathrm{NMO}}^2(\tau_0)} \tag{14-1}$$

式中：τ_0 为零偏移旅行时；$t(h)$ 为在偏移距为 h 处记录的旅行时；$V_{\mathrm{NMO}}(\tau_0)$ 为叠加速度。p_h（旅行时斜率）为 $t(h)$ 对 h 的导数，由下式给出：

$$p_h(t, h) = \frac{\mathrm{d}t}{\mathrm{d}h} = \frac{h}{t V_{\mathrm{NMO}}^2(\tau_0)} \tag{14-2}$$

利用上述两个公式，叠加速度 $V_{\mathrm{NMO}}(\tau_0)$ 和零偏移旅行时 τ_0 可以有效地映射（Ottolini，1983；Fomel，2007），如下所示：

$$V_{\mathrm{NMO}}(\tau_0) = \sqrt{\frac{h}{t p_h(t, h)}} \tag{14-3}$$

和

$$\tau_0 = \sqrt{t^2 - t p_h(t, h) h} \tag{14-4}$$

为了获得每个 CMP 道集上同相轴局部斜率 p_h 的稳定估计，我们采用了平面波分解（Fomel，2002；Chen 等，2013）算法。在特定应用中，可以用其他斜率估计算法代替。利用式（15-3）和式（15-4）将 CMP 道集上域 {t, h} 的数据点映射到 {τ_0, V_{NMO}} 中。在近偏移处，由于同相轴局部斜率接近于零，因此不使用。与图像映射的速度图（Fomel，2007）不同，我们的方法不再使用数据点处的振幅。数据点以相同权重映射到成像域中。对于实际数据应用，可以通过沿估计斜率方向的局部相干性来分配每个映射数据的权重（Zhang 等，2013）。

图 14.1 是含有 10dB 随机噪声的合成数据，蓝点是图像域中作为单点的映射局部属性；红心圆圈是由加速密度聚类算法得到的簇中心；黑色曲线表示真实速度。图 14.1（a）显示了一个简单的实验，在平滑变化的速度介质中存在八个反射界面。CMP 道集的雷克子波峰值频率为 20Hz，检波器间隔为 50m，总电缆长度为 3km，时间采样间隔为 4ms，总采样时间为 4s。道集通过初始速度为 2.0km/s 的反 NMO 得到。在 CMP 道集中加入了信噪比为 10dB 的高斯随机噪声。图 14.1（b）描述了平面波分解估计的同相轴局部斜率，其估计结果相当平滑。图 14.1（c）显示了在 $\{\tau_0, V_{\text{NMO}}\}$ 内映射的数据点。

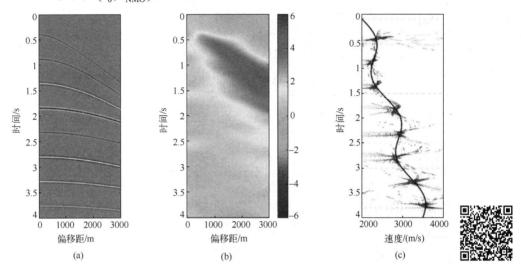

图 14.1 　含有 10dB 随机噪声的合成数据（扫码见彩图）
（a）带有随机噪声的合成 CMP 道集；（b）PWD 的估计斜率；（c）从同相轴局部斜率映射出的局部属性。

　　值得注意的是，成像域中的数据点具有组团结构。假定反射时差的双曲线可以充分描述反射波的运动学特征，并且估计的同相轴局部斜率完全准确，则同一个反射同相轴在成像域中的数据点应该位于同一位置。在实际情况下，双曲线假设不能完全描述非平坦反射，估计的同相轴局部斜率永远不会是完美的。因此，同一个反射同相轴的映射数据点将分散到一个组团中。假定双曲假设和斜率估计算法引起的误差服从高斯分布，同一个反射同相轴的映射点可以用期望值作为最大似然解的单一高斯分布表示。对于多个反射界面的情况，可以引入高斯混合模型。作为高斯分量的简单线性叠加，高斯混合模型可以提供更丰富的密度模型（Bishop，2006）。高斯混合分布可以写成

$$P(\boldsymbol{x}) = \sum_{k=1}^{K} a_k N_k(\boldsymbol{x} \mid \mu_k, \sigma_k) \tag{14-5}$$

式中：$\boldsymbol{x}$ 为映射数据点在成像域中的位置；$N(\boldsymbol{x} \mid \mu_k, \sigma_k)$ 为高斯分布，其中 $\boldsymbol{x}$ 的期望为 μ_k，标准差为 σ_k；K 为高斯分量的总数；a_k 为混合系数。分布 $P(\boldsymbol{x})$ 是联合分布 $P(\boldsymbol{x} \mid \boldsymbol{x} \in N_k)$ 在所有可能状态 $P(\boldsymbol{x} \in N_k)$ 的总和，表示为

$$P(\boldsymbol{x}) = \sum_{k=1}^{K} P(\boldsymbol{x} \in N_k) P(\boldsymbol{x} \mid \boldsymbol{x} \in N_k) \tag{14-6}$$

式中：状态概率 $P(\boldsymbol{x} \in N_k)$ 等于混合系数 a_k。可以通过定位这 K 个中心，用聚类算法有效地解决寻找每个高斯分布的期望值 μ_k 的问题。

在图 14.1（c）中，红色实心圆圈表示聚类中心，它给出了速度值的最大似然解，黑色实线曲线是真实的 NMO 速度。可以看出，所有的簇中心都落在了真实 NMO 速度的路径上。聚类中心的数量为 8，与反射界面的数量相等。因此，混合分布模型可以有效地描述寻找同相轴局部斜率映射速度值的最大似然解问题。

估计的同相轴局部斜率的质量会因噪声和干扰同相轴而降低。图 14.2 为含有 0dB 随机噪声的合成数据，蓝点是成像域中作为单点的映射局部属性；红心圆圈是由加速密度聚类算法得到的簇中心；黑色曲线表示真实速度。图 14.2（a）显示了与图 14.1（a）中相同的 CMP 道集，添加了不同级别的高斯随机噪声，其信噪比为 1。在这种情况下，信号的功率等于高斯随机噪声的功率。图 14.2（b）描绘了使用平面波分解估计的同相轴局部斜率。尽管在平面波分解之前已经应用了带通滤波器，但估计的同相轴局部斜率效果仍会因强噪声而退化。图 14.2（c）将映射数据点显示为 $\{\tau_0, V_{\mathrm{NMO}}\}$ 域中的蓝点，映射算子显示出被高频振荡污染的部分。在图 14.2（c）中，红色实心圆圈代表簇类中心，黑色实线曲线是真实的 NMO 速度。可以看出，所有的聚类中心仍然与真实 NMO 速度的路径相匹配，这证实了聚类中心对同相轴局部斜率中的噪声具有鲁棒性。

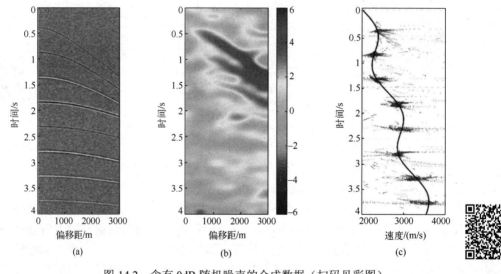

图 14.2   含有 0dB 随机噪声的合成数据（扫码见彩图）

（a）带有随机噪声的合成 CMP 道集；（b）PWD 的估计斜率；（c）从同相轴局部斜率映射出的局部属性。

2.2   加速密度聚类

在所有用于寻找簇中心的算法中，k-means 算法应用最为广泛。k-means 算法需要本身难以确定的聚类数目作为先验信息（Hamerly 和 Elkan，2004）。Wang 等（2012）使用分层聚类和分割的方法在储层表征中找到正确的聚类数目。Muhr 和 Granitzer 等（2009）使用分裂合并的 k-means 方法，可以在合理的运行时间内选择准确的簇数目。Lu 等（2014）采用类似的策略来定位浅层水中的衍射地震噪声。在 k-means 算法中，数据点总是被分配到最近的中心。虽然可以应用各种距离测量，但 k-means 算法几乎不能检测出非球形簇。

密度聚类（Rodriguez 和 Laio，2014）是为了处理更一般的数据分布模型而开发的。簇的数目也可以更容易地确定。聚类中心的特征是相对于邻近点密度较高。对于每个数据点 i，其局部密度 ρ_i 和与更高密度点的最小距离 δ_i 是密度聚类的两个基本参数。数据点 i 的局部密度 ρ_i 可简单定义为

$$\rho_i = \sum_j \lambda(d_{ij} - d_c) \tag{14-7}$$

式中：d_{ij} 为数据点 i 和数据点 j 之间的距离；d_c 为截止距离。如果 $d_{ij} - d_c < 0$，则 $\lambda = 1$；否则 $\lambda = 0$。该算法仅对不同数据点的 ρ_i 变化敏感，这意味着结果对参数 d_c 具有鲁棒性（Rodriguez 和 Laio，2014）。数据点到更高密度点的最小距离 δ_i 为

$$\delta_i = \min_{j:\rho_j > \rho_i}(d_{ij}) \tag{14-8}$$

对于密度最高的数据点，δ_i 取 $\max_j(d_{ij})$ 的值。根据 δ_i 的定义，我们可以得出结论，δ_i 仅在全局或局部极大值时相对较大。然后将聚类中心对应于相对较大的局部密度 ρ_i 和相对较大的最小距离 δ_i。对于大多数情况，我们可以通过 β 的突变来识别中心，β 是 ρ 和 δ 的乘积。定位簇类中心后，从最高局部密度到最低局部密度进行分配。将一个数据点分配给具有较高局部密度的最近邻类。总的来说，N 个数据点密度聚类的计算复杂度为 $O(N^2)$，详细的复杂度分析见附录 A。即使是单个 CMP 道集，对于 1000 个时间采样点和 100 个接收点道集，也可以有 10^5 个数据点，这使密度聚类算法不适用于实际的数据应用。

在模式识别中，输入数据空间中的几何体可能高度折叠、弯曲或扭曲。Swissroll 数据集（Tenenbaum 等，2000）就是这样一类非线性流形。在大多数地震应用中，数据点显示线性流形的结构。因此，数据点的分布可以用高斯或类高斯模型来近似。我们提出了一种基于直方图函数的加速密度聚类算法。在统计学中，直方图是数据分布的图形表示。密度聚类所需的局部密度由直方图函数近似。我们采用 2D 直方图分析方法（Gonzalez 和 Woods，2002；Zhang 等，2015）对映射的零偏移走时和叠加速度进行分析，以获得局部密度的估计值：

$$\rho = H(l_1, l_2) = m(l_1, l_2) \tag{14-9}$$

式中：l_1 和 l_2 分别为离散化的零偏移旅行时和叠加速度；$H(l_1, l_2)$ 为二维直方图函数；$m(l_1, l_2)$ 为映射到零偏移旅行时和叠加速度的同相轴局部斜率的数量，它们一起落入由 l_1 和 l_2 表示的区间中。直方图可以通过沿估计的同相轴局部方向的相干性来加权，以增强稳健性，因为相干性是映射属性可靠性的自然度量。

加速密度聚类算法流程图如图 14.3 所示。为了演示加速密度算法的效果，我们将其应用于 S 数据集（Fränti 和 Virmajoki，2006），如图 14.4（a）所示。数据点用蓝点标记。二维的 S 数据集在空间分布上具有不同的复杂性。有 15 个预定义的簇类中心。从图 14.4（a）中，我们可以看到数据点的概率分布具有非球形且强重叠的峰值特征。红色圆圈是由密度聚类算法定位的聚类中心。用红色星号标记的点是由加速密度聚类算法确定的中心。值得注意的是，我们的加速密度聚类算法所定位的聚类中心与原始密度聚类算法所定位的聚类中心完全一致。这一结果表明，加速密度聚类可以找到与原始密度聚类相似的最大似然解。图 14.4（b）显示了直方图函数近似的局部密度。二维直方图上的密度峰值保留了中心信息。因为新数据集中的点很少，通过将直方图中的网格点作为一个新的数据集，我们可以显著降低计算成本。图 14.4（c）给出了每个数据点的局部密度 ρ_i，以及与新数据集中更高密度点的最小距离 δ_i。图 14.4（d）描绘了 β 的排序序列。使用合并排序（Satish 等，2010）是因为它是最有效的排序算法之一。对 β 序列进行排序后，选择簇中心作为 β 相对较大的点。通常，聚类中心和其他普通点之间会发生突变。利用这一特性，应用梯度算子对排序后的 β 序列来检测突变。在图 14.4（d）中，突变点用一个较大的点标记。β 值大于或等于这个较大的数据点被识别为新数据集的聚类中心。这些中心给出了原始数据集真实聚类中心的大致位置。然后执行更新过程以找到真正的中心。对于 N 个数据点的数据集，加速密度聚类的计算复杂度为

$O(1/K \ (r_{\mathrm{M}} \ / \ r_{\mathrm{clu}})^4 N^2)$，其中 K 为聚类中心的数量，r_{M} 和 r_{clu} 分别为直方图中格网的平均半径和聚类组的平均半径。加速密度聚类的详细计算复杂度分析在附录 A 中。密度聚类算法的计算复杂度为 $O(N^2)$。加速密度聚类算法比原始密度聚类算法快 $K(r_{\mathrm{clu}} \ / \ r_{\mathrm{M}})^4$。在 S 数据集的示例中，有 5000 个数据点。用 Matlab 编写的新算法在单个 CPU 内核上的运行时间为 0.3 秒，而原始密度聚类的运行时间为 22 秒。加速的密度聚类大约快 73 倍。

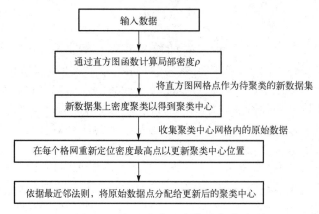

图 14.3　加速密度聚类算法的流程

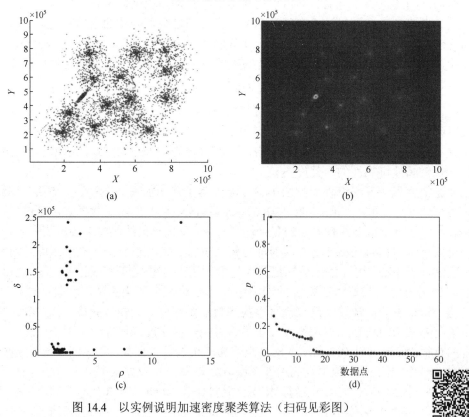

图 14.4　以实例说明加速密度聚类算法（扫码见彩图）

　　为完整起见，我们给出了原始数据点的分组结果。图 14.5（a）和图 14.5（b）分别显示了我们的算法和原始密度聚类算法的结果。结果非常相似，除了边界的微小差异，这验证了我们算法的良好性能。

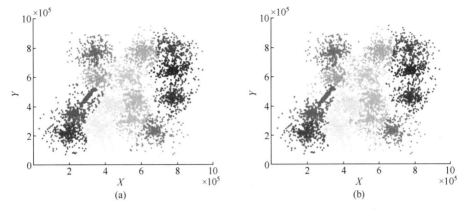

图 14.5 在 S 数据集中分类结果

2.3 自动速度估计

通过混合分布模型和加速密度聚类的模型，我们可以有效地找到地下主要结构的同相轴局部斜率映射的最大似然速度。主反射面通常具有较高的信噪比，并且可以通过平面波分解方法（PWD）很好地捕捉到。通过定位一个 CMP 道集映射的叠加速度 $V_{NMO}(\tau_0)$ 和零偏移旅行时 τ_0 的聚类中心，我们将得到的主反射体的速度作为节点速度。在所有 CMP 道集重复该过程后，我们捕获整个的节点速度。由于假设叠加速度为横向连续，从相邻 CMP 道集映射的局部属性可以添加到当前位置，作为聚类的输入。

将自动叠加速度估计扩展到时间偏移速度分析是很简单的。只需要将叠前域的映射 $\{t,h,y\}$ 改到时间偏移成像域 $\{\tau,h,V_{mig}\}$（Fomel，2007），其中 y 为中心点坐标，τ 为时间偏移的双程垂直旅行时，V_{mig} 为时间偏移速度，x 为时间偏移图像坐标。以映射的局部属性为输入数据点，我们对每个成像点道集（CIG）执行加速密度聚类算法，以提取整个测线的节点时间偏移速度。然后进行插值，建立时间偏移速度模型。

为了将不均匀采样的速度模型插值到规则网格中，需解决以下插值问题：

$$Gv_{grid} = v_{knot} \qquad (14\text{-}10)$$

式中：v_{grid} 为规则网格上的速度模型；v_{knot} 为采用不均匀采样轴上的速度；G 为插值算子，在我们的示例中是三次 B-样条插值。因为我们的目标是建立平滑的时域速度模型，所以在最小二乘目标函数中添加了一个正则化项 ε，表示为

$$\left\| Gv_{grid} - v_{knot} \right\|_2^2 + \varepsilon^2 \left\| Lv_{grid} \right\|_2^2 \qquad (14\text{-}11)$$

式中：L 为正则化算子（如拉普拉斯算子）。最小二乘目标函数的解是

$$v_{grid} = (G^T G + \varepsilon^2 L^T L)^{-1} G^T v_{knot} \qquad (14\text{-}12)$$

利用上述公式，我们在规则网格上建立了速度模型。时域速度模型可以进一步用于时域地震数据成像。

3 示例

为了说明自动速度估计和加速密度聚类的优势，我们将其应用于合成数据集和真实数据集。在这两种情况下，叠加速度模型和时间偏移速度模型都是自动估计的。此外，利用估计的速度进行 NMO 校正和时域偏移成像。

3.1 理论合成数据

Marmousi 模型（Versteeg，1994）包含强烈的横向速度变化，可能会在地下引起相当复杂的多次波。多值旅行时和多次散射能量为自动速度估计算法带来了障碍。利用有限差分建模技术生成合成地震数据。用 PWD 方法分别估计共炮点道集上 p_r 和共偏移距道集上的 p_y。CMP 道集上 p_h 值可通过 $p_h = 2p_r - p_y$ 获得。我们从单个 CMP 道集上的映射局部属性开始。要映射 NMO 的局部属性，只需要 p_h。图 14.6（a）显示了测线中距离 3.55km 处的合成 CMP 道集，其中直达波已切除。将映射的局部属性作为数据点，用直方图函数估计局部密度，如图 14.6（b）所示。在加速密度聚类算法中，近似聚类中心用白色和黑色填充圆圈标记。这些不同颜色的圆圈的物理意义将在后面讨论。对于 Marmousi 数据集，同一道集上可能会发生单次和多次散射。从同相轴局部斜率上几乎无法区分单次散射和多次散射。图 14.6（b）中直方图的局部密度峰值可能包含不需要的速度中心，这些速度中心是从局部同相轴（而非反射）映射而来的。我们采用上、下边界策略来区分反射的近似聚类中心。时间偏移成像中的速度不确定性和相应的结构不确定性可以通过速度延拓技术来进行估计（Fomel 和 Landa，2014）。在这里，速度首先通过一个二阶多项式函数和聚集的速度节点进行插值。然后，通过将插值速度扰动 10%～20% 来近似速度不确定性。在 Marmousi 示例中，考虑到模型的高度复杂性，我们将该参数设置为 15%。如图 14.6（b）所示，由多项式函数拟合 NMO 速度和速度不确定性用白色虚线标记。速度不确定性范围之外的聚集速度节点被删除，对应于黑色填充圆。图 14.6（b）中的黑色虚线表示所有聚类中心的初始三次 B-样条插值速度，红色虚线表示筛选后聚类中心标记为白色填充圆的三次 B-样条插值速度。基于这些过滤后的聚类中心，进一步对聚类中心将使用的原始数据集进行更新。

对所有 CMP 道集重复该过程，得到整个合成数据的叠加速度节点。图 14.7（a）显示了这些节点的插值叠加速度。最终的速度节点位置在速度模型上用黑色标记。利用图 14.6（a）中对应 CMP 位置的 NMO 速度，对道集进行 NMO 校正，如图 14.6（c）所示。道集已成功地以 NMO 速度拉平。在对所有 CMP 道集进行拉平后，通过沿偏移方向求和获得图 14.7（b）中的叠加部分。由图 14.7 对比可以看出，主反射同相轴连续，叠加剖面绕射清晰，验证了叠加速度估计模型的有效性。

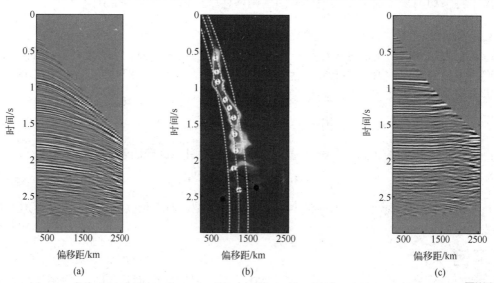

(a) (b) (c)

图 14.6 提取了 Marmousi 模型数据集中单个 CMP 道集上的速度（扫码见彩图）
(a) 单个 CMP 道集；(b) 在直方图函数上提取近似聚类中心；
(c) 使用自动估计叠加速度的 NMO 校正道集。

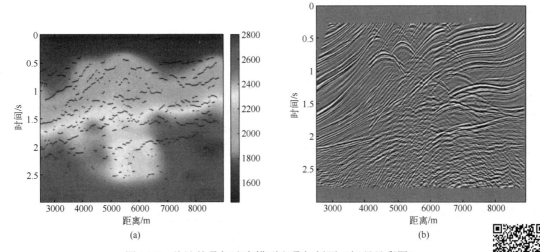

图 14.7　估计的叠加速度模型和叠加剖面（扫码见彩图）
（a）整个数据集的插值速叠加度模型；（b）叠加结果

从两个不同的道集获得的局部倾角 p_r 和 p_y，可以直接映射时间偏移相关的局部属性。我们需要做的就是将叠前域数据点 $\{\tau, h, y\}$ 映射到时间偏移成像域 $\{\tau, h, V_{mig}\}$。将成像域中映射的局部属性作为输入数据点，利用加速密度聚类进行时间自动偏移速度的估计。利用速度不确定性约束每个成像点道集上的节点选择的时间偏移速度。提取的最终时间偏移速度在图 14.8（a）中标记为黑点。利用插值时间偏移速度模型进行叠前克希霍夫时间偏移，图 14.8（b）显示叠前基尔霍夫叠加后的偏移剖面。在 Marmousi 模型中间的主要断层的成像效果较好。尽管基尔霍夫偏移后的噪声仍然存在，但偏移剖面可以显示地下的主要结构，从而验证了时间偏移速度模型的有效性。

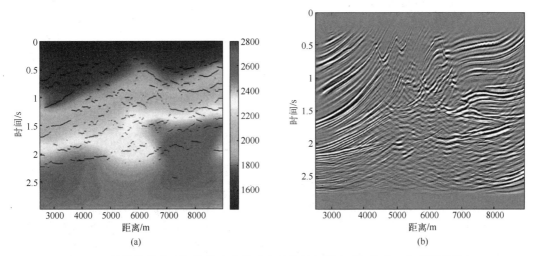

图 14.8　估计的叠前时间偏移速度模型和叠前基尔霍夫时间偏移（扫码见彩图）
（a）整个数据集的插值时间偏移速度模型；（b）叠前基尔霍夫偏移后的叠加剖面。

3.2　实际数据

为了验证所提出的方法在实际地震数据上的有效性，我们选择了 Madagascar 软件包（Fomel 等，2013）中提供的墨西哥湾历史数据集（Claerbout，2005）。野外数据最初按 CMP 道集排序。为方便计算，用 PWD 分别估计共 CMP 道集和共偏移距道集的 p_h、p_y。只有 CMP

道集上的同相轴局部斜率 p_h 用于映射 NMO 的局部属性。由于地下结构相对简单，因此在这种实际数据情况下，速度不确定度参数设置为 10%。

图 14.9（a）显示了测线中距离 10.72km 处的 CMP 道集。将映射的局部属性作为数据点，使用直方图函数估计局部密度，如图 14.9（b）所示。在加速密度聚类算法中，近似聚类中心用白色和黑色填充圆圈标记。多项式拟合 NMO 速度和速度不确定性用白色虚线标记。速度不确定性范围之外的聚类速度节点被消除，对应于黑色填充的圆圈。图 14.9（b）中的黑色虚线表示所有聚类中心的初始插值速度，红色虚线表示过滤后的聚类中心（标记为白色填充圆圈）插值速度。根据直方图上的过滤后的聚类中心，中心将使用原始数据集进行更新。采用相应 CMP 位置的 NMO 速度对道集进行 NMO 校正，如图 14.9（c）所示。道集已成功地拉平。整个测线的估计叠加速度模型如图 14.10（a）所示，最终节点叠加速度标记为黑点。相应的叠加剖面如图 14.10（b）所示，主要的反射层位是连续的，在断层带附近绕射很明显。

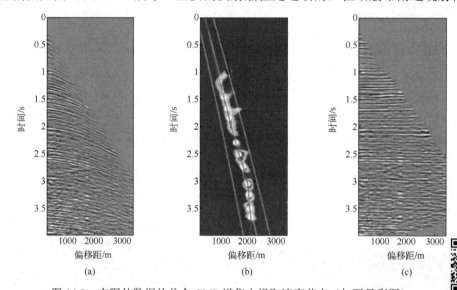

图 14.9　在野外数据的单个 CMP 道集上提取速度节点（扫码见彩图）
（a）单个 CMP 道集；（b）在直方图函数上提取近似聚类中心；（c）使用自动估计叠加速度的 NMO 校正道集。

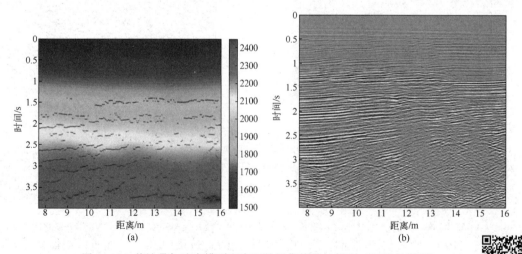

图 14.10　估计叠加速度模型和实际数据集的叠加剖面（扫码见彩图）
（a）整个数据集的估计叠加速度模型；（b）叠加剖面。

对于时间偏移速度估计，需要知道同相轴局部斜率 p_h 和 p_y。如图 14.11（a）所示，通过插值建立叠前时间偏移速度模型，最终节点时间偏移速度标记为从成像域 $\{\tau, x, V_{mig}\}$ 中的每个共成像点道集中选择的黑点。利用该速度模型，对整个野外数据集进行叠前基尔霍夫时间偏移。图 14.11（b）显示了在每个共偏移道集上进行叠前克希霍夫偏移后的叠加剖面。很明显，连续层和主要断层组都得到了很好的成像。相交的同相轴得到妥善处理，断层识别清晰，深部区域清晰成像。所有这些都验证了基于加速密度聚类的自动速度估计的有效性。该算法计算效率高，可以推广到三维情况。

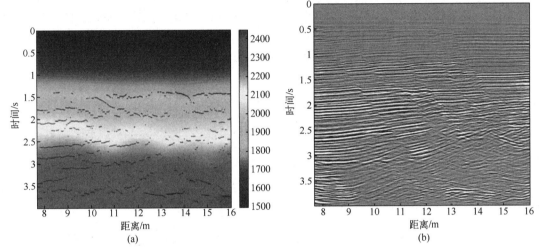

图 14.11　估计的叠前时间偏移速度模型和叠前基尔霍夫时间偏移（扫码见彩图）
（a）整个数据集的插值时间偏移速度模型；（b）叠前基尔霍夫偏移后的叠加剖面

4　讨论

为了从同相轴局部斜率中找到速度的最大似然解，可以将映射的局部属性用混合分布模型表示。对于一个地震反射同相轴，映射速度的不确定性决定了聚类中高斯分布的标准偏差。映射速度的平均值代表高斯分布的期望，高斯分布常用于理论分析。在本方法中，不需要显式地计算高斯分布参数可得到密度聚类的中心。加速密度聚类算法可以处理非球形和强重叠没有严重扭曲能量团的速度谱。因此，混合分布模型不需要严格遵从高斯分布。直方图函数的区间大小是一个稳定的参数。区间大小的典型设置是沿时间轴的一个子波长度和沿偏移距轴的 50～200m。在加速密度聚类算法中，不需要预先确定聚类中心的数目。可以将加速密度聚类算法应用于地震属性分析。通过设置速度节点的速度不确定性边界，可以降低噪声和多次波的影响。另一个潜在好处是在斜率估计之前消除地震道上的噪声和多次波。将该方法扩展到各向异性介质（Alkhalifah，2000；Casasanta 和 Fomel，2011）、深度域速度估计和 3D 应用是即将开展的工作。

斜率估计仍然是实现该方法的关键因素之一。在存在多次波、弱反射和低信噪比的情况下，估计的斜率仍然存在一些问题，这解释了实际数据示例中不太尽如人意的结果。在对速度拾取进行插值时，通过引入对角权重矩阵（Fomel，2003），可以使用节点处的信号幅值和局部密度。所需的只是在最小二乘目标函数中添加一个对角权重矩阵 W，它变为

$$\left\| W\left(G v_{\mathrm{grid}} - v_{\mathrm{knot}}\right) \right\|_2^2 + \varepsilon^2 \left\| L v_{\mathrm{grid}} \right\|_2^2 \qquad (14\text{-}13)$$

最小化加权最小二乘目标函数的解是

$$v_{\mathrm{grid}} = (G^{\mathrm{T}} W^2 G + \varepsilon^2 L^{\mathrm{T}} L)^{-1} G^{\mathrm{T}} W^2 v_{\mathrm{knot}} \qquad (14\text{-}14)$$

所提出的方法仍然是一种时域速度估计工具。对于速度横向变化较大的情况，时间成像技术可能不再适用。

5　结论

本文提出了一种基于加速聚类算法的时域速度自动估计方法，由同相轴局部斜率映射的局部属性，用混合分布模型表示。我们发展了一种加速密度聚类算法，识别主要地下构造对应最大似然速度的聚类中心。为了选择反射波的映射速度节点，设置了速度不确定性边界。将该方法应用于 Marmousi 模型合成数据集和一个实际的二维地震数据集上，取得了较好的测试结果。

附录

密度聚类和加速密度聚类的复杂性分析

考虑一组具有 N 个数据点地震道集。计算任意两点之间的距离以获得截止局部密度 ρ_i。因为我们只关心复杂度的规模，为了简单起见，将距离计算作为基本算子。要获得任意两个数据点之间的距离，总共需要距离的个数为

$$N + (N-1) + (N-2) + \cdots + 3 + 2 + 1 = \frac{N(N+1)}{2} \qquad (14\text{-}15)$$

可见其计算复杂度为 $O(N^2)$。然后，我们需要将一个数据点的局部密度与所有其他点的局部密度进行比较，以获得最小距离 δ_i。为了加快最小距离的计算，对局部密度序列进行了合并排序（Satishetal，2010），其计算复杂度为 $O(N \log(N))$。仅需要对局部密度高于当前点的数据点进行比较，其计算量与式（14-15）相同，即 $O(N^2)$。乘积 β 需要 N 次乘法。对 β 进行合并排序，选择聚类中心的计算复杂度为 $O(N \log(N))$。通过 N 次减法，在排序后的 β 上应用梯度算子来检测突变。定位聚类中心后，以 $O(N)$ 的复杂度执行分类。总的来说，密度聚类的计算复杂度约为 $O(N^2)$。

加速密度聚类算法从复杂度为 $O(N)$ 的直方图函数开始。直方图中的网格点作为新的数据集进行聚类。对于 2D 情况，网格的数量为 $M_1 M_2$，其中 M_1 和 M_2 分别为时间和偏移尺寸，$M_1 M_2$ 的数量远小于 N。然后对新数据集执行密度聚类，以获得聚类中心，计算复杂度为 $O((M_1 M_2)^2)$。每个集群中心位置的更新是通过重新定位网格中密度最高的点来完成的。粗略估计每个聚类中心网格中的数据点数量为 $1/K (r_{\mathrm{M}}/r_{\mathrm{clu}})^2 N$，其中 K 为聚类中心的总数，r_{M} 和 r_{clu} 分别为直方图中区间的平均半径和聚类组的平均半径。更新过程需要计算每个群集中心的距离，K 个聚类中心的距离计算总数为

$$K \sum_{i=1}^{\frac{1}{K}\left(\frac{r_{\mathrm{M}}}{r_{\mathrm{clu}}}\right)^2 N} i = \frac{1}{2}\left[\frac{1}{K}\left(\frac{r_{\mathrm{M}}}{r_{\mathrm{clu}}}\right)^2 N + 1\right]\left(\frac{r_{\mathrm{M}}}{r_{\mathrm{clu}}}\right)^2 N \qquad (14\text{-}16)$$

可见更新过程的计算复杂度为 $O(1/K (r_{\mathrm{M}}/r_{\mathrm{clu}})^4 N^2)$。根据最近邻原理将每个原始数据点分配给更新后的聚类中心是最后一步，其复杂性为 $O(N)$。通过省略低阶项，加速密度聚类

的近似计算复杂度为 $O(1/K(r_{\mathrm{M}}/r_{\mathrm{clu}})^4 N^2)$。

加速密度聚类算法可以比原始算法快 $K(r_{\mathrm{clu}}/r_{\mathrm{M}})^4$ 倍。在 S 数据集示例中，有 5000 个数据点和 15 个中心，$r_{\mathrm{clu}}^2/r_{\mathrm{M}}^2$ 比例约为 2。根据复杂性分析，加速比应该大约为 60。

参考文献

[1]　Adler F. Kirchhoff image propagation[J]. Geophysics，2002，67（1）：126-134.

[2]　Alkhalifah T. Prestack phase-shift migration of separate offsets[J]. Geophysics，2000，65（4）：1179-1194.

[3]　Alkhalifah T. The offset-midpoint traveltime pyramid in transversely isotropic media[J]. Geophysics，2000，65（4）：1316-1325.

[4]　Alkhalifah T，Fomel S. The basic components of residual migration in VTI media using anisotropy continuation[J]. Journal of Petroleum Exploration and Production Technology，2011，1：17-22.

[5]　Barnes A E. Theory of 2-D complex seismic trace analysis[J]. Geophysics，1996，61（1）：264-272.

[6]　Billette F，Lambaré G. Velocity macro-model estimation from seismic reflection data by stereotomography[J]. Geophysical Journal International，1998，135（2）：671-690.

[7]　Bishop C M. Pattern recognition and machine learning[M]. Springer-Verlag New York，2006，Inc.

[8]　Burnett W，Fomel S. Azimuthally anisotropic 3D velocity continuation[J]. International Journal of Geophysics，2011：1-8.

[9]　Casasanta L，Fomel S. Velocity-independent τ-p moveout in a horizontally layered VTI medium[J]. Geophysics，76（4）：U45-U57.

[10]　Chen Z，Fomel S，Lu W. Accelerated plane-wave destruction[J]. Geophysics，2013，78（1）：V1-V9.

[11]　Chen Z，Fomel S，Lu W. Omnidirectional plane-wave destruction[J]. Geophysics，2013，78（5）：V171-V179.

[12]　Claerbout J F. Basic Earth Imaging[M]. Stanford Exploration Project，2008.

[13]　Cooke D，Bóna A，Hansen B. Simultaneous time imaging，velocity estimation，and multiple suppression using local event slopes[J]. Geophysics，2009，74（6）：WCA65-WCA73.

[14]　Fomel S. Applications of plane-wave destruction filters[J]. Geophysics，2002，67（6）：1946-1960.

[15]　Fomel S. Time-migration velocity analysis by velocity continuation[J]. Geophysics，2003，68（5）：1662-1672.

[16]　Fomel S. Velocity-independent time-domain seismic imaging using local event slopes[J]. Geophysics，2007，72（3）：S139-S147.

[17]　Fomel S. Velocity analysis using AB semblance[J]. Geophysical Prospecting，2009，57（3）：311-321.

[18]　Fomel S，Landa E. Structural uncertainty of time-migrated seismic images[J]. Journal of Applied Geophysics，2014，101（101）：27-30.

[19]　Fomel S，Sava P，Vlad I，et al. Madagascar: Open-source software project for multidimensional data analysis and reproducible computational experiments[J]. Journal of Open Research Software，2013，1（1）：e8.

[20]　Fränti P，Virmajoki O. Iterative shrinking method for clustering problems[J]. Pattern Recognition，2006，39（5）：761-775.

[21]　Gonzalez R C，Woods R E. Digital image processing[J]. IEEE Transactions on Acoustics Speech and Signal Processing，1980，28（4）：484-486.

[22]　Hamerly G，Elkan C. Learning the k in k-means[J]. Advances in Neural Information Processing Systems，2004，17.

[23]　Lambaré G. Stereotomography[J]. Geophysics，2008，73（5）：VE25-VE34.

[24]　Lu W，Zhang Y，Zhen B. Automatic source localization of diffracted seismic noise in shallow water[J].

Geophysics，2014，79（2）：V23-V31.

[25] Muhr M，Granitzer M. Automatic cluster number selection using a split and merge *k*-means approach[C]. International Workshop on Database and Expert Systems Application，2009：363-367.

[26] Ottolini R. Velocity independent seismic imaging[J]. Stanford Exploration Project，1983，SEP-37：59-68.

[27] Rodriguez A，Laio A. Clustering by fast search and find of density peaks[J]. Science，2014：1492-1496.

[28] Satish N，Kim C，Chhugani J，et al. Fast sort on CPUs and GPUs：A case for bandwidth oblivious SIMD sort[C]. ACM sigmod International Conference on Management of Data，2010：351-362.

[29] Schleicher J，Costa J C，Novais A. Time-migration velocity analysis by image-wave propagation of common-image gathers[J]. Geophysics，2008，73（5）：VE161-VE171.

[30] Schleicher J，Costa J C，Santos L T，et al. On the estimation of local slopes[J]. Geophysics，2009，74（4）：P25-P33.

[31] Tenenbaum J B，de Silva V，Langford J C. A global geometric framework for nonlinear dimensionality reduction[J]. Science，2000，290（5500）：2319-2323.

[32] Toldi J L. Velocity analysis without picking[J]. Geophysics，1989，54（2）：191-199.

[33] Versteeg R. The Marmousi experience：Velocity model determination on a synthetic complex data set[J]. The Leading Edge，1994，13（9）：927-936.

[34] Wang Y. Reservoir characterization based on seismic spectral variations[J]. Geophysics，2012，77（6）：M89-M95.

[35] Wang Y，Lu W，Zhang P. An improved coherence algorithm with robust local slope estimation[J]. Journal of Applied Geophysics，2015：146-157.

[36] Yilmaz O. Seismic data analysis[M]. Society of Exploration Geophysicists，2001.

[37] Yilmaz O，Tanir I，Gregory C. A unified 3-D seismic workflow[J]. Geophysics，2001，66（6）：1699-1713.

[38] Zhang P，Lu W，Li F. Supertrace-based coherence algorithm with robust slope estimation[C]. The 75th EAGE Conference and Exhibition incorporating SPE EUROPEC，2013.

[39] Zhang P，Lu W，Zhang Y. Velocity analysis with local event slopes related probability density function[J]. Journal of Applied Geophysics，2015：177-187.

（本文来源及引用方式：Zhang P，Lu W. Automatic time-domain velocity estimation based on an accelerated clustering method [J]. Geophysics，2016，81（4）：U13-U23.）

论文 15　基于深度学习回归策略从相似性中自动拾取速度：与分类方法的比较

摘要

　　均方根速度估计发展至今，其中涉及的物理基础、参数化和假设没有显著变化。然而学者提出将最近发展的机器学习应用于这三个方面，因此现阶段提供的两种最先进的机器学习应用教程非常有用。我们设计并评估了分类和回归神经网络，用于从相似性数据（速度谱）中提取视均方根速度轨迹。除了最后一层，这两个网络具有相同的端到端的训练结构。一方面，在分类网络中，速度拾取通过在所有速度面元中寻找最大振幅轨迹实现；另一方面，回归网络采用可微的 soft-argmax 函数，将特征图直接转换为视均方根速度值，并将视均方根速度值作为有关旅行时的函数。相对置信度图也可以通过两个神经网络进行估计。构建的含有大量水平层的合成模型可以作为训练样本来模拟共中心点道集。我们在训练过程中使用了迁移学习，因为在迁移学习中，通过少量样本便可以对网络进行微调，最终用更复杂的合成模型和实际数据对网络进行测试。在用合成数据进行测试后，我们发现回归和分类网络可以根据相似性合理地预测速度，但回归网络具有更高的精度。

1　引言

　　叠加速度拾取是地震数据处理中人力消耗较大的一步。尽管它只给出了速度的粗略估计，但是它基于横向均匀模型的假设，因此该过程仍可以为后续应用提供近似值或初始模型，如全波形反演（Tarantola，1984）。

　　从速度相似性（速度谱）中选取的速度质量（Taner 和 Koehler，1985）受测井曲线、地质约束和主观人为因素影响，很难用数学表达。随着数据量的增加，对快速自动速度估计算法的需求也在增长。

　　长期以来，人们一直在寻找自动速度拾取的方法。早期的研究学者包括 Beitzel 和 Davis（1974），他们使用图论来模拟决策过程的复杂性。人工神经网络具有发现模型特征和数据之间关系的强大能力。Schmidt 和 Hadsell（1992）训练了两个神经网络，共同完成速度拾取：第一个进行时间拾取，第二个进行速度拾取。Fish 和 Kusuma（1994）使用神经网络在有限的窗口内从人类拾取的相邻的外表中学习特征，这种方法的缺点是，神经网络仅从速度表象中提取局部信息。

　　速度拾取可以被视为模式识别问题，该问题已在计算机视觉中得到发展（Krizhevsky 等，2012）。与早期对原型前馈神经网络的尝试不同，专门的现代神经网络［如卷积神经网络（Convolutional Neural Network，CNN）（LeCun 等，1989）和递归神经网络（Recurrent Neural Network，RNN）（Hochreiter 和 Schmidhuber，1997）］被引入地震数据处理中。卷积神经网络在特征提取方面非常强大，因为它使用了能够考虑图像局部连通性的空间不变滤波器（LeCun 和 Bengio，1995）。Araya-Polo 等（2018）以相似性面板为起点进行速度拾取，Biswas 和 Sen（2018）使用循环神经网络进行正常时差（Normal MoveOut，NMO）速度估计，Ma

等（2018）使用卷积神经网络估计 NMO 速度。两种算法都使用不同的共中心点（Common Midpoint，CMP）道集（窗口）作为输入。Park 和 Sacchi（2020）将对应范围的速度划分为多个区间，并使用卷积神经网络对这些区间内的速度相似段进行分类，以进行速度拾取。Fabien-Ouellet 和 Sarkar（2020）结合卷积神经网络和长短期记忆循环神经网络（Hochreiter 和 Schmidhuber，1997）估计均方根（Root-Mean-Square，RMS）速度和层速度。

除速度拾取之外，人们还提出了许多深度学习算法，用于从地震数据中获取构造信息。Zhang 等（2014）和 Araya-Polo 等（2017）使用深度神经网络直接从叠前地震道中自动预测断层。Wu 等（2019）提出了一种用于三维地震断层分割的端到端的卷积神经网络。Shi 等（2018）使用深度卷积神经网络进行盐体自动分类。Wang 等（2018）、Yang 和 Ma（2019）利用深度学习将叠前地震道直接映射到速度模型。Wang 和 Ma（2020）通过合并通用图像进一步增强了网络的泛化能力。

根据相似性进行速度拾取可以看作一个像素级的图像处理问题，速度拾取的目标是定位和连接相干的速度峰值，生成合理的速度曲线。速度拾取可以通过分类或回归方式解决，但两者都涉及对输入相似性的像素级解释。我们修改了一个 U-Net 网络（Ronneberger 等，2015）来模仿人工速度拾取的方法（图 15.1）。U-Net 网络是全卷积神经网络（Fully Convolutional Neural Network，FCNN）的变体，广泛用于像素分类和分割，包括 2D 图像分割（Iglovikov 和 Shvets，2018）、3D 体积分割（Cicek 等，2016）、生物医学图像分割（Ronneberger 等，2015；Bermúdez-Chacón 等，2018）、细胞计数和检测（Falk 等，2019）和遥感图像分类（Zhang 等，2017）。此外，U-Net 网络可以调整为像素值回归器，并已应用于遥感图像的泛锐化（Yao 等，2018），因此 U-Net 网络的端到端的像素特性非常适合根据相似性进行速度拾取的问题。U-Net 网络通常由一系列卷积单元（卷积、批量归一化和激活函数）和反卷积层（用于上采样）组成。U-Net 网络的卷积层和反卷积层之间的直接连接形成了一个"U"形结构（图 15.1），这有助于 U-Net 网络在更高精度的分割任务中优于经典全卷积神经网络。

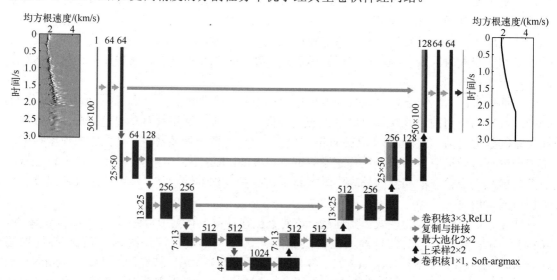

图 15.1　用于速度拾取的改进 U-Net 网络

基于 U-Net 网络结构，设计并比较了两个网络：回归网络和分类网络。这两个网络都将相似性作为输入，并将特征图作为中间输出。分类网络最后一层以 Sigmoid 函数为激活函数，并用二进制交叉熵损失（Binary Cross Entropy，BCE）函数测量训练过程中的误差。速度拾取通过在每个旅行时间选择特征地图上的最大值来实现。回归网络将要素图直接转换为拾取的速度值。我们引入了一个最初用于人体姿势检测（Luvizon 等，2017）的 soft-argmax 函数，它在完全可微的情况下计算每次采样时拾取的速度值，回归网络的损失函数为均方误差（Mean-Square Error，MSE）。分类和回归网络每次读取整个速度样本的相似性，而不分批训练。这两个网络首先使用 1D 平面分层模型进行训练，然后应用迁移学习（Pan 和 Yang，2010；Park 和 Sacchi，2020），通过使用有限数量的目标样本进行额外训练来提高性能，这些样本是人类拾取的速度或根据目标区域的测井曲线计算的速度。

本文的结构如下：首先介绍网络结构；其次展示如何准备训练集；再次使用分层模型和 Hess 2D 模型的合成数据对分类和回归网络进行测试和比较；最后对 Marmousi2 2D 模型和来自波兰的实际数据集进行了测试，通过监测网络归一化后的中间输出来分析每个拾取速度的置信度（详见以下章节）。本文研究示例中未考虑各向异性和黏滞性。

2　方法

分类网络和回归网络使用相同的 U-Net 网络结构。对于速度拾取任务，U-Net 网络的输入是单通道速度模拟。单个 CMP 道集的速度相似性是速度扫描和叠加的结果，它是一个尺寸为 $nt \times nv$ 的二维矩阵，其中 nt 为时间采样数，nv 为均方根速度值的数量。U-Net 的直接输出是一个与输入的相干速度尺寸相同的特征图。U-Net 网络包含一系列卷积滤波器，没有全连接层。第 i 个卷积层 $\boldsymbol{H}_i$ 的输出特征图明确计算如下：

$$\boldsymbol{H}_i = \boldsymbol{W}_i * \boldsymbol{a}_{i-1} + \boldsymbol{b}_i \tag{15-1}$$

式中：$\boldsymbol{W}_i$ 和 $\boldsymbol{b}_i$ 分别为第 i 层训练的卷积滤波器和偏置；符号"＊"为卷积运算符；$\boldsymbol{a}_{i-1}$ 为前一层的激活函数，

$$\boldsymbol{a}_{i-1} = \mathrm{ReLU}[\mathrm{BN}(\boldsymbol{H}_{i-1})] \tag{15-2}$$

ReLU（修正线性单元是）一种常用的非线性激活函数：

$$\mathrm{ReLU}(\boldsymbol{x}) = \max(0, \boldsymbol{x}) \tag{15-3}$$

BN 代表批量归一化（Ioffe 和 Szegedy，2015），它解决了训练期间的梯度爆炸或梯度消失问题。U-Net 网络的最后一层输出一个特征图，其能量收敛到点，点的位置指示估计的速度选择。图 15.1 显示了一种典型的 U-Net 网络结构。根据拾取速度不同的评估方式，分别设计了分类和回归网络。

2.1　分类

在分类网络中，我们寻求将相似性映射到具有相同维度的二进制单元，其中 1 表示已拾取，0 表示未拾取。为此，对最终的特征映射 $\boldsymbol{H} \in \mathbb{R}^{nt \times nv}$ 应用一个 Sigmoid 激活函数：

$$\boldsymbol{\Phi}_1(\boldsymbol{H}) = \frac{\mathrm{e}^{h_{i,j}}}{\mathrm{e}^{h_{i,j}} + 1} \tag{15-4}$$

式中：$\boldsymbol{\Phi}_1 \in \mathbb{R}^{nt \times nv}$；e 为自然对数的底；$h_{i,j}$ 为位置 (i,j) 处特征图 $\boldsymbol{H}$ 的值。为了对 $\boldsymbol{\Phi}_1$ 进行二元分类（选择或不选择），我们选用广泛使用的二元交叉熵损失函数（BCE）（古德费罗等，2016）：

$$\mathrm{BCE} = -\frac{1}{nt \times nv} \sum_{i=1}^{nt} \sum_{j=1}^{nv} [g_{i,j} \log(f_{i,j}^1) + (1 - g_{i,j}) \log(1 - f_{i,j}^1)] \tag{15-5}$$

式中：$\phi_{i,j}^1$ 为 $\boldsymbol{\Phi}_1$ 中的元素；$g_{i,j}$ 为位置 (i, j) 处的二元值，其中 1 表示已拾取，0 表示未拾取。$g_{i,j}$ 需要在训练期间提供作为参考，可从合成模型、人工拾取或测井曲线中获得。

训练后，可通过查找每次最大 $\boldsymbol{\Phi}_1$ 值对应的速度索引来进行速度拾取：

$$y_{\text{cls}} = \arg\max(\boldsymbol{\Phi}_1) \tag{15-6}$$

式中：$y_{\text{cls}} \in \mathbb{R}^{nt \times 1}$ 为包含拾取速度的实向量。分类网络中的问题是式（15-6）无法合并到网络中，因为 argmax 函数是不可微分的，并且输出速度只能是离散值，而不是连续值。

2.2 回归

与分类不同，这里的回归需要拟合一个函数将输入变量映射到连续输出变量。对于回归网络，为了获得拾取位置的速度值并避免在网络中引入不可微分的 argmax 函数，添加 1D soft-argmax 函数（Luvizon 等，2017）可以将特征图直接转换为特定的速度值。

1D soft-argmax 从沿特征图 $\boldsymbol{H}$ 的均方根速度轴应用的 softmax 函数开始：

$$\boldsymbol{\Phi}_2(\boldsymbol{H}) = \frac{e^{h_{i,j}}}{\displaystyle\sum_{l=1}^{nv} e^{h_{i,j}}} \tag{15-7}$$

式中：$\boldsymbol{\Phi}_2 \in \mathbb{R}^{nt \times nv}$，soft-argmax 函数定义为

$$y_{\text{reg}} = \boldsymbol{\Phi}_2(\boldsymbol{H})\boldsymbol{v} \tag{15-8}$$

式中：$\boldsymbol{v} \in \mathbb{R}^{nv \times 1}$ 是一个实向量，对应于具有相似性的速度值。注意，式（15-8）是矩阵 $\boldsymbol{\Phi}_2$ 乘向量 $\boldsymbol{v}$，其值在整个训练过程中保持不变。$y_{\text{reg}} \in \mathbb{R}^{nt \times 1}$ 是输出向量，包含每次采样时拾取的速度值。因此式（15-8）是从 2D 特征图 $\boldsymbol{\Phi}_2$ 到包含速度值的向量（$\boldsymbol{v}$）的直接投影。该算子是网络的一部分，完全可微，并且不包含卷积序列中的任何可训练参数[式（15-1）]。该方法结合了速度轴上所有值的信息，因此预计比分类网络中使用的 argmax 函数更稳定。

由于网络的输出是速度值，而不是 Park 和 Sacchi（2020）使用的预定义速度单元的索引，因此速度拾取问题通过回归网络以回归方式解决。训练回归网络的目标（损失）函数可以通过均方误差直接量化：

$$\text{MSE} = \frac{1}{nt}\sum_{i=1}^{nt} \|y_i - \hat{y}_i\|_2^2 \tag{15-9}$$

请注意，回归网络 $\hat{y}$ 中的参考是 1D 速度向量，而不是用于训练分类网络的 2D 二进制数据。$\hat{y}$ 也可以从训练过程中的合成模型、人工选择和/或井数据中获取。

在以下示例中，时间样本数 $nt = 108$，速度样本数 $nv = 75$，速度范围为 1.0～4.75km/s，间隔为 0.05km/s。在输入网络之前不同 nt 和 nv 维度需要重新采样，以获得一致的维度（$nt \times nv$）。

分类和回归网络中的 $\boldsymbol{\Phi}_1$ 和 $\boldsymbol{\Phi}_2$ 包含（0, 1）范围内归一化的值。二维特征图（$\boldsymbol{\Phi}_1$ 或 $\boldsymbol{\Phi}_2$）中的每个值表示在其对应网格点（高振幅）拾取速度存在的置信度。因此，$\boldsymbol{\Phi}_1$ 和 $\boldsymbol{\Phi}_2$ 可作为每个拾取网络的相对置信度的度量。

3 训练数据集准备

从速度相似性（速度谱）中拾取叠加速度的想法基于 CMP 孔径内速度模型横向均匀性

的假设。我们设计了 10000 个合成模型进行模拟。这些模型只包含水平层，层数从 10 到 20 不等，厚度各异。大多数速度值随着深度的增加而增加，并且它们位于 1.0～4.75km/s。所有模型都用相同的地面采集观测系统来采集 CMP 道集。炮检距从–2～2km，负号表示震源位于检波器右侧。检波器的空间间隔为 10m。因为所有层都是水平的，所以模型表面所有水平位置的 CMP 道集都是相同的，因此每个模型只保存一个 CMP。我们使用空间八阶和时间二阶有限差分格式，用 10Hz 雷克子波作为震源求解声波方程。图 15.2（a）显示了大炮检距折射波切除了的三个代表性 CMP 道集。然后对模拟的 CMP 道集进行速度扫描和叠加以获得速度相似性[图 15.2（b）]。由于每层训练模型的真实速度函数已知，因此我们可以使用 Dix（1955）公式计算它们的解析均方根速度：

$$V(\tau) = \sqrt{\frac{1}{\tau}\sum_{i=1}^{L} v_i^2 \Delta \tau_i} \qquad (15\text{-}10)$$

式中：$V(\tau)$ 为双程旅行时 τ 处的均方根速度；v_i 为第 i 层的层速度；$\Delta \tau_i$ 为第 i 层内的双程旅行时；L 为对应于双程旅行时 τ 的最大层数。

式（15-10）仅适用于横向均质模型，根据式（15-10）计算的均方根速度相当于为训练集中的模型拾取相似性的峰值。然而对于将在以下章节中测试的更复杂的模型，从相似性中选取的速度可能不同于精确的均方根速度，因为相似性峰值的位置会因倾角而移动。为了避免混淆，我们将训练期间用作参考的速度（或迁移学习，见下一节）称为视均方根速度。视均方根速度的准确度取决于数据的可用性。在水平分层模型的训练阶段，由于速度模型已知，因此使用 Dix 公式[式（15-10）]计算视均方根速度。对于实际数据中的迁移学习，视均方根速度可以通过搜索和链接相似性中的振幅峰值获得，地质条件的质量控制也可为迁移学习制作样本。

在本文中，训练样本包含速度相似性分布及其对应的视均方根速度值向量。训练集中的 10000 个样本分为两组：80%的样本构成训练集，剩下 20%的样本用于验证。对训练集和验证集的样本分批处理，每批包含 10 个样本，这意味着网络可以同时计算和拟合 10 个样本。对整个训练集进行一次计算称为一个 epoch。

分类和回归网络的培训是用一台 GFORCE GTX 1080Ti GPU 和 64GB RAM 的计算机在工作站上进行的。我们在 PyTorch 平台上使用 Adam optimizer（Kingma 和 Ba，2014）进行训练。Adam 优化器在机器学习中被广泛应用，在地球物理反问题中，它的性能优于其他优化器（Richardson，2018；Sun 等，2020）。

由于分类和回归网络使用不同的成本函数[分别为式（15-5）和式（15-9）]，不同结果具有不同的含义，因此对这两个网络进行评估，比较它们的验证集损失函数，并将验证集损失函数转换为平均速度误差。

学习率（也称步长）是一个无单位的超参数，在训练期间，它控制着模型的最小成本函数向最小方向改进的速度。不同的网络可能有不同的最优学习率，这通常是通过多次测试来估计的。在分类和回归网络上测试三个学习率，当模型验证集损失函数在连续五个 epoch（提前停止）停止减少时终止训练。表 15-1 的上半部分给出了训练前不同学习率下的最终平均速度误差。这两个网络的最佳学习率都接近 10^{-4}，但回归网络的误差低于分类网络。

表 15-1 在预训练和迁移学习（对于 Hess 模型）的最后阶段，分别使用不同的学习率，
分类和回归网络的平均均方根速度失配度（misfit）

项目	学习率	平均均方根速度失配度/（km/s）	
		分类	回归
预训练	$5×10^{-4}$	0.033	0.021
	10^{-4}	0.032	0.02
	10^{-5}	0.036	0.021
迁移训练（20 个样本）	10^{-4}	0.034	0.016
	10^{-5}	0.062	0.025
迁移训练（20 个样本）	10^{-4}	0.048	0.043
	10^{-5}	0.054	0.049

图 15.2（a）中代表性 CMP 的训练分类和回归网络的预测速度曲线如图 15.2（b）所示，
图中黑色箭头表示由多次波导致的假象图像中的假峰值。在这些分层模型中，两条速度曲线
与参考均方根速度曲线接近吻合。下一节将在更复杂的模型中测试经过训练的网络。

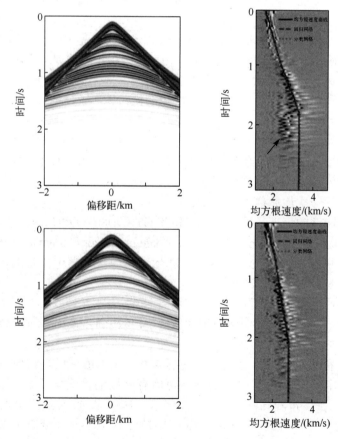

图 15.2 三个有代表性的 CMP 道集（a），以及验证集中相应的速度相似性
（速度谱）（b）

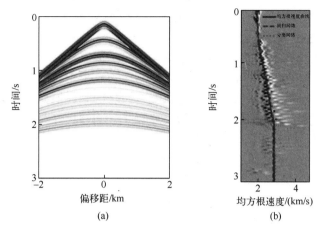

(a)　　　　　　　　(b)

图 15.2　三个有代表性的 CMP 道集（a），以及验证集中相应的速度相似性
（速度谱）（b）（续）

4　测试与迁移学习

4.1　Hess 模型测试

下一个测试使用修改后的 SEG Hess 模型（图 15.3）的一部分合成数据。原始 Hess 模型是具有垂直对称轴的横向各向同性介质，本文只采用 V_p 模型用于各向同性声学建模。使用与训练集中相同的采集观测系统，生成 800 个 CMP 道集，CMP 位置从（4.0, 0.0）km 到（12.0, 0.0）km，炮检距为 –2km 到 2km。然后将这些 CMP 道集转换成 800 个相似性（速度谱）作为测试集。

与训练集中的样本不同，用于测试的真实模型速度是隐藏的，经过训练的网络有望将测试集中的相似性映射为速度曲线。

由于目标模型与训练集中的平面分层模型差异很大，我们采用了迁移学习（Pan 和 Yang，2010），这意味着使用目标模型中的少量样本继续训练，可以对训练后的网络进行微调。为了

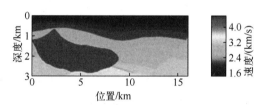

图 15.3　用于测试的部分 Hess 模型

在回归和分类网络之间进行公平比较，从 800 个 CMP 道集的第一个和最后一个 CMP 位置之间均匀选择 20 个速度谱以形成迁移学习集，在其他 CMP 位置共随机选择 100 个视均方根速度进行验证。

Hess 模型和训练集中与水平分层模型最重要的区别是 Hess 模型不是横向均匀的，理论上，Hess 模型 CMP 数据的速度扫描无法给出准确的均方根速度。为了验证该算法，并在该模型和以下模型中的每个中点位置近似视均方根速度，我们假设模型的其余部分在该线两侧横向均匀并沿着穿过相应中点的垂直线应用式（15-10），然后将计算出的考虑了地层倾角的视均方根速度曲线用作迁移学习过程中拾取的速度值。但是，人工获得视均方根速度的近似计算基于相同的横向均匀性假设指导，这在本模型或其他现实模型中并不满足，它们都有相同的误差、不确定性和偏差，除非模型是横向均匀的，否则这两种方法都不准确。

迁移学习的最佳学习率可能与训练前的相同或更小。表 15-1 中较低的两个方框显示了在不同学习率下，分别使用 20 个和 10 个样本进行迁移学习的最终模型验证集损失函数。将学习率设置为 10^{-4} 仍然为分类和回归网络提供了最低的模型验证集损失函数，因

为预训练和迁移学习是在同一目标模型的数据子集上进行的。表 15-1 表明，回归网络比分类网络准确度更高。

图 15.4 为使用不同数量的迁移学习样本，绘制了分类和回归网络的迁移学习模型的验证集损失函数图像，其中，学习率为 10^{-4}。在迁移学习过程中，分别使用 10 个（虚线）和 20 个（实线）样本的分类（红线）和回归（蓝线）网络的验证集损失函数。回归网络和分类网络的起点不同，因为回归网络在训练前误差比较小。回归和分类网络的学习率设置为 10^{-4}，最佳性能见表 15-1。回归网络的损失函数低于使用相同样本数的分类网络的损失函数。增加迁移学习的样本数量有助于两个网络更快地收敛，并使验证集损失函数更低。然后我们将微调的分类和回归网络（使用 20 个样本进行转移学习）应用于从 Hess 模型获得的所有相似的视均方根速度。

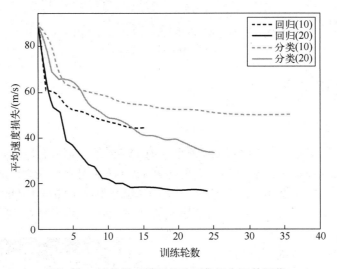

图 15.4   迁移学习模型的验证集损失函数图像

图 15.5（a）和图 15.5（b）分别绘制了三个具有代表性的 CMP 道集及其对应的测试集速度谱。两个网络的视速度和预测均方根速度绘制在图 15.5（b）的表面上。分类网络和回归网络分别对给定表面的速度的分类网络和回归网络进行了合理预测。

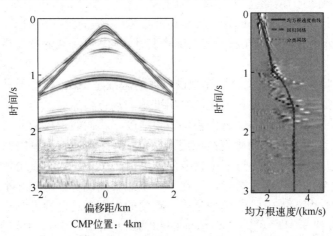

图 15.5   三个有代表性的 CMP 道集（a），以及与叠加的视均方根、
回归网络预测的和分类网络预测的速度曲线对应的速度谱（b）

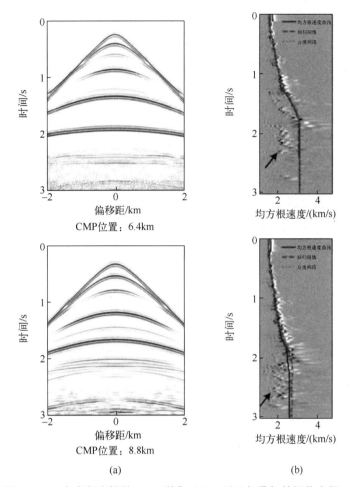

图 15.5　三个有代表性的 CMP 道集（a），以及与叠加的视均方根、
回归网络预测的和分类网络预测的速度曲线对应的速度谱（b）（续）

　　测试拾取的均方根速度是否合理的另一种方法是使用它们进行 NMO 校正。使用视均方根速度、回归网络预测和分类网络预测的均方根速度进行NMO校正的道集分别绘制在图15.6（从左到右分别是用视均方根速度、回归网络预测和分类网络预测的均方根速度校正的道集）的左、中和右列中。直达波和大炮检距折射波被切除。虽然图15.6 中、右列的同相轴不能保证正确的均方根速度，但两个网络都满足建立初始速度模型的任务，预测的视均方根速度可用于后续地震数据处理，如偏移，并作为反演的初始模型。NMO 校正道集经过水平叠加产生叠加图像，分别使用视均方根速度、回归网络预测和分类网络预测的均方根速度作为 NMO 校正的均方根速度绘制在图 15.7（a）～（c）中。使用两种网络预测的叠加图像与视均方根速度的图像相似。图 15.7（b）和图 15.7（c）中的同相轴是一致的，表明 NMO 校正道集效果基本一致。为了定量比较，图 15.7（a）～（c）中图像的平均绝对值（相关性）分别为 2.61、2.61 和 2.52。使用回归网络预测的均方根速度的叠加图像产生的平均绝对值比来自分类网络预测的均方根速度图像的平均绝对值高 3.5%，这表明通过回归网络预测的均方根速度获得的叠加更加一致。

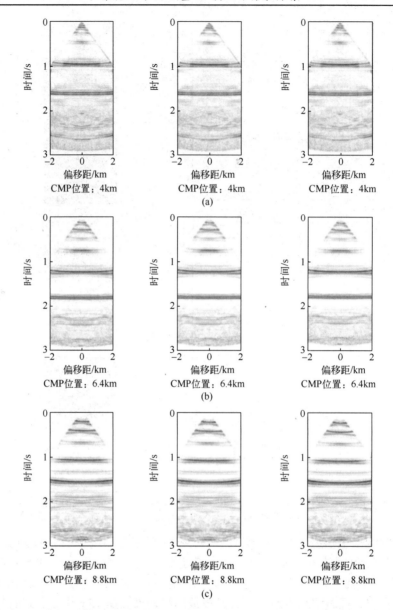

图 15.6　NMO 校正后的 CMP 道集与图 15.5（a）中的子图相对应

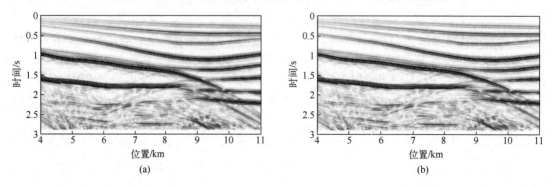

图 15.7　分别对应于视、回归网络预测的和分类网络预测的均方根速度

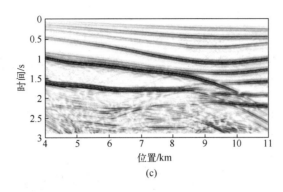

(c)

图 15.7　分别对应于视、回归网络预测的和分类网络预测的均方根速度（续）

　　将所有中点位置的预测速度放在一起形成均方根速度剖面。回归和分类网络的预测结果分别见图 15.8 和图 15.9，图 15.8（a）和图 15.9（a）是视均方根速度剖面，图 15.8（b）和 15.9（b）是网络预测均方根速度剖面，图 15.8（c）和图 15.9（c）显示了各自的残差。图 15.8（c）和 15.9（c）中的平均均方根速度误差分别为 0.016km/s 和 0.034km/s。回归网络预测比分类网络更好地减少了与盐丘的横向截断相关的残差。但是，视均方根速度是基于横向均匀假设［式（15-10）］计算的，因此图 15.8（a）和图 15.8（b）、图 15.9（a）和图 15.9（b）中的所有剖面都包含由 CMP 孔径内的倾斜层引起的误差。

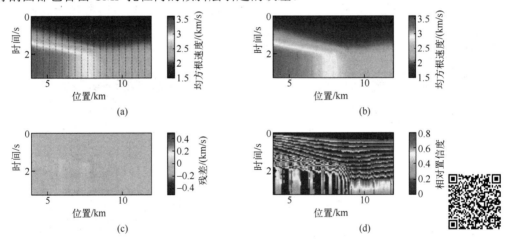

图 15.8　使用式（15-10）计算的视均方根速度模型，垂直虚线是用于迁移学习的样本的 CMP 位置（a）；使用 20 个样本的迁移学习的回归网络预测均方根速度模型（b）；通过从（a）中减去（b）得到的残差（c）；用于（b）中预测的相对置信度图［式（15-7）中的 Φ_2］（d）。（扫码见彩图）

　　图 15.8（d）和图 15.9（d）为特征图［使用式（15-7）进行回归，使用式（15-4）进行分类］，两者都描述了均方根速度剖面上每个拾取速度的相应预测的相对置信度。这两个经过训练的网络在倾斜盐丘边界上的置信度都相对较低，因为倾斜反射层会导致正确的拾取发生移动，而在预训练期间，使用分层样本而不进行迁移学习时，不会对倾斜反射层进行学习。

　　两个特征图（也称置信度图）之间的一个显著差异是回归网络在存在反射的地方具有更高的置信度，而在反射层之间和最深反射层以下的地方具有相对较低的置信度，然而分类网络通常对大多数预测具有同样高的置信度。置信度图的差异是由成本函数造成的，与回归网络中的均方误差［式（15-9）］相比，分类网络中的二进制交叉熵损失成本函数［式（15-5）］

进一步使置信度图中的值更接近 1。回归网络的速度拾取方法更类似于人工速度拾取方法，人们通常在存在反射的地方也更自信。在以下测试中仅应用和分析回归网络。

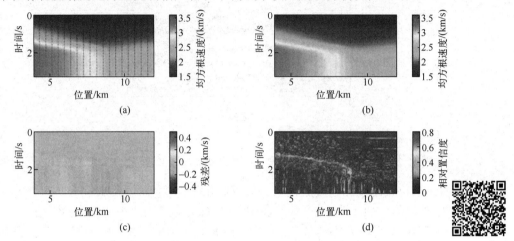

图 15.9　使用式（15-10）计算的视均方根速度模型，虚线是用于迁移学习的样本的 CMP 位置（a）；分类网络预测的均方根速度模型与 20 个样本的迁移学习（b）；通过从（a）中减去（b）得到的残差（c）；用于（b）中预测的相对置信度图［式（15-4）中的 $\boldsymbol{\Phi}_1$］（d）。（扫码见彩图）

为了评估迁移学习的益处，我们首先应用回归网络（仅使用分层模型，即无迁移学习）来预测 Hess 模型的均方根速度。预测的均方根速度剖面、速度残差和相关置信图分别如图 15.10（b）～（d）所示。图 15.10（c）中的平均均方根速度误差为 0.092km/s，预训练技术有助于网络在有限样本的迁移学习过程中收敛。

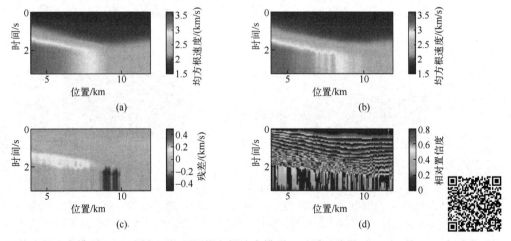

图 15.10　视均方根速度模型（a）；回归网络预测均方根速度模型，无须迁移学习（b）；从（a）中减去（b）得到的残差（c）；在（b）中预测的相关相对置信图（d）（扫码见彩图）

我们还尝试使用迁移学习数据集中的 20 个样本（无预训练）在相同的提前停止标准下训练回归网络。预测的均方根速度剖面、速度残差和相关置信图分别如图 15.11（b）～（d）所示。图 15.11（c）中的平均均方根速度误差为 0.051km/s，通过比较预测的速度曲线和残差，我们发现使用预训练和迁移学习比不使用迁移学习（图 15.10）或不使用预训练（图 15.11）的情况更接近视均方根速度［图 15.8（a）］。

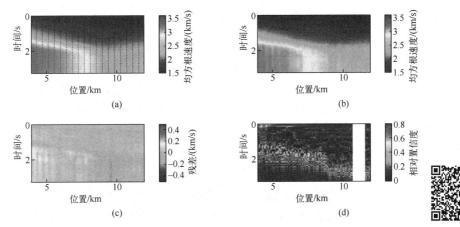

图 15.11　视均方根速度模型，垂直虚线是转移学习样本的 CMP 位置（a）；无预训练的回归网络预测均方根速度模型（b）；从（a）中减去（b）得到的残差（c）；在（b）中预测的相关相对置信图（d）（扫码见彩图）

迁移学习的样本分布对预测的质量至关重要。在上述测试中，迁移学习的 20 个样本在第一个和最后一个 CMP 位置之间均匀选择。另外，两个迁移学习过程分别使用 20 个样本进行。图 15.12 为回归网络预测的均方根速度与通过插值得到的均方根速度模型对比，图中垂直虚线是选取用于插值和网络学习的样本的 CMP 位置。图 15.12（a）为从 CMP 位置 4.0km 和 12.0km 之间随机选择 20 个样本进行迁移学习的网络预测均方根速度；图 15.12（b）为使用与图 15.12（a）中相同位置的样本进行插值得到的均方根速度模型；图 15.12（c）为从 CMP 位置 4.0km 和 8.0km 之间随机选择 20 个样本进行迁移学习的网络预测均方根速度；图 15.12（d）为使用与图 15.12（c）中相同位置的样本进行插值得到的均方根速度模型。在第一种情况下，从所有（800 个）CMP 位置[图 15.12（a）和图 15.12（b）]随机选择样本，在第二种情况下，仅从前 400 个 CMP 位置[图 15.12（c）和图 15.12（d）]随机选择样本，垂直虚线为样品的 CMP 位置。将预测结果与分别使用其相应的 20 个均方根速度曲线插值或外推的均方根速度剖面进行了比较，相对于图 15.8（a）中的均方根速度模型，图 15.12 和图 15.8（a）～（d）中的平均均方根速度误差分别为 0.020km/s、0.012km/s、0.029km/s 和 0.131km/s。图 15.12（b）中的插值均方根速度优于图 15.12（a）中的回归网络预测，因为提供的样本覆盖范围更广，且均方根速度模型是平滑的。然而如果样本覆盖范围有限，回归网络[图 15.12（c）]比插值和外推模型[图 15.12（d）]提供更好的预测。

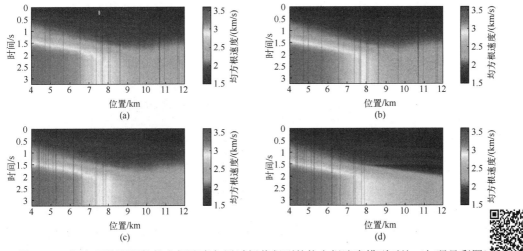

图 15.12　回归网络预测的均方根速度与通过插值得到的均方根速度模型对比（扫码见彩图）

4.2 Marmousi2 模型测试

使用 Marmousi2 模型的合成数据来作为另一个测试示例（Martin 等，2002）（图 15.13）。总共生成 1200 个 CMP 道集，CMP 位于 $(x, z) = (8.0, 0.0) \sim (32.0, 0.0)\text{km}$，炮检距为–6km 到 6km。这些 CMP 道集被转换为用于测试网络的相似性（速度谱）。请注意，最大炮检距与训练集中的炮检距不同，在分层模型样本中为 2km。只要输入相似速度性被重新采样，使其大小与训练样本一致，预训练仍然适用。对于迁移学习，在第一个和最后一个 CMP 位置之间均匀地选择 20 个样本及其相应的视均方根速度曲线进行迁移学习，学习率为 10^{-4}；然后应用更新后的回归网络预测所有样本的均方根速度。

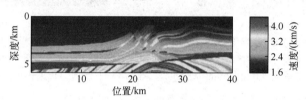

图 15.13　Marmousi2 P 波速度模型

三个具有代表性的 CMP 道集及其相应的速度相似性分别绘制在图 15.14（a）和图 15.14（b）中。

回归网络的视速度（Apparent，AP）和预测均方根速度绘制在图 15.14（b）中，视均方根速度和回归网络预测的均方根速度模型分别如图 15.15（a）和图 15.15（b）所示，残差图和置信图分别如图 15.15（c）和图 15.15（d）所示。通过迁移学习，经过训练的网络给出了合理的预测[比较图 15.15（a）和图 15.15（b）]。图 15.15（c）中的平均均方根速度误差为 0.061km/s，在复杂区域和倾斜构造中残差较高，其中置信度[图 15.15（d）]也较低，但是，两个剖面都包含倾斜层引起的不确定性。使用 Dix 公式将图 15.15（b）中预测的均方根速度剖面转换为近似的层速度剖面（图 15.16），然后使用 1200 个共炮点道集进行叠前逆时偏移（Reverse Time Migration，RTM），震源位置从 $(x, z) = (4.0, 0.0) \sim (16.0, 0.0)\text{km}$，空间间隔为 10m。使用预测层速度和真实层速度进行 RTM 后的图像分别如图 15.17（a）和图 15.17（b）所示。图 15.17（a）显示了结构简单的区域中的相干同相轴，但由于速度不准确，复杂区域的同相轴不如图 15.17（b）中清晰。预测的层速度剖面（图 15.16）可用作后续反射层析成像和 FWI 的初始速度模型（与图 15.13 中的真实模型相比），以提高精度和分辨率，并减少 FWI 和层析成像所需的迭代次数。

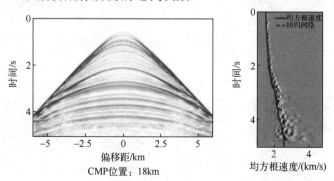

图 15.14　三个有代表性的 CMP 道集（a）；与叠加的视均方根速度和回归网络预测的速度曲线对应的速度谱（b）

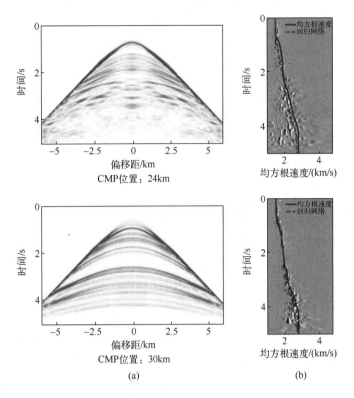

图 15.14 三个有代表性的 CMP 道集（a）；与叠加的视均方根速度和回归网络预测的速度曲线对应的速度谱（b）（续）

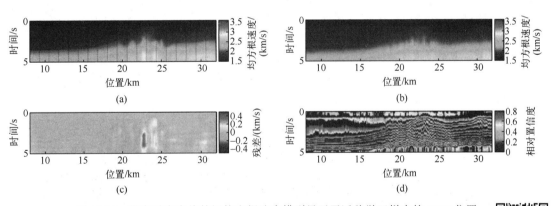

图 15.15 带有垂直虚线的视均方根速度模型显示了迁移学习样本的 CMP 位置（a）；回归网络预测的均方根速度模型（b）；从（a）中减去（b）得到的残差（c）；在（b）中预测的相对置信图（d）（扫码见彩图）

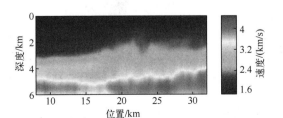

图 15.16 对图 15.15（b）中的近似估计均方根速度模型，利用 Dix 公式转换为深度层速度模型（扫码见彩图）

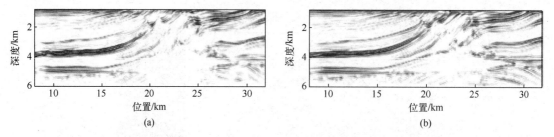

图 15.17　使用回归预测速度模型（a）和真实速度剖面的反射波走时层析成像（b）

4.3　来自波兰的实际数据示例

实际数据测试是在波兰陆地可控震源数据的 2D 线上进行的，时间间隔为 2ms，每条地震道记录 1501 个时间样本，炮间距和道间距分别为 50m 和 25m。对数据进行预处理和 Kirchhoff 时间偏移，偏移结果图 15.18 所示，分析了 690km、693km 和 697km 处的三个水平位置。叠前数据集可分为 1285 个 CMP 道集，并进行速度扫描以产生相似性（速度谱）。为

了避免边缘效应，从第 100 个至第 1185 个 CMP 中随机选择 20 个样本进行迁移学习，学习速度设置为 10^{-4}。图 15.18 中垂线处视均方根速度和回归网络预测的速度曲线如图 15.19 所示，视均方根速度曲线不如回归网络预测的曲线平滑。图 15.19 中标记为 1～13 的拐点对应于图 15.18 中标记为反射层 1～13 的主要速度边界。视均方根速度和回归网络预测的曲线之间的误差很小，这表明网络能有效地拾取速度。视均方根速度和回归网络预测的均方根速度模型分别如图 15.20（a）和图 15.20（b）所示，其残差图和置信度图分别如图 15.20（c）和图 15.20（d）所示，图 15.20 中边缘照明边界用虚线标记。

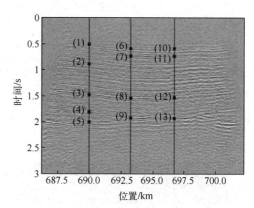

图 15.18　二维陆地可控震源数据的偏移剖面

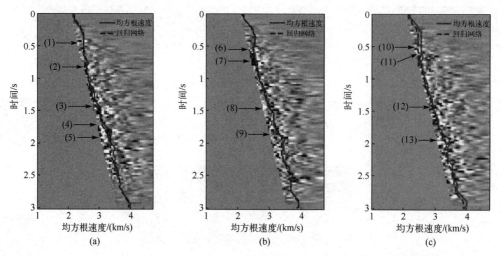

图 15.19　CMP 位置 690km（a）、693km（b）和 697km（c）处的速度谱分别与视均方根速度和回归网络预测的速度曲线叠加

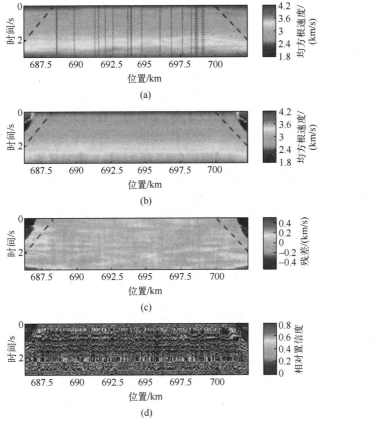

图 15.20　视均方根速度模型和垂直虚线是迁移学习样本的 CMP 位置（a）；预测的均方根速度模型（b）；从（a）中减去（b）得到的残差（c）；在（b）中预测的相关相对置信图（d）（扫码见彩图）

5　讨论

　　本文分析比较了结构基本相同的回归网络和分类网络，差异在于网络的最后一层。回归网络中的 soft-argmax 是完全可微的，并提供了从二维特征图到一维速度曲线的直接映射，因此回归网络中不需要 argmax 函数。

　　迁移学习有助于减小训练数据集和目标数据集样本之间的差异，因此可以利用大量合成数据进行预训练，并使用有限的数据进行迁移学习，Hess 模型测试小节说明了该方法的优点。在将网络应用于任何新的目标模型之前，需要重新进行迁移学习，因为来自不同模型的数据将包含不同的特征。在这项工作中，为了提高效率，迁移学习的视均方根速度输入基于横向均匀性假设。在野外数据处理中，迁移学习的视均方根速度可能受主观因素的影响。

　　叠加速度分析的思想建立在每个 CMP 孔径内横向均匀性的假设之上。视速度可以被认为是平坦的层状速度模型，其精度受横向速度变化或局部倾斜构造的影响。因此，该叠加或相似性处理得到的视均方根速度叠加（均方根）速度，仅对平坦层完全正确。视均方根速度和回归网络预测的均方根速度模型之间差异的一个原因是它们在每个 CMP 位置垂直线上计算的视速度没有考虑 CMP 孔径内的横向变化，因此部分剩余误差是由近似参数化引起的，而不仅仅是由网络产生的不确定性引起的。

　　经过训练的网络可以将相似的的一次反射波与多次反射波分离。在训练集中的一些速度谱中（图 15.2 和图 15.5），多次波出现会产生假峰值。这些多次波在时间上大于相应的一次反射波，在训练过程中，不会选择多次波，因为一次反射波是作为参考提供的。该网络获得了区分对应于多次波和一次反射波的假象峰值的策略。经过训练后，该网络学会忽略测试阶段的多次波造成的视峰值。这表明网络学习的东西比选择峰值要多，它还通过训练继承了一些启发式知识，需要进一步研究，以充分理解网络中隐含的推理。

使用该网络的一个限制是训练和测试时速度相似性的维度（$nt×nv$）应保持一致。更改维度需要对修改后的数据集进行再训练。相似性的预处理也很重要，在生成相似性之前，AGC应用于所有 CMP 道集。在输入网络进行训练和测试之前，速度相似性也会被归一化。

本文只测试了各向同性声学模型，扩展到各向异性的模型需要对 NMO 校正进行修改（Alkhalifah 和 Tsvankin，1995）。若需要构造具有各向异性模型的新训练集，就必须对网络进行重新训练且必须包含各向异性速度。迁移学习对于特定模式或地区的应用也是必要的。还可以使用 CMP 道集（无速度扫描或叠加）直接作为网络输入（Fabien-Ouellet 和 Sarkar，2020），并训练网络产生视均方根速度。请注意，式（15-1）的形式类似于倾斜叠加，它也将 CMP 道集转换为等效的 (τ, p) 域，其中 τ 是时间截距，p 是慢度（速度的倒数），因此它在功能上等同于相似性。

这些网络旨在通过减少人力来加快拾取速度。来自有经验的人的输入对于质量控制和为迁移学习提供输入维度的指导仍然是必要的。人们的参与和主观因素，也有助于通过加入从有关地质背景、测井记录等的先验信息中获得的约束来解决拾取模糊性，以保持地质一致性。一个拾取较好的均方根速度剖面可转换为层速度剖面，并可作为后续更复杂反演算法（如 2D或 3D 层析成像和 FWI）的初始模型，以获得质量更好、更完整和收敛速度更快的速度模型，网络的使用提高了速度估计的成本效益。

6 结论

我们分析和比较了两种类型（回归和分类）的神经网络，从速度相似性（速度谱）预测均方根速度。利用叠加速度分析的水平层假设，首先使用大量水平层模型对网络进行训练。利用目标模型中的少量相似性样本实现了迁移学习，提高了预测精度，准确度随着迁移学习中使用的样本数量的增加而增加。对合成数据的测试表明这两个网络都能对均方根速度做出合理的预测。回归网络配备了一个用于精确定位速度值且完全可微的 soft-argmax 函数，因此它比分类网络收敛更快，提供更好的预测，生成了相对置信度图和预测结果。将训练好的迁移学习的回归网络应用于一个实际数据集，得到了令人满意的结果。与手动拾取相比，这是自动的，因此效率更高。

参考文献

[1] Alkhalifah T，Tsvankin I. Velocity analysis for transversely isotropic media[J]. Geophysics，1995，60（5）：1550-1566.

[2] Araya-Polo M，Dahlke T，Frogner C，et al. Automated fault detection without seismic processing[J]. The Leading Edge，2017，36（3）：208-214.

[3] Araya-Polo M，Jennings J，Adler A，et al. Deep-learning tomography[J]. The Leading Edge，2018，37（1）：58-66.

[4] Beitzel J E，Davis J M. A computer oriented velocity analysis interpretation technique[J]. Geophysics，1974，39（5）：619-632.

[5] Bermúdez-Chacón R，Márquez-Neila P，Salzmann M，et al. A domain-adaptive two-stream U-Net for electron microscopy image segmentation[C]. Proceedings of the IEEE 15th International Symposium on Biomedical Imaging，2018：400-404.

[6] Biswas R，Sen M K. Stacking velocity estimation using recurrent neural network[M]. 88th Annual International Meeting，2018：2241-2245.

[7] Çiçek O，Abdulkadir A，Lienkamp S S，et al. 3D U-Net: Learning dense volumetric segmentation from sparse annotation[DB/OL]. arXiv：2016，1606.06650.

[8] Dix C H. Seismic velocities from surface measurements[J]. Geophysics，1955，20（1）：68-86.

[9] Fabien-Ouellet G，Sarkar R. Seismic velocity estimation: A deep recurrent neural-network approach[J]. Geophysics，2020，85（1）：U21-U29.

[10] Falk T，Mai D，Bensch R，et al. U-Net: Deep learning for cell counting，detection，and morphometry[J]. Nature Methods，2019，16（1）：1548-7105.

[11] Fish B C，Kusuma T. A neural network approach to automate velocity picking[C]. 64th Annual International Meeting，1994：185-188.

[12] Goodfellow I，Bengio Y，Courville A，et al. Deep learning[M]. The MIT Press，2016.

[13] Hochreiter S，Schmidhuber J. Long short-term memory[J]. Neural Computation，1997，9（8）：1735-1780.

[14] Iglovikov V，Shvets A. TernausNet: U-Net with VGG11 encoder pretrained on ImageNet for image segmentation[DB/OL]. arXiv：2018，1801.05746.

[15] Ioffe S，Szegedy C. Batch normalization: Accelerating deep network training by reducing internal covariate shift[DB/OL]. arXiv：2015，1502.03167v3.

[16] Kingma D，Ba J. Adam: A method for stochastic optimization[DB/OL]. arXiv：2014，1412.6980.

[17] Krizhevsky A，Sutskever I，Hinton G E. Imagenet classification with deep convolutional neural networks[J]. Advances in Neural Information Processing Systems，2012，25（2）：1097-1105.

[18] LeCun Y，Bengio Y. Convolutional networks for images，speech，and time series[M]. The handbook of brain theory and neural networks. Cambridge：The MIT Press，1995.

[19] LeCun Y，Boser B，Denker J S，et al. Backpropagation applied to handwritten zip code recognition[J]. Neural Computation，1989，1（4）：541-551.

[20] Luvizon D C，Tabia H，Picard D. Human pose regression by combining indirect part detection and contextual information[DB/OL]. arXiv：2017，1710.02322.

[21] Ma Y，Ji X，Fei T W，et al. Automatic velocity picking with convolutional neural networks[C]. 88th Annual International Meeting，2018：2066-2070.

[22] Martin G S，Marfurt K J，Larsen S. Marmousi-2: An updated model for the investigation of AVO in structurally complex areas[C]. 72nd Annual International Meeting，2002：1979-1982.

[23] Pan S J，Yang Q. A survey on transfer learning[J]. IEEE Transactions on Knowledge and Data Engineering，2009，22（10）：1345-1359.

[24] Park M J，Sacchi M D. Automatic velocity analysis using convolutional neural network and transfer learning[J]. Geophysics，2020，85（1）：V33-V43.

[25] Richardson A. Seismic full-waveform inversion using deep learning tools and techniques[DB/OL]. arXiv：2018，1801.07232.

[26] Ronneberger O，Fischer P，Brox T. U-Net: Convolutional networks for biomedical image segmentation[DB/OL]. arXiv：2015，1505.04597.

[27] Schmidt J，Hadsell F A. Neural network stacking velocity picking[C]. 62nd Annual International Meeting，1992：18-21.

[28] Shi Y，Wu X，Fomel S. Automatic salt-body classification using a deep convolutional neural network[C]. 88th Annual International Meeting，2018：1971-1975.

[29] Sun J，Niu Z，Innanen K A，et al. A theory guided deep-learning formulation and optimization of seismic waveform inversion[J]. Geophysics，2020，85（2）：R87-R99.

[30] Taner M T，Koehler F. Velocity spectra digital computer derivation and applications of velocity functions[J]. Geophysics，1985，50（11）：1928-1950.

[31] Tarantola A. Inversion of seismic reflection data in the acoustic approximation[J]. Geophysics，1984，49（8）：1259-1266.

[32] Wang W，Ma J. Velocity model building in a crosswell acquisition geometry with image-trained artificial neural networks[J]. Geophysics，2020，85（2）：U31-U46.

[33] Wang W，Yang F，Ma J. Velocity model building with a modified fully convolutional network[C]. 88th Annual International Meeting，2018：2086-2089.

[34] Wu X，Liang L，Shi Y，et al. FaultSeg3D：Using synthetic data sets to train an end-to-end convolutional neural network for 3D seismic fault segmentation[J]. Geophysics，2019，84（3）：IM35-IM45.

[35] Yang F，Ma J. Deep-learning inversion：A next generation seismic velocity-model building method[J]. Geophysics，2019，84（4）：R583-R599.

[36] Yao W，Zeng Z，Lian C，et al. Pixel-wise regression using U-Net and its application on pansharpening[J]. Neurocomputing，2018：364-371.

[37] Zhang C，Frogner C，Araya-Polo M，et al. Machine-learning based automated fault detection in seismic traces[C]. 76th Annual International Conference and Exhibition，2014：807-811.

[38] Zhang Z，Liu Q，Wang Y. Road extraction by deep residual U-Net[DB/OL]. CoRR，2017，1711.10684.

（本文来源及引用方式：Wang W，McMechan G A，Ma J，et al. Automatic velocity picking from semblances with a new deep-learning regression strategy：Comparison with a classification approach [J]. Geophysics，2021，86（2）：U1-U13.）

论文 16　深度学习反演：新一代地震速度建模方法

摘要

　　地震速度是地震勘探中最重要的参数之一。精确的速度模型是逆时偏移和其他高分辨率地震成像技术的关键前提。这种速度信息传统上是通过层析成像（Tomography）或全波形反演（Full-Waveform Inversion，FWI）获得的，这些方法耗时长且计算成本高，而且严重依赖人工交互和质量控制。我们研究了一种基于监督深度全卷积神经网络的新方法，用于直接从原始地震记录上建立速度模型。与传统的基于物理模型的反演方法不同，有监督的深度学习方法基于大数据训练，而不是先验知识假设。在训练阶段，网络建立从多炮地震数据到相应速度模型的非线性关系。在预测阶段，训练后的网络可以根据新输入的地震数据估计速度模型。深度学习方法的一个关键特点是，可以自动提取多层有用的特征，而不需要人为的特征选择和初始速度设置。数据驱动的方法在训练阶段通常需要很多的时间，而在实际的预测过程中只需要少量的时间，通常几秒便可完成预测。因此，建立良好的广义反演网络可以极大缩短地球物理反演（包括实时反演）的计算时间。通过在合成模型上的数值实验，我们提出的方法与传统的 FWI 相比，即使在更真实的场景下输入数据也有很好的性能。我们也评估了深度学习方法、训练数据集、低频的缺乏及本文方法的优点和缺点。

1　引言

　　速度建模是当前地震勘探的一个重要环节，贯穿地震数据采集、处理和解释的全过程。从地面地震波场进行准确的地下地质成像重建需要精确了解记录位置和深度图像位置之间的局部传播速度。良好的速度模型是逆时偏移（Baysal 等，1983）和其他地震成像技术（Biondi，2006）的先决条件。估算的速度模型也可以用作初始模型，通过优化算法递归地生成高分辨率的速度模型（Tarantola，2005）。许多成熟的技术，如偏移速度分析（Al-Yahya 和 Kamal，1989）、层析成像（Chiao 和 kual，2001）和全波形反演（Tarantola，1984；Mora，1987；Virieux 和 Operto，2009）的目标都是建立更精确的速度模型。

　　传统的层析成像方法（Woodward 等，2008），包括反射层析成像、调谐射线层析成像（Tuning-Ray Tomography）和潜水波层析成像（Diving Wave Tomography）（Stefani，1995），被广泛用于地震反射数据的偏移和建立三维地下速度模型。在大多数情况下，这些方法都很有效。地震反演是通过一个简单的地下先验模型的波形反演和一个反向传播循环来推断地下地质结构的（Tarantola，1984）。通常情况下，FWI 是一种数据拟合程序，用于从地震数据中包含的全部信息重建地下高分辨率速度模型，以及控制波传播的其他参数（Virieux 和 Operto，2009；Operto 等，2013）。在 FWI 中，震源激发地震产生地震波，在地面放置检波器记录测量结果。将测量结果与控制物理方程相结合，提出了反问题求解模型参数，采用数值优化技术求解速度模型。当给定精确的初始模型时，FWI 对于通过迭代更新获得速度结构是非常有效的。人们最近已经做出了很大努力来克服 FWI 的局限性。尽管这些传统方法在许多应用中取得了巨大的成功，但由于缺乏低频成分、计算效率低、主观人为因素和其他问题，它们在某些情况下可能受到限制。此外，在整个工作流中使用迭代细化计算成本是非常高的。因此，需要一种高效、准确的速度估计方法来解决这些问题。

机器学习（Machine Learing，ML）是人工智能的一个领域，利用统计技术赋予计算机系统从大数据中"学习"的能力。ML 在许多领域都显示出其优势，包括图像识别（Image Recognition）、推荐系统（Recommendation Systems）（Bobadilla 等，2013）、垃圾邮件过滤器（Spam Filters）（Androutsopoulos 等，2000）、欺诈警报（Fraud Alerts）（Ravisankar 等，2011）等。此外，ML 在地球物理学中的应用有着悠久的历史。非线性智能反演技术自 20 世纪 80 年代中期已经开始应用。Röth 和 Tarantola（1994）首先提出了神经网络的应用，将时域地震数据反演为声速的深度剖面。他们使用成对的合成炮集（从单炮获得的一组地震记录）和相应的一维速度模型来训练多层前馈神经网络，目标是从新记录的数据中预测速度。结果表明，经过训练的网络可以对反问题生成高分辨率近似值，在存在白噪声的情况下可以反演地球物理参数。Nath 等（1999）使用神经网络进行井间走时层析成像。利用合成数据对网络进行训练后，网络可以利用新的井间数据对速度进行估计。近年来，大多数基于 ML 的方法主要集中在地震属性的模式识别（Zeng，2004；Zhao 等，2015）和测井相分类（Hall，2016）。Guillen 等（2015）提出了一种基于地震属性的监督学习方法检测盐丘的新工作流程。一个 ML 算法（极端随机树集成）被用来训练学习自动识别盐丘区域。他们得出结论，当选定的训练数据集有足够的能力描述复杂的决策边界时，ML 算法有很强的对盐丘分类能力。Jia 和 Ma（2017）使用 ML 和支持向量回归（Cortes 和 Vapnik，1995）对地震数据进行插值。与传统方法不同，基于 ML 的插值问题没有任何假设。在上述工作的基础上，Jia 等（2018）提出了一种基于蒙特卡罗方法（Yu 等，2016）的训练集方法，他们选择具有代表性的地震数据块来训练有效重建。

深度学习（Deep Learning，DL）（LeCun 等，2015；Goodfellow 等，2016）是 ML 的一个新分支，因为其在图像和语音处理中表现出了出色的识别和分类能力（Greenspan 等，2016），引起了人们的兴趣。最近，Zhang 等（2014）提出使用核正则化最小二乘方法（Evgeniou 等，2000）从地震记录中识别断层。基于速度模型生成地震记录，并将地震记录和速度模型定义为训练集中的输入和标签。数值实验表明，该方法取得了有意义的结果。Wang 等（2018a）利用全卷积神经网络（FCN）开发了一种从原始多炮记录中检测盐丘的技术。测试结果表明，与传统的偏移解释方法相比，该方法检测盐丘的速度更快、效率更高。Lewis 和 Vigh（2017）研究了 DL 和 FWI 相结合的方法，以提高盐丘反演的性能。在该研究中，通过从地震图像中学习与地球物理模型建立相关的特征，该网络被训练为 FWI 生成有用的先验模型。他们通过在偏移图像中生成盐丘的概率图并将其纳入 FWI 目标函数来测试这种方法。实验结果表明，该方法在利用 FWI 实现盐丘自动重建方面具有很好的应用前景。Araya-Polo 等（2017）使用基于深度神经网络（Deep Neural Network，DNN）的统计模型，直接从合成 2D 地震数据自动预测断层。受到这一概念的启发，Araya-Polo 等（2018）提出了 VMB（Velocity Model Building）的方法。这种 DL 层析成像的一个关键要素是使用了一种基于相似性的特征来简化速度信息。提取的特征在训练前得到，作为 DNN 的输入来训练网络。Mosser 等（2018）使用带有循环约束的生成对抗网络（Goodfellow 等，2014）进行地震反演，将该问题表述为域转换问题。通过这种学习方法，可以近似地得到叠后地震道与纵波速度模型之间的映射关系。在训练网络之前，基于速度模型将地震道从时间域转换为深度域。因此，训练的输入和输出在同一个域中。大多数研究集中在识别偏移图像的特征和属性，很少有研究讨论 VMB 或速度反演。

多层神经网络是一种计算学习体系结构，通过一系列线性算子和简单的非线性传递输入数据。在这个系统中，LeCun 等（2010）提出了一种深度卷积神经网络（Convolutional Neural

Network，CNN），它是通过线性卷积和非线性激活函数来实现的。使用 FCN 的想法源于万能逼近定理（Universal Approximation Theorem）（Hornik，1991；Csaji，2001），该定理指出一个包含有限数量神经元的单个隐层的前馈网络，在对激活函数的温和假设下，可以逼近紧集上的任何连续函数。此外，FCN 假设以一种数据驱动的方式，通过卷积核学习具有代表性的特征，从而自动提取特征。与 DNN 相比，FCN 的结构使用更少的参数来解释多层感知，同时仍能提供良好的结果（Burger 等，2012）。

在本文中，我们提出使用 FCN 来重建地下参数，不是通过用网格表示的地下参数进行局部基础反演，而是直接由原始地震数据重建纵波速度模型。该方法是传统 FWI 的一种替代方法，包括两个过程。在训练过程中，将多炮道集一起送到网络中，网络有效地逼近了数据与相应速度模型之间的非线性关系。在预测过程中，只需使用新的地震数据即可保存训练好的网络，获得未知的地下地质构造。与传统方法相比，在整个过程中涉及的人工干预较少并且没有设置初始速度。虽然训练过程耗时很长，但一旦网络训练完成，网络预测阶段的时间成本就可以忽略不计。另外，我们提出的方法提供了一种在更现实的情况下，如存在噪声和缺乏低频，进行速度反演的方法。通过数值实验验证了该方法的适用性和可行性。

本文的结构如下。在"方法"部分中，我们简要介绍了基本的反演问题、FCN 的概念、数学框架和网络的特殊结构。在"结果"部分中，我们首先展示了数据集生成方法。另外，讨论了两种类型的速度模型：由作者生成的模拟数据集和国际勘探地球物理学家学会（Society of Exploration Geophysicists，SEG）的开放实验数据集。此外，我们将所提出的方法与常规方法（FWI）的测试性能进行了比较。在"讨论"部分中，我们提出了几个与本文方法用于地球物理有关的开放问题。在"结论"部分，进行了总结，对未来工作进行了概述。表 16-1 列出了本文中使用的所有缩略语及其定义。

表 16-1　本文中使用的所有缩略语及其定义

缩略语	相关解释	缩略语	相关解释
FCN	全卷积神经网络	DNN	深度神经网络
DL	深度学习	CNN	卷积神经网络
FWI	全波形反演	SEG	国际勘探地球物理学家学会
VMB	速度模型的建立	SGD	随机梯度下降
ML	机器学习		

2　基于 FCN 的反演方法

2.1　基本的反演问题

常密度二维声波方程表示为

$$\frac{1}{v^2(x,z)}\frac{\partial^2 u(x,z,t)}{\partial t^2}=\nabla^2 u(x,z,t)+s(x,z,t) \qquad (16\text{-}1)$$

式中：(x,z) 为空间位置；t 为时间；$v(x,z)$ 为对应位置的纵波速度；$u(x,z,t)$ 为波的振幅；$\nabla^2(\cdot)$ 为 Laplace 算子，$\nabla^2(\cdot)=[\partial^2(\cdot)/\partial x^2]+[\partial^2(\cdot)/\partial z^2]$；$s(x,z,t)$ 是震源信号。

式（16-1）通常由下式表示：

$$\boldsymbol{u}=H(\boldsymbol{v}) \qquad (16\text{-}2)$$

式中：算子 $H(\cdot)$ 为 v 到 u 的映射，它通常为非线性的。

经典的反演方法旨在最小化下述目标函数：

$$\overline{v} = \arg\min_v f(v) = \arg\min_v \frac{1}{2}\|H(v) - d\|_2^2 \tag{16-3}$$

式中： d 为实际地震数据； $\|\cdot\|_2$ 为 L_2 范数； $f(\cdot)$ 为数据保真度残差。

在许多应用中，求解上述方程的引擎是开发一个快速且相当精确的逆算子 H^{-1}，一种伴随状态方法（Plessix，2006）被用来计算梯度 $g(v) = \nabla f(v)$，并采用迭代优化算法对目标函数进行最小化。由于算子 H 的非线性特性和测量方法的不完善，难以获得精确的地下模型。因此，上述方程的最小化一般是一个不适定问题，其解是非唯一且不稳定的。如果 d 包含全波形信息，则上式为 FWI。

2.2　FCN 综述

许多算法都是用 CNN 构建的，并在具有挑战性的反问题中提供了最先进的性能，如图像重建（Schlemper 等，2017）、超分辨率（Dong 等，2016）、X 射线-计算机层析成像（Jin 等，2017）和压缩感知（Adler 等，2017）。它们也作为视觉的神经生理学模型被研究（Anselmi 等，2016）。

FCN 由 Long 等（2015）提出。在图像和语义分割的背景下，将 CNN 的全连接层变为卷积层，以实现端到端学习。图 16.1 显示了一个简单 FCN 的示意图，采用迁移后的数据作为输入，逐像素输出包括盐丘和非盐丘的两部分。在这个例子中，输入偏移的地震数据，然后是一个卷积层。在中间插入一个池化层，应用最大池化将特征图的大小变为一半。之后，应用转置卷积操作将输出的大小扩大到与输入的大小相同。最终，我们使用 soft-max 函数来获得期望的标签，这是一个标签，表示迁移数据中哪些像素属于盐丘结构。这种 FCN 方法可以描述为

$$y = \text{Net}(x;\Theta) = S(K_2 * (M(R(K_1 * x + b_1))) + b_2) \tag{16-4}$$

式中：Net$(\cdot)$ 为基于 FCN 的网络，也表示网络的非线性映射； x, y 分别为网络的输入和输出； $\Theta = \{K_1, K_2, b_1, b_2\}$ 为需要学习的参数集，包括卷积权值（ K_1 和 K_2 ）和偏差（ b_1 和 b_2 ）； $R(\cdot)$ 引入了非线性激活函数，如整流线性单元（Dahl 等，2013）、sigmoid 或指数线性单元（Clevert 等，2015）； $M(\cdot)$ 为子采样函数（如最大池化、平均池化）； $*$ 为卷积运算； $S(\cdot)$ 为 soft-max 函数。

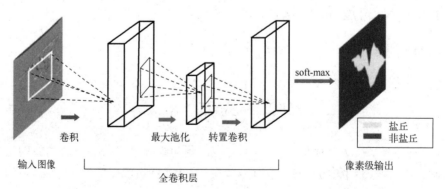

图 16.1　具有卷积层、池化层和转置卷积层的简单 FCN 的示意

2.3　数学框架

为了直接使用地震数据作为输入估算速度模型，网络需要将地震数据从数据域 (x, t) 映射到模型域 (x, z)，如图 16.2 所示。该方法的基本概念是建立输入与输出之间的映射关系，可以表示为

$$\tilde{v} = \text{Net}(\boldsymbol{d}; \boldsymbol{\Theta}) \tag{16-5}$$

式中：$\boldsymbol{d}$ 为原始未偏移处理的地震资料；$\tilde{\boldsymbol{v}}$ 为网络预测的纵波速度模型。本文方法包含训练阶段和预测阶段，如图 16.3 所示。在训练阶段之前，会生成许多速度模型并作为输出。监督网络需要成对的数据集。因此，声波方程作为正演模型来生成合成地震数据，这些数据作为输入。在初始计算之后，将输入-输出对 $\{\boldsymbol{d}_n, \boldsymbol{v}_n\}_{n=1}^N$ 输入网络中学习映射。

图 16.2　地震数据映射

在训练阶段，网络学习将输入地震数据的非线性函数拟合到相应的真实速度模型。因此，网络通过解决优化问题来学习：

$$\hat{\boldsymbol{\Theta}} = \arg\min_{\boldsymbol{\Theta}} \frac{1}{mN} \sum_{n=1}^N L(\boldsymbol{v}_n, \text{Net}(\boldsymbol{d}_n; \boldsymbol{\Theta})) \tag{16-6}$$

式中：m 为一个速度模型中的像素总数；$L(\cdot)$ 为对真实值 $\boldsymbol{v}_n$ 和预测值 $\tilde{\boldsymbol{v}}_n$ 之间误差的度量。在我们的数值实验中，L_2 范数用于测量差异。

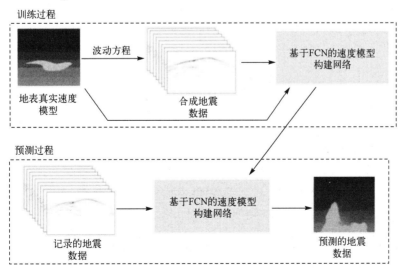

图 16.3　基于 FCN 反演的两个阶段

为了更新学习到的参数 $\boldsymbol{\Theta}$，可以使用反向传播和随机梯度下降（Stochastic Gradient

Descent，SGD）算法来解决优化问题（Shamir 和 Zhang，2013）。训练数据集的数量很大，基于我们的 GPU 内存，梯度 $\nabla_{\Theta}L(d;\Theta)$ 的数值计算是不可行的。因此，为了逼近梯度，我们在每次迭代中使用小批量大小 h 来计算 L_h，即预测值与整个训练数据集的一个小子集对应的真实值之间的误差。这生成了以下优化问题：

$$\hat{\Theta} = \arg\min_{\Theta} \frac{1}{mh} L_h = \arg\min_{\Theta} \frac{1}{mh} \sum_{n=1}^{h} \left\| v_n - \text{Net}(d_n;\Theta) \right\|_2^2 \tag{16-7}$$

在这里，地面真实速度模型 v_n 是在训练过程中给出的，但在测试中是未知的。当整个训练数据集通过神经网络向前和向后传递一次时，定义了一个 epoch。训练数据集首先以随机顺序排列，然后以小批量顺序选择，以确保一次通过。值得注意的是，损失函数与 FWI [式（16-33）] 不同，FWI 中的损失测量的是记录的地震数据与预测的地震数据之间的误差平方和。在我们的案例中，使用了 Adam 算法（Kingma 和 Ba，2014），即传统 SGD 算法的变形。参数迭代更新为

$$\Theta_{t+1} = \Theta_t - \delta g\left(\frac{1}{mh} \nabla_{\Theta} L_h(d_n;\Theta;v_n) \right) \tag{16-8}$$

式中：δ 为正步长；$g([1/mh]\nabla_{\Theta}L_h(d_n;\Theta;v_n))$ 为一个函数。该算法易于实现，计算效率高，非常适合处理数据或参数方面的大型问题。

一旦网络训练过程完成，网络权值参数便确定了。在预测阶段，通过可用的学习网络获得其他未知的速度模型。在我们的工作中，用于预测的输入地震数据也是合成地震道。然而，在实际情况中，输入是野外数据。

该方法可通过如下算法进行计算。

1）输入

$\{d_n\}_{n-1}^{N}$：地震数据，$\{v_n\}_{n-1}^{N}$：速度模型，T：周期，lr：网络学习率，h：批次大小，num：训练集大小。

2）给定符号

$*$：零填充通道的 2D 卷积；$*_{\uparrow}$：2D 反卷积；$R(\cdot)$：修正线性单元；$B(\cdot)$：批量归一化；$M(\cdot)$：最大池化；$C(\cdot)$：复制拼接；$\Theta = \{K, b\}$：学习的参数；L：损失函数；Adam：SGD 算法。

3）初始化

$t = 1$，loss = 0，$y_0 = d$。

4）训练过程

① 产生有相似地质结构的不同的速度模型；

② 利用有限差分格式合成地震数据；

③ 将所有的数据对输入网络，并且用 Adam 优化器去更新参数。

```
for t = 1:1:T and (data, models) in training set do
    for j = 1:1:num/h do
        for i = 1:1:l − 1 do
            y_i ← R(B(K_(2i−1) * y_(i−1) + b_(2i−1)))
            m_i ← R(B(K_(2i) * y_i + b_(2i)))
            y_i ← M(m_i)
        end for
```

$$y_i \leftarrow R(B(K_{(2i-1)} * y_{i-1} + b_{(2i-1)}))$$

$$y_i \leftarrow R(B(K_{2i} * y_i + b_{2i}))$$

for $i = l - 1 : -1 : 1$ **do**

$\quad y_i \leftarrow K_{(2i+3(l-i)-2)} *_{\uparrow} y_{i+1} + b_{(2i+3(l-i)-2)}$

$\quad m_i \leftarrow R(B(K_{((2i+3(l-i)-1))} * C(y_i, m_i) + b_{(2i+3(l-i)-1)}))$

$\quad y_i \leftarrow R(B(K_{(2i+3(l-i))} * m_i + b_{(2L+3(l-i))}))$

end for

$\tilde{v} \leftarrow K_{(5l-2)} * y_1 + b_{(5l-2)})$

$\text{loss} = L_h(\tilde{v}, v)$

end for

$\quad \Theta_{t_{j+1}} \leftarrow \text{Adam}(\Theta_{t_j}; \text{lr}; \text{loss})$

end for

　　5）预测过程

　　① 用同样的方式将不同的速度模型合成地震记录，产生训练的地震数据；

　　② 将新的地震数据输入训练好的网络中用于训练。

　　6）输出

　　预测的速度模型 v^*。

2.4　网络架构

　　为了从原始地震数据中实现自动地震 VMB，我们采用并修改了 UNet（Ronneberger 等，2015）体系结构，这是一个建立在 FCN 概念上的特定网络。图 16.4 显示了网络的详细架构，每个蓝色和绿色的立方体对应一个多通道特征图，通道的数量显示在立方体的底部。x-z 尺寸位于立方体的左下边缘（如在较低分辨率下为 25×19）。箭头表示不同的操作，每个框中定义了相应参数集的大小。解释框架中出现的缩写 conv、max-pooling、BN、Relu、deconv、skip connection + concating 的定义见表 16-2。它由一个用于捕捉地质特征的收缩路径（左）和一个用于精确定位的对称扩展路径（右）组成。这种对称形式是一种编码器-解码器结构，使用基于最大池化和转置卷积的收缩-展开结构。当给定一个固定大小的卷积核（在我们的例子中是 3×3）时，网络的有效感受野（Effective Receptive Field，ERF）随着输入网络的深度而增加。随着网络深度的增加，左侧路径的通道数分别为 64、128、256、512、1024。采用跳跃式连接，将右侧路径的局部浅层特征图与左侧路径的全局深度特征图相结合。我们在表 16-2 中总结了不同操作的定义，其中 K 和 $\bar{K}$ 为卷积核。批量归一化的平均值和标准偏差在小批量上计算。ε 是数值稳定性的一个值，γ 和 β 也是可学习参数；然而，在本文方法中没有使用它们。

　　我们对原始 UNet 进行了两项主要修改以适应地震 VMB。首先，图像处理中提出的原始 UNet 以 RGB 颜色通道读取输入图像，表示来自输入图像的信息。为了处理地震数据，我们分配了不同的炮集，这些炮集在不同的震源位置产生，但来自与输入通道相同的模型。因此，输入通道的数量与每个模型的震源数量相同。多炮地震数据一起输入网络以提高数据冗余度。其次，在通常的 UNet 中，输出和输入在同一个（图像）域。然而，我们希望网络实现域映射，即将数据从 (x,t) 域转换到 (x,z) 域并同时建立速度模型。为了完成这一点，将最后 3×3 卷积得到的特征图的大小截断为与速度模型相同的大小，并将输出层的通道数定义为 1。这样做是为了让神经网络可以训练在收缩和扩展过程中，将地震数据直接映射到精确的速度模型。

该网络的主体与原始 UNet 中的类似，网络中总共使用了 23 个卷积层。

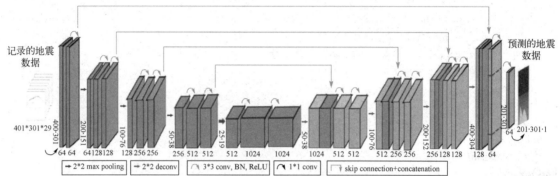

图 16.4　用于地震速度反演的网络详细（扫码见彩图）

表 16-2　本文网络的不同操作的定义

操作（缩略词）	定义（2D）	操作（缩略词）	定义（2D）
卷积（conv）	$\text{output} = \boldsymbol{K} * \text{input} + \boldsymbol{b}$	最大池化（max-pooling）	$\text{out} = \max[\text{input}]_{w \times h}$
批量归一化（BN）	$\text{out} = \dfrac{\text{input} - \text{mean}[\text{input}]}{\sqrt{\text{Var}[\text{input}]}} * \gamma + \beta$	反卷积/转置	$\text{output} = \bar{\boldsymbol{K}} * \text{input} + \boldsymbol{b}$
修正线性单元（Relu）	$\text{out} = \max(0, \text{input})$	跳跃连接和拼接	$\text{out} = [\text{input}, \text{padding}]_{\text{channel}}$

3　数值实验与结果

在本节中，首先介绍数据准备，包括用于训练和测试数据集的模型（输出）设计和数据（输入）设计。随后，我们使用模拟训练数据集训练网络进行速度反演，并通过有价值的学习网络预测其他未知速度模型。此外，对于 SEG 盐丘模型训练，将模拟模型的训练网络视为初始化；这种预训练网络是迁移学习中常用的方法（Pan 和 Yang，2010），还进行了对 SEG 数据集的测试。我们比较了本文方法和 FWI 之间的数值结果。数值实验在配备 Tesla K40 GPU、32 核 Xeon CPU、128GB RAM 和实现 PyTorch 的 Ubuntu 操作系统的 HP Z840 工作站上进行（Paszke 等，2017）。

3.1　数据准备

训练一个高效的网络，需要一个合适的大规模训练集，即输入输出对。在一个典型的 FCN 模型中，训练输出由一些标记的图像提供。本文采用二维合成模型对数据驱动方法进行了测试。数值实验提供了两种速度模型：二维模拟模型和三维盐丘模型提取的二维 SEG 盐模型（Aminzadeh 等，2017）。每个速度模型都是唯一的。

1）训练数据集

模型（输出）的设计。为了研究和验证 DL 在地震波形反演中的有效性，我们首先生成具有光滑界面曲率的随机速度模型，并随深度增加速度值。我们假设每个模型有 5~12 层作为背景速度，每层速度值在 2000~4000m/s 任意变化。在每个模型中嵌入任意形状和位置的盐丘，每个模型的恒定速度值为 4500m/s。每个速度模型使用 $x \times z = 201 \times 301$ 个网格点，空间间隔为 $\Delta x = \Delta z = 10\text{m}$。图 16.5 显示了来自模拟训练数据集的 12 个模型。在我们的工作中，模拟训练数据集包含 1600 个速度样本。为了更好地应用新方法反演，利用 SEG

参考网站上的三维盐丘模型得到了二维盐丘模型。该模型与模拟模型大小一致，其值范围为 1500～4482m/s。图 16.6 为训练数据集中 SEG 盐丘模型的 12 个代表性样本，图 16.7（a）和图 16.7（b）分别为模拟数据集和 SEG 盐丘测试数据集的 6 个模型。由于提取受限，SEG 训练数据集中包含 130 个速度模型。

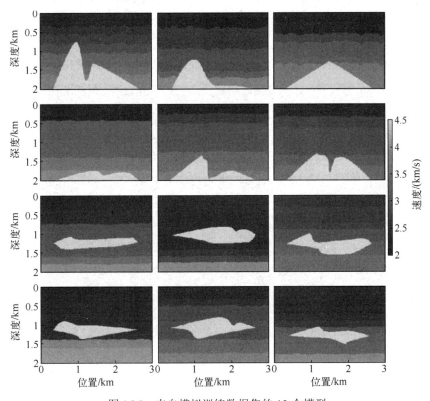

图 16.5　来自模拟训练数据集的 12 个模型

　　数据（输入）的设计。为了求解声波方程，我们采用时域交错网格有限差分格式，该格式在时间方向上采用二阶，在空间方向上采用八阶（Ozdenvar 和 McMechan，1997；Hardi 和 Sanny，2016）。每种速度模型均匀放置 29 个震源，并依次模拟炮点道集，301 个接收器均匀地放置。正演模拟的具体参数见表 16-3。采用完全匹配层（PML）（Komatitsch 和 Tromp，2003）吸收边界条件，以减少左、右、底边缘的非物理反射。图 16.8 显示了图 16.5 中第一个速度模型生成的六个单炮记录。此外，为了验证方法的稳定性，我们在每个测试地震数据中加入了均值为 0、标准差为 5% 的高斯噪声。我们还将地震数据的振幅提高了 2 倍。噪声或放大的数据也被用作输入，并被输入网络中以反演速度值。

表 16-3　正演模拟参数

任务	炮数	空间间隔	时间采样间隔	雷克子波	最大旅行时
速度反演	29	10m	0.001s	25Hz	2s

2）测试数据集
　　由于使用了监督学习方法，测试数据集的真实速度模型具有与训练数据集相似的地质结

构。用于预测的速度模型都没有包含在训练数据集中，在预测过程中都是未知的。用于预测的输入地震数据也通过与生成训练数据集输入的方法相同的方法获得。对于模拟模型和 SEG 盐丘模型，测试数据集分别由 100 个和 10 个速度样本组成。

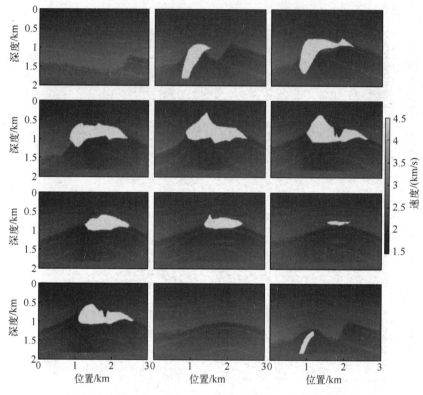

图 16.6　训练数据集中 SEG 盐丘模型的 12 个代表性样本

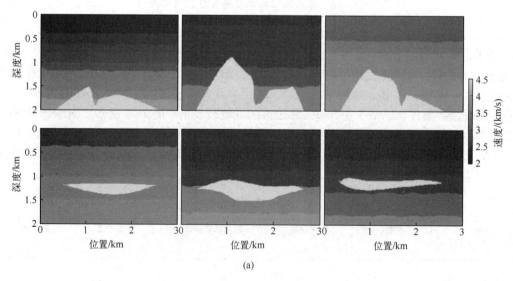

(a)

图 16.7　速度反演测试数据集的典型样本

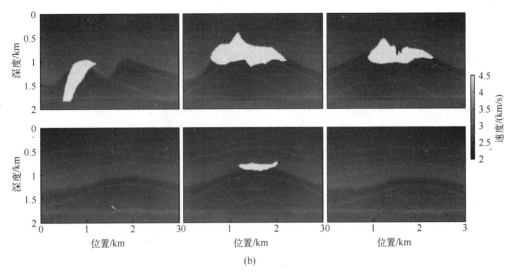

(b)

图 16.7　速度反演测试数据集的典型样本（续）
（a）模拟数据集的 6 个模型；（b）SEG 盐丘测试数据集的 6 个模型

3.2　模拟数据集的反演

第一个反演案例是针对 2D 模拟速度模型进行的。在训练阶段，通过从训练数据集中随机选择 10 个速度模型维度为 201×301 的样本来构建每个 epoch 的训练批次。在每批数据中，单次地震数据的维度被池化到 400×301。根据训练数据集和实验指导，在设置超参数时选择使效果更好的参数，如表 16-4 所示（Bengio，2012）。预测速度值和真实速度值之间的均方误差如图 16.9（a）所示。图 16.10（j）～（l）显示了所提出方法的三个示例结果。在视觉上，预测结果与相应的真实结果之间取得了普遍良好的匹配。

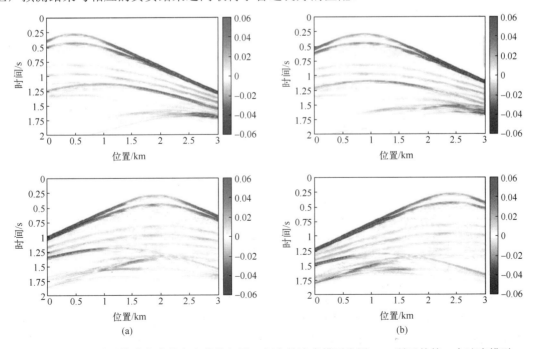

图 16.8　有限差分格式产生的六个单炮记录，相应的速度模型为图 16.5 所示的第一个速度模型

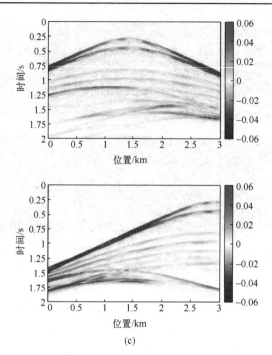

(c)

图 16.8　有限差分格式产生的六个单炮记录，相应的速度模型为图 16.5 所示的第一个速度模型（续）

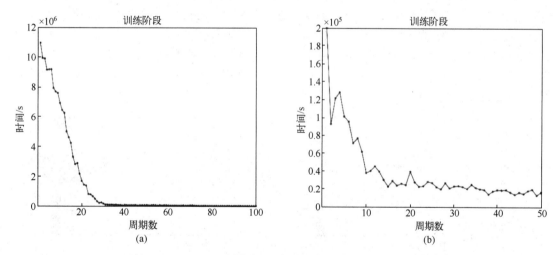

图 16.9　均方误差
（a）模拟速度反演的均方差；（b）SEG 盐丘速度反演的均方差。

表 16-4　本文提出的网络训练过程中用到的参数

任务	学习率	周期	批量大小	SGD 算法	训练集数量
模拟速度反演	10^{-3}	100	10	Adam	1600
SEG 盐丘速度反演	10^{-3}	50	10	Adam	130

　　在此例中，对本文方法和 FWI 进行了比较。我们使用与时域正演模拟生成训练地震数据时所使用的参数设置相同的参数。采用多尺度频域反演策略（Sirgue 等，2008）。根据 Sirgue 和 Pratt（2004）的研究，选择的反演频率为 2.5Hz、5Hz、10Hz、15Hz 和 21Hz。本实验采用

基于伴随状态的梯度下降法（Plessix，2006）。FWI 的观测数据与我们用于预测的地震数据相同。此外，用高斯平滑函数平滑后的速度模型作为初始速度模型，如图 16.10（d）～（f）所示。FWI 的数值实验是在具有四个 Tesla K80 GPU 单元和一个中央操作系统的计算机集群上进行的。图 16.10（g）～（i）显示了 FWI 的结果。所有子图都有相同的颜色条，速度值范围为 2000～4500m/s。在这种情况下，基于 FCN 的反演方法显示出很好的结果并保留了大部分地质结构。

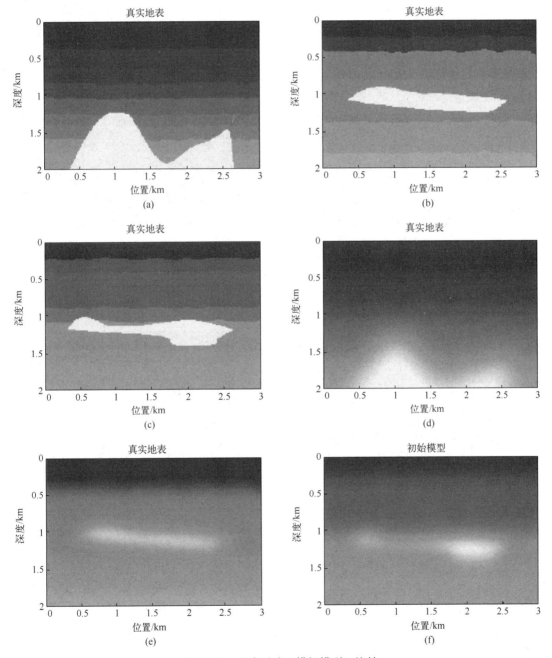

图 16.10　速度反演（模拟模型）比较

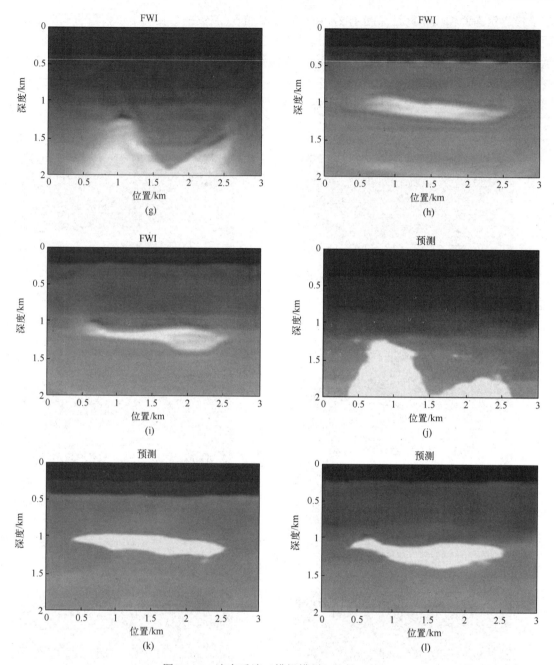

图 16.10　速度反演（模拟模型）比较（续）

　　为了定量分析预测的准确性，我们选择了两个水平位置，$x = 900\text{m}$ 和 $x = 2000\text{m}$，并在图 16.11 的垂直剖面中绘制预测（蓝色）、FWI（红色）和真实（绿色）速度值。大多数预测值与真值吻合良好。图 16.12 为第 15 个检波器接收的地震记录的对比，包括真实速度模型的观测数据、FWI 重构数据和 FWI 重构数据。每行从左到右给出的是根据地面真实速度模型的观测数据［图 16.10（a）～（c）］、通过 FWI 反演速度模型的正演模拟获得的重建数据［图 16.10（g）～（i）］，以及通过正演模拟基于 FCN 的反演方法预测获得的重建数据［图 16.10（j）～（l）］。利用该方法得到的预测重建数据与观测数据吻合较好。

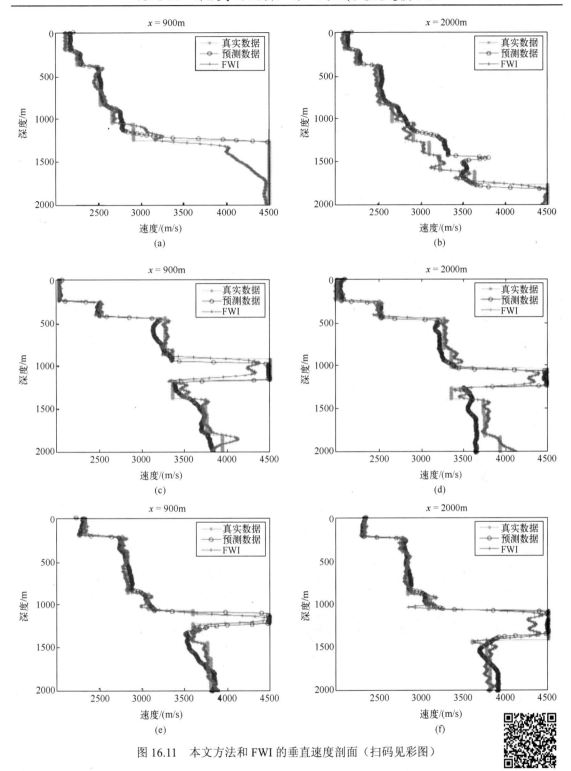

图 16.11　本文方法和 FWI 的垂直速度剖面（扫码见彩图）

　　一个模拟模型反演的 FWI 过程需要 37 分钟的 GPU 时间。相比之下，在训练基于 FCN 的反演网络 1078 分钟后，我们模拟模型中每次预测的 GPU 时间在设备配置较低的机器上仅为 2 秒（用于 PyTorch 的工作站的性能低于 FWI），比 FWI 快 1000 倍以上。

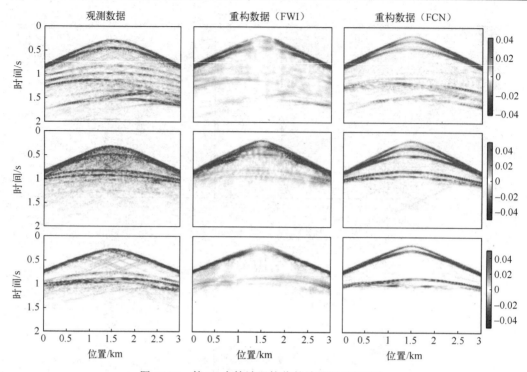

图 16.12　第 15 个检波器接收的地震记录的对比

为了进一步验证本文方法的性能，需要在更真实的条件下进行更多的测试结果。在这里，我们提出了给地震数据添加噪声或增加振幅的方法。噪声数据由标准差为 5%的零均值高斯分布产生。图 16.13（a）～（c）为本文方法在输入有噪声情况下的预测结果。对比预测结果［图 16.10（j）～（l）］表明，本文方法仍然提供了可以接受的预测结果。然而，与真实值相比，某些部分的预测值与真实值存在一定的偏差，特别是浅层的速度场，这可能是由扰动引起的。在未来的研究中，还将考虑对相干噪声和多次波等其他类型噪声的敏感性。

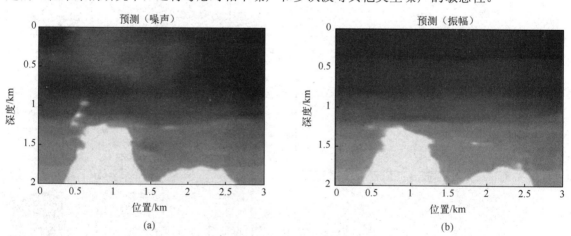

图 16.13　下文方法对噪声和增加振幅的灵敏度（模拟模型）

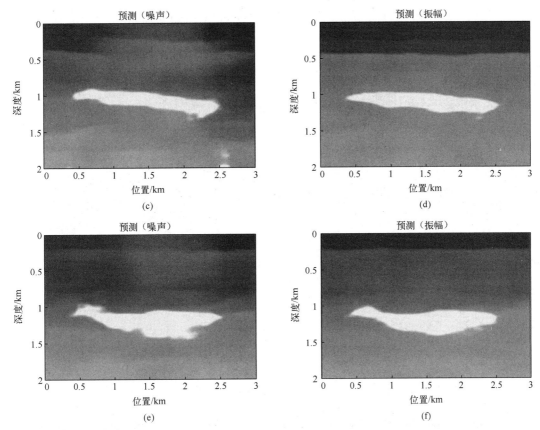

图 16.13　下文方法对噪声和增加振幅的灵敏度（模拟模型）（续）

　　同样，为了测试该模型对振幅失真的敏感性，我们还进行了另一项实验：将测试地震数据的振幅增益一倍，如图 16.14 所示。每一行从左到右分别给出了原始数据、噪声数据（加了高斯噪声）和增加振幅的数据（增大到原来的两倍）。每一行对应的速度模型分别为图 16.10（a）～（c）所示的三种模型。在测试中，将处理后的数据作为预测输入，性能对比如图 16.13（d）～（f）所示。使用振幅增益数据输入的预测速度与使用原始输入的预测是一致的。这与理论分析一致，表明所提出的方法能够自适应、稳定地实现速度反演。

3.3　SEG 盐丘数据集反演

　　为了进一步展示所提出方法的良好性能，我们将模拟数据集的训练网络用作初始化网络，采用迁移学习训练 SEG 盐丘数据集。在训练过程中，epoch 的数量设置为 50 个，每个 epoch 有 10 个训练样本（训练小批次大小）。用于学习的其他超参数与用于模拟模型反演的超参数相同。图 16.9（b）为 SEG 盐丘速度反演的均方误差。当仅使用 130 个模型进行训练时，损失收敛到零。与上面的测试类似，在所提出的方法和 FWI 之间进行了比较，其算法与模拟模型实验中使用的算法相同。在本次 FWI 实验中，选择的反演频率为 2.5Hz，其他三个取值范围为 5~15Hz，频率间隔为 5Hz。初始速度模型也通过图 16.15（d）～（f）所示的高斯平滑函数获得。图 16.15 描述了数值实验的性能，其中所有子图都有相同的颜色条，值变化为 1500～4500m/s。垂直速度剖面的比较结果如图 16.16 所示。在本次测试中，与 FWI 方法相比，本文所提出的方法的性能稍差，这可能是由于训练数据集数量少。然而，使用预训练初始化网络（我们研究中的迁移学习）的预测优于使用随机初始化网络获得的预测。此外，我们方法的结果可以作为 FWI 或旅行时层析成像（Traveltime Tomography）的初始模型，还可用于地震勘探开发过程中的现场质量控制。

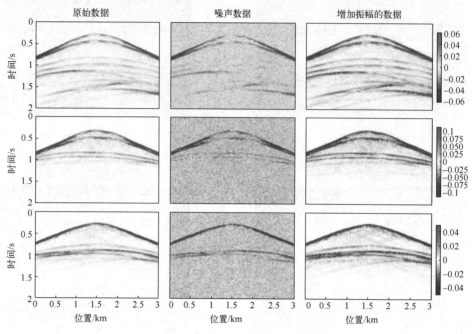

图 16.14　模拟地震数据记录的比较

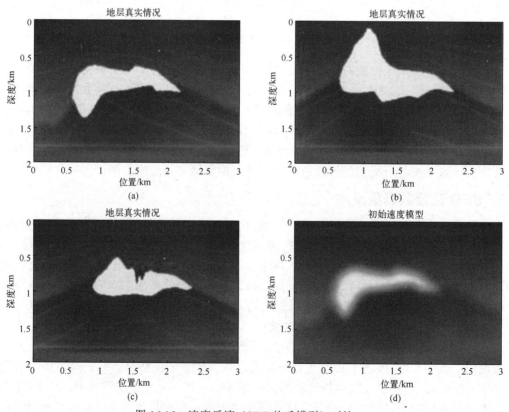

图 16.15　速度反演（SEG 盐丘模型）对比

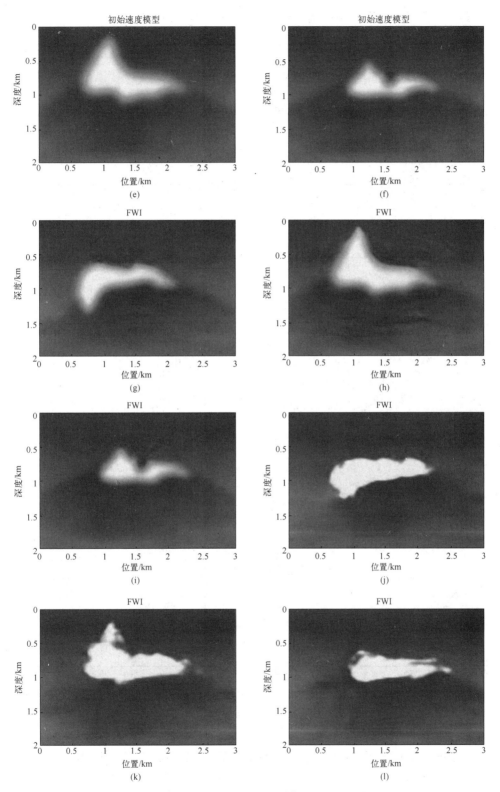

图 16.15 速度反演（SEG 盐丘模型）对比（续）

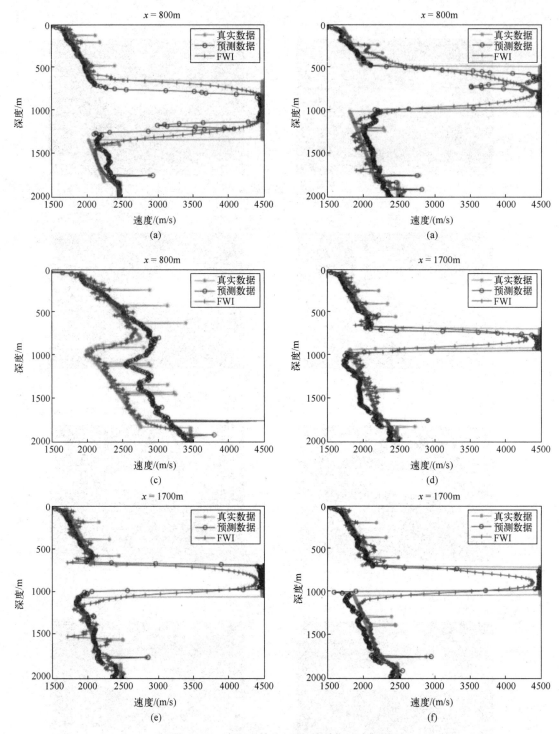

图 16.16　本文方法和 FWI 的垂直速度剖面

在更真实的条件下，利用 SEG 盐丘数据集进行了进一步的实验。图 16.17（a）～（c）所示的反演在地震数据受噪声污染时，大部分预测值接近真实速度，但略低于使用干净数据的预测值。但是，图 16.17（d）～（f）所示的预测结果，使用更高振幅的输入，没有差异。对于开放数据集，当输入数据受到扰动时，本文方法得到了可接受的预测结果。不同条件下的测试地震数据如图 16.18 所示。每一行从左到右分别给出原始数据、噪声数据（加了高斯噪声）和振幅增大数据（增大一倍）。每一行对应的速度模型分别为图 16.15（a）～（c）所示的三种模型。在本次测试中，由于 SEG 盐丘模型的训练数据集小于模拟模型的训练数据集，所以本文提出的方法对于 SEG 数据集的性能并不突出。因此，在未来的工作中，我们将逐步增加训练集的多样性，并利用迁移学习将这种新方法应用到其他复杂样本上。

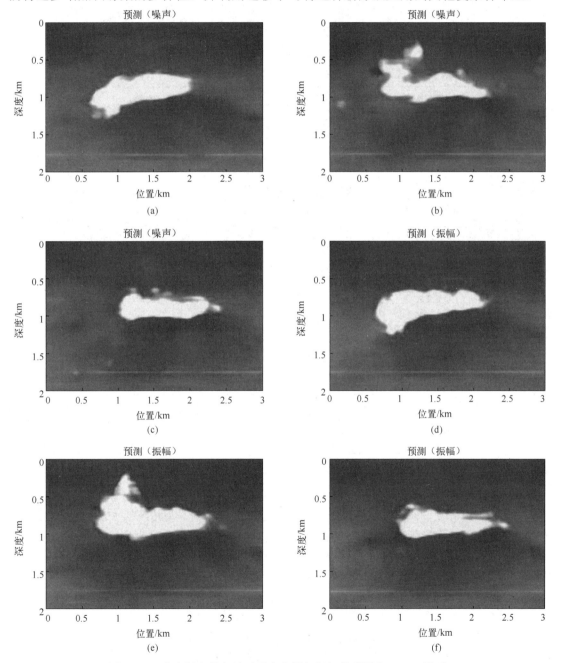

图 16.17 本文提出的方法对噪声和增加振幅的灵敏度（SEG 模型）

对于一个 SEG 盐丘模型反演，FWI 的过程需要 25 分钟的 GPU 时间。相比之下，我们方法对所有模型反演的训练时间为 43 分钟；在 SEG 盐丘数据集中，每次预测的 GPU 时间在配置较低的机器上为 2 秒。训练和预测过程所消耗的时间比较如表 16-5 所示，每种方法的两列从左到右分别表示模拟模型反演和 SEG 盐丘模型反演的 GPU 时间，训练时间是所有训练集所需的总时间，预测时间仅适用于一个模型。

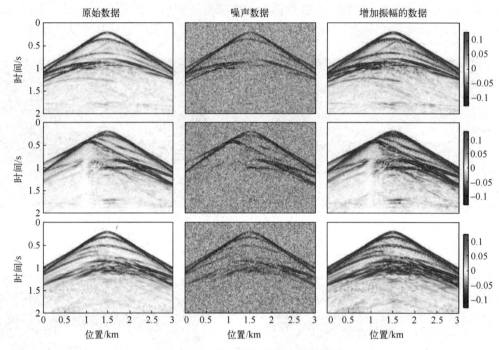

图 16.18　不同条件下的测试地震数据

表 16-5　训练和预测过程所耗费的时间（N/A 表示 FWI 没有训练时间）

过程	方法			
	时间			
	基于全卷积神经网络的方法		全波形反演	
训练	1078min	43min	N/A	N/A
预测	2s	2s	37min	25min

　　总之，数值实验为我们提出的速度反演方法的可行性提供了充分的证据。这表明，即使在输入有扰动的情况下，神经网络也能有效地逼近非线性映射。与传统的 FWI 方法相比，该方法不需要迭代寻找最优解，计算时间较短。主要的计算耗时发生在训练阶段，训练阶段在模型建立过程中只执行一次；这可以提前处理。经过训练后，预测时间成本可以忽略不计。因此，基于 FCN 的反演方法的总体计算时间比传统的基于物理的反演技术要短。

4　讨论

　　实验结果表明，本文提出的方法具有较好的速度反演能力。这项研究的目的是应用数据科学的最新突破，特别是深度学习技术。虽然我们方法的指标具有一定优势，但许多因素可以影响它的性能，包括训练数据集的选择、超参数的选择（如学习速率、批处理大小和训练 epoch）及神经网络的结构。为了达到我们的目的，我们着重深刻理解深度学习在地震反演中的应用。因此，本节将讨论新方法的结果和优缺点。

4.1　训练数据集如何影响网络？

本文方法的局限性是网络的能力依赖数据集。一般来说，要训练的模型应包含与预测中所包含的结构或特征相似的结构或特征；也就是说，用于预测的监督学习网络局限于训练数据集的选择，训练所需的数据量取决于很多因素。在大多数情况下，大量的大规模和多样化的训练样本会产生一个更强大的网络。另外，训练过程所花费的时间较长。我们提出的方法对 SEG 盐丘模型进行了一个有代表性的测试。在我们的实验中，也提出了不加盐丘的预测。本文方法与 FWI 的结果比较如图 16.19 所示，可见本文方法比 FWI 效果差。特别是，由于只使用了 10 个不含盐丘的训练样本进行训练，沉积物是模糊的。因此，网络对这些模型的学习能力低于对其他盐丘模型的学习能力。

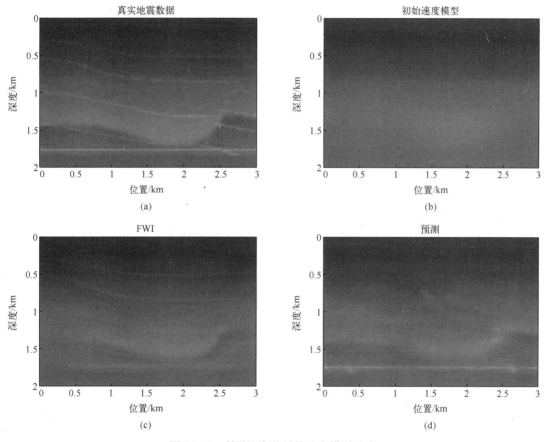

图 16.19　利用没有盐丘的速度模型反演

此外，由于模拟数据集包含简单的地质构造，如多个光滑的界面、增大的背景速度、等速盐等，训练数据集与测试数据集具有较高的相似性。根据实验来指导（Bengio，2012）其他类似研究（Wang 等，2018b；Wu 等，2018），设置模拟训练数据集个数为 1600。训练数据集的数量对网络的影响将在未来进行研究。

在深度学习方法的训练阶段，需要一个包含大量训练对的训练数据集。观测数据可以是一个单炮记录或一定数量炮记录。在本文方法中，炮数是固定的，并且是特定于网络的，因此使用 29 炮记录来训练 29 炮网络；在预测步骤中，对 29 个炮记录进行了同样的考虑。为了进一步研究，由于 GPU 内存的限制，图 16.20 仅显示了第 1、13、21、

27 和 29 炮训练数据的性能比较。在图 16.20（a）中，不同情况下的所有训练阶段均方误差都沿着 epoch 数收敛到零。这表明我们提出的方法可以应用于任意训练炮集，并且可能优于传统的 FWI。图 16.20（b）～（d）显示了测试阶段均方误差、平均峰值信噪比（PSNR）和平均结构相似性（SSIM）的测试性能。单炮情况显示出稍微不稳定的结果。然而，定量结果可能会产生误导，因为所有测试评估都是在训练阶段针对 10 个选定网络获得的，并且取平均值。在未来的工作中，我们将研究训练炮集的效果，以便在更真实的场景中应用新方法。

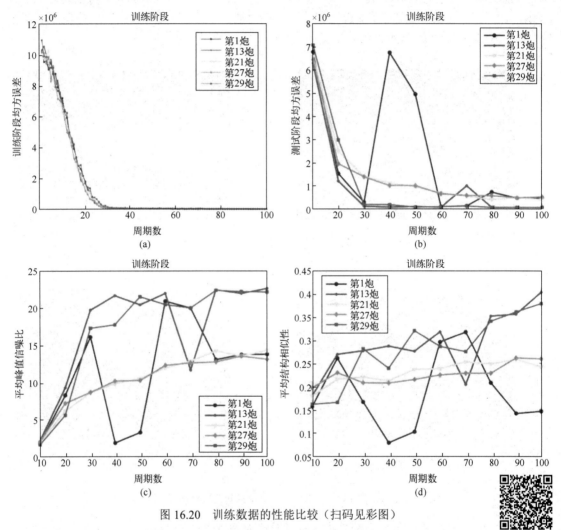

图 16.20　训练数据的性能比较（扫码见彩图）

4.2　如何将该网络应用于测试数据中缺乏低频的情况？

实际数据缺乏低频信息是 FWI 实际应用的主要问题。然而，在机器学习或深度学习方法中，可以从模拟数据或先验信息数据中学习"低频"。提供了另外两个数值实验来展示我们方法的性能。如图 16.21 所示，所有的训练数据集都有低频信息，与用于预测的原始信息相同。然而，测试地震数据的低频信息（0～1/10 归一化傅里叶谱）被傅里叶变换和巴特沃斯高通滤波器去除。然后，将图 16.21（d）所示的重建地震数据用于预测，其结果如图 16.21（b）所示。在这种情况下，所提出的方法预测了速度模型的大部分。将图 16.21（a）所示的预测与图 16.21（c）所示的完整数据进行比较发现，速度层边界模糊，这可能是由缺失低频信息所致。

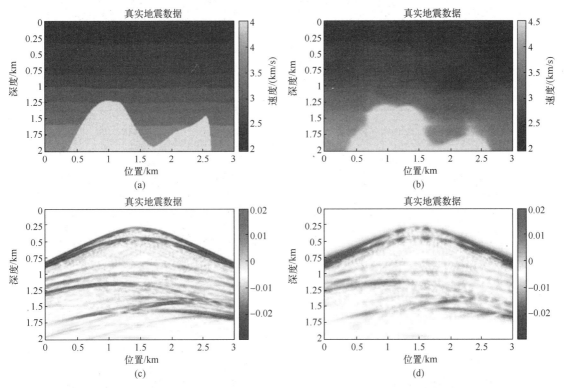

图 16.21　当地震数据缺乏低频信息时，利用该方法得到的典型结果

此外，监督学习方法的性能依赖训练集。因此，新的训练地震数据集缺少低频信息，使用与测试数据相同的方法进行处理如图 16.21（d）所示，并且可以使用相应的真实速度模型来训练网络。预测结果如图 16.22 所示。图 16.22（a）～（c）为模拟模型的真实值；图 16.22（d）～（f）为预测结果；图 16.22（g）～（i）为 SEG 盐丘模型的真实值；图 16.22（j）～（l）为预测结果。结果表明，预测略好于图 16.21 所示的预测，但仍然低于完整数据的预测。

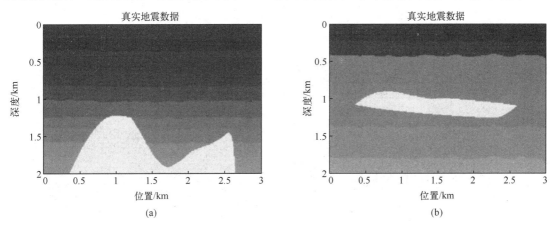

图 16.22　训练数据缺乏低频时的预测结果

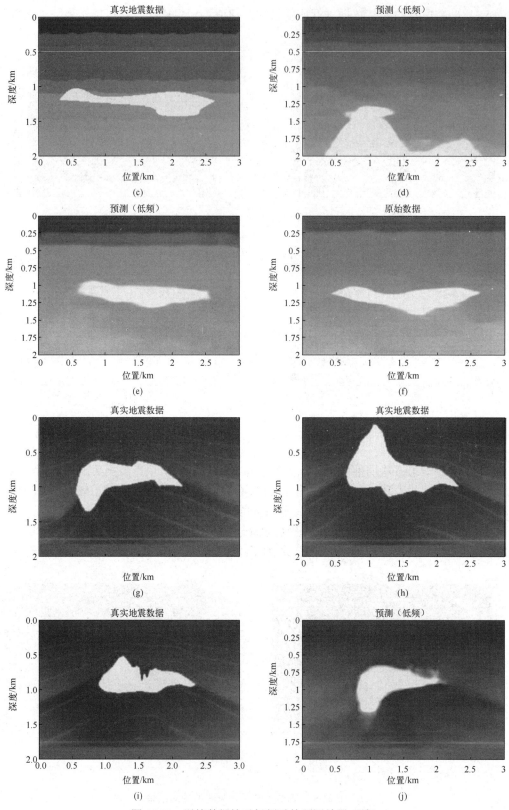

图16.22　训练数据缺乏低频时的预测结果（续）

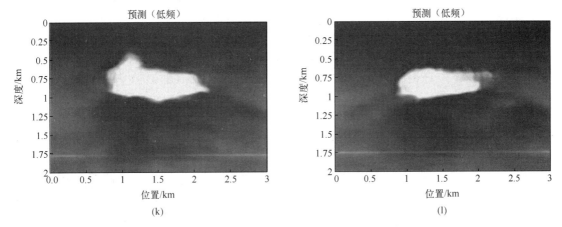

图 16.22　训练数据缺乏低频时的预测结果（续）

4.3　学习后的网络对任何预测都是稳健和稳定的吗？

当学习应用于一些问题时，一个常见的问题是该方法是否可以推广到其他问题，例如，在一个特定的数据集上训练的方法是否可以应用到另一个数据集上，而不需要再训练。到目前为止，由于我们所提出的方法的性能依赖数据集，且两种不同速度模型的相似分布相对较弱，因此直接使用训练过的网络对复杂模型（如 SEG 盐丘模型）或真实模型进行测试比较困难。在我们的工作中，迁移学习（Pan 和 Yang，2010），即机器学习的一个研究问题，侧重存储在解决一个问题时获得的知识，并将其应用于另一个不同但相关的问题，当新的训练模型与模拟模型相似时。使用预先训练的网络作为初始化的目标是更有效地显示输入和输出之间的非线性映射，而不是仅仅让机器记住数据集的特征。随机初始网络（与 UNet 中的参数初始化相同）和预训练初始网络（模拟数据集的训练网络）的训练损失与 epoch 数的比较如图 16.23 所示。红线表示随机初始网络的训练，蓝线表示用一个预先训练的初始网络（为模拟数据集训练的网络）进行训练。在相同的计算时间内，通过预先训练的初始化，网络学习效果更好。

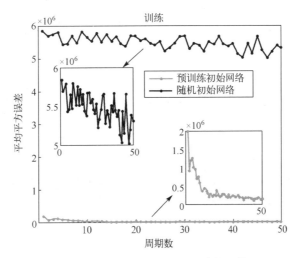

图 16.23　训练损失与 epoch 数的比较

5 结论

本文提出了一种有监督的端到端的速度反演方法，这是一种新的速度反演方法，可以替代传统的 FWI 公式。在提出的方法中，我们不是对地下参数进行基于局部的反演，而是使用 FCN 来重建这些参数。经过训练后，该网络能够从地震数据生成一个地下模型。数值实验结果表明，神经网络可以有效地逼近难以求解的非线性算子的逆。当地震数据在更现实的条件下时，学习后的网络仍然可以计算出令人满意的速度剖面。与 FWI 相比，一旦网络训练完成，重建成本可以忽略不计。此外，几乎不需要人工干预，也不涉及初始速度设置。损失函数是在模型域内测量的，使用该网络进行预测时不会产生地震记录。也不存在周波跳跃（Cycle-Skipping）问题。

大规模多样化训练集在有监督学习方法中起着重要作用。受迁移学习和生成对抗学习在计算机视觉领域的成功，以及传统方法和神经网络结合的启发，我们提出了未来工作的两个可能的方向。一是基于有限的开放数据集，利用生成式对抗网络（半监督学习网络）生成更复杂、更真实的速度模型；然后利用这些复杂的数据集对网络进行训练，并通过迁移学习将训练后的网络应用到现场数据中。二是揭示常规反演方法与特定网络之间的潜在关系。这种方法可以开发设计新的网络结构，也可以揭示隐藏的波动方程模型，并基于地球物理反演更复杂的地质结构。进一步的研究需要将这些方法应用于大问题、实际数据和其他应用。

参考文献

[1] Adler A，Boublil D，Zibulevsky M. Block-based compressed sensing of images via deep learning [C]. IEEE International Workshop on Multimedia Signal Processing，2017：1-6.

[2] Al-Yahya K. Velocity analysis by iterative profile migration [J]. Geophysics，1989，54（6）：718-729.

[3] Aminzadeh F，Burkhard N，Long J，et al. Three dimensional SEG/EAEG models—An update [J]. The Leading Edge，1996，15（2）：131-134.

[4] Androutsopoulos I，Paliouras G，Karkaletsis V，et al. Learning to filter spam e-mail: A comparison of a naive bayesian and a memory-based approach [DB/OL]. arXiv，2000，cs/0009009.

[5] Anselmi F，Leibo J Z，Rosasco L，et al. Unsupervised learning of invariant representations [J]. Theoretical Computer Science，2016，633：112-121.

[6] Araya-Polo M，Dahlke T，Frogner C，et al. Automated fault detection without seismic processing [J]. The Leading Edge，2017，36（3）：208-214.

[7] Araya-Polo M，Jennings J，Adler A，et al. Deep-learning tomography [J]. The Leading Edge，2018，37（1）：58-66.

[8] Baysal E，Kosloff D D，Sherwood J W C. Reverse time migration [J]. Geophysics，1983，48（11）：1514-1524.

[9] Bengio Y. Practical recommendations for gradient-based training of deep architectures [M]. Neural Networks：Tricks of the Trade. Berlin：Springer，2012：437-478.

[10] Biondi B L. 3D seismic imaging [M]. Society of Exploration Geophysicists，2006.

[11] Bobadilla J，Ortega F，Hernando A，et al. Recommender systems survey [J]. Knowledge-based Systems，2013，46：109-132.

[12] Burger H C，Schuler C J，Harmeling S. Image denoising: Can plain neural networks compete with BM3D? [C]. IEEE Computer Society Conference on Computer Vision and Pattern Recognition，2012：2392-2399.

[13] Chiao L Y，Kuo B Y. Multiscale seismic tomography [J]. Geophysical Journal International，2001，145（2）：

517-527.

[14] Clevert D A，Unterthiner T，Hochreiter S. Fast and accurate deep network learning by exponential linear units（elus）[DB/OL]. arXiv：2015，1511.07289.

[15] Cortes C，Vapnik V. Support-vector networks [J]. Machine Learning，1995，20（3）：273-297.

[16] Csáji B C. Approximation with artificial neural networks [J]. Faculty of Sciences，2001，24（48）：7.

[17] Dahl G E，Sainath T N，Hinton G E. Improving deep neural networks for LVCSR using rectified linear units and dropout [C]. IEEE International Conference on Acoustics，2013：8609-8613.

[18] Dong C，Loy C C，He K，et al. Image super-resolution using deep convolutional networks [J]. IEEE Transactions on Pattern Analysis and Machine Intelligence，2015：295-307.

[19] Evgeniou T，Pontil M，Poggio T. Regularization networks and support vector machines [J]. Advances in Computational Mathematics，2000，13（1）：1-50.

[20] Goodfellow I，Bengio Y，Courville A. Deep Learning [M]. MIT Press，2016.

[21] Goodfellow I，Pouget-Abadie J，Mirza M，et al. Generative adversarial networks [J]. Advances in Neural Information Processing Systems，2020，63（11）：139-144.

[22] Greenspan H，Van Ginneken B，Summers R M. Guest editorial deep learning in medical imaging：Overview and future promise of an exciting new technique [J]. IEEE Transactions on Medical Imaging，2016，35（5）：1153-1159.

[23] Guillen P，Larrazabal G，González G，et al. Supervised learning to detect salt body [C]. SEG Annual Meeting，2015：1826-1829.

[24] Hall B. Facies classification using machine learning [J]. The Leading Edge，2016，35（10）：906-909.

[25] Hardi B I，Sanny T A. Numerical modeling：Seismic wave propagation in elastic media using finite-difference and staggered-grid scheme [C]. 41st HAGI Annual Convention and Exhibition，2016.

[26] Hornik K. Approximation capabilities of multilayer feedforward networks [J]. Neural Networks，1991，4（2）：251-257.

[27] Jia Y，Ma J. What can machine learning do for seismic data processing? An interpolation application [J]. Geophysics，2017，82（3）：V163-V177.

[28] Jia Y，Yu S，Ma J. Intelligent interpolation by Monte Carlo machine learning [J]. Geophysics，2018，83（2）：V83-V97.

[29] Jin K H，McCann M T，Froustey E，et al. Deep convolutional neural network for inverse problems in imaging [J]. IEEE Transactions on Image Processing，2017，26（9）：4509-4522.

[30] Kingma D P，Ba J. Adam：A method for stochastic optimization [DB/OL]. arXiv，2014，1412.6980.

[31] Komatitsch D，Tromp J. A perfectly matched layer absorbing boundary condition for the second-order seismic wave equation [J]. Geophysical Journal International，2003，154（1）：146-153.

[32] LeCun Y，Bengio Y，Hinton G. Deep learning [J]. Nature，2015，521（7553）：436-444.

[33] LeCun Y，Kavukcuoglu K，Farabet C. Convolutional networks and applications in vision [C]. IEEE International Symposium on Circuits and Systems：Nano-Bio Circuit Fabrics and Systems，2010：253-256.

[34] Lewis W，Vigh D. Deep learning prior models from seismic images for full-waveform inversion [C]. 87th Annual International Meeting，2017：1512-1517.

[35] Long J，Shelhamer E，Darrell T. Fully convolutional networks for semantic segmentation [C]. IEEE Conference on Computer Vision and Pattern Recognition，2015：3431-3440.

[36] Mora P. Nonlinear two-dimensional elastic inversion of multioffset seismic data [J]. Geophysics，1987，52

（9）：1211-1228.

[37] Mosser L，Kimman W，Dramsch J，et al. Rapid seismic domain transfer：Seismic velocity inversion and modeling using deep generative neural networks [C]. 80th Annual International Conference and Exhibition，2018：1-5.

[38] Nath S K，Chakraborty S，Singh S K，et al. Velocity inversion in cross-hole seismic tomography by counter-propagation neural network，genetic algorithm and evolutionary programming techniques [J]. Geophysical Journal International，1999，138：108-124.

[39] Operto S，Gholami Y，Prieux V，et al. A guided tour of multiparameter full-waveform inversion with multicomponent data：From theory to practice [J]. The Leading Edge，2013，32（9）：1040-1054.

[40] Özdenvar T，McMechan G A. Algorithms for staggered‐grid computations for poroelastic，elastic，acoustic，and scalar wave equations [J]. Geophysical Prospecting，1997，45：403-420.

[41] Pan S J，Yang Q. A survey on transfer learning [J]. IEEE Transactions on Knowledge and Data Engineering，2010，22（10）：1345-1359.

[42] Paszke A，Gross S，Chintala S，et al. Automatic differentiation in pytorch [C]. NIPS Autodiff Workshop，2017：1-4.

[43] Plessix R E. A review of the adjoint-state method for computing the gradient of a functional with geophysical applications [J]. Geophysical Journal International，2006，167（2）：495-503.

[44] Ravisankar P，Ravi V，Rao G R，et al. Detection of financial statement fraud and feature selection using data mining techniques [J]. Decision Support Systems，2011，50：491-500.

[45] Ronneberger O，Fischer P，Brox T. U-net：Convolutional networks for biomedical image segmentation [C]. International Conference on Medical Image Computing and Computer-Assisted Intervention，2015：234-241.

[46] Röth G，Tarantola A. Neural networks and inversion of seismic data [J]. Journal of Geophysical Research：Solid Earth，1994，99（B4）：6753-6768.

[47] Schlemper J，Caballero J，Hajnal J V，et al. A deep cascade of convolutional neural networks for MR image reconstruction [C]. International Conference on Information Processing in Medical Imaging，2017：647-658.

[48] Shamir O，Zhang T. Stochastic gradient descent for non-smooth optimization：Convergence results and optimal averaging schemes [C]. International Conference on Machine Learning，2013：71-79.

[49] Sirgue L，Etgen J T，Albertin U. 3D frequency domain waveform inversion using time domain finite difference methods [C]. 70th Annual International Conference and Exhibition，2008：cp-40-00143.

[50] Sirgue L，Pratt R G. Efficient waveform inversion and imaging：A strategy for selecting temporal frequencies [J]. Geophysics，2004，69（1）：231-248.

[51] Stefani J P. Turning-ray tomography [J]. Geophysics，1995，60（6）：1917-1929.

[52] Tarantola A. Inversion of seismic reflection data in the acoustic approximation [J]. Geophysics，1984，49（8）：1259-1266.

[53] Tarantola A. Inverse problem theory and methods for model parameter estimation [M]. Society for Industrial and Applied Mathematics，2005：89.

[54] Virieux J，Operto S. An overview of full-waveform inversion in exploration geophysics [J]. Geophysics，2009，74（6）：WCC1-WCC26.

[55] Wang W，Yang F，Ma J. Automatic salt detection with machine learning [C]. 80th Annual International Conference and Exhibition，2018a：9-12.

[56] Wang W，Yang F，Ma J. Velocity model building with a modified fully convolutional network [C]. 88th

Annual International Meeting，2018b：2086-2090.

[57]　Woodward M J，Nichols D，Zdraveva O，et al. A decade of tomography [J]. Geophysics，2008，73（5）：VE5-VE11.

[58]　Wu Y，Lin Y，Zhou Z. InversionNet：Accurate and efficient seismic waveform inversion with convolutional neural networks [C]. 88th Annual International Meeting，2018：2096-2100.

[59]　Yu S，Ma J，Osher S. Monte Carlo data-driven tight frame for seismic data recovery [J]. Geophysics，2016，81（4）：V327-V340.

[60]　Zeng H. Seismic geomorphology-based facies classification [J]. The Leading Edge，2004，23（7）：644-688.

[61]　Zhang C，Frogner C，Araya-Polo M，et al. Machine-learning based automated fault detection in seismic traces [C]. 76th Annual International Conference and Exhibition，2014：807-811.

[62]　Zhao T，Jayaram V，Roy A，et al. A comparison of classification techniques for seismic facies recognition [J]. Interpretation，2015，3（4）：SAE29-SAE58.

[63]　Zhu J Y，Park T，Isola P，et al. Unpaired image-to-image translation using cycle-consistent adversarial networks [C]. IEEE International Conference on Computer Vision，2017：2242-2251.

（本文来源及引用方式：Yang F，Ma J. Deep-learning inversion：A next-generation seismic velocity model building method [J]. Geophysics，2019，84（4）：R583-R599.）

论文 17　基于图像训练的人工神经网络井间地震速度建模

摘要

　　本文研究了一种可以直接从叠前共炮点道集中估算纵波速度模型的人工神经网络。该网络由一个全连接层集和一个修改的全卷积层集组成。通过监督学习对网络中的参数进行调整，将多炮共炮点道集映射到速度模型。为了提高网络的泛化能力，对网络进行了大量的数据集训练，其中速度模型是从在线存储库收集的自然图像中修改的。利用井间地震采集的数据和声波方程模拟多炮地震道。将从不同震源位置采集的数据转换为网络中的通道，增加数据冗余度。训练过程的时间计算成本很高，但它只需要训练一次。一旦训练完成，预测速度模型的时间计算成本可以忽略不计。对网络的不同变化进行训练和分析。训练后的网络表明，具有与训练集相同的观测系统的叠前地震数据可以预测出良好的速度模型。

1　引言

　　准确的速度模型是叠前偏移和其他成像解释技术的先决条件。速度模型的建立是一个非线性的反问题，通常通过层析成像和全波形反演（FWI）等迭代优化方法来解决（Tarantola，1984；Virieux 和 Operto，2009）。我们提出了一种不同的方法，利用机器学习（ML）技术，将叠前地震数据直接映射到速度模型。

　　机器学习的发展使许多以前需要人工操作的活动（如图像识别和语音识别）减少或完全消除了人工干预。因此，地球物理学家将其应用于地震数据处理过程。

　　许多机器学习算法都是使用人工神经网络（ANN）构建的，该网络在地球物理学中有着悠久的使用历史。然而，人工神经网络大多数应用在地震属性中的模式识别（Zeng，2004；Zhao 等，2015）和测井中的相分类（Lim，2005；Hall，2016）。一个更具挑战性和有趣的应用是输入具有叠前地震道的神经网络，训练网络直接生成地下的地质解释。将人工神经网络用于地下速度估计的早期先驱包括 Röth 和 Tarantola（1994）、Nath 等（1999）。Dahlke 等（2016）提出利用神经网络对叠前地震道进行自动断层识别。Araya-Polo 等（2018）使用共中心点道集的相似性作为深度神经网络的输入来构建速度模型。与基于几何光学的层析成像方法和基于波动理论的全波形反演方法相比，神经网络是一种可以高效和自动化地预测速度模型的方法。

　　Wang 等（2018）、Yang 和 Ma（2019）提出使用修正的全卷积网络（FCN）建立地震速度模型，并获得了令人满意的结果。但是这些例子只使用了少量的训练样本，并且训练集中的速度模型与测试集中的速度模型相似，限制了它们的应用。本文主要进行了两方面的改进。首先，通过合并和修改在线公共图像存储库中的图像使得训练样本的数量大大增加，并且网络完全根据图像和相应的模拟地震道进行训练。其次，在完全卷积层之前设置全连接（FC）层集，将地震数据转换为与速度模型具有相同的维数。这种新的网络被称为速度模型构建网络（Velocity Model Building-NetWork，VMB-Net）。在简单经典的地质模型上测试网络，且训练集中不包含该地质模型。输入网络的地震数据来自井间地震勘探，利用相邻两口井之间的直达波生成高分辨率的地下图像（Stewart 和 Marchisio，1991）。

本文组织如下。首先，介绍了速度模型构建网络的体系结构。其次，说明了准备训练集的过程。最后，对网络进行训练和测试，从而对比分析。在本文中，我们主要研究均匀的常密度的二维各向同性声波模型。

2　方法原理

神经网络能够将任何连续函数逼近到指定的精度（Hornick 等，1989）。本文研究人工神经网络将叠前地震数据直接映射到速度模型的能力，通常，我们认为这是一个不适定的非线性逆问题。

为了实现多炮共炮点道集建立速度模型，速度模型构建网络被设计成两步。首先，将 FC 层应用于叠前共炮点道集：

$$[\boldsymbol{M}_i] = \mathrm{FC}([\boldsymbol{S}_i])\tag{17-1}$$

式中：$\boldsymbol{S}_i \in \mathcal{R}^{nr \times nt}$ 为 1 个共炮点道集，其中 nr 和 nt 分别为每炮的接收器个数和时间样点数；$\boldsymbol{M}_i \in \mathcal{R}^{nr \times nt}$ 为变换后的数据，nx 为 x 方向上的网格个数。在这个网络中，所有的震源都用相同的几何形状记录，接收器沿井垂直均匀放置；因此，nr 也是 z 方向上的网格点数（$nz = nr$）。下标 $i = \{1, 2, \cdots, ns\}$ 是炮点的索引，方括号 [] 将矩阵重塑为向量。

下面将测试 FC 层数的影响。图 17.1 显示了一个带有三个 FC 层的速度模型构建网络示例。FC 网络是神经网络最基本的类型（Bishop，2007）。在机器学习中，在每个 FC 层之后采用两种常见的策略。一种是整流线性单元（Rectified Linear Unit，ReLU）：

$$\mathrm{ReLU}(x) = \max(0, x)\tag{17-2}$$

这就使网络具备了非线性映射能力。另一种策略是 dropout（Srivastava 等，2014），它在训练过程中随机将神经元的输出设置为 0。dropout 已被证明对减少过拟合非常有帮助。所有来自不同震源位置的共炮点道集共享相同的 FC 结构和相关权值。使用统一的 FC 层来转换所有共炮点道集是有效的，因为它们是由相同的速度模型生成的。输出 $\boldsymbol{M}_i$ 与速度模型具有相同的维数。

网络可以通过两个步骤实现：第一步是 FC 部分（黑盒），它接受一个共炮点道集并将其转换为模型域；为了减少过拟合，不同的炮点道集具有相同的参数。第二步是一个全卷积层集（红框）被用来根据转换后的地震数据预测速度模型。

第二步，将不同共炮点道集转换后的数据 $\boldsymbol{M}_i$ 串接成通道：

$$\tilde{\boldsymbol{M}} = (\boldsymbol{M}_1, \boldsymbol{M}_2, \cdots, \boldsymbol{M}_{ns})\tag{17-3}$$

输入一个改良的全卷积神经网络：

$$\boldsymbol{V} = \mathrm{FCN}(\tilde{\boldsymbol{M}})\tag{17-4}$$

式中：$\tilde{\boldsymbol{M}} \in \mathcal{R}^{nz \times nx \times ns}$ 为 $\boldsymbol{M}_i$ 的串联 3D 体；$\boldsymbol{V} \in \mathcal{R}^{nz \times nx}$ 为预测的速度模型（参见图 17.1 中的红框网络部分）。FCNN 最初应用于像素级语义分割和图像解释工作。它通过连续的上采样层补充了传统的卷积神经网络（LeCun 等，1989）。FCN 通常由一系列卷积单元（卷积、批量归一化和激活函数）和用于上采样的反卷积层组成。FCN 架构也可以解释为收缩路径（编码器）和扩展路径（解码器）。在收缩路径的末尾添加一个 dropout 层。FCN 组件的详细描述可以在

Long 等（2015）中找到。

　　原始的 FCN 以灰色或红绿蓝（Red-Green-Blue，RGB）颜色通道读取输入图像。在处理地震数据时，我们使用 Wang 等（2018）的相同策略，并将不同共炮点道集转换的数据作为输入通道[式（17-3）和式（17-4）]，以提高数据冗余度。

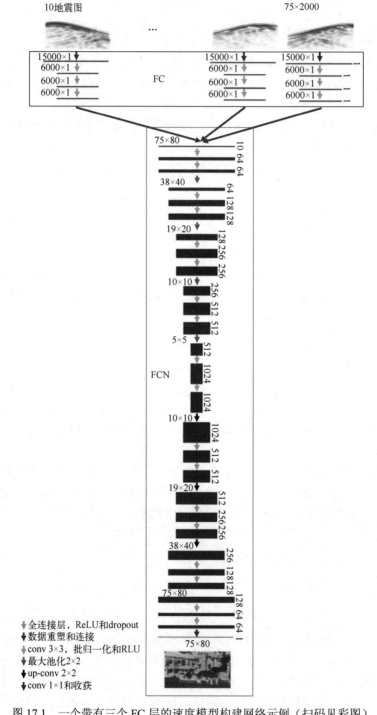

图 17.1　一个带有三个 FC 层的速度模型构建网络示例（扫码见彩图）

速度模型构建网络中的 FC 段预计将叠前地震数据转换为模型（空间）域。将 FC 变换后的数据输入 FCN，在图像处理中是有效的（Long 等，2015；Ronneberger 等，2015）。由于不同的炮点道集具有相同的 FC 参数进行转换，因此将 FC 层集作为算子进行训练，将不同炮点道集的数据映射到相同的模型上，从而为后续的 FCN 回归解释做出贡献。FC 层集具有类似于迁移操作符的功能，但它不一定生成迁移后的图像。我们在下面的一个测试中显示训练有素的 FC 的输出。

损失函数测量预测和地面实况（真实速度模型）之间的距离，并且损失被反向传播（Hecht-Nielsen，1989）以在训练过程中更新网络中的参数。速度模型构建网络中的损失函数定义为地面真实速度模型 $\hat{V}$ 和预测速度模型 V 之间的归一化均方误差，即

$$L = \frac{1}{nx \times nz} \sum_{\substack{i=1,nz \\ j=1,nx}} [V_{ij} - \hat{V}_{ij}]^2 \qquad (17\text{-}5)$$

式中：V_{ij} 和 $\hat{V}_{ij}$ 分别为 V 和 $\hat{V}$ 的元素。$\hat{V}$ 在训练过程中提供，但在训练后隐藏以供测试。请注意，损失函数与传统全波反演中的损失函数不同；例如，全波形反演中一种常用的损失函数是测量观测和模拟地震记录之间的误差平方和。

3 训练集的准备

速度模型构建网络是一种监督学习算法，因此，它需要大量数据和标签来训练网络。本文没有收集大量真实的地质模型及其相应的地震记录，而是基于原始图像生成速度模型，这些原始图像在互联网上无处不在，并且有许多开源数据集可用。从 COCO 数据集（COCO，2020）中总共收集了 82775 个图像样本，其中 100 个图像样本如图 17.2 所示。这些图像包含来自日常生活的对象。三通道图像首先转换为单通道灰度图像[图 17.3（a）和图 17.3（b）]；然后通过具有 0～10 个网格点随机偏差的高斯滤波器对图像进行平滑处理，为了防止大的速度差异阻碍地震波传播；图像值被归一化以适应 1500～4500m/s 的范围[图 17.3（b）和图 17.3（c）]。

图 17.2 来自 COCO 数据集的 100 个图像样本

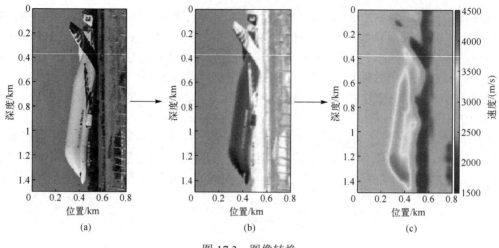

图 17.3　图像转换

使用原始图像的另一个好处在于它们具有多样性。原始图像速度模型是原始图像变换而来的，具有完整的结构和丰富的细节。这些在正演模拟中产生的多样化的地震数据，可以增强网络在训练期间的泛化能力。尽管地下地质结构与原始图像有很大不同，但速度模型与其对应的地震记录之间的关系并没有改变（波动方程）。不管模型是否具有地质意义，速度模型构建网络都通过对大量数据集的训练来学习物理特征并模拟这种关系。这一想法与 Zhu 等（2018）的工作类似，他们使用从 ImageNet（Deng 等，2009）模拟的数据训练神经网络以进行医学成像。

所有速度模型的大小固定为 $nx \times nz = 80 \times 150$ （个）网格点，空间间隔 $h = 10\text{m}$ 。我们用空间上的八阶有限差分格式和时间上的二阶有限差分格式求解声波方程，其震源为 15Hz 的 Ricker 子波。使用卷积完全匹配层吸收边界条件（Komatitsch 和 Martin，2007）减少不必要的边界反射。

对于每个模型，10 个炮点（ $ns = 10$ ）均匀地放置在（ x, z ） ＝ （0.0, 0.2）～（0.0, 1.3）km，并依次模拟炮集。总计 150 个接收器被均匀放置在（0.8, 0.0）～（0.8, 1.5）km 的另一个井中。时间采样间隔为 1ms，记录 800 个时间样点。这种观测系统记录的信号大多是透射波。具有代表性采集观测系统的 6 个样本模型及其相应的地震记录样本绘制在图 17.4 中。

4　训练和测试

在训练过程中分析了两个超参数。一个是速度模型构建网络中 FC 层数，另一个是训练集中的样本数。在后面的文字中，我们使用 FC# + FCN 来表示不同的速度模型构建网络，其中"#"表示 FC 层数。修改后的 FCN（Wang 等，2018）相当于一个没有 FC 层的速度模型构建网络，共炮点道集直接输入到 FCN。

所有的网络都是在一个带有 GFORCE GTX 1080Ti GPU 和 64GB RAM 的工作站上训练的。在 Pytorch 平台上，利用随机梯度下降（SGD）方法，将生成的地震道及其对应的真实速度模型用于训练网络。

为了减少计算负担，每个共炮点道集从 $nz \times nt = 150 \times 800$ 池化到 75×200 。速度模型的大小也从 $nz \times nx = 150 \times 80$ 减少到 75×80 。对于每次训练，80% 的样本用于训练网络，其余 20% 的样本用于验证。验证集中的真实速度模型在训练期间是隐藏的。

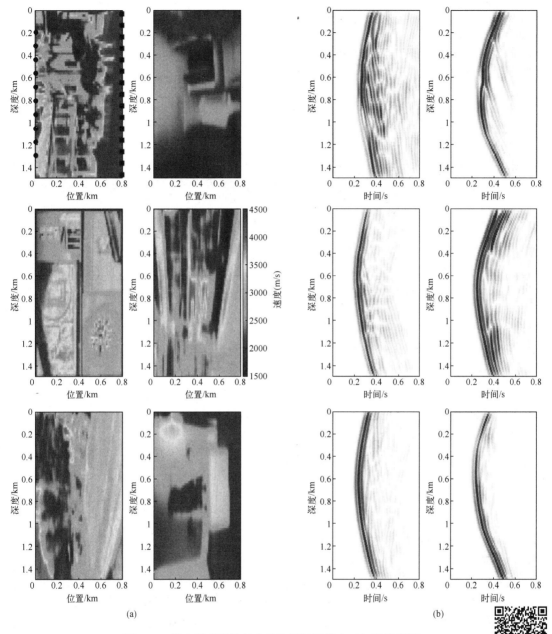

图 17.4　样本模型及其相应的地震记录样本（扫码见彩图）

　　首先，使用包含 5000 个样本的相同数据集训练具有不同数量 FC 层的速度模型构建网络和修改后的 FCN。它们在训练期间的损失变化如图 17.5（a）所示。不同网络的初始损失是不同的，因为所有网络中的参数都是用随机数初始化的。学习曲线并不平滑，主要是因为使用了 SGD。修改后的 FCN 具有最低的验证损失，如图 17.5（b）所示。FC2+FCN 和 FC3+FCN 在开始阶段存在较大的验证损耗，并且需要更多的时间进行收敛，但它们的验证损耗与 FC1+FCN 达到了相同的水平。

　　然后，使用不同大小的数据集训练 FC1+FCN。图 17.6（a）和图 17.6（b）分别显示了在不同大小的训练数据集下训练集和验证集的损失变化。虽然训练集损失相似，但使用大量训练样本对网络进行训练时，验证集损失要低得多。

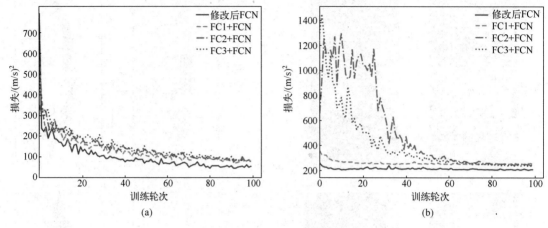

图 17.5　训练具有不同数量 FC 层的速度模型构建网络和修改后的 FCN

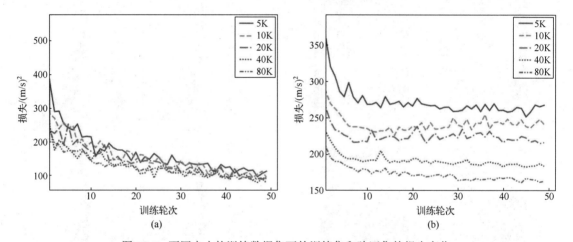

图 17.6　不同大小的训练数据集下的训练集和验证集的损失变化

下面只对 FC1+FCN 和修改后的 FCN 进行测试分析。两个网络都使用 82775 个样本进行训练。应用提前停止，当两个网络的验证集损失稳定时，训练的网络在 epoch = 40 时保存［图 17.7（b）］。完成每个 epoch 的参数数量和训练时间等如表 17-1 所示。FC1+FCN 的参数比修改后的 FCN 多很多，但计算时间不随参数数量成正比增加，主要是因为读取了大量数据集的输入/输出（I/O）。当数据中存在噪声时，修正的 FCN 的精度急剧下降。

表 17-1　完成每个 epoch 的参数数量、训练时间和预测精度

项目	参数量/百万	训练时间/（秒/轮次）	精度第Ⅰ组	精度第Ⅱ组	精度第Ⅱ组（含噪数据）	精度第Ⅲ组
FC1 + FCN	109.9	6741.8	96.2%	94.8%	94.5%	91.1%
修改后 FCN	19.9	6730.2	96.5%	95.28%	81.3%	91.6%

图 17.8 为训练集中的 6 张转换后的原始图像使用训练后的 FC1 + FCN 进行预测的结果。网络可以大致恢复图像，但缺少一些细节。改进后的 FCN 得到了类似的结果。在接下来的测试中，我们主要研究地质速度模型的反演。在每个子图中，左边是真实的速度模型，右边是 FC1 + FCN 的预测。

设计了三组综合模型来测试和比较训练后的网络的性能。对于每个测试样本，地震道都采用图 17.4（a）所示的相同几何形状进行模拟，并将共炮点道集输入训练好的网络中。图 17.9（a）和图 17.9（b）分别给出了样本速度模型及其第 5 次地震记录。请注意，用于测试的样本都不包含在训练集中。将每个训练好的网络应用于共炮点道集的速度模型预测时间仅需不到 1s。

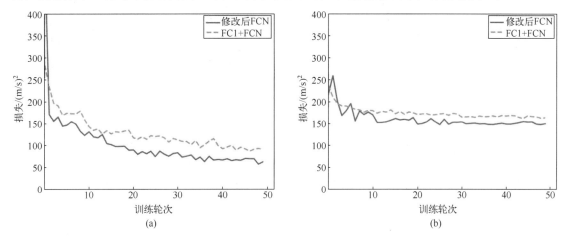

图 17.7　使用 FC1 + FCN 和修改后的 FCN 训练集和验证集的损失变化

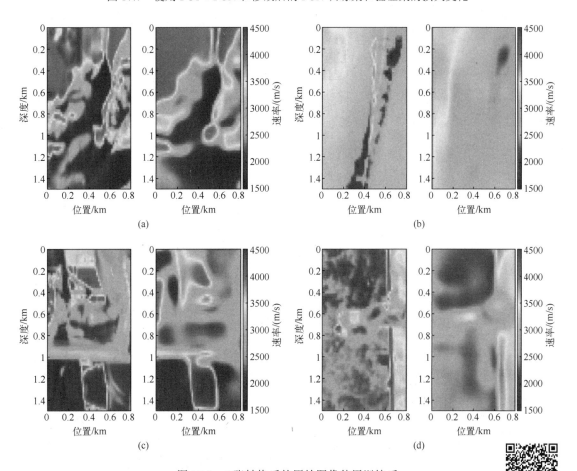

图 17.8　6 张转换后的原始图像使用训练后
的 FC1 + FCN 进行预测的结果（扫码见彩图）

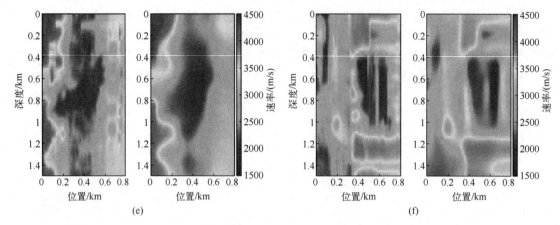

图 17.8　6 张转换后的原始图像使用训练后的 FC1 + FCN 进行预测的结果（续）

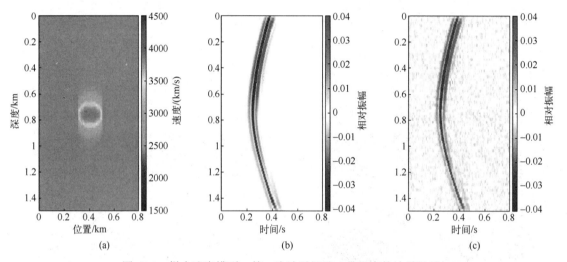

图 17.9　样本速度模型；第 5 次地震记录；带噪声的地震记录

第一组包含 6 个速度模型，在不同的位置和深度具有不同半径的圆形速度异常（图 17.10）。在每个子图中，左边是真实的速度模型，右边是使用 FC1 + FCN 预测的结果。修改后的 FCN 对异常的大小、位置和值给出了类似的预测。预测精度计算公式为

$$A = 1.0 - \frac{\sum\limits_{i=1,n} \left\| V_i - \hat{V} \right\|_{iF}^2}{\sum\limits_{i=1,n} \left\| \hat{V}_i \right\|_F^2} \tag{17-6}$$

式中：$n = 6$ 为第一组中的样本数；$\| \cdot \|_F$ 为 Frobenius 范数。FC1+FCN 和修改后的 FCN 在本组和下组测试中的精度对比见表 17-1。当输入数据无噪声时，修改后的 FCN 的预测精度略高于 FC1+FCN 的预测精度。

第二组有 6 个具有规则结构的速度模型，包括高/低速异常、水平和垂直界面及棋盘格，见图 17.11。在每个子图中，左边是真实的速度模型，中间是使用修正的 FCN 预测的结果，右边是使用 FC1 + FCN 预测的结果。两个经过训练的网络都给出了可接受的预测效果，包括棋盘模型［图 17.11（f）］，它比其他网络更复杂。图 17.11（b）～（d）和图 17.11（f）在 $x = 0.5\text{km}$ 处

的速度剖面绘制在图 17.12 中。两个网络的预测与真实速度模型非常吻合。

　　然后将随机噪声添加到输入共炮点道集。图 17.9（c）显示了带有噪声的地震记录。噪声地震记录的平均信噪比（S/N）为 8，噪声数据的预测如图 17.13（a）～（f）所示。噪声会导致对修改后的 FCN 预测失效，尤其是在模型的顶部和底部。图 17.14 显示了 FC1+FCN 和修改后的 FCN 使用不同平均信噪比（S/N）的地震数据的预测精度。当存在噪声时，FC1+FCN 比修改后的 FCN 更稳定。因为 FC 是由不同的炮记录一起训练以将它们映射到同一模型的，这增加了其处理噪声数据的能力。

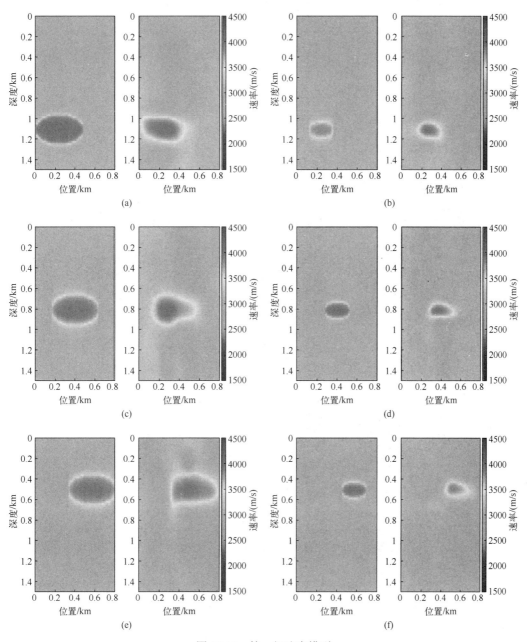

图 17.10　第一组速度模型

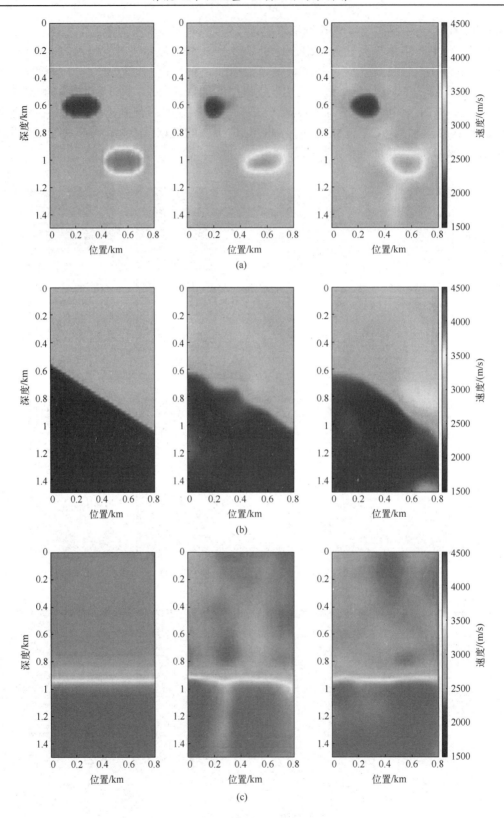

图 17.11　第二组速度模型

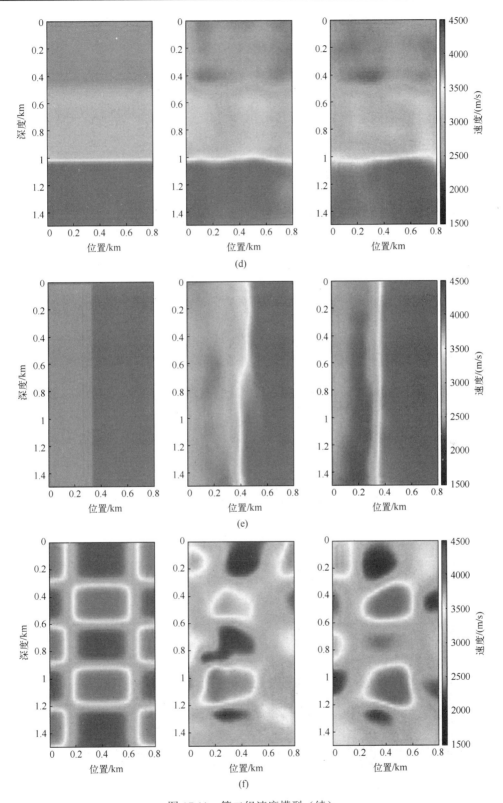

图 17.11　第二组速度模型（续）

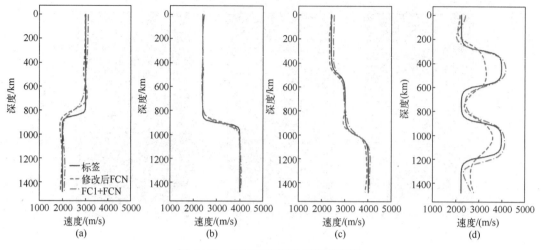

图 17.12　不同网预测的速度剖面图

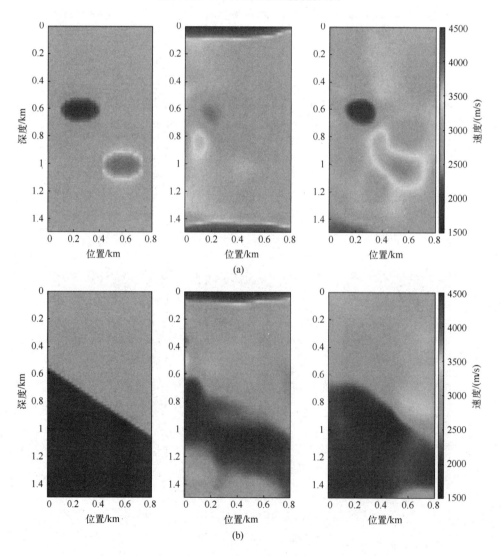

图 17.13　噪声数据的预测

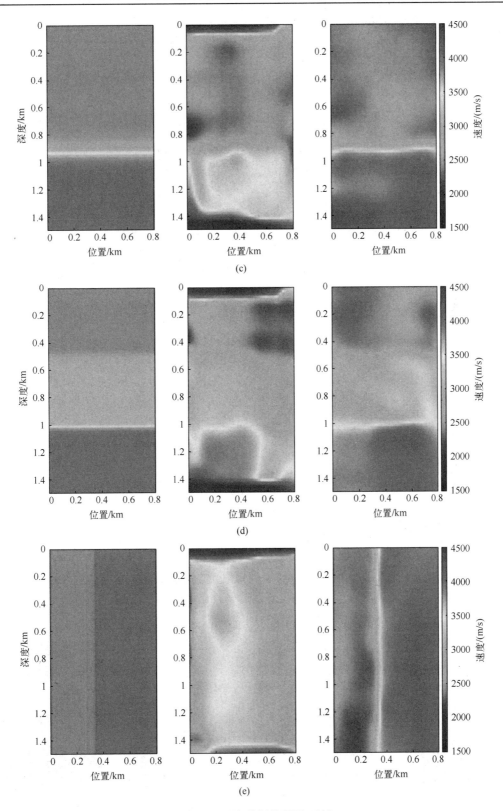

图 17.13　噪声数据的预测（续）

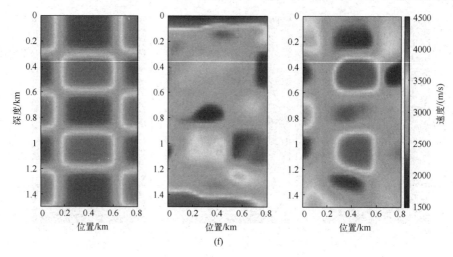

(f)

图 17.13　噪声数据的预测（续）

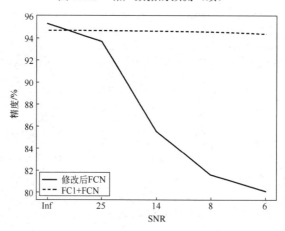

图 17.14　FC1+FCN 和修改后 FCN 使用不同平均信噪比（S/N）的地震数据的预测精度

　　本文通过输出它的中间产物来观察训练的 FC1+FCN。图 17.15（b）～（f）显示了以图 17.11（b）为输入的不同共炮点道集的 FC 层输出。图 17.15（a）为真实模型和 FC1 + FCN 预测模型；图 17.15（b）～（f）为 5 个代表性地震记录及其由 FC 层转换的结果。虚线表示模型中的速度界面。虽然物理意义未知，但 FC 转换后的数据大致遵循模型的结构。有些通道表示速度界面的边界。这表明，FC 变换后的数据具有空间域特征。

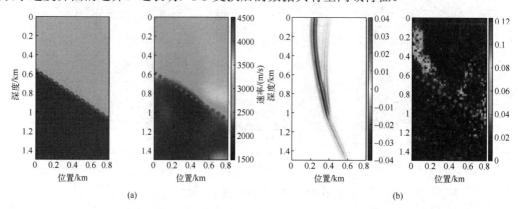

(a)　　　　　　　　　　　　　　　　　　　　　(b)

图 17.15　中间产物来观察训练的 FC1+FCN

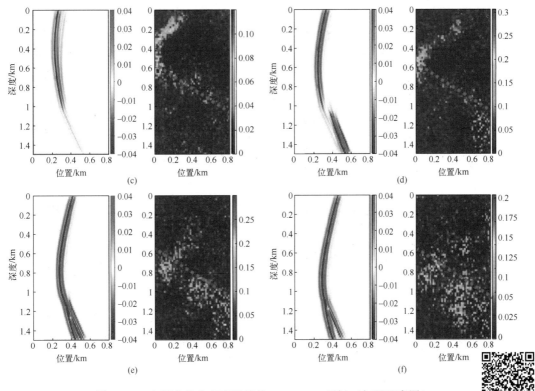

图 17.15　中间产物来观察训练的 FC1+FCN（续）（扫码见彩图）

训练后的 FC1+FCN 在三个经典模型的部分上进行测试，这些模型通常用于测试迁移和反演算法（第三组）：Marmousi 模型（Martin 等，2002）、SEG/EAGE Overthrust 模型（Aminzadeh 等，1994）和 Pluto 模型（Stoughton 等，2001）。从每个模型的不同深度和水平位置提取出三个部分[图 17.16（a）～（i）中的左列]。经过训练的 FC1 + FCN 的预测结果显示在图 17.16（a）～（i）的右列中。该网络对大多数模型[图 17.16（a）、图 17.16（b）和图 17.16（f）]给出了可接受的预测精度，特别是对低波数模型，但未能显示图 17.16（d）～（f）和图 17.16（i）的详细结构；盐丘的速度值也不准确[图 17.16（g）和图 17.16（h）]。另一种准确性的定量测量方法是使用图像相关（IC）图（Linear，2012）。图 17.17 显示了图 17.16 中每个模型中每个网格位置的真实速度模型与 FC1+FCN 预测结果之间的交会图。反演效果可以通过相关系数来量化（计算方法见 Nguyen 和 McMechan[2015]的公式 13）。当相关系数接近 1 时，表明反演效果好。

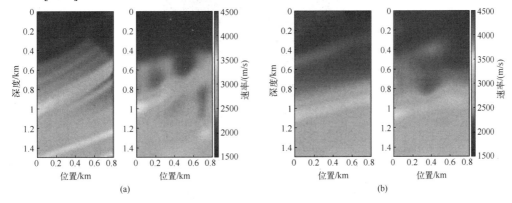

图 17.16　第三组速度模型

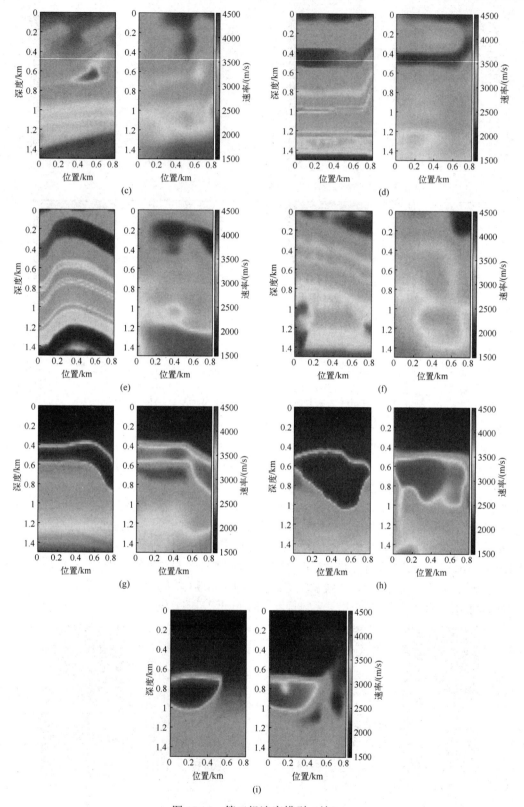

图 17.16　第三组速度模型（续）

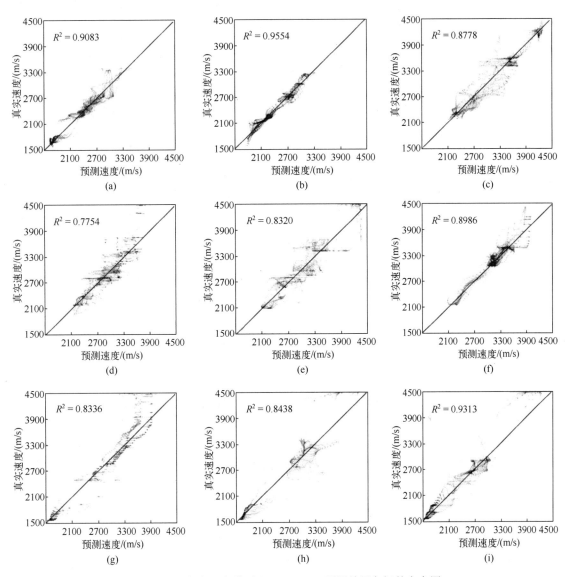

图 17.17　真实速度模型和 FC1+FCN 预测结果之间的交会图

　　根据预测的速度模型 [图 17.16（b）、图 17.16（d）和图 17.16（f）的右列] 模拟地震数据，并与真实速度模型的地震数据进行比较 [图 17.16（b）、图 17.16（d）和图 17.16（f）的左列]。图 17.18（a）～17.18（c）中、左列分别为它们在同一震源位置对应的共炮点道集，它们的残差如图 17.18（a）～17.18（c）的右列所示。真实模型与预测模型的旅行时不匹配程度较低，表明速度模型的低波数分量恢复得较好。对于一些模型来说，预测精度仍然很低，并且会导致旅行时间差异，在残差中以错误定位事件的形式出现。请注意，预测模型的地震正演模拟仅用于说明，使用速度模型构建网络进行速度预测不需要这种模拟。

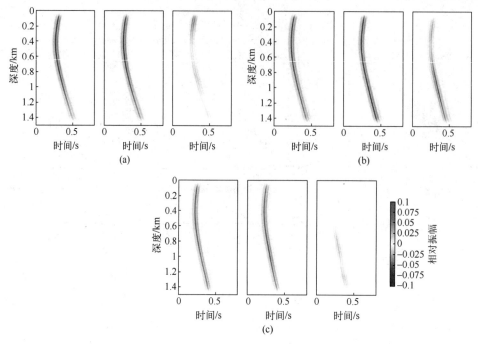

图 17.18　模拟地震数据

5　讨论

速度模型构建网络中的参数数量达到了 1 亿以上，远高于改进的 FCN，主要是因为 FC层。FC 层的必要性已在使用噪声数据的测试中得到验证。对于现代计算机来说，用 3D 数据训练网络的计算量是巨大的。一种可能的解决方案是，在将三维数据输入网络之前，使用压缩感知来减少三维数据集的体积。

一个主要问题是神经网络仍然是一个黑匣子，而波现象背后的物理原理却很好理解。在我们的方法中，物理隐藏在数以万计的训练样本中，这些样本是由相关速度模型中的波动方程模拟的。图像转换模型降低了仅学习模型中的统计模式的风险。网络经过训练学习从数据到模型的直接映射。因此，使用神经网络进行速度模型构建的一个好处是效率高，因为它不需要迭代过程来进行优化。

所提出的速度模型构建网络的工作方式与传统的全波形反演和层析成像不同（Farris 等，2018）。全波形反演和层析成像基于显式波动方程，它们通常需要初始速度模型来迭代优化。全波形反演的初始模型需要与真实模型足够接近以避免周波跳跃。全波形反演的损失函数衡量真实地震记录和模拟地震记录之间的误差平方和。另外，速度模型构建网络依赖于从地震数据到速度模型的学习映射。速度模型构建网络没有初始模型，因此，它不容易遇到与梯度下降（伴随状态）方法相同的非线性问题。因此，它不存在经典的周波跳跃问题。基于神经网络的方法、传统的全波形反演和层析成像方法有可能提供多种解决方案，这些解决方案具有相似的数据可预测性。

速度模型构建网络的预测很有前景，但距离投入生产的标准还很远，尤其是在预测复杂模型方面。预测的不确定性仍然是一个待解决的问题。有许多可能的方法可以进一步提高预测精度。一种是合并更多数据并增加每个模型中的炮集数量，但代价是消耗更多的计算资源。在训练集中添加地质模型也可能有助于提高网络的性能。其他优化算法可能具有与 SGD 不同的性能来解决这个问题，将在未来的研究中进行分析。

本文中用于训练和测试的地震数据是从井间地震观测中收集的，预测主要依赖直达波。使速度模型构建网络适应地面地震观测系统很简单，但记录的波主要是反射波，其动力学比直达波更复杂，可能需要修改网络架构以适应表面收集的数据。

将训练后的网络应用于速度模型的建立有很多限制条件。例如，模型的速度需要在1500~4500m/s，这是速度模型在训练集中的动态范围；获取观测系统和炮特征需要与训练集中相同。改变速度范围或观测系统可能需要在修改的训练集上进行另一次训练。经过训练的速度模型构建网络可以通过在另一个训练集上继续训练来调整，以适应不同（振幅、相位和频率）震源，称为迁移学习（Goodfellow 等，2016）。

我们一致认为，基于地球物理的算法（如全波形反演）仍将是速度反演的主力。神经网络是一个强大的数据驱动工具。建议的网络需要进一步研究和发展，以适用于生产。我们还相信，将会有其他类型的神经网络能够建立速度模型，速度模型构建网络是我们的尝试之一，它对合成数据的预测效果很好。在未来，我们希望对这个网络的结构及训练和测试能够有深入的研究。

6 结论

本文设计并训练了一种神经网络，用于在井间地震观测系统中直接从叠前共炮点道集预测速度模型。本文提出的网络是在大量的数据集上训练的，这些数据集是由在线原始图像存储库修改而来的。训练过程的计算成本很高，但一旦训练完成，就可以很快地应用该网络直接从共炮点道集对速度模型进行预测。训练后的网络对结构简单的模型和部分经典模型进行了测试，预测结果稳定可靠。

参考文献

[1] Aminzadeh F，Burkhard N，Nicoletis L，et al. SEG/EAGE 3-D modeling project: 2nd update [J]. The Leading Edge，1994，13（9）：949-952.

[2] Araya-Polo M，Jennings J，Adler A，et al. Deep-learning tomography [J]. The Leading Edge，2018，37（1）：58-66.

[3] Bishop C. Pattern recognition and machine learning [M]. Springer，2007.

[4] Dahlke T，Araya-Polo M，Zhang C，et al. Predicting geological features in 3D seismic data [C]. Advances in Neural Information Processing Systems（NIPS），2016：29.

[5] Deng J，Dong W，Socher R，et al. ImageNet: A large-scale hierarchical image databas [C]. IEEE Conference on Computer Vision and Pattern Recognition Expanded Abstracts，2009：248-255.

[6] Farris S，Araya-Polo M，Jennings J，et al. Tomography：A deep learning vs full-waveform inversion comparison [C]. First EAGE Workshop on High Performance Computing for Upstream in Latin America Extended Abstracts，2018：1-5.

[7] Goodfellow I，Bengio Y，Courville A，et al. Deep learning [M]. The MIT Press，2016.

[8] Hall B. Facies classification using machine learning [J]. The Leading Edge，2016，35（10）：906-909.

[9] Hecht-Nielsen R. Theory of the backpropagation neural network [C]. Joint Conference on Neural Networks Extended Abstracts，1989：593-605.

[10] Hornick K，Stinchcombe M，White H. Multilayer feedforward networks are universal approximators [J]. Neural Networks，1989，2（5）：359-366.

[11] Komatitsch D，Martin R. An unsplit convolutional perfectly matched layer improved at grazing incidence for

the seismic wave equation [J]. Geophysics, 2007, 72 (5): 155-167.

[12] LeCun Y, Boser B, Denker J S, et al. Backpropagation applied to handwritten zip code recognition [J]. Neural Computation, 1989, 1 (4): 541-551.

[13] Lim J S. Reservoir properties determination using fuzzy logic and neural networks from well data in offshore Korea [J]. Journal of Petroleum Science and Engineering, 2005, 49 (3-4): 182-192.

[14] Linear C L. Elements of seismic dispersion: A somewhat practical guide to frequency-dependent phenomena [M]. Society of Exploration Geophysicists, 2012.

[15] Martin G S, Marfurt K J, Larsen S. Marmousi-2: An updated model for the investigation of AVO in structurally complex areas [C]. 72nd Annual International Meeting Expanded Abstracts, 2002: 1979-1982.

[16] Nath S K, Chakroborty S, Singh S K, et al. Velocity inversion in crosshole seismic tomography by counterpropagation neural network, genetic algorithm and evolutionary programming techniques [J]. Geophysical Journal International, 1999, 138 (1): 108-124.

[17] Nguyen B D, McMechan G A. Five ways to avoid storing source wavefield snapshots in 2D elastic prestack reverse-time migration [J]. Geophysics, 2015, 80 (1): S1-S18.

[18] Ronneberger O, Fischer P, Brox T. U-Net: Convolutional networks for biomedical image segmentation [C]. Medical Image Computing and Computer-Assisted Intervention - MICCAI 2015, 2015: 234-241.

[19] Röth G, Tarantola A. Neural networks and inversion of seismic data [C]. Journal of Geophysical Research, 1994, 99: 6753-6769.

[20] Srivastava N, Hinton G, Krizhevsky A, et al. Dropout: A simple way to prevent neural networks from overfitting [J]. Journal of Machine Learning Research, 2014, 15 (56): 1929-1958.

[21] Stewart R R, Marchisio G. Cross-well seismic imaging using reflections [C]. 61st Annual International Meeting Expanded Abstracts, 1991: 375-378.

[22] Stoughton D, Stefani J, Michell S. 2D elastic model for wavefield investigations of subsalt objectives, deep water Gulf of Mexico [C]. 71st Annual International Meeting Expanded Abstracts, 2001: 1269-1272.

[23] Tarantola A. Inversion of seismic reflection data in the acoustic approximation [J]. Geophysics, 1984, 49 (8): 1259-1266.

[24] Virieux J, Operto S. An overview of full-waveform inversion in exploration geophysics [J]. Geophysics, 2009, 74 (6): WCC1-WCC26.

[25] Wang W, Yang F, Ma J. Velociy model building with a modified fully convolutional network [C]. 88th Annual International Meeting Expanded Abstracts SEG, 2018: 2086-2089.

[26] Yang F, Ma J. Deep-learning inversion: A next generation seismic velocity-model building method [J]. Geophysics, 2019, 84 (4): R583-R599.

[27] Zeng H. Seismic geomorphology-based classification [J]. The Leading Edge, 2004, 23 (7): 644-688.

[28] Zhao T, Jayaram V, Marfurt K J. A comparison of classification techniques for seismic facies recognition [J]. Interpretation, 2015, 3 (4): SAE29-SAE58.

[29] Zhu B, Liu J Z, Cauley S F, et al. Image reconstruction by domain-transform manifold learning [J]. Nature, 2018, 555: 487-492.

（本文来源及引用方式：Wang W, Ma J. Velocity model building in a crosswell acquisition geometry with image-trained artificial neural networks [J]. Geophysics, 2020, 85 (2): U31-U46.）

论文 18　地震数据指导的地震速度模型超分辨率

摘要

　　近年来，被称为 M-RUDSR 的多任务学习算法通过提高地震速度模型的分辨率，成功地提高了全波形反演（FWI）结果的精度。然而，M-RUDSR 并没有充分利用有助于提高速度模型分辨率的地震数据中的高波数信息。由于地震速度模型和地震数据位于不同的频带，仅通过增加模型的输入和输出通道来使用地震数据的效果是有限的。因此，建议将地震数据的超分辨率（Super-Resolution，SR）及其边缘图像作为地震速度模型超分辨率的补充辅助任务。此外，所提出的方法 M-RUDRSv2 利用三步学习策略，提高了地震速度模型的分辨率。首先，在地震速度模型和地震数据处于相同模糊级别的特定数据上，对 M-RUDSRv2 中的模型进行初步训练。然后，在大量数据上对预训练模型进行微调，其中地震速度模型和地震数据处于各种模糊级别，以实现较强的泛化能力。最后，微调模型的重点是通过调整损失函数中的参数来提高地震速度模型的分辨率。通过对合成数据和现场数据的对比实验，验证了 M-RUDSRv2 相较于 M-RUDSR 在地震速度模型超分辨率中的优越性能。

1　引言

　　全波形反演（Full Waveform Inversion，FWI）是一种寻求地下高分辨率（High-Resolution，HR）和高保真速度模型的方法，它能够将单个合成地震波形与原始现场数据相匹配（Luo 等，2021；Xie 等，2018；Alkhalifah，2015）。全波形反演是通过确定并最小化模型数据与记录数据之间的残差来迭代实现的（Klotzsch 等，2015；Wu 和 Lin，2020）。然而，目前对原始野外数据的观测方法有限，使全波形反演结果不够准确。近年来，低频和中频波数的全波形反演发展迅速（Bunks 等，1995；Wang 等，2018；Alkhalifah 等，2018），高频全波形反演由于其计算成本巨大而不受欢迎（Alkhalifah 等，2020）。

　　图像超分辨率（Super-Resolution，SR）方法的目的是从给定的低分辨率（Low-Resolution，LR）图像中生成视觉上令人满意的高分辨率图像，这适用于改善全波形反演的高频部分。随着深度卷积神经网络（Convolutional Neural Network，CNN）的引入，超分辨率技术有了快速的发展（Wang 等，2019）。然而，当卷积神经网络模型的深度进一步增加时，由于网络冗余，性能几乎没有改善（Wen 等，2018）。因此，采用密集跳过连接（Wen 等，2018；Huang 等；2016；Tong 等，2017）和剩余跳过连接（He 等，2015；Mao 等，2016；Kim 等，2015；Tai 等，2017）等结构来解决网络冗余导致的梯度消失问题。由于深度学习已被广泛应用于地球物理领域（Wang 等，2020；Zhang 和 Alkhalifah，2020；Ovcharenko 等，2019；Wang 等，2019），基于卷积神经网络的超分辨率是增强全波形反演高频部分的可行方案（Li 等，2021）。

　　充分的标签数据是使用深度学习方法的先决条件。然而，包括地球物理在内的一些应用领域往往因为数据采集和标记成本高昂而无法满足标记数据的要求。多任务学习（MultiTasking Learning，MTL）（Caruana，1997）是一种使用一个模型同时完成多个相关任务的方法，它可以引入有效的约束信息。通过引入其他相关任务的有用信息，可以缓解标记数据稀缺的问题（Ruder，2017）。在反向传播过程中，多任务学习允许共享层中特定任务专用的功能被其他任务使用。因此，多任务学习将能够学习适用于多个不同任务的功能，这些功能在单任务学习网络中通常不容易学习（Zhang 和 Yang，2019）。

受多任务学习在超分辨率（Shi 等，2016）中成功应用的启发，（Li 等，2021）提出了一个名为 M-RUDSR 的多任务学习模型（M：多任务；R：全局剩余跳过连接结构；U：U-Net 编码器-解码器结构；D：密集跳过连接结构；SR：超分辨率），用于改善全波形反演的高频部分。M-RUDSR 包含一个全局剩余跳过连接（Kim 等，2016）、一个 U-Net 的编码器-解码器结构（Ronneberger 等，2015），以及一个密集的跳过连接结构（Huang 等，2016）。其中，M-RUDSR 着重同时提高地震速度模型及其在垂直和水平方向上边缘图像的分辨率。此外，由于任务之间的高度相关性，M-RUDSR 的所有隐藏层都是任务共享层。实验表明，M-RUDSR 能比相同结构的单任务模型（RUDSR）产生更好的结果。

虽然 M-RUDSR 取得了令人满意的地震速度模型恢复结果，但由于只使用了地震速度模型的原始图像和边缘图像，其效果有限。地震数据包含高波数信息，这有助于提高地震速度模型的分辨率。因此，建议将地震数据的超分辨率及其边缘图像作为地震速度模型超分辨率的补充辅助任务，并提出 M-RUDRSv2。与 M-RUDSR 不同，M-RUDSR 只将地震速度模型边缘图像的超分辨率作为辅助任务，以提高地震速度模型的分辨率，新提出的 M-RUDSRv2 不仅考虑了地震速度模型的水平和垂直边缘图像的超分辨率，还将地震数据及其边缘图像的超分辨率作为辅助任务，这有助于生成更精确、更精细的高分辨率地震速度模型。具体而言，MRUDSRv2 的输入和输出由六个通道（地震速度模型及其边缘图像、地震数据及其边缘图像）组成，而 M-RUDSR 的输入和输出仅由三个通道（地震速度模型及其边缘图像）组成。此外，M-RUDSRv2 利用基于微调技术的三步学习策略提高了地震速度模型的分辨率，显著提高了其泛化能力。M-RUDSRv2 的主要贡献如下。

（1）地震数据指导下的地震波速度模型超分辨率：地震数据包含高波数信息，这有助于提高地震速度模型的分辨率。因此，将地震数据及其边缘图像视为辅助任务，以提高地震速度模型超分辨率的性能。具体而言，所提出模型的输入和输出均由六个通道组成，包括地震速度模型及其边缘图像、地震数据及其边缘图像。

（2）提高泛化能力的分步训练策略：M-RUDSR 的改进是有限的，它通过增加输入和输出通道来引入地震数据，同时保持训练过程不变。相比之下，M-RUDSRv2 通过三步训练策略提高了地震速度模型的分辨率。该模型在特定数据上进行初步训练，然后在大量数据上进行微调，以获得较强的泛化能力。最后，拟合模型的重点是通过调整损失函数中的参数来提高地震速度模型的分辨率。

本文的其余部分组织如下。在第 2 节中，介绍了所提出的方法理论，即 M-RUDSRv2。在第 3 节中，在两个合成数据集和两个现场数据集上验证了 M-RUDSRv2 的有效性。最后，在第 4 节中给出结论。

2 原理

M-RUDSR 提高了地震速度模型的分辨率，提高了全波形反演的效率和精度。结果表明，M-RUDSR 的训练策略和网络结构是有效的。鉴于 M-RUDSR 的多任务学习方法和网络细节是有效的，建议通过引入地震数据来继承其结构并提高其效率。以下部分说明了所提 M-RUDSRv2 方法的细节。

2.1 数据处理流程

地震速度模型和地震数据是原始图像，水平边缘（X 边缘）和垂直边缘（Y 边缘）图像是通过对原始图像应用索伯（Luo 等，1996）算子获得的。因此，M-RUDSRv2 管道中的数据有六个通道。训练集中的低分辨率数据是应用平均滤波从相应的高分辨率数据生成的；M-RUDSRv2 的多任务学习模型是通过硬参数共享的方式实现的，其数据生成、流程及架构如图 18.1 所示。在图 18.1（a）中 M-RUDSRv2 的输入和输出数据包括两部分，即地震速度模型和地震数据。每个通道包含三个通道，分别是原始图像及其在水平和垂直方向上的边缘图像。总之，将地震速度模型、地震数据及其在水平方向和垂直方向上的边缘图像组合成六通道数据，用于训练该方法。值得注意的是，通过对原始图像应用索伯（Luo 等，1996）算子，获得了水平边缘（E_x）和垂直边缘（E_y）图像。

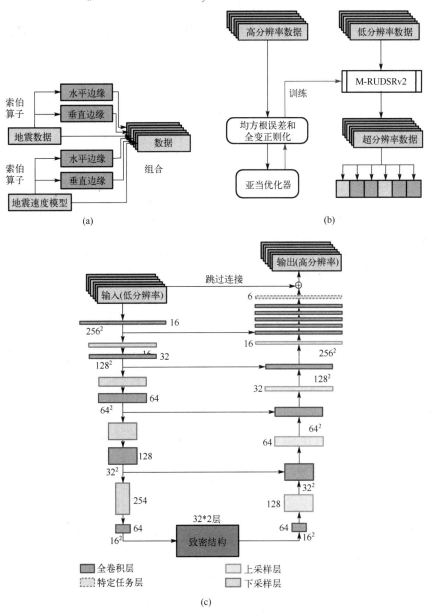

图 18.1　M-RUDSRv2 的数据生成、流程和架构
（a）数据生成；（b）流程；（c）架构。

　　图 18.1（b）显示了 M-RUDSRv2 的流程。在训练过程中，高分辨率地震速度模型和高分辨率地震数据是初始数据，首先生成高分辨率数据。训练过程中的低分辨率数据通过平均滤波和索伯运算生成。值得注意的是，在应用过程中，低分辨率数据来自全波形反演、迁移和索伯操作。鉴于用于训练和测试的数据大小可能超出图形处理单元（Graphics Processing Unit，GPU）的处理能力，将数据分割成大小为 256×256、步长为 128 的重叠块。将裁剪后的低分辨率数据送入深度神经网络 M-RUDSRv2，模型的输出是恢复的超分辨率数据。将裁剪后的高分辨率数据作为模型的目标。最后，采用亚当（Adam）（Kingma 和 Ba，2014）优化器最小化损失函数并调整深度神经网络 M-RUDSRv2 的参数。损失函数在图 18.1（b）中表示为"均方误差和全变正则化"，这将在第 2.2 节中解释。

　　如图 18.1（c）所示，M-RUDSRv2 的多任务学习模型以硬参数共享的方式实现。此外，M-RUDSRv2 中的所有隐藏层都是参数共享层，而输出层是特定于任务的层。下采样层由"步长"参数为 2 的卷积层实现，上采样层由具有相同"步长"参数的转置卷积层实现。M-RUDSRv2 由卷积层组成，包括一个全局剩余跳过连接（Kim 等，2016），一个具有四个局部剩余跳过连接的编码器–解码器结构（Ronneberger 等，2015）及一个密集跳过连接结构（Tong 等，2017）。

2.2　损失函数

　　本文方法的损失函数定义为

$$\mathrm{loss}(\boldsymbol{\Phi}) = \mathrm{MSE}(\boldsymbol{\Phi}) + \beta \mathrm{TV}(\boldsymbol{\Phi}) \tag{18-1}$$

式中：MSE（Mean Square Error）为均方误差；TV（Total Variation）为全变正则化；$\boldsymbol{\Phi}$ 为深度学习模型的参数；β 为 TV 范数函数的权重参数。β 值越大，模型越注重抑制噪声。一项实证分析表明，将 β 值设为 0.1 可以得到令人满意的恢复结果（Li 等，2021）。均方根误差函数用于测量超分辨率和高分辨率数据之间的差异，其表达式如下：

$$\mathrm{MSE}(\boldsymbol{\Phi}) = \frac{1}{NM} \sum_{k=1}^{K} \alpha_k \sum_{i=1}^{N} \sum_{j=1}^{M} (f(\boldsymbol{I}_{\mathrm{L}}, \boldsymbol{\Phi})^{i,j,k} - \boldsymbol{I}_{\mathrm{H}}^{i,j,k})^2 \tag{18-2}$$

式中：$\boldsymbol{I}_{\mathrm{L}}$ 为输入低分辨率数据；$\boldsymbol{I}_{\mathrm{H}}$ 为目标高分辨率数据；$f(\boldsymbol{I}_{\mathrm{L}}, \boldsymbol{\Phi})$ 为带参数模型的输出 SR 数据 $\boldsymbol{\Phi}$；i 为垂直方向上采样点的位置，其上限为 N；j 为水平方向上的位置，其上限为 M；k 为通道标签，而 $K = 6$ 是其上限；α_k 为损失函数中六个通道的权重参数，权重参数之间的关系表示如下：

$$\sum_{k=1}^{K} \alpha_k = 1, \ K = 6$$

$$\alpha_k = m\alpha_{k+3}, \ m > 0, \ k \in [1,3] \tag{18-3}$$

$$\alpha_{k_1} \boldsymbol{I}_{\mathrm{H}}^{k_1} - \boldsymbol{I}_{L_1}^{k_1} = \alpha_{k_2} \boldsymbol{I}_{\mathrm{H}}^{k_2} - \boldsymbol{I}_{L_1}^{k_2}, \ k_1, k_2 \in [1,3]$$

式中：$\boldsymbol{I}_{\mathrm{H}}^{k_1} - \boldsymbol{I}_{L_1}^{k_1}$ 为训练集中低分辨率数据与高分辨率数据的 L_1 范数距离，当通道标签 $k = k_1$。此外，$k \in [1,3]$ 对应于地震速度模型及其边缘图像，$k \in [4,6]$ 对应于地震数据及其边缘图像。m 是一个参数，控制地震速度模型和地震数据之间损失函数的重要性。当 $m > 1$ 时，损失函数更侧重地震速度模型。

　　利用 TV 范数函数约束相邻像素之间的差值，防止超分辨率数据中出现波动和噪声，其表达式如下：

$$TV(\boldsymbol{\Phi}) = \frac{1}{\Psi_1} \sum_{i=1}^{N} \sum_{j=2}^{M} \left| f(\boldsymbol{I}_L, \boldsymbol{\Phi})^{i,j} - f(\boldsymbol{I}_L, \boldsymbol{\Phi})^{i,j-1} \right|$$
$$+ \frac{1}{\Psi_2} \sum_{i=2}^{N} \sum_{j=1}^{M} \left| f(\boldsymbol{I}_L, \boldsymbol{\Phi})^{i,j} - f(\boldsymbol{I}_L, \boldsymbol{\Phi})^{i-1,j} \right|$$

（18-4）

式中：$\Psi_1 = N(M-1)$; $\Psi_2 = (N-1)M$。

2.3　训练策略

Adam 优化器通过根据偏导数更新参数来最小化损失函数。学习率每半个单元就衰减一次，衰减的学习率（η_l）的表达式如下：

$$\eta_l = \gamma^l \eta_0$$

（18-5）

式中：η_0 为初始学习率；l 为衰变次数；γ 为衰变率。

深度学习方法严重依赖大量的训练数据，但现场地震速度模型和地震数据严重不足。因此，从属于我们研究组的私有数据库中获得了一些合成数据。图 18.2 给出了这些随机生成的合成数据示例，包括地震速度模型及地震数据，这些生成的数据包含丰富的各种地质构造，这有助于所提出的深度神经网络适应各种现场数据。数据的数据量为 465，所有数据的大小均为 1024×1024。此外，这些数据被随机分为三组。具体来说，其中 350 个数据用作训练集，65 个数据用作验证集，其余 50 个数据用于测试。图 18.2（a）显示，生成的数据富含各种地质构造，这有助于深层卷积神经网络模型适应各种现场数据。如图 18.2（b）所示，地震数据由 15Hz 主频的雷克子波生成，时间采样间隔为 2ms。值得一提的是，地震数据也需要平滑，以获得低分辨率地震数据为深度神经网络的输入数据。因此，深度神经网络对地震数据的高频细节不敏感。

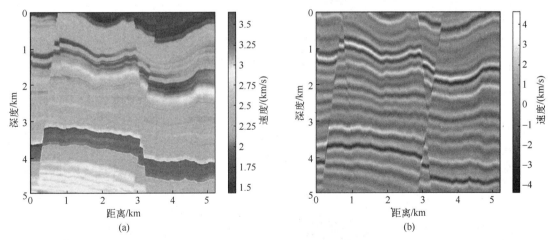

图 18.2　合成数据示例
（a）合成地震速度模型示例；（b）合成地震数据示例。

鉴于现场数据全波形反演结果的波数是不确定的，为了建立一个能够很好地概括各种频率数据的模型，对高分辨率数据应用了几种滤波器大小不同的平均滤波操作，以生成包含不同模糊级别低分辨率数据的训练集。此外，需要注意的是，采用平均滤波而不是高斯滤波是因为其模糊效果比高斯滤波更显著。建议用地震速度模型和地震数据的不同模糊级别（滤波器大小）来训练模型，包括 17×17、25×25、33×33 和 41×41。由于地震速度模型和地震数据都有四个模糊级别，因此有 16 种输入数据，如图 18.3 所示。根据训练集中数据的统计结果，将式（18-2）中的 α_k 设为 $\alpha_1 : \alpha_2 : \alpha_3 = 0.31 : 0.21 : 0.48$。此外，式（18-1）中 β 设置为 0.1，衰减学习率的参数设置为 $\eta_0 = 0.0002$ 和 $\gamma = 0.985$。训练过程分为以下三个步骤。

（1）步骤 1：对地震速度模型和具有相同模糊级别的地震数据的训练包括 4 种类型的训练数据（图 18.3 中的红色部分）。将式（18-3）中的参数 m 设为 1，损失函数对地震速度模型和地震数据是一样的。目前，该模型仅对特定数据进行初步学习，泛化能力较差。

（2）步骤 2：地震速度模型和各种模糊级别的地震数据的训练包括 16 种训练数据（图 18.3 中的所有部分）。因此，该模型广泛地学习各种数据，具有很强的泛化能力。此外，式（18-3）中的参数 m 也设置为 1。

（3）第 3 步：地震速度模型和各种模糊级别的地震数据的训练与步骤 2 中的训练数据类似（图 18.3 中的所有部分）。此外，将式（18-3）中的参数 m 调整为 $m > 1$，这使损失函数对地震速度模型更加敏感。在现有参数下，该模型能够通过地震数据提高地震速度模型的分辨率。值得注意的是，m 可以设置为大于 1 的任何值，建议设置为 12～34。在本文中，根据经验选择 21 作为 m 的值。

图 18.4 显示了训练过程中验证集的峰值信噪比（Peak Signal to Noise Ratio，PSNR）（Rohaly 等，2000），其中地震速度模型和地震数据均小于 41×41 的滤波器大小。步骤 1 对模型进行初步训练，步骤 2 对模型进行微调，以获得较强的泛化能力。在步骤 3 中，拟合模型的重点是通过调整损失函数中的参数来提高地震速度模型的分辨率。如图 18.4 所示，三个步骤的训练结果分别优于仅步骤 3、步骤 2 和步骤 3、步骤 1 和步骤 3 的训练结果。同时，步骤 1 接着步骤 2 的训练效果优于仅步骤 2 的训练效果，从而验证了分步训练的优势和必要性。

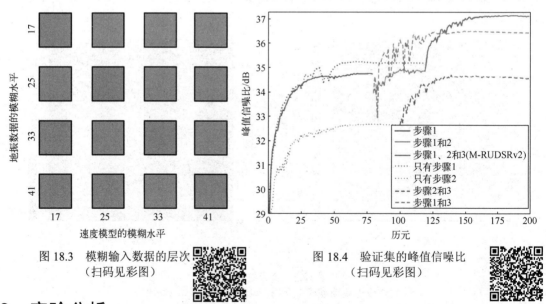

图 18.3　模糊输入数据的层次
（扫码见彩图）

图 18.4　验证集的峰值信噪比
（扫码见彩图）

3　实验分析

在本节中，将在两个合成数据集和两个现场数据集上演示所提出方法的性能。实验在 TensorFlowGPU（Abadi 等，2016）框架下进行，M-RUDSRv2 在 GTX 1080Ti 图形处理器上训练，并在 GTX 950M 图形处理器上测试。

3.1　对合成数据的评价

在平均滤波器尺寸分别为 17×17、25×25、33×33 和 41×41 的测试集上评估了本文方法。同时，M-RUDSR 及其改进模型通过增加输入和输出通道引入地震数据，作为比较模型。图 18.5 分别是高分辨率、低分辨率、M-RUDSR（Li 等，2021）、具有 6 个输入通道和 3 个输出通道（6in-3out）的 M-RUDSR、具有 6 个输入通道和 6 个输出通道（6in-6out）的 M-RUDSR，以及 M-RUDSRv2。M-RUDSRv2 提供了最佳的视觉效果和最高的评估结果，其中的"6in-3out"指通过增加输入通道引入地震数据及其边缘图像。此外，"6in-6out"指通过增加类似于 M-RUDSRv2 中的步骤 2 的超参数输入和输出通道引入地震数据及其边缘图像，采用峰值信噪比和结构相似性（Structural Similarity，SSIM）（Wang 等，2004）对恢复结果进行定量评估。如图 18.5 所示，M-RUDSRv2 在生成了最准确的断层信息和恢复了地震速度模型中纹理细节。此外，与 M-RUDSRv2 相比，M-RUDSR 通过增加输入和输出通道引入地震数据，同时保持训练过程不变，其改进是有限的。图 18.6 显示了恢复结果的误差图，子图标题中的数字表示误差图中所有像素的绝对值之和。可以看出，M-RUDSRv2 的恢复结果与高分辨率最接近。图 18.6 中的误差图基于绝对误差之和（Sum Absolute Error，SAE，$\sum_{i=1}^{n} |\text{error}_i|$），其表达式类似于平均绝对误差（Mean Absolute Error，MAE，$\sum_{i=1}^{n} |\text{error}_i| / n$）。由于峰值信噪比、结构相似性和绝对误差之和彼此不相关，可以合理地观察到"6in-6out"模型峰值信噪比和绝对误差之和优于 M-RUDSR，但结构相似性不如 M-RUDSR。通常，峰值信噪比、绝对误差之和和平均绝对误差与像素相关，而结构相似性与结构相关。

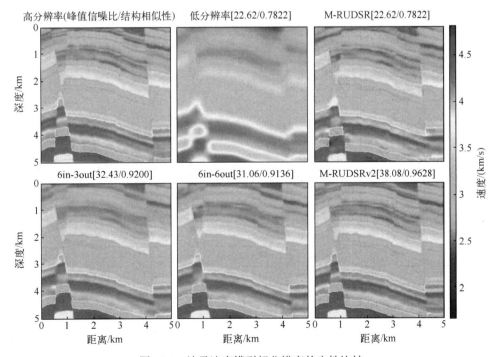

图 18.5　地震速度模型超分辨率的定性比较

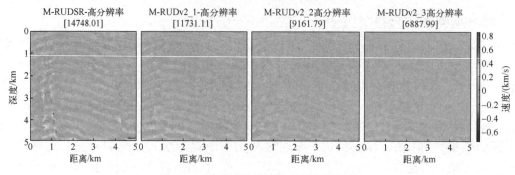

图 18.6　地震速度模型恢复结果的误差

表 18-1 显示了不同模糊级别（17×17、25×25、33×33 和 41×41）下恢复结果的峰值信噪比和结构相似性值，本文所提出方法所得结果最佳，用粗体突出显示，而其他采用地震数据模型的最佳结果用斜体突出显示，图 18.7 显示了不同模糊程下地震速度数据的峰值信噪比值。RUDSR 是一种单任务模型，其结构与 M-RUDSR 相似，"6in-3out" 和 "6in-6out" 是 M-RUDSR 的改进模型，通过增加输入和输出通道引入地震数据。可以观察到，M-RUDSR 的多任务学习结构主要在模糊程度较低的情况下有效，而在模糊程度较高的情况下表现较差。此外，通过增加 M-RUDSR 的输入和输出通道引入地震数据，可以在模糊程度较高情况下改善恢复结果，但在模糊程度较低情况下会产生负面影响。另外，研究发现，M-RUDSRv2 产生了最佳的峰值信噪比和结构相似性值，并在各种模糊级别上取得了显著的性能改善。此外，对表 18-1 中记录的一幅图像的平均处理时间的比较表明，所有这些方法具有非常相似的计算成本，也就是说，所提出的方法在相似的计算成本下获得了更好的结果。

表 18-1　用峰值信噪比和结构相似性对恢复性能进行评价

方法		地震数据的模糊水平	不同模糊度下速度模型的峰值信噪比和结构相似性				时间
			17×17	25×25	33×33	41×41	
低分辨率数据		—	28.69/0.8540	26.82/0.8347	25.48/0.8245	24.44/0.8162	—
RUDSR（22）		—	36.42/0.9492	34.87/0.9363	33.46/0.9244	32.31/0.9166	2.96s
M-RUDSR（22）		—	38.08/0.9591	35.76/0.9457	33.91/0.9330	32.55/0.9241	3.02s
增加 M-RU DSR 输入道	6 输入 3 输出	17×17	36.79/0.9433	35.94/0.9374	35.40/0.9332	34.81/0.9291	3.07s
		25×25	36.77/0.9434	35.63/0.9354	35.06/0.9315	34.81/0.9296	
		33×33	36.73/0.9431	35.65/0.9356	34.56/0.9284	34.41/0.9276	
		41×41	36.70/0.9429	35.64/0.9354	34.47/0.9279	33.46/0.9223	
	6 输入 6 输出	17×17	36.77/0.9540	35.76/0.9391	34.20/0.9277	33.45/0.9251	3.10s
		25×25	37.48/0.9503	35.14/0.9337	34.79/0.9334	33.77/0.9258	
		33×33	37.00/0.9460	35.74/0.9380	33.63/0.9225	33.80/0.9260	
		41×41	37.16/0.9477	35.53/0.9365	34.58/0.9313	32.38/0.9143	
M-RU DSRv2	步骤 1 预训练	17×17	38.25/0.9540	35.94/0.9374	35.40/0.9332	34.81/0.9291	3.07s
		25×25	35.51/0.9335	35.63/0.9354	35.06/0.9315	34.81/0.9296	
		33×33	35.92/0.9374	35.65/0.9356	34.56/0.9284	34.41/0.9276	
		41×41	36.60/0.9424	35.64/0.9354	34.47/0.9279	33.48/0.9223	
	步骤 2 生成	17×17	38.47/0.9543	37.59/0.9493	36.64/0.9438	35.80/0.9404	3.10s
		25×25	38.78/0.9562	37.26/0.9471	36.80/0.9455	36.01/0.9410	

续表

方法		地震数据的模糊水平	不同模糊度下速度模型的峰值信噪比和结构相似性				时间
			17×17	25×25	33×33	41×41	
M-RUDSRv2	步骤2 生成	33×33	38.61/0.9548	37.51/0.9482	35.92/0.9399	35.72/0.9389	3.10s
		41×41	38.59/0.9547	37.43/0.9477	36.15/0.9413	34.66/0.9335	
	步骤3 最终的模型	17×17	42.29/0.9777	**41.04/0.9733**	39.52/0.9676	38.69/**0.9653**	
		25×25	**42.71/0.9790**	40.27/0.9707	**39.66/0.9690**	**38.72**/0.9646	
		33×33	42.39/0.9780	40.70/0.9720	38.20/0.9634	38.14/0.9629	
		41×41	42.38/0.9780	40.64/0.9718	38.90/0.9662	36.53/0.9566	

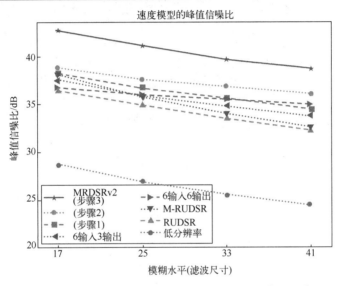

图 18.7　不同模糊程度下地震速度数据的峰值信噪比值

　　如表 18-1 所示,当地震速度模型和地震数据处于相同的模糊程度(对角线)时,步骤 1 中的 M-RUDSRv2 模型表现良好,否则表现不佳,这意味着步骤 1 中的模型泛化能力较差。相比之下,在地震速度模型的各种模糊级别(表 18-1 中的列)中,步骤 2 的模型的结果优于步骤 1 的模型,即步骤 2 的模型的有效性和鲁棒性优于步骤 1 的模型。此外,M-RUDSRv2 的最终模型(步骤 3)产生了最准确的恢复结果。具体来说,该模型广泛地学习了各种数据,产生了更精确、更精细的高分辨率地震速度模型,验证了地震数据的重要性。

　　鉴于步骤 2 和步骤 3 中 M-RUDSRv2 的结果对地震数据的模糊程度不敏感,因此大致设置地震数据的模糊程度是可行的。此外,在处理地震速度模型的各种模糊程度时,M-RUDSRv 是有效和稳健的。

　　为了进一步验证 M-RUDSRv2 步骤 3 中模型的优势,在 Marmousi 合成数据集 (Brougois 等,1990)上对其进行了评估。采用 M-RUDSR 和 M-RUDSRv2 作为全波形反演的后处理,以提高 Marmousi 合成数据的质量。如图 18.8 所示,基于相同的全波形反演结果,M-RUDSRv2 比 M-RUDSR 恢复了更详细的信息,这些方法包括低频全波形反演、高频全波形反演、全波形反演后接 M-RUDSR、全波形反演后接 M-RUDSRv2(步骤 3)。基于相同的全波形反演结果,与 M-RUDSR 相比,M-RUDSR2 恢复了更详细的信息,产生了更好的视觉效果。

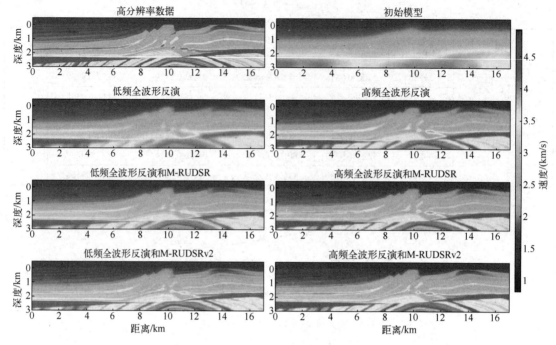

图 18.8　Marmousi 合成数据集的定性比较

　　此外表 18-2 显示了恢复结果在均方根误差、信噪比和时间成本方面的定量比较，可见全波形反演和 M-RUDSRv2 的结果优于相同全波形反演和 M-RUDSR 的结果。此外，高频全波形反演（10Hz）和 M-RUDSRv2 重建的结果最准确，因为它与高分辨率 Marmousi 合成数据集最相似。M-RUDSRv2 的时间成本与 M-RUDSR 非常相似，与全波形反演相比可以忽略不计。

表 18-2　基于均方误差、信噪比和时间成本的 Marmousi 合成数据集的性能评价

方法	均方误差 ↓	信噪比 ↑	时间	
			全波形反演	超分辨率
低分辨率模型	0.149	17.33	—	—
全波形反演（5Hz）	0.091	19.49	16h	—
全波形反演+M-RUDSR	0.057	21.49	16h	1.73s
全波形反演+M-RUDSRv2	0.041	22.94	16h	1.79s
全波形反演（10Hz）	0.053	21.81	31h	—
全波形反演+M-RUDSR	0.028	24.63	31h	1.73s
全波形反演+M-RUDSRv2	**0.022**	**25.59**	31h	1.79s

3.2　野外数据评价

　　在一个野外地震速度模型上对 M-RUDSRv2 步骤 3 中的模型进行了评估，如图 18.9 所示，现场模型的测量线长为 30km，在 23.5km 处有一条测井曲线。图 18.9（b）显示，不同深度的地震数据振幅存在显著差异，需要进行局部归一化。因此，对每个区域的地震速度模型和地震数据进行了归一化。同时，图 18.10 显示了在野外地震速度模型上的评估。图 18.10 中的全波形反演结果包括低频全波形反演（5Hz）和高频全波形反演（10Hz）。图 18.10（a）显示，

与基于相同全波形反演结果的 M-RUDSR 相比，M-RUDSRv2 恢复了更详细的信息，并获得了更好的视觉效果。图 18.10（b）和图 18.10（c）显示了全波形反演不同频率下的垂直速度曲线：绿线是全波形反演的结果，蓝线是全波形反演和 M-RUDSR 的结果，红线是全波形反演和 M-RUDSRv2 的结果，黑线是测井曲线中的真实的纵波速度。对这些速度曲线的分析表明，与 M-RUDSR 相比，M-RUDSRv2 可以从相同的全波形反演结果中产生与测井在视觉上匹配较好的结果。

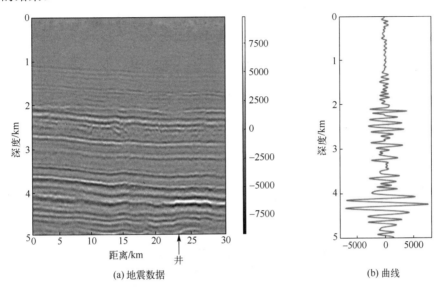

(a) 地震数据　　　　　　　　　　　(b) 曲线

图 18.9　现场地震数据及其在井点处的曲线

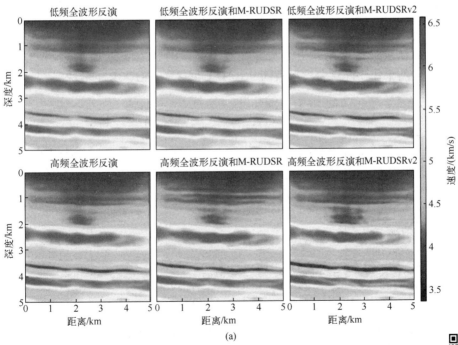

(a)

图 18.10　在野外地震速度模型上的评估（扫码见彩图）

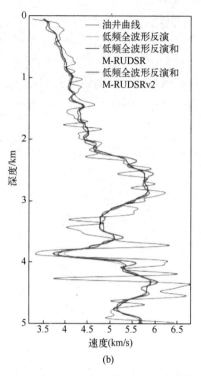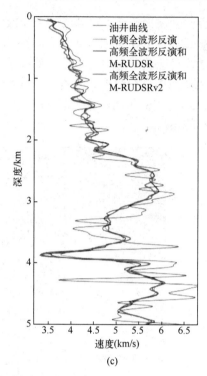

图 18.10   在野外地震速度模型上的评估（续）

（a）全波形反演和全波形反演后接超分辨率的定性评估；（b）低频全波形反演（5Hz）和低频分波形反演（5Hz）
后接 SR 的速度曲线；（c）高频全波形反演（10Hz）和高频分波形反演（10Hz）后接超分辨率的速度曲线。

表 18-3 显示了测井处理结果的定量比较，其中测井中的真实纵波速度用作地面真值，相关系数、均方误差、信噪比和时间作为评估指标，最好的结果用粗体突出显示。同时，图 18.11 显示了处理结果与测井中真实纵波速度之间的相关系数。其中，高频全波形反演（10Hz）和 MRUDSRv2 的结果最接近测井中的实际纵波速度。同时，低频全波形反演（5Hz）后接 M-RUDSRv2 的结果优于高频全波形反演（10Hz）后接 M-RUDSR 的结果。

表 18-3   定量比较测井处理结果定量比较

方法	相关系数↑	均方误差↓	信噪比↑	时间	
				全波形反演	超分辨率
低频全波形反演	0.832	0.223	20.37	≈25h	—
低频全波形反演+M-RUDSR	0.839	0.215	20.52	≈25h	11.09s
低频全波形反演+ M-RUDSRv2	0.843	0.211	20.61	≈25h	11.38s
高频全波形反演	0.837	0.218	20.49	≈48h	—
高频全波形反演+M-RUDSR	0.842	0.212	20.60	≈48h	11.09s
高频全波形反演+ M-RUDSRv2	**0.850**	**0.209**	**20.65**	≈48h	11.38s

表 18-3 和图 18.11 证实了高频全波形反演（10Hz）后接 M-RUDSRv2 产生的高频精细恢复结果最好。此外，表 18-3 中记录的评估指标的比较表明，低频全波形反演（5Hz）后接 M-RUDSR 或 M-RUDSRv2 的结果优于高频全波形反演（10Hz）。此外，值得注意的是，低频全波形反演（5Hz）后接 M-RUDSR 或 M-RUDSRv2 只使用高频全波形反演（10Hz）的一半时间。

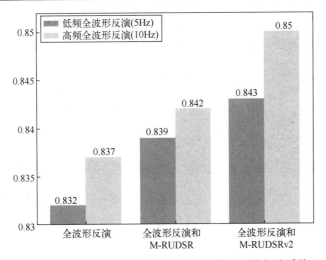

图 18.11 重建结果与测井实际纵波速度之间的相关系数

此外，低频全波形反演（5Hz）后接 M-RUDSRv2 的结果与高频全波形反演（10Hz）后接 M-RUDSR 的结果相似。

3.3 鲁棒性评估

（1）噪声地震数据的性能评估：考虑到提出的 M-RUDSRv2 模型将地震数据及其在水平和垂直方向上的边缘图像引入地震速度模型的超分辨率，应考虑地震数据可能存在的噪声。因此，进行了更多的实验来评估该模型在使用有噪声地震数据时的性能。

具体来说，在合成噪声地震数据上评估用无噪声合成数据训练的 M-RUDSRv2。合成地震数据的标准偏差（σ）为 1，噪声地震数据是通过将 σ = 1、2、3 和 4 的高斯噪声添加到干净的图像中生成的。表 18-4 显示了 M-RUDSRv2 在有噪声地震数据和无噪声地震数据上的性能定量比较，在无噪声地震数据上训练的 M-RUDSRv2 在噪声退化的地震数据上取得了良好的性能。值得注意的是，表 18-4 中显示的结果是在平均滤波器尺寸为 41×41 的测试集上产生的结果。此外，信噪比用来衡量地震数据的质量，而恢复性能用峰值信噪比来评估，可以看出当高斯噪声的标准差（σ）相近或大于地震数据的标准差（σ）时，地震的质量明显退化（极低信噪比值）。然而，M-RUDSRv2（峰值信噪比范围为 32.66 到 35.91）在这种噪声地震数据上的恢复性能仍然优于 M-RUDSR（峰值信噪比 32.55）。图 18.12 显示了 M-RUDSRv2 对受不同噪声水平影响的噪声地震数据（σ = 0、1 和 3 的高斯噪声）的定性评估。可以看出，当噪声的 σ 为 3 时，地震数据被严重破坏。

表 18-4 M-RUDSRv2 在噪声地震数据上的性能定量比较

地震数据的 δ	1	1	1	1	1
高斯噪声的 δ	0	1	2	3	4
地震数据的信噪比	∞	0	−13.863	−21.972	−27.726
超分辨率的结果的峰值信噪比	36.53	35.91	34.62	33.45	32.66

尽管如此，M-RUDSRv2 仍然可以产生视觉上较好的超分辨率结果。此外，当地震数据的信噪比降低到 0 时，超分辨率结果的峰值信噪比仅降低了 0.13dB；当地震数据的信噪比降低到 −21.97dB 时，超分辨率结果的峰值信噪比降低了 2.15dB。值得注意的是，尽管对噪声地

震数据的评估指标略有降低，但提出的 M-RUDSRv2 生成的重建图像不会受到其他假象的影响。因此，提出的模型对噪声具有很强的鲁棒性。

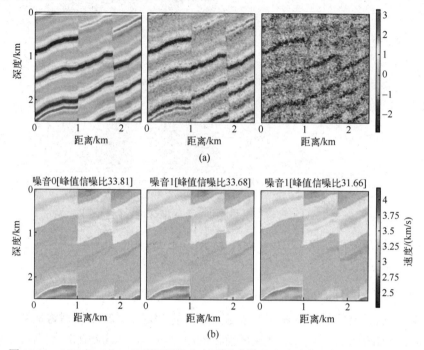

图 18.12　M-RUDSRv2 对受不同噪声水平影响的噪声地震数据的定性评估
（a）含噪的地震数据；（b）基于噪声地震数据的超分辨率结果。

　　（2）在更多野外数据上的性能评估：为了进一步评估提出的模型的可推广性，在另一个野外数据上进行了实验，获得的结果如图 18.13 所示。野外模型的测量线长为 7.66km，在 2.52km 处有一条测井曲线。图 18.13（a）显示，M-RUDSRv2 恢复了详细信息，并从全波形反演结果和地震数据中获得了视觉效果良好的结果。表 18-5 为定量评估恢复结果的相关系数、均方根误差和信噪比。最好的结果用粗体突出显示。通过图 18.13（b）和表 18-5 可知，M-RUDSRv2 恢复的详细信息与测井中的真实纵波速度一致。

表 18-5　定量评估恢复结果的相关系数、均方根误差和信噪比

方法	相关系数↑	均方误差↓	信噪比↑
全波形反演（8Hz）	0.820	0.04	25.31
全波形反演（8Hz）和 M-RUDSRv2	**0.830**	**0.036**	**25.80**

4　结论

　　为了提高地震速度模型的分辨率，提出了一种基于 M-RUDSR 的多任务学习方法 M-RUDSRv2。M-RUDSRv2 继承了 M-RUDSR 的模型结构，并补充辅助任务以获得更好的结果。具体而言，M-RUDSRv2 将地震数据及其边缘图像的超分辨率视为地震速度模型超分辨率的补充辅助任务。此外，M-RUDSRv2 通过逐步训练策略，利用地震数据的优势，提高了地震速度模型的分辨率。训练步骤包括对特定数据的初步训练、对大量数据的进一步训练，以及专注地提高地震速度模型的分辨率。总的来说，与 M-RUDSR 和改进的 M-RUDSR 模型

相比，M-RUDSR2 产生了更好的视觉细节和更准确的结果，后者通过增加输入和输出通道引入地震数据。M-RUDSRv2 步骤 3 中的模型在合成地震速度模型中产生了最准确的断层信息和纹理细节结果。此外，实验结果表明，M-RUDSRv2 可以应用于现场数据，并与测井数据更好地匹配。建议先使用全波形反演，再使用 M-RUDSRv2 进行处理，以获得更好的高频精细恢复结果。

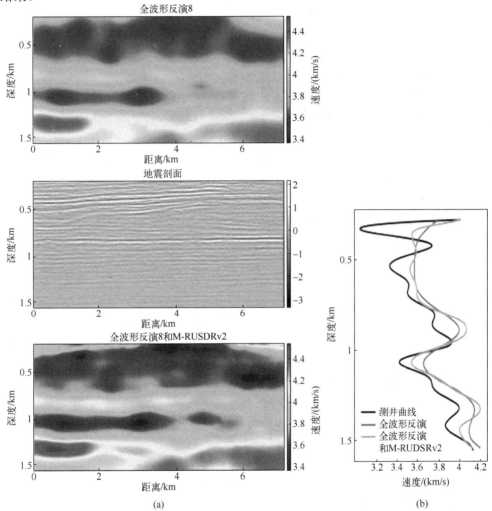

图 18.13　在现场地震速度模型上的评估
（a）全波形反演和全波形反演后接 M-RUDSRv2 的定性评估；（b）速度曲线。

参考文献

[1] Abadi M，Barham P，Chen J，et al. Tensorflow：A system for large-scale machine learning [C]. Proceedings of the 12th USENIX conference on Operating Systems Design and Implementation，2016：265-283.

[2] Alkhalifah T. Full model wavenumber inversion （FMWI） [C]. 77th EAGE Conference and Exhibition，2015，2015：1-5.

[3] Alkhalifah T，Sun B，Gou Q. High frequency waveform inversion：Is it worth doing [C]. 82nd EAGE Conference & Exhibition 2020-WorkshopProgramme，2020：1-4.

[4] Alkhalifah T，Sun B，Wu Z. Full model wavenumber inversion：Identifying sources of information for the elusive middle model wavenumbers [J]. Geophysics，2018，83（6）：R597-R610.

[5] Brougois A，Bourget M，Lailly P，et al. Marmousi，model and data [C]. EAEG Workshop-Practical Aspects Seismic Data Inversion，1990：108.

[6] Bunks C，Saleck F M，Zaleski S，et al. Multiscaleseismic waveform inversion [J]. Geophysics，1995，60（5）：1457-1473.

[7] Caruana R. Multitask learning [J]. Machine Learning，1997，28（1）：41-75.

[8] He K，Zhang X，Ren S，et al. Deep residual learning forimage recognition [C]. 2016 IEEE Conference on Computer Vision and Pattern Recognition（CVPR），2015：770-778.

[9] Huang G，Liu Z，Weinberger K Q，et al. Denselyconnected convolutional networks [C]. 2017 IEEE Conference on Computer Vision and Pattern Recognition（CVPR），2016：2261-2269.

[10] Kim J，Lee J K，Lee K M. Deeply-recursive convolutionalnetwork for image super-resolution [C]. 2016 IEEE Conference on Computer Vision and Pattern Recognition（CVPR），2015：1637-1645.

[11] Kim J，Lee J K，Lee K M. Accurate image super-resolutionusing very deep convolutional networks [C]. 2016 IEEE Conference on Computer Vision and Pattern Recognition（CVPR），2016：1646-1654.

[12] Kingma D P，Ba J. Adam：A method for stochastic optimization[DB/OL]. arXiv，2014，1412.6980.

[13] Klotzsche A，Van Der Kruk J，Vereecken H，et al. High resolution imaging of the unsaturated andsaturated zones of a gravel aquifer using full-waveform inversion [C]. 2011 6th International Workshop on Advanced Ground Penetrating Radar（IWAGPR），2015：1-5.

[14] Li Y，Song J，Lu W，et al. Multitask learning forsuper-resolution of seismic velocity model [J]. In IEEE Transactions on Geoscience and Remote Sensing，2021，59（9）：8022-8033.

[15] Luo J，Wang B，Wu R-S，et al. Elastic full waveform inversion with angle decomposition and wavefield decoupling [J]. In IEEE Transactions on Geoscience and Remote Sensing，2021，59（1）：871-883.

[16] Luo Y，Higgs W，Kowalik W. Edge detection and stratigraphicanalysis using 3D seismic data [C]. SEG Technical Program ExpandedAbstracts，1996：324-327.

[17] Mao X J，Shen C，Yang Y B. Image restoration using convolutional auto-encoders with symmetric skip connections [DB/OL]. arXiv，2016，1606.08921.

[18] Ovcharenko O，Kazei V，Kalita M，et al. Deeplearning for low-frequency extrapolation from multioffset seismic data [J]. Geophysics，2019，84（6）：R989-R1001.

[19] Rohaly A M，Corriveau P J，Libert J M，et al. Final report from the video quality experts group on the validation of objective models of video quality assessment [M]. Visual Communications and Image Processing，2000.

[20] Ronneberger O，Fischer P，Brox T. U-net：Convolutional networksfor biomedical image segmentation [C]. In International Conference on Medical Image Computing and Computer-Assisted Intervention，2015：234-241.

[21] Ruder S. An overview of multi-task learning in deep neuralnetworks [DB/OL]. arXiv，2017，1706.05098.

[22] Shi Y，Wang K，Chen，et al. Structure-preservingimage super-resolution via contextualized multitask learning [J]. IEEE Transactions on Multimedia，2016，19（12）：2804-2815.

[23] Song J，Cao H，Yang Z，et al. Application of full waveforminversion to land seismic data in Sichuan Basin，Southwest China [C]. In SEG Technical Program Expanded Abstracts，2019：1360-1364.

[24] Tai Y，Yang J，Liu X. Image super-resolution via deep recursiveresidual network [C]. 2017 IEEE Conference on Computer Vision and Pattern Recognition （CVPR），2017：2790-2798.

[25]　Tong T，Li G，Liu X，et al. Image super-resolution using denseskip connections [C]. 2017 TEEE International Conference on Computer Vision （ICCV），2017：4809-4817.

[26]　Wang B，Zhang N，Lu W，et al. Deep-learning-based seismicdata interpolation：A preliminary result [J]. Geophysics，2019，84（1）：V11-V20.

[27]　Wang G，Wang S，Song J，et al. Elastic reflectiontraveltime inversion with decoupled wave equation [J]. Geophysics，2018，83（5）：R463-R474.

[28]　Wang Y，Ge Q，Lu W，et al. Well-logging constrained seismicinversion based on closed-loop convolutional neural network [J]. In IEEE Transactions on Geoscience and Remote Sensing，2020，58（8）：5564-5574.

[29]　Wang Z，Bovik A C，Sheikh H R，et al. Imagequality assessment：From error visibility to structural similarity [J]. IEEE Transactions on Image Processing，2004，13（4）：600-612.

[30]　Wang Z，Chen J，Hoi S C H. Deep learning for image super-resolution：A survey [DB/OL]. arXiv，2019，1902.06068.

[31]　Wen R，Fu K，Sun H，et al. Image superresolutionusing densely connected residual networks [J]. IEEE Signal Processing Letters，2018，25（10）：1565-1569.

[32]　Wu Y，Lin Y. InversionNet：An efficient and accurate data-driven full waveform inversion [J]. In IEEE Transactions on Computational Imaging，2020，6：419-433.

[33]　Xie R，Li F，Wang Z，et al. Large scale randomized learning guided by physical laws with applications in full waveform inversion [C]. 2018 IEEE Global Conference on Signal and Information Processing （GlobalSIP），2018：66-70.

[34]　Zhang Y，Yang Q. A survey on multi-task learning [DB/OL]. arXiv，2017，1707.08114.

[35]　Zhang Z D，Alkhalifah T. High-resolution reservoir characterization using deep learning-aided elastic full-waveform inversion：The North Sea field data example [J]. Geophysics，2020，85（4）：WA137-WA146.

（本文来源及引用方式：Li Y，Song J，Lu W，et al. Super-resolution of seismic velocity model guided by seismic data [J]. IEEE Transactions on Geoscience and Remote Sensing，2022，60（1）：1-12.）

论文 19 在循环神经网络框架下基于自动微分梯度计算的弹性波全波形反演

摘要

本文在循环神经网络（RNN）的框架下，实现了基于弹性各向同性和弹性横向各向同性介质多参数全波形反演。采用交错网格对弹性波动力学一阶速度-应力方程进行正演求解；通过自动微分得到了模型参数对残差的梯度；利用小批量优化器对多个弹性模型参数同时进行反演；证明了弹性各向同性介质中全批量自动微分法与传统伴随状态法反演的等价性。弹性各向同性模型的模型测试表明，小批量配置比全批量配置具有更快的收敛速度和更高的反演精度。本文对含有相干噪声和非相干噪声的数据分别进行反演。利用自动微分法，证明了两种参数化方法在各向异性介质中的可拓展性，以及在更多介质中应用的潜力。

1 引言

全波形反演（FWI）通过迭代求取损失函数的最小值来估计地下地震属性（Lailly，1983；Tarantola，1984；Virieux 和 Operto，2009）。根据方程的不同，全波形反演可分为声波全波形反演（FWI）和弹性波全波形反演（EFWI）。相比只估计纵波速度，弹性波全波形反演可以反演多分量数据获得多个弹性模量参数。同时，进行多参数反演会增加它们之间的非线性和权重（Opertd 等，2013；Prieux 等，2013；Métivier 等，2015；Wang 和 Cheng，2017）。已经有很多学者对弹性各向同性介质弹性波全波形反演（Brossier 等，2009；Köhn 等，2012；Yuan 和 Simons，2014；Lin 和 Huang，2015）和弹性各向异性介质弹性波全波形反演进行了广泛的研究（Warner 等，2013；Podgornova 等，2015；Pan 等，2016；Rusmanugroho 等，2017）。弹性波全波形反演由参数之间的相互作用会导致收敛速度降低和计算成本增加。本文证明了深度学习方法可以提高稳定性和加速收敛。

全波形反演问题通常由伴随状态法进行求解（Liu 和 Tromp，2006；Plessix，2006）。伴随状态法是对模型更新参数的梯度进行显式求导，然后将其引入迭代优化过程中的优化算法。其中，如果正演方程或参数发生变化，则需要相应地推导计算梯度的方程。然而，人工神经网络可以采用自动微分和反向传播技术，其中每个算术运算的导数可以通过数值计算，并使用链式法则建立数据对模型参数的梯度。使用深度学习平台（如 PyTorch 或 TensorFlow）中的各种内置优化算法，可以有效地更新网络参数。深度学习的另一个特点是随机优化策略被广泛用于处理大数据集和加速收敛（Buduma 和 Locascio，2017）。Van Leeuwen 等（2011）和 Van Leeuwen 和 Herrmann（2013）将随机优化器应用于波形反演。Braganca 等（2020）研究了在声学全波形反演中应用深度学习技术，如随机采样和自适应矩阵估计（Adam）优化（Kingma 和 Ba，2014）的优点，结果显示反演结果得到很好的改进。

利用深度学习方法可以从地震数据中获取地质结构信息。Zhang 等（2014）和 Araya-Polo 等（2017）使用深度神经网络直接从叠前地震道中自动预测断层。Lewis 和 Vigh（2017）应用卷积神经网络（CNN）将盐丘解释作为先验信息引入全波形反演。Araya-Polo 等（2018）、Wu 等（2018）、Yang 和 Ma（2019）使用深度学习构建了叠前地震数据与速度模型的直接映射。Wang 和 Ma（2020）通过在网络训练中引入通用图像，进一步增强了网络的泛化能力。Sun 等（2020b）在盐丘重建的深度学习框架中结合了地震数据和电磁数据。这些算法大多试图找到从地震数据到模型的端到端关系。需要通过大量的训练来学习隐藏在网络参数中的物理含义。

深度学习可以应用于传统的速度拾取过程。Park 和 Sacchi（2020）将速度范围划分为多个片段，并使用 CNN 对这些片段中速度相似的片段进行分类，对速度进行拾取。Fabien-Ouellet 和 Sarkar（2020）结合 CNN 和长短时间记忆单元（Hochreiter 和 Schmidhuber，1997）进行均方根速度和层速度估计。Wang 等（2021）展示了使用回归算法从相似性片段生成速度曲线的优势。递归神经网络（RNN）是一类专门为处理时间序列而设计的神经网络，它们主要用于自然语言处理（Hochreiter 和 Schmidhuber，1997）。RNN 允许以前的输出用作输入，并且可以使用内部状态（存储器）来处理可变长度的输入序列[图 19.1（a）]。在勘探地球物理学中，RNN 体系结构已用于自动校正（NMO）、速度估计（Biswas 和 Sen，2018；Fabien Ouellet 和 Sarkar，2020；Wang 等，2021）、地震数据重建（Yoon 等，2020）、叠后波阻抗反演（Santos 等，2009）和弹性阻抗反演（Alfarraj 和 AlRegib，2019）。Adler 等（2019）采用 Araya Polo 等（2018）的算法，将 RNN 引入速度模型构建，并显著减少网络中的参数数量。

RNN 计算图类似于时域全波形反演的迭代过程，因此非常适合实现全波形反演。正如 Richardson（2018）所证明的，RNN 可以适用于时间推进有限差分（FD）格式来求解声波方程。在 RNN 框架中，内部状态是当前时间的波场快照，由之前时间的波场快照和当前输入（震源子波）计算得出。空间导数通过使用固定权重滤波器卷积波场获得，滤波器由 FD 系数组成。将介质参数设置为可训练变量，并使用链式法则自动构造地下参数的损失梯度。在深度学习框架中实施全波形反演有两个主要优点。第一个优点是，当嵌入深度学习框架中时，自动微分可以减少推导带有伴随状态变量的梯度的工作量，在复杂的流体力学（如一般各向异性和粘弹性）中，推导带有伴随状态变量的梯度很困难且容易出错。此外，自动微分可用于对复杂介质中人工制作的梯度进行数值验证。第二个优点是，优化策略可以在深度学习平台（Tensorflow、Pytorch 等）上使用，如小批量和各种优化算法。

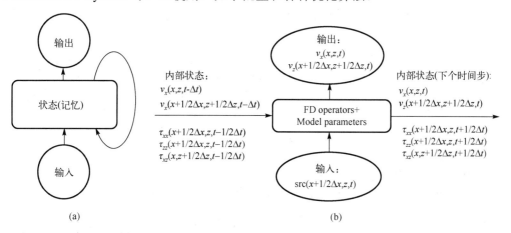

图 19.1　基本 RNN 结构（a）以及用于弹性波场二维交错网格正演模拟的展开 RNN 结构（b）
注：src 是震源子波（关于显式公式，请参见附录）。

2 方法

2.1 网络结构

为了将 RNN-全波形反演算法（Richardson，2018；Sun 等，2020a）扩展到二维弹性介质，本文使用了经典的一阶速度应力公式（Madariaga，1976；Virieux，1984，1986；Collino 和 Tsogka，2001）：

$$\rho \partial_t \mathbf{v} = \nabla \cdot \boldsymbol{\tau} \tag{19-1}$$

$$\partial_t \boldsymbol{\tau} = \mathbf{c} : \nabla \mathbf{v} \tag{19-2}$$

式中：$\mathbf{v}$ 为速度矢量，$\mathbf{v} = [v_x, v_z]^T$；$\boldsymbol{\tau}$ 为二阶应力张量，$\boldsymbol{\tau} = [\tau_{xx}, \tau_{xz}; \tau_{xz}, \tau_{zz}]$；$\mathbf{c}$ 为四阶弹性张量，即模型参数。利用空间八阶精度和时间二阶精度的交错网格 FD（离散 FD 解见附录）求解弹性动力学方程。

与位移 FD 波动方程公式（如 Kelly 等，1976）相比，速度-应力交错网格公式对于泊松比的所有值都是稳定的（Levander，1988），但它没有考虑流体-固体边界处的正确界面条件（Sethi 等，2021）。各向同性介质中的显式交错网格格式见附录。

式（19-1）和式（19-2）的一般形式可以写成

$$\mathbf{v} = F(\mathbf{c}) \tag{19-3}$$

式中：F 为正演模拟算子，用来评估模型参数的适用性损失函数为 J，其是在所有时间和所有检波器位置的观测记录（$\mathbf{v}_{\text{rec}}$）和预测的合成记录（$\mathbf{v}_{\text{syn}}$）差值的 L2 范数（$\|\ \|_2$）：

$$J = \frac{1}{2} \left\| \mathbf{v}_{\text{rec}} - \mathbf{v}_{\text{syn}} \right\|_2 \tag{19-4}$$

在传统的全波形反演算法中，用于更新模型参数的梯度 $\partial J / \partial c$ 包含利用矩阵伴随的显式推导 F（Virieux 和 Operto，2009），梯度公式的复杂性取决于正演模拟算子 F。在深度学习框架中，可以通过链式法则将 F 中的每一个算术运算的导数结合起来，获得损失函数 J 有关速度的梯度。残差通过神经网络反向传播获得梯度并更新模型参数。因此，梯度 $\partial J / \partial c$ 不能显式推导出，它会自动适应所使用的正演模拟运算符 F。

与传统的 CNN 不同，RNN-全波形反演中的卷积核是常数，在训练过程中只有模型参数 c 是可训练的变量。由于没有激活函数（如 sigmoid），RNN-全波形反演在收敛过程中不存在其他应用中常出现的消失梯度问题。

与 Richardson（2018）应用的二阶声波方程不同，本文应用的一阶速度-应力方程。波场的一阶空间导数是通过沿 x 或 z 方向用（1D）FD 核卷积波场来计算。一维卷积核比在二阶方程中用作拉普拉斯算子的二维卷积核更有效。在后者中，十字形拉普拉斯 FD 模板必须用零填充成正方形，以便在深度学习框架中轻松实现，从而降低计算效率。

图 19.1（b）显示了使用式（19-1）和式（19-2）进行弹性波场建模的展开 RNN 结构。网络的输入是同时应用于 τ_{xx} 和 τ_{zz} 的时间序列震源子波（SRC）从而使其成为爆炸震源。由于采用了一阶双曲线方程组，所以时间上从 $t - \delta t$ 到 t 与 t 到 $t + \delta t$ 相等。RNN-全波形反演每个网格位置的输出是作为时间序列的 Vx 和 Vz 波场。当前时间步长下的所有应力及速度都存储为 RNN 的内部状态。所有内部状态（速度和应力）由有限差分操作[图 19.1（b）中从左到右]更新一个时间步长。注意，图 19.1（b）中省略了边界条件。在以下测试中，卷积完全匹配层吸收边界（Komatitsch 和 Martin，2007）用于减少所有四个网格边缘的不必要反射；相

应的辅助存储器变量也需要存储在内部状态。

2.2 模型参数化

对于各向同性介质，弹性张量包含两个独立的（Lamé）参数（γ 和 μ），可通过 P 波和横波（S 波）速度（V_P 和 V_S）进一步参数化：

$$\mu = \rho V_S^2 \tag{19-5}$$

$$\lambda = \rho V_P^2 - 2\rho V_S^2 \tag{19-6}$$

由于多参数复杂的权重和较差的敏感性，在以下测试中，密度 ρ 设置为常数（Tarantola，1986；Wang 和 Cheng，2017）。

在具有垂直对称轴的横向各向同性（VTI）介质中，弹性张量包含四个独立参数（V_{P0}、V_{S0}、ϵ 和 δ），其中 V_{P0} 和 V_{S0} 分别为沿垂直对称轴方向的纵波和横波速度，ϵ 和 δ 分别为各向异性参数（Thomsen，1986）。Alkhalifah 和 Plessix（2014）、Kamath 等（2017）分别分析了目标函数对声学和弹性全波形反演中不同参数组合的敏感性。本文对两组参数化进行了测试和比较。

第一组（参数化 I）是（V_{P0}、V_{S0}、V_{hor} 和 V_{nmo}），为 V_{hor} 为水平 P 波速度：

$$V_{hor} = V_{P0}\sqrt{1+2\epsilon} \tag{19-7}$$

V_{nmo} 为 P 波动校正速度：

$$V_{nmo} = V_{P0}\sqrt{1+2\delta} \tag{19-8}$$

对于参数化 II，模型参数由 V_{nmo}^2、V_{S0}^2、$1+2\eta$、$1+2\delta$ 获得，其中各向异性参数 η 可以由 ϵ 和 δ 获得：

$$\eta = \frac{\epsilon - \delta}{1 + 2\delta} \tag{19-9}$$

在参数化 II 中，由于速度被标准化为可训练变量，因此所有四个参数都具有相似的尺度，并且在输入 RNN 波动方程求解器之前将其非标准化。

2.3 小批量计算

在常规弹性波全波形反演中，梯度是从每个地震数据获得的梯度累加得到的。然而，在深度学习框架中，地震数据通常被分割成更小的批量，并从每个批量（以小批量为单位）逐个计算梯度。每个批量中的样本数称为批量大小。小批量设置广泛应用于深度学习，它比将整个数据集作为一个批量使用具有更快的收敛速度（Bishop，2007）。

在全批量弹性波全波形反演算法中，一次 epoch 涉及从所有地震数据计算梯度并更新模型的序列。然而，在小批量全波形反演中，地震数据被分配到小批量中，一个循环意味着一次通过所有训练样本，这通常需要多次迭代。为了更好地理解 epoch 和迭代之间的关系，假设在训练集中有 m 个集合，批量大小为 n。一个 epoch 包含 m / n 次迭代。在每次迭代中，梯度是从一个批量或 n 个共炮点道集使用一个或多个图形处理单元（GPU）并行计算出来的，并将其应用于速度模型参数的更新。

由于伴随状态法和自动微分法对每个共炮点道集的梯度计算是等效的，因此传统弹性波全波形反演和 RNN-弹性波全波形反演之间的唯一区别在于后者中可以实现小批量计算。因此，传统弹性波全波形反演相当于 $n = m$ 的全批量弹性波全波形反演。下面，对小批量和全批量弹性波全波形反演进行比较和分析。

各种优化器可以在小批量或全批量中实现。Richardson（2018）和 Sun 等（2020a）的测试表明，Adam 优化器在声波 RNN-全波形反演中优于其他优化器。Adam 应用了动量的概念，它使用前一次的平方梯度的指数衰减平均值自适应地重新调整梯度。Adam 算法如下。

需求：从自动微分中得到模型梯度 δm_k

需求：学习率（步长）α

初始化超参数和矩阵向量

$$\beta_1 \leftarrow 0.9, \beta_2 \leftarrow 0.999, \epsilon \leftarrow 10^8 \text{(Recommended)}$$

$$p_0 \leftarrow 0, q_0 \leftarrow 0, k \leftarrow 0, m_0 \leftarrow \text{initial model}$$

当没有收敛时执行

$$k \leftarrow k+1$$

更新时刻估计：

$$p_k \leftarrow \beta_1 p_{k-1} + (1-\beta_1)\delta m_k$$

$$q_k \leftarrow \beta_2 q_{k-1} + (1-\beta_2)\delta m_k^2$$

偏差校正瞬间估计：

$$\hat{q}_k \leftarrow p_{k-1}/(1-\beta_1^k)$$

$$\hat{q}_k \leftarrow q_{k-1}/(1-\beta_2^k)$$

模型更新：

$$m_k \leftarrow m_{k-1} - \alpha \hat{p}_k / \sqrt{(\hat{q}_k + \epsilon)}$$

结束

---

3 对合成数据的测试

3.1 简单各向同性模式下合成数据结果的比较

第一个测试是在一个不同位置存在圆形 V_P 和 V_S 的异常模型上进行的（图 19.2）。密度为常数 2.4g/cm^3，空间网格间隔为 10m，正演模拟的时间间隔为 0.5ms。总共有从地面 $(x, z) = (0.0, 0.0) \sim (1.2, 0.0)$ km 均匀分布的 24 个震源。震源是主频为 10Hz 的 Ricker 子波。总共有 120 个检波器沿地表从 $(0.0, 0.0) \sim (1.2, 0.0)$ km 均匀分布来接收所有震源的信号。在 24 个共炮点道集中，随机选择 18 个作为训练集训练整个网络，另外 6 个作为验证集。从训练集计算的损失函数［式（19-4）］通过 RNN 反向传播，以更新速度模型。验证损失表明，经过训练的网络可以对训练中隐藏的数据给出良好的预测。因此，验证损失可作为网络收敛的有效指标。在深度学习系统中，每个批量中的炮集数目（批量大小）是最重要的超参数之一。在这个测试中，本文分析了批量大小对弹性波全波形反演的影响。三种批量（1、2 和 3）根据全批量弹性波全波形反演的性能进行测试。为了模拟全批量的结果，本文将批量大小设置为 18，这是训练集中震源的总数；因此，在计算所有 18 个训练集的梯度后，将其应用于模型更新。训练过程在一个 GeFORCE GTX 1080Ti GPU 和 64GB RAM 的工作站上进行。

学习率（图 19.3）是影响收敛速度的另一个超参数，这个参数可以缩放网络梯度的大小。选择最佳学习率通常是一个反复实验的过程。使用太小的学习速率（图 19.3 中的绿线）会导致收敛速度缓慢，因为网络的更新非常小。然而，如果学习率太高（图 19.3 中的橙色线），损失函数可能会发散。本文选择学习率 lr = 0.001 用于训练批量为 1 的弹性波全波形反演。学习率根据批量大小 n 设置为 $\sqrt{n}$，以保持梯度期望的方差不变（Krizhevsky，2014）。测试表明，0.002 是训练弹性波全波形反演的最大学习率，与批量为 18 的结果无差异。对于无噪声数据，数据验证损失如图 19.4 所示。

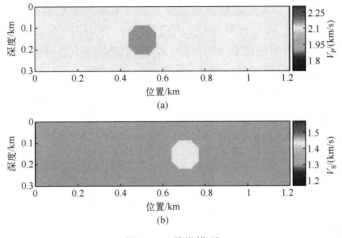

图 19.2　异常模型
（a）存在 V_p；（b）存在 V_S。

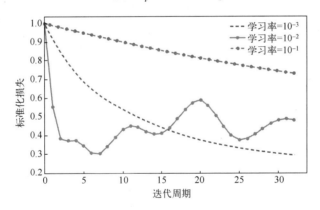

图 19.3　使用不同学习率训练弹性波全波形反演的验证损失（扫码见彩图）

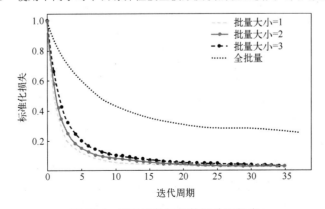

图 19.4　无噪声数据的数据验证损失

在小批量配置中，在每个 epoch 之后对数据损失函数进行评估。尽管测试的批量大小不同，但是每个 epoch（本例中为 18 个 epoch）的训练计算中涉及的炮集数量是相同的。本文采用早期停止策略（Bishop，2007）来防止训练期间过度训练。其主要思想是，如果模型被过度拟合，来自训练集的损失函数就会减少，但来自验证集的损失函数会增加。因此，当模型验证损失在一定数量的连续时间（此处使用三个）内停止减少时，训练终止。提前停止策略是一种广泛应用于深度学习的策略，这也是将地震数据集划分为训练集和验证集的主要原因。

批量为 1 的最终反演 V_P 和 V_S 结果分别如图 19.5（a）和图 19.5（b）所示，相比之下，使用全批量弹性波全波形反演的反演 V_P 和 V_S 结果收敛到局部最小值[图 19.5（c）和图 19.5（d）]。两者都使用相同的无噪声数据，可以与图 19.2 中的正确模型速度进行比较。与全批量方法相比，使用小批量优化器会给计算的梯度带来更多的随机性。与模拟退火等方法类似，在搜索全局极小值时，允许加入一些随机扰动，这比确定性方法更具有优势（Robert 和 Casella，2004），因为随机性是避免局部极小值的一种嵌入机制。

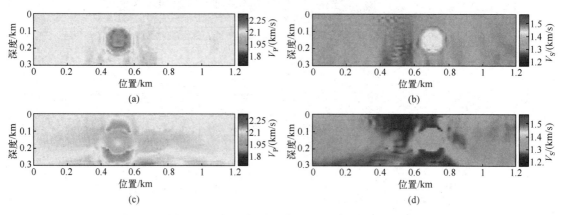

图 19.5　使用不同批量的 EFWI 的反演结果

图像交会相关系数（R^2）是对模型或数据不匹配的反演结果进行量化的一种方法。图 19.6（a）和图 19.6（b）分别显示了使用真实模型值（图 19.2）、小批量配置（批量大小为 1）[图 19.5（a）和图 19.5（b）]和全批量弹性波全波形反演[图 19.5（a）和图 19.5（d）]的 P 波和 S 波速度模型交会图（Liner，2012）。R^2 接近 1 则表示反演结果具有高质量。带有小批量优化的弹性波全波形反演比全批量弹性波全波形反演具有更高的 R^2。在模型的两个真实速度（图 19.6）下，反演速度点的垂直扩展是反演结果的不确定性指标。

在处理实际数据时，图 19.6 中计算模型交会图所需的真实速度模型不可能得到，但是可以在观测的和预测的共炮点道集之间绘制交会图，在一个完美解中，最终解的所有数据点都位于对角线上，R^2 等于 1；图 19.7（a）和图 19.7（b）显示了一个具有代表性的地震记录图；图 19.7（c）显示了在同一个震源位置，根据最终反演模型（批量大小为 1 的小批量优化器）计算出的地震数据；图 19.7（c）和图 19.7（d）显示了根据同一个源位置的最终反演模型（批量大小为 1 的小批量优化器），计算出的预测地震数据；图 19.7（e）和图 19.7（f）分别为图 19.7（a）减去图 19.7（c）和图 19.7（b）减去图 19.7（d）所得的残差，图中所有地震数据是从相同的源位置（x, z）=（0.3, 0.0）km 处获得的水平分量（左）和垂直分量（右）。图 19.8（a）和图 19.8（b）分别显示了记录数据与最终反演模型（批量大小为 1）和全批量弹性波全波形反演生成的数据之间的地震数据交会图，分别为使用小批量（橙色点）和全批量（蓝色点）弹性波全波形反演从反演模型生成的数据，R^2 为它们各自的相关系数。由图可见，小批量的弹性波全波形反演比全批量弹性波全波形反演具有更高的性能。

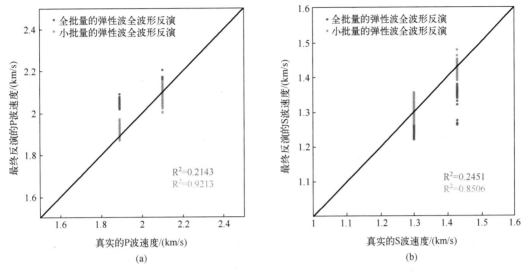

图 19.6　使用图 19.5 中的小批量配置和全批量弹性波全波形反演绘制 P 波（a）和
S 波速度模型交会图，以及各自的相关系数 R^2（b）

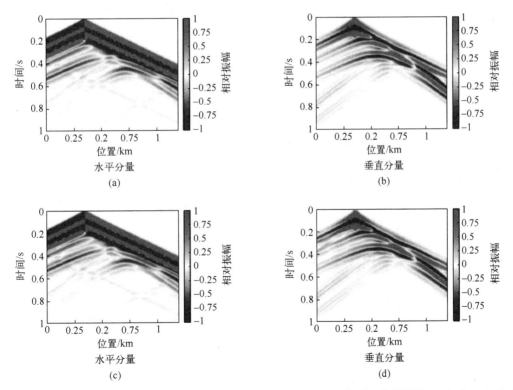

图 19.7　（a）和（b）为真实速度模型得到的地震数据；（c）和（d）为预测地震数据；（e）和（f）为残差

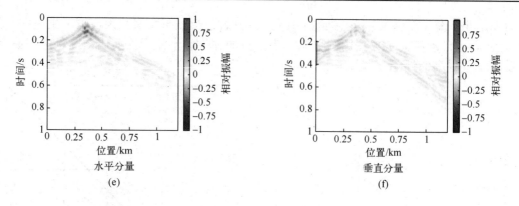

图19.7 （a）和（b）为真实速度模型得到的地震数据；（c）和（d）为预测地震数据；（e）和（f）为残差（续）

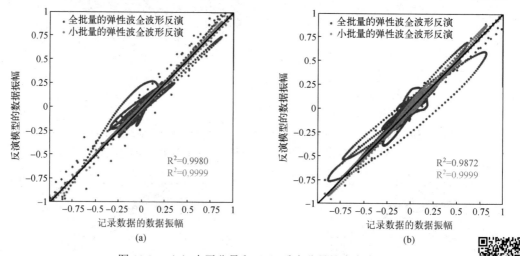

图 19.8 （a）水平分量和（b）垂直分量速度交会图，
以及各自的相关系数 R^2（扫码见彩图）

接下来，在地震数据上添加噪声，信噪比为 7.8。信噪比由 $20\lg(S/N)$ 计算，其中 S 和 N 分别是信号和噪声的 L_2 范数。重新进行反演，验证损失函数如图 19.9 所示，全批量弹性波全波形反演解决方案相当于使用 18 个批量，与传统的伴随状态解决方案等效。可以与图 19.4 中的无噪声数据损失进行对比。

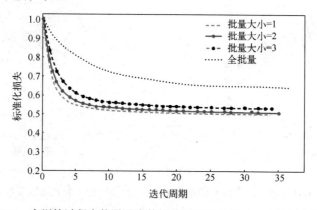

图 19.9 在训练过程中使用噪声数据验证不同批量 epoch 的损失函数

由于噪声的存在，损失无法降到与无噪数据（图 19.4）的损失函数一样低。与全批量弹性波全波形反演相比，使用小批量弹性波全波形反演的测试仍然具有更好的收敛速度。图 19.10（a）和图 19.10（b）分别显示了使用噪声数据的最终 V_P 和 V_S 模型的反演结果，这些数据可以与图 19.5 中相应的无噪数据结果进行比较。图 19.10（c）和图 19.10（d）分别显示了全批量弹性波全波形反演获得的 V_P 和 V_S 模型。值得注意的是，小批量运算可以提高收敛速度，并且可以轻松修改弹性波全波形反演代码（不使用小批量的）以实现小批量运算。

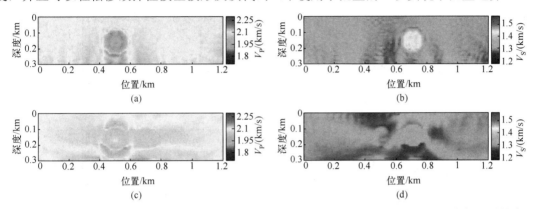

图 19.10　由批量大小为 1 的弹性波全波形反演获得的 V_P（a）和 V_S（b）模型，使用全批量弹性波全波形反演获得的 V_P（c）和 V_S（d）模型

3.2　各向同性弹性 Marmousi2 模型非相干噪声合成数据结果的比较

为了进一步评估弹性波全波形反演算法，本文对重新采样的 Marmousi2（Martin 等，2002）模型[图 19.11（a）和图 19.11（b）]进行了第二次测试。初始 V_P 和 V_S 模型[图 19.11（c）和图 19.11（d）]是真实模型的平滑。在正演和反演模拟过程中，密度恒定为 2.4g/cm³。空间采样间隔为 0.03km，时间采样间隔为 3ms。总共有 24 个震源从 $(x,z)=(0.0,0.0)\sim(10.2,0.0)$ km 均匀分布，用于训练 RNN，另外选取 4 个从 $(2.04,0.0)\sim(8.16,0.0)$ km 均匀分布的共炮点道集用作验证集。所有震源由 $(0.0,0.51)\sim(10.2,0.51)$ km 均匀分布的 340 个检波器记录。震源是主频为 7Hz 的 Ricker 子波。图 19.12（a）和图 19.12（b）显示了地震数据的水平分量和垂直分量。采用多尺度方法，在训练期间，每 20 个 epoch 将频谱上限按 1Hz 步长从 3Hz 增加到 11Hz。在与图 19.12（a）和图 19.12（b）相同的震源位置，由小批量弹性波全波形反演的反演模型生成的地震图分别为图 19.12（c）和图 19.12（d）。图 19.12（e）和图 19.12（f）中绘制的残差显著减少，并且主要包含添加的非相干噪声，在每个图片中，地震数据是从相同的震源位置 $(x,z)=(5.5,0.0)$ km 生成的水平分量（左）和垂直分量（右）。

小批量弹性波全波形反演的学习率为 0.001，而全批量弹性波全波形反演学习率为 0.002，使用相同的早停止条件，小批量弹性波全波形反演在 epoch = 110 时收敛，而全批量弹性波全波形反演在 epoch = 134 时收敛。使用小批量弹性波全波形反演的最终反演结果如图 19.11（e）和图 19.11（f）所示；图 19.11（g）和图 19.11（h）显示了使用整批弹性波全波形反演的反演结果。图 19.13 显示了三个水平位置的真实（黑线）、初始（红线）、全批量（蓝虚线）和小批量（黄线）弹性波全波形反演模型的 P 波和 S 波速度曲线。小批量弹性波全波形反演的速度曲线比全批量弹性波全波形反演的速度曲线更符合真实速度。为了进行定量分析，图 19.14（a）和图 19.14（b）显示了真实模型速度与全批量和小批量弹性波全波形反演预测速度之间的 P 波和 S 波速度模型交会图。图 19.14（c）和图 19.14(d)分别显示了观测到的水平和垂直分量的地震数据与全批量 EWFI 和小批量 EWFI 最终反演模型模拟得到的地震数据的交会图。小批量和全批量解决方案中反演模型[图 19.11（e）～（g）]的另一个相似性度量是其结构相似性（SSIM）指数（Wang 等，2004），如表 19-1 所示。在图 19.14 和 SSIM 中，小批量弹性波全波形反演比全批量弹性波全波形反演具有更高的精度。该测试表明，小批量弹性波全波形反演也可以成功应用于复杂模型中。

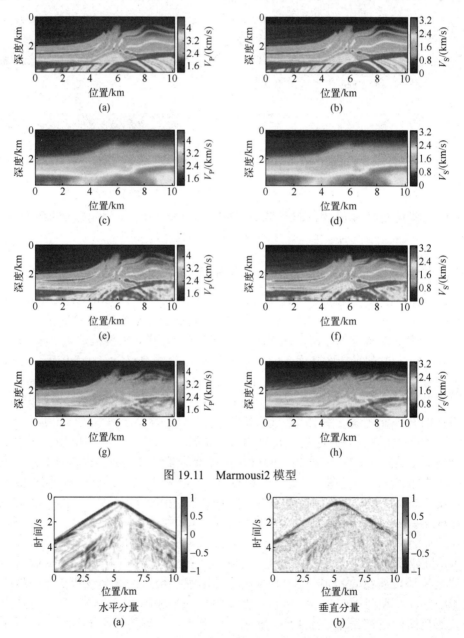

图 19.11 Marmousi2 模型

图 19.12 （a）和（b）为从真实速度模型得到的含噪声的地震数据；（c）和（d）为预测地震数据；（e）和（f）为残差

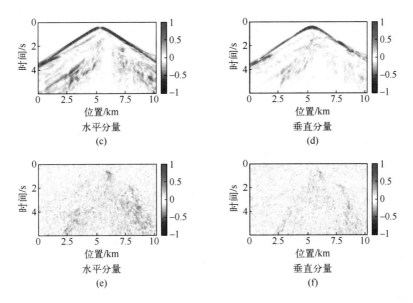

图 19.12　（a）和（b）为从真实速度模型得到的含噪声的地震数据；（c）和（d）为预测地震数据；
（e）和（f）为残差（续）

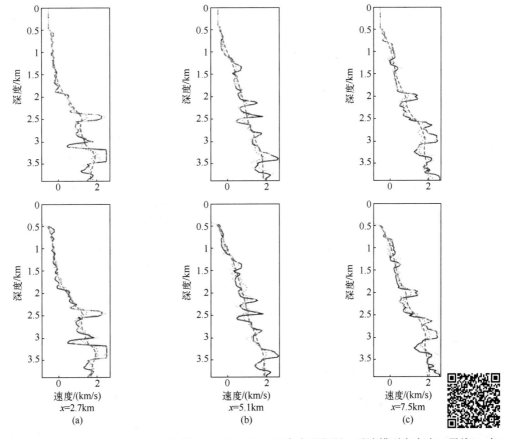

图 19.13　在 $x = 2.7\text{km}$（a）、$x = 5.1\text{km}$（b）和 $x = 7.5\text{km}$（c）三个水平位置，反演模型中真实（黑线）、初始（红线）、全批量（蓝虚线）和小批量（黄线）弹性波全波形反演的 P 波和 S 波速度曲线（扫码见彩图）

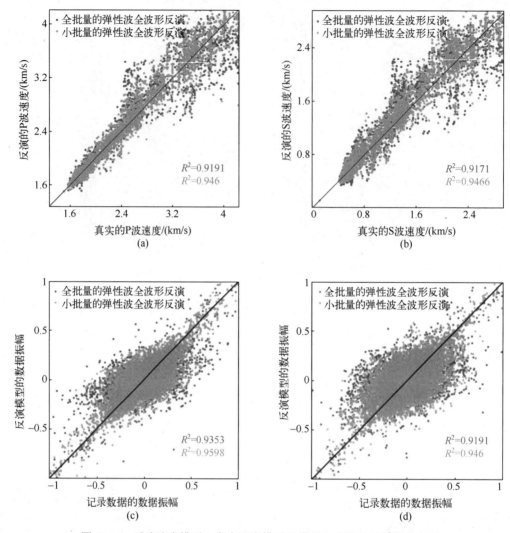

图 19.14 反演速度模型、真实速度模型及模拟和观测地震数据交会图

表 19-1 使用小批量和全批量弹性波全波形反演得到的 V_P 和 V_S 模型的 SSIM

项目	小批量		全批量	
	V_P	V_S	V_P	V_S
结构相似性指数	0.70	0.58	0.60	0.43

3.3 含相干噪声资料的各向同性弹性介质推覆体模型反演结果

为了在数据中存在相干噪声的情况下测试 RNN-弹性波全波形反演的性能，在 3D 推覆体模型（Aminzadeh 等，1994）[图 19.15（a）]的 2D 切片上进行第三次测试。横波速度模型是纵波速度的 0.6 倍[图 19.15（b）]，初始 V_P 和 V_S 模型[图 19.15（c）和图 19.15（d）]是真实模型的平滑结果。密度恒定为 2.4g/cm³。空间采样间隔为 0.03km，正演模拟的时间采样间隔为 3ms。总共有 20 个震源从 (x, z) =（0.0, 0.0）~（9.0, 0.0）km 均匀

分布，用于训练 RNN。另外四个均匀分布在（x, z）＝（1.8, 0.0）～（7.2, 0.0）km 的共炮点道集用于验证。所有共炮点道集由 300 个从（0.0, 0.0）～（9.0, 0.0）km 均匀分布的检波器接收。震源是主频为 7Hz 的 Ricker 子波。在（4.5, 0.0）km 处训练集的共炮点道集，受到了十字形相干噪声污染［图 19.16（a）和图 19.16（b）］。

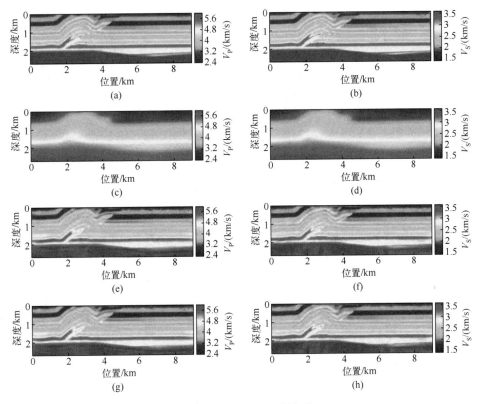

图 19.15　二维推覆体模型

反演策略与之前的 Marmousi2 模型测试类似，只测试了小批量弹性波全波形反演。最终的结果如图 19.15（e）～（f）所示。为了进行比较，图 19.15（g）～（h）显示了使用无噪声数据的反演结果，其在视觉上与图 19.15（e）～（f）中的结果相同。

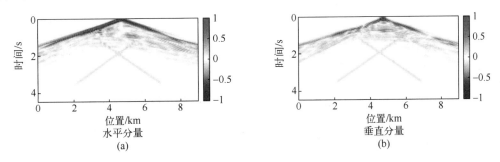

图 19.16　（a）和（b）为从真实速度模型模拟得到的带相干噪声的地震数据；
（c）和（d）为预测的地震数据；（e）和（f）为残差

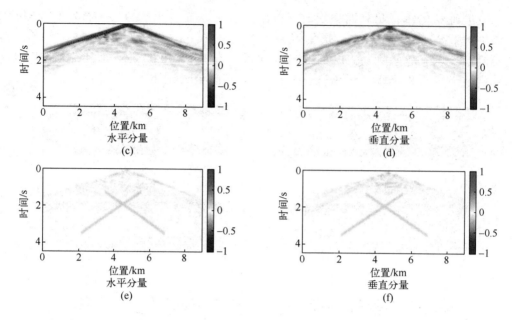

图 19.16 （a）和（b）为从真实速度模型模拟得到的带相干噪声的地震数据；
（c）和（d）为预测的地震数据；（e）和（f）为残差（续）

图 19.16（c）和图 19.16（d）显示了在图 19.16（a）和图 19.16（b）所示的相同震源位置，使用噪声数据从反演模型生成的地震图。图 19.16（e）和图 19.16（f）中绘制的残差显著减少，并且主要包含相干噪声。这是因为反演结果主要取决于相邻（无噪声）炮集。

3.4 对 VTI Hess 模型的一部分进行反演测试

第四个测试是在 VTI Hess 模型的一部分上进行的（图 19.17）。V_{S0} 模型是通过将 V_{P0} 模型缩放 0.6 倍来获得的。测试了两种参数化：参数化 I（V_{P0}、V_{S0}、V_{hor} 和 V_{nmo}）和参数化 II（V_{nmo}^2、V_{S0}^2、$1+2\eta$ 和 $1+2\delta$）。由于 RNN-弹性波全波形反演采用自动微分，两种不同参数之间的转换可以添加到计算图中，也可以很容易地获得不同参数的反演结果[式（19-7）～式（19-9）]（Thomsen，1986）。图 19.17（a）中的真实模型适用于参数化 I。在正演和反演的过程中密度恒定为 2.0g/cm³。模型空间采样间隔为 0.1km，时间采样间隔为 5ms。总共有沿（0.0，0.0）～（9.6，0.0）km 均匀分布的 16 个震源、沿（0.0，0.0）～（10.0，0.0）km 均匀分布 100 个检波点接收。震源是主频为 2Hz 的 Ricker 子波。从 16 个地震记录中随机选择 12 个地震记录来训练 RNN，另外 4 个用于验证。在反演过程中采用多尺度方法，每 40 个 epoch 以 1Hz 的步长将高频从 1Hz 增加到 3Hz。

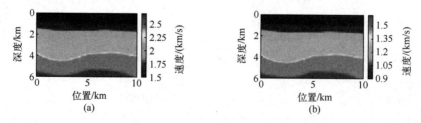

图 19.17 （a）～（d）分别为 V_{P0}、V_{S0}、V_{hor} 和 V_{nmo} 的真实模型；（e）～（h）分别为相应的平滑模型。

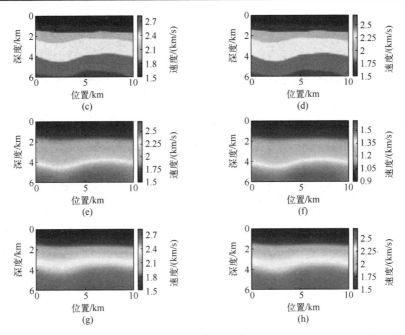

图 19.17　（a）～（d）分别为 V_{P0}、V_{S0}、V_{hor} 和 V_{nmo} 的真实模型；（e）～（h）分别为相应的平滑模型（续）

　　使用参数化 I 反演的初始模型是由真实速度模型的平滑得到的，使用参数化 I 的最终反演结果如图 19.18（a）～（d）所示。为了进行比较，使用参数化 II 的弹性波全波形反演其结果在通过式（19-7）和式（19-8）转换为参数化 I 后，如图 19.18（e）～（h）所示。观察到 V_{S0} 和 V_{nmo} 参数化 I 之间存在显著的权衡，因为这两个参数产生类似的辐射模式[见图 19.8（a），Kamath 等，2017]。与参数化 I 相比，参数化 II 给出了更好的反演结果（更高的相关系数 R^2），如图 19.19 中真实速度和反演速度之间的交会图所示，标签 I 和 II 分别表示参数化 I 和 II；图中标记了相应的相关系数 R^2。几乎恒定真速度值的垂向不连续处，对应于真实模型中常速度层之间的边界[图 19.17（a）～（d）]。这一结果与 Kamath 和 Tsvankin（2016）的结果一致。

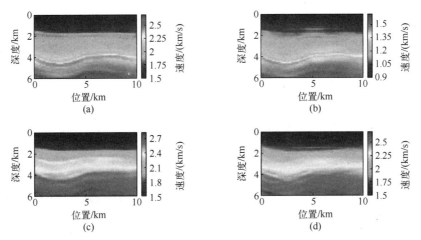

图 19.18　使用参数化 I 的最终反演结果，以及使用参数化 II 反演，然后转换为参数化 I 得到的结果

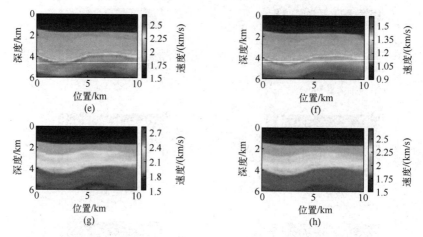

图 19.18 使用参数化 I 的最终反演结果，以及使用参数化 II 反演，然后转换为参数化 I 得到的结果（续）

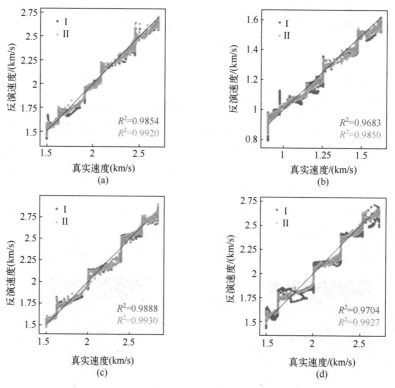

图 19.19 真实速度和反演速度之间的交会图

4 讨论

可以证明，在整批量 RNN-弹性波全波形反演中使用自动微分计算的梯度与传统伴随态方法（附录 A）中的梯度是等效的。然而，当手动推导梯度很困难时，自动微分就变得很强大，尤其应用于一般各向异性和孔隙弹性介质时。黏弹性可以通过经典的标准线性固体公式进行模拟和反演。当复数值兼容的深度学习框架可用时，可以通过使用复速度进行模拟和反演，但现在这个推论还没有进行证实。

自动微分在为数据搜索最佳参数化时具有实用价值，因为它有可以为训练提供不同参数化方法的优势，以便使用最佳参数化实现不同参数反演。如果特定数据集的异常特征需要特殊设计的损失函数或正则化，则可以使用自动微分来推导伴随震源，然后使用 RNN 或常规伴随状态方法进行参数反演。例如，Sun 和 Alkhalifah（2020）将神经网络训练为新的标准，以测量观测和合成地震数据之间的失配度。Wu 和 McMechan（2019）通过使用 CNNs[$m =$ CNN(w)] 重新参数化速度模型，并更新 CNN 权重 w 而不是速度模型 m，对声波全波形反演进行规范。通过将神经网络与 RNN-弹性波全波形反演联系起来，这些策略可以很容易地实现或组合；根据链式规则计算新（可微）范数相对于速度或 CNN 权重 w 的梯度。

RNN-弹性波全波形反演不同于物理信息神经网络（Raissi 等，2017a、2017b），后者通过对控制点进行训练，并通过强制执行解的时间和空间导数来服从偏微分方程（PDE），从而近似偏微分方程（PDE）的解。在 RNN-弹性波全波形反演中，偏导数通过有限差分计算，自动微分仅适用于模型参数。

RNN 算法的一个局限性是需要存储整个多分量波场。常用的策略是仅在抽取的时间步长存储波场，将打破用于计算梯度的链式规则，因此需要进一步修改 RNN 结构。如果在 GPU 上执行 RNN-弹性波全波形反演，则计算能力主要受 GPU 内存大小的限制。RNN-弹性波全波形反演所需的内存与 NT×N×batchsize 呈比例，其中 NT 为时间步数，N 为模型中的网格点数，batchsize 为同时模拟的放炮数。在 GPU 内存的容量范围内，使用大批量可以减少每个 epoch 的计算时间。例如，在上面的第一个综合测试中，批量大小分别为 1、2 和 3 时，每个 epoch 的计算时间分别是 6.37s、3.87s 和 2.79s。梯度累积技术可以模拟超过 GPU 内存的大批量，该技术仍然使用小批量，但在进行更新之前会累积梯度。在上述测试中，整批弹性波全波形反演的计算时间与使用批量大小为 3 的 RNN 的计算时间相同，但是，可以通过使用内存更大的 GPU 减少时间。RNN-弹性波全波形反演也可以在 CPU 上实现，只需对代码进行最少的修改，就可以访问更大的 RAM 来分配内存。

通过对合成数据的测试，说明了小批量 Adam 优化器在弹性波全波形反演中比全批量 Adam 优化器工作得更好。据推测，小批量运算不太可能陷入局部极小值（Kleinberg 等，2018），但仍然缺少严格证明来说明小批量运算可以解决全波形反演的局部极小值问题。关于声学全波形反演中优化器选择的研究表明，Adam 优于其他优化器，如随机梯度下降和有限内存 Broyden-Fletcher-Goldfarb-Shanno（l-BFGS）算法（Richardson，2018；Sun 等，2020a）。Dozat（2016）将 Nesterov 动量（Nesterov，1983）引入 Adam，提出了 Nesterov 加速自适应矩估计（NAdam），并显示了改进的收敛速度，但 NAdam 尚未在弹性波全波形反演中进行测试。Adam、NAdam 或其他优化器是不是弹性波全波形反演中多参数反演最合适的优化器，需要进一步研究。

5　结论

本文使用弹性动力学方程在 RNN 框架下执行弹性波全波形反演。在各向同性和各向异性介质中，可以使用全波形反演对多个弹性模量同时反演。在深度学习框架下执行全波形反演的优点是，可以利用自动差分和各种易于实现的优化算法。通过对合成数据的测试，验证了算法的有效性。小批量反演可以产生更快的收敛和更准确的反演结果，该算法在全波形反演相关研究中具有很大的潜力。当梯度很难通过传统的伴随态方法显式求导时，它可以很容易地推广到更加复杂介质中。

附录　各向同性弹性介质中自动微分和伴随态方法等价性的证明

式（19-10）和式（19-11）是二维各向同性介质中速度-应力格式的完整形式（Virieux，1986）：

$$\frac{\partial \tau_{xx}}{\partial t} = (\lambda + 2\mu)\frac{\partial v_x}{\partial x} + \lambda\frac{\partial v_z}{\partial z} \tag{19-10}$$

$$\frac{\partial \tau_{zz}}{\partial t} = (\lambda + 2\mu)\frac{\partial v_z}{\partial z} + \lambda\frac{\partial v_x}{\partial x} \tag{19-11}$$

$$\frac{\partial \tau_{xz}}{\partial t} = \mu\left(\frac{\partial v_z}{\partial x} + \frac{\partial v_x}{\partial z}\right) \tag{19-12}$$

$$\rho\frac{\partial v_x}{\partial t} = \frac{\partial \tau_{xx}}{\partial x} + \frac{\partial \tau_{xz}}{\partial z} \tag{19-13}$$

$$\rho\frac{\partial v_z}{\partial t} = \frac{\partial \tau_{zz}}{\partial z} + \frac{\partial \tau_{xz}}{\partial x} \tag{19-14}$$

在下面的推导中，本文 r 表示所有应力和质点速度波场的空间坐标。假设对震源进行求和，为了表示简单，公式省略了求和。弹性动力学方程的显式 FD 时间递推格式可以写成

$$v_x(\boldsymbol{r},t) = \frac{\Delta t}{\rho(\boldsymbol{r})}\left(\frac{\partial \tau_{xx}\left(\boldsymbol{r},t-\frac{1}{2}\Delta t\right)}{\partial x} + \frac{\partial \tau_{xz}\left(\boldsymbol{r},t-\frac{1}{2}\Delta t\right)}{\partial z}\right) + v_x(\boldsymbol{r},t-\Delta t) \tag{19-15}$$

$$v_z(\boldsymbol{r},t) = \frac{\Delta t}{\rho(\boldsymbol{r})}\left(\frac{\partial \tau_{zz}\left(\boldsymbol{r},t-\frac{1}{2}\Delta t\right)}{\partial z} + \frac{\partial \tau_{xz}\left(\boldsymbol{r},t-\frac{1}{2}\Delta t\right)}{\partial x}\right) + v_z(\boldsymbol{r},t-\Delta t) \tag{19-16}$$

$$\tau_{xx}\left(\boldsymbol{r},t-\frac{1}{2}\Delta t\right) = \left((\lambda(\boldsymbol{r})+2\mu(\boldsymbol{r}))\frac{\partial v_x(\boldsymbol{r},t-\Delta t)}{\partial x} + \lambda(\boldsymbol{r})\frac{\partial v_z(\boldsymbol{r},t-\Delta t)}{\partial z}\right)\Delta t + \tau_{xx}\left(\boldsymbol{r},t-\frac{3}{2}\Delta t\right) \tag{19-17}$$

$$\tau_{zz}\left(\boldsymbol{r},t-\frac{1}{2}\Delta t\right) = \left((\lambda(\boldsymbol{r})+2\mu(\boldsymbol{r}))\frac{\partial v_z(\boldsymbol{r},t-\Delta t)}{\partial z} + \lambda(\boldsymbol{r})\frac{\partial v_x(\boldsymbol{r},t-\Delta t)}{\partial x}\right)\Delta t + \tau_{zz}\left(\boldsymbol{r},t-\frac{3}{2}\Delta t\right) \tag{19-18}$$

$$\tau_{xz}\left(\boldsymbol{r},t-\frac{1}{2}\Delta t\right) = \mu(\boldsymbol{r})\left(\frac{\partial v_z(\boldsymbol{r},t-\Delta t)}{\partial x} + \frac{\partial v_x(\boldsymbol{r},t-\Delta t)}{\partial z}\right)\Delta t + \tau_{xz}\left(\boldsymbol{r},t-\frac{3}{2}\Delta t\right) \tag{19-19}$$

用于更新 P 波和 S 波速度的梯度为

$$g_P(r) = \sum_{t=0}^{T}\left[\frac{\partial J}{\partial v_x(r,t)}\right]\frac{\partial v_x(r,t)}{\partial V_P(r)} + \left[\frac{\partial J}{\partial v_z(r,t)}\right]\frac{\partial v_z(r,t)}{\partial V_P(r)} \tag{19-20}$$

$$g_S(r) = \sum_{t=0}^{T} \left[\frac{\partial J}{\partial v_x(r,t)} \right] \frac{\partial v_x(r,t)}{\partial V_S(r)} + \left[\frac{\partial J}{\partial v_z(r,t)} \right] \frac{\partial v_z(r,t)}{\partial V_S(r)} \tag{19-21}$$

方括号中的偏导数在每个时间步长中使用链式法则计算得出

$$
\left[\frac{\partial J}{\partial v_i(r,t)} \right] = \left[\frac{\partial J}{\partial v_i(r,t+\Delta t)} \right] \frac{\partial v_i(r,t+\Delta t)}{\partial v_i(r,t)} + \left[\frac{\partial J}{\partial \tau_{ii}\left(r,t+\frac{1}{2}\Delta t\right)} \right] \frac{\partial \tau_{ii}\left(r,t+\frac{1}{2}\Delta t\right)}{\partial v_i(r,t)}
$$
$$
+ \left[\frac{\partial J}{\partial \tau_{ij}\left(r,t+\frac{1}{2}\Delta t\right)} \right] \frac{\partial \tau_{ij}\left(r,t+\frac{1}{2}\Delta t\right)}{\partial v_i(r,t)} + \frac{\partial J}{\partial v_i(r,t)} \tag{19-22}
$$

式中：i（$i = x, z$）和 j 为一个坐标。对于每个时间增量，本文可以表示为

$$\frac{\partial v_i(r,t+\Delta t)}{\partial v_i(r,t)} = 1 \tag{19-23}$$

$$\frac{\partial \tau_{ii}\left(r,t+\frac{1}{2}\Delta t\right)}{\partial v_i(r,t)} = -\frac{1}{\rho(r)}\Delta t \frac{\partial}{\partial i} \tag{19-24}$$

$$\frac{\partial \tau_{ij}\left(r,t+\frac{1}{2}\Delta t\right)}{\partial v_i(r,t)} = -\frac{1}{\rho(r)}\Delta t \frac{\partial}{\partial j} \tag{19-25}$$

$$\frac{\partial J}{\partial v_i(r,t)} = \delta v_i(r,t) \tag{19-26}$$

式中：δv_i 为合成和记录的速度波场之间的残差。将式（19-23）和式（19-25）插入式（19-24）中可以得到

$$
\left[\frac{\partial J}{\partial v_x(r,t)} \right] = -\frac{\Delta t}{\rho(r)} \left(\frac{\partial}{\partial x} \left[\frac{\partial J}{\partial \tau_{xx}\left(r,t+\frac{1}{2}\Delta t\right)} \right] + \frac{\partial}{\partial z} \left[\frac{\partial J}{\partial \tau_{xz}\left(r,t+\frac{1}{2}\Delta t\right)} \right] \right)
$$
$$
+ \left[\frac{\partial J}{\partial v_x(r,t+\Delta t)} \right] + \frac{\partial J}{\partial v_x(r,t)} \tag{19-27}
$$

$$
\left[\frac{\partial J}{\partial v_z(r,t)} \right] = -\frac{\Delta t}{\rho(r)} \left(\frac{\partial}{\partial z} \left[\frac{\partial J}{\partial \tau_{zz}\left(r,t+\frac{1}{2}\Delta t\right)} \right] + \frac{\partial}{\partial z} \left[\frac{\partial J}{\partial \tau_{xz}\left(r,t+\frac{1}{2}\Delta t\right)} \right] \right)
$$

$$\left[\frac{\partial J}{\partial v_z(\boldsymbol{r},t+\Delta t)}\right]+\frac{\partial J}{\partial v_z(\boldsymbol{r},t)} \tag{19-28}$$

同样，$[\partial J/\partial\tau_{xx}(\boldsymbol{r},t-(1/2)\Delta t)]$，$[\partial J/\partial\tau_{zz}(\boldsymbol{r},t-(1/2)\Delta t)]$，$[\partial J/\partial\tau_{xz}(\boldsymbol{r},t-(1/2)\Delta t)]$ 可以被分别求导：

$$\left[\frac{\partial J}{\partial\tau_{xx}\left(\boldsymbol{r},t-\frac{1}{2}\Delta t\right)}\right]=-\Delta t\left((\lambda(\boldsymbol{r})+2\mu(\boldsymbol{r}))\frac{\partial}{\partial x}\left[\frac{\partial J}{\partial v_x(\boldsymbol{r},t)}\right]+\lambda(\boldsymbol{r})\frac{\partial}{\partial z}\left[\frac{\partial J}{\partial v_z(\boldsymbol{r},t)}\right]\right)$$
$$+\left[\frac{\partial J}{\partial\tau_{xx}\left(\boldsymbol{r},t+\frac{1}{2}\Delta t\right)}\right] \tag{19-29}$$

$$\left[\frac{\partial J}{\partial\tau_{zz}\left(\boldsymbol{r},t-\frac{1}{2}\Delta t\right)}\right]=-\Delta t\left((\lambda(\boldsymbol{r})+2\mu(\boldsymbol{r}))\frac{\partial}{\partial z}\left[\frac{\partial J}{\partial v_z(\boldsymbol{r},t)}\right]+\lambda(\boldsymbol{r})\frac{\partial}{\partial x}\left[\frac{\partial J}{\partial v_x(\boldsymbol{r},t)}\right]\right)$$
$$+\left[\frac{\partial J}{\partial\tau_{zz}\left(\boldsymbol{r},t+\frac{1}{2}\Delta t\right)}\right] \tag{19-30}$$

$$\left[\frac{\partial J}{\partial\tau_{xz}\left(\boldsymbol{r},t-\frac{1}{2}\Delta t\right)}\right]=-\Delta t\mu(\boldsymbol{r})\left(\frac{\partial}{\partial x}\left[\frac{\partial J}{\partial v_z(\boldsymbol{r},t)}\right]+\frac{\partial}{\partial z}\left[\frac{\partial J}{\partial v_x(\boldsymbol{r},t)}\right]\right)$$
$$+\left[\frac{\partial J}{\partial\tau_{xz}\left(\boldsymbol{r},t+\frac{1}{2}\Delta t\right)}\right] \tag{19-31}$$

通过比较式（19-15）、式（19-19）、式（19-27）和式（19-31），可以得到$[\partial J/\partial v_x(\boldsymbol{r},t)]$和$[\partial J/\partial v_z(\boldsymbol{r},t)]$是以波场残差为震源的反向传播波场，根据 Lamé 参数与 P 波和 S 波传播速度之间的关系，可以使用链式规则计算粒子速度相对于时间 t 的 P 波和 S 波速度的偏导数：

$$\frac{\partial v_x(\boldsymbol{r},t)}{\partial V_P(\boldsymbol{r})}=\frac{\partial v_x(\boldsymbol{r},t)}{\partial\tau_{xx}\left(\boldsymbol{r},t-\frac{1}{2}\Delta t\right)}\frac{\partial\tau_{xx}\left(\boldsymbol{r},t-\frac{1}{2}\Delta t\right)}{\partial V_P(\boldsymbol{r})}+\frac{\partial v_x(\boldsymbol{r},t)}{\partial\tau_{xz}\left(\boldsymbol{r},t-\frac{1}{2}\Delta t\right)}\frac{\partial\tau_{xz}\left(\boldsymbol{r},t-\frac{1}{2}\Delta t\right)}{\partial V_P(\boldsymbol{r})}$$
$$=\Delta t^2 2\rho(\boldsymbol{r})V_P(\boldsymbol{r})\left(\frac{\partial^2 v_x(\boldsymbol{r},t-\Delta t)}{\partial x^2}+\frac{\partial^2 v_z(\boldsymbol{r},t-\Delta t)}{\partial z\partial x}\right) \tag{19-32}$$

$$\frac{\partial v_z(\boldsymbol{r},t)}{\partial V_{\mathrm{P}}(\boldsymbol{r})} = \frac{\partial v_z(\boldsymbol{r},t)}{\partial \tau_{zz}\left(\boldsymbol{r},t-\dfrac{1}{2}\Delta t\right)} \frac{\partial \tau_{zz}\left(\boldsymbol{r},t-\dfrac{1}{2}\Delta t\right)}{\partial V_{\mathrm{P}}(\boldsymbol{r})} + \frac{\partial v_z(\boldsymbol{r},t)}{\partial \tau_{xz}\left(\boldsymbol{r},t-\dfrac{1}{2}\Delta t\right)} \frac{\partial \tau_{xz}\left(\boldsymbol{r},t-\dfrac{1}{2}\Delta t\right)}{\partial V_{\mathrm{P}}(\boldsymbol{r})} \tag{19-33}$$

$$= \Delta t^2 2\rho(\boldsymbol{r})V_{\mathrm{P}}(\boldsymbol{r})\left(\frac{\partial^2 v_z(\boldsymbol{r},t-\Delta t)}{\partial z^2} + \frac{\partial^2 v_x(\boldsymbol{r},t-\Delta t)}{\partial x\partial z}\right)$$

$$\frac{\partial v_x(\boldsymbol{r},t)}{\partial V_{\mathrm{S}}(\boldsymbol{r})} = \frac{\partial v_x(\boldsymbol{r},t)}{\partial \tau_{xx}\left(\boldsymbol{r},t-\dfrac{1}{2}\Delta t\right)} \frac{\partial \tau_{xx}\left(\boldsymbol{r},t-\dfrac{1}{2}\Delta t\right)}{\partial V_{\mathrm{S}}(\boldsymbol{r})} + \frac{\partial v_x(\boldsymbol{r},t)}{\partial \tau_{xz}\left(\boldsymbol{r},t-\dfrac{1}{2}\Delta t\right)} \frac{\partial \tau_{xz}\left(\boldsymbol{r},t-\dfrac{1}{2}\Delta t\right)}{\partial V_{\mathrm{S}}(\boldsymbol{r})} \tag{19-34}$$

$$= \Delta t^2 2\rho(\boldsymbol{r})V_{\mathrm{S}}(\boldsymbol{r})\left(\frac{\partial^2 v_x(\boldsymbol{r},t-\Delta t)}{\partial z^2} - \frac{\partial^2 v_z(\boldsymbol{r},t-\Delta t)}{\partial x\partial z}\right)$$

$$\frac{\partial v_z(\boldsymbol{r},t)}{\partial V_{\mathrm{S}}(\boldsymbol{r})} = \frac{\partial v_z(\boldsymbol{r},t)}{\partial \tau_{zz}\left(\boldsymbol{r},t-\dfrac{1}{2}\Delta t\right)} \frac{\partial \tau_{zz}\left(\boldsymbol{r},t-\dfrac{1}{2}\Delta t\right)}{\partial V_{\mathrm{S}}(\boldsymbol{r})} + \frac{\partial v_z(\boldsymbol{r},t)}{\partial \tau_{xz}\left(\boldsymbol{r},t-\dfrac{1}{2}\Delta t\right)} \frac{\partial \tau_{xz}\left(\boldsymbol{r},t-\dfrac{1}{2}\Delta t\right)}{\partial V_{\mathrm{S}}(\boldsymbol{r})} \tag{19-35}$$

$$= \Delta t^2 2\rho(\boldsymbol{r})V_{\mathrm{S}}(\boldsymbol{r})\left(\frac{\partial^2 v_z(\boldsymbol{r},t-\Delta t)}{\partial x^2} - \frac{\partial^2 v_x(\boldsymbol{r},t-\Delta t)}{\partial x\partial z}\right)$$

将式（19-32）到式（19-35）代入式（19-20）和式（19-21），并使用上标 † 表示反向传播的波场，P 波和 S 波速度梯度为

$$g_{\mathrm{P}}(\boldsymbol{r}) = \sum_{t=0}^{T} 2\Delta t^2 \rho(\boldsymbol{r})V_{\mathrm{P}}(\boldsymbol{r})\left(\frac{\partial v_x^{\dagger}(\boldsymbol{r},t)}{\partial x} + \frac{\partial v_z^{\dagger}(\boldsymbol{r},t)}{\partial z}\right)\left(\frac{\partial v_x(\boldsymbol{r},t)}{\partial x} + \frac{\partial v_z(\boldsymbol{r},t)}{\partial z}\right) \tag{19-36}$$

$$g_{\mathrm{S}}(\boldsymbol{r}) = \sum_{t=0}^{T} 2\Delta t^2 \rho(\boldsymbol{r})V_{\mathrm{S}}(\boldsymbol{r})\left(\frac{\partial v_x^{\dagger}(\boldsymbol{r},t)}{\partial z}\frac{\partial v_x(\boldsymbol{r},t)}{\partial z} + \frac{\partial v_z^{\dagger}(\boldsymbol{r},t)}{\partial x}\frac{\partial v_z(\boldsymbol{r},t)}{\partial x}\right.$$
$$\left. - \frac{\partial v_x^{\dagger}(\boldsymbol{r},t)}{\partial x}\frac{\partial v_z(\boldsymbol{r},t)}{\partial z} - \frac{\partial v_z^{\dagger}(\boldsymbol{r},t)}{\partial z}\frac{\partial v_x(\boldsymbol{r},t)}{\partial x}\right) \tag{19-37}$$

这与使用传统伴随态方法计算的结果在数学上是相同的（Köhn 等，2012）。

参考文献

[1] Adler A，Araya-Polo M，Poggio T. Deep recurrent architectures for seismic tomography [DB/OL]. arXiv，2019，1908.07824.

[2] Alfarraj M，AlRegib G. Semisupervised sequence modeling for elastic impedance inversion [J]. Interpretation，2019，7（3）：SE237-SE249.

[3] Alkhalifah T，Plessix R. A recipe for practical full-waveform inversion in anisotropic media：An analytical parameter resolution study [J]. Geophysics，2014，79（3）：R91-R101.

[4] Aminzadeh F，Burkhard N，Nicoletis L，et al. SEG/EAGE 3-D modeling project：2nd update [J]. The Leading

Edge，1994，13（9）：949-952.

[5]　Araya-Polo M，Dahlke T，Frogner C，et al. Automated fault detection without seismic processing [J]. The Leading Edge，2017，36（3）：208-214.

[6]　Araya-Polo M，Jennings J，Adler A，et al. Deep-learning tomography [J]. The Leading Edge，2018，37（1）：58-66.

[7]　Bishop C. Pattern recognition and machine learning [M]. New York：Springer，2007.

[8]　Biswas R，Sen M K. Stacking velocity estimation using recurrent neural network [C]. 88th Annual International Meeting，2018：2241-2245.

[9]　Bragança R，Vamaraju J，Sen M K. Full-waveform inversion using machine learning optimization techniques [C]. 90th Annual International Meeting，2020：865-869.

[10]　Brossier R，Operto S，Virieux J. Seismic imaging of complex onshore structures by 2D elastic frequency-domain full-waveform inversion [J]. Geophysics，2009，74（6）：WCC105-WCC118.

[11]　Buduma N，Locascio N. Fundamentals of deep learning：Designing next-generation machine intelligence algorithms [M]. O'Reilly，2017.

[12]　Collino F，Tsogka C. Application of the PML absorbing layer model to the linear elastodynamic problem in anisotropic heterogeneous media [J]. Geophysics，2001，66（1）：294-307.

[13]　Dozat T. Incorporating nesterov momentum into adam [J]. Proceedings of the International Conference on Learning Representations Workshop，2016.

[14]　Fabien-Ouellet G，Sarkar R. Seismic velocity estimation：A deep recurrent neural-network approach [J]. Geophysics，2020，85（1）：U21-U29.

[15]　Hochreiter S，Schmidhuber J. Long short-term memory [J]. Neural Computation，1997，9（8）：1735-1780.

[16]　Kamath N，Tsvankin I. Elastic full-waveform inversion for VTI media：Methodology and sensitivity analysis [J]. Geophysics，2016，81（2）：C53-C68.

[17]　Kamath N，Tsvankin I，Diaz E. Elastic full-waveform inversion for VTI media：A synthetic parameterization study [J]. Geophysics，2017，82（5）：C163-C174.

[18]　Kelly K R，Ward R W，Treitel S，et al. Synthetic seismograms：A finite-difference approach [J]. Geophysics，1976，41（1）：2-27.

[19]　Kingma D，Ba J. Adam：A method for stochastic optimization [DB/OL]. arXiv，2014，1412.6980.

[20]　Kleinberg R，Li Y，Yuan Y. An alternative view：When does SGD escape local minima? [C]. Proceedings of the 35th International Conference on Machine Learning，2018：4226-4237.

[21]　Köhn D，Nil D，Kurzmann A，et al. On the influence of model parametrization in elastic full waveform tomography [J]. Geophysical Journal International，2012，191（1）：325-345.

[22]　Komatitsch D，Martin R. An unsplit convolutional perfectly matched layer improved at grazing incidence for the seismic wave equation [J]. Geophysics，2007，72（5）：SM155-SM167.

[23]　Krizhevsky A. One weird trick for parallelizing convolutional neural networks [DB/OL]. arXiv，2014，1404.5997v2.

[24]　Lailly R. The seismic inverse problem as a sequence of before stack migration [C]. SIAM Conference on Inverse Scattering，1983：206-220.

[25]　Levander A R. Fourth-order finite-difference P-SV seismograms [J]. Geophysics，1988，53（11）：1425-1436.

[26]　Lewis W，Vigh D. Deep learning prior models from seismic images for full-waveform inversion [C]. 87th Annual International Meeting，2017：1512-1517.

[27] Lin Y，Huang L. Acoustic and elastic-waveform inversion using a modified total-variation regularization scheme [J]. Geophysical Journal International，2015，200（1）：489-502.

[28] Liner C L. Elements of seismic dispersion：A somewhat practical guide to frequency-dependent phenomena [M]. Society of Exploration Geophysicists，2012.

[29] Liu Q，Tromp J. Finite-frequency kernels based on adjoint methods [J]. Bulletin of the Seismological Society of America，2006，96（6）：2383-2397.

[30] Madariaga R. Dynamics of an expanding circular fault [J]. Bulletin of the Seismological Society of America，1976，66（3）：639-666.

[31] Martin G S，Marfurt K J，Larsen S. Marmousi-2：An updated model for the investigation of AVO in structurally complex areas [C]. 72nd Annual International Meeting，2002：1979-1982.

[32] Métivier L，Brossier R，Operto S，et al. Acoustic multi-parameter FWI for the reconstruction of P-wave velocity，density and attenuation：Preconditioned truncated Newton approach [C]. 85th Annual International Meeting，2015：1198-1203.

[33] Nesterov Y. A method for solving a convex programming problem with convergence rate O（1/k2）[C]. Soviet Mathematics Doklady，1983，27（2）：372-376.

[34] Nguyen B D，McMechan G A. Five ways to avoid storing source wavefield snapshots in 2D elastic prestack reverse-time migration [J]. Geophysics，2015，80（1）：S1-S18.

[35] Operto S，Gholami Y，Prieux V，et al. A guided tour of multiparameter full waveform inversion with multicomponent data：From theory to practice [J]. The Leading Edge，2013，32（9）：1040-1054.

[36] Pan W，Innanen K A，Margrave G F，et al. Estimation of elastic constants for HTI media using Gauss-Newton and full-Newton multiparameter full-waveform inversion [J]. Geophysics，2016，81（5）：R275-R291.

[37] Park M J，Sacchi M D. Automatic velocity analysis using convolutional neural network and transfer learning [J]. Geophysics，2020，85（1）：V33-V43.

[38] Plessix R E. A review of the adjoint-state method for computing the gradient of a functional with geophysical applications [J]. Geophysical Journal International，2006，167（2）：495-503.

[39] Podgornova O，Leaney S，Liang L. Analysis of resolution limits of VTI anisotropy with full waveform inversion [C]. 85th Annual International Meeting，2015：1188-1192.

[40] Prieux V，Brossier R，Operto S，et al. Multiparameter full waveform inversion of multicomponent ocean-bottom cable data from the Valhall field — Part 1：Imaging compressional wave speed，density and attenuation [J]. Geophysical Journal International，2013，194（3）：1640-1664.

[41] Raissi M，Perdikaris P，Karniadakis G E. Physics informed deep learning — Part 1：Data-driven solutions of nonlinear partial differential equations [DB/OL]. arXiv，2017，1711.10561.

[42] Raissi M，Perdikaris P，Karniadakis G E. Physics informed deep learning — Part 2：Data-driven solutions of nonlinear partial differential equations [DB/OL]. arXiv，2017，1711.10566.

[43] Richardson A. Seismic full-waveform inversion using deep learning tools and techniques [DB/OL]. arXiv，2018，1801.07232vl.

[44] Robert C，Casella G. Monte Carlo statistical methods [M]. New York：Springer，2004.

[45] Ruder S. An overview of gradient descent optimization algorithms [DB/OL]. arXiv，2017，1609.04747.

[46] Rusmanugroho H，Modrak R，Tromp J. Anisotropic full-waveform inversion with tilt-angle recovery [J]. Geophysics，2017，82（3）：R135-R151.

[47] Santos C G P，Evsukoff A G，Mansur W J. Post-stacking acoustic seismic inversion using recurrent neural

network [C]. Proceedings of the 11th International Congress of the Brazilian Geophysical Society, 2009: 18-21.

[48] Sethi H, Shragge J, Tsvankin I. Mimetic finite-difference coupled-domain solver for anisotropic media [J]. Geophysics, 2021, 86 (1): T45-T59.

[49] Sun B, Alkhalifah T. ML-misfit: Learning a robust misfit function for full-waveform inversion using machine learning [DB/OL]. arXiv, 2020, 2002.03163.

[50] Sun J, Niu Z, Innanen K A, et al. A theory-guided deep-learning formulation and optimization of seismic waveform inversion [J]. Geophysics, 2020: 85 (2): R87-R99.

[51] Sun Y, Denel B, Daril N. Deep learning joint inversion of seismic and electromagnetic data for salt reconstruction [C]. 90th Annual International Meeting, 2020: 550-554.

[52] Tarantola A. Inversion of seismic reflection data in the acoustic approximation[J]. Geophysics, 1984, 49(8): 1259-1266.

[53] Tarantola A. A strategy for nonlinear elastic inversion of seismic reflection data [J]. Geophysics, 1986, 51 (10): 1893-1903.

[54] Thomsen L. Weak elastic anisotropy [J]. Geophysics, 1986, 51 (10): 1954-1966.

[55] Van Leeuwen T, Aravkin A Y, Herrmann F J. Seismic waveform inversion by stochastic optimization [J]. International Journal of Geophysics, 2011, 2011: 1-18.

[56] Van Leeuwen T, Herrmann F J. Fast waveform inversion without source encoding [J]. Geophysical Prospecting, 2013, 61: 10-19.

[57] Virieux J. SH-wave propagation in heterogeneous media: Velocity-stress finite-difference method [J]. Geophysics, 1984, 49 (11): 1933-1942.

[58] Virieux J. P-SV wave propagation in heterogeneous media: Velocity-stress finite-difference method [J]. Geophysics, 1986, 51 (4): 889-901.

[59] Virieux J, Operto S. An overview of full-waveform inversion in exploration geophysics [J]. Geophysics, 2009, 74 (6): WCC1-WCC26.

[60] Wang C, Cheng J. Elastic full waveform inversion based on mode decomposition: The approach and mechanism [J]. Geophysical Journal International, 2017, 209 (2): 606-622.

[61] Wang W, Ma J. Velocity model building in a crosswell acquisition geometry with image-trained artificial neural networks [J]. Geophysics, 2020, 85 (2): U31-U46.

[62] Wang W, McMechan G A, Ma J. Automatic velocity picking from semblances with a new deep learning regression strategy: Comparison with a classification approach [J]. Geophysics, 2021, 86 (2): U1-U13.

[63] Wang Z, Bovik A C, Sheikh H R, et al. Image quality assessment: from error visibility to structural similarity [J]. IEEE Transactions on Image Processing, 2004, 13 (4): c1-c4.

[64] Warner M, Ratcliffe A, Nangoo T, et al. Anisotropic 3D full-waveform inversion [J]. Geophysics, 2013, 78 (2): R59-R80.

[65] Wu Y, Lin Y, Zhou Z. InversioNet: Accurate and efficient seismic-waveform inversion with convolutional neural networks [C]. 88th Annual International Meeting, 2018: 2096-2100.

[66] Wu Y, McMechan G A. Parametric convolutional neural network-domain full-waveform inversion [J]. Geophysics, 2019, 84 (6): R881-R896.

[67] Yang F, Ma J. Deep-learning inversion: A next generation seismic velocity-model building method [J]. Geophysics, 2019, 84 (4): R583-R599.

[68] Yoon D，Yeeh Z，Byun J. Seismic data reconstruction using deep bidirectional long short-term memory with skip connections [J]. IEEE Geoscience and Remote Sensing Letters，2020，18（7）：1298-1302.

[69] Yuan Y O，Simons F J. Multiscale adjoint waveform-difference tomography using wavelets [J]. Geophysics，2014，79（3）：V163-V177.

[70] Zhang C，Frogner C，Araya-Polo M，et al. Machine-learning based automated fault detection in seismic traces [C]. 76th Annual International Conference and Exhibition，2014：807-811.

（本文来源及引用方式：Wang W，McMechan G A，Ma J. Elastic isotropic and anisotropic full-waveform inversions using automatic differentiation for gradient calculations in a framework of recurrent neural networks [J]. Geophysics，2021，86（6）：R795-R810.

地震资料智能解释

论文 20   基于人工智能的断层自动识别研究进展

摘要

随着油气勘探开发工作的进行，构造圈闭的勘探难度不断提高，断层作为油气运移、聚集的主要通道之一，断层的识别精度很大程度上影响了油气藏的勘探开发。在断层识别的发展过程中，国内外学者提出了许多切实可行的方案。近年来，人工智能领域的兴起使断层自动识别方法更加多样化。本文通过调研大量的国内外相关文献，对基于人工智能的断层自动识别方法进行了归纳总结，将其划分为两个大类：智能算法和机器学习，又对每个大类进行了精细划分，并阐述了通过蚁群算法、边缘检测、BP（Back Propagation）神经网络、支持向量机、生成对抗网络、聚类及卷积神经网络来自动识别断层的基本原理、发展现状及优缺点。此外，卷积神经网络拥有卷积层、池化层等特殊结构，可以直接通过学习输入与输出之间的映射关系来实现断层自动识别，具有很好的非线性表达及泛化能力，相较于其他人工智能方法，兼具了较高的效率与精度。因此，本文进一步重点介绍了基于卷积神经网络来自动识别断层的一些关键技术及优化算法，且利用大量三维合成地震记录及断层标签作为训练样本，实现了基于卷积神经网络的三维地震资料断层自动识别并对最终结果进行了深入分析。最后给出展望与相应的结论。

1   引言

断层作为构造圈闭的重要组成部分，可以作为油气运移、聚集的通道，因此识别断层是地震资料解释工作中不可或缺的一个环节。而如何从地震资料中准确高效地识别出断层成为一大难点，对此，国内外学者提出了许多切实可行的方案。

对于一张地震剖面，研究人员根据地震同相轴的不连续性来手动解释断层（李书兵，1993；梁顺军，1999；卢华复等，2009；徐永梅，2012）。然仅采用地震剖面来进行断层识别，识别结果会带有很强的人为主观性。因此，便衍生出了井震联合识别技术（王东明，2011；张昕等，2012；李雪松，2015；王彦辉等，2016；房环环，2019），利用测井纵向和地震勘探横向高分辨率，达到井震互补来识别断点。地震剖面识别与井震联合识别都依赖人工来手动标注断层，工作量巨大且烦琐，尤其是对于三维地震剖面。对此，前人提出了一些传统的断层自动识别方法，断层的地震响应特征为同相轴的不连续性，因此，通过计算一些地震属性能突出显示地震剖面中同相轴的不连续性，从而达到自动识别断层的目的，如相干体技术（Bahorich等，1995；Marfurt等，1998；Gersztenkorn等，1999；Randen等，2000；王西文等，2002；张军华等，2004；丁在宇等，2005；陆文凯等，2006；边树涛等，2007；郑静静等，2007；李军等，2018；席桂梅等，2019；黄德锋等，2019）、曲率属性（Al-Dossary等，2006；何英等，2010；杨威等，2011；Chen等，2012；李琼，2017；胡滨，2018；刘松鸣等，2019）及方差体技术（蔡涵鹏，2008；车翔玖等，2014；汪杰等，2016）。但是通过提取地震属性来突出不连续特征，无法很好地区分断层及其他不连续特征，如噪声和地层特征（Hale，2013）。近年来，伴随着人工智能的发展，学者应用人工智能方法来自动识别断层，希望通过智能化的方式自主学习断层特征，从而达到精确、高效地识别断层的目的。人工智能方法多种多样，其自动识别断层的效率与精度也是参差不齐。

人工智能作为 21 世纪最热门的话题之一，诞生于 20 世纪 50～60 年代，在 1956 年的达茅特斯会议中，约翰麦卡锡首次提出了"人工智能"，揭开了人工智能的发展序幕。人工智能作为计算机领域的一个分支，涉及多个学科领域。

多年来，对于人工智能的定义仍是众说纷纭，但不可否认的是，其对地球物理勘探、计算机、金融、物流等多个领域的贡献都是空前的。人工智能大致可以划分为四个分支：机器学习、模式识别、数据挖掘及智能算法，但四个分支的界限也不是特别明确，相互也存在一定的联系。如今，智能算法及机器学习在断层自动识别中的应用比较广泛，而模式识别及数据挖掘在断层自动识别中的应用并不多见，主要还是在金融、医学等领域发挥作用。接下来，本文对已应用于断层自动识别的两个人工智能分支算法（智能算法及机器学习）做了进一步细分，并且详细介绍其发展现状、基本原理及优缺点。

2 智能算法

人工智能科学是通过研发某些智能计算机程序来解决人能做到或做不到的一些问题。智能算法属于人工智能科学中的一种，指的是用于解决某些特定问题而研发的算法，如最短路径问题等。而一些智能算法被用于地震资料断层自动识别，以达到局部或全局最优，本节介绍了蚁群算法、边缘检测算法的断层自动识别发展现状、基本原理及优缺点。

2.1 蚁群算法

20 世纪 50 年代出现的仿生学理论，开辟了解决复杂问题的新思路。蚁群算法模仿蚂蚁觅食过程而诞生，最早由 Dorigo 在 1991 年第一届欧洲人工生命会议上提出。后来在断层自动识别等寻找最优解问题中得到了广泛的应用。蚁群算法断层自动识别技术在 2001 年 SEG 年会上由 Randen 等首次提出。利用蚁群算法进行断层自动识别与真实蚂蚁的探索方式类似，只不过将自然界蚂蚁换成了"人工蚂蚁"，寻找最优化路径变成了寻找断层线。在地震资料解释中，为了更好地追踪断层线，蚁群算法断层自动识别技术往往在相干体或方差体切片上进行，因为在断层位置处有极小的相干值和极大的方差值，方便设置蚁群算法参数。在算法运行时，蚂蚁走过的每条路径都有可能为断层，路径中的信息素越浓，那么该路径为断层的可能性就越大，依据正反馈机制，也会有越多的蚂蚁选择这条路径。Stützle 和 Hoos（1997）采用一种改进的蚁群算法——MAX-MIN 蚂蚁系统用于断层自动识别。Middendorf 等（2002）提出了多群体蚁群算法，多个蚂蚁群体同时进行断点的寻找，在某一时间点交换信息。低级序断层自动识别作为地震资料解释的难点之一，史军（2009）采用蚁群算法很好地描述了低级序断层。根据噪声与断层线延伸方向的差异，赵俊省和孙赞东（2013）提出了基于数据块梯度方向的蚁群算法，有效地抑制了线性噪声。王琳和赵迎（2015）提出基于三参数小波变换的蚁群算法来更好地识别断层。刘财等（2016）采用基于加权一致性的蚁群算法，很大程度上抑制了各种干扰。为了提高蚁群算法断层自动识别的抗噪性，陈志刚等（2017）提出基于反射强度交流分量滤波的蚁群算法。针对三维地震数据，李宏伟等（2019）提出一套蚁群算法断层快速识别技术。

作为一种自动识别断层的方法，蚁群算法相比其他人工识别方法，其优势一目了然，那就是完全消除了人为主观性对断层自动识别结果的影响，做到了断层识别基本自动化，并且能够更好地刻画一些微小断层。如图 20.1 所示，蚁群算法不仅自动地识别出了 A、B、C、D 等大断层，而且也很好地刻画了地震剖面中的微小断层，这是人工识别方法所不具备的。但蚁群算法断层自动识别技术仍存在不足之处，每次更换地震属性体都需要对参数进行调试，例如门槛值、追踪步长等，而且参数调试基本依靠人工进行，重要参数需要经过多次测试才能得到最理想效果，工作量仍然巨大。

2.2　边缘检测

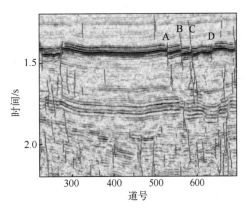

图 20.1　基于蚁群算法的断层自动识别结果
（李宏伟等，2019）

边缘检测作为一种图像处理方法，可以突出图像灰度值异常变化部分。而边缘检测技术能够应用于地震资料解释中，也是因为其对灰度值变化的敏感性。通过将地震剖面转化为灰度显示，将地震资料解释问题变成图像分割问题，从而利用边缘检测技术对其中的连续及不连续信息进行突出显示，如同相轴（李红星等，2007）、河道、断层等。近年来，出现了一些边缘检测技术识别断层的新思路。何胡军等（2010）在小波变换的基础上，采用多尺度边缘检测技术在复杂低级序断层自动识别中取得了较好的效果。宋建国等（2013）使用能量归一化因子对边缘检测算子进行改进，实现了对小断裂及微裂缝的精确识别。刘乐等（2018）结合扩散构造滤波与边缘检测，经过希尔伯特变换求取瞬时振幅，从而实现对断层的自动识别。

边缘检测技术采用类似于图像分割的思想，将地震灰度剖面中的断层特征突出显示，降低了人为主观性对识别结果的影响，但尚存不足之处，边缘检测技术不是直接对地震数据特征进行挖掘，而是突出显示灰度化地震剖面中的断层，所以灰度化程度直接影响了最终的断层自动识别结果。

3　机器学习

1980 年，第一届机器学习会议在美国卡内基梅隆大学举行，标志着机器学习的兴起。1986 年 *Machine Learning* 刊物创立，推动了机器学习的发展。从整体上看，机器学习就是模仿人的思维方式对事物进行识别的过程。人可以通过学习、特征提取、识别、分类来对事物进行认知，但是机器学习不能完全像人一样对事物进行自然而然的分类，还是需要通过人来选择识别方法。机器学习的方法非常多，按照所需数据样本数量可以分成监督学习、半监督学习及无监督学习。

监督学习是根据大量已知的数据对其他数据进行鉴别，主要方法有人工神经网络（ANN）、支持向量机（SVM）、朴素贝叶斯（Nave Bayes）、决策树（Decision Tree）、径向基函数（RBF）、最近邻法（KNN）、对数几率回归（Logistic Regression）及目前最热门的深度学习（Deep Learning）等。

半监督学习是根据少量已知和大量未知数据对其他未知数据进行鉴别，主要方法有自训练（Self-Training）、图算法（Picture Algorithm）、生成模型（Generative Model）及转导向量机（TSVM）等。

无监督学习是直接根据未知数据间的相似性对其进行鉴别归类，主要方法有高斯混合模型（GMM）、最大期望算法（EM）、聚类（Clustering）、频繁模式树（FP-Growth）、关联分析（Apriori）及主成分分析（PCA）等。

　　人工智能是当今的热门研究方向，机器学习属于人工智能，而深度学习又是主要的机器学习方式之一，这三者囊括的范围依次缩小，属于包含与被包含关系。目前，机器学习已经广泛应用于医学、金融、物探等多个领域，地震勘探开发早期就经常使用人工神经网络等机器学习方法进行反演、地震资料解释等。断层识别对地震勘探开发的意义重大，目前 BP 神经网络、聚类、深度学习等多种机器学习方法被用于断层自动识别，旨在提高精度与效率。本节对五种常用于断层自动识别的机器学习算法进行了详细介绍，尤其是卷积神经网络，论述了算法的断层自动识别发展现状、基本原理及优缺点。

3.1　BP 神经网络

　　神经网络出现于 20 世纪 40 年代，科学家对生物神经系统尤其是大脑中枢神经系统进行了研究，发现了生物神经元对外界刺激的特殊响应机制，从而提出了人工神经网络，这是一种模仿生物神经元信息传递机制的数学模型。但是早期的多层前馈神经网络，又称多层感知器（MLP），结构简单，仅包含输入层、隐藏层及输出层，信息只能单向传递，即每一层由多个神经元构成，神经元和输入层之间全连接，且神经元仅接收上一层神经元所传递的信息，导致网络学习能力差。

　　因多层前馈神经网络的劣势明显，导致神经网络发展进入长时间的低潮期。直到1986 年，Rumelhart 等提出了一种误差反向传播算法（BP 算法），在人工神经网络的基础上加入误差反向传播，从而产生了后来的 BP 神经网络。因此严格来讲，BP 神经网络属于人工神经网络的一种，其基本架构如图 20.2 所示，基本原理为，获得输出误差后，使用 BP 算法对隐含层误差进行计算，再反过来调整权重与偏置项，对上述步骤进行迭代，控制误差到局部极小为止。早期识别断层可采用的方法不多，如人工识别、统计识别等，相对而言，BP 神经网络不失为一种最优选择。在地震资料解释领域，可以根据断层的多个地震波动力学特征参数，训练 BP 神经网络模型实现对小断层的精确识别（董守华等，1997，崔若飞等，1997）。崔若飞（1999）基于分形技术，对地震数据分维参数进行提取，从而训练 BP 神经网络模型识别断层，提高了识别效率与精度。韩万林等（2001）提出了基于动量法和自适应学习率调整的 BP 神经网络断层自动识别方法，利用动量法和学习率自适应调整加快了网络训练收敛，提高了识别精度。

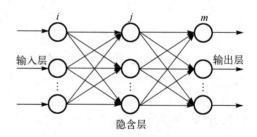

图 20.2　BP 神经网络基本架构

　　作为早期的神经网络，BP 神经网络拥有较高的泛化能力，能够很好地完成断层自动识别任务。但是随着技术进步，油田对断层识别的精度和效率也在提高，BP 神经网络的缺点也随之显露，网络收敛慢，意味着需要更多的地震数据参与训练，且对初始权重十分敏感，多次训练结果可能差异很大。

3.2　支持向量机

　　1963 年，Vapnik 首次提出了支持向量法，将决定性作用的数据样本定义为支持向量。1995年，Cortes 和 Vapnik 首次提出了支持向量机。通俗地讲，支持向量机是基于统计学理论的二分类模型，在解决分类问题时具有很好的泛化能力与鲁棒性，不同于常规思路，如图 20.3 所示，首先试图进行数据升维，其次寻找一个超平面，使分类问题在高维空间线性可分。作为一种二分类算法，支持向量机比较适用于断层自动识别，关键在于寻找最合适的核函数及惩罚参数。谭希鹏等（2015）选取多种断层要素作为模型影响参数，利用遗传学算法（GA）自动调参，最终获得了较好的断层自动识别效果。滕超等（2016）利用灰色关联分析法计算多种断层要素与其延伸长度之间的相关性，从而训练支持向量机模型实现小断层的预测。孙振宇等（2017）利用相关性分析及聚类算法计算几种地震属性的相关程度，并选取互相关程度较低的四种属性训练支持向量机模型，使用粒子群算法进行参数优化，从而获得了较好的断层自动识别结果（图 20.4），从图 20.4 中可以看出，相比人工解释结果，支持向量机模型预测出的断层形态更加真实，倾向更加明显。因为支持向量机本身具有二分类特性，所以能得到较好的断层自动识别效果。但是支持向量机的本质是寻找分类平面，比较适用于小数据量样本，而对于大数据量的三维地震资料而言，其断层自动识别效率与精度可能会大打折扣。

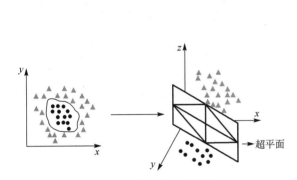

图 20.3　支持向量机原理示意

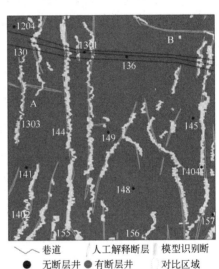

图 20.4　支持向量机与人工的断层识别结果对比
（孙振宇等，2019）

3.3　生成对抗网络

生成对抗网络（GAN）是现在机器学习领域的研究热点之一，2014 年由 Goodfellow 受博弈理论启发而提出，一般采用无监督训练方式，目前主要应用于图像处理领域，如图像补全、去噪等。生成对抗网络由生成网络与判别网络组成，通过二者之间的不断博弈从而学习到数据集特征。如果将生成对抗网络应用于图像生成，那么首先生成网络会通过随机数生成假图片作为判别网络的输入，而判别网络需要对生成网络送来的图片进行分辨，判断是否为真实图片，判别网络的输出为图片的真假概率，如果图片为真，则输出 1；反之则输出 0。在这样的训练过程中，生成网络用逼真的图片去欺骗判别网络，而判别网络要尽可能分辨出图片的真伪，最终达到纳什均衡点。整个训练过程结束后，生成网络所输出的图片会与原图基本一致。近几年来，生成对抗网络也被用于断层识别，但不是直接用于断层自动识别，而是用于地震图像的前期处理工作，如提高地震数据的采样率（Ping 等，2018）等，从而使断层特征更加明显，提高断层识别精度。

3.4 聚类

近几年，随着机器学习的方法被不断挖掘，这种工作量相对较小的无监督方法——聚类算法开始进入人们的视线。聚类分析技术是大数据时代的产物之一，现被广泛应用于医学、地球物理勘探等多个领域。

聚类算法多种多样，章永来等（2019）将其划分为五大类：传统、智能、并行、分布式及高维聚类。聚类算法应用于地震资料解释，尤其是断层自动识别，获得了较为不错的效果。而聚类算法识别断层的基本思想就是对地震同相轴中的不连续点进行分类，通过调节参数尽量将属于同一条断层线的不连续点划分到一个簇中，从而实现对断层线的突出显示。陈雷等（2017）在利用相似性传播聚类识别断点的基础上，再采用主成分分析（PCA）获取断点簇延伸方向，从而实现断层的自动识别。崔荣昂等（2018）在地震属性数据体的基础上采用均值漂移聚类对断层进行自动识别，其结果如图 20.5 所示，均值漂移聚类相比单一地震属性，能够更明确地显示出断层的展布特征。虽然聚类算法简便易行，不需要进行烦琐的断层标签制作，但是作为一种无监督学习方式，断层自动识别精度还有待提高。

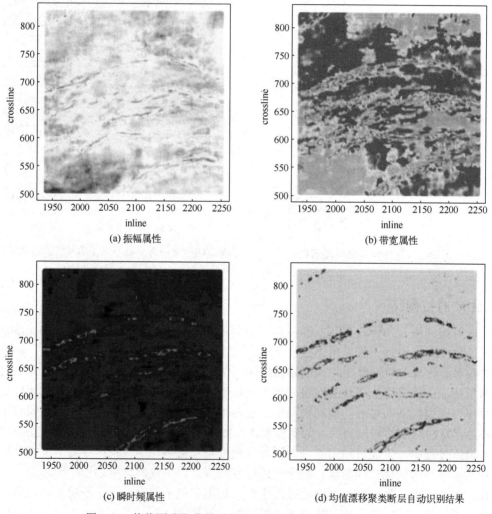

図 20.5　均值漂移聚类断层自动识别结果（崔荣昂等，2018）

3.5　卷积神经网络

3.5.1　卷积神经网络发展现状

卷积神经网络的提出源于对生物视觉系统的研究。卷积神经网络具有局部感知和权值共享等特点，且自主学习能力几乎无可比拟，经常用于图像处理、目标检测等大型竞赛中，并取得了相当不错的成绩，可以说是图像处理和计算机视觉领域的大热门。

卷积神经网络的发展，最早可以追溯到 1962 年 Hubel 和 Wiesel 对于猫视觉系统的研究，1980 年福岛邦彦在论文中提出了仅包含卷积层和池化层的神经网络结构。Lecun（1998）将 BP 算法应用到神经网络结构中，提出了 LeNet-5 模型，其中包含了卷积神经网络的基本架构（卷积层、池化层及全连接层）。虽然 LeNet-5 已经具备了卷积神经网络的基本结构，但应用效果并不好。直到 2006 年，Hinton 在文章中证实了深度神经网络应用于图像处理等领域的可行性，国内外开始掀起卷积神经网络的研究热潮。在 2012 年的 Imagenet 图像识别大赛中，Hinton 组的 Geoffrey 和 Alex 使用了被称为 AlexNet 的结构，一举夺得冠军。对比 LeNet-5，AlexNet 创新地采用了非线性激活函数 ReLU 及正则化（Dropout），前五次测试的错误率仅为 15.3%。2014 年，牛津大学的 VGG 研究组提出了 VGG 模型，将测试错误率再次降低。同年，Google 提出了 Inception 结构的 GoogLeNet 模型，在 ILSVRC Classification 比赛中击败了 VGG 模型获得冠军，GoogLeNet 也称 Inception V1 模型，后来又出现了 Inception V2、V3 模型。Long 等（2015）提出了全卷积神经网络（FCN），可以接受任意大小的输入，实现了端到端、像素到像素的训练。在全卷积神经网络的基础上，Badrinarayanan 等（2015）提出了一种深度全卷积神经网络结构（SegNet），用于语义像素分割，创新之处在于解码器会对较低分辨率的特征图谱进行升采样。2015 年，微软研究团队在 ILSVRC Classification 比赛中提出了残差网络 ResNet。Ronneberger 等（2015）提出了 U-Net 网络并应用于生物医学图像分割，因其简单便捷，也常用于地震资料解释。随着卷积神经网络研究的深入，不断有新的网络结构被提出，如 VGG19、DeepLabv3（Chen 等，2017）等，卷积神经网络在图像处理等多个领域发挥着不可替代的作用。

3.5.2　卷积神经网络应用于断层自动识别的发展现状

近年来，深度学习理论被广泛应用于各大学科领域，因其高效、便捷，也常被用于地震资料解释，尤其是断层自动识别。随着油田实际工作对断层识别精度与效率的要求日渐提高，不少国内外学者对基于卷积神经网络的断层自动识别方法做了深入研究，提出了许多切实可行的方案。Chehrazi 等（2013）利用倾角转向、噪声衰减后的地震数据提取多种地震属性（倾角、曲率、相干性、相似性等），用于多层感知的卷积神经网络模型训练，然后利用该模型对地震数据体进行断层自动识别。Zhang 等（2014）从速度模型中提取出含有不同样式断层的地震数据，并以此训练卷积神经网络模型，用于断层自动识别，获得了较好的效果。Huang 等（2017）研究出一个可扩展的深度学习平台，将卷积神经网络应用于多种地震属性，进行地震资料断层自动识别等工作。Guo 等（2018）从三维地震数据中提取出带有断层标签的二维图像用于卷积神经网络模型的训练，再用此模型进行高精度断层自动识别。段艳廷等（2019）提出了基于 3D 半密度卷积神经网络的断层自动识别方法，与密度卷积神经网络不同之处在于其去除了池化层，更有效地保留了图像信息，提高了断层自动识别精度。Wu 等（2019a）提出一种基于人工合成地震记录的卷积神经网络断层自动识别方法，首先创建一系列工作流程，合成三维地震数据并自动标注断层，再利用合成地震数据集、标签集训练卷积神经网络模型，用于断层自动识别。Wu 等（2019b）使用 90 万个合成地震数据训练卷积神经网络模型，实现了对断层概率、走向及倾角的预测。利用卷积神经网络对断层特征进行学习，降低了其他不连续特征的干扰，能够高效高精度地识别出断层。

3.5.3 基于卷积神经网络的断层自动识别的关键技术

基于卷积神经网络的断层自动识别方法存在以下三大核心步骤：合成地震记录及相应断层标签的制作、网络架构搭建、网络训练优化，下面对这三大步骤进行了详细论述。

1）合成地震记录及相应断层标签的制作

卷积神经网络应用于断层自动识别的最大限制就是训练集与相应断层标签的制作，尤其是对于三维地震资料，手动标注断层无疑是十分费时费力且主观性极强的，而且人工标注断层难免存在疏漏。此外，训练数据的不足及断层标签的不准都会导致断层自动识别结果精度偏低。因此，需要通过算法来自动合成大量的地震记录用于卷积神经网络训练，根据 Wu 等（2019a）所述，如图 20.6 所示，三维合成地震记录制作方法如下。

① 生成三维水平反射率模型[图 20.6（a）]；
② 添加褶皱、断层[图 20.6（b）]；
③ 将模型与雷克子波进行褶积获得合成地震记录[图 20.6（c）]；
④ 添加随机噪声使合成地震记录更加真实[图 20.6（d）]。

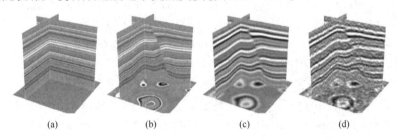

图 20.6　三维合成地震记录制作方法（Wu 等，2019a）

利用上述步骤获得大量合成地震记录作为卷积神经网络的训练集及测试集，但如何对如此大量的三维合成地震记录进行断层标注是一大难点，都通过人工进行标注是不现实的。因此，可以利用相对地质时间（Relative geological time，RGT）体积模型（Stark 等，2003、2004；Wu 等，2012；Geng 等，2019）来实现快速断层标注，如图 20.7 所示，用相同的处理步骤创建一个具有与合成地震记录相同褶皱和断层的 RGT 体积模型，所有地震层位被表示为 RGT 体积模型中的等值面，断层位置则被表示为等值面的横向不连续性。相对于人工标注，这种方法能够比较准确及量化地标注断层。

2）网络架构搭建

卷积神经网络是一种特殊的多层感知器，由卷积层、池化层及全连接层构成。输入图像经过卷积、池化等处理，最后通过全连接变成一维向量，便于进行分类或回归。

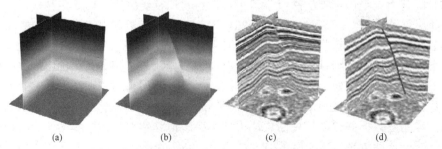

图 20.7　相对地质时间体积模型（Wu 等，2019a）

　　利用卷积层对图像特征进行浓缩、提取，可以通过设计特定的卷积核来不断提取图像中的特征，从局部特征到总体特征，最终达到图像分类、语义分割等目的。池化层利用池化整合邻域特征来获得新特征，因为初始输入的图像经过卷积后存在一些对最终的结果没有影响的无用特征，所以池化层最大作用就是降低图像维度，从而舍弃一些对算法结果用处不大的特征来减少计算开支，加快计算速度。此外，池化可以显著减小卷积神经网络参数量，保持某种不变性（旋转、平移、缩放等）。

　　3）网络训练优化

　　卷积神经网络训练过程中涉及的参数至少是成千上万的，各种参数都会对最后的训练效果产生或多或少的影响，所以在训练过程中对一些参数进行不断调试就显得很有必要了。随着深度学习的发展，卷积神经网络处理问题的能力也需要逐渐提高，因此训练优化也主要针对网络非线性化及防止过拟合。

　　① 激活函数

　　为了处理非线性问题，在卷积神经网络中经常使用激活函数。激活函数对部分神经元进行激活，并将信息传递到下一层神经元。但是使用激活函数存在限制条件：卷积神经网络中输入和输出的数据必须是可以进行微分运算的，因为卷积神经网络在进行反向传播时需要对激活函数求导。如图 20.8 所示，目前常用的激活函数有三种，具有指数样式的非线性 Sigmoid 函数、Tanh 函数及Relu 函数。

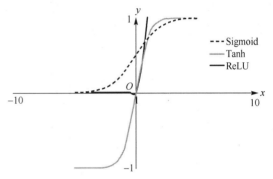

图 20.8　三种常用激活函数曲线

　　Sigmoid 函数将实数区间映射到（0, 1），即将每一类概率控制在（0, 1）之内，所以常被用在传统神经网络中进行概率计算。但是 Sigmoid 函数具有软饱和性，当输入的 x 趋向于无穷时，在进行反向传播求导运算时其导数值会趋向于 0，这样很容易导致梯度消失，并且产生较大的计算量。正因为 Sigmoid 函数具有这个特性，所以常被用来处理深度学习中的二分类问题，利用卷积神经网络自动识别断层时也经常使用这个函数。

　　Tanh 函数是一个双曲正切函数，将实数区间映射至（−1, 1）之中，所以比 Sigmoid 函数收敛得更快，而 Tanh 函数也具有软饱和的特点，容易出现梯度消失。

　　而 Relu 函数曲线为一条过原点的直线，当 $x < 0$ 时，输出始终为 0。而当 $x > 0$ 时，线性的 Relu 函数导数值始终为 1，因此 Relu 函数能够保持梯度不断下降，减缓梯度消失，加快收敛，让神经网络拥有稀疏表达能力。由于 Relu 函数存在上述优势，所以相比其他两种函数，Relu 函数在卷积神经网络中使用得更加频繁。

　　② 防止过拟合

　　鉴于人工智能的大数据特性，卷积神经网络训练时出现过拟合现象是比较常见的，可能的出现原因包括训练集数据不足及网络过于复杂，出现的征兆一般是训练集误差不断减小，而验证集误差却渐渐增大。卷积神经网络训练过拟合后，倾向学习噪声特征而忽视了主要特征，导致模型泛化能力下降，断层自动识别精度降低。目前，避免或减少过拟合现象的方法主要有提前停止、正则化、批量归一化及舍弃算法。

　　针对梯度下降问题，可以将数据集分为训练集和测试集，多个周期后，利用测试集进行正确率和误差评估，从而判断是否过拟合（梯度爆炸）。若随着训练的进行，测试集准确率开始降低，误差开始增大，则应立即停止，将该定型周期作为最终超参数。这种提前停止训练的方案，没有对损失函数进行调整，而是保证了模型预测效果局部极大化。

正则化通过减小模型权重，从而提高卷积神经网络模型泛化能力，防止过拟合。基本思想就是加入新函数 $R(w)$，假设损失函数为 $\text{loss}(\theta)$，加入正则化函数后就变为 $\text{loss}(\theta) + R(w)$，其中 $R(w)$ 表示模型复杂性。θ 代表权重 w 和偏置项 b 等参数。因此，正则化就是通过改变权重 w 前的系数大小，限制权重大小，从而降低卷积神经网络模型复杂度，防止训练时出现过拟合现象。

卷积神经网络可以对图像特征进行逐层提取，鉴于深度学习的"大数据"特性，对所有输出数据都进行归一化处理，显然会产生过大的计算量。因此，批量归一化的意义在于选取小部分数据，对这些数据在卷积神经网络的输出进行归一化处理。因算法简便且可以与其他优化算法兼容，批量归一化常被用来优化卷积神经网络训练。批量归一化通过将卷积神经网络输入映射到均值为 0、方差为 1 的标准正态分布中，防止卷积神经网络训练时出现过拟合或者欠拟合。

舍弃算法由辛顿等首次提出，用来提高卷积神经网络泛化能力。如图 20.9 所示，所谓"舍弃"，就是在卷积神经网络训练过程中，随机使某些神经元暂时失活，即将该单元的输出值设置为 0，让其失去作用。这种舍弃算法能保证了被忽略神经元的权重在本次训练过程中不变，而在每次训练结束后更换被忽略的神经元。因为训练过程中是随机选择舍弃的神经元，所以最后输出的结果相当于多个不同卷积神经网络的平均值，从而避免出现过拟合现象。

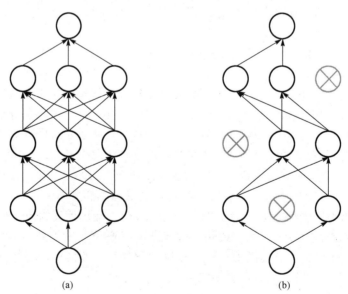

(a)   (b)

图 20.9　舍弃算法原理示意

（a）神经元；（b）应用舍弃算法后。

3.5.4　基于迁移学习与集成学习的优化方法

1）迁移学习

迁移学习属于机器学习，与深度学习有着交叉点，可以说是机器学习的一种优化算法，顾名思义，就是可以将训练好的卷积神经网络模型权重等参数转移到新网络中进行使用，从而提高训练起点，加快并优化新卷积神经网络模型训练。

　　利用卷积神经网络进行断层自动识别最大的特点还是数据量大和训练时间长，目前断层自动识别应用的卷积神经网络结构主要还是 U-Net，但是有了迁移学习后，在尝试利用新的卷积神经网络（如 VGG、Deeplabv3 等）进行断层自动识别时，不需要重新准备大量的训练集从零开始训练，可以直接将已训练好的 U-Net 模型参数进行迁移，从而加快新网络模型的训练，甚至获得更好的断层自动识别效果。

　　2）集成学习

　　集成学习是当下比较热门的一种机器学习优化算法，从字面意思来看，"集成"即集众家之所长，其主要作用是构建并结合多种机器学习学习器完成对算法结果的优化。集成学习可以分为同质学习与异质学习，同质学习即所有学习器都属于同类，如都是卷积神经网络学习器，而异质学习即学习器种类不一。大多数情况下，集成学习都是指同质学习。

　　此外，常用的集成学习组合策略有平均法、投票法及学习法。平均法常用于回归问题，即对多个学习器的输出结果进行平均，从而得到最终结果。投票法可以分为相对多数投票法、绝对多数投票法及加权投票法，常用于分类问题，如断层识别问题。以加权投票法为例，先给予每个学习器分类结果一个权重，再对多个学习器的分类票数加权求和，最终结果为加权求和值最大的类别。学习法则是将某一学习器的结果作为另一个学习器的输入，再进行学习、预测，从而获得更好的预测结果。

　　应用不同的卷积神经网络（U-Net、VGG16 及 Deeplabv3 等）来自动识别断层，其识别效率与精度都存在或大或小的差异，因此可以使用集成学习来组合多种卷积神经网络结构的断层自动识别结果，从而达到结果最优化。如判断某一像素点是否为断点，若三种不同卷积神经网络（U-Net、VGG16 及 Deeplabv3）的断层自动识别结果中，有两种网络判断某数据点为断点，即最终将该点认定为断点。集成学习能够很好地结合多种卷积神经网络的断层自动识别结果，从而减少断点误判现象的出现。

3.5.5　实例分析

　　本文利用三维合成地震记录制作训练集及断层标签，通过搭建三维 U-Net 网络（图20.10）来训练模型，实现断层自动识别。本文的测试环境为 Inter Xeon Silver 4116 CPU，具有 16 个核心，支持 32 线程，主频为 2.10GHz，32G 内存，主显卡为 Nvidia Tesla V100-PCIE，16GB 显存。采用的编程语言为 Python，通过搭建 Tensorflow 环境，利用开源深度学习平台 Pycharm 及 Anaconda 3 平台进行卷积神经网络的搭建和训练，利用 Jupyter notebook 进行断层的自动识别。使用 CPU 进行三维地震数据的基础处理，使用 GPU 加速卷积神经网络模型训练。

　　经过多次调参，最终采用 Relu 函数和 Sigmoid 函数作为激活函数。Relu 函数相比Sigmoid 函数和 Tanh 函数，不会同时激活所有的神经元，具有更好的稀疏表达能力，让运算变得简便高效，因此采用 Relu 函数作为激活函数，但是最后的输出层需要采用Sigmoid 函数，来控制输出为 0～1 的概率值。对于优化器的选择，因为本次研究的训练数据有限，所以采用收敛快且常用的 Adam 优化器。学习率设定为 0.0001，池化方式选择常用的最大池化。鉴于本次研究是直接利用三维地震资料进行模型训练，且服务器的运行内存较小，经过多次测试，能够采用的最大批次为 2，意味着一次只能投入 2 个三维地震数据块进行特征提取。因训练数据较少，为了防止出现过拟合现象，定型周期（Epoch）不宜过大，最终设定为 25。交叉熵是分类问题中使用比较广泛的一类损失函数，用于刻画两个概率分布之间的距离，最终决定采用平衡交叉熵（Cross_Entropy_Balanced），度量（Metrics）指标设定为正确率。

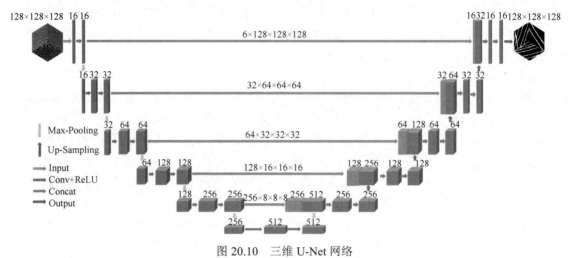

图 20.10　三维 U-Net 网络

如图 20.11 所示，将卷积神经网络在合成地震记录中的断层自动识别结果与人工解释结果对比，发现断层基本上都已经被识别出来，而且与标签中的断层位置能够较好地吻合，准确率为 94.2%。其次图 20.12 展示了卷积神经网络在实际地震资料中的断层自动识别的结果，尽管只使用了合成地震记录进行训练，但卷积神经网络模型在实际地震资料中的断层自动识别效果依旧很好，比较完整且准确地识别出了实际地震图像中的断层。事实表明利用卷积神经网络自主学习合成地震记录中的断层特征后，能够比较高效且准确地识别出实际三维地震图像中的断层。相比其他断层识别方法，卷积神经网络兼具了较高的效率与精度。

但是由图 20.11 和图 20.12 可以看出，无论是合成地震记录还是实际地震资料的断层自动识别结果，部分断层附近的一些像素点都被判断为断点，导致二维断层线较粗，经过分析认为是本文受限于图像处理单元（GPU）内存大小，只采用了小尺寸的合成地震记录作为卷积神经网络的输入进行训练，所以仅对一个局部范围内的图像特征进行了提取、学习，而分别以非断点和断点为中心的数据块特征较为相似，所以在断层自动识别过程中出现断点误判现象，导致自动识别出来的三维断层面分辨率降低。

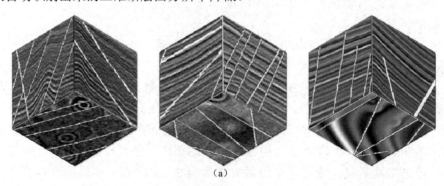

(a)

图 20.11　卷积神经网络在合成地震记录中的断层自动识别结果

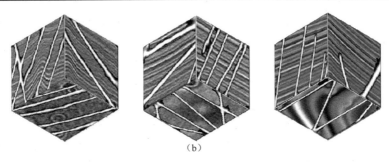

（b）

图 20.11　卷积神经网络在合成地震记录中的断层自动识别结果（续）
（a）断层标签；（b）断层自动识别结果。

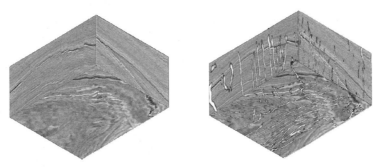

图 20.12　卷积神经网络在实际地震资料中的断层自动识别结果

4　展望

随着断层识别方法研究的深入，不断有新方案被提出，从最初的基于地震剖面的断层手动标注方法到现在的基于人工智能的断层自动识别方法，经历了从二维到三维、手动到自动及低效到高效等一系列变化。本文在深入了解基于人工智能的断层自动识别方法的国内外研究现状后，对断层自动识别方法的提高做出以下几点展望。

（1）利用卷积神经网络自动识别断层的精度还有待提高。鉴于深度学习的大数据特性，目前国内外学者主要利用人工合成地震记录及断层标签作为训练数据来进行网络的断层特征学习，所以最终识别效果受到合成地震记录的真实性、断层标签的准确性及网络参数的合理性等多方面的影响。因此，可以考虑通过调整网络参数、优化网络结构，从而搭建更适合断层自动识别的神经网络。此外，也可以通过改进网络、采用迁移学习和集成学习方法来进行结果优化。例如，搭建新的卷积神经网络模型提高断层识别精度；通过迁移学习使网络模型适应于新的工区；利用不同网络模型对断层进行预测，利用集成学习的投票法对结果进行择优保留，从而提高断层自动识别结果的可信度。

（2）随着人工智能与地震勘探的发展，未来的断层自动识别方法会更加多样化、高效化及精准化，半监督与无监督学习将会是未来断层自动识别主要应用的技术手段之一。半监督学习主要通过挖掘大量地震数据中的断层特征，辅以少量的断层标签进行网络训练。而无监督学习直接对地震数据的本质特征进行挖掘，从而划分断点与非断点。但是，这两种学习方式所采用的先验信息不足，断层的识别精度难以得到保证。因此，还需要继续对基于半监督与无监督学习的断层自动识别方法进行研究，寻找更加适用于断层自动识别的半监督或无监督学习方法，从而提高断层自动识别的精度与效率。

（3）人工智能方法能够很好地自动识别高信噪比地震资料中的断层，但对于低信噪比资料而言尚存不足，因此需要研究低信噪比地震资料断层自动识别方法。一种比较简单的策略为，先对地震数据进行去噪，提高信噪比，再进行断层自动识别。如何将提高信噪比与断层自动识别方法有机结合，有效提高低信噪比地震资料断层自动识别精度，是研究的重点。目前，已有多篇文献报道了人工智能地震噪声衰减方法，今后可以在研究去噪的同时，实现断层自动识别。

（4）为了更加高效地进行地震资料解释工作，需要研究适用的人工智能方法，同时进行断层解释与层位追踪。地震资料解释工作中重要的两个环节就是断层解释与层位追踪，断层表现为地震剖面中同相轴的不连续性，而层位表现为连续性，二者为两极关系，工作的侧重点不同。为了提高工作效率，需要在研究人工智能方法的同时进行断层解释与层位追踪。例如，机器学习中的多任务学习方法，可以将断层识别与层位追踪任务同时作为网络目标函数，搭建多任务架构的卷积神经网络来同时实现高分辨的断层自动识别与层位自动追踪，如何实现二者有机结合及提高精度和效率是研究的关键。

5 结论

目前基于人工智能的断层自动识别方法较多，主要分为两大类：智能算法及机器学习，其又可细分为多个小类。但大部分方法仍停留在实验室使用阶段，在油田实际工作中并不常见，比较常用的有蚁群算法、边缘检测及卷积神经网络，而卷积神经网络是当前利用人工智能来自动识别断层的主流研究方法，利用复杂的神经元结构进行局部感知与权值共享、多层卷积与池化，以获得更高的鲁棒性与泛化能力，正是这些特性使卷积神经网络相比其他人工智能方法具有更高的断层自动识别精度与效率。

此外，利用人工智能方法来自动识别断层，而识别结果的优劣又能反应方法的优缺点和适用条件。不同的人工智能方法存在精度、效率和适用条件上的差异，因此在使用过程中，应根据实际条件及需要选择合适的方法，从而获得一个可靠的断层识别结果。

参考文献

[1] Al-Dossary S，Marfurt K J. 3D volumetric multispectral estimates of reflector curvature and rotation [J]. Geophysics，2006，71（5）：41-51.

[2] Badrinarayanan V，Kendall A，Cipolla R. Segnet: a deep convolutional encoder-decoder architecture for scene segmentation [J]. IEEE Transactions on Pattern Analysis and Machine Intelligence，2017，39（12）：2481-2495.

[3] Bahorich M，Farmer S. 3-D seismic discontinuity for faults and stratigraphic features: the coherence cube [J]. The Leading Edge，1995，14（10）：1053-1058.

[4] Chehrazi A，Rahimpour-Bonab H，Rezaee M R. Seismic data conditioning and neural network-based attribute selection for enhanced fault detection [J]. Petroleum Geoscience，2013，19（2）：169-183.

[5] Chen L，Papandreou G，Schroff F，et al. Rethinking atrous convolution for semantic image segmentation [DB/OL]. arXiv，2017，1706.05587.

[6] Chen X，Yang W，He Z，et al. The algorithm of 3D multi-scale volumetric curvature and its application [J]. Applied Geophysics，2012，9（1）：65-72.

[7] Dorigo M，Gambardella L M. Ant colony system: a cooperative learning approach to the traveling salesman problem [J]. IEEE Transactions on Evolutionary Computation，1997，1（1）：53-66.

[8] Geng Z, Wu X, Shi Y, et al. Relative geologic time estimation using a deep convolutional neural network [C]. Expanded Abstracts of 88th Annual International Meeting, 2019: 2238-2242.

[9] Gersztenkorn A, Marfurt K J. Eigenstructure-based coherence computations as an aid to 3-D structural and stratigraphic mapping [J]. Geophysics, 1999, 64（5）: 1468-1479.

[10] Guo B, Li L, Luo Y. A new method for automatic seismic fault detection using convolutional neural network [C]. Expanded Abstracts of 88th Annual International Meeting, 2018: 1951-1955.

[11] Hale D. Methods to compute fault images, extract fault surfaces, and estimate fault throws from 3D seismic images [J]. Geophysics, 2013, 78（2）: O33-O43.

[12] Huang L, Dong X, Clee T E. A scalable deep learning platform for identifying geologic features from seismic attributes [J]. The Leading Edge, 2017, 36（3）: 249-256.

[13] Krizhevsky A, Sutskever I, Hinton G E. Imagenet classification with deep convolutional neural networks [J]. Advances in Neural Information Processing Systems, 2012, 25: 1097-1105.

[14] Lecun Y, Bottou L. Gradient-based learning applied to document recognition [J]. Proceedings of the IEEE, 1998, 86（11）: 2278-2324.

[15] Long J, Shelhamer E, Darrell T. Fully convolutional networks for semantic segmentation [C]. IEEE Conference on Computer Vision and Pattern Recognition, 2015: 3431-3440.

[16] Marfurt K J, Kirlin R L, Farmer S, et al. 3-D seismic attributes using a semblance-based coherency algorithm [J]. Geophysics, 1998, 63（4）: 1150-1165.

[17] Middendorf M, Reischle F, Schmeck H. Multi colony ant algorithms [J]. Journal of Heuristics, 2002, 8（3）: 305-320.

[18] Ping L, Matt M, Seth B, et al. Using generative adversarial networks to improve deep-learning fault interpretation networks [J]. The Leading Edge, 2018, 37（8）: 578-583.

[19] Randen T, Monsen E, Signer C, et al. Three-dimensional texture attributes for seismic data analysis [C]. Expanded Abstracts of 70th Annual International Meeting, 2000: 668-671.

[20] Ronneberger O, Fischer P, Brox T. U-net: convolutional networks for biomedical image segmentation [C]. Medical Image Computing and Computer-Assisted Intervention, 2015: 234-241.

[21] Stark T J. Unwrapping instantaneous phase to generate a relative geologic time volume [C]. Expanded Abstracts of 73rd Annual International Meeting, 2003: 1707-1710.

[22] Stark T J. Relative geologic time （age） volumes — relating every seismic sample to a geologically reasonable horizon [J]. The Leading Edge, 2004, 23（9）: 928-932.

[23] Stützle T, Hoos H H. Max-min ant system and local search for the traveling salesman problem [C]. Proceeding of IEEE International Conference on Evolutionary Computer and Evolutionary Programming, 1997: 309-314.

[24] Wu X, Geng Z, Shi Y, et al. Building realistic structure models to train convolutional neural networks for seismic structural interpretation [J]. Geophysics, 2019a, 85（4）: 1-13.

[25] Wu X, Shi Y, Fomel S, et al. Faultnet3D: predicting fault probabilities, strikes, and dips with a single convolutional neural network [J]. IEEE Transactions on Geoscience and Remote Sensing, 2019b, 57（11）: 9138-9155.

[26] Wu X, Zhong G. Generating a relative geologic time volume by 3D graph-cut phase unwrapping method with horizon and unconformity constraints [J]. Geophysics, 2012, 77（4）: O21-O34.

[27] Zhang C, Frogner C, Araya-Polo M, et al. Machine-learning based automated fault detection in seismic

traces [C]. Proceedings of 76th Conference and Exhibition，EAGE，2014：Th-G104-01.

[28] Zheng Z，Kavousi P，Di H. Multi-attributes and neural network-based fault detection in 3D seismic interpretation [C]. Advanced Materials Research，2013，838：1497-1502.

[29] 边树涛，董艳蕾，苏晓军，等. 地震相干体技术识别低序级断层方法研究[J]. 世界地质，2007，26（3）：368-374.

[30] 蔡涵鹏. 方差体的改进算法及在地震解释中的应用[J]. 煤田地质与勘探，2008：74-76，80.

[31] 车翔玖，刘鑫，白鑫，等. 基于小波变换与方差体的断层识别方法[C]. 2014 年中国地球科学联合学术年会论文集，2014：52-54.

[32] 陈雷，肖创柏，禹晶，等. 基于相似性传播聚类与主成分分析的断层识别方法[J]. 石油地球物理勘探，2017，52（4）：627-628.

[33] 陈志刚，吴瑞坤，孙星，等. 基于反射强度交流分量滤波的蚂蚁追踪断层识别技术改进及应用[J]. 地球物理学进展，2017，32（5）：1973-1977.

[34] 崔荣昂，曹丹平，安鹏，等. 基于地震属性的 Mean Shift 聚类分析在断层自动识别中的应用[C]. 2018 年中国地球科学联合学术年会论文集，2018：50-52.

[35] 崔若飞，王磊. 应用人工神经网络识别断层[J]. 煤田地质与勘探，1997：59-61，65.

[36] 崔若飞，许东. 利用分形技术和人工神经网络技术检测小断层[J]. 中国矿业大学学报，1999，28（3）：258-261.

[37] 丁在宇，张爱敏. C2 相干体在断层解释中的应用[J]. 煤田地质与勘探，2005，33（5）：79-81.

[38] 董守华，石亚丁，汪洋. 地震多参数 BP 人工神经网络自动识别小断层[J]. 中国矿业大学学报，1997，26（3）：14-18.

[39] 段艳廷，郑晓东，胡莲莲，等. 基于 3D 半密度卷积神经网络的断裂检测[J]. 地球物理学进展，2019，34（6）：2256-2261.

[40] 房环环. 极复杂断块井震结合断层描述模式研究及应用[J]. 石化技术，2019，26（11）：116，170.

[41] 韩万林，张幼蒂. 断层推断的改进 BP 神经网络方法[J]. 合肥工业大学学报，2001，24（5）：38-41.

[42] 何胡军，王秋语，程会明. 多尺度边缘检测技术在低级序断层识别中的应用[J]. 石油天然气学报，2010，32（4）：226-228，431.

[43] 何建军，李琼. 基于大倾角扫描的体曲率属性在小断层检测中的应用[C]. 2017 年中国地球科学联合学术年会论文集，2017：120-122.

[44] 何英，贺振华，熊晓军. 基于高精度曲率分析的断层识别方法[J]. 石油天然气学报，2010，32（6）：404-407，541.

[45] 胡滨. 基于曲率属性的复杂断层精细解释技术及其应用[J]. 海洋石油，2018，38（1）：22-27.

[46] 黄德峰，王延光，张军华，等. 一种相干体级联 3DSobel 算子处理的断层识别方法及应用[C]. 2019 年物探技术研讨会论文集，2019：1306-1309.

[47] 黄捍东，胡光岷，贺振华，等. 利用多尺度边缘检测研究碳酸盐岩裂缝分布[J]. 物探化探计算技术，2000，22（1）：21-25.

[48] 李红星，刘财，陶春辉. 图像边缘检测方法在地震剖面同相轴自动检测中的应用研究[J]. 地球物理学进展，2017，22（5）：1607-1610.

[49] 李宏伟，白雪莲，崔京彬，等. 蚂蚁属性优化断层识别技术[J]. 煤田地质与勘探，2019，47（6）：174-179.

[50] 李军，张军华，龚明平，等. 基于魔方矩阵的断层检测方法[J]. 石油地球物理勘探，2018，53（3）：552-557，5.

[51] 李书兵. 断层在地震剖面上的图示法[J]. 西南石油学院学报（自然科学版），1993，15（S1）：78-79.

[52] 李雪松. 井震结合精细刻画断层方法研究及应用[J]. 长江大学学报, 2015, 12 (20): 29-32, 4.

[53] 梁顺军. 地震剖面上的断层分析及相关意义[J]. 石油地球物理勘探, 1999 (5): 560-568, 606.

[54] 刘财, 刘海燕, 彭冲, 等. 基于加权一致性的蚁群算法在断层检测中的应用[J]. 地球物理学报, 2016, 59 (10): 3859-3868.

[55] 刘乐, 黄德济, 贺锡雷, 等. 边缘检测方法在地震剖面断层识别中应用[C]. 2018 年中国地球科学联合学术年会论文集, 2018: 46-48.

[56] 刘松鸣, 武刚, 文晓涛, 等. 曲率方位加强技术在识别低序级断层中的应用[J]. 断块油气田, 2019, 26 (1): 37-41.

[57] 卢华复, 王胜利. 地震剖面中走滑断层旋向判断模型: 以塔东阿拉干北断层为例[J]. 大地构造与成矿学, 2009, 33 (1): 46-48.

[58] 陆文凯, 张善文, 肖焕钦. 基于相干滤波的相干体图像增强[J]. 天然气工业, 2006, 26 (5): 37-39.

[59] 史军. 蚂蚁追踪技术在低级序断层解释中的应用[J]. 石油天然气学报, 2009, 31 (2): 257-258.

[60] 宋建国, 孙永壮, 任登振. 基于结构导向的梯度属性边缘检测技术[J]. 地球物理学报, 2013, 59 (10): 3561-3571.

[61] 孙振宇, 彭苏萍, 邹冠贵. 基于 SVM 算法的地震小断层自动识别[J]. 煤炭学报, 2017, 42 (11): 2945-2952.

[62] 谭希鹏, 施龙青, 邱梅, 等. 基于支持向量机的赵官矿小断层预测[J]. 煤田地质与勘探, 2015, 43 (5): 15-18.

[63] 滕超, 施龙青, 邱梅. 基于支持向量机的翟镇矿小断层预测[J]. 煤炭技术, 2016, 35 (5): 125-127.

[64] 汪杰, 汪锐. 基于方差相干体的断层识别方法[J]. 工程地球物理学报, 2016, 13 (1): 46-51.

[65] 王东明. 井震联合技术在断层精细解释中的应用[J]. 石油天然气学报, 2011, 33 (9): 72-76, 167.

[66] 王琳, 赵迎. 小波多尺度蚂蚁追踪技术在断层解释中的应用[C]. 2015 年中国地球科学联合学术年会论文集, 2015: 796.

[67] 王西文, 苏明君, 刘军迎, 等. 基于小波变换的地震相干体算法及其应用[J]. 石油物探, 2002, 41 (3): 334-338.

[68] 王彦辉, 司丽, 朴昌永, 等. 井震结合断层解释应注意的几个问题[J]. 西南石油大学学报, 2016, 38 (5): 50-58.

[69] 席桂梅, 何书耕, 闵也, 等. 用相干体属性开展断层识别[J]. 西北地质, 2019, 52 (1): 244-249.

[70] 徐永梅. 地震剖面断层的解释研究[J]. 中国石油和化工标准与质量, 2012, 33 (9): 50.

[71] 杨威, 贺振华, 陈学华. 三维体曲率属性在断层识别中的应用[J]. 地球物理学进展, 2011, 26 (1): 110-115.

[72] 张军华, 王月英, 赵勇. C3 相干体在断层和裂缝识别中的应用[J]. 地震学报, 2004 (5): 560-564, 567.

[73] 张昕, 甘利灯, 刘文岭, 等. 密井网条件下井震联合低级序断层识别方法[J]. 石油地球物理勘探, 2012, 47 (3): 462-468, 358, 518.

[74] 章永来, 周耀鉴. 聚类算法综述[J]. 计算机应用, 2019, 39 (7): 1869-1882.

[75] 赵俊省, 孙赞东. 一种改进的蚁群算法在断层自动追踪中的应用[J]. 科技导报, 2013, 31 (27): 59-64.

[76] 赵牧华, 杨文强, 崔辉霞. 用方差体技术识别小断层及裂隙发育带[J]. 物探化探计算技术, 2006, 28 (3): 216-218, 182-183.

[77] 郑静静, 印兴耀, 张广智. 基于 Curvelet 变换的多尺度分析技术[J]. 石油地球物理勘探, 2009, 44 (5): 543-547, 521-522, 650.

(本文来源及引用方式: 陈桂, 刘洋. 基于人工智能的断层自动识别研究进展[J]. 地球物理学进展, 2021, 36 (1): 119-131.)

论文 21　基于深度学习的多属性盐丘自动识别

摘要

　　盐丘边界的准确圈定是三维地震解释的重要任务之一。随着勘探程度的深入，地震资料变得更加复杂，利用传统方法进行盐丘解释存在难度大且效率低的问题。为了解决这些问题，本文以深度学习技术为基础，利用不同地震属性实现盐丘的自动识别。流程主要包括三部分：首先，基于盐丘在地震数据上的特征提取多种属性，每种属性分别选取少量主测线和时间切片数据进行预处理，并利用数据增强方法自动生成大量数据作为网络的训练样本；其次，搭建基于编码-解码器结构的卷积神经网络，分别输入不同属性的两类样本进行模型训练和测试以得到多个独立的模型；最后，为了综合考虑各属性特征，得到更全面、准确的预测结果，利用集成学习方法融合多个模型，并得到优化后的分类结果。结果表明，该方法能够快速准确实现三维数据体的盐丘自动分割。

1　引言

　　盐丘是一种具有良好密闭储集空间的底辟构造。这是由于受到构造力作用，盐丘会向上拱起，上覆地层发生形变，形成穹状构造（Brown，2004），同时往往会伴随发育一系列断裂构造。这种断裂构造会使某种可渗透地层单元变为不可渗透地层单元，为油气聚集和储存提供空间。因此，盐丘的准确解释对盐下储层的勘探与开发具有重要意义。然而，三维地震数据的盐丘解释仍具有挑战性。一方面，探测盐丘时，首先要确定陡倾角的盐层沉积界面，即盐丘侧翼。但是由于盐丘形态复杂，倾角陡，甚至会出现突檐的情况，而盐丘速度又比周围地层高，使地震波传播存在较大的时差。另一方面，随着勘探程度逐渐深入，接收到的地震反射信号更加复杂，导致解释工作难度大，多解性强；并且地震数据量也随着勘探程度不断增大，使解释工作耗时长、效率低。传统的多属性分析等方法已很难满足目前的生产需求。为了解决这些问题，多种计算机辅助解释技术被相继提出。Shi 和 Malik（2000）提出基于归一化割图像分割算法求取全局最优化问题的方法来检测盐丘，但是这种方法计算成本高，不适用于实时地震解释（Lomask 等，2006）。Jing 等（2007）利用边缘检测技术识别盐丘边界，这种技术简单高效。Aqrawi 等（2011）对边缘检测技术进行优化，给样本设置不同权重并且对样本进行组合，更好地实现了盐丘检测。但基于边缘检测的技术只有在地震数据振幅变化剧烈时才能取得良好效果。

　　仅使用地震振幅信息不能全面地体现盐丘的特征，属性能够较为直观地反映特殊的地质构造特征，因此属性被广泛用于盐丘解释。Berthelot 等（2013）提出基于纹理属性的盐丘检测方法。Shafiq 等（2015）提出纹理梯度方法（GOT）分别测量两个相邻时窗之间的纹理差异以检测盐丘边界。此外，梯度结构张量（王清振等，2018）、曲率（Roberts，2001）、相似性（Tingdahl 和 Rooij，2005）等都陆续应用于盐丘构造解释并取得了一定的成效。但基于地震属性的解释方法通常需要提取多种属性并且采用特殊的处理方式拾取地震信息，再进行多轮解释得到最终结果。这些方法依赖人工并且需要花费大量的时间，难以满足当前勘探开发需求。为了降低地震资料解释难度，深度学习技术得到了迅速发展，并逐渐应用于资料解释。

2018 年，深度学习技术在石油勘探领域掀起了研究热潮。Pham 等（2018）利用深度卷积神经网络进行河道检测；Di 等（2018）将反卷积神经网络应用于地震相分析，初步实现了地震相的自动分类；Wu 等（2019）利用端到端的卷积神经网络实现三维断层的自动识别。

　　为了提高盐丘解释的准确性并缩短工作周期，本文以深度学习技术为基础、以少量的二维数据为样本进行模型训练和测试；测试结果显示，该技术能够基本实现盐丘的自动分割，但仍存在一定的误差。为了充分考虑各属性特征，进一步减少误差，利用集成学习方法将各属性模型进行融合并对整个三维地震数据体进行测试，结果表明，该方法能够有效减少误差，提高盐丘分类准确率。

2　网络结构

　　深度学习通过构建具有多个隐藏层的网络模型和海量数据来挖掘数据深层特征。学习过程为逐层特征变换，将样本在原空间的特征表示变换到新特征空间，新特征空间能够刻画数据更丰富的内在特征，从而使分类或预测更加准确。

　　图像识别和图像分割是深度学习极为重要的两个部分。图像识别是给定一个滑动窗使其在图像上滑动，每一个滑动窗所在的小图像块被当作一个样本输入神经网络进行训练，从而识别滑动窗中心像素点，遍历所有像素点就实现了整个图像每一个像素点的分类。这种方法缺点在于每一个像素点都需要取一个以自身为中心的图像块，而相邻两个像素点图像块相似度非常高，并且需要重复计算相同部分，这造成了信息冗余，使网络训练速度慢。另外，滑动窗尺寸的选取也需要兼顾计算效率与分类精度。尺寸较大时，计算量增大，尺寸较小时，图像块只包含少量局部信息，可能导致错误的分类。而图像分割方法是将整个图像作为输入进行模型训练，利用得到的模型对图像的每个像素点同时进行分类和定位，实现目标的精确分割。

　　我们将盐丘识别视为目标分割问题，它能在识别目标的同时圈定目标的位置。基于编码-解码器结构（Badrinarayanan 等，2017）在计算机领域的出色表现，本文扩展了该结构并输入地震属性数据进行模型训练。

　　图 21.1 为编码-解码器网络结构，左侧为用于提取输入特征的编码器部分；右侧为恢复空间信息及准确定位的解码器部分，与左侧对称。蓝色和红色分别表示多通道（conv+BN+ReLU）特征图和最大池化（Max Pooling）特征图；绿色和黄色分别表示上采样（Up-sampling）特征图和 Softmax 激活函数。蓝色下方的数字表示每一层的输入通道数（由实验确定），箭头表示左、右结构对称。图 21.2 为特征图随网络结构的尺寸变化。由图 21.1 和图 21.2 可见：①该网络是由 20 个卷积层（conv）组成的对称结构，编码器部分（左侧）的每个卷积层包含不同数量的卷积核并使用批量标准化算子（BN）和线性整流函数（ReLU），每次卷积运算之后产生多通道特征图（蓝色），通常在池化层（Max Pooling）后，通道数成倍增加，特征图尺寸减半（图 21.2），才能在减少网络参数的同时确保提取的特征更具有代表性；②在每个上采样（Up-sampling）过程中，通道数减半，特征图尺寸加倍直至恢复与输入尺寸相同（图 21.2），尺寸大小变化必须为整数。

　　在网络结构中，卷积层数的设置应在保证模型准确率的前提下降低训练成本，卷积层数过多可能导致模型训练过拟合现象。通道数决定了提取的特征，通道数越多，提取的特征越丰富，但通道数过多时，会增加网络参数，从而降低运算效率，并且可能发生过拟合现象。图 21.3 为卷积层数—模型训练时间—准确率关系、第一层卷积层通道数—准确率关系，其中：1 个 epoch 表示使用所有的训练数据完成一次训练，当完成一个 epoch 后，模型得到一次更新。由图 21.3 可见：①当卷积层数为 16 和 18 时，模型训练的准确率较低；当卷积层数为 20 和 22 时，二者的准确率相近（分别为 97.75%和 98.04%），但后者准确率提高较小且需要更长的模型训练时间，因此将网络的卷积层数设置为 20[图 21.3（a）]。②完成 4 个 epoch 后网络的准确率基本稳定；当通道数为 32 和 64 时，模型训练准确率较高且相近，因此选择第一层卷积层通道数为 32。

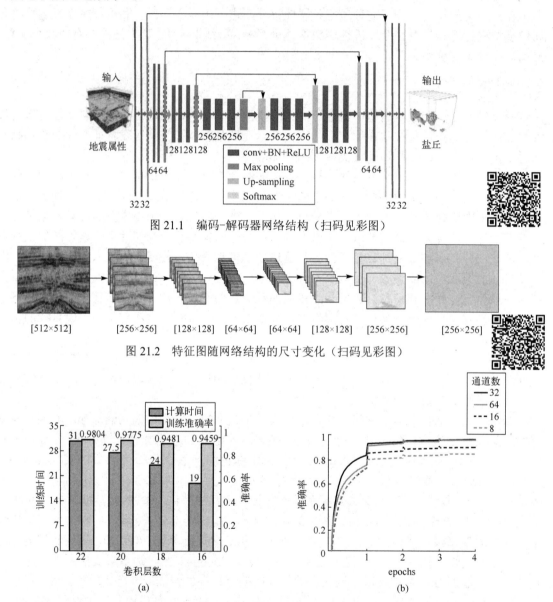

图 21.1 编码-解码器网络结构（扫码见彩图）

图 21.2 特征图随网络结构的尺寸变化（扫码见彩图）

图 21.3 第一层卷积层通道数—准确率关系（a），以及卷积层数—模型训练时间—准确率关系（b）

3 地震属性选取及预处理

  盐丘通常呈圆柱形、锥形和穹隆形等，特殊的形态使其在地震数据上产生特殊的地震响应（彭文绪等，2008）。盐丘两侧地层反射中断，与围岩的界面表现为强振幅、低连续，盐丘内部反射杂乱或空白[图 21.4（a）]。

3.1　属性选取

用于研究的数据为荷兰北海 F3 区块的三维地震勘探数据，该区域沉积盆地构造演化经历了中生代的裂陷期和新生代裂后沉降期。古新世至上新世，盆地沉积了陆相、海陆过渡相以及海相地层，同时，尽管该时期构造运动不太活跃，但是依然发育有盐丘底辟和区域不整合面（Schroot 和 Schüttenhelm，2003）。基于盐丘在地震上的特征，选取了 3 种较为敏感的属性：杂乱属性（Chaos）、均方根振幅（RMS）及方差属性（Variance），每种属性包含两类样本，即主测线剖面及时间切片数据，如图 21.4 所示。

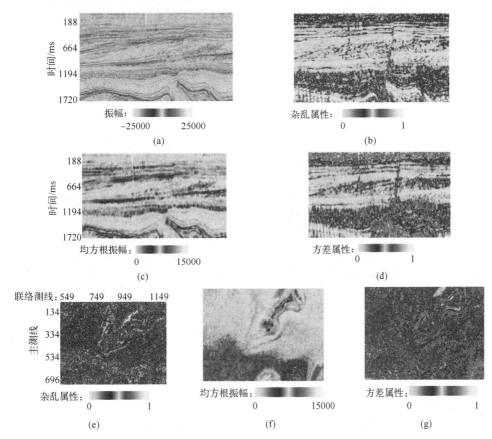

图 21.4　原始地震剖面及选取的 3 种属性（a）主测线 285 原始数据；（b）、（c）和（d）分别为主测线 285 的杂乱属性、均方根振幅及方差属性剖面；（e）、（f）和（g）分别为 $t = 1364$ms 时的杂乱属性、均方根振幅及方差属性切片

3.2　数据预处理

数据包含 563 条主测线和 768 条联络测线，采样间隔为 4ms，时间采样点数为 384，时间记录范围为 188～1720ms。由于人工标记标签十分耗时，为了提高工作效率，只选择少量典型的数据进行标注。具体步骤为：①分别选取典型的 15 条主测线剖面和 15 个时间切片，选取的样本应兼顾整个数据体；②借助属性分析等方法，由人工对样本进行解释并标注为标签，0 表示非盐丘，1 表示盐丘。由于标签的准确性直接影响模型的预测性能，因此应保证标签的标注尽可能准确。图 21.5 为原始地震剖面及人工标注的标签示例。

3.2.1　镜像处理

由网络结构可知，在模型训练过程中样本尺寸变化必须为整数。然而，当原始大小的数据输入网络时不满足该条件，因此使用镜像操作对训练数据进行处理，如图 21.6 所示，黄色虚线为镜像边界。首先计算满足要求的最小输入尺寸，得到镜像参数。通过设置镜像参数拓展输入数据的尺寸，从而使网络能够接受任意大小的输入，意味着镜像操作可以提高网络的适用性。需注意的是，应保证训练样本与标签进行相同的处理。

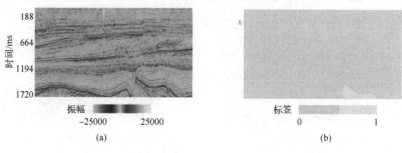

图 21.5　原始地震剖面及人工标注的标签示例

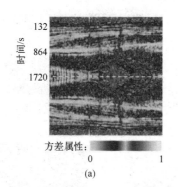
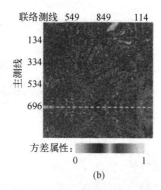

图 21.6　镜像操作处理训练数据：主测线 285 的方差属性剖面（a），以及
$t = 1364\mathrm{ms}$ 时刻的方差属性切片镜像处理结果（b）（扫码见彩图）

3.2.2　数据增强

深度神经网络需要大量训练数据以保证模型的性能。由于不同区域的地质环境和地下构造差异较大，目前没有通用的数据集。而人工解释并制作标签很耗时，且小数据集上使用深度神经网络容易过拟合。为了解决该问题并获得高性能的预测模型，利用数据增强方法分别处理主测线剖面和时间切片的 15 个样本并自动生成 70000 个训练数据。

数据增强是指通过对已有的训练样本进行一定的变换生成大量数据，其作用在于：①增加训练的数据量，提高模型的泛化能力；②利用多种变换及添加噪声来保证训练样本的多样性，有利于提升模型的稳定性并防止网络过拟合。本文主要应用了不同角度旋转操作、沿 y 轴的镜像操作、模糊操作、光照操作及添加高斯和椒盐噪声。其意义在于，以不同的变换方式模拟不同地质条件下的地震反射特征。图 21.7 为数据增强结果示例。

4　模型训练与测试

我们提取了 3 种地震属性，每种属性包含 2 类样本进行数据增强，将增强后的数据输入网络进行模型训练，得到 6 个模型和 6 个结果。在 NVIDIA Tesla K40m GPU 上，模型的训练时间为 27.5 小时。表 21-1 为基于 6 个不同属性的模型的测试结果，可以看出，基于均方根振幅属性的模型测试准确率最高，基于杂乱属性的模型测试准确率最低。我们在图 21.8 中展示了每种属性中测试准确率较高的模型的预测结果，即模型 1、3 和 5 的预测结果。图 21.8 中黄色部分表示盐丘，与标签对比[图 21.8（a）]可以看出，3 种属性均能预测出盐丘的大致分布范围，但利用均方根振幅属性得到的预测结果[图 21.8（b）]、误差点比杂乱属性[图 21.8（c）]和方差属性[图 21.8（d）]少（图中红框标识）。图 21.9 为基于不同属性的三维盐丘预测结果，可以观察出盐丘主要发育于 $t = 1200\text{ms}$ 以下部分；利用单种属性进行模型训练能自动识别盐丘（黄色部分），但存在预测误差（红框标识）；利用主测线剖面和时间切片属性得到的结果存在一定的差异（蓝框标识）。此外，利用均方根振幅属性得到的三维结果误差点较少，而利用杂乱属性的结果有较多杂乱分布的预测误差。

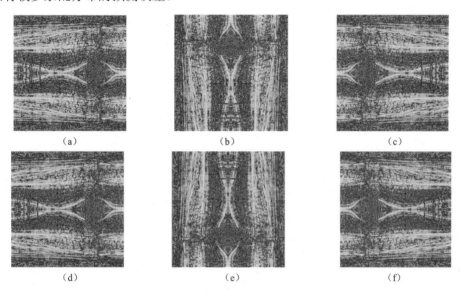

图 21.7　数据增强结果示例（a）、（b）和（c）仅使用旋转操作；
（d）、（e）和（f）使用了旋转、模糊、光照操作及添加高斯和椒盐噪声

表 21-1　基于 6 个不同属性的模型的测试结果

方法	测试准确率	方法	测试准确率
模型 1（均方根振幅+时间切片）	92.59%	模型 4（杂乱属性+主测线剖面）	88.61%
模型 2（均方根振幅+主测线剖面）	91.42%	模型 5（方差属性+时间切片）	92.05%
模型 3（杂乱属性+时间切片）	89.73%	模型 6（方差属性+主测线剖面）	90.12%

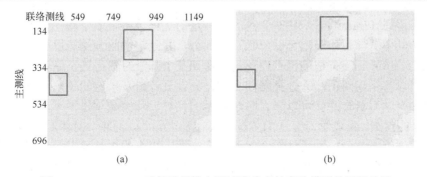

图 21.8　$t = 1692\text{ms}$ 时每种属性中测试准确率较高的模型的预测结果

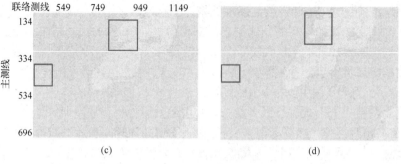

图 21.8 $t = 1692\text{ms}$ 时每种属性中测试准确率较高的模型的预测结果（续）（扫码见彩图）

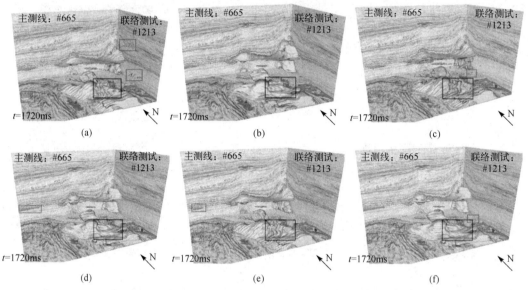

图 21.9   基于不同属性的三维盐丘预测结果（a）和（b）分别为利用均方根振幅属性和时间切片属性的三维预测结果；（c）和（d）分别为利用杂乱属性和时间切片属性的三维预测结果；（e）和（f）分别为利用方差属性剖面和时间切片属性的三维预测结果

5 集成学习

基于不同地震属性得到的盐丘分布范围大致相同，但是边界存在差异，并且均有预测误差点。为了综合考虑各属性特征，减少预测误差并得到更可靠、准确的识别结果，我们利用集成学习方法融合各属性模型。

集成学习思想（Dasarathy，1979）是利用一定的优化策略将多个基学习器模型集成强学习器模型组，其中基学习器模型可以单独进行训练，并且它们的预测能以某种方式融合，得到更全面准确的结果。该方法的优点在于：①即使某个基学习器得到了错误的预测，集成的强学习器也可以将错误纠正；②分类器间存在差异性且各自有一定的使用范围和优势，通过集成策略将多个学习器合并就可以融合各学习器的优势，从而减小错误率，提高学习泛化能力，实现更好的预测。集成学习算法的关键主要在于三方面：①基学习器的训练数据多样性；②基学习器的训练方法多样性；③组合策略的多样性。提取的 3 种地震属性保证了输入样本扰动，每种属性又分为主测线和时间切片两类训练数据，保证了输入属性扰动，基于两种扰动训练，基学习器能产生差异性大的个体。在模型训练过程中根据输入的不同调整训练参数，保证了算法参数的多样性,也利于得到差异较大的基学习器。基于 6 类输入数据,得到了 6 个独立模型,流程如图 21.10 所示。

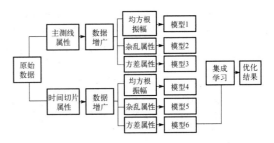

图 21.10 集成学习流程图

盐丘的自动识别是一个二分类问题。针对分类问题,常用的组合策略包括绝对多数投票法、相对多数投票法及加权投票法(Littlestone 和 Manfred,1994)。本文采用加权投票法。假设目标有 m 类 $\{c_1, c_2, \cdots, c_m\}$,$x$ 为任意一个预测样本,有 T 个学习器和 T 个预测结果 $h_i(x)$($i = 1, \cdots, T$),第 i 个学习器的准确率为 R_i,w_i 为第 i 个基学习器的权重,由各基学习器的准确率确定。再将各个类别的加权票数求和,则最大值对应的类别为最终的预测结果 $H(x)$,计算公式为

$$H(x) = C_{\arg\max}\left(\sum_{i=1}^{T} w_i h_i(x)\right), \quad w_i = \frac{R_i}{\sum_{i=1}^{T} R_i} \tag{21-1}$$

式中:$w_i \geqslant 0$,$\sum_{i=1}^{T} w_i = 1$;$C_{\arg\max}$ 为最大值对应的类别。

本文利用加权投票法融合 6 类结果,集成结果的准确率为 97.43%(图 21.11b),高于基于均方根振幅属性的预测结果[图 21.11(c)]。在 3 种属性中,由于均方根振幅预测结果与标签最相近,准确率最高(图 21.8)。因此集成学习方法的预测结果准确率高于基于 3 种基础属性的预测结果。综上所述,集成学习方法能减少预测误差,进一步优化分类。图 21.12 为模型融合后三维盐丘预测结果。由图可见,由于集成学习过程中综合考虑了多种属性的剖面和切片特征,最终识别结果更可靠、准确,明显消除了许多分类错误点(图 21.9 红框),盐丘边界较清晰。

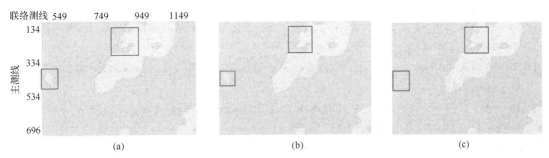

图 21.11 $t = 1692\text{ms}$ 时不同方法的盐丘时间切片预测结果(扫码见彩图)
(a)标签; (b)集成学习; (c)基于均方根振幅属性。

6 结论

本文提出了基于深度学习的多属性盐丘自动识别方法。该方法基于盐丘在地震数据上的特征提取了 3 种属性,每一种属性分别选取少量主测线和时间切片数据作为训练样本;然后搭建基于编码-解码器结构的神经网络,分别输入不同的样本进行训练和测试,模型训练时间约为 27.5 小时。测试结果表明:单种属性的预测模型能大致划定盐丘的边界,其中,基于均

方根振幅属性的预测结果比杂乱和方差属性具有更高的准确率，但仍存在较多的误差点，并且由各属性得到的盐丘边界存在差异。为了综合考虑各属性特征，利用集成学习技术对基础模型进行融合优化，并应用到整个三维数据体上。结果显示，盐丘边界清晰，分类错误点明显减少，进一步提高了模型的预测能力。

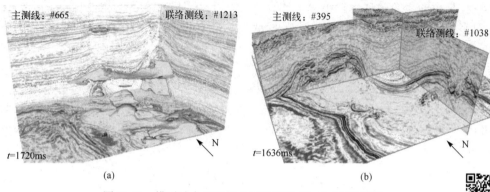

图 21.12　模型融合后三维盐丘预测结果（扫码见彩图）
（a）三维盐丘显示；（b）局部盐丘与原始数据叠加显示。

　　综上所述，与传统盐丘解释技术相比，深度学习技术能够有效缩短工作周期，提高解释效率，并能较准确地实现三维盐丘的自动分割，这说明该技术在辅助三维地震解释应用中具有巨大潜力。

参考文献

[1] Aqrawi A A，Boe T H，Barros S. Detecting salt domes using a dip guided 3D Sobel seismic attribute [C]. 81st Annual International Meeting，2011：1014-1018.

[2] Badrinarayanan V，Kendall A，Cipolla R. SegNet：A deep convolutional encoder-decoder architecture for scene segmentation [J]. IEEE Transactions on Pattern Analysis and Machine Intelligence，2017，39（12）：2481-2495.

[3] Berthelot A，Solberg A H，Gelius L-J. Texture attributes for detection of salt [J]. Journal of Applied Geophysics，2013，88：52-69.

[4] Brown A R. Interpretation of three-dimensional seismic data [M]. American Association of Petroleum Geologists Tulsa，2004.

[5] Dasarathy B V，Sheela B V. A composite classifier system design：Concepts and methodology [J]. Proceedings of the IEEE，1979，67（5）：708-713.

[6] Di H，Wang Z，AlRegib G. Real-time seismic image interpretation via deconvolutional neural network [C]. Annual International Meeting，2018：2051-2055.

[7] Jing Z，Zhang Y，Zhang Z. Detecting boundary of salt dome in seismic data with edge-detection technique [C]. SEG Technical Program Expanded Abstracts，2007：1392-1396.

[8] Littlestone N，Warmuth M K. The weighted majority algorithm [J]. Computer Engineering & Information Sciences，1994，108（2）：212-261.

[9] Lomask J，Clapp R G，Biondi B. Parallel implementation of image segmentation for tracking 3D salt boundaries [C]. 68th Conference and Exhibition，2006：1567-1571.

[10] Pham N，Fomel S，Dunlap D. Automatic channel detection using deep learning [C]. SEG Technical Program

Expanded Abstracts，2018：2026-2030.

[11] Roberts A. Curvature attributes and their application to 3D interpreted horizons [J]. First Break，2001，19（2）：85-100.

[12] Schroot B M，Schüttenhelm R T E. Expressions of shallow gas in the Netherlands North Sea [J].Netherlands Journal of Geosciences，2003，82（1）：91-105.

[13] Shafiq M A，Wang Z，Amin A，et al. Detection of salt-dome boundary surfaces in migrated seismic volumes using gradient of textures [C]. SEG Technical Program Expanded Abstracts，2015：1811-1815.

[14] Shi J，Malik J. Normalized cuts and image segmentation [J]. IEEE Transactions on Pattern Analysis and Machine Intelligence，2000，22（8）：888-905.

[15] Tingdahl K M，De Rooij M. Semi-automatic detection of faults in 3D seismic data [J]. Geophysics Prospect，2005，53（4）：533-542.

[16] Wu X，Fomel S. Automatic fault interpretation with optimal surface voting [J]. Geophysics，2018，83（5）：67-82.

[17] 彭文绪，王应斌，吴奎，等. 盐构造的识别、分类及与油气的关系 [J]. 石油地球物理勘探，2008，43（6）：689-698.

[18] 王清振，张金淼，姜秀娣，等. 利用梯度结构张量检测盐丘与断层 [J]. 石油地球物理勘探，2018，53（4）：826-831.

（本文来源及引用方式：张玉玺，刘洋，张浩然，等. 基于深度学习的多属性盐丘自动识别方法 [J]. 石油地球物理勘探，2020，55（3）：475-483.）

论文 22　地震相智能识别研究进展

摘要

地震相是沉积相在地震剖面上的反映，能为地下资源尤其是油气资源的勘探开发提供有利依据。近年来，随着人工智能的快速发展及油气人工智能的有力推进，国内外学者提出了多种地震相智能识别的方法。本文对地震相智能识别方法进行了归纳总结，将其归为无监督学习、监督学习和半监督学习三类，并详细介绍了这三类方法的原理、应用现状及优缺点。无监督学习利用没有标签的地震数据进行学习聚类，从而实现地震相的自动识别，具有简单易操作的特点。监督学习主要利用标签数据反馈学习，通过学习不断接近标签，从而使该方法在地震相识别中具有更高的精度。半监督学习在地震数据标签不足的情况下，利用合成伪标签等方式进行学习，但伪标签中存在的误差会降低该方法的精度。最后展示了一个神经网络地震相识别的例子，对地震相智能识别技术进行了展望。

1　引言

地震相是地下沉积相在地震数据中的表现，可以间接反映地下沉积特征，地震相的准确识别对沉积相研究及油气勘探开发具有重要意义。国内外学者提出了多种地震相识别方法。传统的地震相识别划分是指专业人员根据沉积相在地震剖面上的特征及个人经验，通过肉眼在地震剖面上进行识别划分，俗称相面法（朱剑兵和赵培坤，2009）。该方法工作量较大，专业门槛要求较高，且人工解释存在一定的多解性，使解释结果具有一定的主观性。随着地震勘探技术的进步和勘探开发要求的提高，地震数据量急剧增加，解释精度需求越来越高，传统方法难以满足要求。研究人员借助具有强大算力的计算机及数学工具，利用地震属性的组合来实现地震相的识别划分，诞生了结合相干属性、吸收衰减及负曲率等进行三维地震相划分的方法（Neves，2006）；结合波阻抗及振幅等属性，以多个三维地震属性体为输入，生成三维地震相体，实现对地震相的划分（Victor，2003）；并且在地震相分析中引入时频分析技术，基于 S 变换分析地震相并进行总体描述和局部细节的刻画（邹文等，2006）。这些方法利用地震数据的不同特征进行地震相识别，识别精度高于人工识别。但是，随着地震属性的增多及勘探的复杂化，需要研究有效利用这些属性的方法，以达到更好的识别效果。

诞生于 1956 年达特茅斯会议的人工智能目前已发展成一门交叉学科。它的研究方向包括机器学习、自然语言处理和计算机视觉等。目前，人工智能已应用到包括地球物理在内的各个领域。其中，机器学习在地球物理中特别是在地震相识别划分中得到广泛应用。对地震相智能识别方法进行了总结，详细介绍其原理及应用情况，最后进行一些展望。

2　分类与简介

地震相自动识别可以看成一个拟合问题，通过拟合建立起地震记录与沉积相类型之间的非线性关系。机器学习的实质就是在大量数据的驱动下，从数据中学习到这个非线性关系。

地震记录的数据量大且内涵信息丰富,因而可以采用机器学习的方法来获得这个非线性关系,从而进行地震相的识别划分。

如传统的 S 变换等地震相分析方法基于模型驱动,具有明确的物理含义,但其受制于人工模型约束,对于特别复杂的情况,模型不能细致地全方位描述,并且在求解过程中需要各种变换计算,效率较低。机器学习通常基于数据驱动拟合非线性关系函数,并且拟合的函数空间更大,即得到的模型具有更强的非线性描述表征能力,可能更适合地震相识别划分。地震相智能识别利用机器学习等技术,根据地震数据自动学习识别划分模型,模型参数不需要人为限定,因而可以学习到表征能力更强的模型。近年来,随着人工智能技术的快速发展,国内外学者基于无监督、监督和半监督三类机器学习方法,分别发展了相应的地震相智能识别方法,均可实现对地震相的有效自动识别,下面将详细介绍其原理、在地震相识别中的应用及其优缺点。

2.1　无监督学习

无监督学习在地震相智能识别中有着重要的作用。无监督意味着对无标签的数据样本进行训练,通过学习揭示数据内部隐性性质及其规律,然而由于缺乏先验知识的引导,无法判断其正确与否。无监督学习包括聚类和自组织映射网络等方法。

2.1.1　聚类

聚类是按照特定标准把数据集分割成不同的类,使同一个类内的数据相似性尽可能大,同时使不在同一个类中的数据差异性也尽可能大,即同类尽可能聚在一起,异类尽可能分开(周志华,2016)。由于聚类不需要标签数据,并且易实现,目前已应用于地球物理和医学等多个领域。聚类依据不同的划分标准,将其分为基于划分式聚类(如 K 均值聚类)、基于密度聚类(如具有噪声的基于密度的聚类方法)、层次聚类和谱聚类等。聚类在地震相识别划分中取得了显著的成果。属于同一个地震相的数据内部之间具有一定的相似性,而这恰好符合聚类的特性,将相似的也就是内部具有共性的划分为一类,将异类尽可能分开,这就是聚类在地震相识别划分中的基本思想。传统的 K 均值聚类收敛缓慢,学习速率自适应的改进 K 均值聚类算法可以解决这一问题,应用于地震相识别中取得了较好效果(庞锐和魏嘉,2018)。基于波形聚类分类的技术可以有效识别沉积微相,在平面上可以较准确地刻画沉积微相的分布(徐海等,2018;刘忠亮等,2017)。基于密度的含噪声角道集波形聚类地震相分析方法,可有效提高地震资料地震相分析的精度(刘仕友等,2019)。将稀疏表示思想与谱聚类相结合进行无监督的地震相分析,可以获得更准确的地震相分类结果(Wang 等,2020)。基于地震倒谱特征参数的谱聚类也可以实现对地震相的识别划分,实验结果如图 22.1 所示。由图可见,该方法可以更加清晰地识别划分边界(桑凯恒等,2021),具有高抗噪性的基于波形层次聚类方法,可以准确、合理地表征地震相的空间分布(刘仕友等,2020)。在上述方法中,K 均值聚类需要设置 K 值(类数),且对噪声比较敏感;具有噪声的基于密度的聚类方法需要设置邻域半径和邻域密度阈值;层次聚类需要设置阈值,但计算复杂度比较高;对于谱聚类,如果聚类的维度高,则分类结果的效果将不明显。因此,尽管聚类方法不需要人工制作标签,但人工设置的聚类参数直接影响分类数量和分类结果,而且分类结果往往缺乏具体地质意义,与地震相类别不一定具有很好的对应关系,这些缺点限制了聚类算法在地震相识别划分中的广泛应用。

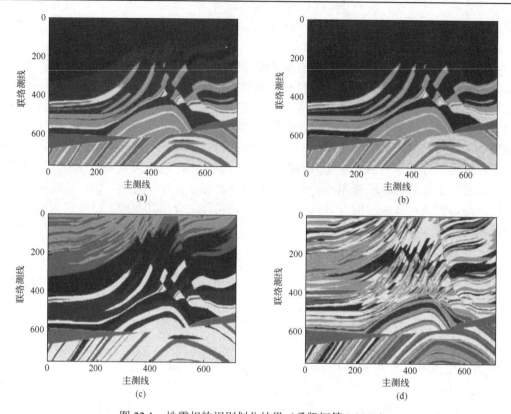

图 22.1　地震相的识别划分结果（桑凯恒等，2021）

（a）真实地震相（根据波阻抗划分）；（b）谱聚类（以地震倒谱特征参数为输入）；（c）K 均值聚类（以地震倒谱特征参数为输入）；（d）K 均值聚类（以地震记录输入）。

2.1.2　自组织映射网络

　　自组织映射网络（Self-Organizing Map，SOM）是一种无监督神经网络方法，由一个输入层和一个输出层构成，通过学习输入层的高维输入数据，可以得到一个低维映射。与一般基于损失函数反向传播的神经网络不同，不需要标签数据，只通过神经元之间相互竞争来优化自身，并且还可以维持输入数据的空间拓扑结构。自组织映射网络的应用非常广泛，目前在地震相智能识别划分中已取得较好效果。Stratimagic 软件就是基于自组织映射网络进行波形分类，进而实现对地震相的识别划分（潘少伟等，2008；赵力民等，2001）。采用这种波形分类方法可以细致刻画出地震信号的横向变化，从而得到反映地下地层特征的地震相图。但是该方法主要适用于平行地层结构、地层厚度变化较小、构造比较简单的地区。对于一些地层厚度变化较大的地区，由于地层不等厚，统一开时窗通常会产生穿时现象，降低分类预测的精度（尹青等，2011；Coleou 等，2003）。与其他几种无监督聚类方法相比，基于地震响应特征的自组织映射网络在识别地震相结构方面更有优势（Marroquín 等，2009），而且还可以同时利用多种地震属性（Roy 等，2003；Zhao 等，2018）。在油气勘探新区钻井少的背景下，利用自组织映射网络进行地震属性分析，可以预测地震相-沉积相平面展布规律（王天云等，2021）。然而，仅利用自组织映射网络来识别划分地震相精度有限，因此，国内外学者将自组织映射网络与其他方法相结合，进一步提高地震相识别精度。Matos 等（2007）将小波变换与自组织映射网络相结合来进行地震相分析，首先，利用小波变换识别地震道奇点，再通过自组织映射网络神经元的竞争分类建立地震相图。人工免疫算法是模仿生物免疫系统的抗原识别、细胞分化和细胞抑制等功能的一种最优求解算法。在地震相分类中，基于自组织映射网络的方法在有噪的数据下性能会下降，可以先利用人工免疫算法来进行去噪和降维，然后再通过自组织映射网络进行波形分类（Saraswat 等，2012）。多波形分类（Multi-Waveform Classification，MWFC）方法首先从地震数据中提取多波形，再利用多线性子空间学习进行降维，最后利用自组织映射网络进行分类获得地震相图；与传统的波形分类方法相比，该方法对噪声具有更高的鲁棒性（Song 等，2017）。在进行地震相分类时，可以添加一些约束物理条件来提高分类精度。Zhao 等（2017）利用地层学信息来约束自组织映射网络进行地震相分类，可以识别更多的细节信息，发现可能被传统方法忽略的薄层。自组织映射网络属于无监督学习，因而不需要对数据制作标签，并且它具有降维作用，可以将高维数据映射到低维，还可以保持拓扑结构的不变性。但是，自组织映射网络的网络结构和网络参数会影响地震相分类结果，而且分类结果的地质意义也不太明确，这些缺点与聚类方法的缺点类似。

2.1.3　其他方法

研究人员还将其他一些无监督方法成功应用于地震相识别中。在无监督学习中，使用深度卷积自编码器与聚类相结合进行地震相分类（Qian 等，2018），由于使用具有强大非线性拟合能力的深度卷积来进行特征的提取学习，因此该方法具有更高的精度，而且具有显著突出地层和沉积信息的潜力。Veillard 等（2018）基于无监督深度学习的生成模型，提出一种能快速、准确地解释三维地质目标的方法，该方法比较通用并且可以实时得到准确的解释结果。上述方法在地震相识别划分中虽取得了一定的效果，但由于其属于无监督方法，没有目标导向，因而其识别划分精度不高，有待进一步提高。

2.2　监督学习

监督学习是在定义好标签的情况下，让模型学习到数据的内部隐形特征，从而可以实现对相似数据的预测。此方法的识别精度几乎取决于是否拥有足够全面的准确标签。监督学习算法包括神经网络、支持向量机和随机森林等，其中应用最广泛的是神经网络。神经网络受启发于人脑神经系统，即模拟人脑神经系统来实现对事物的学习、联想、记忆和识别。神经网络的本质就是对数据进行拟合，由万能逼近定理（Hornik 等，1989）得知，神经网络可以逼近任何函数。地震相识别划分可以看成一个函数拟合问题，函数的自变量是地震数据，因变量是地震相类型，这个函数具有强烈的非线性特征，非常复杂且难以显式表达。而利用神经网络正好可以拟合出这个函数，从而实现对地震相的智能识别划分。深度神经网络是个深层模型，包括卷积层、池化层、全连接层及各种激活函数。卷积层可以对数据进行局部感知，即可以考虑局部信息，具有全局共享的特点，因而能对剖面中不同部位具有相同特征的地震相获得相同的响应。池化层能扩大感受野，能考虑更大尺度的特征信息。深层的网络意味着可以提取更高维度的信息，激活函数使模型具有更高的非线性拟合能力，并且卷积可以学习二维和三维信息，不再仅考虑一维单道信息。由于它可以学习横、纵向信息，因而可以更好地拟合出这个函数，从而进一步提高其识别划分精度。

2.2.1　卷积神经网络

1943 年，美国心理学家麦克洛奇（Mcculloch）和数学家皮兹（Pitts）提出了 M-P 模型（刘荣，2020）。此模型通过把神经元看作一个功能逻辑器件来实现算法，从此开创了神经网络模型的理论研究。1998 年，Lecun 提出了 LeNet-5（Lecun 等，1998），将 BP 算法应用到神经网络结构的训练上，形成了当代卷积神经网络的雏形，但由于当时网络训练难度大及效果不显著，一直不被看好。直到 2012 年的 Imagenet 图像识别大赛，Alexnet 网络（Krizhevsky 等，2012）一举夺冠，掀起了卷积神经网络的研究热潮。之后又出现了牛津大学的 VGG 网络（Karen 等，

2015）、新加坡国立大学的 NiN 网络（Lin 等，2013）、微软的残差网络（He 等，2016）及谷歌的 GoogLeNet 网络（Szegedy 等，2015）等，这些网络都可以实现对图像高精度的识别。2015年，一种端到端结构、可以进行任意大小图像输入的网络被提出，这是一种抛弃全连接的全卷积神经网络（Long 等，2015），从此让图像语义分割得到了极大发展。随后在编码-解码结构的基础上出现了简洁的 SegNet 网络（Badrinarayanan 等，2017）、UNet 网络（Ronneberger 等，2015）及 DeepLab 系列（Chen 等，2014，2018，2017，2018）等，这些网络有效提高了语义分割的精度。可以说，卷积神经网络在目前的人工智能中发挥着极其重要的作用。

神经网络由于具有成熟的技术及较好的应用效果，已被应用于各个领域，在地震相识别中也获得了较好的应用效果。West 等（2002）将纹理分析与神经网络相结合，实现对地震相的分类，提高了分类的效率以及细节程度。深度学习可以学习细微特征，在地震相识别中比随机森林具有更好的识别能力（王树华等，2020），还具有较好的泛化性能。对于盐丘的识别与检测，利用卷积神经网络可以实现对其边界的检测（Gramstad 等，2018）。采用端到端的编码-解码器，可以实现三维盐丘边界的自动检测（Zhang 等，2019）。由于编码-解码器特殊的结构，它考虑了低维度信息，能够编码出高维度的抽象信息，并通过特征图的缩放减少运算量，因而其计算成本较小，并且能准确识别出盐丘边界。编码-解码结构的 SegNet 网络可以准确检测出三维地震数据体中的河道（Pham 等，2018）。基于卷积神经网络的方法，不仅可以对盐体进行高精度的自动分类（Shi 等，2018），还可以进行自动地震解释，该类方法成功解释出了完整的三维盐体（Waldeland 等，2018）。这都是基于卷积、池化、全连接层及各种激活函数构成的神经网络的强大拟合能力，拟合出较为准确的函数，因而取得较好的结果。采用编码-解码结构进行地震解释时，可以将上采样方式改为反卷积，反卷积有可学习参数，因而可以灵活地学习到不同的上采样方式，进而提高模型刻画、恢复特征图的能力，以此进一步提高模型的解释精度。反卷积神经网络（DeConvolutional Neural Networks，DCNN）可以实时进行地震解释，准确地识别和解释地震图像中的重要特征（Di 等，2018）。如图 22.2 所示，DCNN 识别结果与实际标签较为接近，尤其是盐丘（黑色）、强连续反射（青色）和陡峭的倾斜（橙色）结构。在利用卷积神经网络进行地震相分析时，不仅可以利用地震数据进行学习，还可以利用其他的信息。通过将自然图像中学习到的稀疏特征信息分类作用于地震数据，可以突出地震体的不同特征与结构（Shafiq 等，2018）。在利用编码-解码结构的神经网络进行地震相分析时，可以识别划分单一相，也可以同时划分多个相，还可以采用多个模型集成，采用投票机制进一步提高模型的识别精度（Zhang 等，2020）。由图 22.3 和图 22.4 可以看出，集成学习预测结果与标签吻合较好，说明其模型具有较好的识别性能。神经网络可以与其他方法进行融合，进一步提高其识别划分的精度。深度卷积嵌入聚类（Deep Convolutional Embedded Clustering，DCEC）利用深度神经网络表征高维数据特征，再使用聚类对地震相进行聚类划分，以此进一步识别更细微的相（Duan 等，2019）。深度卷积嵌入聚类的网络结构和预测结果对比如图 22.5 和图 22.6 所示。由图可见，深度卷积嵌入聚类方法可以预测出更细微的地震相，说明此方法可以得到更丰富的地震相信息。在利用编码-解码结构进行地震相识别时，加入金字塔池化模块可以更好地刻画边界，识别地震相更加精确（闫星宇等，2020）。基于贝叶斯的卷积神经网络不仅可以在地震数据中准确识别出地震相，还可以定性度量预测的不确定性，因此解释人员可以利用不确定性来判断地震相预测的可靠程度（Pham 等，2020；Feng 等，2021）。在利用常规单道卷积神经网络进行地震相识别的同时，可以利用多道并行的方式学习多尺度的信息，进而提高模型识别性能。采用多尺度信息学习的增强编码-解码器来进行识别划分，其结果比常规卷积网络具有更高的精度（Zhang 等，2021）。使用 Flood-Filling Network（FFN）网络的工作流，交互式跟踪地震地质体进行解释的方法，与以往相比最大的不同之处在于，它可以进行迭代分割并移动视场，不仅能检测地质体，还可以跟踪单个地质体，其结果表明该方法改善了分割精度，并可以分离相同分类属性的多个实例（Shi 等，2021）。如图 22.7 所示，盐体图像的迭代预测，以黄色十字为种子点，模型进行分割、运动和似然更新，蓝色框代表视场位置。当整个迭代过程结束后，地质体被较好地检测出来。由于采用监督学习的神经网络有先验知识对其进行引导，并且由于其结构的独特性而具有较好的非线性表达能力，因此其识别效率较高、精度较好。然而它是黑盒模型，难以准确解释模型，并且需要大量的标签数据进行学习。对于海量的地震数据，当标签数据稀少时，会导致实际应用存在一定的局限性。

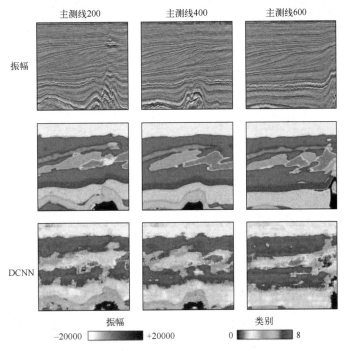

图 22.2 基于反卷积神经网络进行地震相识别划分的结果（Di 等，2018）
（扫码见彩图）

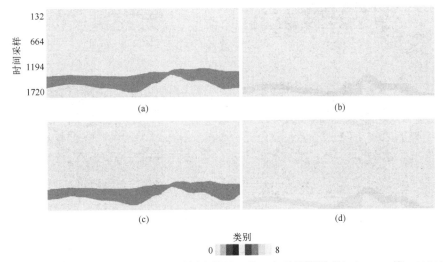

图 22.3 基于深度学习的地震相识别划分结果（单一相的预测结果）（Zhang 等，2020）
（a）标签：相 6；（b）标签：相 7；（c）预测：相 6；（d）预测：相 7。

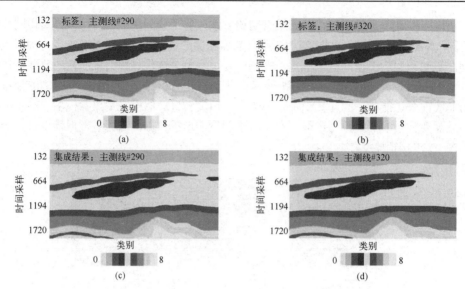

图 22.4　基于深度学习的地震相识别划分结果（集成学习的预测结果）（Zhang 等，2020）

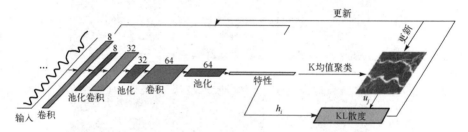

图 22.5　深度卷积嵌入聚类的网络结构（Duan 等，2019）

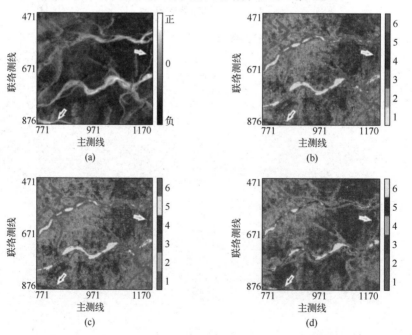

图 22.6　不同方法地震相预测结果对比（Duan 等，2019）

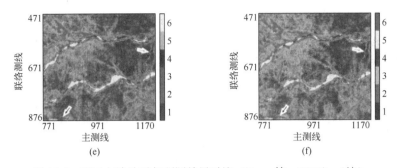

图 22.6 不同方法地震相预测结果对比（Duan 等，2019）（续）

（a）地震振幅水平切片； （b）K 均值预测结果； （c）SOM 预测结果； （d）DAE+K 均值预测结果；
（e）DCAE+K 均值预测结果； （f）DCEC 预测的结果。

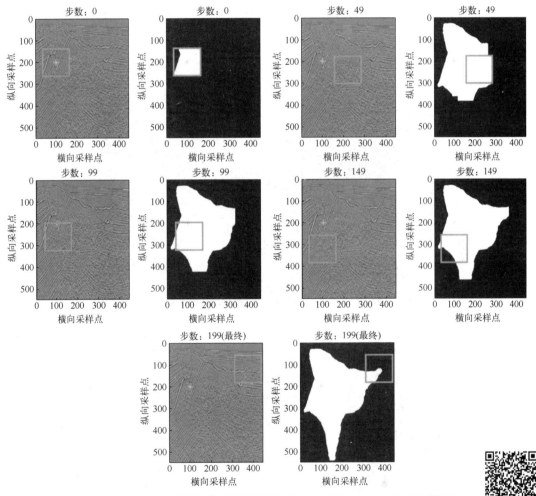

图 22.7 基于 FFN 网络的地震盐体预测迭代（Shi 等，2021）（扫码见彩图）

2.2.2 其他方法

其他用于地震相智能识别的监督学习方法包括支持向量机、随机森林和概率神经网络等。如果要将不同的类尽可能分开，则需要一个高维超平面，而支持向量机（Support Vector Machine，SVM）可以找到这个超平面，使各类样本点距此超平面最远。对于超平面的定义，只与距离最近的样本点有关，因此将这些点称为支持向量。基于支持向量机的岩相分类具有很好的泛化性（Al-Anazi 等，2010）。但是由于支持向量机具有较高的复杂性，为了降低计算量，基于近似支持向量机（Proximal Support Vector Machine，PSVM）来进行岩相分类（Zhao 等，2014）。其预测结果如图 22.8 所示，蓝色曲线为石灰岩边界，灰色和黑色分别代表了近似支持向量机分类的石灰岩和页岩，可以看出，采用近似支持向量机预测的结果与传统解释结果非常接近。随机森林是由多个树组成的一种集成算法，其特殊结构使它具有一定的可解释性，因而利用它进行地震相分类可以得到每个属性在分类中的重要性及树形图，有助于储层解释（Kim 等，2018）。基于图像分割的地震相分类可以有效提高分类地震相的空间连续性和精度（Liu 等，2018）。由图 22.9 可以看出，基于图像分割的预测结果空间连续性较好，而支持向量机的连续性较差，精度相对较低。采用支持向量机、随机森林等算法可以实现地震相的快速智能识别划分，然而其采用一维数据进行学习，缺失了横向空间信息，因而具有局限性，识别方法及识别精度有待进一步提高。

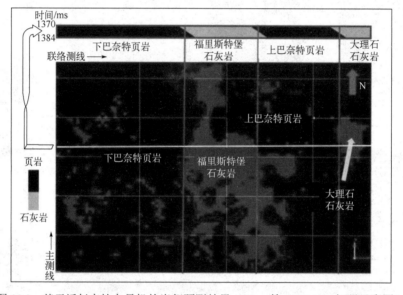

图 22.8　基于近似支持向量机的岩相预测结果（Zhao 等，2014）（扫码见彩图）

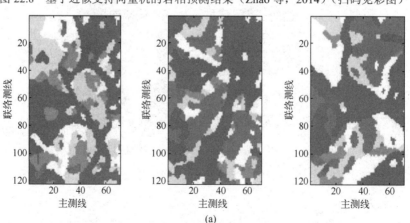

图 22.9　基于图像分割的地震相预测结果对比（Liu 等，2018）

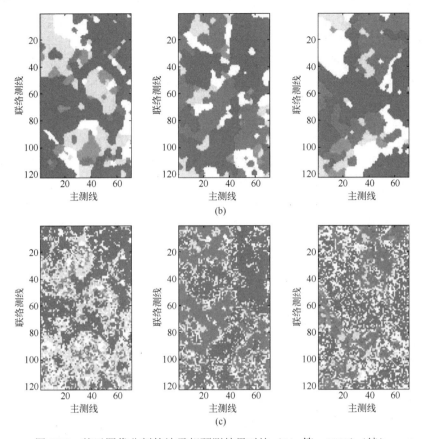

图 22.9　基于图像分割的地震相预测结果对比（Liu 等，2018）（续）
（a）解释人员手动分析结果；（b）基于图像分割的预测结果；（c）基于支持向量机的预测结果。

2.3　半监督学习

在实际应用中若仅使用无监督学习，则结果准确率可能较差；仅使用监督学习，则没有足够的标签数据，而获取大量的地震标签数据比较困难，那么在标签较少的情况下，如何处理是值得深入研究的问题。基于此，发展了半监督学习。半监督学习是指在少量标签样本下，模型以标签样本基础进行学习，再结合其他样本不断调整学习，最终学习到较为理想的模型进行预测。采用弱标签标记技术生成大量训练样本，进而用来训练反卷积网络，并且通过修改损失函数进行约束，解决了标签数据少的问题，提高了地震相预测的精度（Alaudah 等，2018）。生成对抗网络由一个判别器与生成器构成，生成器负责生成数据，判别器用来辨别真伪，当二者达到平衡时，生成器可以合成高逼真数据，进而用生成器生成大量数据。半监督学习生成对抗网络是对常规的生成对抗网络进行修改，利用少量标签数据使生成器与判别器进行对抗学习，当模型收敛后直接用判别器进行地震相分类，实验结果说明此方法可以进行地震相分类，而且避免模型过拟合现象（Liu 等，2020）。利用半监督方法可以实现地震相分类，并且能缓解监督方法在训练数据匮乏时的过拟合问题（Dunham 等，2020；蔡涵鹏等，2020）。半监督学习可以缓解数据量不足问题，为监督学习开辟了一条新道路，但是由于伪标签等影响，使整个模型性能有所下降。

无监督、半监督和监督学习 3 类方法各有优势与侧重点，可以根据不同的实际情况选择不同的方法来进行地震相识别划分。无监督学习方法可以在没有标签数据的情况下，对数据内部规律进行学习，通过聚类来实现对地震相的识别划分。由于没有先验知识的约束，其识别划分的精度有限。半监督学习是在标签数据有限的情况下进行地震相识别划分的，可以看成无监督与监督学习的有机结合，通过无监督学习生成伪标签，再通过监督学习识别划分地震相，但由于伪标签的负面性，可能会使模型精度有所下降。监督学习利用大量标签数据来约束学习，由于有先验知识的监督，并且利用了神经网络的强大非线性拟合能力，其精度较高。

3　基于神经网络的应用实例

该实例基于改进的 U-Net 网络模型进行地震相自动识别。网络模型结构如图 22.10 所示，输入为地震数据，在编码阶段先经过 4 次并行模块，每次并行模块都进行通道扩增，进行数据尺寸大小减半的下采样。然后在解码时进行 4 次上采样，每次上采样都压缩通道数，再与下采样对应的值在通道维进行拼接融合。上采样结束后，网络模型得到一张 9 通道的特征图，经过 Softmax 函数得到 9 张概率图，取每个像素点最大概率对应的索引值，得到一张网络模型最终输出剖面，该剖面即地震相识别结果。

经过多次实验发现，采用卷积下采样比最大池化效果好，这是因为卷积下采样时有可学习的参数，可以学习到更好的下采样策略，但是由于引入过多参数，导致模型运算速度减慢，因此最终选择最大池化作为本模型下采样方式。通过多次实验，最终采用转置卷积作为此模型的上采样方式。转置卷积也具有可学习的参数，可以灵活地学习多种上采样模式，数据特征信息之间也可以相互融合，而不是和反最大池化一样只将值放入最大值的位置上，其他位置用 0 替补。为了降低模型复杂度，提高模型效率，所以有下采样过程，但下采样存在信息丢失现象，无法避免。如果在下采样前提取更多的特征，则可以学习更多有用的信息。即使在下采样时丢失一部分信息，也会有所保留，而且由于跃层拼接结构的存在，在上采样时会用到这些提取的信息，可以缓解信息丢失问题。设计的模型如图 22.10 和图 22.11 所示。图 22.11 表示图 22.10 中的并行模块。并行模块采用 5 个不同大小的卷积层来并行学习不同尺度的信息，该卷积层由深度可分离卷积与空洞卷积构成，再将各自学习到的信息进行通道维的拼接，最后经过 1×1 卷积进行信息融合输出。使用基于 Python 编程语言的 PaddlePaddle 框架和百度 AI Studio 平台，实现了地震相的自动识别。在模型训练时，采用 Adam 优化器，学习率设定为 0.001，批次为 8。由于本研究属于分类问题，因而损失函数采用交叉熵（Cross Entropy），评价指标选取语义分割中常用的 mIoU。

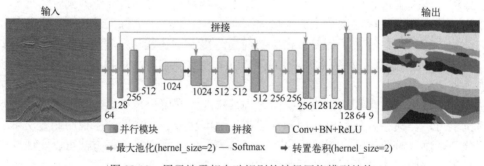

图 22.10　用于地震相自动识别的神经网络模型结构

地震数据测试表明，图 22.10 模型在验证集上 mIoU 为 0.943，在测试集上为 0.941。图 22.12 为模型在测试集上预测的剖面结果对比。从结果与标签对比可以看出，两者吻合较好，说明网络模型具有表征学习出各个地震相的能力，表明深度学习在地震相识别中的可行性。

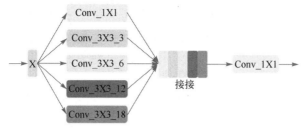

Conv_3X3_3：Conv(深度可分离+空洞卷积：kernel_size=3,dilation=3)+BN+ReLU

图 22.11 图 22.11 中并行模块的结构

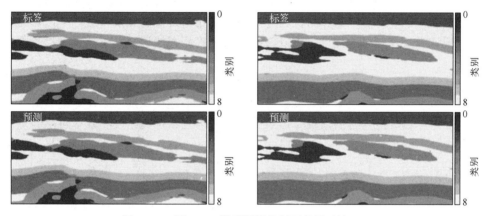

图 22.12 图 22.10 模型预测的剖面结果对比

4 认识与展望

目前的地震相智能识别方法主要包括无监督、半监督与监督 3 类。由于地震相识别问题的特点、神经网络方法的灵活性及易实现性，神经网络方法成为目前地震相智能识别的主要方法。神经网络可以利用多个卷积和池化层，使之具有强大的非线性拟合能力，因而具有更高识别精度。对于具体的实际问题，应该依据具体条件通过优选得到一个较好的模型进行地震相的智能识别。

随着技术的不断更新和算力的不断增强，地震相识别方法从最初的人工识别发展到目前自动智能识别，从常规的二维面识别发展到现在的三维体识别，以高效的人工智能方法取代了低效的人工识别。对地震相识别方法的发展做出以下几点展望。

（1）少量标签数据的神经网络地震相识别有待发展。神经网络属于数据驱动模型，标签数据是模型是否成功的关键。地震数据量大而广，然而往往缺乏足够的真实标签，对于神经网络这种监督学习来说是致命的，没有大量标签数据来训练，就难以得到有效的识别模型。对于标签数据稀少的问题，可以利用无监督和半监督学习等技术有效克服。从调研中发现，已经有人展开这方面的技术研究，并取得一定的成果，但多数还是以监督学习为主，因而有待进一步研究；另外可以应用迁移学习技术，发展具有一定普适性的网络模型，使一个工区训练的模型可以迁移到其他工区使用，从而缓解标签数据少的问题。

（2）基于神经网络的地震相智能识别精度有待提高。地下各种地震相之间大小不一，差别较大。在训练网络模型时会出现数据不平衡问题，导致在训练过程中看似训练准确率很高，实际上占多数的数据类别可能会夺取训练主导权，让占少数的数据类别很难被网络学习到，导致实际预测结果较差。对于这个问题，可从以下几个方面着手解决：①前期特征工程处理。可以考虑将占多数的丢弃一部分，或者可以将小部分多重复几次，使各类数据占比较为均衡。②网络模型处理。向网络模型中加入物理约束层，将一些类似的经验公式和机理模型等加入网络模型中进行约束，以此来削弱数据不平衡的影响。③损失函数处理。通过修改损失函数约束网络模型的训练，根据一些经验公式等，加入损失函数中，以有效消除此问题。对于以上 3 种方法具体实现，还需进一步研究。

（3）基于注意力机制的神经网络地震相智能识别。注意力机制是模仿生物视觉机制，让系统学会关注重点信息忽略无效信息，从而提高预测精度。Mnih 等（2014）率先将注意力机制应用到图像分类中。目前，注意力机制在图像分割中取得了较好的效果，但很少有人将其应用于地震相识别中，可以尝试将其与地震相识别相结合提高识别精度。目前，Transformer在计算机视觉中取得较好的效果，可以将其用来地震相智能识别，进一步来提高网络模型预测精度。

（4）基于强化学习的地震相智能识别。强化学习不依赖标签数据，它包含一个奖励系统，通过观察环境、执行动作及得到的奖励不断学习。在地震相识别中不需要标签数据，只需要建立好系统，即可通过自主学习进行地震相识别，而且识别的精度和效率可能会更高，但如何有效应用还需要进一步研究。

参考文献

[1] Al-Anazi A，Gates I D. A support vector machine algorithm to classify lithofacies and model permeability in heterogeneous reservoirs [J]. Engineering Geology，2010，114（3）：267-277.

[2] Alaudah Y，Gao S，Alregib G. Learning to label seismic structures with deconvolution networks and weak labels [C]. SEG Technical Program Expanded Abstracts，2018：2121-2125.

[3] Badrinarayanan V，Kendall A，Cipolla R. SegNet：A deep convolutional encoder-decoder architecture for image segmentation [J]. IEEE Transactions on Pattern Analysis and Machine Intelligence，2017，39（12）：2481-2495.

[4] Chen L C，Papandreou G，Kokkinos I，et al. Semantic image segmentation with deep convolutional nets and fully connected CRFs [J]. Computer Science，2014，12（4）：357-361.

[5] Chen L C，Papandreou G，Kokkinos I，et al. DeepLab：Semantic image segmentation with deep convolutional nets，atrous convolution，and fully connected CRFs [J]. IEEE Transactions on Pattern Analysis and Machine Intelligence，2018，40（4）：834-848.

[6] Chen L C，Papandreou G，Schroff F，et al. Rethinking atrous convolution for semantic image segmentation [J]. Computer Science，2017：1-14.

[7] Chen L C，Zhu Y，Papandreou G，et al. Encoder-Decoder with atrous separable convolution for semantic image segmentation [J]. Computer Vision – ECCV 2018：15th European Conference，Munich，Germany，September 8–14，2018，Proceedings，Part Ⅶ，2018：833-851.

[8] Coleou T，Poupon M，Azbel K. Unsupervised seismic facies classification：A review and comparison of techniques and implementation [J]. The Leading Edge，2003，22（10）：942-953.

[9] Di H，Wang Z，Alregib G. Real-time seismic image interpretation via deconvolutional neural network [C]. SEG Technical Program Expanded Abstracts，2018：2051-2055.

[10] Duan Y，Zheng X，Hu L，et al. Seismic facies analysis based on deep convolutional embedded clustering [J]. Geophysics，2019，84（6）：IM87-IM97.

[11] Dunham M，Malcolm A，Welford J K. Toward a semisupervised machine learning application to seismic facies classification [C]. Conference Proceedings of 82nd Annual Conference & Exhibition，2020：1-5.

[12] Feng R，Balling N，Grana D，et al. Bayesian convolutional neural networks for seismic facies classification [J]. IEEE Transactions on Geoscience and Remote Sensing，2021，59（10）：1-8.

[13] Gramstad O，Nickel M. Automated interpretation of top and base salt using deep convolutional networks [C]. SEG Technical Program Expanded Abstracts，2018：1956-1960.

[14] He K，Zhang X，Ren S，et al. Deep residual learning for image recognition [C]. IEEE Conference on Computer Vision and Pattern Recognition，2016：770-778.

[15] Hornik K，Stinchcombe M，White H. Multilayer feedforward networks are universal approximators [J]. Neural Networks，1989，2（5）：359-366.

[16] Karen S，Andrew Z. Very deep convolutional networks for large-scale image recognition [DB/OL]. arXiv，2015，1409.1556.

[17] Kim Y，Hardisty R，Torres E，et al. Seismic facies classification using random forest algorithm [C]. SEG Technical Program Expanded Abstracts，2018：2161-2165.

[18] Krizhevsky A，Sutskever I，Hinton G E. Imagenet classification with deep convolutional neural networks [J]. Advances in neural information processing systems，2012，25（2）：1097-1105.

[19] Lecun Y，Bottou L，Bengio Y，et al. Gradient-based learning applied to document recognition [J]. Proceedings of the IEEE，1998，86（11）：2278-2324.

[20] Lin M，Chen Q，Yan S C. Network in network [J]. Computer Science，2013，1（1）：85-97.

[21] Liu J，Dai X，Gan L，et al. Supervised seismic facies analysis based on image segmentation [J]. Geophysics，2018，83（2）：O25-O30.

[22] Liu M，Jervis M，Li W，et al. Seismic facies classification using supervised convolutional neural networks and semisupervised generative adversarial networks [J]. Geophysics，2020，85（4）：O47-O58.

[23] Long J，Shelhamer E，Darrell T. Fully convolutional networks for semantic segmentation [C]. IEEE Conference on Computer Vision and Pattern Recognition，2015：3431-3440.

[24] Marroquín I D，Jean-Jules B，Hart B S. A visual data-mining methodology for seismic facies analysis：Part 1-Testing and comparison with other unsupervised clustering methods [J]. Geophysics，2009，74（1）：P1-P11.

[25] Matos M C D，Osorio P L M，Johann P R S. Unsupervised seismic facies analysis using wavelet transform and self-organizing maps [J]. Geophysics，2007，72（1）：P9-P21.

[26] Mnih V，Heessv N，Graves A，et al. Recurrent models of visual attention [C]. The 27th International Conference on Neural Information Processing Systems，2014：2204-2212.

[27] Neves F A，Triebwasser H. Multi-attribute seismic volume facies classification for predicting fractures in carbonate reservoirs [J]. The Leading Edge，2006，25（5）：698-700.

[28] Pham N，Fomel S. Uncertainty estimation using Bayesian convolutional neural network for automatic channel detection [C]. SEG Technical Program Expanded Abstracts，2020：3462-3466.

[29] Pham N，Fomel S，Dunlap D. Automatic channel detection using deep learning [C]. SEG Technical Program Expanded Abstracts，2018：2026-2030.

[30] Qian F，Yin M，Liu X，et al. Unsupervised seismic facies analysis via deep convolutional autoencoders [J]. Geophysics，2018，83（3）：A39-A43.

[31] Ronneberger O，Fischer P，Brox T. U-Net：Convolutional networks for biomedical image segmentation [C]. International Conference on Medical Image Computing and Computer-Assisted Intervention，2015：234-241.

[32] Roy A，DowdelL B L，Marfurt K J. Characterizing a Mississippian tripolitic chert reservoir using 3D unsupervised and supervised multiattribute seismic facies analysis：An example from Osage County，Oklahoma [J]. Interpretation，2003，1（2）：SB109-SB124.

[33] Saraswat P，Sen M K. Artificial immune-based self-organizing maps for seismic-facies analysis [J]. Geophysics，2012，77（4）：O45O-53.

[34] Shafiq M A，Prabhushankar M，Di H，et al. Towards understanding common features between natural and seismic images [C]. SEG Technical Program Expanded Abstracts，2018：2076-2080.

[35] Shi Y，Wu X，Fomel S. Automatic salt-body classification using deep-convolutional neural network [C]. SEG Technical Program Expanded Abstracts，2018：1971-1975.

[36] Shi Y，Wu X，Fomel S. Interactively tracking seismic geobodies with a deep-learning flood-filling network [J]. Geophysics，2021，86（1）：A1-A5.

[37] Song C，Liu Z，Wang Y，et al. Multi-waveform classification for seismic facies analysis [J]. Computers & Geosciences，2017，101（4）：1-9.

[38] Szegedy C，Liu W，Jia Y Q. Going deeper with convolutions [C]. IEEE Conference on Computer Vision and Pattern Recognition，2015：1-9.

[39] Veillard A，Morère O，Grout M，et al. Fast 3D seismic interpretation with unsupervised deep learning：Application to a potash network in the North Sea [C]. Conference Proceedings of 80th Annual Conference & Exhibition，2018：1-5.

[40] Victor L，Marcelo S，Carlos P，et al. Seismic facies analysis based on 3D multi-attribute volume classification，La Palma Field，Maracaibo，Venezuela [J]. The Leading Edge，2003，22（1）：32-36.

[41] Waldeland A U，Jensen A C，Gelius L J，et al. Convolutional neural networks for automated seismic interpretation [J]. The Leading Edge，2018，37（7）：529-537.

[42] Wang Y J，Wang L J，Li K H，et al. Unsupervised seismic facies analysis using sparse representation spectral clustering [J]. Applied Geophysics，2020，17（4）：533-543.

[43] West B P，May S R，Eastwood J E，et al. Interactive seismic facies classification using textural attributes and neural networks [J]. The Leading Edge，2002，21（10）：1042-1049.

[44] Zhang H，Chen T，Liu Y，et al. Automatic seismic facies interpretation using supervised deep learning [J]. Geophysics，2021，86（1）：IM15-IM33.

[45] Zhang Y，Liu Y，Zhang H R，et al. Automatic salt dome detection using U-net [C]. 81st EAGE Conference and Exhibition，2019：1-5.

[46] Zhang Y，Liu Y，Zhang H，et al. Seismic facies analysis based on deep learning [J]. IEEE Geoscience and Remote Sensing Letters，2020，17（7）：1119-1123.

[47] Zhao T，Jayaram V，Marfurt K J. Lithofacies classification in Barnett Shale using proximal support vector machines [C]. SEG Technical Program Expanded Abstracts，2014：1491-1495.

[48] Zhao T，Li F，Marfurt K J. Constraining self-organizing map facies analysis with stratigraphy：An approach to increase the credibility in automatic seismic facies classification [J]. Interpretation，2017，5（2）：T163-T171.

[49] Zhao T，Li F，Marfurt K J. Seismic attribute selection for unsupervised seismic facies analysis using user-guided data-adaptive weights [J]. Geophysics，2018，83（2）：O31-O44.

[50] 蔡涵鹏，胡浩炀，吴庆平，等. 基于叠前地震纹理特征的半监督地震相分析[J]. 石油地球物理勘探，2020，55（3）：504-509.

[51]　刘荣. 人工神经网络基本原理概述[J]. 计算机产品与流通，2020（6）：35-35，81.

[52]　刘仕友，宋炜，应明雄，等. 基于密度的含噪声角道集波形聚类地震相分析[J]. 石油物探，2019，58（5）：773-782.

[53]　刘仕友，宋炜，应明雄，等. 基于波形特征向量的凝聚层次聚类地震相分析[J]. 物探与化探，2020，44（2）：339-349.

[54]　刘忠亮，张成富，张渊. Oriente 盆地 L-I-Y 油田 Hollin 组与 Napo 组沉积微相研究[J]. 石油物探，2017，56（4）：581-588.

[55]　潘少伟，杨少春，陈旋，等. 吐哈盆地红台地区中侏罗统地震相分析[J]. 石油地球物理勘探，2008，43（4）：425-429.

[56]　庞锐，魏嘉. 利用 K 均值聚类方法进行地震相识别[C]. 中国地球物理学会第二十四届年会论文集，2018：132.

[57]　桑凯恒，张繁昌，李传辉. 地震倒谱特征参数谱聚类地震相分析方法[J]. 石油地球物理勘探，2021，56（1）：38-48.

[58]　王树华，于会臻，谭绍泉，等. 基于深度卷积神经网络的地震相识别技术研究[J]. 物探化探计算技术，2020，42（4）：475-480.

[59]　王天云，韩小锋，许海红，等. 无监督神经网络地震属性聚类方法在沉积相研究中的应用[J]. 石油地球物理勘探，2021，56（2）：372-379.

[60]　徐海，都小芳，高君，等. 基于波形聚类的沉积微相定量解释技术研究[J]. 石油物探，2018，57（5）：744-755.

[61]　闫星宇，顾汉明，罗红梅，等. 基于改进深度学习方法的地震相智能识别[J]. 石油地球物理勘探，2020，55（6）：1169-1177.

[62]　尹青，万朝大，刘伟君，等. 地震相分析及其在石油勘探中的应用[J]. 地质找矿论丛，2011，26（1）：79-84.

[63]　赵力民，郎晓玲，金凤鸣，等. 波形分类技术在隐蔽油藏预测中的应用[J]. 石油勘探与开发，2001，28（6）：53-55.

[64]　周志华. 机器学习[M]. 北京：清华大学出版社，2016.

[65]　朱剑兵，赵培坤. 国外地震相划分技术研究新进展[J]. 勘探地球物理进展，2009，32（3）：167-171.

[66]　邹文，陈爱萍，贺振华，等. 基于 S 变换的地震相分析技术[J]. 石油物探，2006，45（1）：28-52.

（本文来源及引用方式：马江涛，刘洋，张浩然. 地震相智能识别研究进展 [J]. 石油物探，2022，61（2）：262-275.）

论文 23　基于有监督深度学习的地震相自动解释

摘要

地震相解释为地下地质环境分析和储层预测提供支撑。传统的解释方法需要大量的人工工作，并且在很大程度上取决于解释人员的经验和专业知识。我们基于有监督深度学习改进了算法来实现地震相自动解释。在深度学习中，常规的卷积神经网络（CNN）和编码-解码结构分别广泛用于图像分类和分割问题。基于这两种结构，我们构建了一个常规的 3D CNN 和一个常规的编码-解码网络，然后我们将一个集成了先进结构的增强的编码-解码网络（DeepLabv3+）应用到我们的研究中。为了训练网络，我们提出了一种有效的方案，首先对工区内一些二维地震剖面精细解释划分地震相（在本文中共划分为 9 类），然后使用打好标签的二维地震剖面自动、多样化地增广数据。我们在荷兰 F3 数据集上进行实验，通过对网络调试参数及训练多种样本，将训练好的网络应用于整个数据体，然后对结果进行定量评估。编码-解码网络的测试比常规的 CNN 更准确、更高效，结果也更符合地质背景。在两种编码-解码网络中，平均交并比（mIoU）分别达到 87.8%（常规）和 92.4%（增强），而对于常规 CNN，mIoU 达到 67.8%。此外，编码-解码网络预测一个地震剖面的时间不到 1 秒，而常规 CNN 需要 4 分钟。

1　引言

地震相由具有一定特征的地震反射信号构成，揭示了岩性组合类型和地层沉积特征（Brown，2011）。地震相解释有利于分析地下地质环境，进一步预测油气藏。传统的解释技术通常需要大量的人工操作，分析结果不可避免地受到解释人员的经验和专业知识的影响（Bond 等，2012；Macrae 等，2016）。尽管传统的机器学习方法（Zhao 等，2015；Wrona 等，2018）减少了对人工操作的部分依赖，但要达到可接受的准确性仍然需要解释人员的干预，工作量很大。为了解决这些问题，深度学习近年来备受关注。

深度学习的研究在计算机视觉（CV）等多个领域取得了重大进展。鉴于地震解释与 CV 任务的相似性，许多研究人员采用 CV 算法来分析地下结构（AlRegib 等，2018；Li，2018）。除无监督学习方法（Li，2018；Qian 等，2018）外，有监督的深度学习方法也已应用于地震解释。在有监督学习中，神经网络通过给定的训练数据和标签建立输入和输出之间的映射关系（Goodfellow 等，2016）。对于地震解释，我们使用带有相应标签的目标体样本来训练网络，并将训练后的模型应用于新的数据以预测识别目标体。常规的卷积神经网络（CNN）（LeCun 等，1989、1998）通常用于解决地震解释中的分类问题，如断层识别（Wu 等，2018、2019）、盐丘预测（Waldel 和 Solberg，2017；Waldel 等，2018）和地震相识别（Dramsch 和 Lüthje，2018）。常规的 CNN 只输出整幅图像的一个预测值（图像级预测），而不适合获取图像中每个像素的预测值（像素级预测）。尽管可以通过在小输入块上使用 CNN 模型来识别数据块中心点的类别，实现像素级预测（Waldel 和 Solberg，2017；Waldel 等，2018；Zhao，2018），但这种方法不精确且计算时间长。在这项研究中，我们称这种 CNN 为常规的 CNN 结构。

处理 CV 问题的深度学习方法中还有另一类的网络结构，称为编码-解码网络。从常规

CNN 发展而来的编码-解码结构始于全卷积网络（FCN）（Shelhamer 等，2017），以解决图像分割问题。由于能够实现像素级的识别，该结构专为密集预测而设计。编码器类似于常规的 CNN，用于提取特征以获得集中的特征图；解码器包含上采样操作，用于重建特征图以恢复分辨率，并预测输出。简单的编码-解码网络，如 DeconvNet（Noh 等，2015）、U-net（Ronneberger 等，2015）和 SegNet（Badrinarayanan 等，2017）已应用于盐丘检测（Shi 等，2018、2019）和地震相分析（Di 等，2018、2019；Zhao，2018；Alaudah 等，2019）。

DeepLabv3+（Chen 等，2018）是一种增强的编码-解码网络，曾经在 PASCALVOC2012 数据集（Everingham 等，2010）和 Cityscapes 数据集（Cordts 等，2016）中取得最好的图像分割结果。该网络通过应用孔洞空间金字塔池化（ASPP）模块和简单而有效的解码器模块，具有比之前的编码-解码网络更高的识别精度。此外，DeepLabv3+通过使用深度可分离卷积（Depth-Wise Separable Convolution，DWSC）减少了许多权重并大大提高了效率（Vanhoucke，2014；Chollet，2017）。

在本文中，我们首先基于常规的 CNN 结构搭建了一个三维 CNN，并分析了常规 CNN 在像素级预测中的局限性。然后，我们基于编码-解码结构搭建了一个常规编码-解码网络，此外还使用了代表增强的编码-解码网络的 DeepLabv3+进行研究。我们提出了一种有效的数据处理和增广方案来自动预处理和生成用于网络训练的数据。与以往的应用相比，我们的数据增广方案能够更有效地解决训练样本不足的问题。最后，我们在荷兰 F3 区块公开数据集（dGB Earth Sciences，1987）上进行了实验，定量比较了常规 CNN、常规编码-解码网络和增强的编码-解码网络 DeepLabv3+三个网络的结构、准确性和效率。实验结果表明，编码-解码类的网络在地震相分类中具有更好的表现。此外，我们讨论了将地震属性与原始地震数据结合作为网络输入的可行性。地震属性常用于常规的地震相分析方法，因此在讨论部分我们基于提出的深度学习方案使用地震属性进行了初步测试。

2　常规 CNN 结构

地震相反映了地下地质体的空间分布。具有卷积层和池化层的 CNN 可以有效地识别输入数据的特征。

2.1　基本理论

常规的 CNN 通常包含卷积层，有时后接池化层和数量不等的全连接层。卷积层通过卷积核从输入数据中提取特定特征，如对象的边界和形状（Waldel 等，2018）。池化层主要通过下采样算法保留前一层的大部分特征来减少训练的权重。全连接层通常连接在 CNN 的末端，将前一层输出的特征组合起来，并将这些特征映射到分类结果的向量中。

此外，在 CNN 中应用的一些方法提高了训练的准确性和效率，并增强了网络的泛化能力。修正线性单元（ReLU）（Nair 和 Hinton，2010）是一种较适用的激活函数，可以添加到每个隐藏层后面：

$$f(\boldsymbol{x}) = \max(0, \boldsymbol{x}) \tag{23-1}$$

式中：$\boldsymbol{x}$ 为前几层的输出。激活函数使网络适用于更复杂的问题，因为这些函数将神经网络中的线性运算转换为非线性运算。在激活函数之前添加的批归一化（BN）（Ioffe 和 Szegedy，2015）避免了梯度消失问题以加速训练。"舍弃"（Dropout）操作（Hinton 等，2012）通过在训练期间随机忽略隐藏层中的一些节点帮助网络避免过拟合。

2.2　网络搭建

常规的二维 CNN 通常用于图像分类任务。然而，地震相分布在三维地震数据体中。我们考虑构建一个可以综合利用三维信息实现地震相自动解释的三维 CNN。二维和三维 CNN 具有相同的基本理论。在使用基于 Python 编程语言的机器学习库（如 TensorFlow 和 PyTorch）构建网络时，二维和三维版本的唯一区别是网络层的维度。

输入数据的大小决定了网络的结构和感受野（He 等，2014）。网络的感受野表示网络可以从地震数据立方体中获取特征的范围。较大的输入尺寸有助于网络获得更多的特征信息以区分地震相的类型。但是，输入尺寸通常受到计算机 GPU 内存的限制。同时，更大的输入尺寸需要更多的计算成本。为了在性能和计算成本之间取得平衡，我们使用从整个数据体中取出的大小为 65×65×65 的单通道立方体作为输入数据。受 Waldeland 等（2018）的启发，我们基于常规 CNN 结构构建了一个三维 CNN，网络结构如图 23.1 所示，BN 表示批归一化，ReLU是修正线性单元，Argmax 函数输出对应于最大概率的类别。该网络包含六个卷积层和一个全连接层。除了第一层卷积核尺寸为 5×5×5，其余各层卷积核大小为 3×3×3。BN 和 ReLU 函数应用于每个卷积层。在前两个卷积层中使用了"舍弃"操作。全连接层之后是 Softmax 函数：

$$p_i = \frac{e^{z_i}}{\sum_j e^{z_j}}\qquad(23\text{-}2)$$

式中：向量 z 为全连接层的输出；p_i 为向量 z 中第 i 个元素 z_i 的概率。Softmax 函数将全连接层导出的输出映射为归一化概率向量。

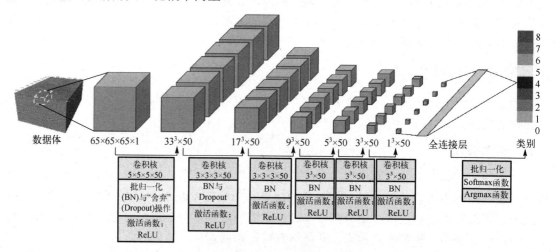

图 23.1　三维 CNN 网络结构（改进自 Waldeland，2018）

2.3　局限性分析

基于常规 CNN 结构的模型最初旨在解决分类问题，而不是地震相识别等分割问题。因此，在使用这类模型时要注意到它们的局限。

这类模型预测的输出是图像级而不是像素级的（Shelhamer 等，2017）。换句话说，这类模型对于包含大量像素点的输入数据只能输出一个预测值。因为我们的目的是获得像素级的预测，即每个像素点（采样点）都有其对应的预测值，所以可通过将大数据体切割成以每个采样点为中心的大量小立方体数据块，并将数据块输入网络进行整个数据体的分类。然后，我们将分类结果视为各数据块中心像素点（采样点）的预测值。如图 23.2 所示，一个固定尺寸的窗口（在我们的测试中为 65×65×65）在整个地震数据体上滑动，然后将数据体切割成小数据块，最终将这些数据块输入三维 CNN。网络模型的输出是一个向量，其中包含输入数据块所属的每个类的概率。最终的预测结果是概率值最大的类别。然而，地震数据体通常具有大量的采样点，因此网络可能会运行数百万次迭代来解释数据集中所有的地震相，这个过程非常耗时。

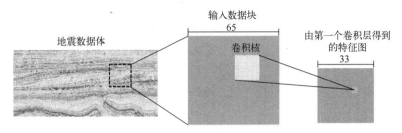

图 23.2   切取立方体数据块作为输入

除效率之外，提高准确性也是常规 CNN 面临的重大挑战。由于每个采样点的预测相互独立，并且输入数据块的大小是固定的，因此网络无法从整个数据集中提取全局和多尺度信息。较小的输入尺寸可能会限制网络的感受野。然而，大的输入尺寸也并不一定会改善常规 CNN 的结果，因为一个输入数据块中包含的多个地震相可能会误导网络的识别。在实际操作时，我们需要进行一些测试来选择合适的输入尺寸。此外，常规 CNN 难以高精度地描绘地震相的边界（Shi 等，2019）。如图 23.3 所示，黄色方框和蓝色方框中的数据块将被分为两个不同的类别，尽管两个数据块包含的特征信息十分相似。由于两个数据块的中心采样点分别位于地震相分界面的两侧，因此应将两个几乎重叠的输入数据块分类为不同的相。在这种情况下，网络可能会错误地预测位于分界面附近采样点的类别。总之，常规 CNN 结构的缺点促使人们开发改进的 CNN 和替代方法，这也是我们寻找更合适的地震相自动解释方法的动机。

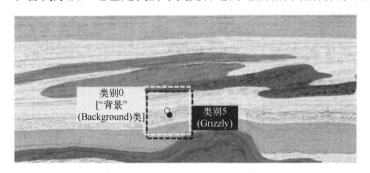

图 23.3   常规 CNN 的局限性（扫码见彩图）

3   编码-解码结构

地震相自动解释，可以被认为是一个语义分割问题，以描绘地震相的边界和位置。由于常规 CNN 结构在语义分割这种密集预测（像素级预测）任务上存在前文所述的局限性，因此采用编码-解码网络来更好地解决分割问题。编码器主要由 CNN 的主干组成，用于从输入数据中提取特征。池化层实现下采样。解码器通过应用双线性插值和转置卷积等上采样操作来重构信息以预测输入数据每个采样点的类别（Zeiler 等，2012）。这些编码-解码网络与常规的 CNN 不同，可以输出像素级结果。

常规的编码-解码网络并没有很复杂的结构，可以很容易地构建。他们使用没有全连接层的常规 CNN 作为主干，使用多个简单的反卷积层作为解码器。一些更先进的网络结构可以用来改进常规编码-解码网络，作为增强的编码-解码网络。例如，传统的卷积核可替换成扩张卷积（Yu 和 Koltun，2015），解码器的最后一层可以使用条件随机场（CRF）（Lafferty 等，2001）等。这些先进的网络结构扩大了网络的感受野并增强了对象的边界定位（Chen 等，2016），可以进一步提高分割性能。

我们在这项研究中采用二维而非三维编码-解码网络有以下几个原因：①二维网络具有比三维网络更低的复杂度，使用二维网络是性能和计算成本之间的权衡；②二维网络比三维网络对计算机硬件要求低得多，因此，在条件有限的情况下，其他人更容易复现我们的二维网络方案；③二维网络只需要二维标签，而三维网络需要三维标签，这是较难获得的。

3.1　常规编码-解码网络

编码-解码结构最初从 FCN（Shelhamer 等，2017）发展而来，FCN 基于常规 CNN，用卷积层代替了 CNN 中的全连接层。常规结构中的编码-解码网络具有几乎相同的编码器结构，包括卷积层和池化层，但它们在解码器中采用不同的策略。一些网络使用带有上采样层的反卷积层，如 SegNet（Badrinarayanan 等，2017）。还有的网络通过连接编码器中的特征图和解码器中的上采样层来实现像素级预测，如 U-net（Ronneberger 等，2015）。

受 SegNet 的启发，我们搭建了一个类似 SegNet 的常规结构编码-解码网络，如图 23.4 所示，输入数据可以是整个地震剖面，输出是与输入尺寸相同的分类剖面，地震剖面中各采样点的类别可被同时预测。该网络模型中的编码器和解码器几乎是对称的，它们各自有 10 个卷积层和可训练的 3×3 尺寸的卷积核。左侧的编码器包含四个结构组，每组包含两个卷积层，后跟一个用于下采样的最大池化层。每个结构组中的输出特征图与输入相比尺寸减半，通道数增加一倍。右侧的解码器也由四个结构组组成，每组包含一个上采样层及两个卷积层。上采样层使用来自相应下采样层的最大池化的索引来上采样特征图。下采样和上采样的过程如图 23.5 所示。解码器中的卷积层经过训练，可以从上采样的特征图中重建信息。解码器的最后一层是具有 1×1 尺寸卷积核的卷积层，并使用 Softmax 函数来预测每个采样点的类别。解码器的输出尺寸与网络的输入尺寸相同，并且我们可以同步地获得每个采样点的分类结果。

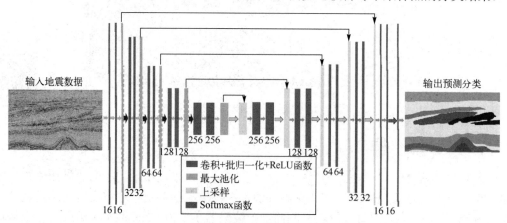

图 23.4　类似 SegNet 的常规编码-解码网络（改进自 Zhang 等，2019）

与常规的 CNN 结构相比，编码-解码结构显著节省了网络预测的计算成本。然而，由于下采样信息的丢失，地震相的细节可能无法解析。此外，输入数据的边长应该是 2 的倍数，以确保解码器中数据尺寸可恢复至与输入相同。

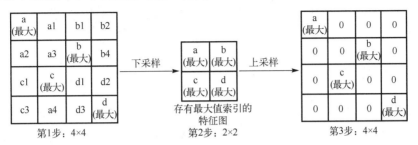

图 23.5　下采样和上采样的图示

3.2　增强的编码-解码网络

一些先进的算法和网络模块已被用于提高编码-解码结构的准确性和效率，如孔洞卷积（Yu 和 Koltun，2015）、空间金字塔池化（SPP）（Lazebnik 等，2006；He 等，2014）和条件随机场（CRF）（Lafferty 等，2001；Krähenbühl 和 Koltun，2012）。使用这些方法的网络能够学习来自输入数据的更多信息并精确描绘对象的细节，如 PSPNet（Zhao 等，2017）和 DeepLab 系列（Chen 等、2014、2016、2017、2018）。

我们采用 DeepLabv3+（Chen 等，2018）来有效地实现地震相自动解释。通过应用孔洞空间金字塔池化（ASPP）模块（Chen 等，2016）和一个简单有效的解码器，DeepLabv3+比常规的编码-解码网络预测精度更高。DeepLabv3+的架构如图 23.6 所示。

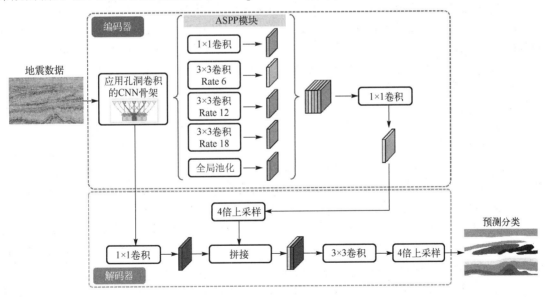

图 23.6　DeepLabv3+网络架构（Chen 等，2018）

深度可分离卷积（Depth-Wise Separable Convolution）（Vanhoucke，2014；Chollet，2017）：深度可分离卷积（图 23.7）将标准卷积分解为深度卷积和点卷积。深度卷积为每个输入通道分别执行空间卷积，点卷积采用 1×1 尺寸卷积核结合了深度卷积的输出。这种卷积可以显著减少网络层参数，同时实现良好的性能。

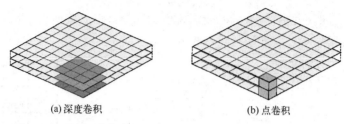

(a)深度卷积   (b)点卷积

图 23.7　深度可分离卷积（Vanhoucke，2014；Chollet，2017）

　　孔洞卷积（Atrous Convolution）（Yu 和 Koltun，2015；Chen 等，2016）：孔洞卷积也称扩张卷积（Dilate Convolution），是一种带孔的卷积[图 23.8（b）]。可以用孔洞卷积代替池化操作，因为感受野能够成倍扩展而不损失更多信息。然后，我们可以控制 CNN 输出特征的分辨率并调整卷积核的感受野以捕获多尺度信息。在深度可分离卷积中使用孔洞卷积能够结合它们各自的优点，称为孔洞可分离卷积[如图 23.8（c）所示，rate = 2]。

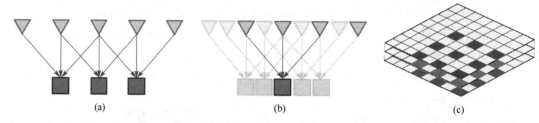

(a)　　　　　　　　　　　　　　(b)　　　　　　　　　　　　　　(c)

图 23.8　向标准卷积（a）添加孔洞会生成 rate = 2 的孔洞卷积（b）（Yu 和 Koltun，2015；
Chen 等，2016）；孔洞可分离卷积（孔洞卷积与深度可分离卷积相结合）（c）

　　CNN 骨架：编码器的 CNN 骨架用于提取特征。有几种有效的 CNN 模型可以应用于 DeepLabv3+，包括残差神经网络（ResNet）（He 等，2016）、Xception（Chollet，2017）和 MobileNetv2（Sandler 等，2018）。我们采用的网络是经过修改的 Xception 网络（Chollet，2017；Chen 等，2018）。所有的最大池化操作都被带步幅（Striding）的孔洞可分离卷积所取代。模型中还添加了额外的 BN（Ioffe 和 Szegedy，2015）和 ReLU 激活函数。

　　ASPP 模块：如图 23.6 所示，ASPP 模块由四个并行的具有不同孔洞间隔的孔洞卷积组成（Chen 等，2016），并应用于特征图顶层。该模块有效地集成输入数据中的多尺度信息，以准确分类任意尺度的区域。

　　解码器：为了恢复对象分割细节，DeepLabv3+使用了一个简单但有效的解码器。与上采样倍数相关的输出步幅（Output Stride）是输入图像空间分辨率与最终输出分辨率的比值（Chen 等，2018）。较小的输出步幅意味着可以恢复更多细节。

　　在我们的方案中，DeepLabv3+使用集成孔洞可分离卷积的 Xception 网络作为 CNN 骨架，从地震数据中提取特征。具有孔洞可分离卷积的 ASPP 模块用于编码地震数据的多尺度信息。通过将未下采样的特征图与上采样后的特征图拼接，并在解码器模块中进行另一个上采样操作，可以预测像素级结果。此外，我们使用迁移学习（Pan 和 Yang，2010）在预训练模型的基础上训练 DeepLabv3+，从而加快训练收敛过程。

4　数据处理

　　我们采用荷兰 F3 区块公开数据集，并利用前述基于两种结构的三个网络进行实验。我们使用的标签是从 ConocoPhillips 名为 MalenoV 的公开项目（ConocoPhillips，2017 年）中的标注数据中提取的。用于训练和预测的地震数据体从 Inline 方向测线编号 134～696、Crossline 方向测线编号 332～1217 截取，时间维度在 132～1720ms 截取。F3 数据集是 4ms 采样，所以数据体的尺寸是（563，886，398），分别代表 Inline 方向测线数、Crossline 方向测线数、时间采样点数。整个数据体总共包含 563 个 Inline 方向测线地震剖面，分为三部分，即训练集、测试集和待预测数据集。我们的实验从编号为 Inline 285～530 的 Inline 测线地震剖面中选择了 30 个标注好地震相（带有标签）的剖面，其中 25 个剖面用于训练，另外 5 个作为模型测试的测试集。测试集不参与任何训练过程。在带标签的 30 个剖面（包括训练和测试数据）中，27 个大致均匀分布在 Inline 285～430 内，其余 3 个剖面分布在 Inline 530 附近。其他 533 个没有标签的剖面作为待预测数据集。

荷兰 F3 区块沉积盆地的构造演化主要发生在中生代和新生代。从古新世至上新世，盆地沉积了陆相、海陆过渡相和海相地层。同时，虽然这一时期构造运动不是很活跃，但断层、盐丘和区域不整合面仍然发育（图 23.9）（Thrasher 等，1996；Schroot 和 Schüttenhelm，2003）。因此，在沉积旋回和构造运动的共同作用下，研究区三维地震资料显示出具有鲜明特征和类型的地震相。根据原始数据的反射特征，如振幅、形状和同相轴的连续性，数据集中出现的地震相可分为 9 类：Low coherency、High-amplitude continuous、Low-amplitude dips、High-amplitude dips、Grizzly、Low amplitude、High amplitude、Saltdome（盐丘）和"背景"类，分别对应于数值 1、2、3、4、5、6、7、8 和 0。如图 23.10 所示。

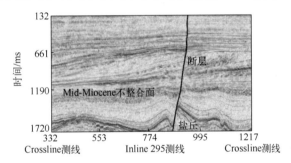

图 23.9 荷兰 F3 地震数据集剖面示例（Inline 295 测线的地震剖面）

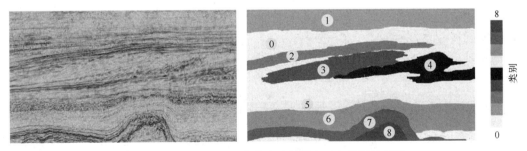

图 23.10 Inline 375 测线的地震剖面和对应的标签剖面

4.1 预处理

原始地震数据的振幅范围非常大。不同样本的值变化很大可能会导致梯度更新或其他训练问题的严重错误。我们使用归一化方法将原始振幅值映射至–127.0～127.0，以免在训练和预测中出现数值计算错误。

4.2　数据增广

训练数据不足会严重制约深度神经网络的表现，因为数据太少时训练的网络模型往往会过拟合。由于地下构造复杂，不同地区地质条件差异大，人工解释野外地震资料费时费力。尽管已经有一些生成训练样本的方法被提出（Alaudah 等，2018、2019），但我们尝试以一种便捷有效的方式来增广数据。由于地下地层在地质过程中可形成多种构造，如褶皱变形、错断、破碎等。我们在数据增强中使用的方法尽可能地模拟地下条件。我们必须使用不同的数据增强方案，因为三维 CNN 和编码-解码网络具有不同的识别预测机制，但增广数据都是从上述 25 个训练集剖面生成的。

对于常规 CNN，以训练集剖面的每个采样点为中心，数据集被随机切割成 65×65×65 尺寸的立方体数据块。为了确保训练数据均衡地来自各个类，属于每个类别的被切分出的立方体样本数量相等。总共有四种用于生成大量立方体数据块的增广方式：翻转、拉伸、旋转和倾斜，如图 23.11 所示。

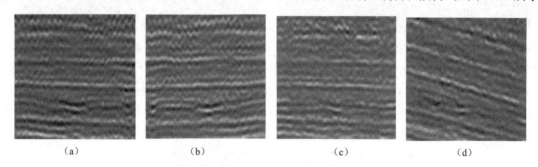

（a）　　　　　　　　（b）　　　　　　　　（c）　　　　　　　　（d）

图 23.11　四种用于生成大量立方体数据块的增广方式
（a）翻转；（b）拉伸；（c）旋转；（d）倾斜。

对于基于编码-解码结构的两种网络，我们提出了一种有效的方案来生成不同的输入数据。首先，以图 23.12 所示的四种方法对每个 Inline 测线剖面扩展尺寸。接着，扩展的剖面被随机裁剪成数千块，尺寸分别为 512×512（对于常规网络）、321×321 和 513×513（对于 DeepLabv3+）。数据增广是同时在训练数据和标签上实现的。理论上，数据增广后模型的泛化性和鲁棒性会有所提高。

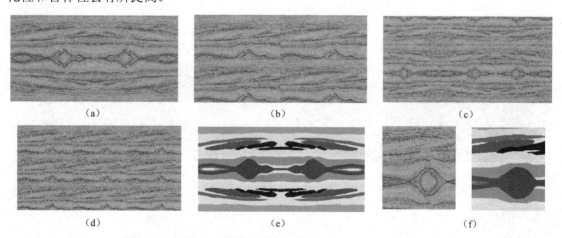

（a）　　　　　　　　　　（b）　　　　　　　　　　（c）

（d）　　　　　　　　　　（e）　　　　　　　　　　（f）

图 23.12　用于编码-解码网络输入数据增广的扩展数据的四种方法
（a）在底部和右侧镜像原始剖面；（b）在底部和右侧复制原始剖面；（c）在原始剖面四周做镜像；（d）复制原始剖面；（e）标签剖面随原始地震剖面同步扩展；（f）数据增广后的数据切片。

5　实验和结果分析

数据经过处理后，我们利用常规 CNN 和两个编码–解码网络进行训练和测试。之后，我们对整个数据集预测地震相，并比较不同网络模型的结果。

评估网络预测结果的指标包括平均准确率（average accuracy）和平均交并比（mIoU）（Alberto 等，2017）。准确率定义为每个类别中正确分类的像素的比例，平均准确率是所有类别中准确率值的平均值。平均准确率表示为

$$\text{average accuracy} = \frac{1}{k+1}\sum_{i=0}^{k}\frac{p_{ii}}{\sum_{j=0}^{k}p_{ij}} \tag{23-3}$$

式中：k 为类别数（"背景"类除外）；p_{ij} 为在类别 j 中预测的类别 i 的像素数。IoU 定义为每个类中两个集合（标签和预测结果）的交集和并集之比，mIoU 是所有类中 IoU 的平均值。当预测与标签完全重合时，mIoU 为 100%。mIoU 是分割问题的标准度量，可以通过下式计算：

$$\text{mIoU} = \frac{1}{k+1}\sum_{i=0}^{k}\frac{p_{ii}}{\sum_{j}^{k}p_{ij}+\sum_{j=0}^{k}p_{ji}-p_{ii}} \tag{23-4}$$

由于常规 CNN 无法同时预测地震剖面中每个采样点的类别，因此我们使用平均准确率来评估每个训练步骤的输出。而在两个编码–解码网络的训练和测试中，我们使用 mIoU 来评估结果。

5.1　常规 CNN

常规 CNN 模型输出一个值作为整个输入数据的预测类别。大小为 65×65×65 的小数据块是三维 CNN 的输入数据。我们还测试了四种输入数据尺寸，即 81×81×81、65×65×65、49×49×49 和 33×33×33。权衡计算量和准确率之后，我们选择 65×65×65 作为输入数据尺寸。然后，我们将分类结果视为数据立方体中心采样点的预测值。随机在 25 个训练剖面中以每个采样点为中心切取 65×65×65 大小的数据块。在一次训练迭代中，一个批次中有 36 个小数据块，即每个地震相类别包含四个样本。该模型使用由 Adam 算法（Kingma 和 Ba，2014）优化的随机梯度下降法训练迭代了 8000 步。在显卡 NVIDIA Tesla K40m GPU 上训练 5.5 小时后，准确率和损失值趋于平稳，如图 23.13 所示。测试集上平均准确率的变化也记录在图 23.13 中。训练和测试准确率的变化曲线表明网络最终收敛并且没有过拟合。需要强调的是，这里使用的测试集不是为了在训练中改变网络的超参数（如严格意义上的验证集），而是为了验证网络的收敛性。

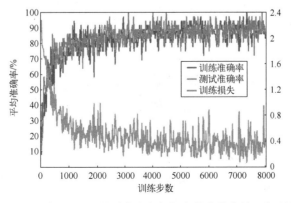

图 23.13　常规三维 CNN 训练时准确率与损失值变化曲线（扫码见彩图）

图 23.14 展示了训练集上的分类结果。由于测试是以各采样点为中心切取小数据块并将分类结果分配给中心采样点，数据体边界附近的采样点没有分类值。从图 23.14 可以看出，地震相的形状和位置大致得到识别。一些具有明显特征的地震相被正确预测，如 Grizzly、Low amplitude、High amplitude 及 Saltdome。但是，某些数据点被识别为不正确的类别。例如，一些应该属于类别 0（"背景"类）或类别 1（Low coherency，在每个剖面的顶部）的数据点被归类为类别 4（High-amplitude dips，深蓝色）。将训练后的网络模型应用于训练和测试剖面，可以计算出各剖面的 mIoU 以评估三维 CNN 的预测结果。训练和测试剖面的 mIoU 分别为 68.69% 和 67.77%。网络在训练和测试剖面中的预测表现基本一致，表明我们的模型泛化性良好。最后，我们将训练好的网络模型应用于整个 F3 数据体来识别地震相。为了在分辨率和效率之间进行权衡，我们将采样点的预测步长设置为 4（每 4 个采样点切取一个小数据块），然后将结果进行插值。由于结果是逐点预测的，因此预测非常耗时，花费近 40 小时，结果如图 23.15 所示。

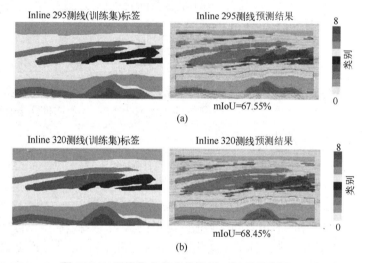

图 23.14　训练集上的分类结果（扫码见彩图）
（a）训练剖面对应的标签和识别结果；（b）测试剖面对应的标签和识别结果。

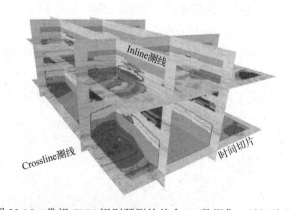

图 23.15　常规 CNN 识别预测的整个 F3 数据集，以切片显示

为了提供更公平的比较，我们使用非正方体输入数据测试了常规 CNN 模型的表现。非正方体数据块仍然是三维数据块，但在高度、长度或宽度（时间、Inline 测线或 Crossline

测线）维度上具有不同尺寸。在这种情况下，需要调整一些超参数，如三维 CNN 中的卷积核尺寸和卷积核移动步长，以适应输入数据的大小。如果非正方体数据块的大小为（120，10，120），我们的三维 CNN 中第一层的卷积核大小将更改为（5，3，5）而非之前的（5，5，5）。训练方案与之前相同。为了使非正方体数据块和大小为（65，65，65）的正方体数据块中的采样点数保持基本一致，我们用两种输入大小测试结果：（20，120，120）和（120，20，120）。比较结果如图 23.16 和表 23-1 所示。我们注意到，虽然非正方体数据比正方体数据具有更多的二维信息，但将非正方体数据作为输入可能不会获得更好的性能。看起来，识别地震相的 CNN 模型更多地依赖剖面垂向差异而不是横向差异，因为大小为（120，20，120）的数据预测结果比大小为（20，120，120）的数据预测结果要好得多。

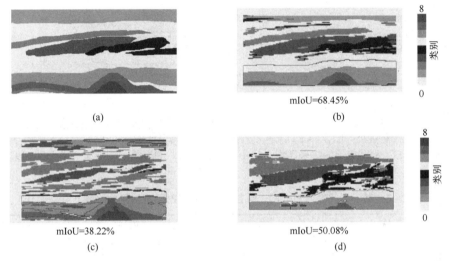

图 23.16　Inline 320 测线地震剖面对应的标签，以及以正方体和非正方体数据作为输入利用三维 CNN 对该剖面识别预测的结果
（a）Inline 320 测线（测试集）标签；（b）测试集预测结果（输入尺寸 65×65×65）；（c）测试集预测结果（输入尺寸 20×120×120）；（d）测试集预测结果（输入尺寸 120×20×120）。

表 23-1　三维 CNN 识别预测结果的平均交并比对比

输入尺寸 （时间，Inline 测线数量， Crossline 测线数量）	(65, 65, 65)		(20, 120, 120)		(120, 20, 120)	
数据集	训练集	测试集	训练集	测试集	训练集	测试集
平均交并比 mIoU/%	68.69	67.77	38.08	36.38	47.14	42.83

为了验证三维 CNN 比二维版本具有更好的性能，我们测试了具有不同输入尺寸（65×65、81×81、97×97 和 120×120）的二维 CNN 的性能，并将结果与三维版本进行对比，如图 23.17 和表 23-2 所示。二维 CNN 的结构与三维版本几乎相同。我们只是将三维网络层更改为二维并修改卷积核移动步长以适应全连接层。从图 23.17 和表 23-2 中，我们观察到：①三维 CNN 的表现优于二维版本；②更大的输入尺寸不一定提高二维 CNN 的性能，原因可能是一个大尺寸的输入块会包含多个地震相的信息，而输出预测结果只能属于一个类别。总之，具有正方体输入数据块的三维 CNN 代表了我们方案中常规 CNN 结构的最佳水平。

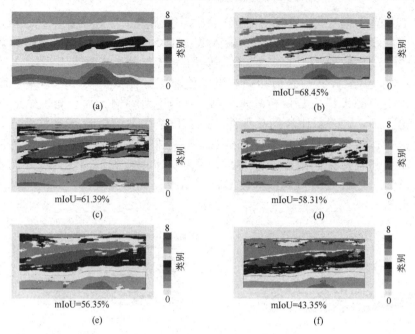

图 23.17　Inline 320 测线地震剖面对应的标签，以及分别利用二维和三维常规 CNN 对该剖面识别预测的结果
（a）Inline 320 测线（测试集）标签；（b）测试集预测结果（输入尺寸 65×65×65）；（c）测试集预测结果（输
　入尺寸 65×65）；（d）　测试集预测结果（输入尺寸 81×81）；（e）测试集预测结果（输入尺寸 97×97）；（f）
　　　　　　　　　测试集预测结果（输入尺寸 120×120）。

表 23-2　基于不同输入尺寸的二维常规 CNN 识别预测结果的平均交并比对比

输入尺寸	65×65		81×81		97×97		120×120	
数据集	训练集	测试集	训练集	测试集	训练集	测试集	训练集	测试集
平均交并比 mIoU/%	60.31	59.64	58.42	57.63	58.99	56.03	44.29	41.47

5.2　常规编码–解码网络

　　输入数据尺寸取决于 GPU 的显存限制和良好的输出结果。带标签的剖面被裁剪成 15000 个大小为 512×512 的切片，作为网络的输入以进行训练和测试。我们对模型进行四个轮次（epoch）的训练，并在每个轮次之后评估训练好的模型。一个轮次表示训练数据集中的所有数据切片都被输入网络训练一次。mIoU 和损失值的变化表明训练模型最终收敛而没有过拟合，如图 23.18 所示。

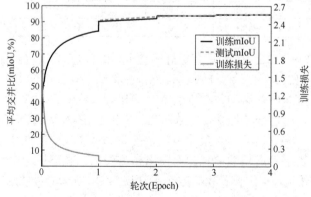

图 23.18　常规编码–解码网络训练时 mIoU 与损失值变化曲线

与前述三维常规 CNN 相比，常规编码-解码网络预测的结果得到了显著改善，图 23.19 展示了预测结果和标签之间的高度相似。在显卡 NVIDIA Tesla K40m GPU 上，四个轮次的训练只花费不超过 2 小时，预测一个切片只花费 0.37 秒。需要注意的是，将一个剖面裁剪成 512×512 尺寸的数据切片会产生边界效应；也就是说，边界处的某些区域可能被分类为不正确的类别，如图 23.20 所示。在拼合同一剖面的两个预测切片时，很难避免边界效应。然而，我们训练的模型在测试阶段仍然具有良好的表现，mIoU 达到了 87.82%。

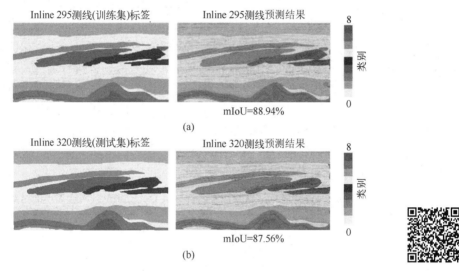

图 23.19　常规编码-解码网络识别预测的部分结果（扫码见彩图）
（a）训练剖面的标签和识别结果；（b）测试剖面的标签和识别结果。

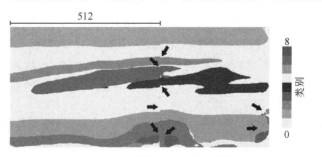

图 23.20　边界效应（扫码见彩图）

5.3　增强的编码-解码网络

在数据增广之后，训练和测试集中带有标签的 Inline 测线剖面被随机裁剪成数千个尺寸为 321×321（仅用于测试网络的超参数）和 513×513（最佳输入尺寸）的切片。我们基于在 Cityscapes 数据集（Cordts 等，2016）上预训练的模型训练增强的编码-解码网络 DeepLabv3+，并测试了几组超参数，包括基线学习率、数据裁剪尺寸、ASPP 模块中的孔洞间隔、输出步幅（Output Stride）及数据增广后用于训练网络的切片数量。这些超参数可能会影响编码-解码网络的训练预测。进一步的细节和定量比较列于表 23-3。

表 23-3　DeepLabv3+网络使用不同超参数时训练耗时与预测结果评估

训练时使用的切片数量	初始学习率	切片尺寸	孔洞卷积 rate 参数	输出上采样步长	平均交并比 mIoU/%	训练时长 /小时
50000（单一数据增广方式）	0.0001	321 × 321	[6, 12, 18]	16	约 70	3
1500	0.0001	321 × 321	[6, 12, 18]	16	77.94	3
1500	0.002	321 × 321	[6, 12, 18]	16	88.43	3
1500	0.002	513 × 513	[6, 12, 18]	16	89.35	5
1500	0.002	513 × 513	[12, 24, 36]	8	92.37	6

　　我们还通过使用不同数量的训练切片来测试网络表现，如表 23-4 所示，将训练好的网络应用于测试集并计算 mIoU。因为 Inline 测线剖面被裁剪成切片进行训练，所以我们首先比较被随机裁剪的测试切片的预测结果。然后，我们使用全尺寸的测试剖面作为网络输入进行预测并计算 mIoU。从表 23-4 中我们可以观察到不同情况下的 mIoU 非常接近。这里需要注意，表 23-4 中的测试所用训练切片使用了全部四种数据增广方式，而表 23-3 中的第一个测试虽然使用了更多训练切片，但其只利用了单一的增广方式。因此，增加数据的多样性比增加训练数据的数量对提升网络表现更重要。

表 23-4　使用不同数量的训练切片测试 DeepLabv3+网络表现的结果

训练数据的数量	尺寸裁剪数据的测试集平均交并比对比 mIoU/%	全尺寸数据的测试集平均交并比对比 mIoU/%
1500	93.25	92.37
5000	92.48	92.15
10000	93.96	92.61

　　通过综合比较不同情况下的预测结果，选择一组精度和效率都表现最好的超参数作为最终方案。我们在增强的编码-解码网络 DeepLabv3+上训练 1500 个数据切片，这些训练切片使用了全部四种增广方式以增加数据多样性，基线学习率为 0.002，数据裁剪尺寸为 513×513，多尺度卷积的卷积核孔洞间隔为[12, 24, 36]，输出步幅为 8。经过网络训练，损失从 2.46 降到 0.38，测试集的 mIoU 达到了 92.37%。

　　图 23.21 显示了使用经过训练的模型对整个数据集进行预测后的预测结果。从图 23.21 中，我们可以注意到，训练剖面（Inline 295）和测试剖面（Inline 320）的高精度预测表明 DeepLabv3+网络具有良好的泛化能力。在两块 NVIDIA Tesla K40m GPU 上，训练耗时近 6 小时，单个剖面的预测仅需 1.3 秒。

　　如图 23.22 所示，在 Crossline 测线剖面、时间切片和远离训练剖面的 Inline 测线剖面中也可以观察到良好的预测表现。虽然 DeepLabv3+网络仅从 Inline 测线的训练剖面学习特征，但 Crossline 测线的训练剖面和时间切片上预测的地震相均具有较好的连续性。这里需要注意，每个训练切片的大小为 513×513，而要预测的数据剖面尺寸为 398×886。这意味着 DeepLabv3+网络在输入数据尺寸方面是十分灵活的，因此可以得到无边界效应的预测结果。

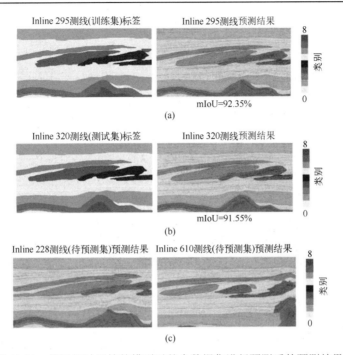

图 23.21　使用经过训练的模型对整个数据集进行预测后的预测结果
（a）训练剖面的标签和识别结果；（b）测试剖面的标签和识别结果；（c）训练剖面附近的 Inline 测线剖面的
预测结果。

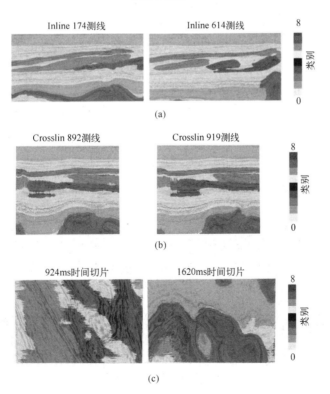

图 23.22　基于 DeepLabv3+的部分识别预测结果
（a）远离训练剖面的 Inline 测线剖面；（b）Crosslin 测线剖面；（c）924ms 和 1600ms 处的时间切片。

5.4　结果比较

为了更直观地比较三个网络的性能，我们给出了详细的量化比较和描述。我们在 F3 数据体的所有剖面上（包括训练、测试和待预测剖面）应用前述三个训练好的网络。在三个网络的预测结果中，从训练集中随机选择三个 Inline 测线剖面来比较训练结果，如图 23.23 所示。测试集中的三个 Inline 测线剖面用于测试网络模型的表现，比较结果如图 23.24 所示。此外，表 5 记录了由三个网络预测的每个类别的 IoU。图 23.25 是表 23-5 的直观展示。在所有训练和测试数据上计算的 mIoU 列在表 23-5 的最后一行。我们还从整个预测后的数据体中随机选择了几个 Inline 测线、Crossline 测线剖面和时间切片来测试模型的泛化性，如图 23.26 所示。三维识别预测结果如图 23.27 所示。

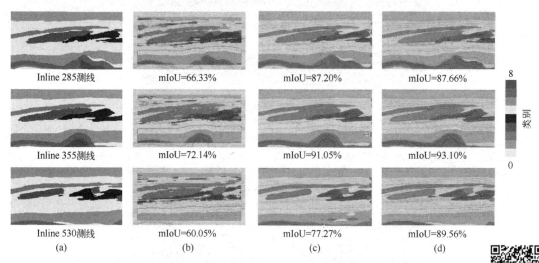

图 23.23　不同训练剖面的三个网络的分类结果比较（扫码见彩图）
（a）训练集部分测线剖面对应的标签；（b）常规 CNN 识别预测的结果；
（c）常规编码解码网络识别预测的结果；（d）增强的编码解码网络识别预测的结果。

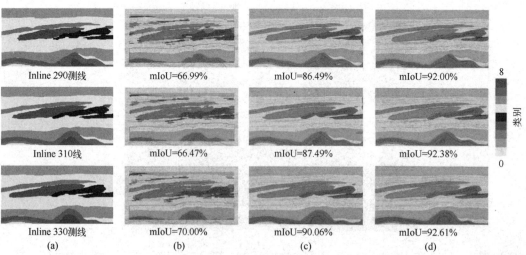

图 23.24　不同测试剖面的三个网络的分类结果比较（扫码见彩图）
（a）训练集部分测线剖面对应的标签；（b）常规 CNN 识别预测的结果；
（c）常规编码解码网络识别预测的结果；（d）增强的编码解码网络识别预测的结果。

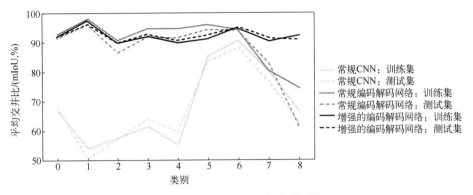

图 23.25　三个网络预测的每个类别的 IoU

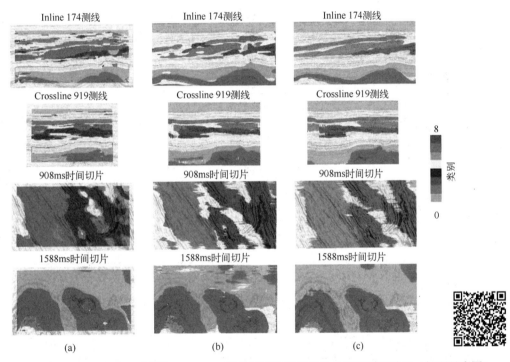

图 23.26　三个网络对部分 Inline 测线、Crossline 测线剖面和时间切片的识别预测结果（扫码见彩图）
（a）常规 CNN；（b）常规编码–解码网络；（c）增强的编码–解码网络。

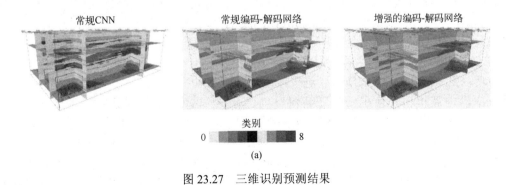

图 23.27　三维识别预测结果

常规CNN　　　　　常规编码-解码网络　　　　　增强的编码-解码网络

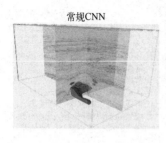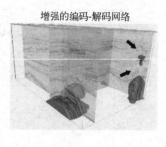

(b)

图 23.27　三维识别预测结果（续）

（a）三个网络对 F3 数据整体识别预测结果；（b）提取盐丘进行展示（类别 8），常规编码-解码网络（中间图像中的黑色箭头）错误地预测了部分盐丘。

表 23-5　三个网络预测的每个类别的 IoU　　　　　　　　单位：%

类别	常规 CNN		常规 编码-解码网络		增强的 编码-解码网络	
	训练集	测试集	训练集	测试集	训练集	测试集
0	66.91	68.02	92.92	91.40	91.88	91.98
1	53.97	50.45	98.24	96.28	97.37	96.31
2	57.92	57.09	90.65	86.61	89.60	89.95
3	61.55	64.10	94.74	92.04	91.96	92.86
4	55.22	59.71	94.77	91.51	89.90	90.64
5	85.29	83.53	95.97	94.26	91.15	92.33
6	90.53	88.24	93.96	94.30	94.84	95.11
7	80.24	76.57	80.29	83.10	90.27	91.40
8	66.55	62.20	74.32	60.88	92.19	90.68
平均值 （mIoU）	68.69	67.77	90.65	87.82	92.13	92.37

从图 23.23～图 23.27 和表 23-5 中，我们可以观察到以下结果。

（1）所有三个网络在训练和测试中的表现相似（表 23-5 和图 23.23、图 23.24）。编码-解码网络的结果比常规 CNN 得到的 mIoU 高得多。在每个 Inline 测线剖面中，增强的编码-解码网络 DeepLabv3+的结果得到最高的 mIoU。在相同的计算条件下，编码-解码网络表现更好，因为它们具有更大的感受野，可以从 F3 数据体中学习更多特征信息。

（2）DeepLabv3+网络在 Inline 530 测线剖面的地震相识别中取得不错的表现，而其他两个网络的预测结果要差很多（图 23.23），原因可能是 Inline530 测线附近的训练样本较少，大部分训练剖面位于 F3 数据集的前部（Inline 测线编号较小的部分）。

（3）在常规 CNN 的预测结果中，Inline 测线剖面的结果看起来有些不一致。然而，由于我们的 CNN 采用三维输入数据，时间切片中的结果比两个编码-解码网络（图 23.26）的结果更清晰、更平滑。三维 CNN 可以更一致地预测相邻点的类别。尽管在两个编码-解码网络的结果中沿地震相边界存在一些"毛刺"，但预测结果总体上很好地描述了地震相的分布[图 23.26（b）和图 23.26（c）中代表类别 7 的红色和代表类别 8 的棕色]。

（4）一些具有鲜明特征的地震相更易于网络学习和预测，如 Grizzly（类别 5，黄色）、Low amplitude（类别 6，橙色）和 High amplitude（类别 7，红色），这些地震相可以被精确分类，如图 23.23 和图 23.24 所示。在表 23-5 和图 23.25 中，类别 5、6 和 7 的识别结果具有更高的 IoU，也验证了上述结论。那些具有鲜明特征，甚至可以被解释人员轻松识别的地震相，也可以被网络轻松识别预测。

（5）根据荷兰北海 F3 区块的地质研究（Thrasher 等，1996；Schroot 和 Schüttenhelm，2003），中新世中期发生的区域性构造脉冲导致中新世中期不整合面的形成（图 23.9）。然后，在中新世末期开始形成具有相关前三角洲沉积的扇三角洲系统。如图 23.23 和图 23.24 的标签剖面所示，具有 High-amplitude continuity（类别 2，绿色）、Low-amplitude dips（类别 3，浅蓝色）和 High-amplitude dips（类别 4，深蓝色）的地震相代表典型的前三角洲沉积。我们通过三个网络（尤其是编码-解码网络）预测的结果相对准确地描述了前三角洲沉积。对于中新世不整合面，三个网络预测的类别 5（黄色）与研究中的不整合面分布吻合较好。也就是说，结果与区域地质背景是一致的。

（6）与现有的常规 CNN 和常规编码-解码网络在地震相解释中的应用（Di 等，2018、2019；Dramsch 和 Lüthje，2018；Zhao，2018）相比，我们的方案使用更合理的评价指标 mIoU 来对地震相识别结果定量评估，我们的结果表明网络表现更好。每个预测的地震相空间连续性较好，并且我们的结果与地质沉积更一致。有效的数据增广和使用先进方法的增强的编码-解码网络的应用均帮助我们得到更好的结果。

总之，编码-解码结构在地震相分类中表现出优异的性能。DeepLabv3+网络在三个网络中表现最好。我们建议使用编码-解码网络来识别预测地震相，以实现预测的高精度和高效率。

6　讨论

在我们上面的有监督深度学习方案中，我们只使用原始地震振幅作为输入来训练网络和解释地震相。在本节中，为了探索更多的可能性，我们测试使用几种地震属性数据作为输入，并讨论了使用多种数据集成作为网络输入进行地震相分类的可行性。尽管我们在 F3 数据集上的实验证明了仅使用振幅进行地震相解释的有效性，但在应用于其他实际数据时，解释结果可能会受到数据集质量的影响。当数据质量低且没有显著特征时，整合不同的数据可能有助于网络加速收敛。考虑到地震属性在常规地震相解释中普遍使用，并且已经在机器学习的一些应用中实现（Coléou 等，2003；Wrona 等，2018；Zhang 和 Alkhalifah，2019），我们使用属性数据来完成初步测试。

我们提取了三种地震属性，包括 Chaos、RMS（均方根振幅）和 Variance（方差）（图 23.28）。我们制作数据集（训练集、测试集和待预测数据集）的方式和训练策略与之前相同。我们只是将网络输入从地震振幅更改为单个属性并使用 DeepLabv3+网络进行预测，因为它之前利用振幅作为输入时表现最佳。从测试集中随机选择一个剖面用于结果比较（图 23.29）。详细的 IoU 指标记录在表 23-6 中。图 23.30 是表 23-6 的直观展示。

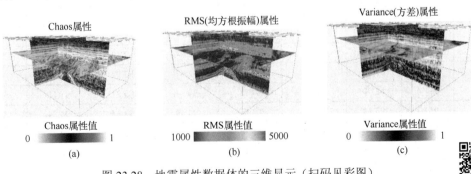

图 23.28　地震属性数据体的三维显示（扫码见彩图）
（a）Chaos；（b）RMS（均方根振幅）；（c）Variance（方差）。

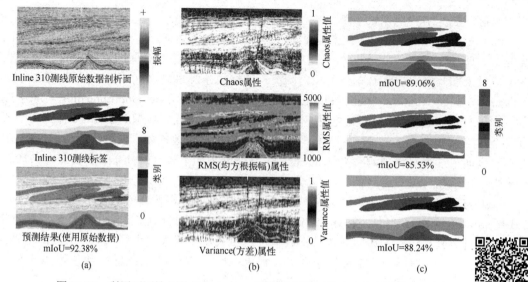

图 23.29　利用不同输入的 DeepLabv3+网络识别预测结果比较（扫码见彩图）

（a）Inline 310 测线剖面的原始数据、标签和仅利用原始数据作为输入的识别预测；（b）由 Inline 310 剖面的原始数据导出的不同地震属性；（c）使用（b）中一一对应的属性作为输入的识别预测结果。

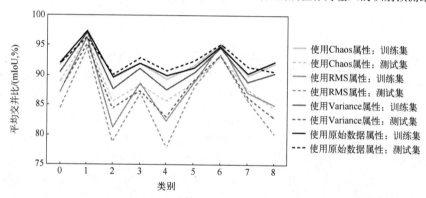

图 23.30　使用不同地震属性和原始地震数据作为输入时 DeepLabv3+网络预测的每个类 IoU

表 23-6　使用不同地震属性和原始地震数据作为输入时 DeepLabv3+网络预测的每个类 IoU　单位：%

类别	Chaos 属性		RMS（均方根振幅）属性		Variance（方差）属性		原始数据（振幅）	
	训练集	测试集	训练集	测试集	训练集	测试集	训练集	测试集
0	91.79	88.74	87.19	84.33	90.45	87.25	91.88	91.98
1	97.72	96.19	96.39	94.56	97.12	95.41	97.37	96.31
2	89.51	85.63	81.20	78.65	87.61	84.30	89.60	89.95
3	92.01	88.35	88.72	86.86	91.04	87.44	91.96	92.86
4	89.30	85.71	82.27	77.81	87.47	82.97	89.90	90.64
5	91.54	88.70	88.50	87.98	90.34	89.21	91.15	92.33
6	95.02	93.13	95.20	93.56	94.69	93.35	94.84	95.11
7	89.91	87.70	87.12	85.73	88.89	86.31	90.27	91.40
8	91.92	84.51	84.99	80.18	90.30	82.97	92.19	90.68
平均值（mIoU）	92.08	88.74	87.95	85.52	90.88	87.69	92.13	92.37

从图 23.28～图 23.30 和表 23-6，我们观测到以下信息。①使用原始振幅数据比使用单个属性数据预测更好。②图 23.30 中的 IoU 曲线表示有几个地震相比较容易预测，如类别 1、3、5、6。一个可能的原因是这些地震相在原始振幅和属性数据中均具有鲜明的特征（图 23.29）。③使用 Chaos 属性比使用其他两个属性预测更好。可以知道不同属性对每个地震相的敏感度是不同的。④对于其中几个地震相，在使用原始数据时，测试中的 IoU 略高于训练中的 IoU 值。原因分析如下：考虑到训练中某些剖面的 mIoU 值较高，而另一些剖面的 mIoU 较低，并且随机选择的标注剖面用于测试的数量少于训练剖面，测试剖面的特征可能与使用原始数据时在训练中获得较高 mIoU 的数据相近。

虽然使用单个地震属性作为输入的预测比使用原始数据略差，但这种比较仍然可以为我们的进一步研究提供启发。我们还考虑将多个属性与原始振幅数据集成作为网络输入。我们进行了初步测试，将振幅和两个属性（Chaos 和 RMS）集成为输入。在这里，振幅、Chaos 和 RMS 数据堆叠为三个输入通道，就像图像的 R、G、B（红色、绿色、蓝色）三通道，如图 23.31 所示。我们制作数据集（训练、测试和待预测数据集）及训练网络的方案和之前相同。图 23.32 显示了仅使用振幅和集成不同数据作为输入的网络预测结果比较。从图 23.32 中我们得出，当使用不同的输入数据（振幅数据和集成数据）时，结果是相似的。但是，我们这里只选择集成了振幅信息和两种属性信息。整合不同的属性可能会导致不同的结果。在我们未来的工作中，我们将研究更多的方法来集成原始数据和属性信息，并比较集成不同属性信息时的预测结果。

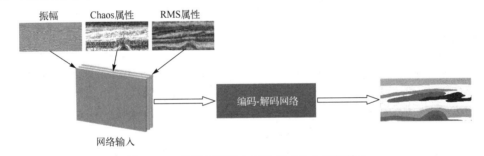

图 23.31　将振幅和两个属性集成作为网络输入

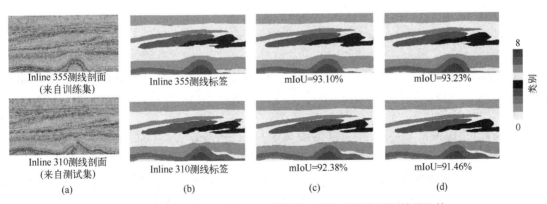

图 23.32　仅使用振幅和集成不同数据作为输入的网络预测结果比较
（a）振幅；（b）Inline 测线剖面的标签；（c）使用振幅作为输入的网络预测结果；（d）使用集成数据作为输入的网络预测结果。

我们的研究比较了有监督深度学习中几个最常用的网络，以找到更适合地震相自动解释的架构。本文旨在减少地震相解释的人工工作量，并获得更高的精度，为沉积相解释和储层预测提供参考。我们的方案证明了有监督深度学习在地震相自动解释中的可行性。第一，我们的方案表明数据增广可以有效解决地震解释中训练样本不足的问题。我们只使用经过少量精细解释的数据来自动识别预测整个工区数据的地震相。第二，有监督的深度学习可以提供量化指标来评估模型性能，并为质量控制提供参考。第三，我们的工作流程是通用的。通过替换输入数据和复制工作流，该网络可用于新的任务。然而，我们需要强调的是，有监督的深度学习需要很高的硬件条件和计算成本。在我们未来的工作中，除考虑集成多种数据让网络学习更多信息外，还需要优化网络结构以降低计算成本。

7 结论

我们研究了几种用于地震相自动解释的常用有监督深度学习方法。基于常规 CNN 和编码-解码结构，我们构建了三维常规 CNN 和常规编码-解码网络，并在我们的研究中应用了增强的编码-解码网络 DeepLabv3+。我们分析了三个网络的差异，并提出了一种有效的方案来自动增广训练数据。不同模型的实验表明，编码-解码网络可以显著提升地震相自动解释的精度和效率。DeepLabv3+网络的测试表明，在数据增广中提高训练数据的多样性比仅扩展数据量更重要。预测结果良好，表明使用增强的编码-解码结构辅助地震解释具有巨大潜力。我们可以依赖少量精细解释的数据来自动预测整个研究工区的地震相。集成振幅和属性数据作为网络输入的初步讨论表明，使用集成数据识别地震相是可行的。本文中的工作流程是通用的且易于实施。良好的识别预测结果为进一步的沉积相解释和储层预测提供了参考。

参考文献

[1] Alaudah Y，Gao S，AlRegib G. Learning to label seismic structures with deconvolution networks and weak labels [C]. Expanded Abstracts of 88th Annual International Meeting，2018：2121-2125.

[2] Alaudah Y，Michałowicz P，Alfarraj M，et al. A machine-learning benchmark for facies classification [J]. Interpretation，2019，7（3）：SE175-SE187.

[3] Alberto G G，Sergio O E，Sergiu O，et al. A review on deep learning techniques applied to semantic segmentation [DB/OL]. arXiv，2017，1704.06857.

[4] AlRegib G，Deriche M，Long Z，et al. Subsurface structure analysis using computational interpretation and learning：A visual signal processing perspective [J]. IEEE Signal Processing Magazine，2018，35（2）：82-98.

[5] Badrinarayanan V，Kendall A，Cipolla R. SegNet：A deep convolutional encoder-decoder architecture for image segmentation [J]. IEEE Transactions on Pattern Analysis and Machine Intelligence，2017，39（12）：2481-2495.

[6] Bond C E，Lunn R，Shipton Z，et al. What makes an expert effective at interpreting seismic images [J]. Geology，2012，40（1）：75-78.

[7] Brown A R. Interpretation of three-dimensional seismic data：seventh edition [M]. The American Association of Petroleum Geologists and the Society of Exploration Geophysicists，2011.

[8] Chen L-C，George P，Iasonas K，et al. Semantic image segmentation with deep convolutional nets and fully connected CRFs [DB/OL]. arXiv，2014，1412.7062.

[9] Chen L-C，Papandreou G，Iasonas K，et al. DeepLab：Semantic image segmentation with deep convolutional nets，atrous convolution，and fully connected CRFs [DB/OL]. arXiv，2016，1606.00915.

[10] Chen L-C，Zhu Y，Papandreou G，et al. Rethinking atrous convolution for semantic image segmentation [DB/OL]. arXiv，2017，1706.05587.

[11] Chen L-C，Zhu Y，Papandreou G，et al. Encoder-decoder with atrous separable convolution for semantic image segmentation [C]. Proceedings of the European Conference on Computer Vision（ECCV），2018：801-818.

[12] Chollet F. Xception：Deep learning with depthwise separable convolutions [C]. IEEE Conference on Computer Vision and Pattern Recognition（CVPR），2017：1800-1807.

[13] Coléou T，Poupon M，Azbel K. Unsupervised seismic facies classification：a review and comparison of techniques and implementation [J]. The Leading Edge，2003，22（10）：942-953.

[14] ConocoPhillips. Machine learning of Voxels（MalenoV）of Charles Rutherford Ildstad project in ConocoPhillips in 2017 [DS/OL]. [2019-01-20].

[15] Cordts M，Omran M，Ramos S，et al. The Cityscapes dataset for semantic urban scene understanding [C]. IEEE Conference on Computer Vision and Pattern Recognition（CVPR），2016：3213-3223.

[16] dGB Earth Sciences. Netherlands offshore F3 block complete [DB/OL].（1987）[2019-01-20].

[17] Di H，Wang Z，AlRegib G. Real-time seismic-image interpretation via deconvolutional neural network [C]. Expanded Abstracts of 88th Annual International Meeting，2018：2051-2055.

[18] Di H，Gao D，AlRegib G. Developing a seismic texture analysis neural network for machine-aided seismic pattern recognition and classification [J]. Geophysical Journal International，2019，218（2）：1262-1275.

[19] Dramsch J S，Lüthje M. Deep-learning seismic facies on state-of-the-art CNN architectures [C]. Expanded Abstracts of 88th Annual International Meeting，2018：2036-2040.

[20] Everingham M，Van Gool L，Williams C K I，et al. The PASCAL visual object classes（VOC）challenge [J]. International Journal of Computer Vision，2010，88（2）：303-338.

[21] Goodfellow I，Bengio Y，Courville A. Deep learning [M]. MIT Press，2016.

[22] He K，Zhang X，Ren S，et al. Spatial pyramid pooling in deep convolutional networks for visual recognition [C]. European Conference on Computer Vision，2014：346-361.

[23] He K，Zhang X，Ren S，et al. Deep residual learning for image recognition [C]. IEEE Conference on Computer Vision and Pattern Recognition（CVPR），2016:770-778.

[24] Hinton G E，Srivastava N，Krizhevsky A，et al. Improving neural networks by preventing co-adaptation of feature detectors [DB/OL]. arXiv，2012，1207.0580.

[25] Ioffe S，Szegedy C. Batch normalization：accelerating deep network training by reducing internal covariate shift [DB/OL]. arXiv，2015，1502.03167.

[26] Kingma D P，Ba J. Adam：A method for stochastic optimization [DB/OL]. arXiv，2014，1412.6980.

[27] Krähenbühl P，Koltun V. Efficient inference in fully connected CRFs with gaussian edge potentials [DB/OL]. arXiv，2012，1210.5644.

[28] Lafferty J，McCallum A，Pereira F. Conditional random fields：probabilistic models for segmenting and labeling sequence data [C]. In Proceedings of the Eighteenth International Conference on Machine Learning（ICML-2001），2001:282-289.

[29] Lazebnik S，Schmid C，Ponce J. Beyond bags of features：spatial pyramid matching for recognizing natural scene categories [C]. IEEE Computer Society Conference on Computer Vision and Pattern Recognition（CVPR），2006:2169-2178.

[30] LeCun Y，Boser B，Denker J S，et al. Backpropagation applied to handwritten zip code recognition [J]. Neural computation，1989，4（1）：541-551.

[31] LeCun Y，Bottou L，Bengio Y，et al. Gradient-based learning applied to document recognition [J]. Proceedings of the IEEE，1998，86（11）：2278-2324.

[32] Li W. Classifying geological structure elements from seismic images using deep learning [C]. Expanded Abstracts of 88th Annual International Meeting，2018：4643-4648.

[33] Macrae E J，Bond C E，Shipton Z K，et al. Increasing the quality of seismic interpretation [J]. Interpretation，2016，4（3）：T395-T402.

[34] Nair V，Hinton G E. Rectified linear units improve restricted Boltzmann machines [C]. Proceedings of the 27th International Conference on Machine Learning，2010：807-814.

[35] Noh H，Hong S，Han B. Learning deconvolution network for semantic segmentation [C]. Proceedings of the IEEE International Conference on Computer Vision，2015：1520-1528.

[36] Pan S J，Yang Q. A survey on transfer learning [J]. IEEE Transactions on Knowledge and Data Engineering，2010，22（10）：1345-1359.

[37] Qian F，Yin M，Liu X，et al. Unsupervised seismic facies analysis via deep convolutional autoencoders [J]. Geophysics，2018，83（3）：A39-A43.

[38] Ronneberger O，Fischer P，Brox T. U-net：convolutional networks for biomedical image segmentation [DB/OL]. arXiv，2015，1505.04597.

[39] Sandler M，Howard A，Zhu M，et al. MobileNetV2：Inverted residuals and linear bottlenecks [C]. IEEE/CVF Conference on Computer Vision and Pattern Recognition，2018：4510-4520.

[40] Schroot B M，Schüttenhelm R T E. Expressions of shallow gas in the Netherlands North Sea [J]. Netherlands Journal of Geosciences，2003，82（1）：91-105.

[41] Shelhamer E，Long J，Darrell T. Fully convolutional networks for semantic segmentation [J]. IEEE Transactions on Pattern Analysis and Machine Intelligence，2017，39（4）：640-651.

[42] Shi Y，Wu X，Fomel S. Automatic salt-body classification using deep-convolutional neural network [C]. Expanded Abstracts of 88th Annual International Meeting，2018：1971-1975.

[43] Shi Y，Wu X，Fomel S. SaltSeg：automatic 3D salt body segmentation using a deep convolutional neural network [J]. Interpretation，2019，7（3）：SE113-SE122.

[44] Thrasher J，Fleet A J，Hay S J，et al. Understanding geology as the key to using seepage in exploration：spectrum of seepage styles [J]. Hydrocarbon Migration and its Near-surface Expression，1996，66：223-241.

[45] Vanhoucke V. Learning visual representations at scale [C]. International Conference on Learning Representations 2014，2014.

[46] Waldeland A U，Solberg A H S S. Salt classification using deep learning [C]. Extended Abstracts of 79th Annual International Conference and Exhibition，2017：Tu-B4-12.

[47] Waldeland A U，Jensen A C，Gelius L-J，et al. Convolutional neural networks for automated seismic interpretation [J]. The Leading Edge，2018，37（7）：529-537.

[48] Wrona T，Pan I，Gawthorpe R L，et al. Seismic facies analysis using machine learning [J]. Geophysics，2018，83（5）：O83-O95.

[49] Wu X，Shi Y，Fomel S，et al. Convolutional neural networks for fault interpretation in seismic images [C]. Expanded Abstracts of 88th Annual International Meeting，2018：1946-1950.

[50] Wu X，Liang L，Shi Y，et al. FaultSeg3D：using synthetic datasets to train an end-to-end convolutional neural

network for 3D seismic fault segmentation [J]. Geophysics，2019，84（3）：IM35-IM45.

[51] Yu F，Koltun V. Multi-scale context aggregation by dilated convolutions [DB/OL]. arXiv，2015，1511.07122.

[52] Zeiler M D，Taylor G W，Fergus R. Adaptive deconvolutional networks for mid and high level feature learning [C]. 2011 International Conference on Computer Vision，2012：2018-2025.

[53] Zhang Y，Liu Y，Zhang H，et al. Automatic salt dome detection using U-net [C]. Extended Abstracts of 81st Annual International Conference and Exhibition，2019：Th-R03-14.

[54] Zhang Z，Alkhalifah T. Regularized elastic full waveform inversion using deep learning [J]. Geophysics，2019，84（5）：R741-R751.

[55] Zhao H，Shi J，Qi X，et al. Pyramid scene parsing network [DB/OL]. arXiv，2017，1612.01105.

[56] Zhao T，Jayaram V，Roy A，et al. A comparison of classification techniques for seismic facies recognition [J]. Interpretation，2015，3（4）：SAE29-SAE58.

[57] Zhao T. Seismic facies classification using different deep convolutional neural networks [C]. Expanded Abstracts of 88th Annual International Meeting，2018：2046-2050.

（本文来源及引用方式：Zhang H，Chen T，Liu Y，et al. Automatic seismic facies interpretation using supervised deep learning [J]，Geophysics，2021，86（1）：IM15-IM33.）

论文 24　基于闭环卷积神经网络的测井约束地震反演

摘要

　　地震反演是从低分辨率地震数据中预测高分辨率地层参数的过程。传统的反演方法倾向于使用人们的先验知识（如稀疏性）约束地震反演过程。如今，随着深度学习的发展，从数据中学习从而进行建模的思想在各个研究领域都受到了广泛关注。作为一种数据驱动的方法，人工神经网络（Artificial Neural Network，ANN）已经在地震反演领域的广泛运用。与人工神经网络相比，卷积神经网络（Convolutional Neural Network，CNN）凭借其复杂的结构而具有更强的学习能力。然而，在许多工业应用领域，包括地震反演领域，CNN 的发展受到了标签数据量的限制。为了减轻 CNN 对标签数据量的依赖，在本文中，我们提出了一种闭环 CNN 结构，可以在训练过程中同时对地震正演和反演过程进行建模。与传统的开环形式的 CNN 相比，闭环 CNN 不仅可以从标签数据中学习，还可以提取无标签数据中包含的信息。实验结果表明，闭环 CNN 在合成地震数据上的效果优于传统方法和其他基于深度学习的方法，并且可以有效地应用于实际地震数据。

1　引言

　　地震反演是地震勘探领域的重要研究课题。地震反演的目标是对地层参数进行定量预测，如速度、密度或阻抗。反演结果可以帮助人们更好地估计地下储层特性。自 Backus-Gilbert（BG）（Backus 和 Gilbert，1967、1968、1970）反演理论建立以来，学者针对地震反演问题进行了各种研究。递归反演（Lindseth，1979）和道积分（Ferguson 和 Margrave，1996）是根据预测的反射系数计算地震阻抗的两种经典反演算法。Robinson 褶积模型（Robinson，1957、1967）建立了地震数据和反射系数之间的关系。基于 Robinson 褶积模型的反演方法，如广义线性反演（Generalized Linear Inversion，GLI）（Cooke 和 Schneider，1983）和约束稀疏脉冲反演（Constrained Sparse Spike Inversion，CSSI）（Sacchi，1997），根据正演得到的地震数据与记录的地震数据之间的重建误差，迭代改进反演模型。全波形反演（Full Waveform Inversion，FWI）（Virieux 和 Operto，2009；Noriega 等，2017；Gao 等，2019；Yuan 等，2019）在正演模拟过程中使用采集得到的所有地震波提高反演精度。然而，根据 Robinson 卷积模型，记录的地震数据频带范围有限，而反演目标的频带范围较宽，这就导致反演问题本质是一个欠定问题（Pendrel，2001）。因此，为了扩大反演结果的频带范围，学者提出了稀疏约束方法（Yuan 等，2015）和测井约束方法（Carron，1989；Vest，1990）来补充缺失的频率信息。此外，地质统计学反演方法（Gouveia 和 Scales，1998；Figueiredo 等，2014；Zhang 等，2015）提出将地震参数视为随机变量，并通过基于 Bayesian 框架的最大化似然函数来获得统计最优的反演结果。

　　近年来，深度学习（LeCun 等，2015）在图像处理、自然语言处理等诸多研究领域取得了巨大成功。深度学习的主要思想是通过学习大量标签数据来构建模型。作为一种数据驱动方法，基于人工神经网络的反演方法自 20 世纪末以来被广泛研究。Liu 等（1998）提出了一种基于人工神经网络自适应映射能力的测井地震数据联合反演方法。Lu 等（1996）通过建立人工神经网络系统同时模拟地震正演和反演过程。得益于数据驱动策略，ANN 可以直接利用训练集对模型进行非线性反演，避免初始模型不准确造成的影响。与人工神经网络相比，深度神经网络（Deep Neural Network，DNN）是深度学习中经常采用的一种结构，它具有更复杂的结构，从而具有更强的非线性映射能力。近年来，DNN 在地震数据处理领域已经得到初步的应用，如噪声衰减（Ma，2018；Liu 等，2018；Wang 等，2019）、断层识别（Zhu 等，2018）、初至波拾取（Yuan 等，2018；Jia 和 Lu，2019）等领域。此外，DNN 也被用于地震反演。Das 等（2018）提出使用一维卷积神经网络（Convolutional Neural Network，CNN）解决实际地震数据的反演问题。Wu 和 McMechan（2018）、Huanget 等（2018）提出采用 CNN 进一步改进 FWI。另外，生成对抗网络（Generative Adversarial Network，GAN）（Mosser 等，2018）和循环神经网络（Recurrent Neural Network，RNN）（Richardson，2018）也被用于地震反演。

作为一种数据驱动的方法，CNN 的应用效果容易受到训练样本多样性的影响。在训练数据集有限的情况下，通常使用数据增广（Ding 等，2017；Jia 等，2017）和半监督学习（Chen 等，2019；Chen 等，2018；Xu 等，2019）等方法来提高 CNN 的效果。同样，当应用于地震反演时，CNN 仍面临标签数据有限的问题。在本文中，我们提出了一种测井约束地震反演方法来解决这个问题。本文采用闭环 CNN 结构同时模拟地震正演和反演过程。类似的想法也被应用于机器翻译（He 等，2016）和图像处理（Luo 等，2017；Zhu 等，2017）等研究领域。本文提出的闭环 CNN 包含两个子 CNN，分别为正演 CNN 和反演 CNN。正演 CNN 根据反演目标计算地震数据，而反演 CNN 根据地震数据预测反演目标。这两个子网络互为逆过程，形成一个闭环。得益于闭环结构，可以在训练阶段使用无标签数据。在本文中，我们使用声波阻抗作为反演目标。在合成地震数据上的实验结果表明，与传统反演方法和其他基于深度学习的反演方法相比，本文提出的闭环 CNN 具有更好的效果。应用于实际地震数据时，本文方法也得到了有效的反演结果。

本文的其余部分如下。第 2 节介绍了基于 CNN 的闭环反演方法。在第 3 节中，我们进行了合成地震数据和实际地震数据实验，并将我们的反演结果与其他反演方法进行比较。在第 4 节中，我们将讨论参数设置的影响。最后，在第 5 节得出本文的结论。

2　理论

2.1　闭环 CNN 模型的体系结构

本文提出的闭环 CNN 包括两个子 CNN，分别表示为正演 CNN（Forward-CNN）和反演 CNN（Backward-CNN）。正演 CNN 和反演 CNN 分别用于构建地震正演模型和反演模型。闭环 CNN 的结构如图 24.1 所示。在我们的方法中，我们将声波阻抗作为我们的反演目标，并将阻抗数据 AI 分解为高频部分 AI_H 和低频部分 AI_L。前者由反演 CNN 预测得到，后者结合测井阻抗曲线和地震数据的地层信息插值得到。正演 CNN 学习从阻抗 AI_H 到地震数据 S 的映射，而反演 CNN 相反。

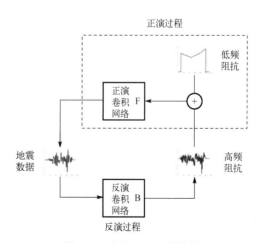

图 24.1　闭环 CNN 的结构

如图 24.1 所示，"F"表示正演 CNN，"B"表示反演 CNN，两者采用相同的 CNN 结构。反演 CNN 的结构如图 24.2 所示。在反演 CNN 中，我们采用一维 U-Net 模型（Ronneberger 等，2015）构建端到端学习模型。输入尺寸和输出尺寸（输入地震信号的长度和输出阻抗信号的长度）都设置为 $n \times 1$。输入数据和输出数据都除以绝对最大值被归一化为 $[-1, 1]$。

如图 24.2 所示，用于反演 CNN 的 U-Net 结构包含编码过程和解码过程。编码过程由表示为 $e_1, e_2, \cdots, e_L$ 的堆叠卷积层构成。卷积核的大小设置为 3。编码过程的计算公式如下：

$$
\begin{aligned}
&e_1 = k_{1,m}^e * S, \quad m = 1, 2, \cdots, c \\
&e_i = \mathrm{BN}(k_{1,m}^e * \mathrm{ReLU}(e_{i-1})), \quad i = 2, \cdots, L \\
&m = 1, 2, \cdots, 2^{i-1}c
\end{aligned}
\tag{24-1}
$$

式中：e_i 为图 24.2 中编码层的输出；$k_{i,m}^e$ 为 e_i 所在层的卷积核及编码阶段的第 m 个通道；c 为 e_1 所在层的通道数量；$\mathrm{BN}(\cdot)$ 为批归一化（Batch Normalization）；$\mathrm{ReLU}(\cdot)$ 为激活函数。批归一化用于减少内部协方差移位问题（Ioffe 和 Szegedy，2015），而 ReLU 用于增强 CNN 模型的非线性逼近能力。卷积步长设置为 2，在每次卷积操作后，特征图的大小减半。同时，通道数量翻倍。

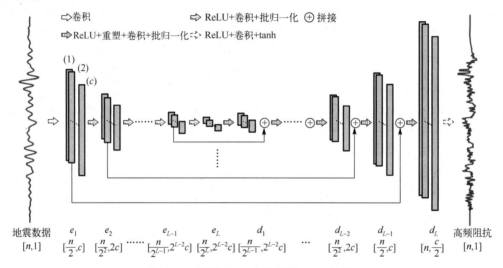

图 24.2 闭环 CNN 中的反演 CNN 结构

感受野大小（Luo 等，2016）表示输入层中有多少像素与特征图的输出相关。每个编码层的感受野大小计算如下：

$$
\begin{aligned}
&r_i = s_{i-1} \times \mathrm{ksize} + (r_{i-1} - s_{i-1}) \\
&s_i = s_{i-1} \times \mathrm{stride} \\
&r_1 = 1, \quad s_1 = 1, \quad i = 2, 3, \cdots, L
\end{aligned}
\tag{24-2}
$$

式中：r_i 为 e_i 所在层的感受野大小；ksize 为卷积核的大小；stride 为卷积的步长。因此，当 $L = 5$ 时，e_1, e_2, e_3, e_4, e_5 的感受野大小分别为 3，7，15，23，63。

相应地，解码阶段由 L 个堆叠的上采样层构成。为了减少解码过程中的棋盘效应，我们首先使用双线性插值调整特征图的大小，然后进行卷积运算（Odena 等，2016）。卷积核的大小设置为 3，卷积步长设置为 1。解码过程的计算公式可以表示为

$$d_1 = \mathrm{BN}(k_{1,m}^d * \mathrm{resize}(\mathrm{ReLU}(e_L)))$$
$$m = 1, 2, \cdots, 2^{L-2}c$$
$$d_i = \mathrm{BN}(k_{i,m}^d * \mathrm{resize}(\mathrm{ReLU}([d_{i-1}, e_{L+1-i}]))) \qquad (24\text{-}3)$$
$$i = 2, \cdots, L, \quad m = 1, 2, \cdots, 2^{L-1-i}c$$
$$\mathrm{AI}_{\mathrm{H}}^* = \tanh(k_{L,m}^d * \mathrm{ReLU}(d_L)), \quad m = 1$$

式中：$k_{i,m}^d$ 为 d_i 所在层的卷积核以及编码阶段的第 m 个通道；$\mathrm{AI}_{\mathrm{H}}^*$ 为预估的高频阻抗；$\mathrm{resize}(\cdot)$ 为使用双线性插值的上采样。在反褶积过程中，每次上采样操作后，特征图的大小设置为两倍，而通道数设置为一半。在编码过程和解码过程之间，存在将 $e_1, e_2, \cdots, e_{L-1}$ 与 $d_{L-1}, d_{L-2}, \cdots, d_1$ 一一对应地跳连，使 CNN 模型可以融合不同尺度的信息。

在网络的最后一层，由于输出数据是归一化之后的，故我们将 $\tanh(\cdot)$ 作为激活函数。卷积步长设置为 1。卷积核的大小设置为 3。

对于正演 CNN，本文采用了相同的 CNN 结构，将输入更改为高频阻抗 AI_{H}，输出更改为地震数据 S。

2.2　闭环 CNN 模型的损失函数

对于开环 CNN，通常将测井资料的高频阻抗 AI_{H} 作为井旁地震道 S 的标签，仅对井旁地震道 S 进行训练。在 Bayesian 框架下，开环 CNN 的目标函数可以表示为最大似然问题：

$$\max_{W_{\mathrm{B}}} p(\mathrm{AI}_{\mathrm{H}} \mid S; W_{\mathrm{B}}) \qquad (24\text{-}4)$$

式中：$p(\mathrm{AI}_{\mathrm{H}} \mid S; W_{\mathrm{B}})$ 为已知 S 时得到 AI_{H} 的条件概率，它测量目标阻抗和反演 CNN 预测的阻抗之间的相似性。在 Bayesian 框架下，似然函数满足正态分布的特征（Gouveia 和 Scales，1998），最大似然估计（Maximum Likelihood Estimation，MLE）的解等于最小二乘误差（Least Square Error，LSE）。因此，基于标签数据的开环 CNN 的损失函数可以表示为

$$\mathcal{L}_{\mathrm{open}}(W_{\mathrm{B}}) = E_{S \sim p_{\mathrm{data}}(S)}\left[\left\| \mathrm{AI}_{\mathrm{H}} - f_{W_{\mathrm{B}}}(S) \right\|_2^2\right] \qquad (24\text{-}5)$$

式中：$f_{W_{\mathrm{B}}}(\cdot)$ 为带权重 W_{B} 的反演 CNN；$p_{\mathrm{data}}(S)$ 为地震数据 S 的分布；E 为期望。

与开环 CNN 不同的是，闭环 CNN 除采用井旁地震道 S 外，还采用了无标签地震数据 S^*，它的反演目标 $\mathrm{AI}_{\mathrm{H}}^*$ 未知。为了利用无标签地震数据 S^* 中包含的信息，我们将循环一致性损失（Zhu 等，2017）添加到闭环 CNN 的目标函数中。由于正演 CNN 将阻抗 AI_{H} 映射到地震数据 S，反演 CNN 将地震数据 S 映射回阻抗 AI_{H}，因此正演 CNN 和反演 CNN 满足互逆关系：$S \to f_{W_{\mathrm{B}}}(S) \to f_{W_{\mathrm{F}}}(f_{W_{\mathrm{B}}}(S)) \approx S, \mathrm{AI}_{\mathrm{H}} \to f_{W_{\mathrm{F}}}(\mathrm{AI}_{\mathrm{H}}) \to f_{W_{\mathrm{B}}}(f_{W_{\mathrm{F}}}(\mathrm{AI}_{\mathrm{H}})) \approx \mathrm{AI}_{\mathrm{H}}$，也就是说，$f_{W_{\mathrm{F}}}(f_{W_{\mathrm{B}}}(\cdot))$ 和 $f_{W_{\mathrm{B}}}(f_{W_{\mathrm{F}}}(\cdot))$ 应该是恒等函数。因此，闭环 CNN 的似然函数可以表示为

$$\max_{W_{\mathrm{B}}, W_{\mathrm{F}}} p(\mathrm{AI}_{\mathrm{H}} \mid S; W_{\mathrm{B}}) \cdot p(S \mid \mathrm{AI}_{\mathrm{H}}; W_{\mathrm{F}})$$
$$\cdot [p(\hat{\mathrm{AI}}_{\mathrm{H}}^* \mid S^*; W_{\mathrm{B}}) \cdot p(S^* \mid \hat{\mathrm{AI}}_{\mathrm{H}}^*; W_{\mathrm{F}})]$$
$$\cdot [p(\hat{\mathrm{AI}}_{\mathrm{H}} \mid S; W_{\mathrm{B}}) \cdot p(S \mid \hat{\mathrm{AI}}_{\mathrm{H}}; W_{\mathrm{F}})] \qquad (24\text{-}6)$$
$$\cdot [p(\hat{S} \mid \mathrm{AI}_{\mathrm{H}}; W_{\mathrm{F}}) \cdot p(\mathrm{AI}_{\mathrm{H}} \mid \hat{S}; W_{\mathrm{B}})]$$

式中：$\hat{\mathrm{AI}}_{\mathrm{H}}^*$，$\hat{\mathrm{AI}}_{\mathrm{H}}$，$\hat{S}$ 未知；$p(\mathrm{AI}_{\mathrm{H}} \mid S; W_{\mathrm{B}})$ 与式（24-4）中所示的开环 CNN 的似然函数相同；$p(S \mid \mathrm{AI}_{\mathrm{H}}; W_{\mathrm{F}})$ 为一个似然函数，用于测量目标地震数据与正演 CNN 计算的地震数据之间的

相似性，其余函数是保证循环一致性的似然函数。与开环 CNN 相比，闭环 CNN 增加了更多的损失项，并利用无标签地震数据来改善反演结果。

同样，上述 MLE 问题也可以转化为 LSE 问题。式（24-6）中的 $p(S\,|\,\mathrm{AI_H};W_F)$ 可以改写为

$$\mathcal{L}_{\mathrm{open}}(W_F) = E_{\mathrm{AI_H}\sim p_{\mathrm{data}}(\mathrm{AI_H})}\left[\left\|S - f_{W_F}(\mathrm{AI_H})\right\|_2^2\right] \tag{24-7}$$

式中：$f_{W_F}(\cdot)$ 为带权重 W_F 的正演 CNN；$p_{\mathrm{data}}(\mathrm{AI_H})$ 为高频阻抗 $\mathrm{AI_H}$ 的分布。

式（24-6）中的其余项可以重写为

$$\mathcal{L}_{\mathrm{cycle}}(W_B, W_F) = \mathcal{L}_{\mathrm{cycle}}^1 + \mathcal{L}_{\mathrm{cycle}}^2 + \mathcal{L}_{\mathrm{cycle}}^3$$

$$\mathcal{L}_{\mathrm{cycle}}^1 = E_{S^*\sim p_{\mathrm{data}}(S^*)}\left[\left\|S^* - f_{W_F}(f_{W_B}(S^*))\right\|_2^2\right]$$

$$\mathcal{L}_{\mathrm{cycle}}^2 = E_{S\sim p_{\mathrm{data}}(S)}\left[\left\|S - f_{W_F}(f_{W_B}(S))\right\|_2^2\right] \tag{24-8}$$

$$\mathcal{L}_{\mathrm{cycle}}^3 = R_{\mathrm{AI_H}\sim p_{\mathrm{data}}(\mathrm{AI_H})}\left[\left\|\mathrm{AI_H} - f_{W_B}(f_{W_F}(\mathrm{AI_H}))\right\|_2^2\right]$$

式中：$\mathcal{L}_{\mathrm{cycle}}^1$ 为无标签数据的循环一致性损失；$\mathcal{L}_{\mathrm{cycle}}^2$，$\mathcal{L}_{\mathrm{cycle}}^3$ 为标签数据的循环一致性损失。

我们在图 24.3 中显示了训练闭环 CNN 采用的所有类型的损失项。闭环 CNN 完整的损失函数如下式所示：

$$\begin{aligned}\mathcal{L}_{\mathrm{close}}(W_B, W_F) = &\ \lambda_1[\mathcal{L}_{\mathrm{open}}(W_B) + \mathcal{L}_{\mathrm{open}}(W_F)]\\ &+ \lambda_2\mathcal{L}_{\mathrm{cycle}}^1 + \lambda_3(\mathcal{L}_{\mathrm{cycle}}^2 + \mathcal{L}_{\mathrm{cycle}}^3)\end{aligned} \tag{24-9}$$

式中：λ_1、λ_2、$\lambda_3 \geqslant 0$，它们用于控制三个目标的相对权重。

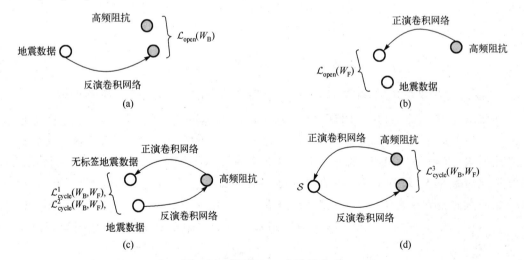

图 24.3　闭环 CNN 中的损失项

（a）$\mathrm{AI_H}$ 和 $f_{W_B}(s)$ 之间的开环损失；（b）s 和 $f_{W_F}(\mathrm{AI_H})$ 之间的开环损失；（c）S^* 和 $f_{W_F}(f_{W_B}(S^*))$ 或者 S^* 和 $f_{W_F}(f_{W_B}(s))$ 之间的循环一致性损失；（d）$\mathrm{AI_H}$ 和 $f_{W_B}(f_{W_F}(\mathrm{AI_H}))$ 之间的循环一致性损失。

随后，本文根据式（24-9）中损失函数的偏导数，采用 Adam 优化器（Kingma 和 Ba，2014）更新正演 CNN 和反演 CNN 的权重。在优化后，利用训练好的反演 CNN 得到反演结果。

3　实例

　　在本节中，我们将展示闭环 CNN 模型在合成地震数据和实际地震数据上的应用效果。在实验中，我们主要对比了反演 CNN 的反演结果。此外，为了检查循环一致性，还评估了 $f_{W_\mathrm{F}}(f_{W_\mathrm{B}}(S))$ 和 S 之间的相似性。在合成地震数据上，我们将提出的闭环 CNN 与传统反演方法和其他基于 CNN 的反演方法进行了比较。结果表明，闭环 CNN 比其他方法具有更好的反演结果。在实际地震数据上，实验结果表明，闭环 CNN 在盲井实验中获得了更准确的反演结果，预测的阻抗剖面正演结果与实际地震剖面吻合较好。

3.1　合成地震数据例子

　　本文将 Marmousi Ⅱ 模型（Martin 等，2006）作为合成地震数据示例。使用主频为 15Hz 的 Ricker 子波，由二维 Marmousi Ⅱ 阻抗数据生成二维合成地震数据。生成过程采用 Robinson 褶积模型。图 24.4 展示了二维合成地震数据的地震道及其振幅分析。图 24.4（c）所示的合成地震数据是通过将 Ricker 子波与图 24.4（a）所示的阻抗计算得到的反射系数进行卷积而获得的。阻抗和合成地震数据的振幅谱如图 24.4（b）和图 24.4（d）所示。生成的二维地震剖面如图 24.5 所示。生成地震数据的参数如下：地震道为 476 道，每个地震道的采样点数量为 1651，采样时间间隔为 1ms。我们将位于 CDP 50、150、250 和 350 的地震道作为井旁地震道，其真实阻抗已知。其余的 472 个地震道被视为真实阻抗未知的无标签数据，用于评估反演结果。低频部分 $\mathrm{AI_L}$ 根据地层信息对四条测井阻抗曲线插值得到。在训练过程中，仅使用四个测井阻抗曲线、二维低频阻抗剖面和二维地震剖面。

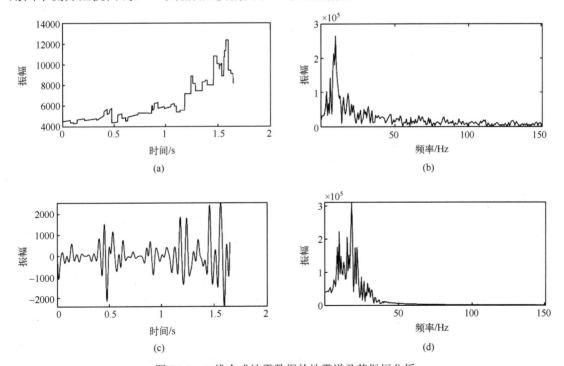

图 24.4　二维合成地震数据的地震道及其振幅分析
（a）Marmousi Ⅱ 模型的波阻；（b）阻抗的振幅谱；（c）（a）的合成地震数据；（d）合成地震数据的振幅谱。

　　根据实验结果，闭环 CNN 的参数设置如下：反演 CNN 的卷积层数设置为 5，正演 CNN

的卷积层数设置为 5，通道数设置为 128，输入大小和输出大小均设置为 576，初始学习率设置为 $\alpha = 1 \times 10^{-4}$。训练过程分为三个阶段，相应的参数设置如表 24-1 所示。

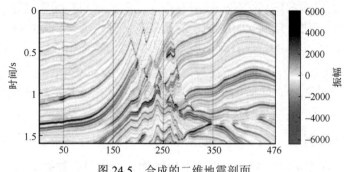

图 24.5　合成的二维地震剖面

表 24-1　闭环 CNN 的参数设置

阶段	迭代次数	λ_1	λ_2	λ_3	更新参数
阶段一	500	200	200	0	W_F, W_B
阶段二	500	200	200	200	W_B
阶段三	500	200	200	200	W_F, W_B

为了证明本文的方法的有效性，将我们的反演结果与传统的反演方法进行比较，包括 CSSI（Sacchi，1997）和基于模型的反演（Russell，1988），以及基于深度学习的反演方法。基于深度学习的反演方法包括基于 DnCNN 的反演（Zhang 等，2017）、基于长短时记忆（Long Short-Term Memory，LSTM）的反演（Hochreiter 和 Schmidhuber，1997）和基于开环 CNN 的反演。这些方法仅使用四个测井数据作为约束条件。所采用的开环 CNN 结构与图 24.2 所示的 CNN 结构相同。图 24.6 和图 24.7 展示了这些反演方法的反演结果及误差图。表 24-2 展示了反演结果的均方误差（Mean Square Error，MSE）。

表 24-2　反演结果的均方误差

方法	均方误差/（$\times 10^{-4}$）	方法	均方误差/（$\times 10^{-4}$）	方法	均方误差/（$\times 10^{-4}$）
约束稀疏脉冲反演	18.8	去噪卷积网络	7.02	开环卷积网络	2.34
模型反演	23.0	长短时记忆网络	2.67	闭环卷积网络	1.8

图 24.6（a）和图 24.6（b）分别展示了真实阻抗剖面和低频阻抗剖面 AI_L。图 24.6（b）的截止频率为 3Hz。图 24.6（c）～（h）分别是基于 CSSI、基于模型、基于 DnCNN、基于 LSTM、基于开环 CNN、基于闭环 CNN 的反演方法得到的阻抗剖面。

从图 24.6 可以看出，与其他反演结果相比，图 24.6（h）中的预测阻抗剖面更连续，并且更接近于图 24.6（a）中的真实阻抗剖面。图 24.7（a）～（f）分别是基于 CSSI、基于模型、基于 DnCNN、基于 LSTM、基于开环 CNN、基于闭环 CNN 的反演方法得到的误差剖面。将图 24.7（f）与图 24.7 中的其他反演结果进行比较，我们可以看到，闭环 CNN 的预测阻抗剖面在大多数点上比其他反演方法具有更低的反演误差。此外，表 24-2 中计算的均方误差也表明，与传统反演方法和其他基于深度学习的反演方法相比，我们的方法获得了更准确的反演结果。此外，在实验中，我们发现闭环 CNN 的收敛速度比开环 CNN 快。可以推断，通过施加循环一致性约束，所提出的闭环结构可以更快地收敛。

最后，为了检验我们方法的鲁棒性，我们对不同噪声水平的 S 和不同截止频率的 AI_L 进行了反演实验。实验结果如表 24-3 和图 24.8 所示。从表 24-3 可以看出，随着信噪比的降低，反演精度通常会降低，但基于闭环 CNN 的方法仍然比其他方法的反演误差低。然而，当信噪比接近 20dB 时，闭环 CNN 的均方误差与开环 CNN 的均方误差非常接近。可以得出结论，当地震数据含有少量随机噪声时，闭环 CNN 更有效。从图 24.8 可以看出，随着截止频率的降低，闭环 CNN 和开环 CNN 的反演精度均逐渐降低，但闭环 CNN 仍然能获得比开环 CNN 更好的反演结果。低频阻抗可以提供地下地层信息，这对反演精度有很大影响。在几乎不提供低频部分的情况下，基于 CNN 的闭环反演方法仍能获得比传统反演方法更好的效果。

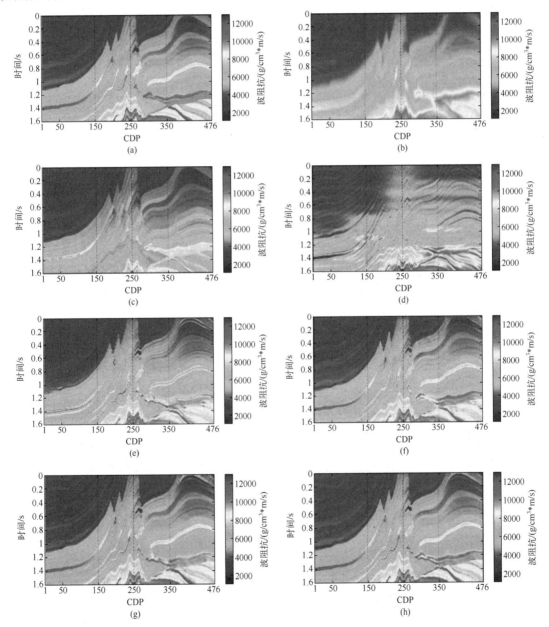

图 24.6　二维合成地震数据的反演结果

表 24-3   在不同信噪比的情况下不同方法反演结果的均方误差

信噪比/dB	均方误差/（×10⁻⁴）			
	深度卷积网络	长短时记忆	开环	闭环
40	8.01	2.61	2.36	**1.75**
35	8.22	2.79	2.32	**2.01**
30	8.61	2.86	2.44	**2.09**
25	9.34	2.99	2.63	**2.39**
20	9.78	3.85	3.04	**2.99**

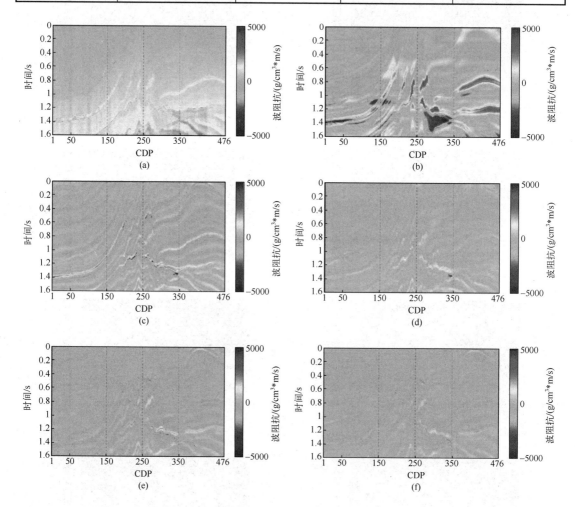

图 24.7   不同方法的反演误差

3.2   实际地震数据例子

    我们采用具有四个测井阻抗曲线的实际地震剖面评估闭环 CNN 的有效性。从三维叠后时间偏移数据中提取实际地震剖面。由于提取的地震剖面包含严重的随机噪声，我们在训练前采用了噪声衰减算法对地震数据进行预处理（Zhou 等，2015）。位于 CDP 197、473、762

的地震道为井旁地震道，本文将其对应的测井阻抗数据作为标签数据。其余 675 个地震道作
为无标签数据。位于 CDP 648 的井旁道作为盲井，用于评估反演算法。模型参数设置与合成地
震数据实验相同。训练参数设置如表 24-4 所示。图 24.9（a）展示了实际地震剖面，图 24.9（b）
展示了对应的低频阻抗剖面。

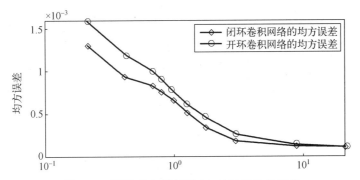

图 24.8　不同截止频率下 AI_L 的反演均方误差

表 24-4　对实际地震数据进行训练时，闭环 CNN 的参数设置

阶段	迭代次数	λ_1	λ_2	λ_3	更新参数
阶段一	500	200	200	0	W_F, W_B
阶段二	300	200	200	200	W_B
阶段三	500	200	200	200	W_F, W_B

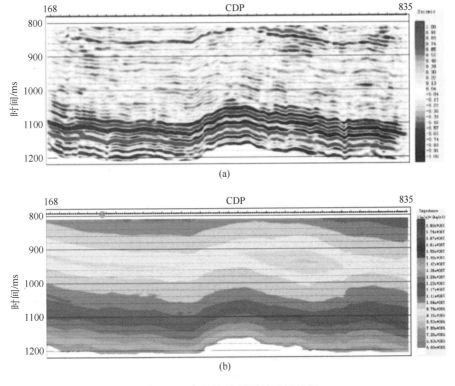

图 24.9　实际地震剖面的反演结果

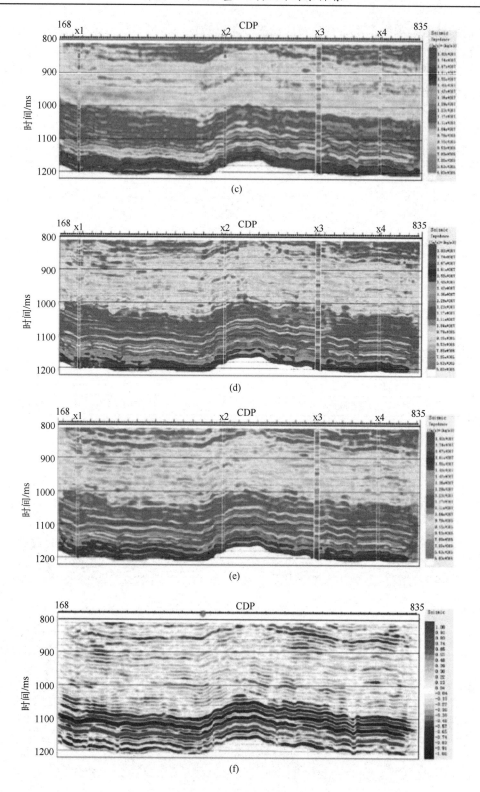

图 24.9　实际地震剖面的反演结果（续）

图 24.9（c）～（e）比较了基于闭环 CNN 反演方法、基于模型反演方法、基于开环 CNN

反演方法的反演结果。井旁地震道表示为 w1、w2、w3 和 w4，其中 w3 用作盲井。可以看出，与基于模型的反演方法相比，闭环 CNN 和开环 CNN 在三个标签道附近的预测结果更连续。此外，我们还比较了盲井 w3 上真实阻抗和预测阻抗之间的相关性。对比结果如表 24-5 所示。可以看出，闭环 CNN 的反演结果比其他方法获得的反演结果更准确。

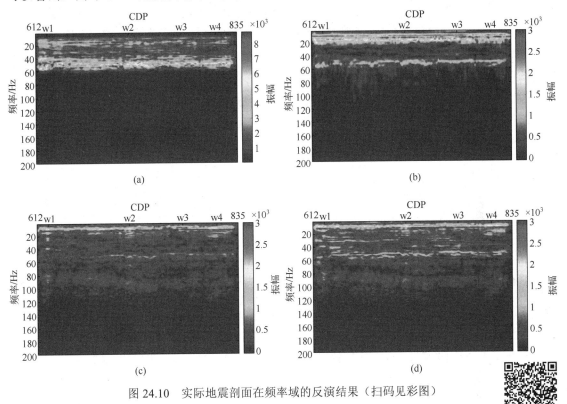

图 24.10　实际地震剖面在频率域的反演结果（扫码见彩图）

表 24-5　盲井 w3 上真实阻抗和预测阻抗之间的相关性比较

方法	绝对阻抗 AI 的相关值	高频阻抗 AI_H 的相关值
模型反演	0.99017	0.58318
开环	0.99069	0.56123
闭环	**0.99171**	**0.66318**

　　闭环 CNN 预测的阻抗剖面的正演结果如图 24.9（f）所示。从图 24.9（f）可以看出，真实地震剖面和重建地震剖面之间的重建误差非常小。这意味着经过训练的正演 CNN 可以成功地从预测的阻抗重建真实地震数据，该结果满足循环一致性约束。

　　频域反演结果如图 24.10 所示。图 24.10（a）为实际地震剖面的振幅谱。图 24.10（b）~（d）分别为基于模型的反演方法、开环 CNN 和闭环 CNN 预测的 AI_H 振幅谱。可以看出，基于 CNN 的反演方法有效地拓展了频带宽度。此外，对比图 24.10（c）和图 24.10（d），我们可以看到，图 24.10（d）中非标签道的频谱与标签道更吻合。因此，训练后的闭环 CNN 可以有效地提高真实地震剖面的分辨率。

4　讨论

　　在本节中，我们主要讨论参数的设置，包括堆叠卷积层数 c、通道数 c 及权重参数

λ_1、λ_2、λ_3。$L=5$ 和 c 是重要的模型参数。L 控制着感受野的大小，它影响着 CNN 可以从训练数据集中学习的特征的大小（Luo 等，2016）。参数 c 控制学习的特征的数量。理论上，如果 L 和 c 太小，闭环 CNN 的学习能力有限，反演结果可能不准确。如果尺寸过大，则训练过程将非常耗时，闭环 CNN 的泛化能力也会较差。我们在合成地震数据上进行了不同参数设置的实验。这些实验在 Ubuntu16.04 上进行，其配备了 NVIDIA Geforce GTX 1070 GPU、16GB RAM 和 Intel core i7 处理器。我们比较了预测阻抗分布的均方误差和训练时间，实验结果如表 24-6 所示。从表 24-6 中我们可以看出，实验结果与理论分析结果一致。在本文中，我们选择 $L=5$、$c=128$ 作为最佳参数。

表 24-6　预测阻抗分布的均方误差和训练时间

卷积层数	通道数	均方误差/（$\times10^{-4}$）	训练时间/分
4	128	2.4	8.4
5	128	1.8	14.7
6	128	2.32	41.7
5	64	2.44	7.9
5	256	2.15	45.5

如式（24-9）所示，参数 λ_1、λ_2 和 λ_3 代表不同目标项的权重，其中 λ_1 和 λ_3 控制标签数据集的权重，λ_2 控制无标签数据集的权重。实际上，闭环 CNN 可以被视为一个自动编码器（Bengio 等，2013），我们输入地震数据 S 或阻抗 AI，并期望重建得到 S 和 AI。常用自动编码器隐含层的大小总是小于输入层的大小，用于对特征进行压缩，所提出的闭环 CNN 的隐含层与输入层大小相同。实验发现，如果 λ_2 的值太大，闭环 CNN 中的两个子网络则将趋于恒等函数。因此，为了避免这种情况，我们将训练过程分为三个阶段，并在第一阶段设置 $\lambda_2=0$。

5　结论

本文提出了一种基于 CNN 的闭环地震反演方法。与开环结构相比，所提出的闭环结构可以提取无标签数据中包含的信息，并施加反演 CNN 和正演 CNN 的互逆约束。在合成地震数据上的实验结果表明，在标签数据数量有限的情况下，所提出的闭环 CNN 可以有效地构建地震正反演过程。与其他反演方法相比，闭环 CNN 具有更好的泛化能力，能得到更连续的反演结果。在实际地震剖面上的实验表明，该方法能较准确地预测井旁地震道的阻抗，预测的阻抗剖面正演结果与实际地震剖面吻合较好。

参考文献

[1] Backus G E，Gilbert J F. Numerical applications of a formalism for geophysical inverse problems [J]. Geophysical Journal International，1967，13（1-3）：247-276.

[2] Backus G E，Gilbert J F. The resolving power of gross Earth data [J]. Geophysical Journal International，1968，16（2）：169-205.

[3] Backus G E，Gilbert J F. Uniqueness in the inversion of inaccurate gross earth data [J]. Philosophical Transactions of the Royal Society of London，1970，226（1173）：123-192.

[4] Bengio Y，Courville A，Vincent P. Representation learning: A review and new perspectives [J]. IEEE transactions on pattern analysis and machine intelligence，2013，35（8）：1798-1828.

[5]　Carron D. High resolution acoustic impedance cross-sections from wireline and seismic data [C]. SPWLA 30th Annual Logging Symposium，1989，SPWLA-1989-GG.

[6]　Chen G，Liu L，Hu W，et al. Semi-supervised object detection in remote sensing images using generative adversarial networks [C]. IGARSS，2018：2503-2506.

[7]　Chen T，Lu S，Fan J. SS-HCNN：Semi-supervised hierarchical convolutional neural network for image classification [J]. IEEE Transactions on Image Processing，2019，28（5）：2389-2398.

[8]　Cooke D A，Schneider W A. Generalized linear inversion of reflection seismic data [J]. Geophysics，1983，48（6）：665-676.

[9]　Das V，Pollack A，Wollner U，et al. Convolutional neural network for seismic impedance inversion [J]. Geophysics，2019，84（6）：R869-R880.

[10]　De Figueiredo L P，Santos M，Roisenberg M，et al. Bayesian framework to wavelet estimation and linearized acoustic inversion [J]. IEEE Geoscience and Remote Sensing Letters，2014，11（12）：2130-2134.

[11]　Ding J，Li X，Gudivada V N. Augmentation and evaluation of training data for deep learning [C]. IEEE international conference on big data，2017：2603-2611.

[12]　Ferguson R J，Margrave G F. A simple algorithm for band-limited impedance inversion [J]. CREWES Research Report，1996，8（21）：1-10.

[13]　Gao Z，Pan Z，Gao J，et al. Frequency controllable envelope operator and its application in multiscale full-waveform inversion [J]. IEEE Transactions on Geoscience and Remote Sensing，2019，57（2）：683-699.

[14]　Gouveia W P，Scales J A. Bayesian seismic waveform inversion：Parameter estimation and uncertainty analysis [J]. Journal of Geophysical Research：Solid Earth，1998，103（B2）：2759-2779.

[15]　He D，Xia Y，Qin T，et al. Dual learning for machine translation [J]. Advances in neural information processing systems，2016，29：820-828.

[16]　Hochreiter S，Schmidhuber J. Long short-term memory [J]. Neural computation，1997，9（8）：1735-1780.

[17]　Huang L，Polanco M，Clee T E. Initial experiments on improving seismic data inversion with deep learning [C]. New York Scientific Data Summit（NYSDS），2018：1-3.

[18]　Ioffe S，Szegedy C. Batch normalization：Accelerating deep network training by reducing internal covariate shift [C]. International conference on machine learning，2015：448-456.

[19]　Jia S，Wang P，Jia P，et al. Research on data augmentation for image classification based on convolution neural networks [C]. Chinese automation congress（CAC），2017：4165-4170.

[20]　Jia Z，Lu W. CNN-based ringing effect attenuation of Vibroseis data for first-break picking [J]. IEEE Geoscience and Remote Sensing Letters，2019，16（8）：1319-1323.

[21]　Kingma D P，Ba J. Adam：A method for stochastic optimization [DB/OL]. arXiv，2014，1412.6980.

[22]　LeCun Y，Bengio Y，Hinton G. Deep learning [J]. Nature，2015，521（7553）：436-444.

[23]　Lindseth R O. Synthetic sonic logs-A process for stratigraphic interpretation [J]. Geophysics，1979，44（1）：3-26.

[24]　Liu J，Lu W，Zhang P. Random noise attenuation using convolutional neural networks [C]. 80th EAGE Conference and Exhibition，2018：1-5.

[25]　Liu Z，Liu J. Seismic-controlled nonlinear extrapolation of well parameters using neural networks [J]. Geophysics，1998，63（6）：2035-2041.

[26]　Lu W，Li Y，Mu Y. Seismic inversion using error-back propagation neural network [J]. Chinese Journal of Geophysics，1996，39（S1）：292-301.

[27] Luo P，Wang G，Lin L，et al. Deep dual learning for semantic image segmentation [C]. Proceedings of the IEEE international conference on computer vision，2017：2718-2726.

[28] Luo W，Li Y，Urtasun R，et al. Understanding the effective receptive field in deep convolutional neural networks [J]. Advances in neural information processing systems，2016：4898-4906.

[29] Ma J. Deep learning for attenuating random and coherence noise simultaneously [C]. 80th EAGE Conference and Exhibition，2018：1-5.

[30] Martin G S，Wiley R，Marfurt K J. Marmousi2：An elastic upgrade for Marmousi [J]. The leading edge，2006，25（2）：156-166.

[31] Mosser L，Dubrule O，Blunt M. Stochastic seismic waveform inversion using generative adversarial networks as a geological prior [J]. Mathematical Geosciences，2020，52（1）：53-79.

[32] Noriega R F，Ramirez A B，Abreo S A，et al. Implementation strategies of the seismic full waveform inversion [C]. IEEE International Conference on Acoustics，Speech and Signal Processing（ICASSP），2017：1567-1571.

[33] Odena A，Dumoulin V，Olah C. Deconvolution and checkerboard artifacts [J]. Distill，2016.

[34] Pendrel J. Seismic inversion-The best tool for reservoir characterization [J]. CSEG Recorder，2001，26（1）：18-24.

[35] Richardson A. Seismic full-waveform inversion using deep learning tools and techniques [DB/OL]. arXiv，2018，1801.07232.

[36] Robinson E A. Predictive decomposition of seismic traces [J]. Geophysics，1957，22（4）：767-778.

[37] Robinson E A. Predictive decomposition of time series with application to seismic exploration [J]. Geophysics，1967，32（3）：418-484.

[38] Ronneberger O，Fischer P，Brox T. U-Net：Convolutional networks for biomedical image segmentation [C]. International Conference on Medical image computing and computer-assisted intervention，2015：234-241.

[39] Russell B H. Part 8-model-based inversion [M]// Russell B H，Introduction to Seismic Inversion Methods，Society of Exploration Geophysicists，1988.

[40] Sacchi M D. Reweighting strategies in seismic deconvolution [J]. Geophysical Journal International，1997，129（3）：651-656.

[41] Tsai K C，Hu W，Wu X，et al. First-break automatic picking with deep semisupervised learning neural network [C]. SEG Technical Program Expanded Abstracts，2018：2181-2185.

[42] Vest R T. Seismic data inversion using geologic constraints [C]. SEG Technical Program Expanded Abstracts，1990：1151-1153.

[43] Virieux J，Operto S. An overview of full-waveform inversion in exploration geophysics [J]. Geophysics，2009，74（6）：WCC1-WCC26.

[44] Wang Y，Lu W，Liu J，et al. Random seismic noise attenuation based on data augmentation and CNN [J]. Chinese Journal of Geophysics，2019，62（1）：421-433.

[45] Wu Y，McMechan G A. Feature-capturing full waveform inversion using a convolutional neural network [C]. SEG International Exposition and Annual Meeting，2018：2061-2065.

[46] Xu P，Lu W，Wang B. A semi-supervised learning framework for gas chimney detection based on sparse autoencoder and TSVM [J]. Journal of Geophysics and Engineering，2019，16（1）：52-61.

[47] Yuan S，Liu J，Wang S，et al. Seismic waveform classification and first-break picking using convolution neural networks [J]. IEEE Geoscience and Remote Sensing Letters，2018，15（2）：272-276.

[48]　Yuan S，Wang S，Luo C，et al. Simultaneous multitrace impedance inversion with transform-domain sparsity promotion [J]. Geophysics，2015，80（2）：R71-R80.

[49]　Yuan S，Wang S，Luo Y，et al. Impedance inversion by using the low-frequency full-waveform inversion result as an a priori model [J]. Geophysics，2019（2）：R149-R164.

[50]　Zhang G，Pan X，Li Z，et al. Seismic fluid identification using a nonlinear elastic impedance inversion method based on a fast Markov chain Monte Carlo method [J]. Petroleum Science，2015，12（3）：406-416.

[51]　Zhang K，Zuo W，Chen Y，et al. Beyond a Gaussian denoiser：Residual learning of deep CNN for image denoising [J]. IEEE Transactions on Image Processing，2017，26（7）：3142-3155.

[52]　Zhou J，Lu W，He J. A data-dependent Fourier filter based on image segmentation for random seismic noise attenuation [J]. Journal of Applied Geophysics，2015，114：224-231.

[53]　Zhu J，Park T，Isola P，et al. Unpaired image-to-image translation using cycle-consistent adversarial networks [C]. Proceedings of the IEEE international conference on computer vision，2017：2223-2232.

[54]　Zhu L，Peng Z，Mcclellan J. Event detection and phase picking based on deep convolutional neural networks [C]. 80th EAGE Conference and Exhibition，2018：1-5.

（本文来源及引用方式：Wang Y，Ge Q，Lu W，et al.. Well-logging constrained seismic inversion based on closed-loop convolutional neural network [J]. IEEE Transactions on Geoscience and Remote Sensing，2020，58（8）：5564-5574.

论文 25　基于深度学习的地震数据低频外推与波阻抗反演

摘要

地震反演是地球探测的重要组成部分，可以较精确地利用地震数据得到地下介质参数。然而，地震数据中低频信息的缺失或不准确限制了反演的准确性。传统技术在补偿地震数据的低频成分方面遇到了许多挑战。深度学习能够将输入数据非线性地映射到期望输出，因此，我们开发了可以将叠后数据映射到更宽频带的数据，进而映射到波阻抗的神经网络。我们首先提出了一种结合测井和地震数据的有效预处理方案。然后，我们分别用有监督框架和半监督框架外推地震资料中的低频信息并反演纵波阻抗。在合成数据示例中，决定系数 R^2 在低频外推任务中达到 0.99，在波阻抗反演任务中达到 0.98。在实际数据示例中，验证井的反演波阻抗和实际波阻抗之间的 R^2 为 0.826。我们的实验还表明，低频外推改进了波阻抗反演的结果。

1　引言

地震反演可以从地表观测数据中推断出地下介质的性质。它在地震数据的数据处理和解释中发挥着重要作用，如通过纵波阻抗反演来精确圈定储层。然而，地下介质的复杂性导致了反演问题的不适定，反演过程很容易陷入局部极小。低频信息包含地下的大尺度变化，并允许反演过程收敛到全局最小。因此，提高地震反演精度至关重要（Kroode 等，2013）。然而，地震采集和数据处理会影响低频地震数据的可用性和可靠性。常规反演中常用的获取或逼近低频的方法有测井数据空间插值和计算地震波形包络（Wu 等，2014）。但是，这些方法在完全补偿地震数据中的低频分量方面有局限性。近年来，深度学习方法在地震数据处理和反演中引起了广泛关注，因为它们能够在输入和期望输出之间建立复杂的非线性映射，而不依赖特定的初始模型。一些研究人员通过使用有监督（Jin 等，2018；Ovcharenko 等，2019、2020；Fang 等，2020；Sun 和 Demanet，2020）和自监督（Hu 等，2020；Wang 等，2020）的卷积神经网络（CNN）恢复了低频信息，以减轻全波形反演（FWI）中的周波跳跃现象。然而，这些研究仅关注地震炮集记录，而没有利用测井数据中隐含的低频信息。此外，结合数据驱动和物理引导的反演方法，如半监督反演（Biswas 等，2019；Alfarraj 和 AlRegib，2019；Wang 等，2020）和相约束 FWI（Zhang 和 Alkhalifah，2019、2020；Li 等，2021），其性能优于传统的监督学习（Das 等，2019；Yang 和 Ma，2019）。在这项工作中，我们将测井数据中的低频信息整合到地震数据中。通过强大的深度学习建模能力，构建了宽频带地震数据与纵波阻抗之间的关系。应该注意的是，我们提出一种有效的特征工程方案，将不同的地震信息整合为网络输入。该方案可以增广输入数据并降低网络的非线性拟合难度。然后，我们修改了一个最初用于波阻抗反演的序列建模网络（Alfarraj 和 AlRegib，2019），该网络结合了 CNN 和门控循环单元（GRU）（Cho 等，2014），以实现我们的测试。我们测试了两个深度学习回归任务：低频外推和波阻抗反演。首先，我们使用传统的监督学习从叠后数据中恢复低频。接下来，我们使用低频外推后的地震数据，通过结合数据驱动和物理引导的半监督框架来反演纵波阻抗。最后，合成和实际数据结果表明，我们的方法是可行的，并且有望用于进一步的反演。

2　方法

2.1　数据准备

根据特征工程的理论（Zheng 和 Casari，2018），当适当地从原始数据中手动选择输入特征时，神经网络即使没有最佳结构也可能表现得非常好。在这项研究中，我们不是直接使用原始地震振幅作为输入，而是从原始信号中提取一些潜在特征，这样不仅可以增广输入数据，还可以加速网络训练的收敛。

在低频外推步骤中，缺少低频信息的原始地震信号作为主要输入。目标是通过深度学习预测宽频带地震数据。受地震包络反演（Wu 等，2014）的启发，它利用地震信号的包络来恢复低波数信息，我们将地震振幅包络作为辅助输入。地震振幅包络是通过希尔伯特变换（HT）对原始数据进行计算的。HT 定义为

$$\mathcal{H}(x(t)) = \tilde{x}(t) = \frac{1}{\pi}\int_{-\infty}^{\infty}\frac{x(t)}{t-\tau}\,\mathrm{d}\tau = x(t) * \frac{1}{\pi t} \tag{25-1}$$

式中：$x(t)$ 为原始数据；$\tilde{x}(t)$ 为 HT 之后的数据；$\mathcal{H}$ 为 HT 算子；*为卷积算子。我们对缺乏低频的原始数据执行 HT，以获得解析信号（Wu 等，2014）。解析信号（也称复地震道）$X(t)$ 表示为

$$\begin{aligned}
X(t) &= x(t) + \mathrm{i}\tilde{x}(t) \\
&= |X(t)|[\cos\varphi(t) + \mathrm{i}\sin\varphi(t)] \\
&= A(t)\mathrm{e}^{\mathrm{i}\varphi(t)}
\end{aligned} \tag{25-2}$$

式中：$A(t)$ 为地震振幅包络（瞬时振幅）；$\varphi(t)$ 为瞬时相位。如图 25.1 所示，原始信号、HT 后信号和包络组合形成三通道输入数据，用于低频外推，与具有红-绿-蓝（RGB）通道的彩色图像类似。

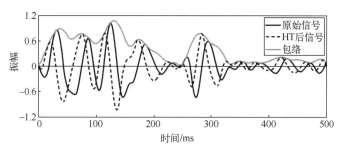

图 25.1　用于低频外推的三通道输入数据的各分量

在波阻抗反演步骤中，低频外推后的数据作为网络的主要输入，目标是反演纵波阻抗。Ikawa 等（1986）提出了一种地震道积分方法，该方法计算地震道的积分以近似地震地层分析的纵波阻抗。道积分 y 可以通过下式计算：

$$\begin{cases}
y_i = \displaystyle\sum_{j=1}^{i-1} x_j, & i = 2, \cdots, N \\
y_1 = x_1
\end{cases} \tag{25-3}$$

式中：x 为具有 N 个采样点的地震道。道积分相当于对归一化波阻抗的对数进行滤波（Ikawa

等，1986；Xin 等，2017），如下所示：

$$\sum_{j=1}^{i-1} x_j = k \times w_i \times \ln\frac{Z_i}{Z_1} \tag{25-4}$$

式中：k 为常数；w 为滤波因子；Z 为纵波阻抗。道积分表示相对波阻抗（Xin 等，2017），它近似描绘了地震信号具有宽频谱时的真实波阻抗的形状（Ikawa 等，1986）。然后，低频外推和道积分数据组合成双通道输入数据。

在将数据输入网络之前，输入数据在每个通道进行零均值归一化（Zero-mean normalization），定义为

$$x' = \frac{x - \mu}{\sigma} \tag{25-5}$$

式中：x' 为归一化的数据；x 为输入数据，μ 和 σ 分别为 x 的平均值和标准差。处理后的数据经过零均值归一化能够符合标准正态分布。

2.2　网络结构

CNN 具有从输入数据中提取空间细节的能力。GRU 设计用于处理序列数据，如时间序列，以从输入中提取时序信息。基于 Alfarraj 和 AlRegib（2019）的序列建模网络，我们开发了一个结合 CNN 和 GRU 的编码-解码网络，以同时从输入中学习局部细节和时间特征，并在不改变数据序列长度的情况下实现序列到序列的任务。CNN 层使用具有不同大小卷积核的孔洞卷积来提取多尺度空间特征。GRU 模块是双向的，用于处理数据中的上下文信息。

低频外推和波阻抗反演共享相同的网络结构，如图 25.2（a）所示。在编码器中，三个并行的一维 CNN 层后跟一个 CNN 层和三个串联的 GRU 模块，同时从三通道输入数据中提取特征。CNN 层和 GRU 模块的输出连接在一起，然后是另一个一维 CNN 层。然后，解码器执行回归运算并输出结果。解码器由转置 CNN 层、GRU 模块、传统的一维 CNN 层和全连接层组成。此外，在每个 CNN 层之后应用组归一化和 tanh 激活函数。损失函数是均方误差（MSE），分别使用学习率为 0.002（低频外推）和 0.005（波阻抗反演）的 Adam 优化器进行网络训练。

特别需要注意，波阻抗反演采用半监督框架来减轻对大量训练样本的需求，如图 25.2（b）所示。该框架包含两部分：①传统的有监督部分，它计算网络预测波阻抗与真实测井数据之间的损失，作为损失 1；②无监督部分，使用正演方法合成地震道预测的波阻抗，并计算合成和实际地震道之间的误差，作为损失 2。将来自这两个部分的损失结合起来，以进行稳定的网络参数更新。

2.3　合成数据示例

我们使用 Marmousi-2 模型[图 25.3（a）]来验证我们的方案，因为它提供了一个纵波阻抗模型，可用来根据地震褶积理论合成叠后地震数据。合成地震剖面由具有强低频信息的宽频带子波（俞氏子波）获得，如图 25.3（b）所示。

在低频外推中，我们首先创建用于网络训练的输入-标签数据对。合成地震剖面进行 10Hz 高通滤波。然后，从完整的合成地震剖面（6801 道）中选择 30 条均匀分布的地震道来创建三通道训练输入（原始信号、HT 后信号和包络）。然后，从合成宽频带数据中提取来自相同位置的 30 条均匀分布的地震道以生成标签。未使用的地震道用于验证或测试。训练网络 1000 轮次（epoch），训练批次大小（Batch size）为 30，然后将网络应用于整个剖面进行测试。在

测试中，低频外推与初始宽频带数据之间的决定系数 R^2 达到 0.99。

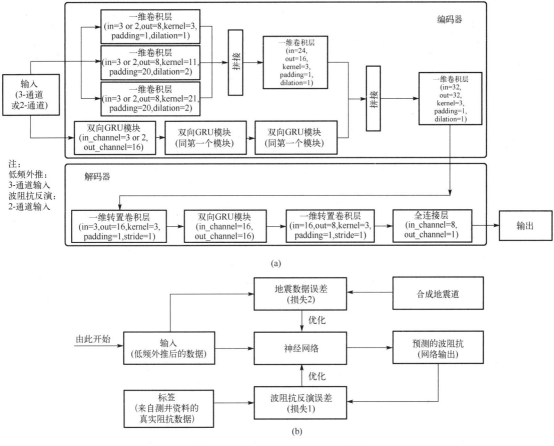

(a)

(b)

图 25.2　所提出的深度学习框架
（a）网络结构，其中"in"和"out"分表表示输入和输出的通道数；（b）用于波阻抗预测的半监督框架。

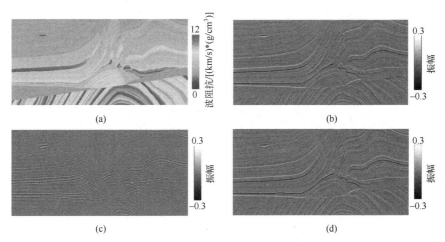

(a)　　　　　　　　　　　　　　(b)

(c)　　　　　　　　　　　　　　(d)

图 25.3　低频外推的合成数据示例
（a）Marmousi-2 模型的纵波阻抗；（b）作为标签的合成地震剖面；（c）10Hz 高通滤波数据作为输入；
（d）基于所提方案的低频外推剖面。

图 25.3（c）和图 25..3（d）显示了高通滤波数据和低频外推剖面之间的对比。我们可以直观地观察到，由于数据频带更宽、分辨率更高，地下构造在低频外推剖面中展现出立体效果，类似浮雕样式。图 25.4 比较了随机抽取的一个地震道对应的标签数据、输入数据和低频外推结果的波形和频谱。与使用 CNN（Fang 等，2020；Sun 和 Demanet，2020）的其他类似工作相比，我们的预测结果与标签一致，尽管是逐道运算（输入和输出均为一维地震道），剖面结果仍展现出较好的横向连续性。

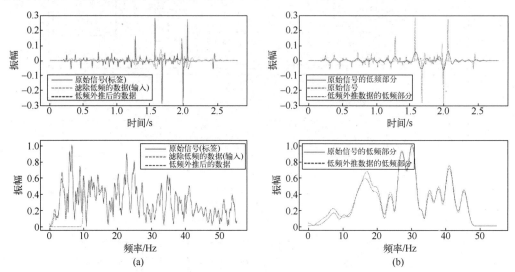

图 25.4　标签数据、输入数据和低频外推结果之间的波形和频谱比较
(a) 宽频显示；(b) 低频分量。

在波阻抗反演中，我们根据之前的低频外推数据预测纵波阻抗。按照与之前相同的流程，选择 30 条均匀分布的地震道来生成双通道训练输入，来自 Marmousi-2 模型的真实纵波阻抗作为标签。在半监督框架的单次训练迭代中，网络首先利用低频外推的输入数据预测波阻抗，并将预测波阻抗与真实波阻抗之间的均方误差，作为损失 1。然后，利用 30 条预测波阻抗与之前低频外推中使用的宽频带子波合成地震道。合成数据和真实地震道之间的均方误差作为损失 2。将这两个损失相加以更新网络。训练网络 1000 轮次，训练批次大小为 30，然后将训练好的网络应用于整个剖面进行测试。在测试中，反演波阻抗和真实波阻抗之间的 R^2 为 0.98。

反演的波阻抗如图 25.5（a）所示。为了评估结果，计算了反演结果和真实波阻抗[图 25.3（a）]之间的误差，如图 25.5（c）所示。我们可以观察到，我们的预测是大致准确的。误差较大的区域位于剖面中部，这里存在大倾角、断层等复杂构造。由于选取训练数据时采用规则采样，这部分具有复杂构造的区域分布了较少的训练道，从而增加了预测结果的不确定性。图 25.5（b）展示了使用相同网络预测但采用不同网络输入的预测结果，这里未采用低频外推数据而是直接利用原始地震信号作为输入，图 25.5（d）显示了图 25.5（b）与真实波阻抗之间的误差。结果表明，使用低频外推数据作为输入的反演（本文的结果）更准确，凸显了低频信息对波阻抗反演的关键作用。

2.4　野外数据示例

我们使用一个三维叠后地震数据来测试提出的方案。目标地层在 750～1100ms 沿 Hor-A 层位展布，叠后地震数据采样率为 1ms，工区（实际数据集所在研究区域）有 11 口井，如图

25.6（a）所示。我们随机选择 10 口井来生成训练样本，剩下的 1 口井 Well-X［在图 25.6（a）中用红色标记］用于验证。该数据集包含近万条地震道，由于噪声和小构造的存在，实际数据的剖面特征比合成数据更加复杂。因此，仅有少量的测井资料不足以进行稳健的网络训练。考虑到目标地层范围约为 200ms，测井资料序列能够完整跨越目标地层，我们在每口井中从上至下按照每 2ms 时间步长将测井数据（纵波阻抗）裁剪成大量 201ms 长的重叠段来制作训练样本，如图 25.6（b）所示。

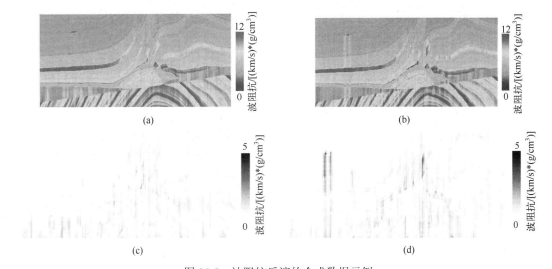

图 25.5　波阻抗反演的合成数据示例

（a）所提方案的反演结果；（b）原始地震信号作为输入进行反演的结果；（c）所提方案的结果与真实波阻抗之间的误差；（d）原始地震信号反演的结果与真实波阻抗之间的误差。

在低频外推部分，首先将从目标地层提取的地震子波与波阻抗段进行卷积合成地震信号，这些信号与目标地层内的真实地震道高度相似。三通道输入的生成方式与之前相同。接下来，设计俞氏子波使其具有更强的低频能量，同时保持与真实地震道相似的高频，通过波阻抗段和俞氏子波卷积合成具有更宽频带的信号作为标签。网络训练的超参数，如训练轮次和批次大小，与合成示例中的相同。训练输出的 R^2 为 0.98。

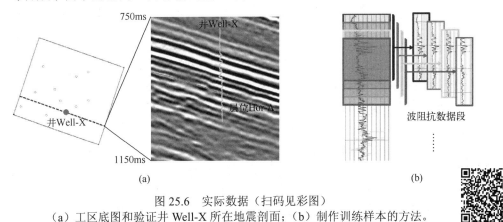

图 25.6　实际数据（扫码见彩图）

（a）工区底图和验证井 Well-X 所在地震剖面；（b）制作训练样本的方法。

我们从每个地震道中提取长度为 201ms 的片段及目标地层，并为整个工区的低频外推生成三通道输入。低频外推结果如图 25.7 所示。低频外推后的数据显示出更立体的波形反射特征。图 25.7（c）、图 25.7（d）和图 25.8（a）表明，预测数据中的低频分量具有比原始数据更强的振幅。我们还提取了验证井波阻抗数据的低频分量和预测数据的子波，以合成真实的低频地震数据，并与低频外推数据进行比较[图 25.8（b）]。真实和低频外推数据之间的高度相似，表明低频外推结果合理。

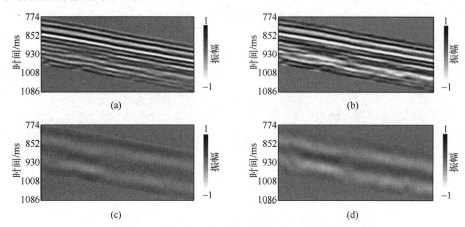

图 25.7 原始数据和低频外推数据之间的比较
（a）原始数据；（b）低频外推数据；（c）原始数据的低频分量（小于 20Hz）；
（d）低频外推结果的低频分量（小于 20Hz）。

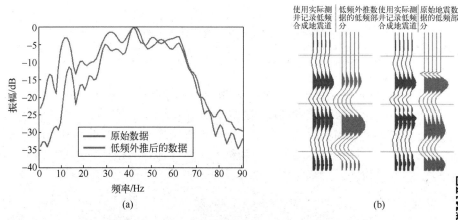

图 25.8 实际资料示例中原始数据与低频外推数据之间的比较（扫码见彩图）
（a）振幅谱；（b）低频外推结果和原始数据的低频分量与井 X 的真实低频分量进行比较。

在波阻抗反演部分，我们使用不同的输入进行了三个测试：①基于所提阻抗反演方案，使用低频外推数据作为输入[图 25.9（a）]；②基于所提阻抗反演方案，使用原始数据作为输入[图 25.9（b）]；③基于传统反演方法，使用原始数据作为输入[图 25.9（c）]。对于测试①和②，地震子波分别从低频外推数据和原始数据中提取，与测试③的反演波阻抗体进行卷积，合成地震道作为训练输入。我们从测试③中随机选择 2500 条波阻抗序列来创建用于训练的输入-标签数据对。训练的超参数设置与合成示例中的相同。最后，我们在整个工区的目标层应用这两个训练好的模型。通过比较剖面和水平切片（图 25.9 中的第一行和第二行），我们使用低频外推数据的结果与其他两个结果相比，剖面和沿层位的波阻抗变化更合理。第一列波阻抗预测趋势与井 X 的实际资料和工区测地质背景较为一致。验证井波阻抗曲线之间的比较（图 25.9 中的第三行）表明，测试①与实际井资料的一致性要好于其他测试。结果的

R^2 分别为 0.826、0.822 和 0.792。比较测试①和②，我们可以看到低频外推能够提高波阻抗反演的准确性。此外，我们的结果较好地拟合了低频和高频变化趋势，并且误差低于其他类似研究的结果（Biswas 等，2019）。

3　讨论

有些要点进一步阐明如下。

（1）本文使用了两种输入来评估低频外推的结果：滤除低频信息的地震数据（合成数据示例）和具有弱低频信息的地震数据（实际数据示例）。这两种情况下都取得令人较满意的结果，表明我们的方案能够有效地重建低频信息或增强低频信号。

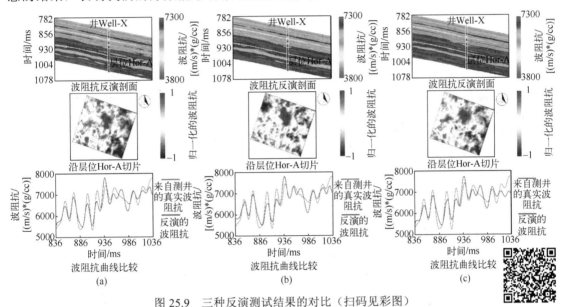

图 25.9　三种反演测试结果的对比（扫码见彩图）

（a）基于所提阻抗方案反演使用低频外推数据作为输入；（b）基于所提阻抗方案反演使用原始数据作为输入；（c）基于传统反演方法使用原始数据作为输入。

（2）尽管在我们的方案中网络始终处理一维数据（逐道运算），但可以看到预测结果保持了良好的横向连续性。使用二维或三维网络可能会改善结果，但我们的方案在保证预测效果的同时更加高效。利用约 3000 个训练样本进行 1000 轮次网络训练平均需要 40 分钟，预测单个地震道仅需 0.1 秒。

（3）只要所研究的工区内有至少一口井可用，并且井资料序列比目标地层序列长，所提方案（包括数据准备过程和网络训练流程）就是通用的。

4　结论

我们改进了一个编码-解码网络，该网络通过有监督学习进行低频外推，并利用低频外推后的地震数据基于半监督框架进行波阻抗反演。所提出的数据准备方案对于具有多口井的实际地震资料的应用是灵活有效的。我们研究了所提方案的低频恢复和增强能力及低频信息对波阻抗反演的影响。对合成数据和实际数据的测试结果表明，通过将测井数据中的真实低频信息引入地震数据，低频外推是可靠的。此外，低频外推可以提高反演的准确性。所提方案为高分辨率处理和反演的进一步研究提供了可行的参考。

参考文献

[1] Alfarraj M, AlRegib G. Semisupervised sequence modeling for elastic impedance inversion [J]. Interpretation, 2019, 7 (3): SE237-SE249.

[2] Biswas R, Sen M K, Das V, et al. Prestack and poststack inversion using a physics-guided convolutional neural network [J]. Interpretation, 2019, 7 (3): SE161-SE174.

[3] Cho K, van Merriënboer B, Gulcehre C, et al. Learning phrase representations using RNN encoder-decoder for statistical machine translation [C]. Proceedings of the 2014 Conference on Empirical Methods in Natural Language Processing (EMNLP), 2014: 1724-1734.

[4] Das V, Pollack A, Wollner U, et al. Convolutional neural network for seismic impedance inversion [J]. Geophysics, 2019, 84 (6): R869-R880.

[5] Fang J, Zhou H, Li Y E, et al. Data-driven low-frequency signal recovery using deeplearning predictions in full-waveform inversion [J]. Geophysics, 2020, 85 (6): A37-A43.

[6] Hu W, Jin Y, Wu X, et al. Physics-guided self-supervised learning for low frequency data prediction in FWI [C]. Expanded Abstracts of 2020 Annual International Meeting, 2020: 875-879.

[7] Ikawa T, Ota Y, Onishi M, et al. An approach to seismic stratigraphic analysis [J]. Journal of the Japanese Association for Petroleum Technology, 1986, 51 (1): 24-35.

[8] Jin Y, Hu W, Wu X, et al. Learn low-wavenumber information in FWI via deep inception-based convolutional networks [C]. Expanded Abstracts of 88th Annual International Meeting, 2018: 2091-2095.

[9] Kroode F T, Bergler S, Corsten C, et al. Broadband seismic data—The importance of low frequencies [J]. Geophysics, 2013, 78 (2): WA3-WA14.

[10] Li Y, Alkhalifah T, Zhang Z. Deep-learning assisted regularized elastic full waveform inversion using the velocity distribution information from wells [J]. Geophysical Journal International, 2021, 226(2): 1322-1335.

[11] Ovcharenko O, Kazei V, Kalita M, et al. Deep learning for low-frequency extrapolation from multioffset seismic data [J]. Geophysics, 2019, 84 (6): R989-R1001.

[12] Ovcharenko O, Kazei V, Plotnitskiy P, et al. Extrapolating low-frequency prestack land data with deep learning [C]. Expanded Abstracts of 2020 Annual International Meeting, 2020: 1546-1550.

[13] Sun H, Demanet L. Extrapolated full-waveform inversion with deep learning [J]. Geophysics, 2020, 85(3): R275-R288.

[14] Wang M, Xu S, Zhou H. Self-supervised learning for low frequency extension of seismic data [C]. Expanded Abstracts of 2020 Annual International Meeting, 2020: 1501-1505.

[15] Wang Y, Ge Q, Lu W, et al. Well-logging constrained seismic inversion based on closed-loop convolutional neural network [J]. IEEE Transactions on Geoscience and Remote Sensing, 2020, 58 (8): 5564-5574.

[16] Wu R-S, Luo J, Wu B. Seismic envelope inversion and modulation signal model [J]. Geophysics, 2014, 79 (3): WA13-WA24.

[17] Xin X, Zhang J, Hou J, et al. Using trace integration to improve channel sand body interpretation- theory and case study [C]. Extended Abstracts of 79th Annual International Conference and Exhibition, 2017, Th_P4_08.

[18] Yang F, Ma J. Deep-learning inversion: A next-generation seismic velocity model building method [J]. Geophysics, 2019, 84 (4): R583-R599.

[19] Zhang Z-D, Alkhalifah T. Regularized elastic full-waveform inversion using deep learning [J]. Geophysics, 2019, 84 (5): R741-R751.

[20] Zhang Z-D，Alkhalifah T. High-resolution reservoir characterization using deep learning-aided elastic full-waveform inversion：The North Sea field data example [J]. Geophysics，2020，85（4）：WA137-WA146.

[21] Zheng A，Casari A. Feature Engineering for Machine Learning [M]. Sebastopol，CA，USA：O'Reilly Media，Inc.，2018.

[22] 俞寿朋. 宽带 Ricker 子波 [J]. 石油地球物理勘探，1996，31（5）：605-615，750.

（本文来源及引用方式：Zhang H，Yang P，Liu Y，et al. Deep learning-based low- frequency extrapolation and impedance inversion of seismic data [J]. IEEE Geoscience and Remote Sensing Letters，2022，19：7505905.）

论文 26　基于多目标函数的模型-数据驱动 AVO 反演

摘要

　　模型驱动反演方法和数据驱动反演方法是从地震数据中得到速度、密度等弹性参数的重要手段。模型驱动主要利用地震数据的中频信息，它需要初始低频模型且很难提供高分辨的反演结果。数据驱动能够提供较高分辨率的预测结果，它需要大量的、准确的、有代表性的训练样本，但实际数据往往很难提供足够有代表性的训练样本。为了解决这两种方法的上述问题，本文提出了一种基于多目标函数的模型-数据驱动 AVO（Amplitude Variation with Off）反演新方法。该方法通过三个不同的目标函数依次实现神经网络训练、神经网络优化和神经网络反演。Marmousi 模型数据和 X 工区实际数据弹性参数反演结果表明：新方法在训练样本数量较少的情况下，能够反演得到较高精度、较高分辨率的速度和密度。

1　引言

　　速度和密度等弹性参数在地震资料处理和解释中一直发挥着重要作用。模型驱动反演是从地震数据中得到弹性参数的重要手段，它主要包括波阻抗反演和 AVO 反演等。波阻抗反演利用叠后地震数据，而 AVO 反演利用叠前地震数据，其反演的参数更多、精度更高。AVO 反演通常以 Zoeppritz 方程或其近似方程计算反射系数（Zoeppritz，1919；Ostrander，1984；Aki 和 Richards，1980；Smith 和 Gidlow，1987；Hilterman，1990；Fatti 等，1994），以 Robinson 褶积模型合成地震数据（Robinson，1967），以最小二乘原理构建目标函数，以合成地震数据与真实地震数据之间的误差迭代更新参数模型（Hu 等，2011；Li 等，2020；Cheng 等，2021）。由于采集条件的限制，大部分真实地震数据的频带宽度是有限的，而反演目标参数要求的频带宽度通常相对较大，导致反演问题欠定，进而造成 AVO 反演的病态性和多解性（Fang et al.，2016；Shi 等，2020；Zhong 等，2021）。为了解决这些问题，概率学中的贝叶斯理论被引入 AVO 反演中，该理论构建的目标函数受先验信息和似然函数的约束，其物理意义更加明确，可有效提高反演的稳定性并降低反演的多解性（Downton 和 Lines，2004；Alemie 和 Sacchi，2011；Wang 等，2021）。此外，地震数据中低频和高频信息的缺失也导致大多数 AVO 反演方法需要初始低频模型，难以获得高分辨率的反演结果。为了扩大反演目标参数的频带宽度，学者提出了稀疏约束和测井约束等方法（Lu 等，2015；Zhou 等，2017；Huang 等，2018）。

　　近年来，基于神经网络的数据驱动反演方法迅速发展，为速度、密度等弹性参数的高分辨率预测提供了新的思路（Schultz 等，1994；Hampson 等，2001）。数据驱动利用神经网络强大的非线性拟合能力，以预测参数和样本参数之间的误差迭代更新神经网络权系数，建立地震数据和弹性参数之间的统计或映射关系，能够得到较高精度、较高分辨率的速度、密度等（Das 等，2019；Biswas 等，2019；Chen，2020）。但是，数据驱动反演方法通常需要大量的测井数据来制作训练样本，并要求训练样本包含的特征具有广泛的代表性，这就要求工区内有足够代表性的测井数据（Sun 等，2020；Wang 等，2020），而在实际工区中往往很难满足这些条件。因此，大部分数据驱动方法只在井附近或与测井数据特征类似的位置具有较高的精度，很难被推广至整个工区。

为了解决模型驱动 AVO 反演方法的结果分辨率较低的问题和数据驱动预测方法需要有足够代表性训练样本的问题，本文提出了一种基于多目标函数的模型–数据驱动 AVO 反演新方法。该方法分别利用预测参数与样本参数之间的误差、预测参数的低频分量与初始低频模型之间的误差、合成地震数据与真实地震数据之间的误差，分阶段迭代更新神经网络权系数，最终实现速度和密度的反演。其中，第一个误差主要用于提高反演结果的精度和分辨率；另外两个误差主要用于在进一步提高反演精度的同时，降低方法对训练样本的需求。Marmousi 模型数据和 X 工区的实际数据试算表明了新方法的正确性和有效性。

2　方法原理

2.1　模型驱动 AVO 反演方法

AVO 反演是从叠前地震数据中获得速度、密度等信息的重要方法，其理论核心为褶积模型。在不考虑噪声的情况下，褶积模型可以表示为（Robinson，1967）

$$d = W * R \tag{26-1}$$

式中：d 为地震数据；W 为地震子波；R 为反射系数，与速度、密度和入射角等有关，可以表示为

$$R = Gm \tag{26-2}$$

式中：m 为速度和密度组成的矩阵；G 为 R 与 m 之间的映射矩阵，是反射角和透射角的函数。将式（26-1）和式（26-2）结合，可以得到

$$d = W * Gm \tag{26-3}$$

假设 G 可逆，且不考虑地震子波的影响，反演结果可以表示为

$$m = G^{-1} d \tag{26-4}$$

但在 AVO 反演中，映射矩阵 G 通常是不可逆的，需要引入 G 的共轭矩阵，通过最小二乘优化方法求解，其目标函数为

$$J_1 = \left\| d_{\text{Syn}} - d_{\text{Real}} \right\|_2 \tag{26-5}$$

式中：d_{Syn} 和 d_{Real} 分别为合成地震数据和真实地震数据；$\|\ \|_2$ 为 L_2 范数。

这类反演方法通常是不稳定的，当地震数据 d 有微小扰动时，反演结果 m 有着很大的变化。基于贝叶斯理论的 AVO 反演方法通过引入先验信息和似然函数，能够提高反演的稳定性。

2.2　数据驱动反演方法

随着神经网络技术迅速发展，基于神经网络的数据驱动反演方法为拓宽速度、密度等预测结果的频带提供了新的思路。数据驱动反演方法主要利用神经网络强大的非线性拟合能力构建出地震数据与弹性参数之间的关系，实现从地震数据到速度、密度等弹性参数的转化。

数据驱动反演方法通常包括神经网络构建、训练和预测。在神经网络训练中，利用训练样本对神经网络中的权系数进行训练，其目标函数为

$$J_2 = \left\| m_{\text{Pre}} - m_{\text{Samp}} \right\|_2 \tag{26-6}$$

式中：m_{Pre} 和 m_{Samp} 分别为预测参数和样本参数。在神经网络预测中，将真实地震数据输入训练好的神经网络中，即可输出预测结果。

由于主要利用基于测井数据制作的训练样本，数据驱动反演方法预测的弹性参数往往比模型驱动反演方法的弹性参数分辨率高。但数据驱动反演方法通常需要大量的、准确的、具有代表性的训练样本，这在实际生产中是很难实现的。

2.3 模型–数据驱动 AVO 反演方法

模型驱动反演方法通过合成地震数据与真实地震数据之间的误差来更新参数模型，反演结果的分辨率不高。数据驱动反演方法通过预测参数与样本参数之间的误差来更新神经网络权系数，能够预测得到高分辨率的参数，但是需要大量具有代表性的训练样本。为了在提高反演精度、分辨率的同时，降低方法对训练样本的需求，本文提出了一种基于多目标函数的模型–数据驱动 AVO 反演新方法，其流程如图 26.1 所示。新方法主要包括如下三个关键步骤，每个步骤有一个独立的目标函数。

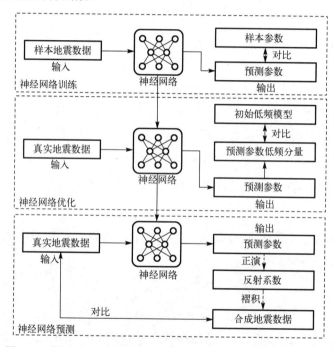

图 26.1　基于多目标函数的模型–数据驱动 AVO 反演方法的流程

（1）神经网络训练：利用测井数据和井旁道地震数据制作训练样本；将样本地震数据输入构建好的神经网络中，输出预测参数；计算预测参数与样本参数差值的 L_2 范数来控制迭代更新神经网络权系数，直到 L_2 范数收敛时完成神经网络训练。这一步骤与常规数据驱动方法相同，其目标函数为 J_2。

（2）神经网络优化：将真实地震数据输入训练好的神经网络中，输出预测参数；对预测参数进行滤波，保留与初始低频模型相同频带宽度的分量；计算预测参数的低频分量与初始低频模型差值的 L_2 范数来控制迭代优化神经网络权系数，直到 L_2 范数收敛时完成神经网络优化。这一步骤的目标函数为

$$J_3 = \left\| m_{Pre\text{-}Low} - m_{Init} \right\|_2 \tag{26-7}$$

式中：$m_{\text{Pre-Low}}$ 和 m_{Init} 分别为预测参数低频分量和初始低频模型。

（3）神经网络反演：将真实地震数据输入优化后的神经网络中，输出预测参数；利用 Zoeppritz 方程计算反射系数并与地震子波褶积合成地震数据；计算合成地震数据与真实地震数据差值的 L_2 范数来控制迭代更新神经网络权系数，直到 L_2 范数收敛，此时的预测参数即反演结果。这一步骤与模型驱动方法类似，其目标函数为 J_1。

目前常用的神经网络包括卷积神经网络（Convolutional Neural Network，CNN）、循环神经网络（Recurrent Neural Networks，RNN）和全连接神经网络（Full Connected Neural Networks，FCNN）。卷积神经网络中包含卷积层和池化层，具有局部连接和权值共享等优点，能够在减少参数数量的同时尽可能多地提取重要特征，适合处理图像识别等任务；循环神经网络具有包含循环结构的隐藏层，能够考虑数据内部之间的联系，适合处理时序数列的预测等任务；全连接神经网络是神经网络的基本单元。因为有关速度、密度预测的地震数据和测井数据都具有时序数列特征，所以新方法主要利用循环神经网络。当网络层数较多时，常规循环神经网络容易发生"梯度消失"或"梯度爆炸"，导致训练过程中的梯度不能在较深的网络中传递，影响预测精度。为了解决这一问题，我们选择门循环神经网络（Gated Recurrent Units，GRU），它是循环神经网络的一种成功变体（Lipton 等，2015），能够在避免"梯度消失"和"梯度爆炸"的同时，提高计算效率并降低计算内存。门循环神经网络的一个隐藏层的结构如图 26.2 所示。输入 x 后，t 时刻隐藏层内的值分别为

$$Z_t = \text{sig}(Q_Z \cdot [h_{t-1}, X_t]) \tag{26-8}$$

$$I_t = \text{sig}(Q_r \cdot [h_{t-1}, X_t]) \tag{26-9}$$

$$n_t = \tanh(Q_m [I_t \circ h_{t-1}, X_t]) \tag{26-10}$$

$$h_t = (1 - z_t) \circ h_{t-1} + z_t \circ n_t \tag{26-11}$$

式中：h_t 为 t 时刻输出层的值；h_{t-1} 为 $t-1$ 时刻输出层的值；z_t 为 t 时刻更新门的值；I_t 为 t 时刻重置门的值；n_t 为 t 时刻的候选值；Q 为权系数矩阵；[] 为两个向量相连接；$\circ$ 为向量的参数之间相乘；$\tanh$ 为 $\tanh$ 函数，其表达式为

$$\tanh(x) = \frac{e^x - e^{-x}}{e^x + e^{-x}} \tag{26-12}$$

sig 代表 sigmoid 函数，其表达式为

$$\text{sig}(x) = \frac{1}{1 + e^{-x}} \tag{26-13}$$

新方法中的神经网络包括 1 个输入层、4 个隐藏层、1 个全连接层和 1 个输出层。神经网络的训练方法基于反向传播理论，利用随机梯度下降法计算权系数梯度。通常来说，需要对训练样本进行归一化处理以保证所有数据处于同一数量级，便于神经网络权系数的运算，提高神经网络训练的效率。本文采用最大值-最小值归一化方法，其数学表达式为

$$\hat{x}_i = (x_i - x_{\min})/(x_{\max} - x_{\min}) \quad i = 1, 2, \cdots, n \tag{26-14}$$

式中：$x_{\min}$ 和 $x_{\max}$ 分别为 x_i 的最小值和最大值。

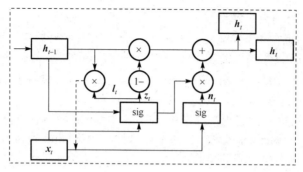

图 26.2　门循环神经网络的一个隐藏层的结构示意

3　模型数据与真实数据试算

我们选取 Marmousi 模型数据和 X 工区的真实数据进行速度、密度反演试算，并利用相对误差定量分析反演结果的精度。神经网络的输入为 8°（1°～15°）、23°（16°～30°）和 38°（31°～45°）角度叠加地震数据。

3.1　模型数据试算

选取 Marmousi 模型内 401 个 CDP 的数据进行试算，其地质模型如图 26.3（a）所示，共包括 13 个层位，对应的纵波速度、横波速度和密度分别如图 26.3（b）、图 26.3（c）和图 26.3（d）所示。基于这些速度和密度，利用 Zoeppritz 方程计算反射系数并与主频为 20Hz 的 Ricker 子波褶积合成叠前地震数据作为真实地震数据。8°、23° 和 38° 角度叠加地震数据如图 26.4（a）、图 26.4（b）和图 26.4（c）所示。抽取第 51 个和第 301 个 CDP 的数据制作伪井，并依次命名为 1 井和 2 井。

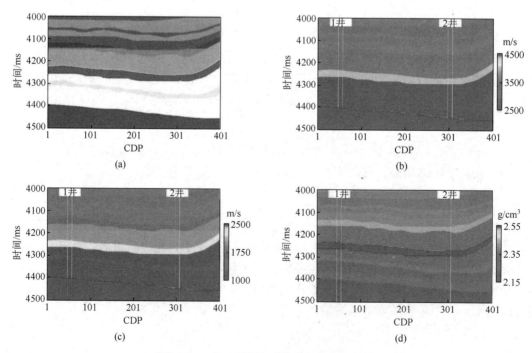

图 26.3　Marmousi 地质模型及其真实参数
（a）地质模型；（b）纵波速度；（c）横波速度；（d）密度。

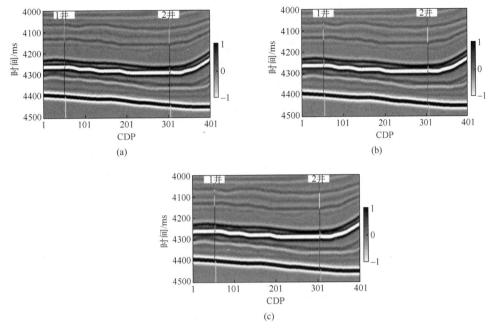

图 26.4　Marmousi 模型的不同角度叠加地震数据
（a）8°；（b）25°；（c）38°。

利用真实地震数据和 1 井的测井数据制作初始低频模型（参数如图 26.5 所示）和训练样本。利用新方法对该模型数据进行速度、密度反演。首先将样本地震数据输入构建好的神经网络中，输出预测参数，计算预测参数与样本参数差值的 L_2 范数来控制更新神经网络权系数，迭代 200 个 epoch 后完成神经网络训练（第一个步骤），并利用训练好的神经网络预测速度和密度，结果如图 26.6 所示，即数据驱动反演方法的预测结果。然后将真实地震数据输入训练好的神经网络中，输出预测参数并对其滤波，保留与初始低频模型相同频带宽度的分量；计算预测参数的低频分量与初始低频模型差值的 L_2 范数，迭代 150 个 epoch 后完成神经网络优化（第二个步骤），利用优化后的神经网络预测速度和密度，结果如图 26.7 所示。最后将真实地震数据输入优化后的神经网络中，输出预测参数；利用 Zoeppritz 方程计算反射系数并与地震子波褶积合成地震数据；计算合成地震数据与真实地震数据差值的 L_2 范数来控制迭代更新神经网络权系数，完成神经网络反演（第三个步骤），结果如图 26.8 所示。由图可见，新方法三个步骤预测、反演的速度和密度均与真实数据匹配度较高，其形态符合已知的地质模型。其中，第三个步骤的反演结果与真实数据最为吻合。

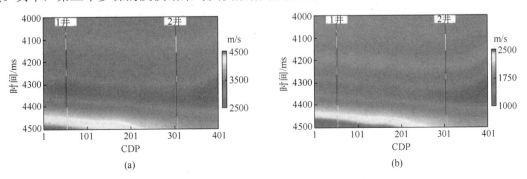

图 26.5　初始低频模型参数

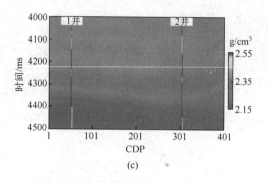

（c）

图 26.5　初始低频参数模型（续）
（a）纵波速度；（b）横波速度；（c）密度。

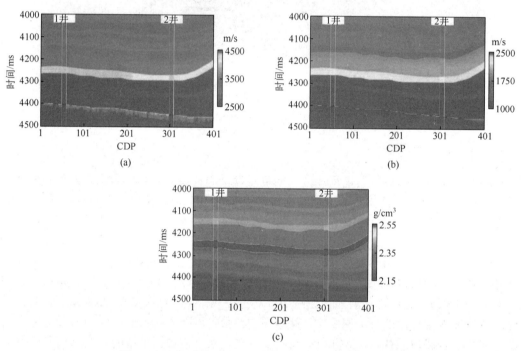

（a）　　　　　　　　　　　　　　（b）

（c）

图 26.6　新方法第一个步骤预测的 Marmousi 模型参数
（a）纵波速度；（b）横波速度；（c）密度。

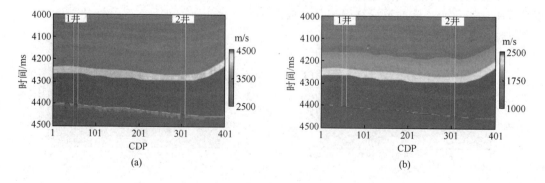

（a）　　　　　　　　　　　　　　（b）

图 26.7　新方法第二个步骤预测的 Marmousi 模型参数

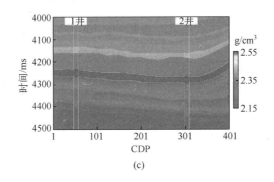

(c)

图 26.7　新方法第二个步骤预测的 Marmousi 模型参数（续）
（a）纵波速度；（b）横波速度；（c）密度。

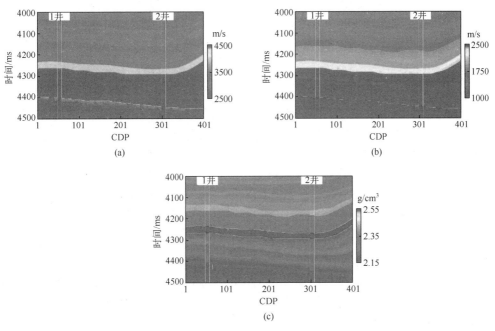

图 26.8　新方法第三个步骤反演的 Marmousi 模型参数
（a）纵波速度；（b）横波速度；（c）密度。

为了更清晰地对比三个步骤预测、反演结果的区别，分别提取了 1 井（参与制作训练样本和初始低频模型）和 2 井（未参与制作训练样本和初始低频模型）的真实数据、初始低频模型、预测结果和反演结果，并展示在图 26.9 中。由图可见，对于 1 井而言，第一个步骤就可以得到与真实数据匹配较好的速度和密度；第二个步骤降低了预测结果的分辨率，但其预测结果仍与真实数据吻合较好；第三个步骤的反演结果曲线与真实数据曲线匹配度最高。对于 2 井而言，第一个步骤可以得到较高分辨率的预测结果，但预测结果与真实数据吻合度不高；第二个步骤降低了预测结果的分辨率，但提高了预测结果与真实数据的匹配度；第三个步骤的反演结果与真实数据吻合最好。此外，我们计算了相对误差来定量分析三个步骤的预测、反演精度，相对误差具体数值如表 26-1 所示。由表可见，对于 1 井而言，三个步骤预测、反演结果的相对误差比较接近。对于 2 井而言，第三个步骤反演结果和第二个步骤预测结果的相对误差远小于第一个步骤（数据驱动）预测结果的相对误差，其中第三个步骤反演结果的相对误差最小，说明反演精度最高。Marmousi 模型试算表明，在训练样本较少的情况下，数据驱动方法只在训练井附近或与训练井数据特征类似的位置保持较高的预测精度，而新方法反演结果总体上具有更高精度。

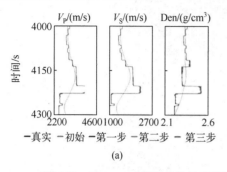
(a)

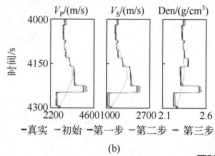
(b)

图 26.9　Marmousi 模型参数的真实数据、初始低频数据、预测结果和反演结果
（新方法的三个步骤）对比（扫码见彩图）
（a）1 井；（b）2 井。

表 26-1　针对 Marmousi 模型地震数据，新方法的三个步骤预测、反演参数的相对误差

井	步骤	V_P/（m/s）	V_S/（m/s）	Den/（g/cm³）
1	1	0.0041	0.0055	0.0060
	2	0.0040	0.0055	0.0059
	3	0.0038	0.0053	0.0056
2	1	0.0132	0.0141	0.0153
	2	0.0072	0.0062	0.0080
	3	0.0048	0.0057	0.0071

　　我们利用基于贝叶斯理论的模型驱动 AVO 反演方法对这个数据进行测试，反演结果如图 26.10 所示。由图可见，相对于新方法的反演结果，模型驱动反演方法的反演结果具有更低的分辨率。为了直观地对比两种方法在反演精度上的差别，分别提取 1 井和 2 井的数据并展示在图 26.11 中。由图可见，新方法的反演结果与真实数据更为接近。此外，我们计算了新方法和模型驱动反演方法结果与真实数据之间的相对误差，具体数值如表 26-2 所示。由表可见，与模型驱动反演方法相比，新方法相对误差更小，表明其精度更高。

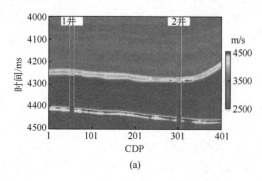
(a)

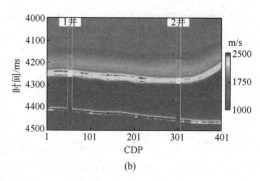
(b)

图 26.10　模型驱动 AVO 反演方法的 Marmousi 模型参数

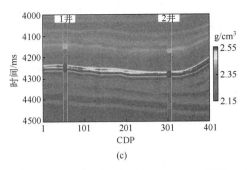

图 26.10　模型驱动 AVO 反演方法的 Marmousi 模型参数（续）
（a）纵波速度；（b）横波速度；（c）密度。

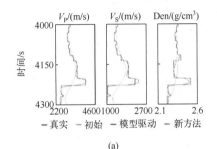

(a)

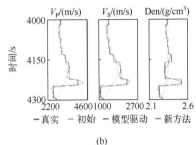

(b)

图 26.11　Marmousi 模型参数的真实数据、初始低频数据和反演结果
（新方法和模型驱动反演方法）对比（扫码见彩图）
（a）1 井；（b）2 井。

表 26-2　针对 Marmousi 模型地震数据，新方法、模型驱动方法反演参数的相对误差

井	方法	V_P（m/s）	V_S（m/s）	Den（g/cm^3）
1	模型驱动	0.0181	0.0221	0.0231
	新方法	0.0038	0.0053	0.0056
2	模型驱动	0.0184	0.0219	0.0207
	新方法	0.0048	0.0057	0.0071

　　为了验证新方法的抗噪能力，我们合成信噪比为 2 的叠前地震数据作为真实地震数据进行试算。图 26.12 为 8°、23° 和 38° 的含噪角度叠加地震数据，图 26.13 为新方法反演得到的弹性参数，可见反演结果具有较高的精度和分辨率。图 26.14 为 1 井和 2 井的真实数据、初始低频模型和反演结果（基于无噪、含噪地震数据），由图可见，受噪声的影响，含噪数据反演结果与真实数据的吻合度略微降低。表 26-3 列出了无噪、含噪地震数据新方法反演结果与真实数据之间的相对误差，可见在信噪比较高时，噪声对反演结果的相对误差影响不大，表明新方法具有较好地抗噪能力。

表 26-3　针对 Marmousi 模型无噪、含噪地震数据，新方法反演参数的相对误差

井	噪声情况	V_P/（m/s）	V_S/（m/s）	Den/（g/cm^3）
1	不含噪	0.0038	0.0053	0.0056
	含噪	0.0051	0.0059	0.0061
2	不含噪	0.0048	0.0057	0.0071
	含噪	0.0057	0.0062	0.0076

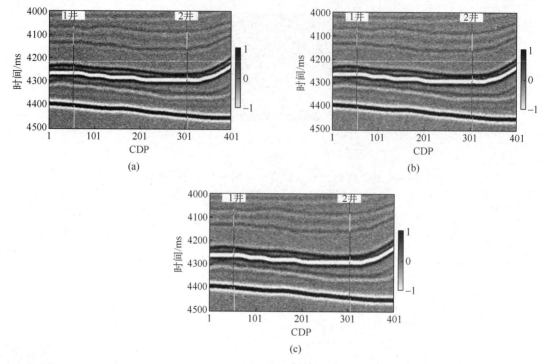

图 26.12　Marmousi 模型的不同含噪角度叠加地震数据
（a）8°；（b）25°；（c）38°。

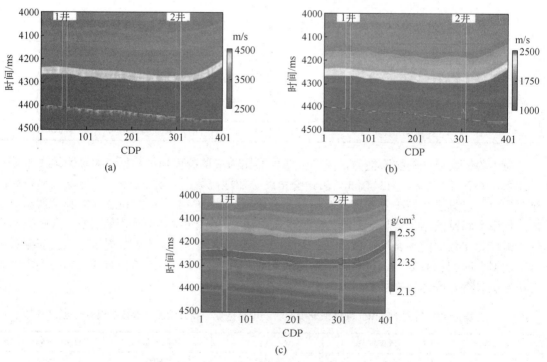

图 26.13　针对 Marmousi 模型含噪地震数据，新方法反演得到的弹性参数
（a）纵波速度；（b）横波速度；（c）密度。

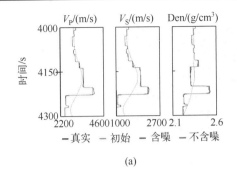
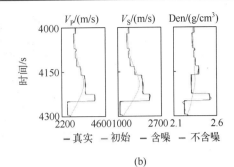

(a)　　　　　　　　　　　　　　(b)

图 26.14　Marmousi 模型参数的真实数据、初始低频数据和反演结果
（基于无噪、含噪地震数据）对比（扫码见彩图）
（a）1 井；（b）2 井。

3.2　实际数据试算

为了进一步验证新方法的实用性和先进性，利用 X 工区的实际数据进行速度、密度反演试算。X 工区目的层段主要为砂泥岩薄互层，对反演结果的分辨率要求较高。实际地震数据包括 401 个 CDP，目的层段时间范围为 2700～3700ms（2ms 采样）。在第 81 个和第 321 个 CDP 进行了测井，两口井依次命名为 A 井和 B 井。由已知测井解释结果可知，A 井的 2900ms、3500ms 和 B 井的 2900ms、3300ms 处分别有一个砂岩层，表现为高速度、高密度。真实的 8°、23° 和 38° 角度叠加地震数据如图 26.15 所示。在反演之前对地震数据进行去噪处理，以提高信噪比。利用去噪后的真实地震数据和 A 井的测井数据制作初始低频模型（图 26.16）和训练样本。提取统计子波并利用模型驱动反演方法和新方法进行反演试算，结果分别展示在图 26.17 和图 26.18 中。两种方法的反演结果均在砂岩处显示了高速度、高密度的特征，与测井解释结果较为吻合。其中，新方法的速度、密度反演结果的分辨率相对较高。为了清晰地对比两种方法的反演精度，分别提取 A 井和 B 井的数据展示在图 26.19 中。新方法反演结果与测井数据一致性更好。此外，我们计算了新方法和模型驱动反演方法反演结果与测井数据之间的相对误差并展示在表 26-4 中。由表可见，相对于模型驱动反演方法，新方法反演结果的相对误差更小，表明精度更高。

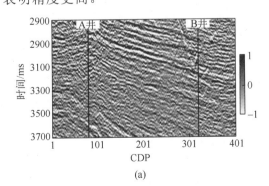
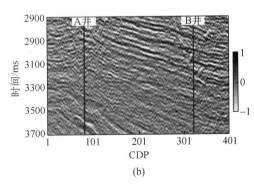

(a)　　　　　　　　　　　　　　(b)

图 26.15　真实不同角度叠加地震数据

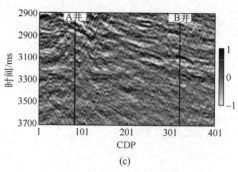

(c)

图 26.15　真实不同角度叠加地震数据（续）
（a）8°；（b）25°；（c）38°。

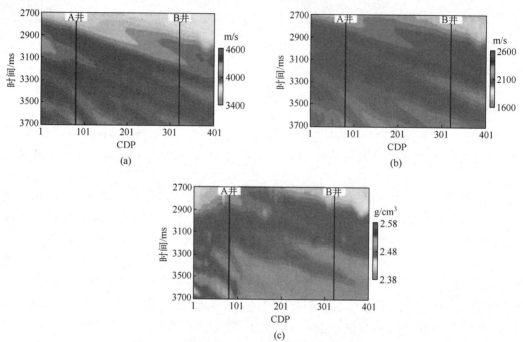

(a)

(b)

(c)

图 26.16　真实数据的初始低频模型
（a）纵波速度；（b）横波速度；（c）密度。

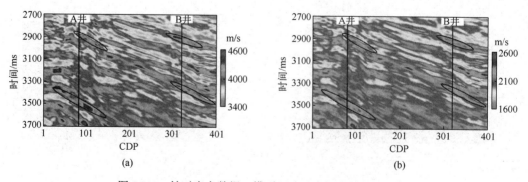

(a)

(b)

图 26.17　针对真实数据，模型驱动反演方法得到的参数

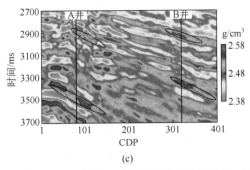

图 26.17　针对真实数据，模型驱动反演方法得到的参数（续）
（a）纵波速度；（b）横波速度；（c）密度。

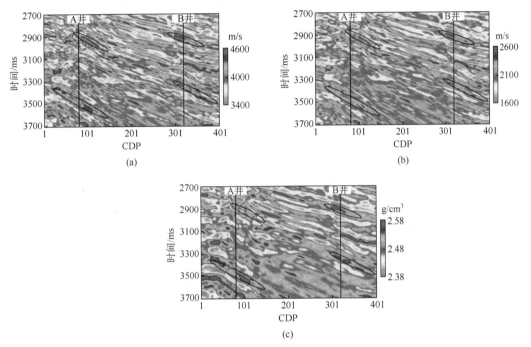

图 26.18　针对真实数据，新方法反演得到的参数
（a）纵波速度；（b）横波速度；（c）密度。

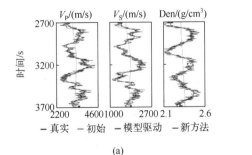

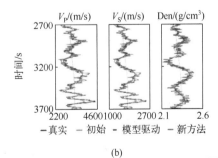

图 26.19　真实数据参数的真实数据、初始低频数据和反演结果
（新方法和模型驱动方法）对比（扫码见彩图）
（a）A 井；（b）B 井。

表 26-4 针对真实地震数据，新方法、模型驱动方法反演参数的相对误差

井	方法	V_P/ (m/s)	V_S/ (m/s)	Den/ (g/cm³)
1	模型驱动	0.0349	0.0351	0.0393
	新方法	0.0093	0.0105	0.0134
2	模型驱动	0.0359	0.0366	0.0412
	新方法	0.0104	0.0113	0.0121

4 结论

本文提出了一种基于多目标函数的模型-数据驱动 AVO 反演方法，该方法主要包括神经网络训练、神经网络优化和神经网络反演三个关键步骤，每个步骤都有独立的目标函数，分别与测井数据、初始低频模型和地震数据有关。Marmousi 模型数据试算结果表明新方法能够在较少训练样本的情况下，得到较高精度、较高分辨率的反演结果，且具有较好的抗噪能力。X 工区的实际数据试算结果表明，新方法能够得到较高精度、较高分辨率的速度和密度，与测井结果吻合较好。需要指出的是，新方法需要较好的初始低频模型。

参考文献

[1] Aki K，Richards P G. Quantitative seismology: theory and methods [M]. San Francisco: W. H. Freeman and Co.，1980.

[2] Alemie W，Sacchi M D. High-resolution three-term AVO inversion by means of a Trivariate Cauchy probability distribution [J]. Geophysics，2011，76（3）: R43-R55.

[3] Biswas R，Sen M K，Das V，et al. Prestack and poststack inversion using a physics-guided convolutional neural network [J]. Interpretation，2019，7（3）: SE161-SE174.

[4] Chen Y，Schuster G T. Seismic inversion by Newtonian machine learning [J]. Geophysics，2020，85（4）: WA185-WA200.

[5] Cheng J，Zhang F，Li X. Nonlinear amplitude inversion using a hybrid quantum genetic algorithm and the exact Zoeppritz equation [J]. Petroleum Science，2021，19（3）: 1048-1064.

[6] Das V，Pollack A，Wollner U，et al. Convolutional neural network for seismic impedance inversion [C]. SEG Technical Program Expanded Abstracts，2018: 2071-2075.

[7] Downton J E，Lines L R. Three term AVO waveform inversion [C]. SEG Technical Program Expanded Abstracts，2004: 215-218.

[8] Fang Y，Zhang F，Wang Y. Generalized linear joint PP-PS inversion based on two constraints [J]. Applied Geophysics，2016，13（1）: 103-115.

[9] Fatti J L，Smith G C，Vail P J，et al. Detection of gas in sandstone reservoirs using AVO analysis: A 3-D seismic case history using the Geostack technique [J]. Geophysics，1994，59（9）: 1362-1376.

[10] Hampson D P，Schuelke J S，Quirein J A. Use of multiattribute transforms to predict log properties from seismic data [J]. Geophysics，2001，66（1）: 220-236.

[11] Hilterman F. Is AVO the seismic signature of lithology? A case history of Ship Shoal-South Addition [J]. The Leading Edge，1990，9（6）: 15-22.

[12] Hu G，Liu Y，Wei X，et al. Joint PP and PS AVO inversion based on Bayes theorem [J]. Applied Geophysics，2011，8（4）: 293-302.

[13] Huang G, Chen X, Luo C, et al. Application of optimal transport to exact Zoeppritz equation AVA inversion [J]. IEEE Geoscience and Remote Sensing Letters, 2018, 15 (9): 1337-1341.

[14] Li Y, Li J, Chen X, et al. Post-stack impedance blocky inversion based on analytic solution of viscous acoustic wave equation [J]. Geophysical Prospecting, 2020, 68 (7): 2009-2026.

[15] Lipton Z C, Berkowitz J, Elkan C. A critical review of recurrent neural networks for sequence learning [DB/OL]. arXiv, 2015, 1506.00019.

[16] Lu J, Yang Z, Wang Y, et al. Joint PP and PS AVA seismic inversion using exact Zoeppritz equations [J]. Geophysics, 2015, 80 (5): R239-R250.

[17] Ostrander W J. Plane-wave reflection coefficients for gas sands at nonnormal angles of incidence [J]. Geophysics, 1984, 49 (10): 1637-1648.

[18] Robinson E A. Predictive decomposition of time series with application to seismic exploration [J]. Geophysics, 1967, 32 (3): 418-484.

[19] Schultz P S, Ronen S, Hattori M, et al. Seismic-guarded estimation of log properties [J]. The Leading Edge, 1994, 13 (7): 770-776.

[20] Shi L, Sun Y, Liu Y, et al. High-order AVO inversion for effective pore-fluid bulk modulus based on series reversion and Bayesian theory [J]. Energies, 2020, 13 (6): 1313.

[21] Smith G C, Gidlow P M. Weighted stacking for rock property estimation and detection of gas [J]. Geophysical Prospecting, 1987, 35 (9): 993-1014.

[22] Wang B, Lin Y, Zhang G, et al. Prestack seismic stochastic inversion based on statistical characteristic parameters [J]. Applied Geophysics, 2021, 18 (1): 63-74.

[23] Wang L, Meng D, Wu B. Seismic inversion via closed-loop fully convolutional residual network and transfer learning [J]. Geophysics, 2020, 86 (5): R671-R683.

[24] Zhong F, Zhou L, Dai R, et al. Improvement and application of preprocessing technique for multitrace seismic impedance inversion [J]. Applied Geophysics, 2021, 18 (1): 54-62.

[25] Zhou L, Li J, Chen X, et al. Prestack amplitude versus angle inversion for Young's modulus and Poisson's ratio based on the exact Zoeppritz equations [J]. Geophysical Prospecting, 2017, 65 (5): 1462-1476.

[26] Zoeppritz K. VII b. Über reflexion und durchgang seismischer wellen durch unstetigkeitsflächen [M]// Nachrichten von der Gesellschaft der Wissenchaften zu Göttingen, Mathematisch-Physikalische Klasse, 1919.

[27] 孙宇航, 刘洋, 陈天胜. 基于无监督深度学习的多波 AVO 反演及储层流体识别[J]. 石油物探, 2020, 60 (3): 385-394.

（本文来源及引用方式：Sun Y, Liu Y. Model-data-driven AVO inversion method based on multiple objective functions [J]. Applied Geophysics, 2021, 18 (4): 525-536.）

论文 27　基于可逆神经网络的低、中频速度和密度 AVO 反演

摘要

神经网络 AVO（Amplitude Variation With Offset）反演是从地震数据中得到弹性参数的重要方法。相比常规 AVO 反演，神经网络 AVO 反演利用了更多的测井数据信息，其反演结果具有更高的精度和分辨率。但这种方法需要大量的、有代表性的训练样本。此外，地震数据中有效低频信息的缺失往往导致反演问题的多解性，这两种反演方法都依赖初始低频参数。为了降低反演对训练样本和初始低频参数的依赖性，本文利用最近提出的可逆神经网络（Invertible Neural Network，INN）来解决反演问题。相比直接求解模糊反演过程的常规神经网络，可逆神经网络主要学习确定的正演过程，并使用额外的潜在变量来储存正演过程中遗失的重要信息，以降低反演的多解性。基于可逆神经网络，我们提出了一种 AVO 反演新方法。该方法使用随机生成的数据集就能够反演得到较高精度、较高分辨率的低、中频速度和密度。合成数据和实际数据测试结果表明该方法具有较好的可行性、抗噪性和实用性。

1　引言

弹性参数在地震数据处理和解释中发挥着重要的作用。AVO 反演是从地震数据中得到弹性参数的一种重要方法。Zoeppritz 方程（Zoeppritz，1919）是 AVO 理论的基础，由于其表达式较为复杂，难以直接用于 AVO 分析和反演。早期的 AVO 反演方法通常以 Zoeppritz 方程的线性近似公式为正演方程，利用最小二乘优化算法等构建目标函数，基于梯度下降法等求解目标函数。由于 AVO 反演问题的病态性和不稳定性，这类方法通常无法提供令人满意的反演结果。基于贝叶斯理论的 AVO 反演方法利用似然函数和具有明确物理意义的先验信息约束目标函数，可以解决这些问题（Hu 等，2011；Shi 等，2020）。

近年来，神经网络迅速发展并被广泛应用。当训练样本充足且具有代表性时，基于常规神经网络的 AVO 反演方法可以得到较高精度、较高分辨率的弹性参数。但在实际生产中，训练样本通常是不足的（Das 等，2019；Biswas 等，2019；Chen 和 Schuster，2020）。此外，地震数据有效低频信息的缺失导致大多数反演方法对中频参数的反演精度较高，对低频参数的反演精度较低。AVO 正演是一对一的过程，由于在正演过程中遗失了某些与参数相关的重要信息；AVO 反演通常是一对多的过程。基于常规神经网络的 AVO 反演方法通常直接拟合反演过程，需要合适的初始低频参数来降低多解性。然而大多数实际工区的测井数据较少，很难建立较高精度的初始低频参数，影响反演结果的精度。与常规的单射神经网络不同，可逆神经网络具有独特的双射结构，可以同时实现正向和反向映射过程。此外，可逆神经网络利用额外的潜在变量储存正向过程中遗失的重要信息，并将其作为反向过程的输入，能够提高反向预测的精度（Ardizzone 等，2019；Rizzuti 等，2020；Padmanabha 和 Zabaras，2021）。综上，本文提出了一种基于可逆神经网络的 AVO 反演新方法，并在合成数据和实际数据上进行了试算。试算结果表明可逆神经网络能够在一定程度上解决反演的多解性问题，新方法

可以利用随机生成的数据集反演得到较高精度的低、中频弹性参数。

2　方法

2.1　AVO 理论

褶积模型是 AVO 理论的核心，不考虑噪声的影响时，褶积模型理论中的地震数据可以表示为（Robinson et al.，1989）

$$d = W * R = W * Gm \tag{27-1}$$

式中：d 为地震数据；W 为地震子波；R 为反射系数；m 为由弹性参数组成的矩阵；G 为 R 和 m 之间的映射矩阵。

式（27-1）的反演过程是由 d 求 m。假设 G 可逆且不考虑地震子波的影响，m 可以表示为

$$m = G^{-1}d \tag{27-2}$$

然而，G 通常不是一个方阵，它的逆矩阵 G^{-1} 往往不可求。

2.2　可逆神经网络

可逆神经网络能够同时计算正向过程和反向过程，它有三个特点：①可逆神经网络的输入数据与输出数据之间的映射是双向的；②正向映射矩阵和反向映射矩阵都是可以计算的；③每个映射矩阵中都包括容易计算的 Jacobian 矩阵。由于可逆神经网络的基本单元是具有两个互补仿射耦合层的可逆块，其正向过程中的输入数据 m 需要被分为 m_1 和 m_2 两部分（Dinh 等，2016）。正向过程中的输出通常由 R 和潜在变量 z 组成，可以表示为（Ardizzone 等，2019）

$$R = m_1 \odot \exp[s_2(m_2)] + t_2(m_2) \tag{27-3}$$

$$z = m_2 \odot \exp[s_1(m_2)] + t_1(R) \tag{27-4}$$

式中：$\odot$ 为矩阵内积；s_i 和 t_i 为激活函数。反向过程的输出 m_1 和 m_2 可以表示为（Ardizzone 等，2019）

$$m_2 = [z - t_1(R)] \odot \exp[-s_1(R)] \tag{27-5}$$

$$m_1 = [R - t_2(m_2)] \odot \exp[-s_2(m_2)] \tag{27-6}$$

此外，由于可逆神经网络是双射的，它的输入和输出必须具有相同的维度。

2.3　基于可逆神经网络的 AVO 反演

如图 27.1（a）所示，对于 AVO 反演问题，常规神经网络通常直接拟合 G^{-1}，利用样本参数和预测参数之间的误差来定义监督损失函数 SL_m。可逆神经网络直接拟合 G，分别定了三个损失函数。首先利用真实地震数据和合成地震数据的误差定义监督损失函数 SL_R；其次利用可逆神经网络正向输出的联合分布与真实地震数据和潜在变量的联合分布之间的误差定义无监督损失函数 USL_z，潜在变量的作用是储存正向过程中遗失的与 m 相关的重要信息；最后利用可逆神经网络的反向输出和正向输入低频分量之间的误差定义无监督损失函数 USL_m，其作用是加速目标函数的收敛。

图 27.1（b）展示了基于可逆神经网络的 AVO 反演流程，主要包括三个步骤，分别作简要介绍。

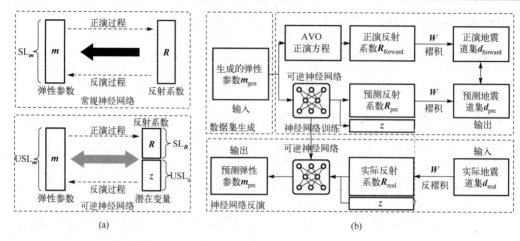

图 27.1　基于可逆神经网络的 AVO 反演方法的示意
（a）不同神经网络的损失函数（adrizzone 等,2019）；（b）基于可逆神经网络的 AVO 反演流程。

第一个步骤是数据集生成。每一个数据集 m_{gen} 的生成都基于四项原则：① m_{gen} 的值域要符合目标工区的数据特征；② m_{gen} 的纵向变化趋势要符合目标工区的地质规律；③ m_{gen} 的频带宽度要略大于地震数据的频带宽度；④ m_{gen} 和待预测参数需要有相同的维度。

第二个步骤是神经网络训练。基于 m_{gen}，利用 AVO 正演方程计算反射系数 R_{forward}，然后将其与地震子波褶积合成地震数据 d_{forward}。上文已经提到，可逆神经网络的输入需要被分为两部分，我们将数据集 m_{gen} 分别滤波为低频分量和中频分量。接着将这两个频率分量输入到可逆神经网络的正向过程中，即可输出预测反射系数 R_{pre} 和潜在变量 z。利用预测反射系数和地震子波褶积合成预测地震数据 d_{pre}。最后基于上述数据分别计算可逆神经网络的三个损失函数，并利用它们更新神经网络的权系数，直到完成神经网络训练。

第三个步骤是神经网络反演。将第二个步骤中输出的潜在变量 z 和真实地震数据输入训练好的可逆神经网络的反向过程中，输出反演结果。为了保证可逆神经网络的输入和输出具有相同的维度，其正向过程的输入包括纵波速度、横波速度和密度，其正向过程的输出包括三个不同的角度叠加地震数据。

在本文中，我们利用零延迟互相关函数计算监督损失函数 SL_R，利用最大均值差函数（Maximum Mean Discrepancy，MMD）计算无监督损失函数 USL_z 和 USL_m。零延迟互相关函数能够避免目标函数陷入局部极值，且具有较好的抗噪性（Wang 等，2019）。最大均值差函数主要是用来对比两个不同的分布，其表达式为（Gretton 等，2012）

$$\text{MMD}^2(\boldsymbol{X},\boldsymbol{Y}) = \frac{1}{n(n-1)}\sum_i\sum_{j\neq i}k(x_i,x_j) - 2\frac{1}{n\cdot n}\sum_i\sum_j k(x_i,x_j) + 2\frac{1}{n(n-1)}\sum_i\sum_{j\neq i}k(y_i,y_j) \quad (27\text{-}7)$$

式中：$\boldsymbol{X}=\{x_1,x_2,\cdots,x_n\}$ 和 $\boldsymbol{Y}=\{y_1,y_2,\cdots,y_n\}$ 分别为待对比的两个分布；n 为分布中元素的数量。

$$k(x,y) = \frac{1}{(1+\|x-y\|_2)} \quad (27\text{-}8)$$

式中：$\|\cdot\|_2$ 为 L_2 范数。

3　算例

我们将新方法应用于合成数据和实际数据进行速度和密度反演试算，运行程序的电脑的配置为 i7-10750H CPU @ 2.60GHz and 2.59GHz。在试算中，利用 sigmoid 激活函数，梯度优化算法为 Adam 算法，学习率为 0.001，正演方程为 Zoeppritz 方程。可逆神经网络的正向输出包括 7°（1°～13°叠加）、20°（14°～26°叠加）和 33°（27°～39°叠加）角度叠加地震数据。此外，我们利用相对误差来定量分析反演的精度，其表达式为

$$\text{Re}(\boldsymbol{m}, \boldsymbol{m}') = \text{abs}(\boldsymbol{m} - \boldsymbol{m}')/\boldsymbol{m}' \tag{27-9}$$

式中：$\boldsymbol{m}$ 和 $\boldsymbol{m}'$ 分别为反演数据和真实数据。

利用 Marmousi 模型的一部分作为合成数据进行反演试算，其包括 200 个 CDP，每一个 CDP 包括 1901 个采样点。图 27.2（a）为真实的速度和密度；图 27.2（b）为三个角度叠加地震数据；图 27.2（c）为部分数据集；图 27.2（d）和图 27.2（e）分别为速度和密度的初始低频模型 1 和初始低频模型 2；图 27.2（f）为新方法反演结果；图 27.2（g）和图 27.2（h）分别为传统方法基于初始低频模型 1 和初始低频模型 2 反演结果；图 27.2（i）为第 601 个 CDP 的真实参数和反演（新方法）参数；图 27.2（j）为第 601 个 CDP 的真实参数、初始参数（模型 1）和反演（传统方法）参数；图 27.2（k）为第 601 个 CDP 的真实参数、初始参数（模型 2）和反演（传统方法）参数。利用图 27.2（a）中的弹性参数计算反射系数（其中，纵波速度、横波速度和密度的最大值分别为 4350m/s、2450m/s 和 2.50g/cm^3，纵波速度、横波速度和密度的最小值分别为 1750m/s、450m/s 和 1.95g/cm^3），并将其与频带参数为 8-12-50-80Hz 的带通子波褶积合成叠前地震数据，然后将叠前地震数据叠加为三个角度叠加地震数据[如图 27.2（b）]。我们首先随机生成 10000 个数据集作为可逆神经网络的正向输入来训练神经网络的权系数，部分数据集如图 27.2(c)所示。经过 300 个 epoch（约 147 分钟）后，完成对可逆神经网络的训练，输出预测反射系数和潜在变量。然后分别利用反射系数与上述地震子波褶积合成样本地震数据和预测地震数据。最后将真实地震数据和潜在变量输入可逆神经网络的反向过程中，即可得到反演结果，如图 27.2(f)所示。此外，我们利用以 Zoeppritz 方程作为正演方程的基于贝叶斯理论的传统 AVO 反演方法作为对比算法。对于该方法，我们提供了两个低频初始模型[图 27.2（d）和图 27.2（e）]。图 27.2（g）和图 27.2（h）分别展示了传统方法基于这两个初始低频模型的反演结果。为了更清晰地分析新方法和传统方法的精度差别，我们提取了第 601 个 CDP 的弹性参数，并将其展示在图 27.2（i）、图 27.2（j）和图 27.2（k）中。由图可见，新方法反演的低、中频参数与真实值吻合良好，其纵波速度、横波速度和密度反演结果与真实值的相对误差分别为 1.89%、2.43%和 2.63%。对于传统方法，基于较好的初始低频模型（模型 2，相对误差分别为 1.90%、4.59%和 5.86%）比基于较差的初始低频模型（模型 1，相对误差为 15.08%、38.11%和 16.73%）反演的精度更高。此外，为了分析新方法的抗噪能力，我们合成了信噪比（SNR）为 2 的含噪角度叠加数据，并将其展示在图 27.3（a）中。图 27.3（b）展示了新方法基于含噪地震数据的反演结果，图 27.3（c）给出了第 601 个 CDP 的参数曲线。新方法反演结果与真实值之间的相对误差分别为 2.03%、3.87%和 3.90%，表明该方法具有较强的抗噪性。

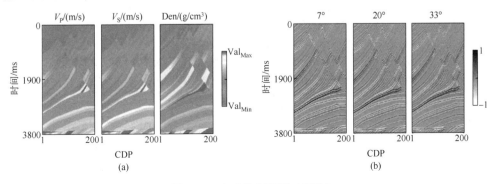

图 27.2　合成数据算例（无噪）

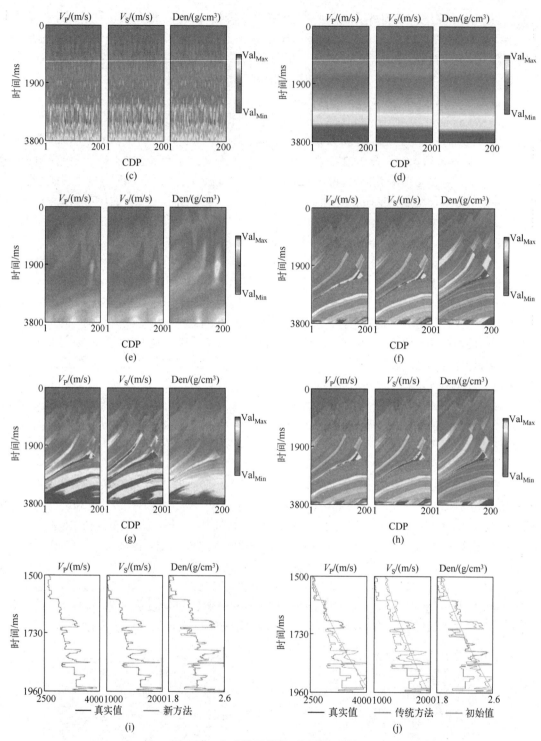

图 27.2　合成数据算例（无噪）（续）

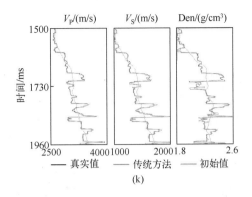

图 27.2　合成数据算例（无噪）（续）

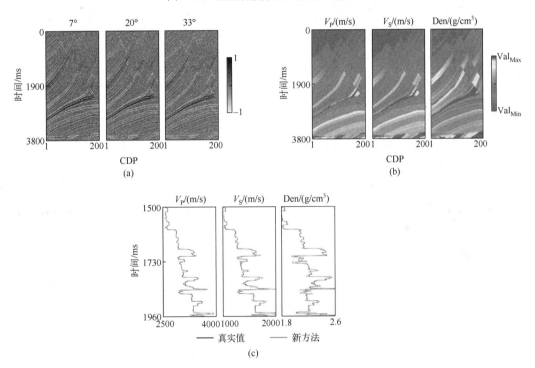

图 27.3　合成数据算例（含噪）

（a）三个含噪角度叠加数据；（b）新方法基于含噪地震数据的反演结果；（c）第 601 个 CDP 的参数曲线。

　　实际数据包括 600 个 CDP，每个 CDP 包括 251 个采样点。我们从实际数据中提取统计地震子波，并根据前文中的原则随机生成 10000 个数据集。由于实际数据的样本数量约为合成数据的十分之一，因此在试算中经过 200 次迭代（约 21 分钟）后就完成神经网络训练。图 27.4（a）为 7°角叠加数据；图 27.4（b）为 20°角度叠加地震数据；图 27.4（c）为 33°角叠加数据；图 27.4（d）、图 27.4（e）和图 27.4（f）分别为新方法反演的纵波速度、横波速度和密度；图 27.4（g）为基于线性初始低频模型的传统方法；图 27.4（h）为传统方法反演的纵波速度；图 27.4（i）为第 140 个 CDP 的测井数据、初始低频数据和反演（新方法）结果；图 27.4（j）为第 140 个 CDP 的测井数据、初始低频数据和反演（传统方法）结果。训练过程中输出的潜在变量和三个真实的角叠加数据［图 27.4（a）、图 27.4（b）和图 27.4（c）］输入训练好的神经网络的反向过程中，输出反演的纵波速度、横波速度和密度，并将其分别展示在图 27.4（d）、图 27.4（e）和图 27.4（f）中。

此外，我们在图 27.4（h）展示了基于线性初始低频模型的传统方法[图 27.4（g）]反演的纵波速度。由图可见，相对于基于线性初始低频模型的传统方法，新方法反演的纵波速度具有更高的分辨率。为了更清晰地对比两者的差别，我们将井位置的测井数据、初始低频模型和反演结果分别展示在图 27.4(i)和图 27.4(j)中。由图可见，新方法反演结果与测井数据的相对误差分别为 4.49%、7.19%和8.08%，传统方法反演结果与测井数据的相对误差分别为 9.42%、14.10%和16.92%。上述分析表明，与基于线性初始低频模型的传统方法相比，新方法使用随机生成的数据集反演的低、中频参数具有更高的精度。

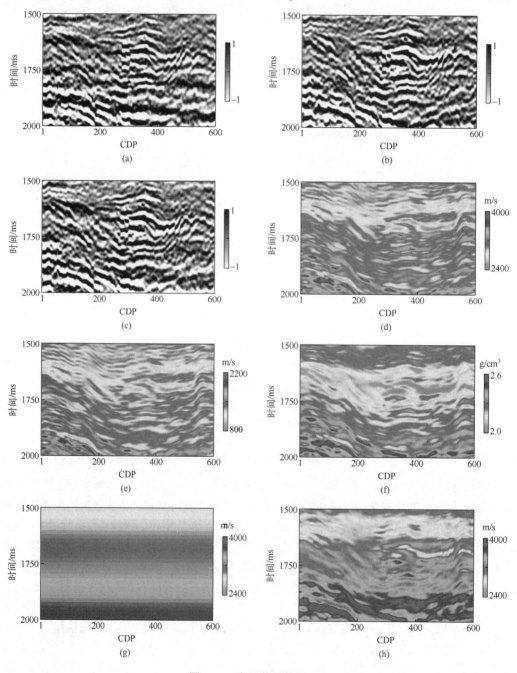

图 27.4　实际数据算例

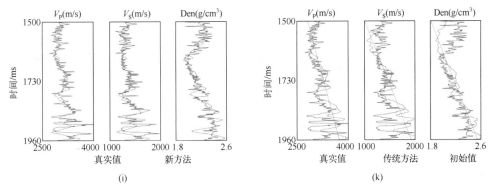

图 27.4　实际数据算例（续）

4　结论

基于可逆神经网络，我们提出了一种通过学习正演过程实现反演的 AVO 反演新方法。该方法利用易于随机生成的数据集代替训练样本和初始低频参数对神经网络进行训练，包括数据集生成、神经网络训练和神经网络反演三个步骤。合成数据和实际数据试算结果表明，该方法能够降低反演对初始低频参数的依赖性，可以反演得到较高精度的低、中频速度和密度。此外，新方法具有较好的抗噪性。

参考文献

[1] ARDIZZONE L，KRUSE J，WIRKERT S，et al. Analyzing inverse problems with invertible neural networks [DB/OL]. 2019，arXiv ，1808.04730.

[2] BISWAS R，SEN M K，DAS V，et al. Prestack and poststack inversion using a physics-guided convolutional neural network [J]. Interpretation，2019，7（3）：SE161-SE174.

[3] CHEN Y，SCHUSTER G T. Seismic inversion by Newtonian machine learning [J]. Geophysics，2020，85（4）：WA185-WA200.

[4] DAS V，POLLACK A，WOLLNER U，et al. Convolutional neural network for seismic impedance inversion [C]. SEG Technical Program Expanded Abstracts，2018.

[5] GRETTON A，BORGWARDT K M，RASCH M J，et al. A kernel two-sample test [J]. Journal of Machine Learning Research，2012，13：723-773.

[6] HU G，LIU Y，WEI X，et al. Joint PP and PS AVO inversion based on Bayes theorem [J]. Applied Geophysics，2011，8（4）：293-302.

[7] PADMANABHA G A，ZABARAS N. Solving inverse problems using conditional invertible neural networks [J]. Journal of Computational Physics，2021，433：110194.

[8] RIZZUTI G，SIAHKOOHI A，WITTE P A，et al. Parameterizing uncertainty by deep invertible networks：An application to reservoir characterization [C]. SEG Technical Program Expanded Abstracts，2020.

[9] ROBINSON E A. Predictive decomposition of time series with application to seismic exploration [J]. Geophysics，1967，32（3）：418-484.

[10] SHI L，SUN Y，LIU Y，et al. High-order AVO inversion for effective pore-fluid bulk modulus based on series reversion and Bayesian theory [J]. Energies，2020，13（6）：1313.

[11] WANG E，LIU Y，JI Y，et al. Q full-waveform inversion based on the viscoacoustic equation [J]. Applied

Geophysics，2019，16（1）：77-91.

[12] ZOEPPRITZ K. VII b. Über reflexion und durchgang seismischer wellen durch unstetigkeitsflächen [M]. Nachrichten von der Gesellschaft der Wissenschaften zu Göttingen，Mathematisch-Physikalische Klasse，1919.

（本文来源及引用方式：SUN Y，LIU Y，ZHANG M，et al. Inversion of low-medium frequency velocities and density from AVO data using invertible neural network [J]. Geophysics，2022，87（3）：A37-A42.）

测井资料智能解释

论文 28　基于 GRU 神经网络的横波速度预测

摘要

　　储层参数与横波速度之间存在一定的相关关系，但是这种关系较复杂，很难得到解析解。为此，构建了 GRU（Gated Recurrent Unit）神经网络方法，主要包括神经网络构建、数据预处理、样本训练和数据预测四个部分，通过训练神经网络逼近横波速度与储层参数之间的关系，利用纵波速度、密度和自然伽马值等储层参数直接预测横波速度。采用 D 区的 30 口井的测井数据训练和测试神经网络，结果表明：①纵波速度、密度和电阻率对数与横波速度呈较好的正相关关系，自然伽马值、孔隙度与横波速度呈负相关关系。②对于多数井训练、少数井验证，训练数据预测的横波速度与真实值的相对误差和相关系数分别约为 3.00% 和 0.9837；测试数据预测的横波速度与真实值的相对误差和相关系数分别约为 3.19% 和 0.9805；对于少数井训练、多数井验证，训练数据预测的横波速度与真实值的相对误差和相关系数分别约为 2.49% 和 0.9867；测试数据预测的横波速度与真实值的相对误差和相关系数分别约为 3.92% 和 0.9686。因此，本文所提方法具有较高预测精度和泛化能力。

1　引言

　　横波速度预测方法主要分为经验公式法和岩石物理建模法。传统的经验公式法通过统计学分析纵、横波速度，拟合得到纵、横波速度关系式，由纵波速度预测横波速度。Pickett（1963）通过分析大量测井数据，得到灰岩的纵、横波速度经验公式。Castagna 等（1985）基于碎屑岩中的纵、横波速度关系，提出了著名的"泥岩线"公式。此外，不同岩石存在不同的纵、横波速度拟合公式（Han 等，1986；Smith 和 Gidlow，1987）。随着勘探技术的发展，传统的经验公式法已经不能满足横波速度预测的精度需求。因此，基于传统经验公式法，人们在拟合过程中加入密度、自然伽马值和电阻率等储层参数，提出了多元回归法（Gal 等，1998；Dvorkin 等，1999；李文成等，2014）。经验公式法容易实现，计算效率高，但拟合关系式反映了大量测井数据的统计规律，在实际应用时存在较大误差。

　　岩石物理建模法主要通过建立岩石物理模型来精确地计算岩石的弹性参数，然后基于弹性参数和横波速度之间的关系计算横波速度。Xu 和 White（1996）基于砂岩和泥岩孔隙的几何形态，提出了砂泥岩储层的等效介质模型——"Xu-White 模型"；随后 Xu 和 Payne（2009）基于该模型估算了碳酸盐岩的孔隙形状，较为精确地预测了横波速度。刘欣欣等（2013）采用自适应遗传算法计算岩石物理模型的弹性参数、预测横波速度并应用于体积模量反演，取得了较好效果。罗水亮等（2016）对 Pride 模型（Pride 等，2004）和 Lee 模型（Lee，2006）进行变形，提出了变形 P-L 模型，利用地震反演预测横波速度。此外，熊晓军等（2012）、唐杰等（2016）和郑旭桢等（2017）基于岩石物理建模预测横波速度，均取得了较好效果。利用岩石物理建模法预测横波速度精度较高，但是算法复杂、所需参数较多，导致计算效率较低。

　　经验公式法和岩石物理建模法都是基于横波速度和其他参数之间的关系，利用其他参数预测横波速度。经验公式法利用储层参数（密度和自然伽马值等）预测横波速度，岩石物理建模法利用弹性参数（体积模量和剪切模量等）预测横波速度，相对而言，储层参数更容易获得。但是在一般情况下，横波速度和弹性参数的关系式较横波速度和储层参数的关系式更准确，因此提高横波速度预测精度和预测效率可以从两方面入手，即建立横波速度和储层参数之间的高精度关系式或提高提取弹性参数的效率，后者目前较难实现。文中主要研究如何精确地建立横波速度和储层参数之间的关系式。

近年来，机器学习技术迅速发展，在不同领域取得了重大进展。机器学习方法主要分为分类、回归和聚类三种，其中回归主要处理和预测时序数列。门循环单元递归神经网络是基于回归思想提出的一种机器学习方法，并已经成功应用于时序数列的分析和预测。通过引入门循环单元递归神经网络，本文提出一种利用储层参数预测横波速度的方法，具体步骤包括神经网络构建、数据预处理、样本训练和数据预测等。选择 D 区测井数据测试，结果表明该方法具有较高精度和较好的适用性。

2 储层参数与横波速度的相关性

储层参数反映了储层的具体特征，与横波速度之间存在必然联系。通常通过测井方法得到储层参数，目前常用的测井方法包括声波时差测井、密度测井、自然伽马测井、中子测井和电阻率测井等。文中主要分析由这些测井方法得到的储层参数（纵波速度、密度、自然伽马值、孔隙度和电阻率）与横波速度之间的相关性。纵、横波速度同时受储层的岩石骨架和孔隙流体影响，因此纵、横波速度之间存在正相关关系；密度直接参与储层体积模量和剪切模量的计算，间接参与横波速度的计算，因此密度与横波速度具有一定相关性；自然伽马值反映了储层骨架中的泥质含量，与横波速度具有正相关关系；孔隙度值反映了储层的地质结构，直接影响横波速度；储层的岩石骨架通常不导电，电阻率主要反映储层的孔隙流体特征，因此也能反映横波速度变化。图 28.1 为 D 区储层参数与横波速度交会图。由图可见：纵波速度[图 28.1（a）]、密度[图 28.1（b）]和电阻率对数[图 28.1（e）]均与横波速度呈正相关（R^2 约为 0.40），其中电阻率对数与横波速度的正相关性最好（$R^2 = 0.4492$）；自然伽马值[图 28.1（c），$R^2 = 0.2241$]、孔隙度[图 28.1（d），$R^2 = 0.3792$]均与横波速度呈负相关，但前者与横波速度的负相关性较弱。

储层参数与横波速度之间存在一定的相关关系，但是这种关系较复杂，很难得到解析解。为此，本文构建了门循环单元递归神经网络方法，通过训练神经网络逼近横波速度与储层参数之间的关系，然后预测横波速度。

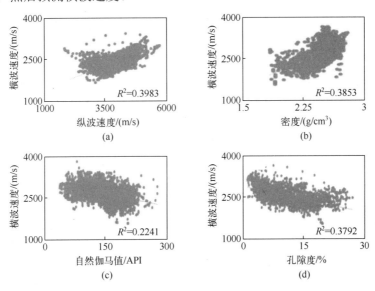

图 28.1　D 区储层参数与横波速度交会图

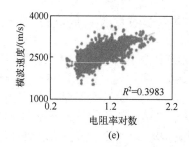

(e)

图 28.1　D 区储层参数与横波速度交会图（续）

（a）纵波速度—横波速度；（b）密度—横波速度；（c）自然伽马—横波速度；（d）孔隙度—横波速度；（e）电阻率对数—横波速度。

3　基于门循环单元递归的横波速度预测方法

3.1　门循环单元递归神经网络理论

门循环单元递归神经网络是长短期记忆神经网络（Long Short Term Memory Network，LSTM）神经网络的一种变体，长短期记忆递归神经网络是在 RNN（Recurrent Neural Network）的基础上发展起来的。递归神经网络是一种成熟的机器学习方法，在处理时序数列方面具有很大优势（Lipton 等，2015）。递归神经网络中包含信号反馈结构，能将 t 时刻的输出信息与 t 时刻之前的信息相关联，具有动态特征和记忆功能。

图 28.2 为递归神经网络结构示意图。由图可见：①递归神经网络结构包括输入层、隐藏层和输出层，其中隐藏层包含反馈结构；②t 时刻的输出值是该时刻及其之前时刻的输入信息共同作用的结果；③递归神经网络能够有效地分析和处理较短的时序数列，但不能分析和处理维度过长的时序数列，否则会产生"梯度消失"或"梯度爆炸"的现象（张国豪和刘波，2019）。针对这一问题，Hocheriter 等（1997）提出了

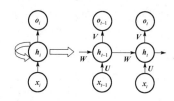

图 28.2　递归神经网络结构示意
（Lipton 等，2015）

一种递归神经网络改进结构长短期记忆神经网络，其隐藏层结构如图 28.3 所示（Jozefowicz 等，2015），图中×表示对两个向量做.运算（下文详细说明），＋表示对两个向量做和运算。长短期记忆递归神经网络基于隐藏层中的记忆单元（遗忘门、输入门和输出门）实现时序上的记忆可控，改善了递归神经网络长期记忆力不足的问题，但其隐藏层的结构过于复杂，样本训练需要花费大量的时间。基于长短期记忆递归神经网络，Cho 等（2014）提出了门循环单元递归神经网络，利用重置门和更新门代替长短期记忆递归神经网络中的遗忘门、输入门和输出门。长短期记忆递归神经网络和门循环单元递归神经网络在隐藏层内具有相似的数据流，但门循环单元递归神经网络中没有单独的存储单元，因此样本训练效率更高。

图 28.4 为门循环单元递归神经网络的隐藏层结构示意图。由图可见：更新门控制前一时刻的信息对当前时刻的影响程度，更新门的值越大，前一时刻的信息对当前时刻的影响越小；重置门控制对前一时刻信息的接收百分比，重置门的值越大，对前一时刻的信息接收的越多。

对于门循环单元递归神经网络的隐藏层，给定输入值 $\boldsymbol{x}_t$ $(t=1,2,\cdots,n)$，则 t 时刻隐藏层的值为（Jozefowicz 等，2015）

$$\boldsymbol{z}_t = g(\boldsymbol{W}_z \cdot [\boldsymbol{h}_{t-1}, \boldsymbol{x}_t]) \tag{28-1}$$

$$r_t = g(W_r \cdot [h_{t-1}, x_t]) \tag{28-2}$$

$$\tilde{h}_t = f(W_{\tilde{h}} \cdot [r_t \circ h_{t-1}, x_t]) \tag{28-3}$$

$$h_t = (1 - z_t) \circ h_{t-1} + z_t \circ \tilde{h}_t \tag{28-4}$$

式中：[] 为两个向量相连接；。为一种矩阵间的计算方法，表示按元素乘，当。作用于两个向量时，运算为

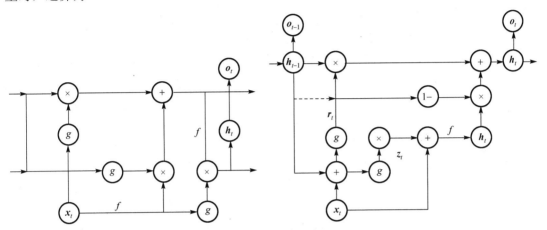

图 28.3　长短期记忆递归神经网络隐藏层结构示　　图 28.4　门循环单元递归神经网络的隐藏层结构示意
意（Jozefowicz 等，2015）　　　　　　　　　　　　（Jozefowicz 等，2015）

$$a \circ b = \begin{bmatrix} a_1 \\ a_2 \\ a_3 \\ \vdots \\ a_n \end{bmatrix} \circ \begin{bmatrix} b_1 \\ b_2 \\ b_3 \\ \vdots \\ b_n \end{bmatrix} = \begin{bmatrix} a_1 b_1 \\ a_2 b_2 \\ a_3 b_3 \\ \vdots \\ a_n b_n \end{bmatrix} \tag{28-5}$$

由式（28-1）～式（28-4）可以看到，门循环单元递归神经网络需要训练的 t 时刻的权重矩阵为 W_z、W_r 和 $W_{\tilde{h}}$，它们分别由两个权重矩阵组合而成，即

$$W_z = W_{zx} + W_{z\tilde{h}} \tag{28-6}$$

$$W_r = W_{rx} + W_{r\tilde{h}} \tag{28-7}$$

$$W_{\tilde{h}} = W_{\tilde{h}x} + W_{\tilde{h}\tilde{h}} \tag{28-8}$$

式中：W_{zx}、W_{rx} 和 W_{hx} 分别为输入值到更新门的权重矩阵、输入值到重置门的权重矩阵和输入值到候选值的权重矩阵；$W_{z\tilde{h}}$、$W_{r\tilde{h}}$ 和 $W_{\tilde{h}\tilde{h}}$ 分别为上一次的候选值到更新门的权重矩阵、上一次的候选值到重置门的权重矩阵和上一次的候选值到候选值的权重矩阵。

门循环单元递归神经网络的训练方法基于反向传播理论，主要包括四个步骤。

① 前向计算每个神经元的输出值。

② 反向计算每个神经元的误差。门循环单元递归神经网络误差项的反向传播包括两个方面：一个是沿时间的反向传播，即从当前时刻起，计算每个时刻的误差项；另一个是将误差项传递到上一层。

③ 根据误差项，利用优化算法计算相应的权重梯度。

④ 利用得到的梯度更新权重。本文采用随机梯度下降法（Stochastic Gradient Descent，SGD）计算权重梯度。普通的批量梯度下降法（Batch Gradient Descent，BGD）在每次迭代过程中把所有的样本都计算一遍，然后更新梯度；随机梯度下降算法是从样本中随机抽出一组进行计算然后更新梯度。相对于批量梯度下降法算法，随机梯度下降算法既能够较好地避免在计算过程中陷入局部极值，又不需要在每次迭代过程中计算所有样本，能够兼顾计算效率和计算精度。

h_t 为 t 时刻隐藏层的值，h_{t-1} 为 t 时刻之前隐藏层的值；o_t 为 t 时刻输出层的值，o_{t-1} 为 t 时刻之前输出层的值；U 为输入层到隐藏层的权重矩阵；V 为隐藏层到输出层的权重矩阵；W 为隐藏层上一次的值作为这一次输入的权重矩阵；每一个圆圈代表一个神经元。对于常规的递归神经网络隐藏层，当给定输入值 x_t $(t=1,2,\cdots,n)$ 时，t 时刻隐藏层、输出层的输出值分别为 $o_t = g(V \cdot h_t)$、$h_t = f(U \cdot x_t + W \cdot h_{t-1})$，其中 $g = \mathrm{sigmoid}(x) = \dfrac{1}{1+\mathrm{e}^{-x}}$，$f = \tanh(x) = \dfrac{\mathrm{e}^x - \mathrm{e}^{-x}}{\mathrm{e}^x + \mathrm{e}^{-x}}$。

$1-$ 表示用 1 减去每一个元素。对于 t 时刻更新门的值 z_t，取值越大表示 t 时刻隐藏层的值 h_t 受 $t-1$ 时刻隐藏层的值 h_{t-1} 影响越小，受 t 时刻的候选值 $\tilde{h}_t$ 影响越大。如果 z_t 的取值近似为 1，表示 $t-1$ 时刻隐藏层的值 h_{t-1} 对 t 时刻隐藏层的值 h_t 没有贡献，更新门有利于更好地体现时序数列中时间间隔较长的数据对当前时刻的影响。对于 t 时刻重置门的值 r_t，取值越大表示 t 时刻的候选值 $\tilde{h}_t$ 受 $t-1$ 时刻隐藏层的值 h_{t-1} 影响越大。如果 r_t 的取值近似为 0，表示 $t-1$ 时刻隐藏层的值 h_{t-1} 则对 t 时刻的候选值 $\tilde{h}_t$ 没有贡献，重置门有利于更好地体现时序数列中时间间隔较短的数据对当前时刻的影响。

3.2　横波速度预测方法

图 28.5 为基于门循环单元递归神经网络构建的横波速度预测流程。包括输入层、隐藏层和输出层，输入层对储层参数进行异常值处理和归一化处理，并将处理后数据输入到隐藏层。归一化是为了限定输入数据的最大值和最小值不超过隐藏层函数和输出层函数的限定范围。本文采用的归一化公式为

$$x_i = \frac{x_i - x_{\min}}{x_{\max} - x_{\min}} \quad i = 1, 2, \cdots, n \qquad (28\text{-}9)$$

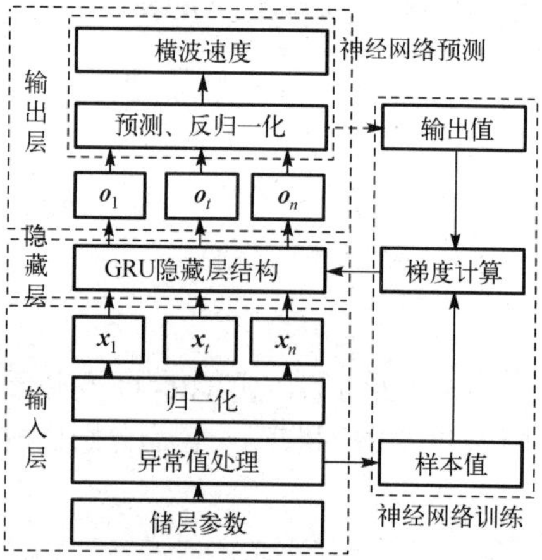

式中：$x_{\min}$ 和 $x_{\max}$ 为 x_i 的最小值和最大值。

图 28.5　基于门循环单元递归神经网络构建的横波速度预测流程

当训练神经网络时，隐藏层接收数据并利用构建好的门循环单元递归神经网络计算，将计算结果传递给输出层；输出层接收计算结果并进行反归一化，提供输出值；将输出结果与样本值比较，迭代更新隐藏层的权重系数直至训练结束。进行神经网络预测时，隐藏层接收数据并利用训练好的门循环单元递归神经网络计算，将计算结果传递给输出层；输出层接收计算结果并进行反归一化，提供横波速度信息。

4　横波速度预测试算

利用 D 区的 30 口井的测井数据预测横波速度，将这些井按顺序从 1 到 30 编号（图 28.6）。

30 口井的测井资料（共 90000 个实测样本点）包括纵波速度、密度、自然伽马值、孔隙度、电阻率和横波速度数据。对测井数据进行异常值处理和归一化处理，使这些数据的值域为（0，1），然后将其分为 90000 个二维数组，每个二维数组包括输入值和样本值两部分，其中输入值为 x_t =（纵波速度，密度，自然伽马值，孔隙度，电阻率），样本值=（横波速度）。每次迭代的输出结果为 o_t =（横波速度），其中井 1 包含3000 个数据点（图 28.7）。本文采用 Matlab 编程语言构建模型，在构建门循环单元递归神经网络时，经过反复迭代、测试，在同时考虑计算效率和精度的情况下，选择具有一个输入层、

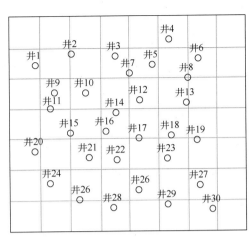

图 28.6　井位分布示意

三个隐藏层和一个输出层的神经网络结构。其中学习率为 0.02，激活函数为 sigmoid 函数和tanh 函数，利用随机梯度下降优化目标函数。为了检验预测效果，对比本文方法、经验公式法（下文简称公式法）和基于最小平方的横波速度拟合法（王维红等，2019）（下文简称拟合法）的预测结果，以相对误差和相关系数作为评价标准。

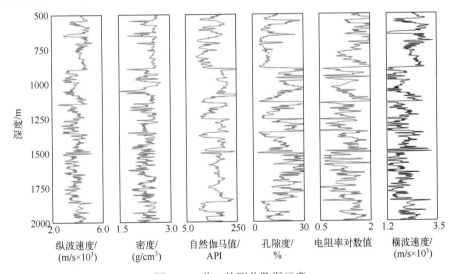

图 28.7　井 1 的测井数据示意

为了验证本文方法的预测精度和泛化能力，分别做多数井训练、少数井验证和少数井训练、多数井验证的试算。

4.1　多数井训练、少数井验证试算

利用 24 口井数据训练、6 口井数据验证，并采用交叉验证的方法检验本文方法的预测精度和泛化能力。

① 选择井 2、井 5、井 13、井 15、井 23 和井 24 的测井数据作为测试样本，其他测井数据作为训练样本。

将训练样本对应的 72000 个二维数组依次输入构建好的神经网络中，对神经网络训练。

然后将测试样本对应的 18000 个二维数组依次输入训练好的神经网络中，输出预测横波速度并与实际横波速度、基于"公式法"预测的横波速度和基于"拟合法"预测的横波速度对比。表 28-1 为井 2、井 5、井 13、井 15、井 23 和井 24 的测井数据作为测试样本的横波速度预测相对误差。由表 28-1 可见，对于训练数据，本文方法的相对误差约为 3.00%，小于"拟合法"（4.09%）和"公式法"（4.81%）；对于测试数据，本文方法的相对误差略有增大，约为 3.19%，仍低于"公式法"和"拟合法"。表 28-2 为井 2、井 5、井 13、井 15、井 23 和井 24 的测井数据作为测试样本的横波速度预测值与实际值的相关系数。由表 28-2 可见，对于训练数据，本文方法的预测结果与实际值的相关系数平均值为 0.9837，大于"拟合法"（0.9638）和"公式法"（0.9526）；对于测试数据，本文方法的相关系数略有减小，平均值为 0.9805，仍大于"公式法"和"拟合法"。

表 28-1　井 2、井 5、井 13、井 15、井 23 和井 24 的测井数据作为测试样本的横波速度预测相对误差

项目	训练井					测试井				
井号	1	6	14	19	26	2	13	15	23	24
本文方法/%	2.967	2.998	3.047	2.971	3.049	3.228	3.162	3.168	3.200	3.184
拟合法/%	4.047	4.005	4.449	3.991	3.978	4.260	4.027	4.428	4.051	4.223
公式法/%	4.832	4.770	4.868	4.919	4.644	4.938	4.746	4.769	4.625	4.693

表 28-2　井 2、井 5、井 13、井 15、井 23 和井 24 的测井数据作为测试样本的横波速度预测值与实际值的相关系数

项目	训练井					测试井				
井号	1	6	14	19	26	2	13	15	23	24
本文方法	0.9826	0.9849	0.9841	0.9834	0.9833	0.9807	0.9795	0.9814	0.9799	0.9810
拟合法	0.9629	0.9664	0.9636	0.9647	0.9613	0.9612	0.9634	0.9661	0.9667	0.9675
公式法	0.9466	0.9590	0.9510	0.9554	0.9510	0.9484	0.9522	0.9453	0.9495	0.9500

② 选择井 3、井 8、井 11、井 18、井 21 和井 29 的测井数据作为测试样本，其他测井数据作为训练样本。

将训练样本对应的 72000 个二维数组和测试样本对应的 18000 个二维数组按照上文的顺序依次输入，由相对误差（表 28-3）和相关系数（表 28-4）可以看出：①对于训练数据，本文方法的相对误差平均值为 3.01%，小于"拟合法"（4.10%）和"公式法"（4.69%）；本文方法的相关系数平均值为 0.9839，大于"拟合法"（0.9655）和"公式法"（0.9499）。②对于测试数据，本文方法的相对误差略有增大，相关系数略有减小，平均值分别为 3.20% 和 0.9797。

表 28-3　井 3、井 8、井 11、井 18、井 21 和井 29 的测井数据作为测试样本横波速度预测相对误差

项目	训练井					测试井				
井号	2	4	10	23	25	3	8	11	18	29
本文方法/%	3.007	3.002	3.020	2.970	3.039	3.168	3.242	3.175	3.207	3.210
拟合法/%	4.290	3.964	4.013	4.083	4.146	4.152	4.021	4.171	4.006	3.963
公式法/%	4.809	4.620	4.718	4.762	4.565	4.851	4.880	4.566	4.831	4.624

表 28-4　井 3、井 8、井 11、井 18、井 21 和井 29 的测井数据作为测试样本横波速度
预测值与实际值的相关系数

项目	训练井					测试井				
井号	2	4	10	23	25	3	8	11	18	29
本文方法	0.9828	0.9824	0.9850	0.9848	0.9847	0.9791	0.9808	0.9791	0.9804	0.9793
拟合法	0.9682	0.9562	0.9679	0.9673	0.9680	0.9636	0.9696	0.9712	0.9666	0.9622
公式法	0.9510	0.9499	0.9501	0.9471	0.9512	0.9573	0.9475	0.9574	0.9488	0.9561

③ 选择井 4、井 9、井 12、井 20、井 22 和井 27 的测井数据作为测试样本，其他测井数据作为训练样本。

将训练样本对应的 72000 个二维数组和测试样本对应的 18000 个二维数组依次输入，由相对误差（表 28-5）和相关系数（表 28-6）可以看出：无论是训练数据还是测试数据，本文方法的相对误差小于"拟合法"和"公式法"，相关系数大于"拟合法"和"公式法"。

表 28-5　井 4、井 9、井 12、井 20、井 22 和井 27 的测井数据作为测试样本的横波速度预测相对误差

项目	训练井					测试井				
井号	3	8	15	24	30	4	9	20	22	27
本文方法/%	2.974	2.961	3.035	2.958	2.975	3.231	3.233	3.209	3.230	3.214
拟合法/%	4.386	4.102	4.291	4.286	4.035	4.289	4.088	4.364	4.223	4.171
公式法/%	4.726	4.707	4.661	4.866	4.708	4.636	4.708	4.642	4.599	4.707

表 28-6　井 4、井 9、井 12、井 20、井 22 和井 27 的测井数据作为测试样本的横波速度
预测值与实际值的相关系数

项目	训练井					测试井				
井号	3	8	15	24	30	4	9	20	22	27
本文方法	0.9831	0.9849	0.9850	0.9851	0.9836	0.9796	0.9792	0.9789	0.9801	0.9803
拟合法	0.9682	0.9662	0.9613	0.9651	0.9693	0.9626	0.9693	0.9697	0.9649	0.9701
公式法	0.9484	0.9536	0.9463	0.9470	0.9512	0.9521	0.9476	0.9557	0.9543	0.9499

通过以上交叉验证算例可以看出，本文方法预测的横波速度与真实横波速度的相对误差更小、相关系数更大，证明了方法具有较高的预测精度和泛化性。

4.2　少数井训练、多数井验证试算

为了进一步验证本文方法的泛化能力，利用 10 口井数据训练、20 口井数据测试。选择井 2、井 4、井 7、井 8、井 9、井 14、井 19、井 20、井 22 和井 29 的测井数据作为训练样本，其他测井数据作为测试样本。

将训练样本对应的 30000 个二维数组依次输入构建好的神经网络中，对神经网络训练。然后将测试样本对应的 60000 个二维数组依次输入训练好的神经网络中，输出预测横波速度并与实际横波速度、基于"公式法"预测的横波速度和基于"拟合法"预测的横波速度对比。表 28-7 为井 2、井 4、井 7、井 8、井 9、井 14、井 19、井 20、井 22 和井 29 的测井数据作为训练样本的横波速度预测相对误差。由表 28-7 可见，对于训练数据，本文方法的相对误差平均值为 2.49%，小于

多数井训练、少数井验证；对于测试数据，本文方法的相对误差平均值为 3.91%，大于多数井训练、少数井验证。这是由减少了训练样本的数量，增加了测试集的样本数量所致的。但总体来说，本文方法的相对误差仍小于"拟合法"和"公式法"。表 28-8 为井 2、井 4、井 7、井 8、井 9、井 14、井 19、井 20、井 22 和井 29 的测井数据作为训练样本的横波速度预测值与实际值的相关系数。由表 28-8 可见，对于训练数据，本文方法的相对误差和相关系数分别为 2.49% 和 0.9867，预测结果好于"拟合法"和"公式法"；对于测试数据，本文方法的相对误差和相关系数分别为 3.92% 和 0.9686，预测结果与"拟合法"相当，好于"公式法"。图 28.8 为横波速度预测值和真实值，从左至右依次为训练井 2、训练井 29、测试井 5 和测试井 25。由图 28.8 可见，预测横波速度和实际横波速度曲线趋势一致，具有很好的匹配度。图 28.9 为横波速度绝对误差图，从左至右依次为训练井 2、训练井 29、测试井 5 和测试井 25。由图 28.9 可见，训练井的绝对误差值小于 110m/s，测试井的绝对误差值小于 150m/s，表明文中方法的实用性较好。

表 28-7　井 2、井 4、井 7、井 8、井 9、井 14、井 19、井 20、井 22 和井 29 的测井数据作为训练样本的横波速度预测相对误差

项目	训练井					测试井				
井号	4	8	19	22	29	1	6	15	18	28
本文方法/%	2.721	2.324	2.274	2.653	2.475	3.906	3.949	3.841	3.915	3.962
拟合法/%	4.045	4.368	4.043	4.419	4.047	4.326	4.138	4.300	4.296	4.221
公式法/%	4.604	4.781	4.719	4.616	4.911	4.770	4.698	4.816	4.922	4.629

表 28-8　井 2、井 4、井 7、井 8、井 9、井 14、井 19、井 20、井 22 和井 29 的测井数据作为训练样本的横波速度预测值与实际值的相关系数

项目	训练井					测试井				
井号	4	8	19	22	29	1	6	15	18	28
本文方法	0.9897	0.9854	0.9863	0.9861	0.9858	0.9670	0.9679	0.9684	0.9740	0.9658
拟合法	0.9677	0.9672	0.9599	0.9658	0.9678	0.9667	0.9665	0.9648	0.9650	0.9660
公式法	0.9486	0.9557	0.9531	0.9497	0.9503	0.9575	0.9488	0.9522	0.9534	0.9551

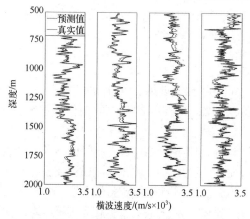

图 28.8　横波速度预测值和真实值

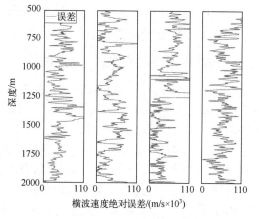

图 28.9　横波速度绝对误差

5　结束语

本文提出了一种基于门循环单元递归神经网络的横波速度预测方法,利用 D 区的测井数据训练、测试,得到以下认识。

① 横波速度与纵波速度、密度和自然伽马值等储层参数之间存在一定的相关性。纵波速度、密度和电阻率对数与横波速度呈较好的正相关关系。自然伽马值、孔隙度与横波速度呈负相关关系。

② 利用本文提出的横波速度预测方法对实际测井数据试算时,基于训练数据预测的横波速度相对误差约为 3.0%,小于"拟合法"和"公式法";预测的横波速度与真实值的相关系数约为 0.984,大于"拟合法"和"公式法"。基于训练数据预测的横波速度相对误差约为 3.2%,小于"拟合法"和"公式法";预测的横波速度与真实值的相关系数约为 0.980,大于"拟合法"和"公式法"。因此,本文提出的横波速度预测方法具有较高的预测精度和泛化能力。

尚需指出,本文方法虽能较为准确地预测横波速度,但仍然存在两个主要问题。

① 本文提出的门循环单元递归神经网络方法是一种有监督的机器学习方法,其预测精度依赖于训练样本的精度,若训练样本的精度不够,则不能得到精确的预测结果。因此,有必要研究一种基于无监督思想的横波速度预测方法。

② 本文采用随机梯度下降算法更新梯度的速度相对较快,但由于单个样本的训练大多会带来很多噪声,因此随机梯度下降算法的每次迭代并不都是向着整体最优化的方向进行,易造成早期收敛快、晚期收敛慢的结果。

参考文献

[1] Castagna J P,Batzle M L,Eastwood R L. Relationships between compressional-wave and shear-wave velocities in clastic silicate rocks [J]. Geophysics,1985,50(4):571-581.

[2] Cho K,Van Merrienboer B,Bahdanau D,et al. On the properties of neural machine translation:Encoder-decoder approaches [DB/OL]. arXiv,2014,1409.1259.

[3] Dvorkin J,Prasad M,Sakai A,et al. Elasticity of marine sediments:Rock physics modeling [J]. Geophysical Research Letters,1999,26(12):1781-1784.

[4] Gal D,Dvorkin J,Nur A. A physical model for porosity reduction in sandstones [J]. Geophysics,1998,63(2):454-459.

[5] Han D,Nur A,Morgan D. Effect of porosity and clay content on wave velocity in sandstones [J]. Geophysics,1986,51(11):2093-2107.

[6] Hocheriter S,Schmidhuber J. Long short-term memory [J]. Neural Computation,1997,9(8):1735-1780.

[7] Jozefowicz R,Zaremba W,Sutskever I. An empirical exploration of recurrent network architectures [C]. Proceedings of the 32nd International Conference on Machine Learning(PMLR),2015,37:2342-2350.

[8] Lee M W. A simple method of predicating S-wave velocity [J]. Geophysics,2006,71(6):F161-F164.

[9] Lipton Z C,Berkowitz J,Elkan C. A critical review of recurrent neural networks for sequence learning [DB/OL]. arXiv,2015,1506.00019.

[10] Pickett G R. Acoustic character logs and their application in formation evaluation [J]. Transactions of the Society of Petroleum Engineers of Aime,1963,228(6):659-667.

[11] Pride S R,Berryman J G,Harris J M. Seismic attenuation due to wave-induced flow [J]. Journal of Geophysical Research Solid Earth,2004,109(B1):247-278.

[12] Smith G C，Gidlow P M. Weighted stacking for rock property estimation and detection of gas [J]. Geophysical Prospecting，1987，35（9）：993-1014.

[13] Xu S，Payne M A. Modeling elastic properties in carbonate rocks [J]. The Leading Edge，2009，28（1）：66-74.

[14] Xu S，White R E. A Physical Model for Shear-wave Velocity Prediction [J]. Geophysics，1996，44（4）：687-717.

[15] 李文成，彭嫦姿，杨鸿飞. 横波预测技术在 YB 地区的应用 [J]. 地球物理学进展，2014，29（4）：1695-1700.

[16] 刘欣欣，印兴耀，张峰. 一种碳酸盐岩储层横波速度估算方法 [J]. 中国石油大学学报（自然科学版），2013，37（1）：42-49.

[17] 罗水亮，杨培杰，胡光明，等. 基于变形 P-L 模型的矩阵方程迭代精细横波预测[J]. 地球物理学报，2016，59（5）：1839-1848.

[18] 唐杰，王浩，姚振岸，等. 基于岩石物理诊断的横波速度估算方法 [J]. 石油地球物理勘探，2016，51（3）：537-543.

[19] 王维红，包培楠，陈国飞，等. 基于最小平方的横波速度拟合及应用 [J]. 地球物理学进展，2019，34（5）：1924-1929.

[20] 熊晓军，林凯，贺振华. 基于等效弹性模量反演的横波速度预测方法 [J]. 石油地球物理勘探，2012，47（5）：723-727.

[21] 张国豪，刘波. 采用 CNN 和 Bidirectional GRU 的时间序列分类研究 [J]. 计算机科学与探索，2019，13（6）：916-927.

[22] 郑旭桢，王涛，刘钊，等. 泥岩基质弹性参数对 Xu-White 模型横波速度估算的影响 [J]. 石油地球物理勘探，2017，52（5）：990-998.

（本文来源及引用方式：孙宇航，刘洋. 基于 GRU 神经网络的横波速度预测方法 [J]. 石油地球物理勘探，2020，55（3）：484-492，503.）

论文 29　基于迁移学习的地球物理测井储层参数预测方法研究

摘要

随着大数据和机器学习的成熟和推广应用，人工神经网络在地球物理测井预测储层参数中得到重视。本文引入迁移学习进行测井储层参数预测，以孔隙度预测神经网络模型和孔隙度含水饱和度联合预测神经网络模型为基础模型，分别以渗透率及含水饱和度预测为目标任务进行迁移学习，以提升储层参数预测效果和效率。文中详细阐述了基于迁移学习的测井储层参数预测方法，并使用 64 口井的测井数据进行储层参数预测效果分析。结果表明，使用迁移学习后，渗透率模型预测效果最高可以提升 58.3%；含水饱和度模型预测效果最高可以提升近 40%，且最大可以节省 60% 的计算资源；以孔隙度预测模型为基础模型时更适合使用参数冻结的训练方式，以孔隙度含水饱和度联合预测模型为基础模型时更适合使用参数微调的训练方式。

1　引言

储层孔隙度、渗透率、含油气饱和度等是描述油气层和油气藏的关键参数，地球物理测井是在井下获取油气储层参数的主要手段。以往利用测井曲线预测储层参数是基于岩石物理学知识，构建体积模型和响应方程，求解得到储层参数（Ellis 和 Singer，2007）。其优点是数据之间的关系明确、机制清楚、可解释性强；缺点是只能对已知的物理关系构建响应方程，未知的物理机制可能被忽略（Karianne 等，2019）。在实际井下探测中，电、声、核辐射及核磁共振等方法的响应机制往往带有很强的不确定性，对岩石物理机理模型的应用产生困难。

随着大数据和机器学习的成熟和推广应用，人工神经网络在地球物理测井预测储层参数中得到重视。构建合适的网络模型，辅以大量数据的训练，可以映射地球物理测井数据与储层参数之间的关系，无须相应的地质地球物理及岩石物理学知识（Karianne 等，2019）。前人已经做了大量探索性研究，并取得了一些进展，如 Korjani 等（2016）提出使用深度神经网络方法预测物性参数。Zhang 等（2018）将长短期记忆神经网络（LSTM）引入测井曲线合成，真实测井数据验证结果显示，相较于全连接神经网络（FCNN）合成的测井曲线，长短期记忆神经网络合成的测井曲线精度更高，更适合解决复杂问题。Gu 等（2019）提出包含粒子群算法和支持向量机的混合数据驱动模型，并在实验测试中取得较好的渗透率预测效果。安鹏等（2019）将长短期记忆神经网络（LSTM）引入测井储层参数预测，相较于支持向量回归算法分别提升了孔隙度与泥质含量的预测效果。金永吉等（2021）使用遗传神经网络重构测井曲线，取得了比传统方法更好的效果。毕丽飞等（2021）提出了一种基于标签传播的岩性预测半监督学习方法，使用"聚类人工标注伪标注分类"的框架进行岩性预测的半监督学习，提升岩性预测模型在样本数量少的类别上的准确率。白洋等（2021）提出了一种致密砂岩气藏动态分类委员会机器测井流体识别方法，该方法将无监督与有监督学习相结合，引入门网络提高了数据集利用效率，避免了数据集分布不均衡对模型构建的影响，同时采用投票机制集成多种专家，建立了子模型与专家的适应关系，流体识别模型预测精度和泛化能力大大提高。孙永壮和黄鋆（2021）使用多任务学习，输入测井曲线，同时输出岩性预测成果和横波速度，提升横波速度预测效果。多任务学习可以看作归约迁移（Dietterich 等，1997）。Wang 等（Wang 等，2020；Wang 等，2021）使用理论指导的神经网络模型（TgNN）解决地下水流问题，结果表明理论指导的神经网络模型相较于深度神经网络模型具有更高的精度，且在处理复杂数据及高噪声数据上有较好的表现。Xu 等（2021）提出了弱形式理论指导的神经网络（TgNN-wf）用于地下单相流和两相流的深度学习方法，相较于理论指导的神经网络模型，弱形式理论指导的神经网络的精度更高、训练速度更快，对噪声具有较强的鲁棒性。机器学习在地球物理测井中逐渐展现的优势使许多学者对它的发展持乐观态度（Tang 等，2021；廖广志等，2020；王等，2020）。

现有的机器学习在地球物理测井中的应用大多考虑从模型类型选择、结构调整、参数设置、数据处理等方面提升测井储层参数预测效果（Gu 等，2019；安鹏等，2019）。这些研究通过实验证明某种模型类型或模型结构可以提升储层参数的预测效果，但忽略了储层参数之间的相关性对预测效果的提升。本文将迁移学习引入使用人工神经网络的测井储层参数预测之中，利用迁移学习将储层参数的相关性和模型预测效果关联起来。

迁移学习（Yosinski 等，2014；Oquab 等，2014；Glorot 等，2011；Chen 等，2012；Ganin 等，2017）可以把在一种任务下学习得到的模型更新或迁移到另一个任务之中，实现跨任务或者跨领域的推广。但是，并不是任意两个任务之间都能够相互迁移。在进行迁移学习时，需要从学习训练的数据域和训练方法出发，分析源任务中可用于辅助目标任务训练的通用知识，然后利用这些知识提升目标域或目标任务的性能。迁移学习的基础是源任务和目标任务中的通用知识，这些通用知识可能存在于四个方面：源域中可利用的实例、源域和目标域中可共享的特征、源域模型可利用的部分、源域中实体之间的特定规则。基于此，对应产生四种迁移方式：①基于实例的迁移：从源域中挑选出对目标域的训练有用的实例，让源域实例分布接近目标域的实例分布，从而在目标域中建立一个分类精度较高的、可靠的学习模型，可以用于解决小样本问题。②基于特征的迁移：源域与目标域之间共同的特征表示，然后利用这些特征进行知识迁移，可以用于解决标签质量不高的问题。③基于共享参数的迁移：找到源数据和目标数据的空间模型之间的共同参数或者先验分布，从而可以通过进一步处理，达到知识迁移的目的，一般用于解决特征数据质量不好的问题。④基于相关性的迁移：当源域与目标域存在已知的相关性，或源任务与目标任务存在已知的相关性时，可以将在源任务中训练好的模型迁移至目标任务的模型训练中，辅助目标任务进行模型的训练。Gao 等（2020）利用井旁道数据与测井含气性解释曲线建立了卷积神经网络模型，采用了基于共享参数的迁移学习减轻实际少标签的过拟合问题，在约 800 平方千米的数据解释中，取得了较好的实际应用效果。

油气储层不同参数的预测任务是基于相同地球物理测井数据域，而储层参数之间有一定的相关性。现有的神经网络储层参数预测大多针对一种参数建模，未曾考虑储层参数之间的相关性。本文引入基于相关性的迁移学习，通过储层参数之间的相关性提升神经网络测井储层参数预测性能。

2　方法原理

2.1　理论基础

由岩石物理知识可知，渗透率与孔隙度、孔径分布、孔隙几何形状、胶结物及其分布等因素有关。相关系数表示如下：

$$\rho_{X,Y} = \frac{\text{cov}(X,Y)}{\sigma_X \sigma_Y} \tag{29-1}$$

式中：$\text{cov}(X,Y)$ 为 X 和 Y 之间的协方差；σ_X 为 X 的标准差；$\rho_{X,Y}$ 的取值范围在-1 到 1 之间，当 $\rho_{X,Y}$ 为正值时 Y 随 X 的增大而增大，当 $\rho_{X,Y}$ 为负值时 Y 随 X 的增大而减小。$\rho_{X,Y}$ 的绝对值越趋近于 0，X，Y 之间的相关性越小；$\rho_{X,Y}$ 的绝对值越趋近于 1，X，Y 之间的相关性越大。

　　根据研究区域数据，孔隙度与渗透率的相关系数为 0.7360，孔隙度与含水饱和度的相关系数为-0.5849，含水饱和度与渗透率的相关系数为-0.3895。可见，储层三个参数之间具有相关性，可以考虑使用迁移学习辅助储层参数预测。研究表明，人工神经网络预测孔隙度的效果较好，实现过程也较为容易，而渗透率预测神经网络结构较为复杂且预测效果不理想，含水饱和度预测效果不够理想。结合相关性分析，本文考虑以下三种迁移方式。

　　① 孔隙度预测为源任务，渗透率预测为目标任务；
　　② 孔隙度预测为源任务，含水饱和度预测模型为目标任务；
　　③ 孔隙度与含水饱和度联合预测为源任务，渗透率预测模型为目标任务。

　　此次迁移学习的数据域相同但任务不同，即使用相同类型的特征数据，但标签数据类型不同。特征数据选取七条常规测井曲线：声波时差（AC）、井径（CAL）、中子（CNL）、密度（DEN）、自然伽马（GR）、电阻率（RT）及自然电位（SP）。标签数据包含三类，分别是孔隙度（POR）、含水饱和度（SW）和渗透率（PERM）。

2.2　孔隙度预测基础模型

　　孔隙度预测基础模型如图 29.1 所示。模型采用（7-128-256-128-1）结构。下一层神经元是上一层神经元的线性映射（Haykin，1998），可表示为

$$x^{i+1} = \sum_{j=1}^{n} w_j^i x_j^i + b^i \tag{29-2}$$

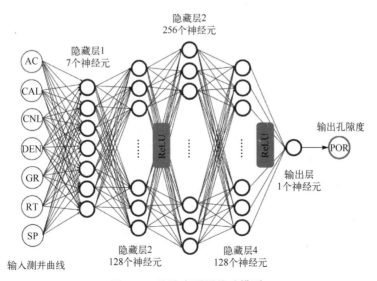

图 29.1　孔隙度预测基础模型

式中：x^{i+1} 为第 $i+1$ 层任一个神经元；x_j^i 为第 i 层第 j 个神经元；w_j^i 为对应的权重；b^i 为偏置。参数初始化时采用随机赋值，即在模型未训练时，每个神经元的 w_j^i、b^i 均是随机数。在模型训练的过程中，W,b 均为需要参与训练的参数。

没有非线性激活函数的神经网络是线性回归的复杂组合，仅能反映复杂线性关系的映射，加入非线性激活函数后可以对复杂的非线性关系进行映射（Goodfellow 等，2016；Michael，2015）。实验中使用的非线性激活函数有两种——ReLU（The Rectified Linear Unit）激活函数式（29-3）和 Softplus 激活函数式（29-4）（Haykin，1998；Kingma 和 Ba，2014）。

$$\text{ReLU} = \begin{cases} x, & x > 0 \\ 0, & x \leqslant 0 \end{cases} \tag{29-3}$$

$$\text{Softplus}(x) = \log(1 + e^x) \tag{29-4}$$

该模型共有 67129 个参数参与训练，其中四个隐藏层及输出层分别有 56 个、1024 个、33024 个、32896 个、129 个参数。这一套参数用符号 $\boldsymbol{\theta}$ 表示。损失函数使用平均绝对值百分比误差（Mean Absolute Percent Error，MAPE），也就是相对误差，计算方式为

$$L(\boldsymbol{y}, \boldsymbol{y}') = \frac{1}{N} \sum_{i=1}^{N} \frac{|y_i - y_i'|}{y_i} \tag{29-5}$$

式中：$\boldsymbol{y}$ 为标签孔隙度数值；$\boldsymbol{y}'$ 为神经网络预测孔隙度数值；N 为训练集中总样本个数。

优化过程采用自适应矩估计（Adaptive moment estimation，Adam）方式（Kingma 和 Ba，2014）。Adam 算法是近几年机器学习中应用较广泛的优化算法，在一定程度上可以实现对学习率（Learning Rate，LR）的自动调参，Adam 优化表示为

$$g_t = \nabla_\theta L_t(\theta_{t-1}) \tag{29-6}$$

$$m_t = \beta_1 m_{t-1} + (1 - \beta_1) g_t \tag{29-7}$$

$$u_t = \beta_2 u_{t-1} + (1 - \beta_2) g_t^2 \tag{29-8}$$

$$\hat{m}_t = \frac{m_t}{1 - \beta_1^t} \tag{29-9}$$

$$\hat{u}_t = \frac{u_t}{1 - \beta_2^t} \tag{29-10}$$

$$\theta_t = \theta_{t-1} - \frac{\alpha \hat{m}_t}{\sqrt{\hat{u}_t} + \varepsilon} \tag{29-11}$$

式中：t 为更新的步数；α 为学习率，用于控制参数更新速度；θ 为需要更新的参数；$L(\boldsymbol{\theta})$ 是参数为 $\boldsymbol{\theta}$ 时的损失函数，即式（29-2）在神经网络参数为 $\boldsymbol{\theta}$ 时的计算值；g_t 为 $L(\boldsymbol{\theta})$ 对 $\boldsymbol{\theta}$ 求导所得梯度；β_1 为一阶矩衰减系数；β_2 为二阶矩衰减系数；m_t 为梯度 g_t 的一阶矩，即梯度的 g_t 期望；u_t 为梯度 g_t 的二阶矩，即梯度 g_t^2 的期望；$\hat{m}_t$ 为 m_t 的偏置矫正，即考虑到 m_t 在零初始值情况下向 0 偏置；$\hat{u}_t$ 为 u_t 的偏置矫正，即考虑到 u_t 在零初始值情况下向 0 偏置；ε 为一个用于数值稳定的小常数.

Adam 算法的优点在于算法中的超参数，即 $\alpha, \beta_1, \beta_2, \varepsilon$ 可以对参数更新速度进行自适应调

整，而无续对超参数进行调整或仅需要微调。通常，Adam 算法中超参数的默认取值为 $\alpha = 0.002, \beta_1 = 0.9, \beta_2 = 0.999, \varepsilon = 10^{-8}$ 对预测孔隙度的深度神经网络及后续的其他神经网络训练时采用默认超参数的 Adam 优化算法。

2.3　基于孔隙度预测迁移学习的渗透率预测深度神经网络模型

基于孔隙度预测迁移学习的渗透率预测深度神经网络模型需要有一部分结构与孔隙度基础模型相似，然后对结构一致的部分进行参数迁移，基于孔隙度预测迁移学习的渗透率预测深度神经网络模型结构如图 29.2 所示。

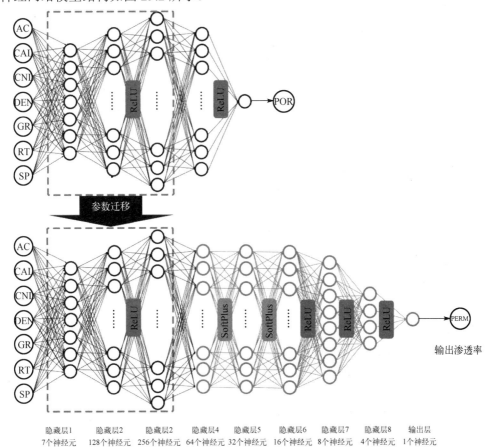

图 29.2　基于孔隙度预测迁移学习的渗透率预测深度神经网络模型

如果将神经网络看作从输入的特征数据中提取信息，越靠近输入层的部分提取到的信息越宏观，与输入信息的相关性越高，越靠近输出层的部分提取到的信息与标签的相关性越高，提取的信息更加具象。此处我们期望从输入特征中提取出孔隙度计算的相关信息，辅助渗透率的预测，同时还保留一部分与孔隙度计算相关度不高的信息，这些信息中可能会包含渗透率预测需要的相关信息。因此，模型选取基础模型前三层参数进行迁移，舍弃靠近输出层的隐藏层。

该模型是结构为（7-128-256-64-32-16-8-4-1）的深度神经网络，隐藏层 1～3 是从孔隙度预测基础模型中迁移而来，即这三层的神经元个数、激活函数选择及参数均与训练好的孔隙度预测网络前三层一致。输入特征到渗透率的映射比孔隙度更加复杂，因此渗透率预测模型结构相较于孔隙度预测模型更加复杂。

预测渗透率的神经网络模型共有 53337 个参数，其中 34104 个参数从孔隙度预测模型中迁移而来，具体构造参数设置细节见表 29-6。

模型训练时使用的优化算法采用使用默认超参数的 Adam 算法（Kingma 和 Ba，2014），损失函数为平均绝对值百分比误差。迁移学习模型的训练一般采用两种方式（Zhang 等，2020）：

① 迁移参数冻结训练，即前三层从孔隙度预测模型中迁移过来的参数不参与训练和参数迭代的过程；

② 迁移参数微调训练，即前三层从孔隙度预测模型中迁移过来的参数和后六层的参数一起参与训练和参数迭代的过程。

本文将在实验中对比两种训练方式对基于迁移学习的测井储层参数预测效果的影响。

2.4　基于孔隙度预测迁移学习的含水饱和度预测深度神经网络模型

基于孔隙度预测迁移学习的含水饱和度预测深度神经网络模型结构如图 29.3 所示。

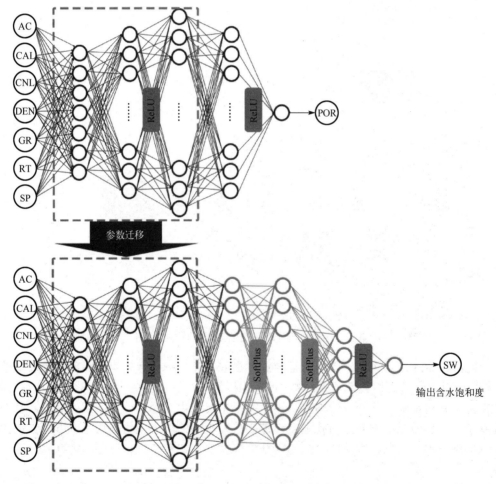

图 29.3　基于孔隙度预测迁移学习的含水饱和度预测深度神经网络模型

测井数据与含水饱和度之间是非线性映射关系，相较于渗透率，测井数据到含水饱和度的映射更加简单。因此，在含水饱和度预测神经网络模型中使用非线性激活函数，模型结构较渗透率预测模型简单。

该模型结构为（7-128-256-64-32-4-1）。前三层参数是从孔隙度预测基础模型中迁移而来，这三层的神经元个数、激活函数选择及参数设置均与训练好的孔隙度预测深度神经网络一致。渗透率预测神经网络模型构造的具体参数见表 29-7，模型共有 52769 个参数，其中 34104 个参数从孔隙度预测模型中迁移而来。

模型训练时使用的优化算法采用使用默认超参数的 Adam 算法（Kingma 和 Ba，2014），损失函数为平均绝对值百分比误差，采用迁移参数冻结和迁移参数微调两种训练思想（Zhang 等，2020）。

2.5 孔隙度与含水饱和度预测基础模型

孔隙度与含水饱和度预测基础模型是一个双输出的神经网络模型，同时预测孔隙度与含水饱和度。该模型结构较为简单，如图 29.4 所示。

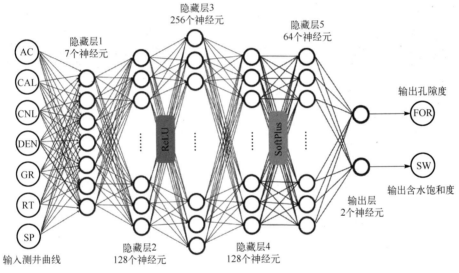

图 29.4 孔隙度与含水饱和度预测基础模型

模型采用（7-128-256-128-64-2）结构，隐藏层 2 使用非线性激活函数 ReLU，隐藏层 4 使用非线性激活函数 SoftPlus，其余层均使用线性激活函数，输出层有两个神经元，分别对应孔隙度（POR）与含水饱和度（SW），模型具体参数设置见表 29-8。

训练时使用的优化算法为采用默认超参数的 Adam 算法（Kingma 和 Ba，2014），损失函数采用平均绝对值百分比误差。

2.6 基于孔隙度与含水饱和度联合预测基础模型迁移学习的渗透率预测模型

基于孔隙度与含水饱和度联合预测基础模型迁移学习的渗透率预测模型结构和参数设置与上文的基于孔隙度预测模型迁移学习的渗透率预测深度神经网络模型相似，可参见表 29-6 的参数设置。模型结构与迁移方式如图 29.5 所示。

模型训练时使用的优化算法采用使用默认超参数的 Adam 算法（Kingma 和 Ba，2014），损失函数为平均绝对值百分比误差，采用参数冻结和参数微调两种训练思想（Zhang 等，2020）。

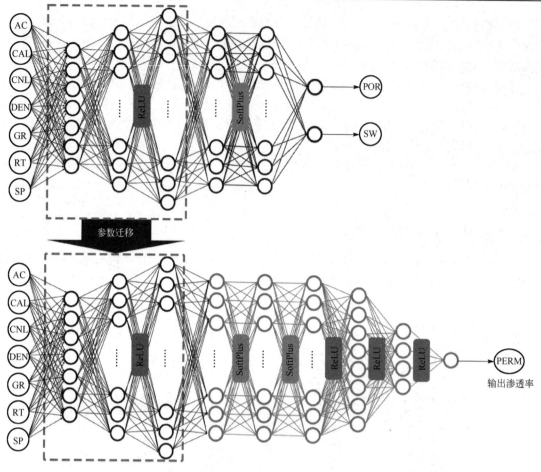

隐藏层1　　隐藏层2　　隐藏层2　　隐藏层4　　隐藏层5　　隐藏层6　　隐藏层7　　隐藏层8　　输出层
7个神经元　128个神经元　256个神经元　64个神经元　32个神经元　16个神经元　8个神经元　4个神经元　1个神经元

图 29.5　基于孔隙度与含水饱和度联合预测基础模型迁移学习的渗透率预测模型

3　实例分析与讨论

3.1　数据描述与数据处理方式

　　测试数据来自某油田 64 口井，该储层为致密砂岩储层，具有低孔低渗等特点。数据清洗和异常值处理之后共有五千余条数据，分布特征如表 29-1。

表 29-1　实验数据统计分析

模型编号	数量	均值	标准差	最大值	最小值
AC	5571	222.58	10.37	265.30	184.94
CAL	5571	22.66	1.39	33.90	20.35
CNL	5571	18.13	3.67	37.49	6.89
DEN	5571	2.54	0.09	2.72	1.27
GR	5571	81.97	17.02	244.83	42.19
RT	5571	19.51	19.57	625.72	2.87
SP	5571	51.78	15.31	87.06	8.20

续表

模型编号	数量	均值	标准差	最大值	最小值
POR	5571	9.71	2.70	18.16	0.10
PERM	5571	0.23	0.26	2.84	0.01
SW	5571	66.61	16.75	100.00	19.24

训练集和测试集按 8:2 的比例随机划分，训练集包含 4456 条数据，测试集包含 1115 条数据。模型驱动的储层参数预测中，测井数据需要经过井眼环境校正和井间标准化等数据处理流程；对于数据驱动的神经网络模型，实验表明，使用未经处理的测井数据依然可以取得较好的储层参数预测效果，因此不对输入数据进行额外处理。孔隙度、渗透率和含水饱和度数据来源于常规测井处理结果，该类结果在油田生产实践中经过多次迭代，与真实数据的差异逐步减小，可以当作标签数据使用。

3.2 实验设计

为验证迁移学习的效果，构造不使用迁移学习的渗透率预测深度神经网络模型和含水饱和度预测深度神经网络模型作为对照实验。对照实验使用的模型结构、激活函数等均与迁移学习的模型一致，参数初始化时所有参数均为随机生成。

考虑到训练集的大小，每次以 100 条数据为一组输入模型中进行参数更新（batch size = 100），每轮训练参数更迭 45 次。为防止由于训练轮次不足而导致欠拟合或训练轮次过多导致过拟合，所有参与实验的模型采用提前停止训练的思想，给定一个足够大的训练轮次（10000次），训练时自动保存测试集上相对误差最小的模型，当模型在连续 100 轮的训练中没有更新最优模型时停止训练，并返回最优模型。本文中采用的基础模型分别为孔隙度预测模型和孔隙度含水饱和度联合预测模型，在测井解释中这两类储层参数同样需要进行计算，因此，从整体流程来看，基础模型的训练没有额外占用计算资源。由于实验中的模型均有部分或全部参数进行随机初始化，为避免随机数对模型训练产生影响，每个模型会进行 5 次训练以保障最终结果的准确性。实验中涉及的所有模型编号如表 29-2 所示。

表 29-2 实验模型编号与设置

模型编号	模型结构	基础模型	训练方式
POR_base	（7-128-256-128-1）	—	—
POR+SW_base	（7-128-256-128-64-2）	—	—
PERM	（7-128-256-64-32-16-8-4-1）	—	—
SW	（7-128-256-64-32-4-1）	—	—
PERM_TF1_F	（7-128-256-64-32-16-8-4-1）	POR_base 前三层	迁移参数冻结
PERM_TF1_T	（7-128-256-64-32-16-8-4-1）	POR_base 前三层	迁移参数微调
PERM_TF2_F	（7-128-256-64-32-16-8-4-1）	POR+SW_base 前三层	迁移参数冻结
PERM_TF2_T	（7-128-256-64-32-16-8-4-1）	POR+SW_base 前三层	迁移参数微调
SW_TF_F	（7-128-256-64-32-4-1）	POR_base 前三层	迁移参数冻结
SW_TF_T	（7-128-256-64-32-4-1）	POR_base 前三层	迁移参数微调

3.3　测试结果

3.3.1　基础模型测试结果

首先对实验中使用的基础模型进行训练，基础模型实验结果如表 29-3 所示。POR+SW_base 模型同时对两种储层参数进行预测，评价指标中第一个值为孔隙度预测误差值，第二个值为含水饱和度预测误差值。根据基础模型训练效果及测试集上的表现，选取预测效果最好的第 5 次训练的 POR_base 模型和第 2 次训练的 POR+SW_base 模型作为后续迁移学习使用的基础模型。

表 29-3　基础模型实验结果

模型编号	训练次数	终止轮数	训练集平均相对误差（MAPE）	训练集平均绝对误差（MAE）	测试集平均相对误差（MAPE）	测试集平均绝对误差（MAE）
POR_base	1	720	16.28%	1.27	14.26%	1.26
	2	805	16.96%	1.32	15.16%	1.37
	3	618	17.10%	1.36	14.94%	1.29
	4	813	15.92%	1.32	14.10%	1.26
	5	2100	16.51%	1.30	13.95%	1.25
POR+SW_base	1	686	12.57%\12.95%	1.06\7.94	12.08%\11.86%	1.06\8.48
	2	1818	10.33%\9.56%	0.98\7.10	10.25%\10.10%	0.96\7.86
	3	565	12.35%\12.72%	1.02\8.20	11.80%\12.07%	1.01\8.61
	4	621	12.32%\12.75%	1.02\8.20	11.96%\11.87%	1.05\8.46
	5	563	12.51%\12.60%	1.05\8.03	12.12%\11.97%	1.07\8.36

3.3.2　渗透率预测模型测试结果

由于常规测井数据到渗透率的映射较为复杂，PERM 模型部分或全部参数初始化时使用随机数，在模型训练时可能会出现训练失败的情况，即陷入局部最优值。训练失败表现为测试集的相对误差极高（MAPE>70%），此时对所有输入的特征值，模型的预测结果为定值。表 29-4 为渗透率预测模型的训练以及测试情况，训练失败的模型测试集上的 MAPE 为 71.72，此时不论输入的数据数值如何变化，输出的渗透率都始终为一个定值。整体比较而言，PERM_TF1_F 模型的预测效果最好，在测试集上的误差最低且训练的轮数较少。

表 29-4　不同渗透率预测模型预测性能对比表

模型编号	训练次数	终止轮数	训练集 MAPE/%	训练集 MAE	测试集 MAPE/%	测试集 MAE	平均训练轮数	平均 MAPE/%	中值 MAPE/%	最大 MAPE/%	最小 MAPE/%
PERM	1	236	71.76	0.188	71.72	0.189	336	65.43	71.72	71.72	40.28
	2	129	71.26	0.185	71.72	0.189					
	3	854	46.23	0.102	40.28	0.104					
	4	265	71.85	0.187	71.72	0.189					
	5	196	73.40	0.203	71.72	0.189					
PERM_TF1_T	1	382	27.52	0.0742	25.29	0.0697	318	27.25	25.29	35.46	24.12
	2	284	26.80	0.0699	24.56	0.0684					
	3	159	38.25	0.0962	35.46	0.0930					
	4	488	23.88	0.0712	26.80	0.0723					

续表

模型编号	训练次数	终止轮数	训练集MAPE/%	训练集MAE	测试集MAPE/%	测试集MAE	平均训练轮数	平均MAPE/%	中值MAPE/%	最大MAPE/%	最小MAPE/%
	5	279	25.92	0.0680	24.12	0.0658					
PERM_TF1_F	1	272	15.54	0.0424	22.46	0.0536	294	20.09	20.14	22.46	16.82
	2	289	15.92	0.0432	20.14	0.0538					
	3	277	16.09	0.0448	19.72	0.0580					
	4	245	19.70	0.0498	21.32	0.0545					
	5	389	13.20	0.0399	16.82	0.0524					
PERM_TF2_T	1	149	24.13	0.0629	31.88	0.0742	333	38.24	31.88	71.72	26.43
	2	210	71.28	0.188	71.72	0.189					
	3	396	24.50	0.0652	26.43	0.0711					
	4	484	34.39	0.0885	32.33	0.0784					
	5	425	25.32	0.0661	28.83	0.0689					
PERM_TF2_F	1	575	29.28	0.0784	35.12	0.0838	302	48.73	35.12	71.72	30.86
	2	155	72.76	0.189	71.72	0.189					
	3	222	29.36	0.0782	34.24	0.0858					
	4	200	71.85	0.188	71.72	0.189					
	5	358	23.30	0.0622	30.86	0.0715					

表 29-4 中的五个模型的结构、激活函数、优化算法等影响因素完全一致，仅模型的初始参数不同和训练思想不同。从结果来看，如果不使用迁移学习，渗透率预测深度神经网络训练的失败率很高（>80%）。即使模型训练成功，测试集上的相对误差也明显高于使用迁移学习的模型。

从基础模型来看，POR_base 模型的迁移效果远好于 POR+SW_base 模型的迁移效果。PERM_TF1_T 模型和 PERM_TF1_F 模型训练时未出现训练失败的情况，但使用 POR+SW_base 模型迁移的渗透率模型会出现训练失败的情况。在基础模型的训练测试中，POR+SW_base 模型的孔隙度在测试集上的相对误差（10.25%）低于 POR_base 模型的相对误差（13.95%），可以排除 POR+SW_base 模型孔隙度预测效果不好导致渗透率预测效果提升较小，从而说明含水饱和度对渗透率预测的辅助效果不明显，甚至会对渗透率预测模型的训练产生反作用。

从训练思想来看，使用 POR_base 模型的渗透率预测模型更适合以迁移参数冻结的方式进行训练，以此保留提取到的孔隙度特征；使用 POR+SW_base 模型的渗透率预测模型更适合以迁移参数微调的方式进行训练。

3.3.3　含水饱和度预测模型测试结果

常规测井曲线到含水饱和度的映射关系较为简单，因此在实验过程中未出现训练失败的情况。含水饱和度预测模型的训练测试效果如表 29-5 所示，实验过程综合表现最好的模型为 SW_TF_F 模型。

从实验结果来看，不使用迁移学习的含水饱和度预测模型在测试集上的误差值最大且训练轮次较多。SW_TF_T 模型训练轮数比 SW 模型减少近 60%，且测试集上的相对误差降低约 2 个百分点，预测效果提升近 30%；SW_TF_F 模型训练轮数比 SW 模型减少超过 30%，且测试集上的相对误差降低将近 4 个百分点，预测效果提升近 40%。总的来说，在进行含水饱和度预测时，使用迁移学习后的效果整体优于不使用迁移学习，当计算资源比较紧张时可以采用迁移参数微调方式训练，当对预测精度要求较高时可以采用迁移参数冻结方式进行训练。

表 29-5　不同含水饱和度预测模型预测性能对比表

模型编号	训练次数	终止轮数	训练集MAPE/%	训练集MAE	测试集MAPE/%	测试集MAE	平均训练轮数	平均MAPE/%	中值MAPE/%	最大MAPE/%	最小MAPE/%
SW	1	1138	9.60	6.72	9.80	6.75	975	9.93	9.82	10.31	9.75
	2	1002	9.36	6.62	9.82	6.80					
	3	800	9.40	6.68	10.31	7.12					
	4	1010	9.75	6.88	9.99	6.89					
	5	924	9.48	6.66	9.75	6.29					
SW_TF_T	1	460	7.25	4.92	7.20	4.88	462	7.75	7.75	8.10	7.20
	2	675	7.19	4.91	8.10	5.71					
	3	365	7.16	4.79	7.66	5.55					
	4	321	7.35	4.99	7.75	5.07					
	5	488	6.98	4.65	8.04	5.52					
SW_TF_F	1	404	4.82	3.62	6.59	4.52	712	6.29	6.21	6.59	6.01
	2	585	4.38	3.03	6.54	4.44					
	3	654	4.34	3.02	6.21	4.28					
	4	1094	4.46	3.10	6.10	4.16					
	5	825	4.39	3.05	6.01	4.10					

模型预测效果如图 29.6 所示。前三组曲线为测井数据即特征数据，岩性曲线井径（CAL）、自然伽马（GR）和自然电位（SP）、电阻率曲线深侧向（RT），孔隙度曲线声波时差（AC）、体积密度（DEN）和补偿中子（CNL）。后三组为储层参数，包括标签数据和预测数据。孔隙度中 POR_LABEL 为孔隙度的标签值，POR_BASE 为 POR_base 模型预测的孔隙度数值，POR+SW_BASE 为 POR+SW_base 模型预测的孔隙度数值；饱和度中 SW_LABEL 为含水饱和度的标签值，SW_DNN 为 SW 模型预测的含水饱和度数值，SW+POR_BASE 为 POR+SW_base 模型预测的含水饱和度数值，SW_TF_T 为 SW_TF_T 模型预测的含水饱和度数值，SW_TF_F 为 SW_TF_F 模型预测的含水饱和度数值；渗透率中 PERM_LABEL 为渗透率的标签值，PERM_DNN 为 PERM_LABEL 模型预测的渗透率数值，PERM_TF1_T 为 PERM_TF1_T 模型预测的渗透率数值，PERM_TF1_F 为 PERM_TF1_F 模型预测的渗透率数值，PERM_TF2_T 为 PERM_TF2_T 模型预测的渗透率数值，PERM_TF2_F 为 PERM_TF2_F 模型预测的渗透率数值。从图 29.6 中可以看出，神经网络模型可以很好地使用测井数据对储层参数进行预测，经过迁移学习之后渗透率和含水饱和度的数值相较于 PERM_DNN 和 SW_DNN 更贴近标签值。

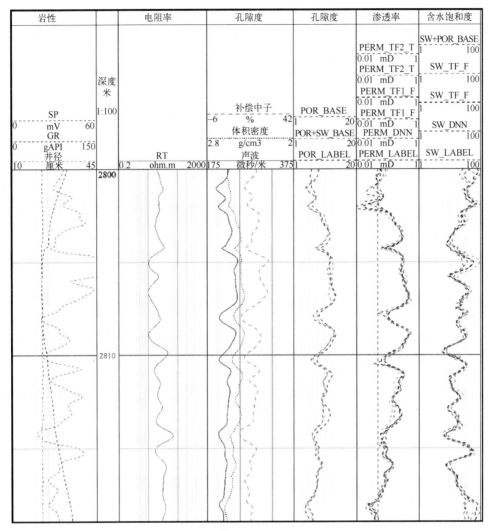

图 29.6　模型预测效果对比

4　结论与未来工作

实验对比了不同迁移方式与不同训练方式对测井储层参数预测神经网络效果的影响，实验结果表明在储层参数预测中，迁移学习可以有效辅助渗透率预测模型和含水饱和度预测模型的训练，并得出以下结论。

（1）PERM 模型在进行训练时容易陷入局部最优值，使损失函数无法下降，从而导致模型训练失败。使用迁移学习后，从 POR_base 模型中迁移得到的参数在训练过程中引导渗透率模型避开局部最优值，使模型可以训练成功。使用迁移学习后，与训练成功的 PERM 模型相比，PERM_TF1_T 模型的预测效果提升 40.5%，PERM_TF1_F 模型的预测效果提升 58.3%。以 POR+SW_base 基础模型进行迁移学习的渗透率预测神经网络虽然无法完全避开局部最优情况出现，但显著降低训练失败的概率，且模型训练成功后预测效果大幅提升。PERM_TF2_T 模型的预测效果提升 34.8%，PERM_TF2_F 模型的预测效果提升 23.6%。

（2）预测含水饱和度的神经网络模型使用迁移学习后不仅提升了模型的预测效果，还加快了训练速度。SW_TF_T 模型训练轮次比 SW 模型减少近 60%，预测效果提升近 30%；SW_

TF_F 模型训练轮次比 SW 模型减少超过 30%，预测效果提升近 40%。

（3）使用 POR_base 模型作为基础模型的迁移学习在模型训练中使用迁移参数冻结的训练方法效果更好，使用 POR+SW_base 模型作为基础模型的迁移学习在模型训练中使用迁移参数微调的训练方法效果更好。

未来研究可以考虑其他方式的迁移学习，如基于数据域的迁移一般用于解决小样本问题，储层参数预测受区域影响，数据总量大但区域特征明显，或许基于数据域的迁移方法可以成为解决问题的突破口；基于特征的迁移可以减弱标签数据质量差对模型效果的影响，储层参数预测存在多解性和不确定性，数据质量较差，可以考虑使用基于特征的迁移方法作为解决问题的突破口。考虑到测井数据有较强的序列性，可以将基于迁移学习的储层参数预测推广到循环神经网络（Recurrent Neural Network，RNN）中，如长短期记忆神经网络、GUR 等。如果将测井曲线编辑为二维数据，还可以将基于迁移学习的储层参数预测推广到卷积神经网络（Convolutional Neural Networks，CNN）之中，更进一步可以在卷积循环神经网络（Recurrent-Convolutional Neural Networks，RCNN）中应用迁移学习提升储层参数预测效果。

附录

表 29-6　基于孔隙度预测迁移学习的渗透率预测深度神经网络模型构造参数

层名	神经元数	数据输入尺寸	数据输出尺寸	参数个数	激活函数	参数初始化方式
隐藏层 1	7	7	7	56	Linear	参数迁移
隐藏层 2	128	7	128	1024	ReLU	参数迁移
隐藏层 3	256	128	256	33024	Linear	参数迁移
隐藏层 4	64	256	64	16448	Softplus	随机数
隐藏层 5	32	64	32	2080	Softplus	随机数
隐藏层 6	16	32	16	528	ReLU	随机数
隐藏层 7	8	16	8	136	ReLU	随机数
隐藏层 8	4	8	4	36	ReLU	随机数
输出层	1	4	1	5	Linear	随机数

表 29-7　基于迁移学习的含水饱和度预测深度神经网络模型构造参数

层名	神经元数	数据输入尺寸	数据输出尺寸	参数个数	激活函数	参数初始化方式
隐藏层 1	7	7	7	56	Linear	参数迁移
隐藏层 2	128	7	128	1024	ReLU	参数迁移
隐藏层 3	256	128	256	33024	Linear	参数迁移
隐藏层 4	64	256	64	16448	Softplus	随机数
隐藏层 5	32	64	32	2080	Softplus	随机数
隐藏层 6	4	32	4	132	ReLU	随机数
输出层	1	4	1	5	Linear	随机数

表 29-8　孔隙度与含水饱和度预测基础模型构造参数

层名	神经元数	数据输入尺寸	数据输出尺寸	参数个数	激活函数
隐藏层 1	7	7	7	56	Linear
隐藏层 2	128	7	128	1024	ReLU
隐藏层 3	256	128	256	33024	Linear

续表

层名	神经元数	数据输入尺寸	数据输出尺寸	参数个数	激活函数
隐藏层 4	128	256	128	32896	Softplus
隐藏层 5	64	128	64	8256	Linear
输出层	2	64	2	130	Linear

参考文献

[1] An P，Cao D，Zhao B，et al. Reservoir physical parameters prediction based on LSTM recurrent neural network [J]. Progress in Geophysics，2019，34（5）：1849-1858.

[2] Bai，Y，et al. Dynamic classification committee machine-based fluid typing method from wireline logs for tight sandstone gas reservoir [J]. Chinese Journal of Geophysics （in Chinese），2021，64（5）：1745-1758.

[3] Bi L，Li Z，Liu H，et al. Study of semi supervised learning for lithology prediction based on label prediction [J]. Progress in Geophysics （in Chinese），2020，36（2）：540-548.

[4] Chen M，et al. Marginalized denoising autoencoders for domain adaptation [C]. Proceedings of the 29th International Conference on Machine Learning，ICML 2012，2012，1：767-774.

[5] Dietterich T G，et al. Solving the multiple instance learning with axis-parallel rectangles [J]. Artificial Intelligence，1997，89（1-2）：31-71.

[6] Ellis D V，Singer J M. Well logging for earth scientists 2nd Edition [M]. The Netherlands：Springer，2007.

[7] Haykin S. Neural networks：a comprehensive foundation （3rd edition）[M]. Macmillan，1998.

[8] Karianne J，et al. Machine learning for data-driven discovery in solid Earth geoscience [J]. Science，2019，363（6433）：eaau0323.

[9] Kingma D，Ba J. Adam：A method for stochastic optimization [DB/OL]. arXiv，2014，1412.6980.

[10] Korjani M. A new approach to reservoir characterization using deep learning neural networks [C]. SPE Western Regional Meeting，Anchorage，Alaska，USA，May 2016，2016，SPE-180359-MS.

[11] Ganin Y，et al. Domain-adversarial training of neural networks [DB/OL]. Journal of Machine Learning Research，2017，17（1）：2096-2030.

[12] Gao J，Song Z，Gui J，et al. Gas-bearing prediction using transfer learning and CNNs: An application to a deep tight dolomite reservoir [J]. IEEE Geoscience and Remote Sensing Letters，2020，19：3001005.

[13] Glorot X，Bordes A，Bengio Y. Domain adaptation for large-scale sentiment classification：a deep learning approach [C]. Proceedings of the 28th International Conference on International Conference on Machine Learning，2011：513-520.

[14] Goodfellow I，Bengio Y，Courville A. Deep Learning [M]. MIT Press，2016.

[15] Gu Y，Bao Z，Song X，et al. Permeability prediction for carbonate reservoir using a data-driven model comprising deep learning network，particle swarm optimization，and support vector regression：a case study of the LULA oilfield [J]. Arabian Journal of Geoences，2019，12（19）：622.

[16] Jin Y，Zhang Q，Wang M. Well logging curve reconstruction based on genetic neural network [J]. Progress in Geophysics （in Chinese），2021，36（2）：1082-1087.

[17] Liao G，Li Y，Xiao L，et al. Prediction of microscopic pore structure of tight reservoirs using convolutional neural network model [J]. Petroleum Science Bulletin，2020，5（1）：26-38.

[18] Michael A N. Neural networks and deep learning [M]. Determination Press，2015.

[19] Oquab M，Léon Bottou，Laptev I，et al. Learning and transferring mid-level image representations using convolutional neural networks [C]. Proceedings of the IEEE Conference on Computer Vision and Pattern Recognition（CVPR），2014：1717-1724.

[20] Sun Y，Huang J. Application of multi task deep learning in reservoir shear wave prediction [J]. Progress in Geophysics （in Chinese），2021，35（2）：799-809.

[21] Tang J，Fan B，Xiao L，et al. A new ensemble machine-learning framework for searching sweet spots in shale reservoirs [J]. SPE Journal，2021，26（1）：482–497.

[22] Wang H，et al. Current status and application prospect of deep learning in geophysics [J]. Progress in Geophysics （in Chinese），2020，35（2）：642-655.

[23] Wang N，et al. Deep learning of subsurface flow via theory-guided neural network [J]. Journal of Hydrology，2020，584：124700.

[24] Wang N，Chang H，Zhang D. Efficient uncertainty quantification for dynamic subsurface flow with surrogate by theory-guided neural network [J]. Computer Methods in Applied Mechanics and Engineering，2021，373：113492.

[25] Xu R，et al. Weak form theory-guided neural network （TgNN-wf）for deep learning of subsurface single- and two-phase flow [J]. Journal of Computational Physics，2021，436：110318.

[26] Yosinski J，Clune J，Bengio Y，et al. How transferable are features in deep neural networks? [C]. Advances in Neural Information Processing Systems 27（NIPS 2014），2014：27.

[27] Zhang B，Zhu J，Su H. Toward the third generation of artificial intelligence （in Chinese)[J]. Sci Sin Inform，2020，50：1281-1302.

[28] Zhang D X，Chen Y T， Men J. Synthetic well logs generation via recurrent neural networks [J]. Petroleum Exploration & Development，2018，45（4）：629-639.

[29] Zhang Y， Dai W Y，Pan S J. Transfer learning [M]. Cambridge：Cambridge Press，2020.

[30] 安鹏，曹丹平，赵宝银,等. 基于 LSTM 循环神经网络的储层物性参数预测方法研究[J]. 地球物理学进展，2019，34（5）：1849-1858.

[31] 白洋，谭茂金，肖承文，等. 致密砂岩气藏动态分类委员会机器测井流体识别方法[J]. 地球物理学报，2021，64（5）：1745-1758.

[32] 毕丽飞,李泽瑞,刘海宁,等. 基于标签传播的岩性预测半监督学习算法研究[J]. 地球物理学进展,2021,36（2）：540-548.

[33] 金永吉,张强,王毛毛. 基于遗传神经网络算法的测井曲线重构技术[J]. 地球物理学进展,2021,36（2）：1082-1087.

[34] 廖广志，李远征，肖立志，等. 利用卷积神经网络模型预测致密储层微观孔隙结构[J]. 石油科学通报，2020，5（1）：26-38.

[35] 王昊，严加永，付光明，等. 深度学习在地球物理中的应用现状与前景[J]. 地球物理学进展，2020，35（2）：642-655.

[36] 孙永壮,黄鋆. 多任务深度学习技术在储层横波速度预测中的应用[J]. 地球物理学进展，2021,36（2）：799-809.

[37] 张钹，朱军，苏航. 迈向第三代人工智能 [J]. 中国科学：信息科学，2020，50（9）：1281-1302.

（本文来源及引用方式：邵蓉波，肖立志，廖广志，等. 基于迁移学习的地球物理测井储层参数预测方法研究 [J]. 地球物理学报，2022，65（2）：796-808.）

论文 30　基于多任务学习的测井储层参数预测方法

摘要

　　基于多任务神经网络模型，提出一种多任务测井储层参数预测方法，利用测井数据对储层孔隙度、渗透率及含水饱和度同时进行预测。分别采用同架构和异架构多任务模型对测井储层参数进行预测，通过数值实验对比，多任务预测模型有效提升了单任务储层参数预测模型的效果，且提升幅度与模型结构有关，异架构多任务模型的总体预测效果好于同架构多任务模型。以平均相对误差作为模型评价标准，针对本研究所采用的数据集，同架构多任务模型的孔隙度、渗透率和含水饱和度在测试集上的平均相对误差约为 6%、17%、9%，相较于单任务模型，预测效果分别提升约 30%、20%和 10%。异架构多任务模型的孔隙度、渗透率和含水饱和度在测试集上的平均相对误差约为 6%、13%、6%，相较于单任务模型，分别提升超过 2%、60%和 10%。

1　引言

　　近年来随着数据科学和人工智能的发展，已有学者使用机器学习方法处理井筒地球物理中的问题。相较于传统方法，数据驱动的机器学习方法跳出领域知识，从全新的角度观察数据，探索更大的函数空间，在物理关系未知的情况下对数据和目标进行映射，提供了在高维空间中表征变量之间关系的方法，减少了研究人员对地质地球物理及岩石物理学知识的需求（Bergen等，2019）。地球物理和人工智能发展的另一个思路是将机理模型融入机器学习之中，既可以提升地球物理机器学习模型的可解释性，又能够更准确地对岩石物理关系进行映射（Reichsten等，2019；肖立志，2022）。已有学者对神经网络在地球物理中的应用展开研究，席道瑛与张涛（1994）使用反向传播神经网络自动识别岩性。近些年，Kohli 等（2014）构建了数据驱动的神经网络模型，根据不同偏移距井的测井资料计算渗透率。张东晓等（2018）将 LSTM 与串级系统相结合，提出串级长短期记忆神经网络（CLSTM），实验表明，串级长短期记忆神经网络更适用于生成序列式的测井数据。Sultan（2019）采用自适应差分进化（SaDE）方法优化人工神经网络（ANN）的参数，有效地预测了总有机碳（TOC），与传统的估算方法相比，神经网络方法更加高效精准。廖广志等（2020）的研究表明卷积神经网络可以用于预测储层微观孔隙结构，且优于单层神经网络模型。Ahmad 等（2020）利用人工神经网络（ANN）根据钻井参数预测储层孔隙度，并取得较好的预测效果。Gao 等（2020）利用井旁道数据与测井含气性解释结果建立卷积神经网络模型，同时使用迁移学习方法缓解少标签导致的过拟合问题。Liu等（2020）提出了一种基于局部深度多核学习支持向量机（LDMKL-SVM）的岩相分类方法，同时考虑低维全局特征和高维局部特征，自动学习核函数和支持向量机的参数，结合地震弹性信息预测岩性。Gao 等（2021）提出了一种基于多层感知器（MLP）的低电阻率低对比度（LRLC）储层识别方法，多层感知机方法解决了低电阻率低对比度储层与水层的电阻率相似而无法有效识别的问题。金永吉等（2021）将遗传神经网络用于测井曲线重构，实验表明，该方法相较于传统方法生成的曲线质量更高。Zhang 等（2021）提出了一种"常规测井资料-矿物成分预测-纹层组合类型识别"有监督组合机器学习方法，用于在地质数据有限的情况下预测具有高度垂直异质性的层状页岩的空间分布，构建测井数据与主要矿物成分的映射关系。白洋等（2021）使用分类委员会机器进行致密砂岩流体识别，使流体识别模型预测精度和泛化能力大幅度提高。Dong 等（2021）提出了一种基于双深度 Q 网络（DDQN）的深度强化学习（DRL）方法，在三个常规试井模型中进行自动曲线匹配，结果表明双深度 Q 网络比监督机器学习算法鲁棒性更好。毕丽飞等（2021）提出了基于标签传播的半监督学习方法并应用于岩性预测，结果表明该模型可以提升小样本类别的准确率。目前，多名学者对人工智能和神经网络在地球物理中的应用持乐观态度（Kohli 和 Arora，2014；王昊等，2020）。

在自然语言处理和机器视觉等领域常使用多任务学习的方法提升预测效果。多任务学习可以将多个相关的任务放在一起学习，学习过程中通过一个在底层的共享表示（Shared Representation）来互相分享、互相补充学习到的领域相关信息，提升泛化效果（Evgeniou，2004）。共享一般是基于参数（Parameter Based）的共享，如基于神经网络的多任务学习和高斯处理过程，或者是基于约束（Regularization Based）的共享，如均值和联合特征（Joint feature）学习（Jebara，2011）。多任务学习也被视为一种归约迁移（Inductive Transfer）（Dietterich et al.，1997）。归约迁移（Inductive Transfer）通过引入归约偏置（Inductive Bias）来改进模型，使模型更倾向某些假设。在多任务学习场景中，归约偏置由辅助任务来提供，使模型更倾向那些可以同时解释多个任务的解，从而提升模型的泛化性能（Dietterich 等，1997；Argyriou 等，2008）。

机器视觉领域，Sun 等（2014）提出了一种联合训练人脸确认损失和人脸分类损失的多任务人脸识别网络 DeepID2，网络中共有两个损失函数：人脸分类损失函数和验证损失函数。Zhang 等（2014）提出的任务约束深度卷积网络（Tasks-Constrained Deep Convolutional Network，TCDCN）模型以检测脸部特征点为主要任务，辅以四个分任务，相较于单任务模型，任务约束深度卷积网络模型的检测更准确。目标检测领域，Girshick（2015）提出一个快速物体检测的多任务卷积网络（Fast Region-based Convolutional Network，Fast R-CNN）。自然语言处理领域，Collobert 等（2008）将语义角色标注、语言模型、词性标签、语块、命名实体标签等任务统一到一个框架中，利用辅助任务中自动学习得到的特征提升语义角色标注的性能。

在地球物理应用中，桑文镜等（2020）提出多任务残差网络，以叠前地震数据预测阻抗和含气饱和度。孙永壮和黄鋆（2021）将多任务学习用于岩性预测和横波速度预测，以横波速度预测为主任务，使用岩性预测任务辅助横波预测任务，从而提升横波速度预测效果。

现有地球物理测井机器学习的研究主要是基于单任务学习，单任务学习的局限性在于，面对复杂问题时需要将其分解为多个单一独立的子问题，逐一解决再归纳合并，从而得到原始复杂问题的解（Caruana，1997）。然而地球物理测井中的许多复杂问题内部相互关联，无法分解为单一独立的子问题。此外，如果将储层参数预测分解为单任务处理，会忽略储层参数之间的关联信息。因此，相较于单任务机器学习，多任务学习在储层参数预测方面更具优势。本文将多任务学习方法应用于储层参数预测任务，在学习共享多个储层参数之间的信息，使模型具有更好的泛化效果，提升储层参数预测精度。

2　方法

2.1　理论基础

本文使用的多任务模型基于深度神经网络（DNN），深度神经网络是多层多维度的线性回归和各种线性或非线性激活函数的组合，通过梯度下降等方式根据损失函数调节模型内部的权重（Haykin，1998；Kingma 和 Ba，2014；Goodfellow 等，2016；Michael，2015）。使用深度神经网络模型进行回归预测时，信息由输入层到输出层逐层运算，单个神经元的计算可以表示为

$$z = \sum_{i=1}^{m} w_i x_i + b = \boldsymbol{WX} + b \tag{30-1}$$

式中：z 为神经网络中某一个神经元；x_i 为上一层第 i 个神经元；w_i 为对应的权重；b 为偏置权重；m 为上一层中神经元个数；$\boldsymbol{W} = [w_1, w_2, \cdots, w_m]$；$\boldsymbol{X} = [x_1, x_2, \cdots, x_m]^T$。$\boldsymbol{W}$ 和 b 统称为模型参数，参数初始化时一般随机赋值。

深度神经网络模型的隐藏层后连接激活函数 $\delta(z)$，激活函数的非线性转换使神经网络的拟合能力进一步增强，使模型的预测结果不断逼近真实值（Kingma 和 Ba，2014；Goodfellow 等，2016；Michael，2015）。本文使用的激活函数除线性函数式（30-2），还有非线性的 ReLU 函数式（30-3）与 SoftPlus 函数式（30-4）：

$$\delta_{\text{linear}}(z) = z \tag{30-2}$$

$$\delta_{\text{ReLU}}(z) = \max(z, 0) \tag{30-3}$$

$$\delta_{\text{softplus}}(z) = \log(1 + e^z) \tag{30-4}$$

ReLU 函数的非饱和性溃疡有效地解决了梯度消失问题，其单侧抑制提供了网络的稀疏表达能力。SoftPlus 函数可以看作 ReLu 函数的平滑。根据神经科学家的相关研究，SoftPlus 函数和 ReLu 函数与脑神经元激活频率函数有神似的地方，相比早期的激活函数（如 softmax、tanh 等），SoftPlus 函数和 ReLu 函数更接近脑神经元的激活模型（Ciuparu 等，2020）。

深度神经网络多任务隐藏层参数共享分为硬共享与软共享（Ruder，2017；Liu 等，2017）。参数的硬共享机制可以应用到所有任务的所有隐层上，保留任务相关的输出层，从而降低过拟合的风险（Caruana，1993；Baxter，1997）。参数的软共享机制中每个任务都有独立的模型参数，对模型参数的距离进行正则化保障参数的相似（Duong 等，2015）。

研究表明，多任务学习从四个方面提升模型效果（Ruder，2017）。①噪声，对主任务而言，相关任务中与主任务无关的信息视作噪声，训练过程中噪声可以提高模型泛化效果；②逃离局部最优解，多任务学习中的不同任务的局部最优解常处于不同位置，在梯度传播时相互影响从而可以有效避免模型陷入局部最优解；③权值更新，多任务学习中权值更新受多个任务的影响，相较于单任务学习提升了底层共享层的学习速率；④泛化，多任务学习有可能影响单个任务的拟合能力，但降低模型过拟合概率，提升模型泛化能力。

本文提出的基于多任务学习的测井储层参数预测方法将对几种描述油气藏的重要参数进行预测。传统测井解释方法中用自然伽马（GR）曲线或自然电位（SP）曲线计算地层泥质含量；用泥质校正后的声波时差（AC）、补偿中子（CNL）和密度（DEN）计算孔隙度（POR）；用电阻率（RT）、孔隙度（POR）及泥质含量来计算含水饱和度（SW）；用井径（CAL）进行井眼校正；然后循环迭代，逐次逼近（雍世和等，2002）。因此，选取传统解释方法中用到的声波时差（AC）、井径（CAL）、补偿中子（CNL）、密度（DEN）、自然伽马（GR）、电阻率（RT）以及自然电位（SP）作为输入数据，以孔隙度（POR）、渗透率（PERM）与含水饱和度（SW）的预测为任务，使用多任务学习模型同时对三种储层参数进行预测，不必反复迭

代校正储层参数，相较于传统测井解释方法，多任务学习简化了储层参数预测流程，并提升神经网络模型的预测效果与泛化能力。

下面将分析多任务模型损失函数的选取及几种不同类型的多任务模型，并给出其应用于测井储层参数预测的具体方法。

2.2 多任务模型损失函数

多任务模型中损失函数的选择需要综合考虑每个任务的特点，并对每种任务分配合适的权重。若不同任务的量纲相同且数据分布区间大致重合或使用归一化等数据预处理方式，可使用常见的均方误差（Mean Square Error，MSE）、平均绝对误差（Mean Absolute Error，MAE）等损失函数，然后根据模型训练情况调整每种任务的权重。若任务间的差异较大或不方便进行数据预处理，则适合使用受数据分布影响较小的损失函数，如平均绝对值百分比误差（Mean Absolute Percent Error，MAPE）。

地球物理测井中，储层参数的数值分布区间不一致，根据本研究所采用的数据集统计得到：孔隙度大多分布于 $9.71\% \pm 2.70\%$；渗透率大多分布于（0.23 ± 0.26）mD；含水饱和度大多分布于 $66.61\% \pm 16.75\%$。若使用平均绝对误差作为损失函数，模型训练时损失函数将由含水饱和度平均绝对误差主导，导致参数优化时会忽略渗透率和孔隙度对模型的影响，使渗透率和孔隙度拟合效果较差；若对其设置权重，则对每个任务损失函数设置合适的权重有一定困难。因此选择平均相对误差作为损失函数，计算预测值与实际值误差的百分比，将不同储层参数的误差以统一的尺度表示，既可以保证每个储层参数在模型训练过程中都能得到较为充分的训练，又能避免损失函数权重设置不合理。

2.3 同架构多任务储层参数预测模型

首先是泛化性能最强的同架构多任务储层参数预测模型，其特点为除输出层每个储层参数独立计算，其余各层均共享神经元，如图 30.1 所示，记作 multi_same_α。在 multi_same_α 中，多任务相互之间有较强的影响，当储层参数之间相关性较高时，权值更新作用显著，可以取得较好的预测效果；当储层参数之间差异较大时，噪声会导致预测效果不理想；由于每个任务没有私有隐藏层，模型对单个任务的拟合能力可能较差。

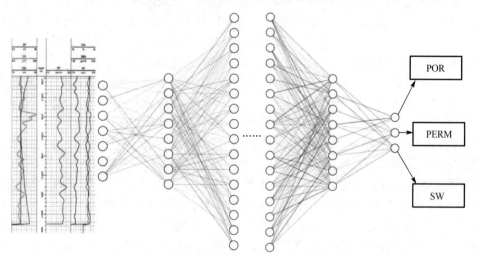

图 30.1   同架构多任务储层参数预测模型 α（multi_same_α）

在神经网络模型中靠近输入层的网络提取的信息较为广泛，靠近输出层的网络提取的信息与输出值的关联性更大。因此将 multi_same_α 进一步改造，得到另一种泛化性能稍弱，但对单个任务拟合能力更强的同架构多任务储层参数预测模型，其特点在于靠近输入层的隐藏层为共享层，靠近输出层的隐藏层为结构相同的私有层，如图 30.2 所示，记作 multi_same_β。三个储层参数共同影响共享层的训练，多任务模型中的权值更新方式辅助提升广泛信息提取的效果；每个储层参数的私有层仅受当前储层参数的影响，仅从共享网络的输出中提取与当前储层参数有关的信息，减少其他储层参数对当前储层参数预测效果的影响。

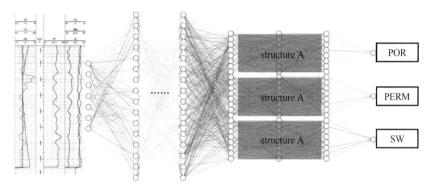

图 30.2　同架构多任务储层参数预测模型 β（multi_same_β）

2.4　异架构多任务储层参数预测模型

为获得更好的储层参数拟合效果，进一步提出异架构多任务储层参数预测模型，该模型的特点为靠近输入层的隐藏层为共享层，每个储层参数的私有层结构各不相同，如图 30.3 所示，记作 multi_diff。该模型保留了 multi_same_β 模型使用权值更新方式辅助提升广泛信息提取效果的优点，并且灵活性更好，每个储层参数可以根据自身特点定制不同的私有层从而更好地从共享网络输出的信息中提取信息。如声波时差、补偿中子和密度与孔隙度呈近似线性的关系，输入输出之间的映射较为简单，孔隙度私有层结构较为简单；含水饱和度受地层电阻率、泥质含量、孔隙度等因素的影响，输入输出之间呈非线性关系，因此含水饱和度私有层结构相对复杂；渗透率与测井曲线之间的映射较难确定，因此渗透率私有层的结构最复杂。multi_diff 模型的泛化能力取决于共享层结构，共享层层数越多泛化性能越好；反之亦然。

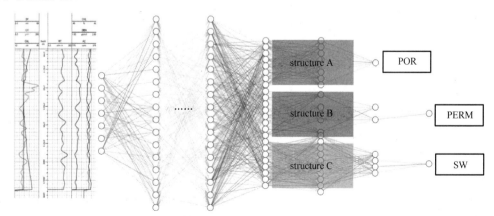

图 30.3　异架构多任务储层参数预测模型（multi_diff）

3 实例分析

3.1 数据描述与处理方式

实验数据来自某油田的 64 口井的常规测井数据，该区块为致密砂岩储层，低孔、低渗、低对比度。井眼环境校正和井间标准化等处理过程已由数据提供方完成，进行数据清洗和异常值校正后，数据集共包含 5571 条数据，具体特征分布如表 30-1 所示。孔隙度、渗透率与含水饱和度为油田的常规测井处理结果，其交会分析图如图 30.4 所示，孔隙度与渗透率呈较强的正相关性，孔隙度与含水饱和度有一定的负相关性，渗透率和含水饱和度之间有一定的负相关性。训练集和测试集按 8:2 随机划分，训练集中含有 4456 条数据，测试集中含有 1115 条数据。

表 30-1　实验数据统计分析

项目	数量（count）	均值（mean）	标准差（std）	最大值（max）	最小值（min）
AC	5571	222.58	10.37	265.30	184.94
CAL	5571	22.66	1.39	33.90	20.35
CNL	5571	18.13	3.67	37.49	6.89
DEN	5571	2.54	0.09	2.72	1.27
GR	5571	81.97	17.02	244.83	42.19
RT	5571	19.51	19.57	625.72	2.87
SP	5571	51.78	15.31	87.06	8.20
POR	5571	9.71	2.70	18.16	0.10
PERM	5571	0.23	0.26	2.84	0.01
SW	5571	66.61	16.75	100.00	19.24

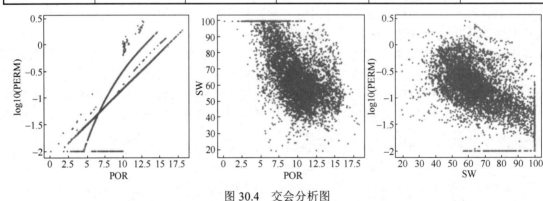

图 30.4　交会分析图

3.2 实验设计

实验中使用的模型及编号如表 30-2 所示。三种多任务模型的结构与具体参数设置参见表 30-5～表 30-7，为验证多任务模型储层预测提升效果，构建单任务储层参数预测模型进行对照实验。单任务模型的输入数据与多任务模型相同，仅输出一个储层参数的预测结果。多任务模型中的参数涉及多个任务的计算，而单任务模型所有参数只涉及一个储层参数的计算，多任务模型训练速度相对缓慢。考虑多任务模型训练速度下降影响，实验中的单任务模型分别训练 3000 轮和 10000 轮，多任务模型统一训练 10000 轮。同架构单任务模型命名方式为"储层参数_same_训练轮数"，具体模型结构与参数设置参见表 30-8。异架构单神经网络任务模型具体模型结构与参数设置参见表 30-9。本次实验的模型参数为随机初始化，为保障实验结论的可靠性，所有模型进行 5 次训练。

表 30-2 实验模型及编号

模型名称	模型编号	模型结构	输出	训练轮次
同架构单任务储层参数预测模型（对照实验）	POR_same_3000	（7-128-64-32-8-1）	POR	3000
	POR_same_10000	（7-128-64-32-8-1）	POR	10000
	PERM_same_3000	（7-128-64-32-8-1）	PERM	3000
	PERM_same_10000	（7-128-64-32-8-1）	PERM	10000
	SW_same_3000	（7-128-64-32-8-1）	SW	3000
	SW_same_10000	（7-128-64-32-8-1）	SW	10000
同架构多任务储层参数预测模型	multi_same_α	（7-128-64-32-8-3）	POR PERM SW	10000
	multi_same_β	（7-128-64-32-3×（8-1））	POR PERM SW	10000
异架构单任务储层参数预测模型（对照实验）	POR_diff_3000	（7-128-256-128-1）	POR	3000
	POR_diff_10000	（7-128-256-128-1）	POR	10000
	PERM_diff_3000	（7-128-265-64-32-16-8-4-1）	PERM	3000
	PERM_diff_10000	（7-128-265-64-32-16-8-4-1）	PERM	10000
	SW_diff_3000	（7-128-265-64-32-4-1）	SW	3000
	SW_diff_10000	（7-128-256-64-32-4-1）	SW	10000
异架构多任务储层参数预测模型	multi_diff	↗128-1 7-128-258 → 64-32-16-8-4-1 ↘64-32-4-1	POR PERM SW	10000

模型评价使用平均相对误差和平均绝对误差，误差越小模型表现越好，取 5 次测试结果的最大误差值、最小误差值与中位误差值综合衡量储层参数预测效果。由于多任务模型同时输出三种储层参数，需要综合评判三种储层参数的预测效果，计算最大误差值、最小误差值和中位误差值时使用误差总和。从训练效果来看，含水饱和度的平均绝对误差与孔隙度和渗透率的平均绝对误差存在量级上的差别，因而使用平均相对误差作为模型主要评价指标，平均绝对误差用于辅助单个储层参数预测效果的评价。

3.3 实验结果

1）同架构模型测试结果

同架构的单任务与多任务储层参数预测模型在测试集上的测试效果如表 30-3 所示。

表 30-3 同架构单任务与多任务储层参数预测模型测试结果

模型编号	储层参数	评价指标	1	2	3	4	5	min	max	median
POR_same_3000	POR	MAPE/%	12.36	11.18	10.88	12.11	11.06	10.88	12.36	11.18
		MAE	1.071	0.954	0.956	1.044	0.952	0.956	1.071	0.954

续表

模型编号	储层参数	评价指标	1	2	3	4	5	min	max	median
POR_same_10000	POR	MAPE/%	9.99	10.22	9.32	12.03	10.25	9.32	12.03	10.22
		MAE	0.882	0.908	0.825	1.042	0.909	0.825	1.042	0.908
PERM_same_3000	PERM	MAPE/%	22.88	30.16	71.72	35.94	39.94	22.88	71.72	35.94
		MAE	0.076	0.079	0.189	0.099	0.102	0.076	0.189	0.099
PERM_same_10000	PERM	MAPE/%	71.72	29.05	28.98	33.02	22.09	22.09	71.72	29.05
		MAE	0.189	0.069	0.065	0.085	0.066	0.066	0.189	0.069
SW_same_3000	SW	MAPE/%	12.99	9.44	12.01	10.27	9.63	9.44	12.99	10.27
		MAE	8.81	6.52	8.30	7.02	6.67	6.52	8.81	7.02
SW_same_10000	SW	MAPE/%	10.01	10.55	11.02	9.45	9.48	9.45	11.02	10.01
		MAE	6.80	7.10	7.61	6.44	6.45	6.44	7.61	6.80
multi_same_α	POR	MAPE/%	6.02	5.50	6.02	5.78	6.45	6.45	6.02	5.50
		MAE	0.558	0.532	0.566	0.540	0.488	0.488	0.558	0.532
	PERM	MAPE/%	20.52	18.88	19.36	17.18	17.18	17.18	20.52	18.88
		MAE	0.062	0.063	0.063	0.046	0.053	0.053	0.062	0.063
	SW	MAPE/%	10.54	9.99	10.67	9.47	8.61	8.61	10.54	9.99
		MAE	7.13	7.00	7.09	6.30	5.68	5.68	7.13	7.00
	SUM	MAPE/%	37.08	34.39	36.05	32.43	32.24	32.24	37.08	34.39
		MAE	7.750	7.595	7.719	6.886	6.221	6.221	7.750	7.595
multi_same_β	POR	MAPE/%	6.82	5.65	6.34	5.96	6.42	6.42	6.82	5.96
		MAE	0.578	0.489	0.552	0.496	0.568	0.568	0.578	0.496
	PERM	MAPE/%	18.92	16.95	17.52	16.92	16.75	16.75	18.92	16.92
		MAE	0.064	0.054	0.061	0.055	0.054	0.054	0.064	0.055
	SW	MAPE/%	10.81	9.06	11.68	9.24	8.39	8.39	10.81	9.24
		MAE	7.54	5.99	7.89	6.14	5.68	5.68	7.54	6.14
	SUM	MAPE/%	36.55	31.66	35.54	32.12	31.56	31.56	36.55	32.12
		MAE	8.182	6.533	8.503	6.691	6.574	6.574	8.182	6.691

　　训练 10000 轮的单任务模型预测效果优于训练 3000 轮的单任务模型；multi_same_α 与 multi_same_β 模型的预测效果优于训练 10000 轮的单任务模型；multi_same_β 模型的预测效果略优于 multi_same_α 模型。与对照实验中训练 10000 轮的同架构单任务模型在测试集上的平均相对误差相比，multi_same_α 模型的孔隙度预测效果提升超过 30%，渗透率预测效果提升约 22%，含水饱和度预测效果提升 8%左右；multi_same_β 模型的孔隙度预测效果提升超过 30%，渗透率预测效果提升约 24%，含水饱和度预测效果提升超过 10%。

　　2）异架构模型测试结果

　　异架构单任务与多任务储层参数预测模型在测试集上的测试效果如表 30-4 所示。

表 30-4　异架构单任务与多任务储层参数预测模型测试结果

模型编号	储层参数	评价指标	1	2	3	4	5	min	max	median
POR_diff_3000	POR	MAPE/%	10.07	9.56	9.86	10.12	11.80	9.56	11.80	10.07
		MAE	0.990	0.962	0.972	0.992	1.071	0.962	1.071	0.990

续表

模型编号	储层参数	评价指标	1	2	3	4	5	min	max	median
POR_diff_10000	POR	MAPE/%	5.68	6.12	6.34	5.89	6.12	5.68	6.34	6.12
		MAE	0.486	0.524	0.568	0.452	0.590	0.486	0.568	0.524
PERM_diff_3000	PERM	MAPE/%	32.63	71.72	71.72	40.80	31.03	31.03	71.72	40.80
		MAE	0.085	0.189	0.189	0.126	0.072	0.072	0.189	0.126
PERM_diff_10000	PERM	MAPE/%	36.87	71.72	34.05	26.65	31.79	26.65	71.72	34.05
		MAE	0.083	0.189	0.079	0.062	0.069	0.062	0.189	0.079
SW_diff_3000	SW	MAPE/%	9.46	8.93	8.33	9.40	8.66	8.33	9.46	8.93
		MAE	6.36	6.18	5.86	6.42	5.99	5.86	6.36	6.18
SW_diff_10000	SW	MAPE/%	7.12	6.85	6.94	6.75	6.43	6.43	7.12	6.85
		MAE	4.82	4.62	4.76	4.60	4.44	4.44	4.82	4.62
multi_diff	POR	MAPE/%	6.54	5.78	6.12	5.63	6.02	6.12	5.78	6.54
		MAE	0.588	0.440	0.568	0.489	0.530	0.568	0.440	0.588
	PERM	MAPE/%	13.88	14.85	12.52	13.80	14.44	12.52	14.85	13.88
		MAE	0.040	0.031	0.038	0.042	0.048	0.038	0.031	0.040
	SW	MAPE/%	5.50	6.38	6.40	5.65	6.13	6.40	6.38	5.50
		MAE	3.78	4.26	4.30	3.82	4.09	4.30	4.26	3.78
	SUM	MAPE/%	25.92	27.01	25.04	25.08	26.59	25.04	27.01	25.92
		MAE	4.768	4.731	4.906	4.351	4.668	4.906	4.731	4.768

在对照实验中，POR_diff_10000 模型在测试集上的平均相对误差明显低于 POR_diff_3000 模型，其余两种储层参数预测模型训练 3000 轮和 10000 轮的平均相对误差差距较小。对比训练 10000 轮的对照实验模型在测试集上的预测效果，multi_diff 模型孔隙度预测效果基本没有提升，渗透率预测效果提升超过 60%，含水饱和度预测效果提升超过 10%。

从测试集上的表现来看，异架构多任务储层参数预测模型的综合预测效果优于同架构的多任务模型，就每个储层参数而言：

multi_diff 模型、multi_same_α 模型和 multi_same_β 模型中孔隙度的预测效果差别不大，平均相对误差在 6% 左右；

multi_diff 模型的渗透率在测试集上的平均相对误差在 13% 左右，multi_same_α 和 multi_same_β 模型的渗透率在测试集上的平均相对误差在 17% 左右；

multi_diff 模型的含水饱和度在测试集上的平均相对误差在 6% 左右，multi_same_α 和 multi_same_β 模型的含水饱和度在测试集上的平均相对误差在 9% 左右。

实验中使用的各种模型预测效果图如图 30.5 所示。其中，孔隙度、渗透率、含水饱和度为储层参数标签数据；SAME_A_POR、SAME_A_PERM、SAME_A_SW 为 multi_same_α 模型预测的孔隙度、渗透率和含水饱和度；SAME_B_POR、SAME_B_PERM、SAME_B_SW 为 multi_same_β 模型预测的孔隙度、渗透率和含水饱和度；DIFF_POR、DIFF_PERM、DIFF_SW 为 multi_diff 模型预测的孔隙度、渗透率和含水饱和度；POR_SAME、PERM_SAME、SW_SAME 分别为 POR_same_10000、PERM_same_10000 和 SW_same_10000 模型的预测值；POR_DIFF、PERM_DIFF、SW_DIFF 分别为 POR_diff_10000、

PERM_diff_10000 和 SW_ diff_10000 模型的预测值。从总体预测效果来看，孔隙度预测值与标签值最接近；PERM_same_ 10000 模型预测的渗透率与标签值的误差较大，其余模型预测的渗透率和标签值相差不大；三种储层参数中含水饱和度的预测值和标签值差距最大，但总体趋势和标签值相吻合。

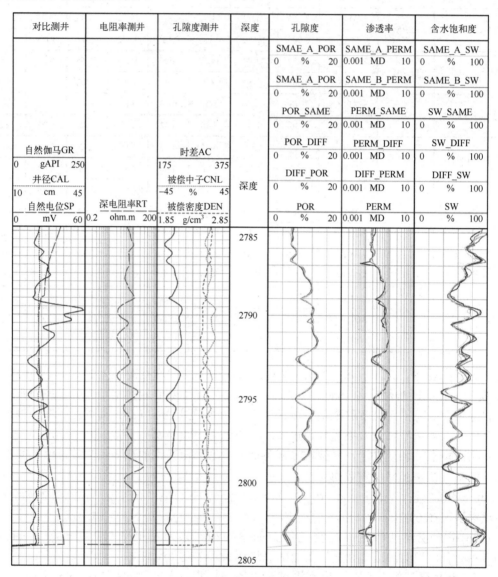

图 30.5　各种模型预测效果图

4　总结分析与后续工作

　　多任务测井储层参数预测模型可以有效提升单任务储层参数预测模型的预测效果，效果提升幅度与模型结构有关。多任务模型不仅节省计算资源，还简化了储层参数获取流程。

　　异架构多任务储层参数预测模型总体预测效果最好，具有可以针对每种储层参数单独设计私有层架构的特点，有很好的研究前景。

　　我们还进行了迁移学习，以孔隙度预测模型作为基础模型，对渗透率预测模型和含水饱和度预测模型进行参数迁移。两项实验使用同一个数据集，对比两项实验的结果可以发现，异架构多任务模型的渗透率和含水饱和度预测效果优于迁移学习的渗透率和含水饱和度预测效果（邵蓉波等，2022）。多任务学习和基于相关性的迁移学习均是利用储层参数之间的相关性影响模型参数的更迭，从而提升神经网络模型的预测效果。在迁移学习中这种影响是单向的，可以控制信息流动的方向，如孔隙度预测迁移至渗透率预测时，孔隙度可以影响渗透率预测模型的训练，而渗透率无法对孔隙度预测模型产生影响。在多任务模型中这种影响是相互的，孔隙度在影响渗透率预测的同时，孔隙度的预测也受到渗透率的影响，无法对信息流动方向进行人为限制。因此，两种方式各有利弊，可根据实际情况选择合适的模型。根据实验中发现的问题，下一步研究还将从以下几个方面展开。

① 探究不同类别激活函数之间的适配性对多任务储层参数预测模型效果的影响；

② 尝试不同模型架构，探究在多任务模型中模型架构对提升储层参数预测效果的影响；

③ 考虑使用参数软共享方式进行多任务学习；

④ 从采集方式看，测井数据是序列数据。异架构多任务储层参数预测模型可以推广至循环神经网络模型中，如长短期记忆递归神经网络、门控循环单元（Gated Recurrent Units，GRU）；

⑤ 借鉴图像处理方式处理测井数据，并将异架构多任务储层参数预测模型推广到卷积神经网络模型中。

附录

表 30-5　同架构多任务储层参数预测模型 α 结构与参数

层名	神经元数	数据输入尺寸	权重参数	偏置参数	激活函数	影响输出值
输入层	7	7	7×7=49	7	Softplus	孔渗饱
隐藏层 1	128	7	128×7=896	128	ReLU	孔渗饱
隐藏层 2	64	128	64×128=8192	64	ReLU	孔渗饱
隐藏层 3	32	64	32×64=2048	32	Linear	孔渗饱
隐藏层 4	8	32	8×32=256	8	ReLU	孔渗饱
输出层	3	8	3×8=24	3	Linear	单一储层参数

表 30-6　同架构多任务储层参数预测模型 β 结构与参数

层名		神经元数	数据输入尺寸	权重参数	参数个数	激活函数	影响输出值
共享层	输入层	7	7	7×7=49	7	Softplus	孔渗饱
	隐藏层 1	128	7	128×7=896	128	ReLU	孔渗饱
	隐藏层 2	64	128	64×128=8192	64	ReLU	孔渗饱
	隐藏层 3	32	64	32×64=2048	32	Linear	孔渗饱
POR	POR 隐藏层 1	8	32	8×32=256	8	ReLU	孔隙度
	POR 输出层	1	8	1×8=8	1	Linear	孔隙度
PERM	PERM 隐藏层 1	8	32	8×32=256	8	ReLU	渗透率
	PERM 输出层	1	8	1×8=8	1	Linear	渗透率
SW	SW 隐藏层 1	8	32	8×32=256	8	ReLU	含水饱和度
	SW 输出层	1	8	1×8=8	1	Linear	含水饱和度

表 30-7 异架构多任务储层参数预测模型结构与参数

层名		神经元数	数据输入尺寸	参数个数	激活函数	影响输出值
共享层	输入层	7	7	56	Linear	孔渗饱
	隐藏层 1	128	7	1024	ReLU	孔渗饱
	隐藏层 2	256	128	33024	Linear	孔渗饱
POR 私有层	隐藏层 1	128	256	32896	ReLU	孔隙度
	输出层	1	128	129	Linear	孔隙度
PERM 私有层	隐藏层 1	64	256	16448	Softplus	渗透率
	隐藏层 2	32	64	2080	Softplus	渗透率
	隐藏层 3	16	32	528	ReLU	渗透率
	隐藏层 4	8	16	136	ReLU	渗透率
	隐藏层 5	4	8	36	ReLU	渗透率
	输出层	1	4	5	Linear	渗透率
SW 私有层	隐藏层 1	64	256	16448	Softplus	含水饱和度
	隐藏层 2	32	64	2080	Softplus	含水饱和度
SW 私有层	隐藏层 3	4	32	132	ReLU	含水饱和度
	输出层	1	4	5	Linear	含水饱和度

表 30-8 同架构单任务储层参数预测模型结果与参数

层名	神经元数	激活函数	数据输入尺寸	权重参数	偏置参数
输入层	7	Softplus	7	7×7=49	7
隐藏层 1	128	ReLU	7	7×128=896	128
隐藏层 2	64	ReLU	128	128×64=8192	64
隐藏层 3	32	Linear	64	64×32=2048	32
隐藏层 4	8	ReLU	32	32×8=264	265
输出层	1	Linear	8	8×1=8	1

表 30-9 异架构单任务神经网络模型结构与参数

层名		神经元数	数据输入尺寸	参数个数	激活函数
孔隙度预测神经网络模型	输入层	7	7	56	Linear
	隐藏层 1	128	7	1024	ReLU
	隐藏层 2	256	128	33024	Linear
	隐藏层 3	128	256	32896	ReLU
	输出层	1	128	129	Linear
渗透率预测神经网络模型	输入层	7	7	56	Linear
	隐藏层 1	128	7	1024	ReLU
	隐藏层 2	256	128	33024	Linear
	隐藏层 3	64	256	16448	Softplus
	隐藏层 4	32	64	2080	Softplus
	隐藏层 5	16	32	528	ReLU
	隐藏层 6	8	16	136	ReLU

续表

层名		神经元数	数据输入尺寸	参数个数	激活函数
渗透率预测 神经网络模型	隐藏层 7	4	8	36	ReLU
	输出层	1	4	5	Linear
含水饱和度预测 神经网络模型	输入层	7	7	56	Linear
	隐藏层 1	128	7	1024	ReLU
	隐藏层 2	256	128	33024	Linear
	隐藏层 3	64	256	16448	Softplus
	隐藏层 4	32	64	2080	Softplus
	隐藏层 5	4	32	132	ReLU
	输出层	1	4	5	Linear

参考文献

[1] Al-Abdul Jr A，Ahmad K H，Elkatatny S. Estimation of reservoir porosity from drilling parameters using artificial neural networks [J]. Petrophysics，2020，61（3）：318-330.

[2] Argyriou A，Evgeniou T，Pontil M. Convex multitask feature learning [J]. Machine Learning，2008，73（3）：243-272.

[3] Bai Y，Tan M，Xiao C，et al. Dynamic classification committee machine-based fluid typing method from wireline logs for tight sandstone gas reservoir [J]. Chinese Journal of Geophysics （in Chinese），2021，64（5）：1745-1758.

[4] Baxter J. A Bayesian/information theoretic model of learning to learn via multiple task sampling [J]. Machine Learning，1997：7-39.

[5] Bergen K J，Johnson P A，Hoop M D，et al. Machine learning for data-driven discovery in solid Earth geoscience [J]. Science，2019，363（6433）：eaau0323.

[6] Bergen K，Johnson P，De Hoop M V，et al. Machine learning for data-driven discovery in solid earth geosciences [J]. Science，2019，363（6433）：1-10.

[7] Bi L，Li Z，Liu H，et al. Study of semi supervised learning for lithology prediction based on label prediction [J]. Progress in Geophysics （in Chinese），2021，36（2）：540-548.

[8] Caruana R. Multitask learning [J]. Machine Learning，1997，28：41–75.

[9] Caruana，R. Multitask Learning：A knowledge based source of inductive bias [C]. Proceedings of the Tenth International Conference on Machine Learning，1993：41-48.

[10] Ciuparu B，Nagy-Dbcan A，Murean R C. Soft++，a multi-parametric non-saturating non-linearity that improves convergence in deep neural architectures [J]. Neurocomputing，2020：376-388.

[11] Collobert R，Weston J. A unified architecture for natural language processing：Deep neural networks with multitask learning [C]. Proceedings of the 25th International Conference on Machine Learning，2008：160–167.

[12] Dietterich T G，Pratt L，Thrun S. Machine learning - Special issue on inductive transfer [M]. Kluwer Academic Publishers，1997.

[13] Dietterich，TG，Pratt L，Thrun S. Solving the multiple instance learning with axis-parallel rectangles [J]. Artificial Intelligence，1997，89（1-2）：31-71.

[14] Duong L，Cohn T，Bird S，et al. Low resource dependency parsing：cross-lingual parameter sharing in a neural network parser [C]. Proceedings of the 53rd Annual Meeting of the Association for Computational Linguistics and the 7th International Joint Conference on Natural Language Processing of the Asian Federation of Natural Language Processing，2015，2：845-850.

[15] Evgeniouand T，Pontil M. Regularized multi-task learning [C]. Proceedings of the Tenth ACM SIGKDD International Conference on Knowledge Discovery and Data Mining，2004：109–117.

[16] Gao J，Song Z，Gui J，et al. Gas-bearing prediction using transfer learning and CNNs：An application to a deep tight dolomite reservoir[J]. IEEE Geoscience and Remote Sensing Letters，2020，PP（99）：1-5.

[17] Gao L，Xie R，Xiao L，et al. Identification of low-resistivity-low-contrast pay zones in the feature space with a multi-layer perceptron based on conventional well log data [J]. Petroleum Science，2021，19（2）：11.

[18] Girshick R. Fast R-CNN [J]. Proceedings of the IEEE International Conference on Computer Vision（ICCV），2015：1440-1448.

[19] Goodfellow I，Bengio Y，Courville A. Deep Learning [M]. MIT Press，2016.

[20] Haykin S. Neural Networks：A Comprehensive Foundation （3rd Edition）[M]. Macmillan，1998.

[21] Jebara T. Multitask sparsity via maximum entropy discrimination [J]. In Journal of Machine Learning Research，2011，12（1）：75-110.

[22] Jin Y，Zhang Q，Wang M. Well logging curve reconstruction based on genetic neural network [J]. Progress in Geophysics （in Chinese），2021，36（2）：1082-1087.

[23] Kingma D，Ba J. Adam：A method for stochastic optimization. [DB/OL]. arXiv，2014，1412.6980.

[24] Kohli A，Arora P. Application of artificial neural networks for well logs [C]. IPTC 2014：International Petroleum Technology Conference，2014，17475.

[25] Liao G，Li Y，Xiao L，et al. Prediction of microscopic pore structure of tight reservoirs using convolutional neural network model [J]. Petroleum Science Bulletin，2020，5（1）：26-38.

[26] Liu S，Pan S，Ho Q. Distributed Multi-Task Relationship Learning [C]. Proceedings of the 23rd ACM SIGKDD International Conference on Knowledge Discovery and Data Mining，2017：937–946.

[27] Liu X，Zhou L，Chen X，et al. Lithofacies identification using support vector machine based on local deep multi-kernel learning [J]. Petroleum Science，2020，17（4）：954-966.

[28] Michael A N. Neural networks and deep learning [M]. Determination Press，2015.

[29] Ruder S. An overview of multi-task learning in deep neural networks [DB/OL]. arXiv，2017，1706.05098.

[30] Sang W，Liu H，Jiao X，et al. Simultaneous prediction of impedance and gas saturation based on multi-task residual networks [C]. SPG/SEG Nanjing 2020 International Geophysical Conference，2020.

[31] Shao R，Xiao L，Liao G，et al. A reservoir parameters prediction method for geophysical logs based on transfer learning [J]. Chinese Journal of Geophysics （in Chinese），2022，65（2）：796-808.

[32] Sultan A. New artificial neural network model for predicting the TOC from well logs [C]. Society of Petroleum Engineers - SPE Middle East Oil and Gas Show and Conference 2019，MEOS 2019，2019.

[33] Sun Y，Huang J. Application of multi task deep learning in reservoir shear wave prediction [J]. Progress in Geophysics （in Chinese），2021，35（2）：0799-0809.

[34] Sun Y，Wang X，Tang X. Deep learning face representation by joint identification-verification [C]. Advances in Neural Information Processing Systems 27（NIPS 2014），2014：27.

[35] Wang H，Yan J，Fu G，et al. Current status and application prospect of deep learning in geophysics [J]. Progress in Geophysics （in Chinese），2020，35（2）：642-655.

[36] Xi D，Zhang T. The application of artificial neural network in lithology auto-identification from coal well logs [J]. Coal Geology & Exploration，1994，6：56-61.

[37] Xiao L. The fusion of data-driven machine learning with mechanism models and interpretability issues [J]. Geophysical Prospecting for Petroleum，2022，61（2）：205-212.

[38] Yong S，Zhang C. Logging data processing and comprehensive interpretation [M]. China University of Petroleum Press，2007.

[39] Zhang D，Chen Y，Meng J. Synthetic well logs generation via recurrent neural networks [J]. Petroleum Exploration and Development，2018，45（4）：598-607.

[40] Zhang Y，Xi K，Cao Y，et al. The application of machine learning under supervision in identification of shale lamina combination types - A case study of Chang 73 sub-member organic-rich shales in the Triassic Yanchang Formation，Ordos Basin，NW China [J]. Petroleum Science，2021，18（6）：1619-1629.

[41] Zhang Z，Luo P，Chen C，et al，Facial landmark detection by deep multi-task learning [C]. European Conference on Computer Vision 2014，2014：94–108.

[42] 白洋，谭茂金，肖承文，等. 致密砂岩气藏动态分类委员会机器测井流体识别方法[J]. 地球物理学报，2021，64（5）：1745-1758.

[43] 毕丽飞，李泽瑞，刘海宁，等. 基于标签传播的岩性预测半监督学习算法研究[J]. 地球物理学进展，2021，36（2）：540-548.

[44] 金永吉，张强，王毛毛. 基于遗传神经网络算法的测井曲线重构技术[J]. 地球物理学进展，2021，36（2）：1082-1087.

[45] 廖广志，李远征，肖立志. 利用卷积神经网络模型预测致密储层微观孔隙结构[J]. 石油科学通报，等，2020，5（1）：26-38.

[46] 桑文镜，刘浩杰，焦新奇，等. 基于多任务残差网络的阻抗和含气饱和度同时预测方法[C]. SPG/SEG 南京 2020 年国际地球物理会议论文集（中文），2020：4.

[47] 邵蓉波，肖立志，廖广志，等. 基于迁移学习的地球物理测井储层参数预测方法研究[J]. 地球物理学报，2022，65（2）：796-808.

[48] 孙永壮，黄鋆. 多任务深度学习技术在储层横波速度预测中的应用[J]. 地球物理学进展，2021，36（2）：799-809.

[49] 王昊，严加永，付光明，等. 深度学习在地球物理中的应用现状与前景[J]. 地球物理学进展，2020：14.

[50] 席道瑛，张涛. 神经网络模型在测井岩性识别中的应用[J]. 煤田地质与勘探，1994，（6）：56-61.

[51] 肖立志. 机器学习数据驱动与机理模型融合及可解释性问题[J]. 石油物探，2022，61（2）：205-212.

[52] 雍世和，张超谟，高楚桥，等. 测井数据处理与综合解释[M]. 东营：中国石油大学出版社，2002.

[53] 张东晓，陈云天，孟晋. 基于循环神经网络的测井曲线生成方法[J]. 石油勘探与开发，2018，45（4）：598-607.

（本文来源及引用方式：邵蓉波，肖立志，廖广志，等. 基于多任务学习的测井储层参数预测方法[J]. 地球物理学报，2022，65（5）：1883-1895.）